U0397909

现代生活与化学

（第二版）

周为群　杨　文　主编

苏州大学出版社

图书在版编目(CIP)数据

现代生活与化学 / 周为群,杨文主编. —2 版. —
苏州:苏州大学出版社,2016.5
ISBN 978-7-5672-1686-0

Ⅰ. ①现… Ⅱ. ①周…②杨… Ⅲ. ①化学－普及读
物 Ⅳ. ①O6－49

中国版本图书馆 CIP 数据核字(2016)第 088324 号

现代生活与化学(第二版)

周为群　杨　文　主编

责任编辑　陈孝康　徐　来

苏州大学出版社出版发行

(地址:苏州市十梓街 1 号　邮编:215006)

宜兴市盛世文化印刷有限公司印装

(地址:宜兴市万石镇南漕河滨路 58 号　邮编:214217)

开本 787 mm×1 092 mm　1/16　印张 23.75　字数 570 千
2016 年 5 月第 1 版　2016 年 5 月第 1 次印刷
ISBN 978-7-5672-1686-0　定价:48.00 元

《现代生活与化学》(第二版) 编委会

　　随着生活水平的提高，人们越来越追求健康、高品位的生活。化学是一门自然科学，有着丰富的实验内容。化学也是一门生动的、贴近生活的、探求自然奥秘的学科。用化学的视线观察生活，用化学知识认识生活，我们可发现，生活中充满着化学的踪影，化学就在我们身边。我们的衣、食、住、行、医疗药物和家庭用品等各方面，无一不与化学有关。

　　衣服方面，如人造纤维、尼龙、的确良等材料都是由化学产品制成的。

　　食物方面，如化学杀虫剂和化学肥料的发明，增加了粮食的产量；把一些化学产品加进食物，可改善食物的味道和气味等。煮食用的燃料如石油气和煤气等均是化工产品。"加碘盐"中的"碘"——碘酸钾，也是一种化工产品，它解决了流行于许多地区的"大脖子病"问题，保障了人民的健康。

　　住房方面，建筑材料如水泥、钢筋、瓷砖、玻璃、铝和塑胶等均是化学工业的产品。

　　交通方面，如飞机、轮船和汽车等交通工具所用的燃料是化学产品。飞机机身是由特殊的合金制成的。航天科技领域中某些火箭发射，就是利用了氢、氧燃烧得水，同时释放大量能量的原理。

　　医疗、药物方面，用化学方法制成的药物增强了我们抵抗疾病的能力，令全球因疾病致死的死亡率降低，使人类的平均寿命增长。便携式供氧器就是利用过氧化钠与二氧化碳反应来制氧，挽救了许多人的生命。人们还应用科学的方法制造生理盐水，减轻病人的痛苦。近代，人类利用化学方法发明了许多新药品，如青霉素、青蒿素等，攻克了许多疑难、不治之症。

　　家庭用品方面，化学也给人类带来了许多方便。洗衣粉和肥皂是家庭去污的好帮手；啤酒是人们喜欢的饮料；蒸馒头时放些苏打，馒头蒸得又大又白又好吃；塑胶制品是小分子化合物经过聚合而成的高分子化合物材料；制造锅和刀叉等用具的金属均是利用化学方法从矿石中提取出来的；漂白水和清洁剂等家居化学品均是化学工业的产品。

　　现代生活的各个环节均离不开化学。本书侧重介绍化学与现代生活的各领域，尤其是与 21 世纪的前沿领域，如食品、健康、材料、环境以及能源等方面的关系。全书共分成五章，分别是食品与化学、日用品与化学、材料与化学、环境与化学以及能源与化学，涵盖了化学在生活中的衣、食、住、行等各个方面的知识和应用。在编写上，尽可能避免一些专业的化学术语，力求采用通俗易懂的语言方式。本书可作为非化学专业本科生的《现代生活与化学》公选课教材，也可作为具有中学化学基础的普通读者的科普性读物。

本书由周为群、杨文任主编，负责全书框架的设定和内容的选择，张振江任副主编，负责全面的编排。全书内容由周为群、杨文、张振江、邱丽华、施玲、刘玮、李敏、邵杰和曹洋共同编写完成。本书在编写中，参考了有关文献和书籍，并得到了许多学者的帮助，在此一并表示感谢。因时间仓促，书中错误之处难免，恭请读者指正，以便修订时改正。

编　者

2013 年 12 月

第二版说明

《现代生活与化学》于 2014 年初第一次出版，两年多来受到了广大教师、大学生以及读者们的热情关心和大力支持。由于编写时间仓促，原书中存在一些不尽如人意之处。修订后的《现代生活与化学》(第二版)在编排上保持第一版的基本框架，文字上做了一些校正，内容上做了一些补充和调整。

《现代生活与化学》(第二版)突出了以下几点：

（1）力求知识性、实用性、科学性和趣味性相结合。

（2）追踪相关社会热点事件和内容，如环境污染的相关事件等；内容上更加贴近生活。

（3）突出新颖性，介绍新材料、新能源等。

（4）突出科普性，删减了许多过于专业的化学术语，用更通俗易懂的语言阐述生活中的科学原理。

希望《现代生活与化学》(第二版)是一本大家喜欢读的书，能成为大家健康生活的好帮手！

编　者

2016 年 2 月

CONTENTS 目　录

第一章　食品与化学

食品通常是指经过加工制作可以供人食用的物质。食品的发展有着悠久的历史、丰富的内涵，它深深植根于人们的日常饮食生活中。人类的生存离不开食品，它是人类与环境进行物质联系并赖以生存的基础，是人类维持生命活动的重要物质。

社会发展到今天，人类对食品有了更全面、更深层的认识。人们开始从健康、卫生、营养、科学的角度注重饮食生活，对因饮食不当等原因而造成心脏病、糖尿病等各种慢性疾病的现象已引起充分重视。

第一节　概　述

《食品安全法》第九十九条对"食品"的定义：食品，指各种供人食用或者饮用的成品和原料以及按照传统既是食品又是药品的物品，但是不包括以治疗为目的的物品。《食品工业基本术语》对食品的定义：可供人类食用或饮用的物质，包括加工食品、半成品和未加工食品，不包括烟草或只作药品用的物质。

从食品卫生立法和管理的角度看，广义的食品概念还涉及：所生产食品的原料，食品原料种植、养殖过程接触的物质和环境，食品的添加物质，所有直接或间接接触食品的包装材料、设施以及影响食品原有品质的环境。

一、食品分类

（一）依食品分类系统分类的食品

食品分类系统用于界定食品添加剂的使用范围，只适用于使用该标准查询添加剂。该标准的食品分类系统共分十六大类，每一大类下分若干亚类，亚类下分次亚类，次亚类下分小类，有的小类还可再分为次小类。如果允许某一食品添加剂应用于某一食品类别，则允许其应用于该类别下的所有类别食品，另有规定的除外。具体说，如果允许某一食品添加剂应用于某一食品大类，则其下的亚类、次亚类、小类和次小类所包含的食品均可使用；亚类可以使用的，则其下的次亚类、小类和次小类可以使用，但是大类不可以使用，另有规定的除外。

1. 食品分类系统的十六大类

（1）乳与乳制品。

（2）脂肪、油和乳化脂肪制品。

（3）冷冻饮品。

（4）水果、蔬菜（包括块根、块茎类）、豆类、食用菌、藻类、坚果以及籽类等。

（5）可可制品、巧克力和巧克力制品（包括类巧克力和代巧克力）以及糖果。

（6）粮食和粮食制品。

（7）焙烤食品。

（8）肉及肉制品。

（9）水产品及其制品。

（10）蛋及蛋制品。

（11）甜味料。

（12）调味品。

（13）特殊营养食品。

（14）饮料类。

（15）酒类。

（16）其他类。包含七个亚类：果冻；茶叶、咖啡；胶原蛋白肠衣（肠衣）；酵母类制品；油炸食品；膨化食品；其他，××工艺用。

2. 分类的补充说明

粮食及其制品：指各种原粮、成品粮以及各种粮食加工制品，包括方便面等。

食用油：指植物和动物性食用油料，如花生油、大豆油、动物油等。

肉及其制品：指动物性生、熟食品及其制品，如生、熟畜肉和禽肉等。

消毒鲜乳：指乳品厂（站）生产的经杀菌消毒的瓶装或软包装消毒奶，以及零售的牛奶、羊奶、马奶等。

乳制品：指乳粉、酸奶及其他属于乳制品类的食品。

水产类：指供食用的鱼类、甲壳类、贝类等鲜品及其加工制品。

罐头：将加工处理后的食品装入金属罐、玻璃瓶或软质材料的容器内，经排气、密封、加热杀菌、冷却等工序达到商业无菌的食品。

食糖：指各种原糖和成品糖，不包括糖果等制品。

冷食：指固体冷冻的即食性食品，如冰棍、雪糕、冰激凌等。

饮料：指液体和固体饮料，如碳酸饮料、汽水、果味水、酸梅汤、散装低糖饮料、矿泉饮料、麦乳精等。

蒸馏酒、配制酒：指含糖或淀粉类原料经糖化、发酵、蒸馏而制成的白酒（包括瓶装和散装）和以发酵酒或蒸馏酒作酒基经添加可食用的辅料配制成的酒，如果酒、白兰地、香槟、汽酒等。

发酵酒：指以食糖或淀粉类为原料，经糖化、发酵后未经蒸馏而制得的酒类，如葡萄酒、啤酒。

调味品：指酱油、酱、食醋、味精、食盐及其他复合调味料等。

豆制品：指以各种豆类为原料，经发酵或未发酵制成的食品，如豆腐、豆粉、素鸡、腐竹等。

糕点：指以粮食、糖、食油、蛋、奶油及各种辅料为原料，经烘烤、油炸或冷加工等方式制成的食品，包括饼干、面包、蛋糕等。

糖果、蜜饯：以果蔬或糖类的原料经加工制成的糖果、蜜饯、果脯、凉果和果糕等食品。

酱腌菜：指用盐、酱、糖等腌制的发酵或非发酵类蔬菜，如酱黄瓜等。

保健食品：指依据《保健食品管理办法》，称之为保健食品的产品类别。

新资源食品：指依据《新资源食品卫生管理办法》，称之为新资源食品的产品类别。

其他食品：未列入上述范围的食品或新制定评价标准的食品类别。

（二）新概念食品

近年来，随着科学的发展，一些新概念食品不断出现，例如：

1. 无公害食品

无公害农产品（食品）指产地生态环境清洁，按照特定的技术操作规程生产，将有害物含量控制在规定标准内，并由授权部门审定批准，允许使用无公害标志（图 1-1）的食品。无公害农产品的生产过程中允许限量、限品种、限时间地使用人工合成的、安全的化学农药、兽药、渔药、肥料、饲料添加剂等。

图 1-1　无公害农产品标志

无公害食品注重产品的安全质量，其标准要求不是很高，涉及的内容也不是很多，适合我国当前的农业生产发展水平和国内消费者的需求，对于多数生产者来说，达到这一要求不是很难。

2. 绿色食品

绿色食品概念是我们国家提出的，指遵循可持续发展原则，按照特定生产方式生产，经专门机构认证，许可使用绿色食品标志的无污染的安全、优质、营养类食品。由于与环境保护有关的事物国际上通常都冠之以"绿色"，为了更加突出这类食品出自良好生态环境，因此定名为绿色食品。

无污染、安全、优质、营养是绿色食品的特征。无污染是指在绿色食品生产、加工过程中，通过严密监测、控制，防范农药残留、放射性物质、重金属、有害细菌等对食品生产各个环节的污染，以确保绿色食品产品的洁净。

绿色食品定为 A 级和 AA 级两个标准。A 级绿色食品系指在生态环境质量符合规定标准的产地，生产过程中允许限量使用限定的化学合成物质，按特定的操作规程生产、加工，产品质量及包装经检测、检验符合特定标准，并经专门机构认定，许可使用 A 级绿色食品标志的产品。A 级绿色食品质量上相当于无公害食品。

AA 级绿色食品系指在环境质量符合规定标准的产地，生产过程中不使用任何有害化学合成物质，按特定的操作规程生产、加工，产品质量及包装经检测、检验符合特定标准，并经专门机构认定，许可使用 AA 级有绿色食品标志的产品。AA 级绿色食品标准已经达到甚至超过国际有机农业运动联盟的有机食品的基本要求。

绿色食品（Greenfood）标志由特定的图形来表示。绿色食品标志图形由三部分构成（图 1-2）：上方的太阳、下方的叶片和中间的蓓蕾，象征自然生态。标志图形为正圆形，意

AA 级绿色食品标志

A 级绿色食品标志

图 1-2　绿色食品标志

为保护、安全。颜色为绿色，象征着生命、农业、环保。AA 级绿色食品标志与字体为绿色，底色为白色；A 级绿色食品标志与字体为白色，底色为绿色。整个图形描绘了明媚阳光照耀下的和谐生机，告诉人们绿色食品是出自纯净、良好生态环境的安全、无污染食品，能给人们带来蓬勃的生命力。绿色食品标志还提醒人们要保护环境和防止污染，努力改善人与环境的关系。

3. 有机食品

国际有机农业运动联合会(IFOAM)给有机食品下的定义是：根据有机食品种植标准和生产加工技术规范而生产的、经过有机食品颁证组织认证并颁发证书的一切食品和农产品。有机食品是国际上普遍认同的称呼，这一名词是从英文 Organic Food 直译过来的，在其他语言中也有叫生态或生物食品的。这里所说的"有机"不是化学上的概念。国家环保局有机食品发展中心(OFDC)认证标准中有机食品的定义是：来自于有机农业生产体系，根据有机认证标准生产、加工，并经独立的有机食品认证机构认证的农产品及其加工品等，包括粮食、蔬菜、水果、奶制品、禽畜产品、蜂蜜、水产品、调料等(图 1-3)。

有机食品在其生产和加工过程中绝对禁止使用农药、化肥、除草剂、合成色素、激素等人工合成物质。因此，有机食品的生产，需要建立全新的生产体系，采用相应的替代技术。

有机食品与绿色食品和无公害食品的区别：

(1) 有机食品在生产加工过程中绝对禁止使用农药、化肥、激素等人工合成物质，并且不允许使用基因工程技术。其他食品则允许有限使用这些物质，并且不禁止使用基因工程技术，如绿色食品对基因工程技术和辐射技术的使用就未作规定。

图 1-3　有机食品标志

(2) 有机食品在土地生产转型方面有严格规定。考虑到某些物质在环境中会残留相当一段时间，土地从生产其他食品到生产有机食品需要两到三年的转换期，而生产绿色食品和无公害食品则没有转换期的要求。

(3) 有机食品在数量上进行严格控制，要求定地块、定产量，生产其他食品没有如此严格的要求。总之，生产有机食品比生产其他食品难度要大，需要建立全新的生产体系和监控体系，采用相应的病虫害防治、地力保持、种子培育、产品加工和储存等替代技术。

当代农产品生产需要由普通农产品发展到无公害农产品，再发展至绿色食品或有机食品，绿色食品跨接在无公害食品和有机食品之间，无公害食品是绿色食品发展的初级阶段，有机食品是质量更高的绿色食品。

4. 转基因食品

转基因食品(Genetically Modified Food，GMF)是指利用基因工程(转基因)技术在物种基因组中嵌入了(非同种)特定的外源基因的食品，包括转基因植物食品、转基因动物食品和转基因微生物食品。转基因作为一种新兴的生物技术手段，它的不成熟和不确定性，必然使得转基因食品的安全性成为人们关注的焦点。

从世界上最早的转基因作物(烟草)于 1983 年诞生，到美国孟山都公司研制的延熟保鲜转基因西红柿 1994 年在美国批准上市，转基因食品的研发迅猛发展，产品品种及产量也成倍增长，有关转基因食品的问题日渐凸显。转基因食品的安全性成为人们关注的焦点。

为了提高农产品营养价值，更快、更高效地生产食品，科学家们应用有益的基因组合方法，改变生物的遗传信息，拼组新基因，使今后的农作物具有高营养、耐贮藏、抗病虫和抗除草剂的能力，不断生产新的有益的基因组合食品。

植物性有益的基因组合食品很多。例如，面包生产需要高蛋白质含量的小麦，而一般小麦品种蛋白质含量较低，如将高效表达的蛋白基因转入小麦，可使做成的面包具有更好的焙烤性能。

番茄是一种营养丰富、经济价值很高的果蔬，但它不耐贮藏。为了解决番茄这类果实的贮藏问题，研究者发现，控制植物衰老激素乙烯合成的酶基因是导致植物衰老的重要基因，如果能够利用基因工程的方法抑制这个基因的表达，那么衰老激素乙烯的生物合成就会得到控制，番茄也就不易变软和腐烂了。美国、中国等国家的多位科学家经过努力，已培育出了这样的番茄新品种。这种番茄抗衰老，抗软化，耐贮藏，能长途运输，可减少加工生产及运输中的浪费。

科学家利用生物遗传工程，将普通的蔬菜、水果、粮食等农作物变成能预防疾病的神奇的"疫苗食品"。科学家培育出了一种能预防霍乱的苜蓿植物。用这种苜蓿来喂小白鼠，能使小白鼠的抗病能力大大增强。于是，越来越多的抗病基因正在被转入植物，使人们在品尝新鲜美味的同时，达到防病的目的。

动物性有益的基因组合食品也有很多种类。例如，在牛体内转入优良基因，牛长大后产生的牛乳中含有基因药物，提取后可用于人类病症的治疗。在猪的体内转入优良的生长基因，猪的抗病能力大大提高。

有益的基因组合使得到的食品有较多的优点：可增加作物产量；可降低生产成本；可增强作物抗虫害、抗病毒等的能力；可提高农产品的耐贮性；可不断培植新物种，生产出有利于人类健康的食品。

近年来，关于转基因食品的争论不断。有害论者认为，转基因食品是利用新技术创造的产品，也是一种新生事物，人们自然对食用转基因食品的安全性有疑问。其实，最早提出安全性问题的人，是英国阿伯丁罗特研究所的普庇泰教授。1998年，他在研究中发现，幼鼠食用转基因土豆后，内脏和免疫系统受损。这引起了科学界的极大关注。随即，英国皇家学会对这份报告进行了审查，于1999年5月宣布此项研究"充满漏洞"。1999年英国的权威科学杂志《自然》刊登了美国康奈尔大学教授约翰·罗西的一篇论文，指出蝴蝶幼虫等田间益虫吃了撒有某种转基因玉米花粉的菜叶后会发育不良，死亡率特别高。另有一些证据也指出转基因食品存在潜在危险。

有益无害论者认为，转基因食品是安全的。赞同这个观点的科学家主要有以下几个理由：首先，任何一种转基因食品在上市之前都进行了大量的科学试验，国家和政府有相关的法律法规进行约束，而科学家们也都抱有很严谨的治学态度。另外，传统的作物在种植的时候，农民会使用农药来保证质量，而有些抗病虫的转基因食品无须喷洒农药。还有，一种食品会不会造成中毒，主要是看它在人体内有没有受体和能不能被代谢掉，转化的基因是经过筛选的、作用明确的，所以转基因成分不会在人体内积累，也就不会有害。例如，我们培育的一种抗虫玉米，向玉米中转入的是一种来自于苏云金杆菌的基因，它仅能导致鳞翅目昆虫死亡，因为只有鳞翅目昆虫有这种基因编码的蛋白质的特异受体，而人类及其他的动物、昆虫均没有这样的受体，所以无毒害作用。

1993 年，经合组织（OECD）首次提出了转基因食品的评价原则——"实质等同"的原则，即如果对转基因食品各种主要营养成分、主要抗营养物质、毒性物质及过敏性成分等物质的种类与含量进行分析测定，与同类传统食品无差异，则认为两者具有实质等同性，不存在安全性问题；如果无实质等同性，则需逐条进行安全性评价。

最近，一批法国科学家经过对小白鼠长达两年的实验，发现这批被转基因玉米喂养的老鼠普遍患上肿瘤，并有多器官衰竭的症状。

法国卡昂大学教授塞拉利尼领导的这个团队表示，这批 200 只实验鼠的食物主要是孟山都公司新推出的"NK603"转基因玉米。

研究者称，做实验的这批小白鼠普遍患上乳腺癌，并出现肝脏衰竭现象，50％的雄鼠和 70％的雌鼠提前死亡。

该研究强调，这是首次在长达两年以上只吃转基因谷物的实验鼠身上得出的成果，通常在白鼠身上进行的实验往往只持续 90 天。

研究结果公布后，孟山都公司法国总部称："我们还需要请专家对研究结果进行评估，现在做出评论为时过早。此前所做的超过 300 次实验都证明是安全的。"

孟山都公司创建于 1901 年。这家农业公司是美国《商业周刊》评选出的 2008 年十大最具影响力企业，更占据了全球 90％的转基因种子市场。中国每年有 80％的大豆依赖进口，所有进口的大豆中，90％以上都是采用孟山都的技术种植出的转基因大豆。

5. 辐照食品

辐照食品指用钴 60、铯 137 产生的 γ 射线或者电子加速器产生的低于 10MeV 电子束辐照加工处理的食品，包括辐照处理的食品原料、半成品。国家对食品辐照加工实行许可制度，经国家有关部门审核批准后发给辐照食品品种批准文号，批准文号为"卫食辐字（××）第××号"。辐照食品在包装上必须贴有国家有关部门统一制定的辐照食品标识。

6. 健康食品

健康食品是食品的一个种类，具有一般食品的共性，其原材料也主要取自天然的动、植物，经先进生产工艺，将其所含丰富的功效成分作用发挥到极致，从而能调节人体机能，是适用于有特定功能需求的相应人群食用的特殊食品。

（1）健康食品按功能可分为营养补充型、抗氧化型（延年益寿型）、减肥型、辅助治疗型等。其中，营养素补充剂的保健功能是补充一种或多种人体所必需的营养素。而功能性健康食品则是通过其功效成分，发挥具体的、特殊的调节功能。

常见的功能性健康食品：

① 生命的营养源——牛奶：每 100g 牛奶含蛋白质 3.5g，脂肪 4.0g，碳水化合物 5g，钙 120mg，磷 93mg，铁 0.2mg，硫胺素 0.04mg，核黄素 0.13mg，烟酸 0.2mg，维生素 A 42mg，维生素 C 1mg。牛奶的蛋白质中赖氨酸含量仅次于蛋类，胆固醇含量每 100g 中仅含 16mg。

② 健康水果：依次是木瓜、青梅、草莓、酸角、西番莲、橘子、柑子、猕猴桃、芒果、杏、柿子、西瓜、苹果。

③ 健康蔬菜：红薯既含丰富的维生素，又是抗癌能手，为所有蔬菜之首。其次是芦笋、卷心菜、花椰菜、芹菜、茄子、甜菜、胡萝卜、荠菜、苤蓝菜、金针菇、雪里蕻、大白菜。

④ 健康肉食：鹅、鸭肉的化学结构接近橄榄油，有益于心脏。鸡肉则被称为"蛋白质

的最佳来源"。

⑤ 最佳健脑食物：菠菜、韭菜、南瓜、葱、花椰菜、菜椒、豌豆、番茄、胡萝卜、小青菜、蒜苗、芹菜等蔬菜；核桃、花生、开心果、腰果、松子、杏仁、大豆等坚果类食物以及糙米饭、猪肝等。

⑥ 健康汤食：鸡汤最优，特别是母鸡汤还有防治感冒、支气管炎的作用，尤其适于冬春季进食。

⑦ 健康食油：玉米油、米糠油、芝麻油等尤佳，植物油与动物油按1:0.5的比例调配食用更好。

⑧ 健康茶类：绿茶等，绿茶有助于防止辐射。

总之，无论是哪种类型的健康食品，都以保健为目的，不能速效，需要长期食用方可使人受益。

（2）健康食品根据需求分类，主要可分为营养补充、疾病预防或改善、特定功能三类。营养补充是补充一种或多种人体所必需的营养素，如补充维生素 A、C 等，主要以吃的方式为主；疾病预防或改善，是通过吃或通过使用仪器达到效果，如吃调节血压或血糖的食品，或是通过运动及按摩等方式达到预防疾病的效果等；特定功能主要是指产品具有显著疗效，如患有谷类蛋白过敏症的病人必须吃特殊处理过并将小麦蛋白、米蛋白等萃取出来的谷类食品。

（3）这些具健康、保健功能的食品也可概括称为机能性食品。依据其成分、功效及法规规定等，可进一步细分为一般机能性食品、保健食品、药品三大类别。

① 一般机能性食品：一般人们认为或者相信能为身体带来某些益处的食品，只要这些食品宣称能够促进健康，就可称之。

② 保健食品：需经过科学证据证明其产品功效，并由政府审核、公告的产品方可称之。例如，张勇飞等专家利用中药原料经科学配制成的高蛋白低热量食品——高蛋白保健瘦身粉（表 1-1），适合于体内热量摄入大于消耗导致的单纯性肥胖人群及高血脂、冠心病、高血压、高血糖患者使用，从而达到瘦身美容的目的。

表 1-1　高蛋白保健瘦身粉营养成分表

项目	蛋白质	碳水化合物	脂肪	能量/(kJ/100g)
平均数±标准差	(25.2±1.0)%	(11.9±1.0)%	(9.1±1.5)%	963±33.4

③ 药品：具备特定疗效，可进一步分为指示药品、成药、处方药品三大类别。

（三）食物中常见致癌因素与致癌物

1. 致癌因素

常见的致癌因素包括自然致癌、污染致癌以及添加剂致癌等。

（1）自然致癌。

① 亚硝基化合物：这是食品中一种常见的致癌物，在动物体内、人体内、食品及环境中皆可由其前体物质（胺类、亚硝酸盐及硝酸盐）合成，这些前体物质可在多种食品中出现，尤其是质量较差的不新鲜食品如剩菜、腐烂的蔬菜等。人体合成亚硝基化合物的主要部位是胃，尤其当患萎缩性胃炎或胃酸不足时，可由唾液咽下的亚硝酸盐及食物中的胺类合成，在动物及人胃液中都曾测出过亚硝基化合物。

② 高脂饮食：研究发现，长期高脂肪饮食容易发生乳腺癌、子宫癌、大肠癌。这在一些发达国家尤其明显。

③ 高浓度酒精：酒精是表面消毒剂，高浓度的酒精可以使消化道黏膜表面的蛋白质变性而增加肿瘤的发病率。

（2）污染致癌。

① 许多食品可被大气中的多环芳烃污染，这类物质已被证实具有致癌作用，尤其是苯并芘具有强致癌活性。这类物质多来源于采暖系统、工业系统和交通运输的污染，这些物质不仅通过大气，还可通过水、土壤等途径积储于食物中。

② 许多食品如谷物、瓜果、蔬菜可被农药所污染，生活中常用的杀虫剂、洗涤剂中都可能含有致癌性化合物。

③ 一些激素类制剂可通过兽医治疗或加入饲料而进入动物体内。当人们食用这些畜禽时，便可摄入残留在这些畜禽体内的激素。观察表明，雌激素和孕激素均能诱发与内分泌系统有关的肿瘤。

④ 一些食品包装材料如塑料袋、印有文字图案的纸张、包装箱上的石蜡等都可能含有多环芳烃类物质，均有潜在的致癌性。

（3）添加剂致癌。

食品添加剂包括防腐剂、食用色素、香料、调味剂及其他添加剂。市场上许多袋装食品含有防腐剂，而防腐剂内含有大量亚硝胺类物质，这类物质有明显的促癌作用。

2. 易致癌食品

（1）腌制食品：咸鱼产生的二甲基亚硝酸盐，在体内可以转化为致癌物质二甲基亚硝酸胺。虾酱、咸蛋、咸菜、腊肠、火腿等同样含有致癌物质，应尽量少吃。

（2）烧烤食物：烤牛肉、烤鸭、烤羊肉、烤鹅、烤乳猪、烤羊肉串等，因含有强致癌物而不宜多吃。

（3）熏制食品：如熏肉、熏肝、熏鱼、熏蛋、熏豆腐干等食品含苯并芘等致癌物，常食易患食道癌和胃癌。

（4）油炸食品：食品煎炸过焦后，产生致癌物质多环芳烃。咖啡烧焦后，苯并芘会增加 20 倍。油煎饼、臭豆腐、煎炸芋角、油条等，因多数是使用重复多次加热的油加工的，这种油在高温下会产生致癌物，故不宜多食。

（5）霉变物质：米、麦、豆、玉米、花生等食品易受潮霉变，被霉菌污染后会产生致癌毒素——黄曲霉毒素。

（6）隔夜熟白菜和酸菜：会产生亚硝酸盐，在体内会转化为致癌物质亚硝酸胺。

（7）槟榔：有证据表明，嚼食槟榔是引起口腔癌的一个因素。

（8）反复烧开的水：反复烧开的水含亚硝酸盐，进入人体后可生成致癌的亚硝酸胺。

（9）火腿＋乳酸饮料：容易致癌。将三明治搭配优酪乳当早餐的人要小心，三明治中的火腿、培根等和乳酸饮料一起食用易致癌。

二、食品安全

根据世界卫生组织的定义，食品安全（foodsafety）是"食物中有毒、有害物质对人体健康影响的公共卫生问题"。食品安全要求食品对人体健康造成急性或慢性损害的所有危险都不存在，是一个绝对概念。食品安全是专门探讨在食品加工、存储、销售等过程中确保食品卫生及食用安全,降低疾病隐患,防范食物中毒的一个跨学科领域。

食品污染是指食品在生产、加工、包装等过程中发生污染,可能对消费者人身安全造成危害,需要对这类产品进行直接销毁或者进行回收。

（一）食品污染分类

食品污染分为生物性污染、化学性污染及物理性污染三类。

1. 生物性污染

生物性污染是指有害的病毒、细菌、真菌以及寄生虫、昆虫等污染食品。属于微生物的细菌、真菌是人的肉眼看不见的。鸡蛋变臭,蔬菜烂掉,主要是细菌、真菌在起作用。细菌有许多种类,有些细菌如变形杆菌、黄色杆菌、肠杆菌可以直接污染动物性食品,也能通过工具、容器、洗涤水等途径污染动物性食品,使食品腐败变质。真菌的种类很多,有5万多种,最早为人类服务的霉菌就是真菌的一种。如今人们吃的腐乳、酱制品的制作都离不开霉菌。但其中百余种菌株会产生毒素,毒性最强的是黄曲霉毒素。食品被这种毒素污染以后,会引起动物原发性肝癌。据调查,食物中含黄曲霉毒素较高的某些地区,肝癌发病率比其他地区高几十倍。英国科学家认为,乳腺癌可能与黄曲霉毒素有关。中国华东、中南地区气候温湿,黄曲霉毒素的污染比较普遍,主要污染在花生、玉米上,其次是大米等食品。污染食品的寄生虫主要有蛔虫、绦虫、旋毛虫等,这些寄生虫一般都是通过病人、病畜的粪便污染水源、土壤,然后再使鱼类、水果、蔬菜受到污染,人吃了污染食品以后会感染寄生虫病。蝇、螨等昆虫也能污染食品,传染疾病。

霉菌及其产生的毒素对食品的污染多见于南方多雨地区,已知的霉菌毒素有200余种,不同的霉菌其产毒能力不同,毒素的毒性也不同。与食品的关系较为密切的霉菌毒素有黄曲霉毒素、赭曲毒素、杂色曲毒素、岛青霉素、桔青霉素、层青霉素、单端孢霉素等。霉菌和霉菌毒素污染食品后,引起的危害主要有两个方面,即霉菌引起的食品变质和霉菌产生的毒素引起人类的中毒。霉菌污染食品可使食品的食用价值降低,甚至完全不能食用,造成巨大的经济损失。据统计,全世界每年平均有2%的谷物由于霉变而不能食用。霉菌毒素引起的中毒大多通过被霉菌污染的粮食、油料作物以及发酵食品等引起,而且霉菌中毒往往表现为明显的地方性和季节性。

影响霉菌生长繁殖及产毒的因素是很多的,与食品霉变关系密切的有水分、温度、基质、通风等条件。因此,控制这些条件,可以减少霉菌和毒素对食品造成的危害。

细菌对食品污染的途径主要有以下几种:一是对食品原料的污染,食品原料品种多、来源广,细菌污染的程度因不同的品种和来源而异;二是在食品加工过程中对食品造成的污染;三是在食品贮存、运输、销售中对食品造成的污染。食品的细菌污染指标主要有菌落总数、大肠菌群、致病菌等几种。常见的易污染食品的细菌有假单胞菌、微球菌和葡萄球菌、芽孢杆菌与芽孢梭菌、肠杆菌、弧菌和黄杆菌、嗜盐杆菌、乳杆菌等。

2. 化学性污染

因化学物质对食品的污染造成的食品质量安全问题为食品的化学性污染。目前危害最严重的是化学农药、有害金属及多环芳烃类,如苯并芘、N-亚硝基化合物等化学污染物。滥用食品加工工具、食品容器、食品添加剂、植物生长促进剂等也是引起食品化学污染的重要因素。

常见的食品化学性污染有农药的污染和工业有害物质的污染。

（1）当前世界各国的化学农药品种有1400多个，作为基本品种使用的有40种左右。按其用途可分为杀虫剂、杀菌剂、除草剂、植物生长调节剂、粮食熏蒸剂等；按其化学成分可分为有机氯、有机磷、有机氟、有机氮、有机硫、有机砷、有机汞、氨基甲酸酯类等。另外还有氯化苦、磷化锌等粮食熏蒸剂。农药除了可造成人体的急性中毒外，绝大多数会对人体产生慢性危害，并且都是通过污染食品的形式造成的。农药污染食品的主要途径有以下几种：一是为防治农作物病虫害使用农药，喷洒于作物而直接污染食用作物；二是植物根部吸收；三是空中随雨水降落；四是食物链富集；五是运输贮存中混放。几种常用的、容易对食品造成污染的农药品种有有机氯农药、有机磷农药、有机汞农药、氨基甲酸酯类农药等。

（2）随着现代工业技术的发展，工业有害物质及其他化学物质对食品的污染也越来越引起人们的重视。工业有害物质及其他化学物质主要指金属毒物（如甲基汞、镉、铅、砷）、N-亚硝基化合物、多环芳烃化合物等。工业有害物质污染食品的途径主要有环境污染，食品容器、包装材料和生产设备、工具的污染，食品运输过程的污染等。

① 来自生产、生活和环境中的污染物，如农药、兽药、有毒金属、多环芳烃化合物、N-亚硝基化合物、杂环胺、二噁英、三氯丙醇等。

② 食品容器、包装材料、运输工具等溶入食品的有害物质。

③ 滥用食品添加剂。

④ 食品加工、贮存过程中产生的物质，如酒中有害的醇类、醛类等。

⑤ 掺假、造假过程中加入的物质。

3. 物理性污染

物理性污染主要来源于复杂的多种非化学性的杂物，虽然有的污染物可能并不威胁消费者的健康，但是严重影响了食品应有的感官性状和营养价值，使食品质量得不到保证。物理性污染主要有：来自食品产、储、运、销的污染物，如粮食收割时混入的草籽、液体食品容器池中的杂物、食品运销过程中的灰尘及苍蝇等；食品的掺假、造假，如粮食中掺入的沙石、肉中注入的水、奶粉中掺入的大量的糖等；小麦粉生产过程中混入磁性金属物，就属于物理性污染。其另一类表现形式为放射性污染，食品的放射性污染，主要来自放射性物质的开采、冶炼、生产、应用及意外事故造成的污染。如天然放射性物质在自然界中分布很广，它存在于矿石、土壤、天然水、大气及动物和植物的所有组织中，特别是鱼类、贝类等水产品对某些放射性核素有很强的富集作用，使食品中放射核素的含量显著地超过周围环境中存在的该核素的含量。放射性物质的污染主要是通过水及土壤污染农作物、水产品、饲料等，经过生物圈进入食品，并且可通过食物链转移。放射性核素对食品的污染有三种途径：一是核试验的降沉物的污染；二是核电站和核工业废物的排放的污染；三是意外事故泄漏造成局部性污染。

（二）食品污染的危害

食品污染对人体健康的危害有多方面的表现。一次大量摄入受污染的食品，可引起急性中毒，即食物中毒，如细菌性食物中毒、农药食物中毒和霉菌毒素中毒等。长期（一般指半年到一年以上）少量摄入含污染物的食品，可引起慢性中毒。造成慢性中毒的原因较难追查，而影响又较广泛，所以应格外重视。例如，摄入残留有机汞农药的粮食数月后，会出现周身乏力、尿汞含量增高等症状；长期摄入微量黄曲霉毒素污染的粮食，能引起肝细胞变性、坏死、脂肪浸润和胆管上皮细胞增生，甚至发生癌变。慢性中毒还可表现为胎儿生长迟缓、不孕、流产、死胎等生育功能障碍,有的还可通过母体使胎儿发生畸形。已知与食品有关的致畸物质有醋酸苯汞、甲基汞、2,4-(D)二氯苯氧乙酸、四氯二苯、二噁英、狄氏剂、艾氏剂、DDT、氯丹、七氯和敌枯双等。

某些食品污染物还具有致突变作用。突变如发生在生殖细胞,可使正常妊娠发生障碍,甚至不能受孕,胎儿畸形或早死。突变如发生在体细胞,可使在正常情况下不再增殖的细胞发生不正常增殖而构成癌变的基础。与食品有关的致突变物有苯并芘、黄曲霉毒素、DDT、狄氏剂和烷基汞化合物等。

有些食品污染物可诱发癌肿。例如,以含黄曲霉毒素的发霉玉米或花生饲养大鼠,可诱发肝癌。与食品有关的致癌物有多环芳烃化合物、芳香胺类、氯烃类、亚硝胺化合物、无机盐类(某些砷化合物等)、黄曲霉毒素和生物烷化剂(如高度氧化油脂中的环氧化物)等。

(三)食品污染的预防

防止食品污染,不仅要注意饮食卫生,还要从各个细节着手。只有这样,才能从根本上解决问题。食品污染的防治措施主要有:开展卫生宣传教育;食品生产经营单位要全面贯彻执行食品卫生法和国家卫生标准;食品卫生监督机构要加强食品卫生监督,把住食品生产、出厂、出售、出口、进口等卫生质量关;加强农药管理;灾区要特别加强食品运输、贮存过程中的管理,防止各种食品意外污染事故的发生。

1. 从感官上辨别腐败变质的食品

所谓感官鉴定是以人的视觉、嗅觉、触觉、味觉来查验食品初期腐败变质的一种简单而有效的方法。食品是否腐败变质可以从以下几个方面去辨别:

(1)色泽变化。微生物繁殖引起食品腐败变质时,食品色泽就会发生改变,常会出现黄色、紫色、褐色、橙色、红色和黑色的片状斑点或全部变色。

(2)气味变化。食品腐败变质会产生异味,如霉味臭、醋味臭、胺臭、粪臭、硫化氢臭、酯臭等。

(3)口味变化。微生物造成食品腐败变质时也常引起食品口味的变化。而口味改变中比较容易分辨的是酸味和苦味。例如,番茄制品,微生物造成酸败时,酸味稍有增高;牛奶被假单胞菌污染后会产生苦味;蛋白质被大肠杆菌、小球菌等微生物污染变质后也会产生苦味。

(4)组织状态变化。固体食品变质,可使组织细胞破坏,造成细胞内容物外溢,食品会变形、软化;鱼、肉类食品变质会变得组织松弛、弹性差,有时组织体表出现发黏等现象;粉碎后加工制成的食品,如糕点、乳粉、果酱等变质后常变得黏稠、结块、表面变形、潮润或发黏;液态食品变质后会出现浑浊、沉淀,表面出现浮膜、变稠等现象;变质的鲜乳可出现凝块、乳清析出、变稠等现象,有时还会产生气体。

2. 防止腌制后的食品变质

盐腌是保藏食品的一种方法,如腌咸鱼、咸肉等。腌制出来的食物,不仅能防腐,保存时间长,而且腌制品还具有一定的特殊风味。在一般情况下,食盐浓度在10%以上时,多数细菌能受到抑制,不能繁殖,食盐浓度在15%以上时,食物可较长时间保存。保存腌制食品,在上面放一些丁香花、花椒、生姜等,能防止变味。但是也有一些细菌能在盐腌制食品中生长,如有一种盐杆菌甚至可在饱和盐水中繁殖,因此盐腌制后的食品如果被细菌污染也会变质。

第二节　食物中的营养成分

一、六大营养素

营养是供给人类用于修补旧组织、增生新组织、产生能量和维持生理活动所需要的合理食物。食物中可以被人体吸收利用的物质叫营养素。营养素主要包含糖类、脂肪、蛋白质、维生素、无机盐和水等六类物质（膳食纤维被称为第七大营养素）。前三者在体内代谢后产生能量，故又称产能营养素。

（一）糖类

糖类物质是人体重要的能源和碳源，对于人体正常生长发育起着重要作用。糖类又称碳水化合物，是自然界存在最多、分布最广的一类重要的有机化合物，包括葡萄糖、果糖、乳糖、淀粉、纤维素等。糖分解时释放能量，供给生命活动的需要。

从化学成分上看，糖类化合物由 C（碳）、H（氢）、O（氧）三种元素组成。分子中 H 和 O 的比例通常为 2∶1，与水分子中的比例一样，故又称碳水化合物。可用通式 $C_m(H_2O)_n$ 表示。因此，曾把这类化合物称为碳水化合物。后来发现有些化合物按其构造和性质应属于糖类化合物，可是它们的组成并不符合 $C_m(H_2O)_n$ 通式，如鼠李糖（$C_6H_{12}O_5$）、脱氧核糖（$C_5H_{10}O_4$）等；而有些化合物如乙酸（$C_2H_4O_2$）、乳酸（$C_3H_6O_3$）等，其组成虽符合通式 $C_m(H_2O)_n$，但结构与性质却与糖类化合物完全不同。所以，碳水化合物这个名称并不确切，但因使用已久，迄今仍在沿用。

食物中的碳水化合物分成两类：一类是人类能够消化、吸收的供能型碳水化合物，如葡萄糖、果糖、乳糖、淀粉等；另一类是人不能消化、吸收但有助于人类健康的碳水化合物，如膳食纤维。

1. 供能型碳水化合物

碳水化合物（糖）是一切生物体维持生命活动所需能量的主要来源。它不仅是营养物质，而且有些还具有特殊的生理活性。例如，肝脏中的肝素有抗凝血作用；血型结构中的糖与免疫活性有关。此外，核酸的组成成分中也含有糖类化合物——核糖和脱氧核糖。因此，糖类化合物对医学来说，具有更重要的意义。糖类化合物对人体的作用有：

（1）供给能量。

每克葡萄糖产热 16kJ（约 4kcal），人体摄入的碳水化合物在体内经消化变成葡萄糖或其他单糖参加机体代谢。

对每个人膳食中碳水化合物的比例没有具体规定数量，我国营养专家认为碳水化合物产热量占总热量的 60%～65% 为宜。

平时摄入的碳水化合物主要是多糖，在米、面等主食中含量较高，摄入这些碳水化合物的同时，能获得蛋白质、脂类、维生素、矿物质、膳食纤维等其他营养物质。而摄入单糖或双糖如蔗糖，除能补充热量外，不能补充其他营养素。

（2）构成细胞和组织。

每个细胞都有碳水化合物，其含量为 2%～10%，主要以糖脂、糖蛋白和蛋白多糖的形式存在，分布在细胞膜、细胞器膜、细胞质以及细胞间质中。

（3）节省蛋白质。

糖类摄入充足时，在体内可转化成脂肪储存起来以"备战备荒"。食物中碳水化合物不足，机体不得不动用蛋白质来满足机体活动所需的能量，这将影响机体用蛋白质进行合成新的蛋白质和组织更新。因此，完全不吃主食，只吃肉类是不适宜的，因肉类中含碳水化合物很少，这样机体组织将用蛋白质产热，对机体没有好处。所以，减肥病人或糖尿病患者最少摄入的碳水化合物不要低于150g。

（4）维持脑细胞的正常功能。

葡萄糖是维持大脑正常功能的必需营养素，当血糖浓度下降时，脑组织可因缺乏能源而使脑细胞功能受损，造成功能障碍，并出现头晕、心悸、出冷汗甚至昏迷。

（5）其他。

碳水化合物中的糖蛋白和蛋白多糖有润滑作用。另外，它们可控制细胞膜的通透性，并且是一些合成生物大分子物质的前体，如嘌呤、嘧啶、胆固醇等。碳水化合物可调节食品风味，调节脂肪代谢，提供膳食纤维等。

膳食中缺乏碳水化合物将导致全身无力、疲乏、血糖含量降低，产生头晕、心悸、脑功能障碍等症状，严重者会导致低血糖昏迷。当膳食中碳水化合物过多时，就会转化成脂肪贮存于体内，使人过于肥胖而导致各类疾病，如高血脂、糖尿病等。成人每天应至少摄入50～100g可消化吸收的碳水化合物以预防碳水化合物缺乏症。碳水化合物的主要食物来源有：蔗糖、谷物（如水稻、小麦、玉米、大麦、燕麦、高粱等）、水果（如甘蔗、甜瓜、西瓜、香蕉、葡萄等）、坚果、蔬菜（如胡萝卜、番薯等）等。

2. 膳食纤维

膳食纤维（Dietary fiber）是指"凡是不能被人体内源酶消化吸收的可食用植物细胞、多糖、木质素以及相关物质的总和"。这一定义包括了食品中的大量组成成分如纤维素、半纤维素、木质素、胶质、改性纤维素、黏质、寡糖、果胶以及少量组成成分如蜡质、角质、软木质。

粗纤维（Crude fiber）是指植物被特定浓度的酸、碱、醇或醚等溶剂作用后的剩余残渣。强烈的溶剂处理导致几乎100%水溶性纤维、50%～60%半纤维素和10%～30%纤维素被溶解损失掉。因此，对于同一种产品，其粗纤维含量与总膳食纤维含量往往有很大的差异，两者之间没有一定的换算关系。

（1）膳食纤维的分类。

中国营养学会将膳食纤维分为：总的膳食纤维、可溶膳食纤维和水溶膳食纤维、非淀粉多糖。根据溶解特性的不同，一般分为不溶性膳食纤维和水溶性膳食纤维两大类。

① 水溶性膳食纤维。水溶性膳食纤维是指不被人体消化酶消化，但溶于温水或热水且其水溶液又能被4倍体积的乙醇再沉淀的那部分膳食纤维，主要包括存在于苹果、桔类中的果胶，植物种子中的胶，海藻中的海藻酸、卡拉胶、琼脂和微生物发酵产物黄原胶，以及人工合成的羧甲基纤维素钠盐等。

② 不溶性膳食纤维。不溶性膳食纤维是指不被人体消化道酶消化且不溶于热水的那部分膳食纤维，包括构成植物细胞壁的主要成分，如纤维素、半纤维素、木质素、原果胶和动物性的甲壳素和壳聚糖。其中木质素不属于多糖类，是使植物细胞壁保持一定韧性的芳香族碳氢化合物。

（2）膳食纤维的化学组成。

不同来源的膳食纤维，其化学组成的差异可能很大。主要有：

① 纤维素。纤维素是 β-吡喃葡萄糖经 β-(1-4)糖苷键连接而成的直链线性多糖，聚合度大约为数千，它是细胞壁的主要结构物质。在植物细胞壁中，纤维素分子链由结晶区与非结晶区组成，非结晶结构内的氢键结合力较弱，易被溶剂破坏。纤维素的结晶区与非结晶区之间没有明确的界限，转变是逐渐的。不同来源的纤维素，其结晶程度也不相同。

② 半纤维素。半纤维素的种类很多，不同种类的半纤维素其水溶性也不同，有的可溶于水，但绝大部分都不溶于水。不同植物中半纤维素的种类、含量均不相同，其中组成谷物和豆类膳食纤维中的半纤维素有阿拉伯木聚糖、木糖葡聚糖、半乳糖甘露聚糖和 β-(1-3,1-4)葡聚糖等数种。通常所说的"非纤维素多糖"（Noncellulosic polysaccharides）泛指果胶类物质、β-葡聚糖和半纤维素等物质。

③ 果胶及果胶类物质。果胶主链是经 α-(1-4)糖苷键连接而成的聚 GalA（半乳糖醛酸），主链中连有(1-2)Rha（鼠李糖），部分 GalA 经常被甲基酯化。果胶类物质主要有阿拉伯聚糖、半乳聚糖和阿拉伯半乳聚糖等。果胶能形成凝胶，对维持膳食纤维的结构有重要的作用。

④ 木质素。由松柏醇、芥子醇和对羟基肉桂醇 3 种单体组成的大分子化合物。天然存在的木质素大多与碳水化合物紧密结合在一起，很难将之分离开来。木质素没有生理活性。

（3）膳食纤维的生理功能。

膳食纤维也属于糖类，但我们人类不能消化这类糖。它的作用为：锻炼牙齿，增加唾液分泌，帮助食物消化；充当填料作用，达到减肥目的；刺激肠壁，促进胃肠蠕动、消化液分泌，有利于消化；有吸水作用，可预防便秘，减少癌变。

① 调整肠胃功能（整肠作用）。膳食纤维能使食物在消化道内的通过时间缩短，一般在大肠内的滞留时间约占总时间的 97%，食物纤维能使物料在大肠内的移运速度缩短 40%，并使肠内菌群发生变化，增加有益菌，减少有害菌，从而预防便秘、静脉瘤、痔疮和大肠癌等，并预防其他合并症状。

膳食纤维可以预防便秘。膳食纤维可使食糜在肠内通过的时间缩短，大肠内容物（粪便）的量相对增加，有助于大肠的蠕动，增加排便次数。此外，膳食纤维在肠腔中被细菌产生的酶所酵解，先分解成单糖而后又生成短链脂肪酸。短链脂肪酸被当作能量利用后在肠腔内产生二氧化碳并使酸度增加、粪便量增加以及加速肠内容物在结肠内的转移而使粪便易于排出，从而达到预防便秘的作用。

膳食纤维的摄入有利于预防结肠癌。高脂肪膳食可刺激分泌大量的胆汁酸，继而产生过量的次级胆汁酸及类固醇（甾醇化合物），可导致结肠癌的发生；高脂肪酸易造成体内亚硝胺的大量产生和积累，导致有害微生物酶及其有毒物质的增加，进而使结肠癌的发病率增高。其次，结肠内的某些刺激物或毒物即发酵产物（内源性有毒物）及化学药品和有毒医药品（外源性有毒物质）停留时间过长，它们会对肠壁发生毒害作用，并被肠壁所吸收，长此以往，也会诱导结肠癌的发生。

膳食纤维表面有很多的活性基团，对有毒发酵产物（内源性有毒物）及化学药品和有毒医药品（外源性有毒物质）具有吸附螯合作用，从而减少有毒产物对肠壁的刺激；并且，膳食纤维酵解产生短链脂肪酸，降低肠道的 pH，刺激肠道蠕动，也有利于促进有毒物质的排出速度。膳食纤维被结肠内细菌发酵所产生的短链脂肪酸（包括乙酸、丙酸和丁酸）能刺激肠道蠕动，有利于缩短食物在大肠内的通过时间，减少了毒物对结肠内壁的毒害作用。研究表明，膳食纤维的摄入量与结肠癌的发病率或死亡率成反比，因此膳食纤维的摄入有利于预防结肠癌。

膳食纤维能缓和由有害物质所导致的中毒和腹泻。当肠内有中毒菌和其所产生的各种有毒物质时，小肠腔内的移动速度亢进，营养成分的消化、吸收降低，并引起食物中毒性腹泻。而当有膳食纤维存在时可缓和中毒程度，延缓在小肠内的通过时间，提高消化道酶的活性和对营养成分正常的消化吸收。

膳食纤维对肠道菌群有调节作用。膳食纤维尤其是水溶性膳食纤维进入大肠后，对其中肠道内的微生物菌群种类和数量产生重要影响。膳食纤维被结肠内某些细菌酵解，产生短链脂肪酸，使结肠内 pH 下降，影响结肠内微生物的生长和增殖，促进肠道有益菌的生长和增殖，进而抑制肠道内有害腐败菌的生长并减少有毒发酵产物的形成。例如，水溶性膳食纤维菊粉是肠道内固有的有益细菌——双歧杆菌有效增殖因子（在肠道内双歧杆菌的大量繁殖能够起抗癌作用）。随着年龄的增长，由于胃肠液分泌量减少，肠道内的双歧杆菌活菌数减少，因此增加膳食纤维的摄入量，以增加双歧杆菌活菌数，从而可以起到抗衰老、机体免疫力下降和抗肿瘤的发生作用。

膳食纤维能减少阑尾炎的发生。膳食纤维在消化道中可防止小的粪石形成，减少此类物质在阑尾内的蓄积，从而减少细菌侵袭阑尾的机会，避免阑尾炎的发生。

② 膳食纤维对血糖的调节作用。膳食纤维缺乏易导致糖尿病的发生，西方人和我国某些城镇人群糖尿病发病率高的原因也在于此。膳食纤维的摄取，有助于延缓和降低餐后血糖和血清胰岛素水平的升高，改变葡萄糖耐量曲线，维持餐后血糖水平的平衡和稳定。

膳食纤维稳定饮食后血糖水平的作用机理是：延缓和降低机体对葡萄糖的吸收速度和数量。研究表明，黏性膳食纤维的摄入，可使小肠内容物的黏度增加，并使肠黏膜非搅动层厚度增加，使葡萄糖由肠腔进入肠上皮细胞吸收表面的速度下降，葡萄糖吸收速率也随之下降。

同时，膳食纤维也增加了胃内容物的黏度，降低了胃排空速度，因而影响了葡萄糖的吸收。再者是膳食纤维的持水性和膨胀性，在肠道中干扰了可利用碳水化合物与消化酶之间的有效混合作用，降低了可利用碳水化合物的消化率；膳食纤维的持水性和膨胀性，促进肠蠕动，使食物在消化道内的消化和吸收时间变短，也影响了小肠对葡萄糖的吸收。上述共同作用的结果是机体对葡萄糖的吸收被延缓和降低，从而起到了平衡和稳定血糖水平的作用。

膳食纤维延缓餐后葡萄糖的吸收，降低餐后血糖的最高峰值，也减轻了胰岛素的负担，并可促进糖代谢的良性循环，对预防糖尿病是十分有利的。若长期摄取膳食纤维，有利于稳定血糖，改善机体末梢组织对胰岛素的感受，降低糖尿病人对胰岛素的要求。对于Ⅰ型（胰岛素依赖型）糖尿病人，提高日摄取膳食纤维的量，可避免疾病的进一步恶化，而对于Ⅱ型（非胰岛素依赖型）糖尿病，膳食纤维的控制作用较小。

③ 膳食纤维对血脂的降低作用。膳食纤维能对高脂食品升高血清胆固醇的作用起到拮抗作用，其原因在于膳食纤维可有效降低血脂水平。膳食纤维可有效降低血清总胆固醇（TC）和低密度脂蛋白胆固醇（LDL-C，也称致动脉硬化因子），但对血清三甘酯（TG）

和高密度脂蛋白胆固醇（HDL-C，抗动脉硬化因子）无明显影响。对 LDL-C 的降低和对 HDL-C 的升高均显示血脂情况的改善。

引起体内胆固醇水平变化的主要因素是外源性胆固醇即膳食胆固醇，而不是非内源性胆固醇即肝脏生物合成胆固醇，因此，其血脂水平下降的主要原因应当是由于膳食胆固醇的吸收，而不是短链脂肪酸抑制胆固醇的生物合成。

膳食纤维降血脂的可能作用机理包括：

a. 吸附肠腔内胆汁酸，减少胆汁酸的重吸收，阻断胆固醇在肠腔循环。

b. 降低膳食胆固醇的吸收率。

c. 被大肠内细菌发酵降解，所产生的短链脂肪酸对肝脏胆固醇的生物合成可能有抑制作用。

膳食胆固醇的吸收率与机体血浆胆固醇水平直接相关，膳食胆固醇吸收率下降有利于血浆胆固醇水平的下降。黏性膳食纤维可明显增加小肠内容物黏度，在肠内形成胶基层，增加小肠非搅动层厚度，降低胆固醇从肠腔到黏膜的扩散速度，阻碍胆固醇与肠黏膜的接触，导致胆固醇吸收率下降。同时，膳食纤维可能把胆固醇包裹在其分子内，抑制胶态分子团的形成，阻碍胆固醇与胆汁酸的乳化作用，也导致膳食胆固醇吸收率的下降，而粪便胆固醇排除量增加。

膳食纤维进入大肠，被其中的细菌所发酵，其降解产物如乙酸、丙酸和丁酸可被肠细胞利用为能量物质或进入血液，并可能影响胆固醇和胆汁酸的吸收与代谢。其中，丙酸（盐）有利于抑制胆固醇的生物合成和 LDL-C 的清除，丙酸可以抑制 HMG-CoA 还原酶的活力，而降低胆固醇的生物合成，最终导致血浆胆固醇水平的下降。

④ 膳食纤维对肥胖症的预防作用。膳食纤维在人体口腔、胃和小肠内不被消化吸收，因此膳食纤维的净能量不是零但基本为零。膳食纤维具有高持水性（因为膳食纤维化学结构中含有很多的亲水基团）和缚水后体积的膨胀性，对胃肠道产生容积作用，引起胃排空减慢，更快地产生饱腹感且不易感到饥饿，因此对预防肥胖症大有益处。

⑤ 消除外源有害物质。膳食纤维对汞、砷、镉和高浓度的铜、锌都具有清除能力，可使它们的浓度由中毒水平降低到安全水平。

⑥ 膳食纤维对其他疾病的预防作用。

a. 膳食纤维能够预防肠憩室症。膳食纤维可使粪便体积增大，使结肠内径变大，粪便含水量和体积增大，减少了肠壁压力，从而预防憩室症。

b. 膳食纤维能够预防乳腺癌。膳食纤维能减少乳腺癌发生的原因是能减少血液中能诱导乳腺癌的雌性激素的比例。

（4）膳食纤维的缺点和认识误区。

过量摄入膳食纤维可能造成的一些副作用。

① 束缚 Ca^{2+} 和一些微量元素。许多膳食纤维对 Ca、Cu、Zn、Fe、Mn 等金属离子都有不同程度的束缚作用，不过，其是否影响矿物元素代谢还有争论。

② 束缚人体对维生素的吸收和利用。研究表明：果胶、树胶和大麦、小麦、燕麦、羽扇豆等的膳食纤维对维生素 A、维生素 E 和胡萝卜素都有不同程度的束缚能力。由此说明，膳食纤维对脂溶性维生素的有效性有一定影响。

③ 引起不良生理反应。过量摄入，尤其是摄入凝胶性强的膳食纤维，如瓜尔豆胶等，

会有腹胀、大便次数减少、便秘等副作用。

另外,过量摄入膳食纤维也可能影响到人体对其他营养物质的吸收。例如,膳食纤维会对氮代谢和生物利用率产生一些影响,但损失很少,在营养上几乎未起很大作用。

鉴于膳食纤维对人体有利的一面,过量摄入也可能有副作用,为此,许多科学工作者对膳食纤维的合理摄入量进行了大量细致的研究。

我国低能量摄入(7.5×10^6 J)的成年人,其膳食纤维的适宜摄入量为 25g/d。

中等能量摄入的(1×10^7 J)为 30g/d。

高能量摄入的(1.2×10^7 J)为 35g/d。

但对患病者来说剂量一般都有所加大。膳食纤维生理功能的显著性与膳食纤维中的比例有很大关系,合理的可溶性膳食纤维和不溶性膳食纤维的比例大约是 1∶3。

膳食纤维近年来非常受欢迎,因它可以"清洁肠胃"、"防止脂肪堆积"、"缓解便秘",受到了不少爱美人士和中老年人的喜爱。芹菜中可以看见的细丝,就是最直观的膳食纤维。其实,膳食纤维多种多样,它对肠胃的保健功效也因人而异。总结起来,以下三个认识误区几乎人人都有。

误区一:口感粗糙的食物中才有膳食纤维。不可溶性纤维主要存在于麦麸、坚果、蔬菜中,因为无法溶解,所以口感粗糙。其主要改善大肠功能,包括缩短消化残渣的通过时间、增加排便次数,起到预防便秘和肠癌的作用,芹菜中的就是这种纤维。大麦、豆类、胡萝卜、柑橘、燕麦等都含有丰富的可溶性纤维,能够减缓食物的消化速度,使餐后血糖平稳,还可以降低血液胆固醇水平,这些食物的口感较为细腻,但也有丰富的膳食纤维。

☞ **小知识**

纤维素含量

麦麸:31%。

谷物:4%~10%。纤维素含量从多到少排列为小麦、大麦、玉米、荞麦面、薏米面、高粱米、黑米。

麦片:8%~9%;燕麦片:5%~6%。

马铃薯、白薯等薯类的纤维素含量大约为3%。

豆类:6%~15%,从多到少排列为黄豆、青豆、蚕豆、芸豆、豌豆、黑豆、红小豆、绿豆。

蔬菜类:笋类的含量最高,笋干的纤维素含量达到30%~40%,辣椒超过40%。其余含纤维素较多的有蕨菜、菜花、菠菜、南瓜、白菜、油菜。

菌类(干):纤维素含量最高,其中松蘑的纤维素含量接近50%,30%以上的按照从多到少排列为发菜、香菇、银耳、木耳。此外,紫菜的纤维素含量也较高,达到20%。

坚果:3%~14%。10%以上的有黑芝麻、松子、杏仁;10%以下的有白芝麻、核桃、榛子、胡桃、葵瓜子、西瓜子、花生仁。

水果:含量最高的是红果干,纤维素含量接近50%,其次有酸角、桑葚干、樱桃、酸枣、黑枣、大枣、小枣、石榴、苹果、鸭梨。

各种肉类、蛋类、奶制品、各种油、海鲜、酒精饮料、软饮料都不含纤维素；各种婴幼儿食品的纤维素含量都极低。

误区二：纤维可以排出废物、留住营养。膳食纤维在阻止人体对有害物质吸收的同时，也会影响人体对食物中蛋白质、无机盐和某些微量元素的吸收，特别是对于生长发育阶段的青少年儿童，过多的膳食纤维很可能把人体必需的一些营养物质带出体外，从而造成营养不良。所以，吃高纤维食物要适可而止，儿童尤其不能多吃。

误区三：肠胃不好的人要多补充膳食纤维。膳食纤维的确可以缓解便秘，但它也会引起胀气和腹痛。胃肠功能差者多食膳食纤维反而会对肠胃道造成刺激。对成人来说，每天摄入 25～35g 纤维就足够了。

（二）脂类

脂类主要是由一分子甘油与三分子脂肪酸形成的甘油三酯组成的（图 1-4）。组成甘油酯的脂肪酸绝大多数是含有偶数碳原子的饱和或不饱和脂肪酸。通常只含碳碳单键的脂肪酸为饱和脂肪酸。饱和脂肪酸甘油酯通常呈固态，习惯叫作脂。日常食用的动物油脂如猪油、牛油、羊油、鱼肝油、奶油等为饱和脂肪酸甘油酯（简称饱和脂肪）。含碳碳双键的脂肪酸为不饱和脂肪酸。不饱和度大的油脂通常呈液态，习惯叫作油。植物油脂如花生油、豆油、菜籽油、芝麻油、棉籽油、玉米油、葵花籽油和精加工的色拉油等，为不饱和脂肪酸甘油酯（简称不饱和脂肪）。油和脂统称油脂。油脂的共同特性：不溶于水，易溶于有机溶剂。

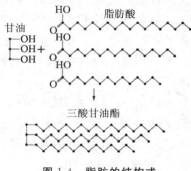

图 1-4　脂肪的结构式

1. 脂肪的主要功能

（1）生物功能。

脂肪在人体内的化学变化主要是在脂肪酶的催化下，进行水解，生成甘油（丙三醇）和高级脂肪酸，然后再分别进行氧化分解，释放能量。由于人体皮下有一层脂肪，脂肪是一种较好的绝缘物质，在寒冷情况下，可保持人体体温。另外，脂肪对身体一些重要器官起着支持和固定作用，使人体器官免受外界环境损伤。脂肪还是构成生物膜的重要物质。

（2）储能功能。

脂肪是人体主要储存能量的方式。脂肪是人体细胞膜组成成分之一，人体的脂肪细胞可以储存大量脂肪。当摄入的能量超过消耗的能量时，能量以脂肪的形式在体内储存，当能量摄入不足时，可以释放出来供机体消耗。

（3）供能功能。

脂肪产热较高，脂肪释放的热能是蛋白质或碳水化合物的 2.25 倍，每克脂肪释放的热能达 9 大卡（kcal）（37.6kJ）。正常人体每日所需热量有 25%～30% 由摄入的脂肪产生。脂肪是密度最高的食物营养素。体重为 70kg 的成人贮存的脂肪可产生 2×10^7 kJ 的能量，而贮存的蛋白质和葡萄糖相应可产生 1.05×10^6 kJ 和 168kJ 的能量。脂肪可促进脂溶性维生素的吸收，有保温、隔热功能，可保护脏器、关节等组织免受剧烈震动和摩擦等作用。

（4）提供必需脂肪酸。

脂肪提供油酸、α-亚麻酸、花生四烯酸等具有独特生理功能的必需脂肪酸。科学家们研究认为，必需脂肪酸在人体内参与磷脂的合成，并以磷脂的形式出现在线粒体和细胞膜中，它对线粒体和细胞膜的结构特别重要；对胆固醇的代谢、前列腺素的合成、动物精子的形成等有重要作用，所以缺乏必需脂肪酸易得高血脂症、生殖系统障碍、皮肤病等，建议食用含有丰富的亚油酸、α-亚麻酸类植物性液体油。

（5）脂溶性维生素载体。

脂肪是脂溶性维生素 A、D、E、K 的载体，如果摄入食物中缺少脂肪，将影响脂溶性维生素的吸收和利用。

（6）增进饱腹感。

由于脂肪在人体胃内停留时间较长，因此摄入含脂肪高的食物，可使人体有饱腹感，不易饥饿。

（7）提供润滑、细腻的口感特性。

脂肪可以增加摄入食物的烹饪效果，增加食物的香味，使人感到可口。脂肪还能刺激消化液的分泌。

一个人每天油脂摄入量以每千克体重维持在 $1\sim2$g 为宜。按人们习惯，每天摄入 $60\sim120$g 脂肪就足够了，其中包括烹调食用油。中国营养学会推荐的营养平衡参数中烹调食用油每人每天为 25g 左右。

2. 脂肪酸与健康

（1）瘦猪肉不"瘦"。

以每 100g 瘦肉为例，羊肉含脂肪 13.6g，牛肉含脂肪 6.2g，兔肉含脂肪 0.4g，猪肉却含脂肪 28.8g。瘦猪肉不等于低脂肪，吃多了，脂肪的摄入量也会提高。

（2）反式脂肪酸的危害及相关食品。

脂肪酸的"顺式"、"反式"，是指其分子结构形式。不同的脂肪酸的分子结构示意如表 1-2 所示。

表 1-2 脂肪酸顺、反示意

饱和脂肪酸	"顺式"不饱和脂肪酸	"反式"不饱和脂肪酸
饱和的碳原子（每个碳原子与 2 个氢原子结合）以单键连接。	不饱和的碳原子上的氢在双键同侧即为"顺式"结构。	不饱和的碳原子上的氢在双键两侧即为"反式"结构。

① 反式脂肪酸对人类的危害。反式脂肪酸对健康的负面影响不可掉以轻心。它对人体的主要危害有：

a. 降低记忆力。研究认为，青壮年时期饮食习惯不好的人，老年时患阿尔兹海默症（老年痴呆症）的比例更大，促进人类记忆力的胆固醇遇到反式脂肪酸会被抑制。

b. 导致动脉硬化。在降低血胆固醇方面，反式脂肪酸没顺式脂肪酸有效；含有丰富反式脂肪酸的脂肪表现出能促进动脉硬化的作用。具体表现在反式脂肪酸在提高低密度脂蛋白胆固醇（被称为坏胆固醇）水平的程度与饱和脂肪酸相似；此外，反式脂肪酸会降低高密度脂蛋白胆固醇（好胆固醇）水平，比饱和脂肪酸更有害。

c. 增加血液黏稠度和凝聚度，导致血栓形成。反式脂肪酸有增加血液黏稠度和凝聚力的作用。有实验证明，摄食占热能 6% 反式脂肪酸人群的全血凝集程度比摄食占热能 2% 的反式脂肪酸人群增加，因而使人容易产生血栓。

d. 影响生长发育。反式脂肪酸还能通过胎盘转运给胎儿，母乳喂养的婴幼儿都会因母亲摄入人造黄油使婴幼儿被动摄入反式脂肪酸。而由于受膳食和母体中反式脂肪酸含量的影响，母乳中反式脂肪酸占总脂肪酸的 1%～8%，反式脂肪酸对生长发育的影响包括：使胎儿和新生儿比成人更容易患上必需脂肪缺乏症，影响生长发育；对中枢神经系统的发育产生不良影响，抑制前列腺素的合成，干扰婴儿的生长发育。

联合国粮农组织和世界卫生组织建议每人每天摄取的反式脂肪酸不超过摄取总热量的 1%，大约相当于 2g。美国食品药物局要求食品包装上列清楚反式脂肪成分。由于越来越多研究指出反式脂肪有害健康，若干食物生产商涉及使用反式脂肪官司，近年，美国、加拿大、英国等政府纷纷开始要求在食物生产及加工上停止使用反式脂肪。有少数日本、中国香港、中国台湾的传媒和网页有提及反式脂肪对健康的影响。但大体而言，亚洲区仍未高度关注反式脂肪禁用立法事宜，市面上仍不断有大量加工食品含反式脂肪。中国台湾地区管理部门规定，自 2008 年 1 月 1 日起，市售包装食品营养标示应于脂肪项下标示饱和脂肪以及反式脂肪。

② 与反式脂肪酸相关的食品。日常生活中，含有反式脂肪酸的食品很多，诸如蛋糕、糕点、饼干、面包、沙拉酱、炸薯条、炸薯片、爆米花、巧克力、冰淇淋、蛋黄派等，凡是松软香甜、口味独特的含油（植物奶油、人造黄油等）食品，多含有反式脂肪酸。那么，对于日常生活中常见的一些含油食品，具体是何物质？与反式脂肪酸又有什么关系呢？

奶油、黄油：英文名 butter，俗称牛油，根据强制性国家标准《食品安全国家标准稀奶油、奶油和无水奶油》（GB 19646—2010），其定义为"奶油（黄油）"：以乳和（或）稀奶油（经发酵或不发酵）为原料，添加或不添加其他原料、食品添加剂和营养强化剂，经加工制成的脂肪含量不小于 80.0% 的产品。

植物奶油：也称植脂黄油，是将植物油部分氢化以后，加入人工香料模仿黄油的味道制成的奶油代替品，在一般场合下都可以代替奶油使用。主要成分为：氢化植物油（如葵花籽油），维生素 A、维生素 D、维生素 E、不饱和脂肪酸等。植物黄油不同的品种具有不同性状，有的即使冷藏也保持软化状态，这类植物黄油适合用来涂抹面包；有的即使在28℃ 的时候仍非常硬，这类植物黄油适合用来做裹入用油，用它来制作千层酥皮，会比黄油要容易操作得多。

植脂末、奶精：植脂末又称奶精，是以氢化植物油、酪蛋白为主要原料的新型混合类产品。该产品在食品生产和加工中具有特殊的作用，是一种现代食品。其应用在奶粉、咖啡、麦片、面包、饼干、调味酱、巧克力、调味料及相关产品中，虽然能改善食品的口感，但是极有可能含有对人体有害的反式脂肪酸。

氢化植物油：是一种人工油脂，常见于为人熟知的奶精、植脂末、人造奶油中，是普通植物油在一定温度和压力下加氢催化其中的不饱和脂肪酸形成的产物。因生产工艺、技术、成本等原因，某些氢化植物油未达到完全氢化的标准，因而含有一定的反式脂肪酸，但氢化植物油并不等同于反式脂肪酸。氢化植物油不但能延长糕点的保质期，还能让糕点更酥脆；同时，由于熔点高，室温下能保持固体形状，因此广泛用于食品加工。氢化过程使植物油更加饱和。由于某些氢化工艺的缺陷，使天然植物油中的顺式脂肪酸变为反式脂肪酸。这种油存在于大部分的西点与饼干里。

③ 如何识别反式脂肪酸。

a. 如何辨别植物奶油或者动物奶油制作的蛋糕（图 1-5）。

首先，动物奶油比植物奶油易溶化，制作裱花蛋糕后形状不易保持。所以，在室温下存放时间稍长就变软变形，入嘴后感觉水分多、口感新鲜且口味浓香的蛋糕是纯奶油制作。相反，在室温下放置半天形状保持不变，水分少，入嘴后不易化，那种蛋糕则是植物奶油制作。

b. 如何辨别植物奶油和动物奶油（图 1-6）。

由于市场上销售的植物奶油和动物奶油大多为液态，消费者要辨别这两种物质，可从其外观形态出发。

动物奶油呈自然的乳白色，植物奶油由于是人为合成，其颜色大多呈现刺眼的亮白色，与动物奶油相比颜色更白。

动物奶油蛋糕　　　　植物奶油蛋糕

图 1-5　奶油蛋糕的识别

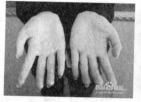
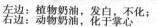

左边：植物奶油，发白，不化；　动物奶油（左）：浮于水面；
右边：动物奶油，化于掌心　　　植物奶油（右）：沉入水底

图 1-6　奶油的识别

由于动物奶油所含水分多、油脂少，植物奶油油脂多、不易化，因此可简单地通过手搓的办法进行识别。将动物奶油、植物奶油分别涂于掌心进行揉搓可以发现，动物奶油很快消失在掌心，手掌内只剩余少量油脂，就像涂了护手霜一样；而揉搓植物奶油时，揉搓时间很久之后发现其仍在掌心，且随着揉搓时间的加长，植物奶油甚至可在掌心成形。

由于植物奶油比较容易成型，而动物奶油不易成型、易化，所以可据此对其进行加热试验。分别称取质量相等的植物奶油和动物奶油，置于相同的 PP 透明餐盒中，放到微波炉中加热 1 分钟。1 分钟过后，可见植物奶油呈泡沫状，体积迅速变大，而动物奶油却变成了液态。

将等量的动物奶油和植物奶油分别倒入 20℃ 的清水里，植物奶油沉到水底，动物奶油漂浮在水面上。相同的实验在 15℃、30℃ 清水里现象相同。在 40℃、60℃ 的水里，动物奶油开始出现不同程度的溶化现象，但依然漂浮于水面上。

油脂氢化的基本原理是在加热含不饱和脂肪酸多的植物油时，加入金属催化剂（镍系、铜-铬系等），通入氢气，使不饱和脂肪酸分子中的双键与氢原子结合成为不饱和程度较低的脂肪酸，其结果是油脂的熔点升高（硬度加大）。因为在上述反应中添加了氢气，而

且使油脂出现了"硬化"，所以经过这样处理而获得的油脂叫作"氢化油"或"硬化油"。氢化油与原来的油脂分子结构不同、性质不同，密度变大，植物奶油的主要成分即为氢化油，因此，会出现上述实验中"沉入水底"的现象。

摄入反式脂肪酸过多，最显著的不良作用是会升高 LDL-C（俗称"坏胆固醇"），增加心血管系统疾病风险。这方面证据最为充分。至于反式脂肪酸与糖尿病、癌症风险之间的关系基于现有证据尚不能确定。因此为了避免过量摄入反式脂肪酸带来的风险，世界卫生组织（WHO）建议控制每日反式脂肪酸的供能比在 1% 以下，也就是大约 2g 以下。

根据美国 1999 年至 2002 年评估结果，人们食物中反式脂肪酸平均摄入量占总能量的 2.5%。按照 WHO 建议的标准，这是明显超过了。虽然 2012 年评估结果显示下降至 0.5%，但高消费量人群仍为 1%。美国食品和药物管理局 2015 年 6 月 16 日宣布，将在 3 年内禁止在食品中使用人造反式脂肪，以助降低心脏疾病发病率。人造反式脂肪问世已经一个多世纪，一度被认为是工业时代一项突破性的发明，广泛用于甜点、油炸食品等的加工，如今却被视为"有百害而无一利"。按照禁令，美国食品生产商必须在 3 年内调整产品配方，剔除部分氢化油成分，或向食品和药物管理局申请在产品中添加部分氢化油的特别许可。2018 年 6 月 18 日以后，除非获得批准，美国市场上的加工食品将不再允许添加部分氢化油。

专家认为，我国居民整体反式脂肪酸摄入情况并不严重。根据国家食品安全风险评估专家委员会 2012 年底发布的《中国居民反式脂肪酸膳食摄入水平及其风险评估》，基于 2002 年全国营养与健康状况调查的食物消费量数据，全国总人群的反式脂肪酸平均膳食摄入量为 0.39g/d（供能比 0.16%），其中城市居民为 0.52g/d（供能比 0.25%），远低于 WHO 标准。此外，2011 年国家颁布的《预包装食品营养标签通则》也要求在营养标签中标识出反式脂肪酸的含量，不少企业已开始重视降低食品中反式脂肪酸含量，居民摄入量应当有所下降。

（三）蛋白质

1838 年，荷兰化学家马尔德首先提出"蛋白质"一词。蛋白质的原意为第一顺位，意思是蛋白质是人类最重要的物质，没有它，就没有生命。蛋白质是细胞结构里最复杂多变的一类大分子，它存在于一切活细胞中。所有蛋白质都含有 C、N、O、H 元素，大多数蛋白质还含有如 Fe、Cu、Zn 等其他元素。多数蛋白质的相对分子质量在 1.2 万～100 万之间。

1. 蛋白质的主要生理功能

（1）构成和修复身体各种组织细胞的材料。人的神经、肌肉、内脏、血液、骨骼等，甚至包括体外的头皮、指甲都含有蛋白质，这些组织细胞每天都在不断地更新。因此，人体必须每天摄入一定量的蛋白质，作为构成和修复组织的材料。

（2）构成酶、激素和抗体。人体的新陈代谢实际上是通过化学反应来实现的，在人体化学反应的过程中，离不开酶的催化作用，如果没有酶，生命活动就无法进行，这些各具特殊功能的酶，均是由蛋白质构成的。

（3）维持正常的血浆渗透压。如果膳食中长期缺乏蛋白质，血浆蛋白特别是白蛋白的含量就会降低，血液内的水分便会过多地渗入周围组织，造成临床上的营养不良性水肿。

（4）供给肌体能量。在正常膳食情况下，肌体可将完成主要功能而剩余的蛋白质氧化分解转化为能量。不过，就整个肌体而言，蛋白质这方面的功能是微不足道的。

（5）维持肌体的酸碱平衡。肌体内组织细胞必须处于合适的酸碱度范围内，才能完成其正常的生理活动。肌体的这种维持酸碱平衡的能力是通过肺、肾脏以及血液缓冲系统来实现的。蛋白质缓冲体系是血液缓冲系统的重要组成部分，因此说蛋白质在维持肌体酸碱平衡方面起着十分重要的作用。

（6）运输氧气及营养物质。血红蛋白可以携带氧气到身体的各个部分，供组织细胞代谢使用。体内有许多营养素必须与某种特异的蛋白质结合，将其作为载体才能运转，如运铁蛋白、钙结合蛋白、视黄醇蛋白等都属于此类。

2. 蛋白质含量（每 100g）前十位的食品

菜籽粕（99.90g） 　　　　　　干贝（55.60g）

鱼翅（干）（84.10g）　　　　　鲍鱼干（54.10g）

墨鱼（干）（65.30g）　　　　　海参（干）（50.20g）

螺旋藻（干）（64.70g）　　　　淡菜（干）（47.80g）

鱿鱼（干）（60.00g）　　　　　酵母（47.60g）

3. 蛋白质的组成

蛋白质是由不同数目的氨基酸以肽键连接成的，所以氨基酸被称为生命的"建材"。构成人体的氨基酸有 20 多种，如色氨酸、蛋氨酸、苏氨酸、缬氨酸、赖氨酸、组氨酸、亮氨酸、异亮氨酸、丙氨酸、苯丙氨酸、胱氨酸、半胱氨酸、精氨酸、甘氨酸、丝氨酸、酪氨酸、3,5-二碘酪氨酸、谷氨酸、天门冬氨酸、脯氨酸、羟脯氨酸、瓜氨酸、乌氨酸等。

人体所需的氨基酸中，有 8 种不能靠自身合成，必须从食物中获得，称为必需氨基酸，它们是色氨酸、苏氨酸、蛋氨酸（甲硫氨酸）、缬氨酸、赖氨酸、亮氨酸、异亮氨酸、苯丙氨酸。婴儿体内的组氨酸合成量不能满足机体生长需要，所以组氨酸是婴儿的必需氨基酸。

另外，还有半必需氨基酸，它们是组氨酸、精氨酸、胱氨酸、酪氨酸、丝氨酸和甘氨酸。

完全蛋白质是指含有 8 种必需氨基酸的蛋白质。不完全蛋白质是指含必需氨基酸少于 8 种的蛋白质。通常蛋白质的摄入量为成人每日不低于 1g/kg 体重。奶类、乳制品、牛肉、鸡蛋等食物中的动物蛋白是完全蛋白质。谷类、豆类（大豆除外）、硬果类、薯类、蔬菜类等食物中的植物蛋白属于不完全蛋白质。

4. 重要氨基酸简介

（1）赖氨酸（又名离氨酸，α,ε-二氨基己酸）。

在各种氨基酸中，赖氨酸是最重要的一种。没有它，其他氨基酸就受到限制或得不到利用，因此科学家称它为人体第一必需氨基酸。

赖氨酸的主要作用：

① 提高智力，促进生长和大脑发育，是肝及胆的组成成分。赖氨酸能促进脂肪代谢，调节松果腺、乳腺、黄体及卵巢，防止细胞退化。赖氨酸为碱性必需氨基酸。由于谷物食品中的赖氨酸含量甚低，且在加工过程中易被破坏而缺乏，故将其称为第一限制性氨基酸。

② 增加食欲，增强体质，改善营养不良状况。赖氨酸可以调节人体代谢平衡。赖氨酸为合成肉碱提供结构组分，而肉碱会促使细胞中脂肪酸的合成。往食物中添加少量的

赖氨酸,可以刺激胃蛋白酶与胃酸的分泌,提高胃液分泌功效,起到增进食欲、促进幼儿生长与发育的作用。

③ 赖氨酸还能提高钙的吸收及其在体内的积累,加速骨骼生长。如缺乏赖氨酸,会造成胃液分泌不足而出现厌食、营养性贫血,致使中枢神经受阻、发育不良。

④ 帮助产生抗体、激素和酶,增加血色素,提高免疫力,减少感染疾病概率。

赖氨酸在医药上还可作为利尿剂的辅助药物,治疗因血中氯化物减少而引起的铅中毒,还可与酸性药物(如水杨酸等)生成盐来减轻不良反应,与蛋氨酸合用则可抑制重症高血压病。单纯性疱疹病毒是引起唇疱疹、热病性疱疹与生殖器疱疹的原因,而其近属带状疱疹病毒是水痘、带状疱疹和传染性单核细胞增生症的致病者。印第安波波利斯 Lilly 研究室在 1979 年发表的研究表明,补充赖氨酸能加速疱疹感染的康复并抑制其复发。长期服用赖氨酸可拮抗另一个氨基酸——精氨酸,而精氨酸能促进疱疹病毒的生长。

成年人、儿童、婴儿每天赖氨酸的需要量(按体重每千克计算)分别为 12mg、60mg、103mg。大米、面粉等谷物类食物中赖氨酸的含量最低,仅相当于牛肉中赖氨酸含量的 1/5、大豆中赖氨酸含量的 1/10,所以要注意食物的合理搭配。含赖氨酸高的食物有鳝鱼、泥鳅、鱿鱼、带鱼、鳗鱼、海参、墨鱼、蜗牛,其次冻豆腐、豆腐皮、山药、银杏、大枣、芝麻、蜂蜜、葡萄、莲子含的赖氨酸也比较多。在食物中添加 1g 赖氨酸盐酸盐,可以增加 10g 可利用的蛋白质。

(2) 色氨酸(β-吲哚-α-氨基丙酸)。

色氨酸可促进胃液及胰液的产生。色氨酸可转化生成人体大脑中的一种重要神经传递物质——5-羟色胺,而 5-羟色胺有中和肾上腺素与去甲肾上腺素的作用,并可改善睡眠的持续时间。当动物大脑中的 5-羟色胺含量降低时,表现出异常的行为,出现神经错乱的幻觉以及失眠等。此外,5-羟色胺有很强的血管收缩作用,可存在于许多组织,包括血小板和肠黏膜细胞中,受伤后的机体会通过释放 5-羟色胺来止血。医药上常将色氨酸用作抗胸闷剂、抗痉挛剂、胃分泌调节剂、胃黏膜保护剂和强抗昏迷剂等。

5. 蛋白质与健康

(1) 蛋白质对健康的作用。

体重为 60kg 的成年人每天供给蛋白质 40～60g 即可保证身体的需要。儿童、妊娠 4 个月以后的妇女、病人、伤员等人员蛋白质的供给量按体重计应高于正常成人,婴儿应高于成人的 3 倍。蛋白质不足,可影响儿童发育,使人体质下降,易患疾病,且病后不易恢复。富含蛋白质的食物包括豆类、动物内脏、肉类、家禽类、水产类、蛋类、奶类等。从一定意义上说,某种粮食中蛋白质的含量越高,这种粮食的质量也就越好。

(2) 蛋白质与三聚氰胺。

三聚氰胺(Melamine)的化学式为 $C_3H_6N_6$,相对分子质量126.15,俗称密胺,IUPAC 命名为"1,3,5-三嗪-2,4,6-三胺",是一种三嗪类含氮杂环有机化合物(图 1-7),被用作化工原料。它是白色单斜晶体,几乎无味,微溶于水(常温下为 3.1g/L),可溶于甲醇、甲醛、乙酸、热乙二醇、甘油、吡啶等,不溶于丙酮、醚类,对身体有害,不可用于食品加工或食品添加物。

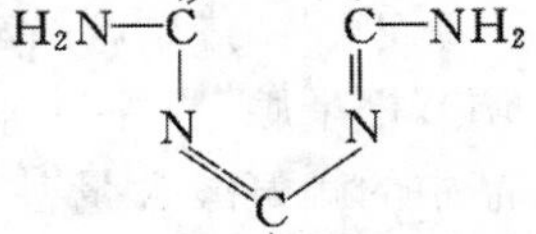

图 1-7 三聚氰胺结构

我国三聚氰胺的消费市场主要集中于木材加工、装饰板、涂料、塑料、纸张、纺织、皮革等行业。2008年9月，我国发生了含有大量三聚氰胺的三鹿牌婴幼儿配方奶粉的事件，导致食用三鹿牌婴幼儿配方奶粉的孩童患上泌尿系统结石。三聚氰胺怎么会用在食品中呢？

由于我国食品和饲料工业蛋白质含量测试方法的缺陷，故三聚氰胺常被不法商人用作食品添加剂，以提升食品检测中的"蛋白质"含量指标，因此三聚氰胺也被制假者称为"蛋白精"。

蛋白质主要由氨基酸组成，其含氮量一般不超过30％，而三聚氰胺的含氮量为66％左右。通用的蛋白质测试方法"凯氏定氮法"是通过测出含氮量来估算蛋白质含量的，因此，添加三聚氰胺会使得食品的蛋白质测试含量提高，从而使劣质食品通过食品检验机构的测试。有人估算，在植物蛋白粉和饲料的质量测试中使测试蛋白质含量增加一个百分点，用三聚氰胺作假的花费只有用真实蛋白原料的1/5。三聚氰胺作为一种白色结晶粉末，没有什么气味和味道，所以掺杂后不易被发现。

《国际化学品安全手册》也注明：长期或反复大量摄入三聚氰胺可能对肾与膀胱产生影响，导致产生结石。三聚氰胺进入人体后，会发生水解生成三聚氰酸。三聚氰酸和三聚氰胺形成大的网状结构，造成结石。

发达国家测定纯蛋白时比"凯氏定氮法"多一道步骤，即先用三氯乙酸处理样品。三氯乙酸能让蛋白质形成沉淀，过滤后，测定沉淀的氮含量，即可知道蛋白质的真正含量。需要的话还可以测定滤液中假冒蛋白质的氮含量。

（3）"美耐皿"餐具。

"美耐皿"，即英文"MELAMI"的译音，有美观耐用器皿之意，是一种化学原料的加工产品（图1-8）。原料学名是三聚氰胺树脂（MELAMI-NEWARE）。制成的产品除保有陶瓷亮丽的外观外，还具备耐冲击、不易破碎的特性，且耐酸碱。所制成的餐具，最低耐热温度为120℃，且不会产生有害人体的毒素，是一般塑胶制品所无法比拟的产品。也因其不易破碎，为国内外餐饮业界及家庭所广泛采用。

图1-8 "美耐皿"餐具

必须指出的是，勿将此类餐具用于微波加热，避免盛装过热或酸性食品，以确保食品安全。

（4）脑白金。

脑白金并不是药，而是一种保健食品，其主要功效成分是褪黑素和低聚糖。褪黑素也被译为美乐托宁、美通宁，又称松果体素。科学实验表明，松果体素由色氨酸转化而成，给动物吃富含色氨酸的食物，就会使其产生睡意，说明富含色氨酸的食物与机体松果体素的分泌密切相关。富含色氨酸的食物有小米、牛奶、香菇、葵花子、海蟹、黑芝麻、黄豆、南瓜子、肉松、油豆腐、鸡胸脯肉、鸡蛋等。对于一般的人，多吃些物美价廉的富含色氨酸的食物，也可以达到与服用脑白金同样的效果，何乐而不为呢？

（四）维生素

维生素是维持正常生命过程所必需的一类有机物。人体对其需要量很少，但对维持健康十分重要。维生素不能供给机体热能，也不能作为构成组织的物质，其主要功能是通过作为酶的成分调节机体代谢。长期缺乏任何一种维生素都会导致某种营养不良症及相应的疾病。人类的保健、儿童的发育都需要维生素。人类每天必须从膳食（或维生素制剂）中摄入一定量的维生素。人体摄入的维生素并非愈多愈好。例如，超量的维生素 D 会引起乏力、疲倦、恶心、头痛、腹泻等，还可使总血脂和血胆固醇量增加，妨碍心血管功能。

维生素是个庞大的家族，目前所知的维生素就有几十种，大致可分为脂溶性和水溶性两大类。其中维生素 A、维生素 D、维生素 E、维生素 K 属于脂溶性维生素。B 族维生素如硫胺素（维生素 B_1）、核黄素（维生素 B_2）、泛酸（维生素 B_5）、维生素 B_6、维生素 B_{12}、叶酸（维生素 B_{11}）、生物素（维生素 B_7）和维生素 C 等属于水溶性维生素。有些物质在化学结构上类似于某种维生素，经过简单的代谢反应即可转变成维生素，此类物质称为维生素原。例如，β-胡萝卜素能转变为维生素 A，7-脱氢胆固醇可转变为维生素 D_3，但要经许多复杂代谢反应才能形成。水溶性维生素不需消化，直接从肠道吸收后，通过循环到机体需要的组织中，多余的部分大多由尿排出，在体内储存甚少。脂溶性维生素溶解于油脂，经胆汁乳化，在小肠吸收，由淋巴循环系统进入体内各器官。人体内可储存大量脂溶性维生素。维生素 A 和 D 主要储存于肝脏，维生素 E 主要储存于体内脂肪组织，维生素 K 储存较少。水溶性维生素易溶于水而不易溶于非极性有机溶剂，吸收后体内贮存很少，过量的多从尿中排出；脂溶性维生素易溶于非极性有机溶剂，而不易溶于水，可随脂肪为人体吸收并在体内蓄积，排泄率不高。

1. 水溶性维生素简介

（1）B 族维生素。

① 维生素 B_1 是最早被人们提纯的维生素。因其分子中含有硫及氨基，故称为硫胺素，又称抗脚气病维生素。1896 年荷兰科学家伊克曼首先发现维生素 B_1，1910 年为波兰化学家丰克从米糠中对其进行了提取和提纯。它是白色粉末，易溶于水，遇碱易分解。

维生素 B_1 是整个物质代谢和能量代谢的关键物质，另外可抑制胆碱酯酶，对于促进食欲、胃肠道的正常蠕动和消化液的分泌液等有重要作用。

缺乏维生素 B_1 可导致脚气病、多发性神经炎、水肿、厌食、呕吐。

成人每天需摄入维生素 B_1 2mg。它广泛存在于米糠、蛋黄、牛奶、番茄等食物中。维生素 B_1 易溶于水，在食物清洗过程中可随水大量流失，经加热后菜中的维生素 B_1 主要存在于汤中。如菜类加工过细、烹调不当或制成罐头食品，维生素 B_1 会大量丢失或被破坏。

② 维生素 B_2 是 7,8-二甲基异咯嗪和核酸的缩合物，又名核黄素，1879 年英国化学家布鲁斯首先从乳清中发现，1933 年美国化学家哥尔倍格从牛奶中提得，1935 年德国化学家柯恩合成了它。维生素 B_2 是橙黄色针状晶体，味微苦，水溶液有黄绿色荧光，在碱性或光照条件下极易分解，熬粥不可放碱就是这个道理。

维生素 B_2 的主要生理功能是以黄素辅酶参与体内多种物质的氧化还原反应，是担负转移电子和氢的载体，也是组成线粒体呼吸链的重要成员。

维生素 B_2 缺乏时导致生长停滞、毛发脱落等。人体缺少它易患口腔炎、皮炎、微血管增生症等。

成年人每天应摄入维生素 B_2 2～4mg，它大量存在于谷物、蔬菜、牛乳和鱼等食品中。

③ 维生素 B_3 又称尼克酸、烟酸、维生素 PP，在人体内以尼克酰胺存在。维生素 B_3 是 B 族维生素中人体需要量最多者。

维生素 B_3 的生理作用是在体内构成脱氢酶的辅酶,主要是辅酶Ⅰ和辅酶Ⅱ,起着代谢过程中传递氢的作用。

尼克酸缺乏时,代谢物中氢无法正常传递,可引起癞皮病,表现为皮炎、腹泻、痴呆,开始时全身无力,以后出现皮炎及色素沉着,还可出现胃肠功能失调、口舌发炎等。

预防癞皮病的发生,应该多吃富含尼克酸的食品。值得指出的是,玉米中虽然含有较多的尼克酸,但以玉米为主食的人往往更容易患癞皮病。原因是玉米中的尼克酸是结合型的,不能被人体直接利用。加之玉米中色氨酸含量极低,无法转变较多的尼克酸。故以玉米为主食的地方,应提倡玉米和豆类混食,或动、植物食品搭配,保证尼克酸对机体的供给,防止尼克酸缺乏病症的发生。

④ 维生素 B_5 又称泛酸,具有抗应激、抗寒冷、抗感染、防止某些抗生素的毒性、消除术后腹胀等功效。

泛酸是辅酶 A 的辅酶,辅酶 A 是泛酸与 3-磷酸腺苷、焦磷酸和 α-巯乙胺相结合的复合分子,因此辅酶 A 的作用即是泛酸的生理功能:

脂肪酸合成。辅酶 A 在小肠壁与乙酸结合生成乙酰辅酶 A,经过生物素酶的催化转变为丙二酰辅酶 A,再与另一活化的脂肪酸作用生成长链脂肪酸。

脂肪酸降解。参与脂肪酸降解并释放出大量能量的代谢过程。

柠檬酸循环。在循环中泛酸参与从丁酮二酸及其盐合成柠檬酸,以及 α-酮酸的去羧基氧化反应。

胆碱乙酰化。乙酰辅酶 A 将乙酰基传递给胆碱生成乙酰胆碱——一种神经冲动传导物质。

抗体的合成。泛酸能促进那些对病原体有抵抗力的抗体的合成。

营养素的利用。由于辅酶 A 的功能,泛酸的存在有利于各种营养物质的吸收和利用。可以保持皮肤健康及维持血液循环,有助于神经系统正常运作。

很少有人会缺乏泛酸,因为它广泛存在于一般食物中。但是还是有一些例子显示,缺乏维生素 B_5 会导致头痛、呕吐、肌肉酸痛,肾上腺机能不足和减退,头发泛白,皮肤布满皱纹,容易疲劳、晕倒等。

维生素 B_5 广布于动物性食物,肝脏、酵母、蛋黄、豆类中含量丰富,蔬菜、水果中则含量偏少。

⑤ 维生素 B_6 又称吡哆素,包括三种物质,即吡哆醇、吡哆醛及吡哆胺。

维生素 B_6 的生理功能是会被人体转化为与蛋白质的代谢关系很密切的辅酶。维生素 B_6 在体内与磷酸结合成为磷酸吡哆醛或磷酸吡哆胺,它们是许多种有关氨基酸代谢酶的辅酶,故对氨基酸代谢十分重要,是人体脂肪和糖代谢的必需物质,女性的雌激素代谢也需要维生素 B_6。

维生素 B_6 有抑制呕吐、促进发育等功能,缺少它会引起呕吐、抽筋等症状。维生素 B_6 中的吡哆醇在体内转变成吡哆醛,吡哆醛与吡哆胺可相互转变。酵母、肝、瘦肉及谷物、卷心菜等食物中均含有丰富的维生素 B_6。

人体每日需要维生素 B_6 为 1.5～2mg。一般食物中含有丰富的维生素 B_6,且肠道细菌也能合成,所以人类很少发生维生素 B_6 缺乏症。

副作用:日服 100mg 左右维生素 B_6 就会对大脑和神经造成伤害。过量摄入还可能导致神经疾病，即一种感觉迟钝的神经性疾病，严重时可导致皮肤失去知觉。

⑥ 维生素 B_7（也称为生物素）是 B 族维生素的一部分。科学家在 1940 年首先发现了这种生物素。

维生素 B_7 的主要生理作用是帮助人体细胞把碳水化合物、脂肪和蛋白质转换成它们可以使用的能量，有助于控制糖尿病。研究表明，维生素 B_7 的作用还包括帮助糖尿病患者控制血糖水平，并防止该疾病造成神经损伤。

有很多因素可以导致维生素 B_7 缺乏。不同于大多数维生素，维生素 B_7 摄入量不足不是唯一导致其缺乏的原因。酗酒会妨碍对这种维生素的吸收，一些医生治疗某些遗传性疾病也会要求病人提高维生素 B_7 的摄入量。因此，应该根据上述因素适当考虑采取更多的补充。几乎所有的粮食都含有微量的维生素 B_7，某些食物中维生素 B_7 的含量较为丰富，如蛋黄、肝、牛奶、蘑菇和坚果是最好的生物素来源。人体每天需要摄入一定数量的维生素 B_7，建议量是男性 0.03mg，女性 0.01mg。此外，还要适当地保存和烹饪含有该维生素的食物，以确保维生素 B_7 完好无损。

⑦ 维生素 B_9 又称叶酸，在细胞中有多种辅酶形式。

维生素 B_9 的生理功能是负责单碳代谢利用，用于合成嘌呤和胸腺嘧啶，于细胞增生时作为 DNA 复制的原料，提供甲基使半同胱氨酸合成甲硫氨酸，协助多种氨基酸之间的转换。因此，叶酸参与细胞增生、生殖、血红素合成等作用，对血球的分化成熟、胎儿的发育（血球增生与胎儿神经发育）有重大的影响。避免半同胱氨酸堆积可以保护心脏、血管，还可能减缓老年痴呆症的发生。

叶酸缺乏可引起巨幼细胞性贫血、白细胞和血小板减少以及消化道症状如食欲减退、腹胀、腹泻及舌炎等。叶酸缺乏可引起情感改变，补充叶酸即可消失。

⑧ 维生素 B_{12} 又称钴胺素，即抗恶性贫血维生素，含有金属元素钴，是维生素中唯一含有金属元素的。1947 年美国女科学家肖波在牛肝浸液中发现维生素 B_{12}，后经化学家分析，它是一种含钴的有机化合物。维生素 B_{12} 能保持健康的神经系统，用于红细胞的形成。它与其他 B 族维生素不同，一般植物中含量极少，而仅由某些细菌及土壤中的细菌生成，须先与胃幽门部分泌的一种糖蛋白（也称内因子）结合，才能被吸收，有抗脂肪肝、促进维生素 A 在肝中的贮存、促进细胞发育成熟和机体代谢等功能。

脱氧腺苷钴胺素是维生素 B_{12} 在人体内主要的存在形式。它是一些催化相邻两碳原子上氢原子、烷基、羰基或氨基相互交换的酶的辅酶。体内另一种辅酶形式为甲基钴胺素，它参与甲基的转运，和叶酸的作用常互相关联，它可以通过提高叶酸的利用率来影响核酸与蛋白质的生物合成，从而促进红细胞的发育和成熟。

维生素 B_{12} 缺乏症与 B_9 缺乏可导致巨幼红细胞性贫血。

人体对维生素 B_{12} 的需要量极少，人体每天约需 $12\mu g$，人在一般情况下不会缺少。

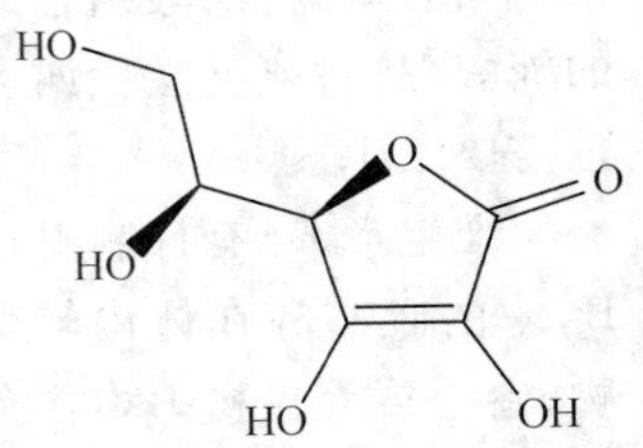

（2）维生素 C。

维生素 C 又称 L-抗坏血酸，是一种水溶性维生素，能够治疗坏血病并且具有酸性，所以称作抗坏血酸，在柠檬汁、绿色植物及番茄中含量很高。其化学结构如图 1-9 所示。

维生素 C 的生理功能：

图 1-9　维生素 C 的分子结构

① 促进骨胶原的生物合成,有利于组织创伤口的更快愈合。

② 促进氨基酸中酪氨酸和色氨酸的代谢,延长肌体寿命。

③ 改善铁、钙和叶酸的利用。

④ 改善脂肪和类脂特别是胆固醇的代谢,预防心血管病。

⑤ 促进牙齿和骨骼的生长,防止牙床出血,防止关节痛、腰腿痛。

⑥ 增强机体对外界环境的抗应激能力和免疫力。

⑦ 水溶性强抗氧化剂,主要作用在体内水溶液中。

⑧ 坚固结缔组织。

⑨ 促进胶原蛋白的合成,防止牙龈出血。

缺乏维生素 C 时,病人常有面色苍白、倦怠无力、食欲减退、抑郁等表现。儿童表现为易烦躁、体重不增,可伴低热、呕吐、腹泻等。皮肤瘀点为其较突出的表现,病人皮肤在受轻微挤压时可出现分散出血点,皮肤受碰撞或受压后容易出现紫癜和瘀斑。随着病情进展,病人可有毛囊周围角化和出血,毛发根部卷曲、变脆;齿龈常肿胀出血,容易引起继发感染,牙齿可因齿槽坏死而松动、脱落;也可有鼻出血、眼眶骨膜下出血引起眼球突出;偶见消化道出血、血尿、关节腔内出血甚至颅内出血,病人可因此突然发生抽搐、休克,以至死亡。由于长期出血,加上维生素 C 不足可影响铁的吸收,患者晚期常伴有贫血,面色苍白。贫血常为中度,一般为血红蛋白正常的细胞性贫血,在一系列病例中也可有 1/5 病人为巨幼红细胞性贫血。长骨骨膜下出血或骨干骺端脱位可引起患肢疼痛,导致假性瘫痪。在婴儿早期症状之一是四肢疼痛呈蛙状体位(Piched Frog Position)。对其四肢的任何移动都会使其疼痛以致哭闹,主要是由于关节囊充满血性的渗出物,故四肢只能处于屈曲状态而不能伸直。患肢沿长骨干肿胀、压痛明显。少数患儿在肋骨、软骨交界处因骨干骺半脱位可隆起,排列如串珠,称"坏血病串珠",可出现尖锐突起,内侧可扪及凹陷,因而与佝偻病肋骨串珠不同,后者呈钝圆形,内侧无凹陷。因肋骨移动时致疼痛,患儿可出现呼吸浅快。病人可因水潴留而出现水肿,也可有黄疸、发热等表现。有些病人泪腺、唾液腺、汗腺等分泌功能减退甚至丧失,而出现与干燥综合征相似的症状。由于胶原合成障碍,伤口愈合不良,免疫功能受影响,容易引起感染。

中国营养师学会建议维生素 C 的膳食参考摄入量(RNI),成年人为 100mg/d,即半个番石榴或 75g 辣椒、90g 花茎甘蓝、2 个猕猴桃、150g 草莓、1 个柚子、半个番木瓜、125g 茴香、150g 菜花、200mL 橙汁。

2. 脂溶性维生素

(1)维生素 A。

维生素 A 是不饱和的一元醇类,属脂溶性维生素。由于人类或哺乳动物缺乏维生素 A 时易出现眼干燥症,故维生素 A 又称为抗干眼醇。已知维生素 A 有维生素 A_1 和维生素 A_2 两种。维生素 A_1 存在于动物肝脏、血液和眼球的视网膜中,又称为视黄醇,天然维生素 A 主要以此形式存在。维生素 A_2 主要存在于淡水鱼的肝脏中。维生素 A 分子中有不饱和键,化学性质活泼,在空气中易被氧化,或受紫外线照射而被破坏,失去生理作用,故维生素 A 的制剂应装在棕色瓶内避光保存。

维生素 A(包括胡萝卜素)最主要的生理功能包括:

① 维持视觉。维生素 A 可促进视觉细胞内感光色素的形成。全反式视黄醇可以被

视黄醇异构酶催化为 11-顺-视黄醇，进而氧化成 11-顺-视黄醛，11-顺-视黄醛可以和视蛋白结合成为视紫红质。视紫红质遇光后其中的 11-顺-视黄醛变为全反式视黄醛，因为构象的变化，视紫红质是一种 G 蛋白偶联受体，通过信号转导机制，引起对视神经的刺激作用，引发视觉。而遇光后的视紫红质不稳定，迅速分解为视蛋白和全反式视黄醛，并在还原酶的作用下还原为全反式视黄醇，重新开始整个循环过程。维生素 A 可增强眼睛适应外界光线强弱变化的能力，以降低夜盲症和视力减退的发生率，维持正常的视觉反应，有助于对多种眼疾（如眼球干燥与结膜炎等）的治疗。维生素 A 对视力的作用是最早被发现的，也是被了解最多的功能。

② 促进生长发育。视黄醇也具有相当于类固醇激素的作用，可促进糖蛋白的合成，促进生长发育，强壮骨骼，维护头发、牙齿和牙床的健康。

③ 维持上皮结构的完整与健全。视黄醇和视黄酸可以调控基因表达，减弱上皮细胞向鳞片状的分化，增加上皮生长因子受体的数量。因此，维生素 A 可以调节上皮组织细胞的生长，维持上皮组织的正常形态与功能，保持皮肤湿润，防止皮肤黏膜干燥角质化，使皮肤不易受细菌伤害，有助于对粉刺、脓包、疖疮、皮肤表面溃疡等症的治疗，有助于祛除老年斑，能保持组织或器官表层的健康。缺乏维生素 A，会使上皮细胞的功能减退，导致皮肤弹性下降，干燥粗糙，失去光泽。

④ 加强免疫能力。维生素 A 有助于维持免疫系统功能正常，能加强对传染病特别是呼吸道感染及寄生虫感染的身体抵抗力；有助于对肺气肿、甲状腺功能亢进症的治疗。

⑤ 清除自由基。维生素 A 也有一定的抗氧化作用，可以中和有害的自由基。

患维生素 A 缺乏病常有营养不良、慢性腹泻、慢性痢疾、畏光、不明眨眼等合并症，皮肤会有干燥、毛囊角化等改变。早期及非典型的病例，眼部的变化较轻，特别在婴幼儿期容易被忽略。若食物中维生素 A 缺乏或有吸收障碍，可在数星期内出现症状。婴儿患先天性胆道梗阻、肝炎综合征，若并发肺炎则可在短时间内出现眼干燥症。

另外，许多研究显示，皮肤癌、肺癌、喉癌、膀胱癌和食道癌都跟维生素 A 的摄取量有关，不过这些研究仍待临床更进一步地证实其可靠性。许多植物如胡萝卜、番茄、绿叶蔬菜、玉米等均含类胡萝卜素物质，如 α、β、γ-胡萝卜素和隐黄质、叶黄素等。其中有些类胡萝卜素具有与维生素 A_1 相同的环结构，在体内可转变为维生素 A，故称为维生素 A 原，β-胡萝卜素含有两个维生素 A_1 的环结构，转换率最高。一分子 β-胡萝卜素加两分子水可生成两分子维生素 A_1。在动物体内，这种加水氧化过程由 β-胡萝卜素-15,15′-加氧酶催化，主要在动物小肠黏膜内进行。

正常成人每天的维生素 A 最低需要量约为 3500 国际单位（$0.3\mu g$ 维生素 A 或 $0.332\mu g$ 乙酰维生素 A 相当于 1 个国际单位），儿童为 2000～2500 国际单位，不能摄入过多。动物肝中含维生素 A 特别多，其次是奶油和鸡蛋等。成年妇女每天需要维生素 A 0.8mg，即需摄入 80g 鳗鱼、65g 鸡肝、75g 胡萝卜、125g 皱叶甘蓝或 200g 金枪鱼等。

（2）维生素 D。

维生素 D 为固醇类衍生物，具抗佝偻作用，又称抗佝偻病维生素。目前认为维生素 D 也是一种类固醇激素，维生素 D 家族成员中最重要的成员是维生素 D_2（麦角钙化醇）和维生素 D_3（胆钙化醇）。维生素 D 均为不同的维生素 D 原经紫外照射后的衍生物。植物不含维生素 D，但维生素 D 原在动、植物体内都存在。维生素 D 是一种脂溶性维生素,有五种化合物,与健康关系较密切的是维生素 D_2 和维生素 D_3。它们有以下特性:存在于部分天然食物中;人体皮下储存有从胆固醇生成的 7-脱氢胆固醇,受紫外线的照射后,可转变为维生素 D_3。适当的日光浴足以满足人体对维生素 D 的需要。

维生素 D 的生理功能:

① 维持血清钙、磷浓度的稳定。血钙浓度低时,诱导甲状旁腺素分泌,将其释放至肾及骨细胞。

② 促进怀孕及哺乳期输送钙到子体。1 位羧基化酶除受血清中钙、磷浓度及膳食中钙、磷供给量的影响外,还受激素的影响,停经后的妇女 $1,25\text{-}(OH)2\text{-}$维生素 D_3 浓度减低,易有骨质软化等症状。

骨的矿物化作用的机理尚未阐明,补充 $1,25\text{-}(OH)2\text{-}$维生素 D_3 给缺乏维生素 D 的动物及人体,都不能有助于骨中矿物质的沉积。动物体内虽然分离出许多维生素 D 代谢产物,但迄今尚未找出对骨的矿物化有明显作用者。在现阶段中只了解到维生素 D 促进钙、磷的吸收,又可将钙、磷从骨中动员出来,使血浆中钙、磷达到正常值,促使骨的矿物化,并不断更新。

维生素 D 缺乏会导致少儿佝偻病和成年人的软骨病。佝偻病多发于婴幼儿,主要表现为神经精神症状和骨骼的变化。神经精神症状上表现为患儿多汗、夜惊、易激惹。骨骼的变化与年龄、生长速率及维生素 D 缺乏的程度等因素有关,可出现骨软化、肋骨串珠等。骨软化症多发生于成人,多见于妊娠多产的妇女及体弱多病的老人。其最常见的症状是骨痛、肌无力和骨压痛。

维生素 D 是形成骨骼和软骨的发动机,能使牙齿坚硬,其对神经也很重要,并对炎症有抑制作用。维生素 D 每天的需求量为 $0.0005\sim0.01mg$,即需食用 35g 鲱鱼片,60g 鲑鱼片,50g 鳗鱼或 2 个鸡蛋加 150g 蘑菇。它在鱼肝油、动物肝、蛋黄中的含量较丰富。人体中维生素 D 的合成跟晒太阳有关,因此,适当的光照有利健康。

研究人员发现,长期每天摄入 0.025mg 维生素 D 对人体有害。可能造成的后果是出现恶心、头痛、肾结石、肌肉萎缩、关节炎、动脉硬化、高血压、轻微中毒、腹泻、口渴、体重减轻、多尿及夜尿等症状。严重中毒时则会损伤肾脏,使软组织(如心、血管、支气管、胃、肾小管等)钙化。

(3) 维生素 E。

维生素 E 是一种脂溶性维生素,其水解产物为生育酚,是最主要的抗氧化剂之一。维生素 E 溶于脂肪和乙醇等有机溶剂中,不溶于水,对热、酸稳定,对碱不稳定,对氧敏感,对热不敏感,但油炸后活性明显降低。生育酚能促进性激素分泌,使男子精子活力和数量增加;使女子雌性激素浓度增高,提高生育能力,预防流产;还可用于防治男性不育症、烧伤、冻伤、毛细血管出血、更年期综合征、美容等方面。近来还发现维生素 E 可抑制眼睛晶状体内的过氧化脂反应,使末梢血管扩张,改善血液循环,预防近视眼发生和发展。维生素 E 分子苯环上的酚羟基被乙酰化,酯水解为酚羟基后为生育酚。人们常误认为维生素 E 就是生育酚。

维生素 E 的生理作用:

① 促进垂体促性腺激素的分泌,促进精子的生成和活动,增加卵巢功能,使卵泡增加,黄体细胞增大并增强黄体酮的作用。

② 改善脂质代谢,避免血浆胆固醇(TC)与甘油三酯(TG)的升高及动脉粥样硬化。

③ 对氧敏感,易被氧化,故可保护其他易被氧化的物质,如不饱和脂肪酸、维生素 A 和 ATP 等。减少过氧化脂质的生成,保护机体细胞免受自由基的毒害,充分发挥被保护物质的特定生理功能。

④ 稳定细胞膜和细胞内脂类部分,减低红细胞脆性,防止溶血,避免出现溶血性贫血。

⑤ 大剂量可促进毛细血管及小血管的增生,改善周围循环。

维生素 E 缺乏时红细胞被破坏,肌肉变性,出现贫血症、生殖机能障碍。

成人的建议每日摄取量是 8~10IU。一天摄取量的 60%~70% 将随着排泄物排出体外。维生素 E 和其他脂溶性维生素不一样,在人体内贮存的时间比较短,这和维生素 B、C 一样;医学专家认为,维生素 E 常用口服量应为每次 10~100mg,每日 1~3 次。大剂量服用指每日 400mg 以上,长期服用指连续服用 6 个月以上。一般饮食中所含维生素 E 完全可以满足人体的需要。因此,老年人不需要长期服用维生素 E,长期服用不但不安全,而且还会产生副作用。

维生素 E 在食油、水果、蔬菜及粮食中均存在。维生素 E 是一种有 8 种形式的脂溶性维生素,常被用于涂抹皮肤的乳霜和乳液中,因为人们相信维生素 E 对于受到如烧烫伤的伤害后,能促进皮肤愈合及减少疤痕形成。

(4) 维生素 K。

又叫凝血维生素。天然的维生素 K 已经发现有两种:一种是在苜蓿中提出的油状物,称为维生素 K_1;另一种是在腐败鱼肉中获得的结晶体,称为维生素 K_2。维生素 K_1 为黄色油状物,熔点 -20℃,维生素 K_2 为黄色晶体,熔点 53.5℃~54.5℃,不溶于水,能溶于醚等有机溶剂。丹麦化学家达姆于 1929 年从动物肝和麻子油中发现并提取。具有防止新生婴儿出血疾病、预防内出血及痔疮、减少生理期大量出血、促进血液正常凝固的作用。绿色蔬菜中含量较多。

维生素 K 的生理功能:

① 促进血液凝固。

维生素 K 是凝血因子 γ-羧化酶的辅酶。而其他凝血因子 7、9、10 的合成也依赖于维生素 K。人体缺少它,凝血时间延长,严重者会流血不止,甚至死亡。对女性来说可减少生理期大量出血,还可防止内出血及痔疮。经常流鼻血的人,可以考虑多从食物中摄取维生素 K。

② 维生素 K 还参与骨骼代谢。原因是维生素 K 参与合成 BGP(维生素 K 依赖蛋白质),BGP 能调节骨骼中磷酸钙的合成。特别对老年人来说,他们的骨密度和维生素 K 呈正相关。经常摄入大量含维生素 K 的绿色蔬菜的妇女能有效降低骨折的危险性。

维生素 K 缺乏症状:新生儿出血疾病,如吐血,肠子、脐带及包皮部位出血;成人不能正常凝血,导致牙龈出血、流鼻血、尿血、胃出血及瘀血等症状;低凝血酶原症,症状为血液凝固时间延长、皮下出血;小儿慢性肠炎;热带性下痢。

人类维生素 K 的来源有两个:一个是由肠道细菌合成,主要是维生素 K_2,占 50%~60%。维生素 K 在回肠内吸收,细菌必须在回肠内合成,才能为人体所利用,有些抗生素抑制上述消化道的细菌生长,影响维生素 K 的摄入。另一个是从食物中来,主要是维生

素 K_1，占 40%～50%，绿叶蔬菜含量高，其次是奶及肉类，水果及谷类含量低。牛肝、鱼肝油、蛋黄、乳酪、优酪乳、优格、海藻、紫花苜蓿、菠菜、甘蓝菜、莴苣、花椰菜、豌豆、香菜、大豆油、螺旋藻、藕中均含有。维生素 K 在体内主要储存于肝脏、动物性食物中。菜花、甘蓝、莴苣、菠菜、芜菁叶、紫花苜蓿、豌豆、香菜、海藻、干酪、乳酪、鸡蛋、鱼、鱼卵、蛋黄、奶油、黄油、大豆油、肉类、奶、水果、坚果、肝脏和谷类食物等维生素 K 含量较丰富。婴儿因假设肠内尚无细菌可合成维生素 K，建议自食物中摄取每千克体重 $20\mu g$ 的量，一般成年人一天约自食物中摄取每千克体重 $10\sim20\mu g$ 的量便足够。

3. 维生素的美容护肤作用

（1）维生素 A 与皮肤正常角化关系密切，缺乏时则皮肤干燥、角层增厚、毛孔堵塞，严重时影响皮脂分泌。所以，皮肤干燥、粗糙、无光泽、脱屑、毛孔堵塞者可服用维生素 A。

（2）维生素 B_6 与氨基酸代谢关系甚密，能促进氨基酸的吸收和蛋白质的合成，为细胞生长所必需，对脂肪代谢也有影响，与皮脂分泌紧密相关，因而头皮脂溢、多屑时可服用。

（3）维生素 C 被称为皮肤最密切的伙伴，它促进氨基酸中酪氨酸和色氨酸的代谢，延长肌体寿命，是构成皮肤细胞间质的必需成分。所以，皮肤组织的完整，血管正常通透性的维持和色素代谢的平衡都离不开它。

（4）维生素 E 有抗衰老功效，能促进皮肤血液循环和肉芽组织生长，使毛发皮肤光润，并使皱纹展平。

（5）维生素 K_1 可改善因疲劳而引起的黑眼圈。临床发现将维生素 A 与维生素 K_1 复配后使用对黑眼圈有明显改善。

4. 伪维生素

在维生素的发现过程中，有些化合物被误认为是维生素，但是其并不满足维生素的定义，还有些化合物因为商业利益而被故意错误地命名为维生素。

（1）有一些化合物曾经被认为是维生素，如维生素 B_4（腺嘌呤）等。

（2）"维生素"F——最初是用于表示人体必需而又不能自身合成的脂肪酸，因为脂肪酸的英文名称（Fatty Acid）以 F 开头。但是因为它其实是构成脂肪的主要成分，而脂肪在生物体内也是一种能量来源，并组成细胞，所以"维生素"F 不是维生素。

（3）"维生素"K——氯胺酮（K 粉）作为镇静剂在某些药物（毒品）的成分中被标为"维生素"K，但是它并不是真正的维生素 K，其俗称为"K 它命"。

（4）"维生素"Q——有些专家认为泛醌（辅酶 Q10）应该被看作一种维生素，其实它可以通过人体自身少量合成。

（5）"维生素"S——有些人建议将水杨酸（邻羟基苯甲酸）命名为维生素 S（S 是水杨酸 Salicylic Acid 的首字母）。

（6）"维生素"T——在一些自然医学的资料中被用来指代从芝麻中提取的物质，它没有单一而固定的成分，因此不可能成为维生素。而且它的功能和效果也没有明确的判断。在某些场合，"维生素"T 作为睾酮（Testosterone）的俚语称呼。

（7）"维生素"U——某些制药企业使用"维生素"U 来指代氯化甲硫氨基酸（Methylmethionine Sulfonium Chloride），这是一种抗溃疡剂，主要用于治疗胃溃疡和十二指肠溃疡，它并不是人体必需的营养素。

（8）"维生素"V——这是对治疗 ED 的药物西地那非（Sildenafil Citrate，商品名：万艾可/威而钢/Viagra）的口语称呼。

在实际生活中，维生素经常被泛指为补充人体所需维生素和微量元素或其他营养物质的药物或其他产品，如很多生产多维元素片的厂商都将自己的产品直接标为维生素。

5. 服用维生素的注意事项

如果在空腹时服用维生素，维生素会在人体还来不及吸收利用之前即从粪便中排出。如维生素 A 等脂溶性维生素，溶于脂肪中才能被胃肠黏膜吸收，故宜饭后服用，才能够较完全地被人体吸收。

6. 生活小常识

（1）胡萝卜不需要用很多油来炒。

"胡萝卜需要用很多油来烹饪，或者需要和肉一起烧，才能让人吸收其中的维生素 A 前体 β-胡萝卜素"。这个概念流传甚广，深入人心。羊肉炖胡萝卜，胡萝卜丝煸炒之后的美味口感，也加深了人们的这一印象。但是想要高效率地吸收 β-胡萝卜素，一定要用很多油来帮忙吗？答案是否定的。

没有必要用大量油来烹饪胡萝卜的第一个原因是加油高温烹饪会使食物中 β-胡萝卜素的损失较大。相比于蒸煮处理，β-胡萝卜素在高温烹调下的损失非常显著。对胡萝卜先加油炒制 2 分钟后加水煮制 8 分钟的加油炖煮，β-胡萝卜素的保存率为 75.0%，显著低于漂烫和汽蒸（保留率都在 90% 左右）的处理。含 β-胡萝卜素的蔬菜经过油炒处理 5～10 分钟后，β-胡萝卜素的保存率为 81.6%，低于汽蒸处理，但高于加油炖煮。

生蔬菜完整的细胞壁中的大量果胶，会在一定程度上降低 β-胡萝卜素的生物利用率。烹调加热有利于提高深色蔬菜中类胡萝卜素的生物利用率。给受试女性连续 4 周食用加热处理后的菠菜与胡萝卜，与食用同量生鲜蔬菜相比，其血浆中 β-胡萝卜素的含量水平可上升至 3 倍左右。但是高温加速了 β-胡萝卜素这种抗氧化剂的氧化速度。同时，当烹调中使用了大量油脂时，β-胡萝卜素也更容易从胡萝卜中渗出到油脂中，而这些溶有胡萝卜素的油脂可能附着在烹调器具和餐盘上而损失。

β-胡萝卜素的确是需要油脂帮助吸收的。但是要多少油才够呢？少放油会不会影响 β-胡萝卜素的吸收呢？如果只用油拌不用加热，效果会一样吗？

一项在菲律宾儿童当中进行的研究比较了食用拌有不同量脂肪的煮熟的富含 β-胡萝卜素的蔬菜（包括胡萝卜）后血液中 β-胡萝卜素的含量。将这些孩子分成 3 个组，给他们在一餐中摄入富含胡萝卜素的煮熟蔬菜，但是这餐中油脂量很少，只有每餐 2g、5g 和 10g 脂肪。这是很没油水的饭菜，相比之下，北京居民现在的每日平均用油量有 83g 之多，炒一个菜就用 30g 油的家庭比比皆是。同时这些孩子们在饭后也会吃些含有脂肪的零食，每日脂肪总摄入量分别是 21g、29g 和 45g，相当于一日能量摄入的 12%、17% 和 24%。这个比例，相比于我们的都市居民，还是显得太低，因为我们已经普遍超过了 30%。当研究者检测孩子们血液中胡萝卜素和维生素 A 的含量变化时发现，无论是哪个组，血液中 β-胡萝卜素和维生素 A 的含量都增加了，而且增加的幅度并无明显差异。

研究人员同时也发现，在摄入了一餐富含 β-胡萝卜素的烹饪过的蔬菜后，一段时间内摄入其他含油脂的食物，也会促进食物中 β-胡萝卜素的吸收。停留在肠道中的胡萝卜素可以等到肠腔内新的脂肪到来，然后与脂肪一起形成乳化微球，从而被吸收。

适当的加热处理有利于 β-胡萝卜素从植物性原料的细胞中释放出来。一些文献中提到,如果蔬菜能够煮熟,只需要 3～5g 脂肪就可以达到有效促进吸收的效果。如果蔬菜没有被烹调变软,吸收胡萝卜素就需要更多的脂肪来帮助。

想要很好地吸收 β-胡萝卜素,烹调胡萝卜并不需要用大量油脂,只需少量油脂或者同餐中摄入油脂即可。一段时间内摄入的油脂都有助于 β-胡萝卜素的吸收。当然,如果你喜爱把肉和胡萝卜同烧,也没有坏处。另外,富含 β-胡萝卜素的不只是胡萝卜,南瓜、红薯和深绿色叶菜(空心菜、菠菜、西兰花等)都是很好的 β-胡萝卜素来源。

（2）西红柿可以生食。

有消息称,美国科学家经过长期研究,发现人们经常食用的蔬菜中,如西红柿等蔬菜都含有数量不等的尼古丁。这些蔬菜如果未加烹饪而生吃,则进入人体的尼古丁数量会更多,人体由此而受到的伤害会接近于烟雾弥漫中的被动吸烟。此消息一出,人们非常关注:生吃西红柿等蔬菜真的等于吸烟吗?那这些蔬菜都只能熟着吃了?目前,国家高级公共营养师程洋洋接受新华网记者的专访时表示,生吃西红柿不会对人体的健康产生危害。

专家介绍说,目前,我国的食品科学专家及教授在研究中还没有在西红柿里发现尼古丁这种物质,或者说尼古丁这种物质在西红柿里的含量非常少,很难被发现。所以说西红柿里面即使有这种物质,那也是含量极其微小,可以忽略不计的,不会对我们的健康构成威胁。

那么,比起生吃,西红柿熟吃有哪些优缺点?哪些蔬菜不能生吃,或者说熟吃更营养?相比于生吃西红柿,熟食的营养价值会略胜一筹。因为在西红柿熟食时,具有抗氧化功能及抗癌作用的番茄红素和对我们眼睛有益的胡萝卜素大量释放,提高了这些营养素在我们身体中的吸收率。另外,由于维生素"怕碱不怕酸"的特点,所以在熟食的过程中,维生素 C 的破坏程度不是很大,膳食纤维也不会被大量破坏了。

西红柿含有大量的维生素 C、番茄红素、钾元素和大量的膳食纤维,口味酸甜,许多人都非常喜欢生吃,但是,我们在生吃的时候一定要根据自己身体的状况,看食用之后肚子会不会发凉,是否出现腹泻等不适症状,如果没有这些问题,那么我们就可以把西红柿作为夏季减肥解渴的一种时令水果来生吃了。

此外,从营养学的角度,西红柿在熟食的时候营养素的释放量更大,也利于人体的吸收,且在加热的过程中不会破坏其所含营养素。如果你外出或者只希望摄取其中的维生素 C,那么就可以选择几个洗干净的西红柿生食,安全、方便,又营养、健康,既是水果,又是蔬菜。但是,如果是在家里面做饭,那么最好将西红柿做熟来食用,这样就不仅可以摄取维生素 C,还会摄取更多对我们身体有益的营养素。

（3）辣椒的魅力。

有一个大学生来自一个不习惯吃辣的地区,有一天吃早餐时,在其他室友的怂恿下,不情愿地往鸡蛋上抹了一点辣酱。他一开始觉得非常辣,但是一两个月之后,适应了辣味,在饭菜上加的辣酱越来越多,明显很喜欢辣酱火辣辣的味道。显然,他已经习惯了这个程度的辣味。

辣椒富含维生素 A 和维生素 C。辣椒素可以激活消化系统,促进唾液分泌和肠道蠕动,使干涩的食物尝起来更可口。更重要的是,辣椒还扮演了增味剂的角色,尤其是在清淡食物唱主角的饮食结构中。心理学家罗津指出，人类追求"熟悉中的变化，或者说烹饪的主题性和多样化"。当饮食出现整体性或者季节性的贫乏时，辣椒本身和辣椒与其他食物的搭配，对厨师而言正是一条创造新菜肴的好途径。

传统墨西哥家庭中儿童从小就会吃辣。在这样的家庭里，辣椒是饮食的基本组成。2～6岁的孩子只接触少量的辣椒，然后逐渐增加。尽管儿童不喜欢辣椒就可以拒绝食用，但是他们仍能观察到辣椒在家庭环境中很受重视。儿童一般长到5～8岁，就培养出了主动往饭菜中加辣椒的欲望。于是在温和的社会压力和温和的辣度的共同作用下，儿童开始正式接触辣食。而在其他的教育环境中，成人则态度亲切地要求儿童去"发现"他们最初拒绝的食物能带来哪些益处。

那么，从个体心理的层面来看，人们为什么会喜欢吃辣？有些人来自没有吃辣传统的社会环境，他们喜欢吃辣纯粹就是喜欢那种灼热感。对此罗津给出了两种解释，可以帮助我们理解这些人吃辣的动机。第一种解释是所谓的"过山车效应"，个体反复接触某种消极体验，并且认识到这种体验其实并不危险，于是消极体验变成了积极体验。久而久之，这种体验也会逐渐变得无趣，于是人们会逐渐调高刺激的强度，比如去吃更辣的食物，玩更高的过山车。另一种假设：辣椒带来的痛苦会促进内源性阿片肽的分泌，反复接触辣椒会使这种化学止痛剂更多地释放出来。这样一来，似乎可以把吃辣带来的愉悦感与所谓廉价的"跑步者高潮"相提并论。

吃辣椒并不是我们为适应自然而演化出的一种能力，或者更准确地说，辣椒演化的目的并不是要杂食性的哺乳动物去吃它们。但是辣椒的例子证明了人类杂食性的力量，人类对食物的选择很大程度上是从文化背景下的集体共同记忆中学会的。

（五）矿物质

矿物质是构成人体组织和维持正常生理功能必需的各种元素的总称。人体中含有的各种元素，除了碳、氧、氢、氮等主要以有机物的形式存在以外，其余的60多种元素统称为矿物质（也叫无机盐）。其中25种为人体营养所必需的。钙、镁、钾、钠、磷、硫、氯7种元素含量较多，约占矿物质总量的60%～80%，称为常量元素。其他元素如铁、铜、碘、锌、锰、钼、钴、铬、锡、钒、硅、镍、氟共14种，存在数量极少，在机体内含量少于0.005%，被称为微量元素。

1. 人体中的化学元素

人体中主要化学元素及其功能见表1-3。其中，C、H、O被称为生命三要素。因为所有的糖类、脂肪和蛋白质以及其他营养素都有这三种元素。其他元素构成的主要是无机盐（约占人体重量的4%），主要存在于骨骼中。

表1-3　人体中主要元素及其功能

元素名称	元素符号	主要功能
碳	C	有机化合物的主要组成成分
氢	H	水及有机化合物的主要组成成分
氧	O	水及有机化合物的主要组成成分
氮	N	有机化合物的组成成分

续表

元素名称	元素符号	主 要 功 能
氟	F	人体骨骼成长所必需的元素
氯	Cl	细胞外的阴离子（Cl^-），维持体液平衡
碘	I	甲状腺素的成分
硫	S	蛋白质的成分
硒	Se	与肝功能、肌肉代谢有关的元素
磷	P	存在于 ATP 等中，是生物合成与能量代谢必需的元素
硅	Si	骨骼及软骨形成的初期阶段必需的元素
钾	K	细胞内的阳离子（K^+），维持体液平衡
钠	Na	细胞外的阳离子（Na^+），维持体液平衡
钙	Ca	骨骼、牙齿的主要组分，神经传递和肌肉收缩必需的元素
镁	Mg	酶的激活，叶绿素构成，骨骼的成分
锌	Zn	胰岛素的成分，许多酶的活性中心
锰	Mn	酶的激活，光合作用中水分解必需的元素
铁	Fe	组成血红蛋白、细胞色素、铁-硫蛋白等，输送氧
钴	Co	形成红细胞所必需的维生素 B_{12} 的组分
铜	Cu	铜蛋白的组分，促进铁的吸收和利用
钼	Mo	黄素氧化酶、醛氧化酶、固氮酶等必需的元素
钒	V	促进牙齿的矿化
铬	Cr	促进葡萄糖的利用，与胰岛素的作用机制有关

人体内许多生理作用需要靠无机盐来维持。例如，酸、碱平衡的调节和渗透压等就需要 Na^+、K^+ 参与。含有 Mg^{2+}、Mn^{2+}、Na^+、Fe^{3+}、Ca^{2+} 的矿物质还有促进酶活性的功能。有的酶本身就含有金属元素，如 Fe、Cu、Zn、Mn、Mo 等。人体内的酶有近 1000 种之多，60％以上含有微量元素。人体内的化学元素可归纳如下：

$$
人体内的化学元素
\begin{cases}
必需元素
\begin{cases}
常量元素：11 种，质量占 99.95\% \\
微量元素：20 多种，质量占 0.05\%
\end{cases} \\
非必需元素
\begin{cases}
无害元素 \\
有害元素
\end{cases}
\end{cases}
$$

必需元素：指人体新陈代谢或生育成长过程中必不可少的元素。其又可分两类：一类叫常量（宏量）元素，指每天摄入 0.04g 以上，且占人体重量 0.05％以上的元素。常量元素有 11 种，它们是氧、碳、氢、氮、钙、磷、钾、硫、钠、氯和镁等，其中氧、碳、氢和氮四种元素占人体总重的 96％，其余 7 种占人体总重的 3.95％，总计常量元素占人体重量的 99.95％。人体中常量元素的名称及其相对含量见表 1-4。

表 1-4　人体中 11 种常量元素的名称及其相对含量

名称	含量/%	名称	含量/%	名称	含量/%
氧	65	钙	2	钠	0.15
碳	18	磷	1	氯	0.15
氢	10	硫	0.25	镁	0.05
氮	3	钾	0.35		

非必需元素，顾名思义是人体不需要的元素。它也可分两类：一类虽然是人体的新陈代谢或发育生长不需要的，但是人体摄入少量后，不会产生严重病理现象，常称无害元素，如铋元素等；另一类，不仅人体不需要，而且摄入微量，就会出现病态或中毒症状，常称为有害元素或有毒元素，如汞、镉、铅等。

2. 常量元素简介

(1) 构成骨骼的重要元素——钙。

人体内 99％的钙以羟磷灰石结晶[3Ca₃(PO₄)·(OH)₂]形式集中在骨骼、牙齿中，其余 1％由柠檬酸螯合或与蛋白质结合和以离子形式存在于软组织、细胞外、血液等组织中，与骨骼钙维持着动态平衡，以维持细胞正常生理状态所必需。

① 钙的生理功能：构成骨骼和牙齿；促进某些酶的活性；维持神经与肌肉活动；参与凝血过程、激素分泌；维持体液酸碱平衡，以及细胞内胶质稳定性及毛细血管渗透压等。

② 钙的吸收与代谢：在成人的骨骼中，成骨细胞和破骨细胞仍然活跃，钙的沉淀与溶解一直在不断进行，成人每天有 700mg 的钙在骨中进出。随着年龄的增加，钙的沉淀逐渐减慢，到了老年，钙的溶出占优势，因而骨质缓慢减少，可能有骨质疏松的现象出现。图 1-10 为钙在体内的代谢过程。

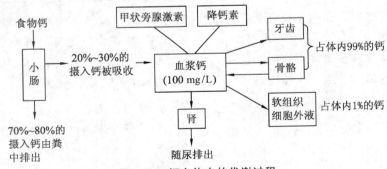

图 1-10　钙在体内的代谢过程

维生素 D、乳糖、蛋白质的合理摄入，人体钙需要的增加，有利于钙吸收；食物中的草酸、植酸、脂肪酸、膳食纤维则不利于钙吸收。婴儿的佝偻病、成人的骨质软化症、老年人的骨质疏松症均是钙缺乏的临床表现。小儿缺钙时，常伴随蛋白质和维生素 D 的缺乏，可引起生长迟缓、新骨结构异常、骨钙化不良、骨骼变形，出现佝偻病、牙齿发软、易龋齿等（图 1-11）。成人缺钙时骨骼逐渐脱钙，可发生骨质软化和骨质疏松等，女性更为常见。老年人缺钙常会出现骨骼疏松、身高缩短、牙齿松动等缺钙现象。幼儿成长时期对钙的需求量很大，所以，老人和幼儿都应注意多吃富含钙的食品。

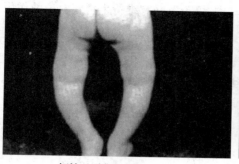
钙缺乏引起的佝偻病

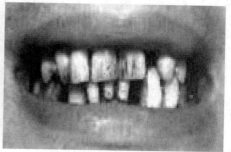
钙缺乏引起的龋齿

图 1-11 钙缺乏症状

钙过量则会引起肾结石和骨硬化等。所以,成人钙的适宜摄入量为 1000mg/d。表 1-5 为不同人群钙的适宜摄入量(AI)。

表 1-5 不同人群钙的适宜摄入量(AI)

年龄/岁	钙/(mg/d)	年龄/岁	钙/(mg/d)
0～	300	18～	800
0.5～	400	50～	1000
1～	600	孕妇	
4～	800	早期	800
7～	800	中期	1000
11～	1000	晚期	1200
14～	1000	乳母	1200

富含钙的食品有奶类、面包、鱼、虾、贝类和蛋类等。表 1-6 为一些富钙类食物。

表 1-6 含钙丰富的食物

食物	含钙/(mg/100g)	食物	含钙/(mg/100g)	食物	含钙/(mg/100g)
虾皮	991	苜蓿	713	酸枣	435
虾米	555	荠菜	294	花生仁	284
河虾	325	雪里蕻	230	紫菜	264
泥鳅	299	苋菜	187	海带(湿)	241
红螺	539	乌塌菜	186	黑木耳	247
河蚌	306	油菜薹	156	全脂牛乳粉	676
鲜海参	285	黑芝麻	780	酸奶	118

(2)新陈代谢的催化剂——镁。

镁是叶绿素分子的核心原子(图 1-12),具有强催化作用,几乎参与人体所有的新陈代谢过程,维护心肌纤维正常舒缩功能,具有激活体内的生物酶,使心脏保持匀速跳动和防治心肌坏死等功能。

在人体细胞内,镁是第二重要的阳离子,具有很多特殊的生理功能,它能激活体内的多种酶,抑制神经异常兴奋性,维持核酸结构的稳定性,参与体内蛋白质的合成、肌肉收缩及体温调节等。镁影响钾、钠、钙离子细胞内外移动的"信道"，并有维持生物膜电位的作用。

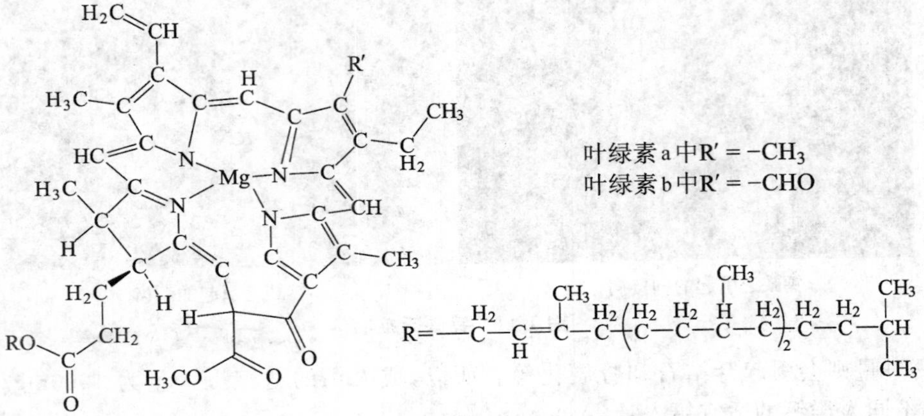

叶绿素a中R' = −CH₃
叶绿素b中R' = −CHO

图 1-12　叶绿素 a 和叶绿素 b 的结构

　　一些常见疾病与镁的缺乏有关，如缺镁可引起脑动脉血管收缩，易得糖尿病，引起蛋白质合成系统的停止、荷尔蒙分泌的减退、消化器官的机能异常和脑神经系统的障碍。

　　人对镁的日需要量为 300～700mg，其中约 40% 来自食物，人们只要做到多吃绿色蔬菜（最好能生吃蔬菜或空腹喝新鲜菜汁），多食一些富镁食品，多饮用自来水和矿泉水等，就可以保证镁元素在身体里的含量。

　　（3）生活和思维的元素——磷。

　　磷是生命中最活跃的元素，是生物体中不可缺少的中心元素。对于生命来说，缺磷是不可想象的。人的大脑中含有磷脂，因此磷又被称为"生活和思维的元素"。人体的骨骼中除了含有大量的钙外，还含有丰富的磷酸盐。

　　磷在人体中的分布是极不均匀的，绝大多数磷分布在人体的支架——骨骼中，大约有100g 的磷存在于肌肉里，分布在神经组织中的磷仅有 10g。

　　人体内磷的生理功能主要表现为参与糖和脂肪的吸收以及代谢，能量的转移和酸碱平衡的维持，是骨骼、肌肉、神经的重要组成元素。人体内的磷来自植物。在人体中钙和磷是"好朋友"，钙满足需要，磷就满足了需要。成年人每天需要吸收 0.7g 的磷，而对于正处于生长发育期的幼儿，每天至少需 1g 的磷。

　　（4）钠、钾、氯。

　　钠、钾、氯在人体中主要控制细胞、组织液和血液内的电解质平衡，使神经和肌肉保持适当的应激水平，使蛋白质大分子保持在溶液之中，使血液的黏性或稠度调节适当，形成胃里助消化的化合物，影响视网膜对光脉冲反应的生理过程等。

　　体内任何一种离子不平衡都会对身体产生影响。运动过度，特别是炎热的天气里，会引起大量出汗，出汗太多使体内这些离子浓度大为降低，就会出现不平衡，使肌肉和神经反应受到影响，导致出现恶心、呕吐、衰竭和肌肉痉挛。因此，运动员在训练或比赛前后喝特别配制的饮料，可用以补充失去的盐分。

　　高钾和高镁食物有利于减少心律失常。K^+、Mg^{2+} 可以保护心肌细胞，并参与其代谢过程。其一旦供应不足（缺 K^+、缺 Mg^{2+}），就会发生心律不齐、心动过速、情绪不安等。如果增加钾盐的摄入量，则肠癌、胃癌的发病率下降。也有报告说，在饮食中摄入部分钾盐和镁盐——取代钠盐,对糖尿病、高血压和骨质疏松症都有一定的疗效。

人类缺钠会头晕、乏力,长期缺乏易患心脏病,并导致低钠综合征。这种情况多出现在大量失水后。因此,高温工作者在大量排汗后要喝加盐饮料,水泻病人要静脉注射生理盐水。

钠的摄入也不是越多越好。1988 年 5 月在斯德哥尔摩召开的"食盐与疾病"国际研讨会上有报告说,人体随钠盐摄入量的增加,胃癌、食道癌、膀胱癌发病率也增高;钠还和水肿有关。组织由于含过多的钠盐,水就会由外向内渗透,造成水肿。因此,水肿病人要少吃食盐。另外,食盐摄入太多易导致血压升高,还会促使钾离子排出,造成体内缺钾的现象。

氯是胃液中盐酸(HCl)的主要成分,是细胞外的阴离子,在生理上也是重要元素。

3. 微量元素简介

微量元素也称痕量元素,指每天摄入量在 0.04g 以下,在人体中含量低于 0.01% 的元素。目前已确定的微量元素有铁、铜、锌、铷、锶、氟、硼、溴、碘、钡、锰、硒、铬、钼、砷、钴、钒 17 种(有的如镍、碲等尚未确定),这 17 种元素约占人体重量的 0.05%。微量元素的主要功能是参与构成酶活性中心或辅酶,能帮助将普通元素运输到身体各个部分,对人体的正常代谢和身体健康有着举足轻重的作用(表 1-7)。人体内有一半以上的酶其活性部位含有微量元素。

表 1-7 某些微量元素的主要功能

微量元素		功　能		主要症状	来　源
铁	Fe	输送氧	过多	青年智力发育缓慢、肝硬化	肝、肉、蛋、水果、绿叶蔬菜等
			缺乏	缺铁性贫血、龋齿、无力	
铜	Cu	胶原蛋白和许多酶的重要成分	过多	类风湿关节炎、肝硬化	干果、葡萄干、葵花籽、肝、茶等
			缺乏	低蛋白血症、贫血、心血管受损、冠心病	
锌	Zn	控制代谢的酶的重要组成	过多	头昏、呕吐、腹泻	肉、蛋、奶、谷物等
			缺乏	贫血、高血压、食欲缺乏、伤口不易愈合、早衰	
锰	Mn	许多酶的重要组成	过多	头痛、昏昏欲睡、精神病	干果、粗化合物、核桃仁、板栗、菇类等
			缺乏	软骨畸形、营养不良	
碘	I	甲状腺中控制代谢过程	过多	甲状腺肿大、呆滞	海产品、奶、肉、水果等
			缺乏	甲状腺肿大、疲怠	
钴	Co	维生素 B_{12} 的核心	过多	心脏病、红细胞增多	肝、瘦肉、奶、蛋、鱼等
			缺乏	巨红细胞贫血、心血管病	
铬	Cr	Cr(Ⅲ)使胰岛素发挥正常功能	过多	肺癌、鼻膜穿孔	一切动物中均含有微量铬
			缺乏	糖尿病、糖代谢反常、粥样动脉硬化、心血管病	
钼	Mo	染色体中有关酶的重要组成	过多	龋齿、肾结石、营养不良	豌豆、植物、化合物、肝、酵母等
硒	Se	正常肝功能必需酶的重要组成	过多	头痛、精神错乱、肌肉萎缩,严重的中毒致死	日常饮食、井水中

（1）铁。

铁是血红蛋白的重要组成元素；能预防及治疗因缺铁而引起的贫血；能参与细胞色素合成，调节组织呼吸和能量代谢；能增强肌体的免疫功能及抗感染能力；能促进青少年健康地成长；能使人保持耐久的体力。

缺铁，人就会面色苍白，贫血，抵抗力差，免疫力和抗感染力下降；精神萎靡，注意力不集中，易疲劳；心跳加快，心悸，呼吸不畅；手脚发凉；儿童发育迟缓，智力受损，学习或其他行为不正常；头晕，尤其是久蹲后站起时，有头晕或双眼冒金星的现象；厌食，偏食，食欲下降等。

据几次全国性公众营养调查显示，我国居民缺铁性贫血的发病率达到了 17%，大约每 6 个人中就有一个人患病，而女性的发病率更高，达到 35.6%。最近上海的一项调查显示，学生缺铁性贫血的发病率竟高达 20% 以上。从总体上讲，我国居民的铁摄入量并不低，但我国不同年龄人群均有一定比例的贫血。据权威机构分析，我国居民缺铁原因有以下几点：

第一，膳食结构因素。我国居民长期以来以植物性食物为主，如谷物、薯类、蔬菜等。植物中铁的含量并不低，但为非血红素铁，一般以铁盐的形式存在，占膳食总铁摄入量的 85% 以上。而人体对植物性食物中的铁的吸收率很低，平均不足 5%。

第二，饮食习惯因素。大量饮茶和食用大量蔬菜是我国居民的饮食习惯，而茶叶和蔬菜中含有较多的磷酸盐、草酸盐、单宁等，这些物质可与铁形成难溶的化合物，影响铁的吸收。

铁在人体中不是以金属单质的形式存在的，而是以 Fe^{2+} 的形式存在于血红蛋白中的，因为 Fe^{2+} 容易被吸收，所以给贫血者补铁时，应给予 $FeSO_4$ 以补充 Fe^{2+}；服用维生素 C 可以使食物中的 Fe^{3+} 还原为 Fe^{2+}，有利于铁的吸收。维生素 E 和钙也可以促进铁的吸收。

糖尿病的成因与缺铁无关，但是反过来，患糖尿病的人百分之百都缺铁或贫血。这是因为，患糖尿病的人必须节制饮食，铁营养的摄入比常人大大减少，我们普通人的日常饮食本来就不能满足人体对铁的需求，这样一来，铁的消耗、丢失与补充就更不成比例了。所以糖尿病患者对补铁的需求也就比一般人更迫切、更突出，不及时补充就会引发各种与缺铁相关的疾病。人体中铁含量过多又会怎样呢？人体内铁储存过多，不但无益，反而有害。受害最明显的是心血管系统。因为过多的铁蛋白可以破坏健康的肌体组织而损害心脏。血液中铁蛋白与胆固醇相互作用能促使心脏病不断恶化。此外，铁过多，对胰腺也不利，有可能导致糖尿病。过量铁沉积在皮肤上，还会使皮肤发黑。因此，人们在日常生活中千万不要滥用补铁食品和药品。

因缺铁而贫血的人不妨多吃以下食物：猪肝、牛肝、芹菜、菠菜、豆芽菜、青椒、茄子、桂圆等。若要补铁，饮食很重要，但使用铁的炊具也很关键。同样的食品，在不同的炊具中烹制，其含铁量也是不一样的。例如，同样是 100g 的牛肉丝，同样是烹饪 45 分钟，如果是用玻璃器皿，其含铁量约为 1.52mg，如果是用铁锅，其含铁量就会高达 5.2mg；同样是 100g 的炒鸡蛋，同样是烹饪 3 分钟，如果是用玻璃器皿，其含铁量约为 1.7mg，如果是用铁锅，其含铁量就会高达 4.1mg。动物性食物中，如肝脏、动物血、肉类和鱼类所含的铁为血红素铁，血红素铁也称亚铁，能直接被肠道吸收。植物性食品中的谷类、水果、蔬菜、豆类及动物性食品中的牛奶、鸡蛋所含的铁为非血红素铁，这种铁也叫高铁，以络合物形式存在,络合物的有机部分为蛋白质、氨基酸或有机酸,此种铁须先在胃酸作用下与有机酸部分分开,成为亚铁离子,才能被肠道吸收。所以动物性食品中的铁比植物性食品中的铁容易吸收。为预防铁缺乏,应该首选动物性食品。

（2）铜。

铜元素在机体运行中具有特殊的作用。首先,铜是机体内蛋白质和酶的重要组成部分。许多重要的酶需要铜元素的参与和激活才能发挥作用。其次,铜是人体内氧化还原代谢反应最好的催化剂。铜可以使氧气分子迅速化合生成水,这是人体内的重要反应。有研究表明,营养性贫血、白癜风、骨质疏松、胃癌和食道癌等病症都与人体缺铜有关。英国应用微生物研究中心指出:铜管是有益于公共健康的自来水供水管材,铜是"健康的卫士",铜器可杀菌。一些发达国家的医疗器械是铜制的。有人用铜壶烧开水泡茶喝,不仅好喝,而且有益健康。此外,铜参与造血过程。人体内 Zn/Cu 比值越大,越容易引起冠心病。铜在人体中也是以 Cu^{2+} 存在的,所以若人体缺铜,医生用 $CuSO_4$ 治疗。铜在人体内不能储存,所以必须每日补充。香菇、奶、核桃是富铜类食物。铜既是营养素,又是有毒元素。人体每天需摄入 2mg 铜。由于大部分自来水由铜管输送,所以,缺铜是很少见的。铜过剩:一般情况下,铜过量比铜缺乏更常见。服用避孕药或采用激素替代疗法也可使体内铜蓄积,而体内铜含量过多可导致精神分裂症、心血管疾病,并增加患风湿性关节炎的可能。妊娠期妇女体内的铜含量会升高,这可能与分娩和产后抑郁症有关。

（3）生命元素——锌。

虽然锌在人体内的含量以及每天所需摄入量都很少,但对人的性发育、性功能、生殖细胞的生成却能起到举足轻重的作用,故有"生命的火花"与"婚姻和谐素"之称。人体的皮肤中含锌量很高,但是眼睛、头发、男性生殖器官中浓度最高,肝、肾、骨骼中含量中等,牙齿和神经系统中也有一定量的锌。

作为一种微量元素,锌的作用不可小觑。我们知道,人体的生长主要是细胞分裂的过程,而锌就是促进细胞分裂、保障人体生长发育、预防侏儒症的一种重要物质。锌还是大脑皮质生长离不开的物质,是使人脑思维敏捷、免疫系统正常发挥作用不可缺少的物质。锌可加速人体内部和外部伤口的愈合,消除指甲上的白色斑点,维持正常的味觉和食欲,防止味觉丧失,防治前列腺肥大,促进维生素 A 的吸收,有助于生殖能力障碍的治疗,减轻月经前的综合征,参与修复毛发、指甲、皮肤,制造胰岛素等。

有关人士指出,甚至在维持视力、减轻疲劳、预防感冒、延缓衰老、预防癌症、减轻艾滋病症状等方面,锌都有着不可低估的作用。

人体内如果缺乏锌,全身各系统都会受到不良影响,尤其对青春期性腺成熟的影响更为直接。中东出现的青春期营养性侏儒症和明显的性发育迟缓的病因就是缺锌。在伊朗有研究证实,少女和学龄儿童有生长停滞和性成熟迟缓者,将食物强化锌后,很快使病人发育趋于正常。

动物实验证实,缺锌的动物大脑发育不良。眼球的某些组织缺锌,就会影响光化学过程,使视力变得不正常。锌又是胰岛素的成分,胰腺里的锌降为正常含量的一半时,就有患糖尿病的可能。

人体内如果缺乏锌,可产生消化功能紊乱,如食欲缺乏、厌食、偏食及异食癖等;儿童、青少年身体发育落后,智力发育不良,免疫力低下;易患感染性疾病;皮肤无光泽;指甲生白斑等（表1-8）。

表 1-8　锌缺乏的临床表现

症　状	病　因
厌　食	缺锌时味蕾功能减退，味觉功能降低，食欲缺乏，进食减少，消化能力也减弱
生长发育落后	缺锌妨碍蛋白质合成并造成进食减少，影响小儿生长发育，严重者可有侏儒症；缺锌严重的小儿智能发育可能受到影响，甚至有精神障碍
青春期性发育迟缓	缺锌使男性生殖器睾丸与阴茎过小，性功能低下；女性乳房发育与月经来潮晚；男、女阴毛出现晚等
异食癖	缺锌小儿可有喜吃泥土、墙皮、纸张、煤渣或其他异物等现象，成年人缺锌也有喜吃土的报道
易感染	缺锌者免疫功能降低，易患各种感染性疾病，包括腹泻
皮肤、黏膜异常	缺锌严重时，全身皮肤可有各种皮疹、大疱性皮炎，易患复发性口腔溃疡，有下肢溃疡长期不愈及轻重不等的秃发等

锌主要从食物中摄取，植物性食物中含量少，动物性食物中含量高。锌的含量从高至低依次为动物类食品—豆类食品—谷类食品—水果—蔬菜。对于缺乏锌的人来说，应多吃鱼、瘦肉、蛋、核桃、花生、牡蛎、大豆、萝卜等富锌食品。严重时可用药物来补充，即吃葡萄糖酸锌。

然而，补锌并不是多多益善。锌过量可影响身体对铜的吸收能力，导致免疫系统功能减弱，易于产生高胆固醇，易于发生动脉粥样硬化，易于发生缺铁性贫血，甚至还会有恶心的现象发生。锌在人体积累过多还会引起中毒，严重者出现寒战、高热、呕吐、腹痛、肝肿大、痉挛等，轻者易患皮炎。

铜和锌互为拮抗物质，且有很强的拮抗作用，缺锌可导致铜摄入过量，反之，过量的锌可引起铜的缺乏。所以，好的补充剂含锌量应约为铜含量的 10 倍（如含锌 10mg，含铜 1mg）。

（4）双重性格的铬。

铬对人体有两面性，既有益，又有害。这是因为铬元素有多种价态：＋2、＋3 和＋6，＋6 价铬是公认的致癌因子；而＋3 价铬是人体内必需的微量元素，具有生物化学效应，是人体新陈代谢的重要元素之一。

早在 20 世纪 30 年代，德国、美国、英国的流行病调查发现，铬酸盐工厂的工人易患肺癌、鼻癌、咽喉癌等。目前许多研究已经证实，大多数＋6 价的铬化合物具有致癌和诱发基因突变的作用。因为高价的铬可以干扰很多重要酶的活性，破坏肝、肾功能，严重的将引起癌症。＋3 价铬则是人体必需的微量元素，在肌体的糖代谢和脂代谢中发挥特殊作用。人体缺铬时胰岛素的作用很快下降，血糖的利用发生障碍，导致糖代谢异常，严重时患糖尿病。因此，补铬对糖尿病有治疗作用，此外，还对防治糖尿病的并发症有明显的疗效。

缺铬还可能导致脂质代谢失调，易诱发冠状动脉硬化，导致心血管病。补铬对治疗高血脂症、脂肪肝、肥胖、粉刺等有利。

铬具有促进生长发育、延长寿命的功能，因铬可在核酸代谢和蛋白质合成中起重要作用。胎儿缺铬会影响生长发育。人体内严重缺铬，会出现体重减轻、末梢神经病，导致婴儿患消瘦性"蛋白质-热能营养不良"症，及时补充铬有良好的治愈效果。铬通过对蛋白质合成的影响，促进人的生长发育。人若缺铬严重，虽还能生存，但健康不佳，发育不良，并有角膜损伤（糖尿病患者视力不好）。缺铬常见于妊娠期妇女、糖尿病患者、营养不良的儿童和老年人。最丰富的铬食品来源是啤酒酵母，且其中的铬主要以葡萄糖耐受因子（GTF）形式存在，较易吸收。谷物、坚果（核桃、栗子、松子、榛子）、豆类、植物油、肉类、奶制品、动物肝脏、葡萄、豌豆、胡萝卜、蚝壳、螃蟹、可可粉都含铬甚丰。香料和调料如麝香草、红辣椒含铬也很多。

铬在粗制粮（普通面粉、糙米等）中含量很高。缺乏铬可以通过含铬丰富的食物进行补充，必要时也可考虑使用醋酸铬、氯化铬等进行补充。

过量的铬可引起呼吸道和消化道中毒，使鼻、口腔、胃肠道出现烧伤、出血、溃疡，还可并发其他一些症状。

（5）健康卫士——硒。

硒是一种非金属元素。人体各个重要器官都需要一定量的硒来维持正常的功能；人类的十多种疾病与硒有关，特别是硒与人类衰老问题密切相关。因此，硒被誉为"生命火种"、"心脏的守护神"、"抗癌之王"。

硒是人体必需的微量元素，是组成各种谷胱甘肽过氧化酶、参与辅酶合成、保护细胞膜的结构所不可缺少的。它具有抗氧化性，消除体内因脂质过氧化而产生的自由基的有害生理效应。

人类衰老的原因和对人类威胁极大的癌症、心血管病、动脉粥样硬化、中枢神经系统疾病、关节炎、肌肉萎缩、先天性畸形、白内障、糖尿病、冠心病、大骨节病等40多种疾病均与缺硒有关。

有一种典型的缺硒疾病——克山病，症状为骨节肿大，肌肉无力，所以又叫大骨节病（图1-13）。在我国克山地区曾发现多人患有此病，主要是由当地的土壤缺硒引起的。

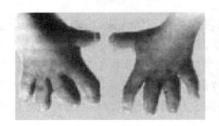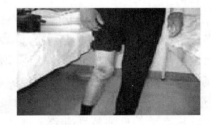

图1-13　缺硒疾病——克山病症状

微量元素硒的作用很多。首先，硒具有抗氧化、抗衰老功能。人体内的过氧化损伤是人患病、衰老的重要原因。而硒能激活人体自身抗氧化系统的重要物质谷胱甘肽过氧化物酶，控制和消除过氧化，从而防治疾病。硒的抗氧化效力比维生素E高500倍。经科学检测，长寿老人的血硒比正常人高3～6倍。硒能延缓衰老，减少抑郁、疲劳等现象，提高视力，防治白内障，从根本上提高老年人的生活质量。

其次，硒具有保护、修复细胞作用。硒能消除机体代谢活动中产生的过氧化物，保护细胞膜结构免受过氧化物的损害。细胞完整无损，脏器功能才能正常。保护了细胞，就保护了人体心、肝、肾、肺、眼等重要脏器。

再次，硒能提高红细胞的携氧能力。硒能保护血液中的红细胞，使血红蛋白不会被氧化，保持携氧能力，把充足的氧带给肌体的每一个细胞，使每一个细胞都能维持正常功能。

第四，硒可提高人体免疫力。硒能够增强免疫系统对进入体内的病毒、异物及体内病变的识别能力，提高免疫系统 B 细胞的抗体合成、T 细胞的增殖，调节抗体水平，使巨噬细胞的吞噬、杀菌能力提高 2 倍。硒提高了机体的免疫功能，就从根本上提高了人体对疾病的抵抗能力，这是硒能健身祛病的重要原因。

第五，硒具有解毒、排毒、抗污染作用。硒作为带负电荷的非金属离子，在人体内可以与带正电荷的有害金属离子结合并直接排出体外，彻底消解重金属离子的毒性，起到解毒和排毒作用。因此，硒是 Cd、As、Hg 有效的解毒剂。

第六，硒具有预防和抵制癌变作用。人类患癌，一是由于环境中致癌物质（如黄曲霉毒素和致癌化学物质）入侵所致，二是由体内产生的自由基（俗称"体内垃圾"）造成的。硒是微量元素中的"抗癌之王"，既能抑制多种致癌物质的致癌作用，又能及时清理自由基，使其不能损坏细胞膜结构而趋向癌变，起着"清道夫"的作用。假如体内已出现癌细胞，硒又是癌细胞的杀伤剂，硒能阻断癌细胞的两个重要的能量来源，在体内形成抑制癌细胞增殖的内环境。硒营养状态与癌症密切相关，血硒水平低的人群癌症发生和死亡率均较高。肝病、心脑血管病、糖尿病等久治不愈的患者体内的血硒水平都很低，在治疗的同时适量补硒能增强自愈力。

海鱼、海虾等海产品及动物的心、肝、胃等脏器富含硒。有些蔬菜如芦笋、苜蓿、荠菜等也含硒。目前，市场销售的富硒大米、富硒矿泉水等都是为了补充硒。硒过量时，会出现硒中毒，其症状表现为眼睛红肿，肝、肾、胃功能障碍及出现紫斑等。

（6）紫色精灵——碘。

碘是卤族元素之一，也是生命所必需的微量营养元素。国外有专家将其称为抵抗核辐射和电磁辐射的最好帮手，也就是说，充足的碘能够在血液循环中帮助我们达到抵制辐射致癌的目的。

人体内 2/3 的碘存在于甲状腺中，甲状腺可以控制人体代谢，而碘的主要功能是合成甲状腺激素。所以它的作用主要是通过甲状腺激素表现出来的。

甲状腺激素能促进物质的分解代谢，增加氧耗量、维持基本生命活动；支持垂体的正常功能，促进儿童生长发育；保证脑和神经系统的发育，增强反应的敏捷性，预防智力过早迟钝；促进毛发、指甲、牙齿、皮肤健康；对缓解妇女经期前、经期后服用雌性激素引起的和纤维囊性乳房有关的疼痛特别有效。

碘缺乏会导致早产、流产、先天性畸形、聋哑、克汀病、智力低下、骨骼发育迟缓等。碘缺乏会得"粗脖子"病。碘不足可使甲状腺素分泌减少，致使甲状腺发生增殖性变化，即单纯性甲状腺肿大（"粗脖子"病），这在女性尤其年轻女性（15～35 岁）中表现得更加突出，因此更需引起人们的注意。

为什么女性易得"粗脖子"病？这是由于女性在青春发育期、月经期、怀孕期及哺乳期对甲状腺激素需要量很大，而碘又是合成甲状腺素的重要成分。如果饮食中碘的供应不足，就会影响甲状腺激素的合成，不能满足身体的需要。这时人体会通过脑垂体分泌出一种物质来刺激甲状腺，促使甲状腺生成激素，从而使甲状腺增生和肿大，令脖子变粗。女性容易得"粗脖子"病的另一个原因是女性青春期后体内雌激素增加，它会使甲状腺的含碘量下降。如果碘的补充量不足,则更易造成这一后果。据专家介绍,吃生甘蓝类蔬菜过多容易出现碘缺乏症。

补碘的重点人群为儿童、新婚妇女、孕妇和哺乳期妇女。

碘的主要食物来源为海产品。海产品的碘含量大于陆地食物,所以人体所需的碘主要靠海产品提供,如海带、紫菜、鲜鱼、干贝、海参、海蜇、牡蛎、蛤蜊、小虾、大龙虾、箭鱼、比目鱼等。其中海带含碘量最高,干海带中达 240mg/kg 以上,其次为海贝类及鲜海鱼($800\mu g/kg$),但是海盐中含碘量极微,越是精制盐含碘量越低。动物性食物的碘含量大于植物性食物。陆地食品则以蛋、奶含碘量较高($40\sim90\mu g/kg$),其次为肉类,淡水鱼的含碘量低于肉类。植物的含碘量最低,特别是水果和蔬菜。相反,碘过量有害。口服过量的碘及碘化物后,口腔、食道、胃黏膜等可发生炎症水肿,还可出现头痛、眩晕等;吸入碘蒸气可发生呼吸系统刺激症状,引起高碘甲状腺肿等不良反应,甚至造成碘源性甲亢。碘慢性中毒时可出现鼻炎、咽炎、扁桃体炎等,还会造成皮疹、血小板减少等后果。因此,补碘必须要讲究科学,首先要明确自己是否缺碘,还要保证补碘的剂量适度,而这一切,都应该在有关医生的指导下进行。

（六）水

水是细胞中含量最丰富的化合物,人体67%是由水构成的。普通成年人一天需要补充大约2L水,其中800mL左右可以从食物中获得,所以还要喝1200mL左右的水（表 1-9）。人体内不含化学上的纯水（H_2O）,只含有包括可溶性的类晶体的水或结合到胶体上的水。动物体内存在 2 种状态

表 1-9　不同年龄推荐每日饮用水量

年龄/岁	每日饮水量/mL
2～3	800
4～7	900
7～10	1000
11～18	1200
18～	1200

的水:自由水和结合水。自由水（又称游离水）存在于细胞中,是指细胞外和细胞内体液中的水,且有各种无机物和有机物溶于其中,能够自由运动。结合水（又称束缚水或结晶水）则指胶体体系中与蛋白质、糖及盐类牢固结合,受到束缚的水,或存在于细胞内的水合离子和与纤维分子之间封闭起来的水,所以难于运动。由于水分子的极性与氢结合的性质,而具有一些独特性质,故水在生物体内具有多种重要的生理功能。

1. 水的生理功能

（1）构成细胞组织:水是细胞组织的组成成分。生物体内的水大部分与蛋白质结合形成胶体,这种结合使组织细胞具有一定的形态、硬度和弹性。水是构成细胞胶态原生质的重要成分,失掉了水,细胞的胶态即无法维持,各种代谢就无法进行。

（2）是良好的溶剂:水是生物体内代谢物质的主要溶剂。水有很高的电解常数,溶解力强。很多营养物质的吸收和输送及代谢产物的排除,没有水的参与就不能完成。因为养料和代谢产物的交换、转移以及多种活性物质（酶、激素和维生素）的转运,只有溶解或分散于体液中才能在体内进行。

（3）参与水解、水化、加水脱氢等重要反应:水是促代谢反应的物质,一切生物的氧化和酶促反应都有水参加。水是生物体内生化反应的原料,又是生化反应的产物。在水解过程中,水是反应物;在氧化过程中,水是反应的产物。体内的消化、吸收、分解、合成、氧化还原以及细胞呼吸过程等都有水的参与。

（4）调节体温：水的比热大，能吸收代谢过程中产生的大量热量而使体温不致升高，水的蒸发热也大。故水能维持产热与散热的平衡，对体温调节起重要作用。

（5）润滑作用：如唾液有助于食物吞咽，泪液有助于眼球转动，滑液有助关节活动等。

（6）维持体液平衡：水是维持体液平衡的重要物质。体液是指存在于动物体内的水和溶解于水中的各种物质（如无机盐、葡萄糖、氨基酸、蛋白质等）所组成的液体。它广泛地存在于细胞内外，构成动物体的内环境。水能稀释细胞内容物和体液，使物质能在细胞内、体液内和消化道内保持相对的自由运动，保持体内矿物质的离子平衡，保持物质在体内的正常代谢。水不仅在消化道内排出大量的不能被消化利用的物质中起着重要作用，而且通过尿液、汗液在排出代谢产物上也起着重要作用。

2. 运动性脱水

运动性脱水是指人们由于运动而引起体内水分和电解质（特别是钠离子）丢失过多的现象。运动性脱水的常见原因是在高温、高湿情况下进行大强度运动，人体大量出汗而未及时补水。也可见于某些运动项目如举重、摔跤等运动员为参加低体重级别的比赛而采取不适当的快速减体重措施，造成体内严重脱水。

3. 运动性脱水的预防

（1）提高对运动性脱水的耐受性。经过在各种环境下进行各种强度的运动和训练，可增强对运动性脱水的耐受性。

（2）进行补液，防止和纠正脱水。及时的补液，可使机体水分达到平衡。应根据运动情况和运动特点，在运动前、中、后补水补液。补液的原则是少量多次进行补充，同时还应适量补充无机盐。

二、生命体的能量来源

人体能量来源于食物。食物通常包括：主体食物、维生素和无机物质（特别是微量元素）。其中主体食物指糖、蛋白质和脂肪，它们被氧化成二氧化碳和水，同时放出热量，所以有人将它们称为热量素，它们满足人体正常能量需求。维生素及微量元素则在能量的转换和保证机体的正常运行中发挥独特作用。

（一）糖

轻体力劳动者每人每天需糖 $400 \sim 450g$，重体力劳动者为 $500 \sim 600g$。1g 糖约提供 17kJ 能量，$400 \sim 450g$ 糖理论上可提供 $6800 \sim 7650kJ$ 能量，占人体所需总能量的 $60\% \sim 70\%$。

糖是快速能源。唾液中的淀粉酶作用于淀粉或糖原，产生二糖（如麦芽糖），这是消化作用的第一步。进入胃后，食物被胰脏分泌的酶作用，使糖继续水解成麦芽糖，再水解成葡萄糖，最后形成一些单糖的混合物。

$$(C_6H_{12}O_5)_n \longrightarrow C_{12}H_{22}O_{11} \longrightarrow C_6H_{12}O_6$$

淀粉　　　　麦芽糖　　　葡萄糖

然后这些单糖被吸收进入血液，成为血糖，其浓度受激素胰岛素的调节和控制。如果血糖含量过高，单糖将在肝中转化为多糖糖原，成为肝糖，在人肝中约 6%。如果血糖含量太低，则肝中贮藏的糖原被水解，从而提高血糖水平。

在酶催化下，被吸收后转化产生的单糖（如葡萄糖）才被"燃烧"（氧化），提供人体所需要的能量。葡萄糖氧化的反应式为：

$$C_6H_{12}O_6(s)+6O_2(g)\!=\!\!=\!6CO_2(g)+6H_2O(l)+热$$

（二）蛋白质

1g 蛋白质大约可提供 17kJ 能量，人体每天摄入 46～56g 蛋白质（相当于 310g 瘦肉或 3 个鸡蛋）就可达到要求。但考虑到实际吸收效率，一般人体每天应供给 80～120g 蛋白质，放出 1360～2040kJ 能量，相当于饮食总热量的 10％～15％。

在胃蛋白酶的作用下，蛋白质的水解从胃中开始，并且延续到小肠中。经胃加工后出来的蛋白质，经多种蛋白酶的作用最后分解为氨基酸，通过肠壁吸收。

（三）脂肪

每克脂肪可提供 37kJ 能量，正常情况下人体每天摄取 60～75g 脂肪，可放出 2220～2780kJ 能量，占总能量的 20％～25％。

脂肪的消化主要在肠道中进行，脂肪分解为甘油与脂肪酸。由于帮助水解的酶是水溶性的，脂肪又不溶于水，靠肝脏分泌的胆盐（具有亲油、亲水的双亲结构）使油乳化，所以胃对脂肪的消化作用较弱。

第三节　常见食物的化学成分及贮存

一、常见食物的化学成分

（一）主食

主食通常指粮食，包括谷物和豆类，其共同特点是均为干品。湿存水含量一般在 2％以下。

1. 谷物

谷物包括大米、小麦、玉米、高粱、小米、荞麦等，它们的主成分为糖类，基本以淀粉的形式存在。谷类含一定量蛋白质，缺少赖氨酸、苏氨酸，色氨酸含量不高。谷类含脂肪较少，含维生素以 B 族较多。淀粉是由葡萄糖为单元连接而成的大分子，结构上有直链与支链之分。

2. 豆类

豆类包括大豆、花生、芝麻、葵花子及杂豆等，其化学成分较为复杂。下面选择大豆和花生略作分析。

（1）大豆。

大豆所含的氨基酸中除胱胺酸及甲硫胺酸较少外，其他与动物性蛋白相似，故有植物蛋白之称。大豆中含大量维生素 B 及多种其他维生素、较多的磷脂质（达 1.5％，大部分为卵磷质及少量脑磷脂），所以营养价值很高。其中的磷脂质呈浆状，提取后可作食品加工的乳化剂；经精制后可作营养强壮剂、高血压预防剂等。

（2）花生。

花生的营养价值很高，其所含蛋白质中含有人体必需的 8 种氨基酸，脂肪含量也很高，还有约占 1％的钾、磷和较丰富的维生素 B 及维生素 PP，唯缺维生素 C。此外，其消化率仅次于牛肉及蛋类，优于大豆。花生在人体中消化的时间较谷类长一些。

3. 薯芋类

薯芋类主要包括马铃薯、甘薯、凉薯、山药、芋头等，主要成分为淀粉，蛋白质含量1％～3％，含维生素 B_1 和维生素 C 比较多。无机质中含钾、钙较少，含磷较多。

（二）副食

副食可分肉、蔬菜及水果三类。按其来源可分为陆产与水产两类；按一般习惯分为荤、素两类；有的西方国家则分为动物性与植物性两大类。

1. 肉类

（1）畜禽肉类。

畜禽肉类常指鸡、鸭、鱼及其他禽兽（家养及野生）的可食用部分，包括肌肉、结缔组织、脂肪及脏器（脑、舌、心、肺、肝、脾、肾、肠、胃等）以及血、骨、筋、胶原等，以肌肉为主。肉类营养成分含量见表 1-10。

表 1-10　肉类营养成分含量

	化学成分含量/％				微量元素/(mg/100g)			维生素/(mg/100g)			
	蛋白质	脂肪	水分	灰分	钙	磷	铁	A	B_1	B_2	PP
鲜鸡肉	20.3	12.6	66	0.9	11	140	2.5	70	0.91	0.20	4.0
鲜牦牛肉	21.5	4.4	73	1.1	12	180	4.5	83	0.27	0.25	5.1
鲜牛肉	18.0	12.0	69	0.9	11	166	2.7	72	0.08	0.15	4.4
鲜羊肉	16.3	14.8	68	0.8	11	129	2.0	69	0.07	0.13	4.9
鲜猪肉	17	15.1	67	0.9	9	120	2.3	67	0.85	0.18	4.0

瘦肉的主成分为蛋白质（20％），干物中蛋白质约占 80％，氨基酸甚多，且组成匹配好，因而瘦肉为营养之必备品。肝脏中富含维生素，特别是鸡肝、牛肝中最丰富，其维生素 A 可达 400～500mg/100g。

（2）鱼及水产品。

不论是淡水或海水产品，除含高蛋白（10％～20％）、低脂肪（1％～10％）外，均以维生素多及无机微量元素高（1％～2％）为特点。另一特点是水产品蛋白质中的硫等非氮化合物约占 30％，赋予其鲜美味道。

（3）蛋。

各类禽蛋的主成分均为蛋白质（约 18％），其中鹌鹑蛋和鹅蛋的蛋白质含量较高。蛋清和蛋黄二者的成分不同。蛋含氨基酸品种最齐全（18 种）。

2. 蔬菜、水果

（1）蔬菜。

蔬菜是指含水分 90％以上，可作维生素、无机质和纤维素之源的植物。

蔬菜的价值还在于其特殊成分及其特殊作用。蔬菜中的纤维素和果胶质使肠蠕动，促进消化；蔬菜中酶含量较高，有助于消化及发挥各种生理功能；蔬菜中的多种维生素（尤其是维生素 C）有鲜味及各种刺激性成分，如葱类之辛辣味等能刺激食欲。

（2）水果。

水果分浆果（葡萄、草莓、凤梨等）、仁果（苹果、柿、枇杷、柑橘等）、核果（桃、梅、杏、李等）、坚果（栗、核桃、白果、榛子等）四类，除后者为干果外，前三者约含 90％水分，故称水果。水果的主要成分为糖（10％），发热量约 200J/g，多数缺脂肪及蛋白质，但含某些特殊营养成分。

二、贮存和保鲜

（一）食物腐败

食物腐败的主要原因是氧化作用和微生物作用引起变质和产生毒素。氧化作用包括大气氧化和呼吸作用。

1. 大气氧化

大气氧化是造成脂肪、糖、蛋白质、维生素变质的主要因素。氧与脂肪作用生成过氧化物，高温生成聚合物、脂肪酸、醛及烃类化合物。加热、氧化糖时，伴随有脱水、分解成羟甲基糠醛，进而与氨基酸作用生成褐色物，常用于酱油等着色。加热蛋白质后部分变性，生化功能并未显著改变，主要是溶解度减小甚至凝固。加热会破坏鸡蛋白中的卵黏蛋白及抗生物素蛋白和大豆中的抗胰蛋白酶及凝结血红蛋白，从而消除了生蛋白毒性，但过度加热，氨基酸损失，与糖共存时损失更多。在空气中加热维生素会使各类维生素不同程度地被破坏。例如，维生素A对热相当稳定，但易氧化成环氧维生素A，进而分解；维生素B虽经油炸几无损失，但文火炖煮，可破坏 50%；维生素C本身对热稳定，但因蔬菜中常含维生素C氧化酶，加热时易被破坏，该酶分解后，维生素C分解减少。

2. 呼吸作用

植物类食物如谷物、蔬菜、水果等在存放期间继续其呼吸作用（植物体在有氧情况下将有机物分解成二氧化碳、水和释放能量的过程为植物的呼吸作用）。萝卜放久了要空心，是因为呼吸作用分解了大量有机物。减少空气中的氧气与增加二氧化碳的浓度，可抑制蔬菜及果体的呼吸，降低其氧化分解，以保持其鲜度，称为充气贮藏法。

3. 微生物作用

可分酶酵解和细菌作用两类。

（1）酶酵解：指食物在酶作用下的分解现象。生物体中本来含有多种酶（果蔬中较多），如氧化酶、过氧化酶、酚酶等，特别是维生素C氧化酶分布甚广，易使维生素C氧化失效，导致物质腐败。

（2）细菌作用：在合适的湿度（10%～70%）和温度（25℃～40℃或10℃～60℃）以及不同的 pH 条件下，细菌迅速繁殖。

（二）贮存的一般方法

1. 物理方法

贮存的物理方法包括低温冷藏、高温杀菌、脱水或干燥、辐射杀菌、提高渗透压、密封罐装。

2. 化学方法

（1）防腐剂。也称保存剂、抗微生物剂、抗菌剂，应用于食物贮存时，其效果随食品之 pH、成分、保存条件而异。通常微生物在 pH＝5.5～8.0 下最易繁殖，故可加入适量酸使 pH 低于5。防腐剂分无机和有机两大类。

常用无机防腐剂：兼有去色、杀菌作用的有亚硫酸盐、过氧化氢、溴酸钾，兼有护色、防腐作用的有硝酸钾、硝酸钠、亚硝酸钾、亚硝酸钠，使用量分别为 0.5g/kg、0.15g/kg。

常用有机防腐剂：苯甲酸及其盐、对羟基苯甲酯、山梨酸及其盐等三大类。其毒性大小：苯甲酸类＞对羟基苯甲酯＞山梨酸类。

（2）抗氧化剂。可阻止或延迟食品氧化。动、植物原体中常含天然抗氧化剂，如没食子酸、抗坏血酸、黄色素类以及小麦胚芽中的维生素 E、芝麻油中的芝麻油酚、丁香酚等。

人工抗氧化剂有 L-抗坏血酸及其盐、丁基羟基甲苯（BHT）、丁基化羟基甲氧苯（BHA）、没食子酸丙酯、维生素 E 等。当它们的用量为 0.005% 时即可以防止油脂酸败。

（3）脱氧剂。也称游离氧吸收剂或驱除剂。

（三）保鲜

食物的保存和防腐通常采用的方法是：

（1）阻止腐蚀剂的作用。这类腐蚀剂通常是大气、灰尘、水分、盐及各种化学药品，办法是改善包装，充以惰性气体等。

（2）防止细菌作用。办法是阻挠微生物细胞膜透过食物或营养素，使细菌饿死；设法干扰其遗传机制，抑制细菌繁殖；阻挠细菌内酶的活性，停止代谢过程；清除菌源，杀灭细菌。

（四）常见食物的贮存与保鲜办法

（1）谷类。谷类在贮存中因氧化、呼吸、酶作用而发生各种变质，故小麦、稻米贮存切忌受潮。

（2）肉、乳、蛋类。即荤食类，其特点是蛋白质及脂肪含量高，贮存时易发生细菌作用和酵解。肉类贮藏的主要问题是控制腐败细菌的活动。通常的方法是酸化（因酸性环境不利细菌生长，如醋泡猪蹄等）、排除空气（或充二氧化碳、氮气包装，以防氧化）、干燥（烘干、风干、速冻以降低水分）、腌制（盐、糖渍）、辐射、加入香料（如丁香）等。用芥末油大蒜汁涂抹鲜肉，其中的大蒜素可有效抑制细菌活动，加入香料还可掩盖异味，这是值得推荐的家用香料调制法。

（3）蔬菜、水果类。蔬菜、水果通用的存放办法是在 10℃ 以下保存（因 10℃ 以下酶及细菌活动减弱），但随物而异。

第四节　饮品与化学

一、饮用水

水是生命物质的溶剂，也是生命的营养物质，是消化过程中水解反应的主要反应物和食物润滑剂，是体内输送营养、排泄废物的载体，是体温调节剂和关节润滑剂。

水是生命之源，任何人都要喝水。传统白开水存在如下问题：对耐热菌无任何作用；存在"致热源"，即已杀死的细菌和病毒的尸体；有三氯甲烷；加热过程中丢失了矿物质、微量元素和氧气等。市面上的涉水产品可谓五花八门，有名称为矿泉水、矿物质水、纯净水、天然饮用水的，还有诸如冠以竹炭水、月子水、冰川水、弱碱性水、小分子团水等各种稀奇古怪概念的商品。实际上目前的饮用水，大致可分成如下几类：

（一）矿物质水

矿物质水是生活饮用水（自来水）经过纯化，然后添加矿物质，经杀菌装罐制得的。添加矿物质的目的其实不是因为这些矿物质多么有营养，少了就不行，而是因为这些矿物质可以满足消费者对口感的要求。通过添加矿物盐，可以让矿物质水的口感接近平时喝的白开水或者矿泉水。

水里的矿物质对健康有好处吗？

矿物质通常是指无机盐，水里面比较常见的是钠、钾、钙、镁的碳酸盐、偏硅酸盐等。水里也存在其他一些元素，如铁、锌、锰、钼、钒等。不可否认这些元素都是人体需要的，但是我们获取这些营养元素的主要途径还是一日三餐。总体来讲，如果你不缺矿物质，喝矿物质水也不会使你摄入过量；如果你缺矿物质，靠喝矿物质水也补不回来。宣扬水里的矿物质元素有多好，通常是卖矿泉水、矿物质水和其他涉水产品的人。

（二）矿泉水

矿泉水是从地下深处自然涌出或钻井采集得到的，它对水源地有严格要求，需经过地矿部门勘探评价，采取水源地保护措施，可以理解为一种矿产资源。矿泉水的价格相对较高，主要是因为水源成本高，而不是因为其中微量的矿物质真有什么神奇的功效。

矿泉水由于来自地下深处，其成分受岩层成分的影响较大，所以相比生活饮用水，它有更多的元素需要控制，如锑、钡、硼、镍、银等在生活饮用水中都只是非常规指标。

矿泉水广告中常吹嘘含有丰富的"微量营养元素"锶、硒等，实际上矿泉水中这些物质的含量往往并不比自来水高，有的甚至还不如自来水。"矿泉水优于其他水"的说法从未得到科学界的认可。

那么，是否矿泉水富含钙质，可预防骨质疏松？事实上是中国人平均每天吃进去的钙约 400mg，成年人每天参考摄入量在 800～1200mg（我们就用 1000mg 来方便计算），也就是平均每天有 600mg 左右的缺口。矿泉水钙含量高的也不过 30～40mg/L，成年人满打满算按 1 天喝 2L，也就喝进去大约 70mg 钙，相当于参考摄入量的 7％，相当于钙摄入量缺口的 12％。如果靠喝水补钙，每天需要喝 17L 水，差不多就是一大桶桶装水的量。因此，靠矿泉水补钙或防骨质疏松是不靠谱的。

人体中的钙主要靠膳食摄入和营养补充。豆类食品、奶制品都是很好的钙源，如 50g 豆腐中就有 80mg 钙，而 100mL 牛奶中就有 100mg 钙了。如果还需要补钙，除了均衡营养外，可以根据食品标签上的营养成分含量，选择钙含量较高的食品，或者标有"高钙"、"含有钙"等字样的食品。例如，某种高钙饼干，100g 就含有 300mg 钙。如果缺钙比较严重，可以在医生的建议下，适当补充一些膳食补充剂，如常见的各种钙片。

也有人担心，水软了怕缺钙，水硬了又怕结石。其实导致结石的因素是多重的，主要因素是自身的代谢异常，还和气候、饮食结构、遗传等因素相关。流行病学发现，水的硬度和结石发病率并没有必然联系，既有水硬度高的地区结石发病率低的，也有水硬度低的地区结石发病率高的。

如果用更宏观的视野来看，即使是硬水，里面的矿物质含量与一日三餐的饭菜比起来还是微乎其微的。而充足的饮水还能一定程度上预防结石形成，因为稀释了尿液，就可以减少尿液中盐的结晶和析出。

（三）纯净水

纯净水是以符合生活饮用水卫生标准的水为原料，通过离子交换、反渗透、蒸馏等工艺制成的。它的离子含量低，硬度低，几乎不含矿物质，用它来烧水不会形成水垢。纯净水在发达国家和地区的普及率很高，可以达到 80％以上，中东地区的居民喝的也几乎都是纯净水。

饮用纯净水的优点是非常洁净，不含防腐剂；缺点是易被污染，保鲜期短，价格高。

有人说，纯净水虽然干净，但把有用的矿物质都过滤掉了，长期喝会把体内的微量元素都溶解排出，不利于健康。这种说法是错误的。首先，我们摄入营养元素的主要途径还是膳食，水中的矿物质仅仅是非常小的一部分；其次，营养元素不是水一冲就没，人又不是筛子，哪有那么简单。

有人说喝纯水会缺钙，但实际上导致缺钙的最主要因素是膳食钙摄入量不足，与激素水平、维生素 D 摄入量、阳光照射、运动量等相关，跟喝什么水没有关系。要是喝纯净水就会缺钙，那中东地区的老百姓还怎么活，他们基本都是喝纯净水。

还有人说喝纯净水会脱钙，导致骨质疏松。这是对人体生理的不了解。人体体液中的离子浓度是相对平衡的，钙离子也不例外。一个 60kg 成年人的体液有 36～42kg，而一天饮水量不过 2L，对钙离子浓度能有多大影响？导致钙流失的主要因素是年龄、激素水平和膳食摄入，骨钙沉积可不像衣服上的脏东西，打个肥皂搓搓就没了。

其实，发达国家喝纯净水有几十年了，纯净水普及率已达到 80％以上，也没有听说谁喝纯净水喝出毛病的。不可轻信商业宣传。

（四）其他饮用水

活性水与功能水：通过各种水处理方法，提高了水分子能量的水叫作活性水，而把具有某种特定功能的活性水叫作功能水。例如，把具有清洗消毒作用的活性水叫作清洗水。功能水是活性水中的一种。

磁化水是为了达到一定理疗保健目的而人造的饮水，不宜作为生活饮水大量饮用，不宜存放。

喝水的根本目的是满足机体对水的需求。说白了，水主要就是体内营养物质和代谢废物的搬运工，它只是一个载体，无论你喝什么水都不可能把它当作营养来源，也不可能有什么神奇的功效。因此，只要是符合国家标准的水都可以安全放心地饮用，不存在"哪种水更健康"的问题，消费者大可不必为了喝什么水而纠结。平衡膳食，保证充足的饮水，适量运动和良好的生活规律，才是健康的根本。

饮水应该少量多次，要有意识地主动喝水，而不是感到口渴时再喝，尤其是老年人的感觉不敏感，更需要及时补充水。早晨起床要喝一杯水，晚上睡前不要喝太多水，以免频繁起夜。剧烈运动后不要马上大量喝水，慢慢喝比较好。对于结石体质的人和患有肾结石的人，应该适当多喝水以减少尿盐析出。

（五）健康饮水小知识

1. 并非弱碱性的水才健康

无论弱酸还是弱碱性水，喝到肚子里都变成酸性的，因为我们胃里是 pH 为 2.0 左右的盐酸。然后到了肠道，甭管什么水又变成碱性了，这是我们消化道细菌喜欢的环境。

我们的机体是一个精密的缓冲体系，如血液的 pH 正常范围是 7.35～7.45，只有这样才能保证各种生理功能正常。水的弱碱性来自于矿物质，如碳酸盐、偏硅酸盐等，但这些微量的矿物质对人体的生理影响根本无法与来自膳食的宏量营养素相提并论。就连所谓的酸性食物、碱性食物也不能大幅改变我们的体液 pH 环境，更何况水呢？

2. 不要把运动饮料当水喝

运动饮料主要是大量运动后补充能量和加速消除疲劳的，其成分往往含有一些糖分、维生素，也会添加一些钠、钾成分以补充流汗的损失。这种饮料并不适合普通人群当水喝,尤其是糖尿病患者。如果成天坐办公室的人把运动饮料当水喝,显然是不健康的,除了能量过多,还可能摄入了较多的钠。既然叫运动饮料,还是请大家多迈腿,多流汗,然后再考虑要不要喝运动饮料吧!

3. 果汁含糖高

现在大家生活水平提高了,对健康也更讲究,有些家长就觉得给孩子喝果汁比喝水更有营养,甚至有父母从婴幼儿时期就开始把果汁当水给孩子喝。

实际上,果汁永远无法替代水果,因为果肉还含有丰富的膳食纤维素等其他营养物质,也有更强的饱腹感,不会吃太多。现在家长一般都知道不给孩子喝高糖碳酸饮料,而果汁里其实也含有丰富的糖分,当水喝一样会导致能量摄入过多。家长应该让孩子从小养成口渴喝白开水的习惯,同时多鼓励孩子吃水果,而不是抱着各种果汁饮料不放。

4. 喝隔夜水、蒸锅水、千滚水不会中毒、致癌

这些水其实都是白开水,有的是存放时间长,有的是反复煮沸。传言这些水里亚硝酸盐很多,喝了会引起中毒,严重的甚至意识丧失、死亡,而且亚硝酸盐还致癌。

久存、久沸、反复蒸馏的确可以让水里的部分硝酸盐转变为亚硝酸盐,但水里的硝酸盐本身含量很低,煮沸也不可能让硝酸盐凭空增加,能转化为亚硝酸盐的就更少。

万物皆有毒,关键在剂量。网传的中毒症状是将亚硝酸盐当成食盐造成的食物中毒,常发生在餐饮单位或集体食堂,一般导致中毒需要 200mg 以上。而水里的亚硝酸盐很少,即使是反复煮沸的水或蒸锅水每升也只有 $100\mu g$ 左右,少说得喝 1t 水才能达到亚硝酸盐中毒的量。

亚硝酸盐是一种合法的食品添加剂,在欧美国家也是正常使用的。它的 ADI(人体每日摄入量)是 0.07mg/kg,相当于体重为 60kg 的成人终生每天吃 4.2mg 也没事。我们从加工食品以及蔬菜中获得的硝酸盐、亚硝酸盐远多于水里得到的,如果连水里这么点东西都害怕,恐怕只能绝食了。

生活饮用水(自来水)里的硝酸盐限量是每升 $10\mu g$(地下水源是 $20\mu g$),而矿泉水是 $45\mu g$,是非常安全的。另外,水隔夜就不能喝的说法也是片面的,难道白天放 12h 能喝,水干坏事也要等天黑?至于蒸锅水,还是不必喝,用来浇花、洗碗、冲厕所也挺好。

5. 对水里的溴酸盐不必太紧张

溴酸盐对实验动物有一定致癌性,但在人身上没找到直接证据,因此国际癌症研究机构把它列为"可能对人类致癌"(2B类)。它是由臭氧消毒工艺产生的,水里面天然含有的溴化物在臭氧的作用下氧化为溴酸盐。

我国参照国际标准制定的《生活饮用水卫生标准》以及《食品安全标准 饮用天然矿泉水》中对溴酸盐的限量为每升 0.01mg。在这一限量值以下的水,终生饮用不会有健康问题,即使偶有超标,实际上对健康的影响也很小,只是监管上不能手软罢了,消费者没必要一惊一乍的。

6. 自来水里的余氯是安全的

水的消毒一般是直接加氯气或者使用二氧化氯等氯化物,形成次氯酸和游离氯,达到杀菌抑菌效果。自来水里是需要有一定"余氯"的,这样在它出水厂经过管网到达居民家里的时候还能保持清洁卫生,以前常说的"漂白粉的味道"就是游离氯带来的。从动物实验推算出的对人无害的余氯浓度大约是每升 5mg,远远高于国家标准对余氯的控制水

平，因此自来水是安全的。

和臭氧消毒一样，用氯消毒也会产生一些副产物。对于游离氯，只要煮沸就基本上跑光了，这一点不必担心。对于形成的少量其他氯化物，世界卫生组织认为其带来的健康风险远小于不杀菌带来的风险。从风险收益分析的角度来说，加氯消毒毫无疑问对消费者健康更有利。

7. 山上的泉水、溪水不一定安全

野外的泉水、溪水看似很天然，但是否安全就不好说了，如有可能受到"纯天然"的野生动物粪便中的细菌、寄生虫污染。天气活动、地质活动也能对水质产生影响，所以地震后要加强水质监测。

最基本的建议是，不要自行从野外的水源采水，尤其是不熟悉的水源、静止的水源。如果一定要喝，尽量从上游采水，不要久存，而且要烧开再喝，以防微生物导致的食源性疾病。

8. 开水就是"小分子团水"

传说中专供产妇喝的"月子水"是什么"小分子团水"（也称小分子水），利于吸收。所谓的"大分子团水"就是几十个水分子以氢键形成的簇团，"小分子团水"就是几个水分子形成的小团簇，但由于氢键本身结合力很弱，因此无论哪种团块状结构都是不稳定的。

商家把"小分子团水"吹上了天：除了对产妇有益外，老人喝了可以清除血脂、氧自由基，小孩喝了则有助于智力发育。但目前没有任何一种净水机能真正生产"小分子团水"，更没有任何一个靠谱的文献证明这种水有什么神奇功效，所有有关这种水的功效信息，都来自卖这类产品的商家。如果你真想喝"小分子团水"，不如烧开了趁热喝，因为加热也会破坏"大分子团水"，使其变成"小分子团水"。

类似的还有磁化水、量子共振信息水、富氢水、富氧水、电解水、生物离子能量催化水、离子重组水等各种可以让消费者云里雾里的科学概念，这些水的功效没一个得到科学界的认可。

9. 饮水机应定期洗

只要桶装水本身是合格的，饮水机烧出来的水也没啥问题。说白了，不就是个插着水桶的电水壶嘛？需要注意的是，一大桶水是19L左右，按三口之家每人每天在家喝1L水算也要喝一星期左右，这个时间内细菌可以在桶里繁衍生息。另外，饮水机的冷水取水口也是经常会出现霉菌污染的，因此一般不建议直接喝饮水机里放出来的冷水，也不要用这个水给婴儿冲牛奶。当然，对肠胃很有信心的人就例外了。

总体而言，饮水机应该定期清洗，人少的家庭不建议用饮水机，直接烧白开水既经济又卫生。单位的饮水机如能定期清洗就好，因喝得比较快，卫生情况就好些，不放心的话可喝热的。

10. 净水机要常维护

总体来说，自来水只要符合国家标准就是安全可靠的，直接烧开了就是好水，用净水机其实主要是求个心理安慰罢了。甭管是国产还是日本、德国、美国产，净水机的原理不外乎活性炭吸附、离子交换树脂、反渗透膜等，关键在于这些耗材几个月就需要换一次，如果不换，那和没有净水机也差不多了。有的净水机还会加上矿化的组件，声称溶进去的微量矿物质更利于健康，其实就像"过家家"，好几个柱子往那儿一摆，似乎显得高科技、上档次。

实际上家用净水机效果好不好完全是"信则灵,不信则不灵",因为除了机器本身的质保以外,没有任何质量控制措施,如果维护不善,被细菌、真菌污染很正常,搞不好还变成自来水二次污染的源头。

现在有些小区还有投币的净水机,其实专家也不是很看好它。其理由是它不过是家用净水机的放大版,桶装水企业净水设备的缩小版。如果维护不当,也和家用净水机一样有隐患,还不如烧凉白开可靠。

11. 喝水的学问

喝水有学问,要做到饮优质水,及时补水,适量饮水,因人而异,因时而别。健康生活之一天八杯水:

第一杯 (6:30)刚起床。一晚上身体处于缺水状态,喝一杯水有助于身体恢复正常新陈代谢,还有清肠作用。便秘的人可以喝淡蜂蜜水或淡盐水。

第二杯 (8:30)刚到单位。避免因工作忙导致没有时间喝水。

第三杯 (11:00)午饭前。补充上午缺失的水分。

第四杯 (13:00)饭后20分钟。补充水分,有助于消化。

第五杯 (15:30)午间茶,使工作有精神。可以喝一些花茶或红茶。

第六杯 (17:00)下班前。缓解工作疲劳。

第七杯 (18:30)新陈代谢旺盛时期。补充水分可以排毒。

第八杯 (21:00)睡前两个小时。补充水分。临睡前不要喝太多水,否则易造成水肿。不要喝饮料。

二、豆浆、奶及其制品

(一)豆浆及其制品

1. 豆浆

豆浆即豆腐的前体,是将大豆经过浸泡、磨浆、过滤、煮沸等工序加工而成的液态制品。

若1份泡过的大豆加3份热水碾磨成浆,每200mL原汁含6g蛋白质,相当于儿童每天需要量的一半。大豆含蛋白质35%～40%、脂肪15%～20%(不饱和脂肪酸85%)、磷脂1.6%、糖25%～30%,含较多的钙、铁、锌、硒等无机盐,维生素B_1、B_2、B_3含量高于大米、玉米等谷类食物。

民间曰:"一杯鲜豆浆,天天保健康。"鲜豆浆营养丰富,味美可口,富含人体所需优质植物蛋白,八种必需的氨基酸,多种维生素及钙、铁、磷、锌、硒等微量元素,不含胆固醇,并且含有大豆皂甙等至少五六种可有效降低人体胆固醇的物质。鲜豆浆的大豆营养易于消化吸收,若经常饮用,对高血压、冠心病、动脉粥样硬化及糖尿病、骨质疏松等大有益处,还具平补肝肾、防老抗癌、降脂降糖、增强免疫的功效。豆浆营养高,国内外兴起了饮用豆浆热。

喝豆浆有五忌,否则适得其反。

一忌不煮透——生豆浆含有胰蛋白酶抑制物,不经煮沸破坏,可阻碍胰蛋白酶分解蛋白质成氨基酸,人喝了会出现消化不良、恶心、呕吐、腹泻等症状。

二忌喝超量——一般成人喝豆浆一次不宜超过500g,小儿酌减。大量饮用,容易导致消化不良、腹胀等不适症状。

三忌豆浆冲鸡蛋——鸡蛋中的黏液性蛋白容易和豆浆中的胰蛋白酶结合，产生不被人体吸收的物质而降低营养价值。

四忌豆浆加红糖——红糖里的有机酸和豆浆中的蛋白质结合，会产生变性沉淀物，而白糖则没有这种不良反应。

五忌保温瓶装豆浆——保温瓶装豆浆易使细菌繁殖。

2. 强化豆浆

这是将原汁豆浆加入强化汁进行加工得到的一系列制品。液体的有香草豆浆、蜂蜜豆浆、胡萝卜豆浆及其他类似物。固体物有豆浆晶。将原汁豆浆适当浓缩后，加入维生素、糖及其他营养素，无菌包装即得维他奶。这些制品均由原味豆浆加入相应的强化成分制成，除原味及原来的营养成分外，又引入了多种新的维生素及微量元素，因而味道好，营养更丰富。

3. 浓缩豆蛋白

浓缩豆蛋白又称 70％蛋白粉，即豆中蛋白质的浓缩物，其蛋白质含量可达 40％～80％，而糖及脂肪含量很少，特别适合作婴儿食品如代乳粉的配料，也可应用于蛋白浇注食品、碎肉、乳胶肉末、肉卷、调料、焙烤食品、模拟肉等的生产，使用时应根据不同浓缩蛋白的功能特性选择。

其加工方法是将原料低温脱溶粕或高温浸出粕，主要有稀酸沉淀法（蛋白质水溶性较好，但酸碱耗量较大）和酒精洗涤法（色泽与风味较好，蛋白质损失少，但由于蛋白质变性和产品中仍含有 0.25％～1％的酒精，使食用价值受到一定限制）。

（二）奶及乳制品

奶包括人奶及各种动物奶，主要是牛奶及其制品。常见奶的成分如表 1-11 所示。

表 1-11　常见奶的成分

奶种	水分/%	蛋白质/%	脂肪/%	乳糖/%	灰分/%	发热量/(J/g)	pH
人	87.73	1.53	2.97	7.61	0.16	265	6.93～7.18
牛	87.67	3.18	3.73	4.66	0.72	273	6.5～6.65
山羊	82.58	4.55	6.24	5.35	5.35	403	6.5
水牛	82.16	4.72	4.51	4.77	4.77	332	
马	89.98	1.82	1.82	6.08	6.08	202	6.89～7.46
驴	29.70	2.10	1.50	6.40	6.40	202	
鹿	63.30	10.30	22.46	2.50	2.50	1 063	
兔	69.50	15.54	10.45	1.95	1.95	689	

牛奶是由乳糖、蛋白质、脂肪、矿物质、维生素、水等组成的复合乳胶体，蛋白质吸收率可高达 87％～89％，其中富含赖氨酸、色氨酸；钙、磷、钾、钠含量丰富，钙、磷比合适，易消化吸收，其钙为活性钙，是人类最好的钙源之一，含较多维生素 A、维生素 B_2，但铁含量很低。

常见奶制品可分成液态奶和固态奶两大类：

1. 液态奶

含鲜奶、加工奶、酸奶、其他含乳制品等。

（1）鲜奶。对鲜奶现场处理的主要方式有：

① 低温消毒，如巴氏奶，又称巴氏杀菌乳，采用较低温度，在规定的时间内对牛奶进行加热处理，达到杀死微生物的目的，是一种既能达到消毒目的，又不损坏食品品质的方法，由法国微生物学家巴斯德发明从而得名。这种方式不能完全杀死细菌芽孢，仅能破坏、钝化、除去致病菌与有害微生物。这种杀菌方式生产的牛奶，不能长期保存，室温下仅能保存1～2天。

② 高温消毒（71.5℃至少15秒钟，随后立即冷却）。

③ 超高温消毒（88.5℃，1秒钟，国外普遍采用）。

④ 灭菌奶，又称超高温瞬时灭菌奶。流动的乳液经135℃以上灭菌数秒，在无菌状态下包装而制成产品，这种方式不但能保持食品风味、营养成分，还能将有害微生物杀死；配合无菌灌装，可以在无须冷藏的条件下保持6～9个月。

（2）加工奶。对鲜品经均质乳化、消毒加工而得。

① 多维奶：每升加入400IU维生素D、2000～4000IU维生素A及其他必要的维生素和矿物质。

② 低脂或脱脂奶：从鲜奶中去除大部分乳脂，使其含量低于2.0%，然后加入10%的无脂固体、维生素A（≥2000IU/L）。这种奶可用于特殊要求，如减肥者。

③ 巧克力及加香奶：用巧克力糖浆、巧克力粉、可可粉或草莓、樱桃、菠萝、苹果等果汁或粉剂加香。一般巧克力固体物达1%～1.5%，还加入5%～7%的蔗糖及维生素D、维生素A等。

④ 淡炼乳：全脂淡炼乳俗名淡奶，由于生产时不加糖，故又名无糖炼乳。加工方法为：50℃～55℃时在平底锅中真空浓缩，除去约60%水分后密封，再116.5℃～118.5℃加热15分钟。用于冲调可可、红茶、咖啡，制作色拉或冰淇淋、麦乳精等的原料。

⑤ 浓缩乳：制法同淡炼乳，但不做进一步的高温灭菌处理，而加入奶量40%～45%的蔗糖防腐。这些奶营养价值较高，便于贮存和运输。

（3）酸奶：指产生乳酸的细菌使牛奶或其制品成为发酸的黏稠体或液体。过程为鲜奶经消毒、均质、接种，在42℃～46℃下发酵，直到所需要的酸度和滋味，然后冷却到7℃以下停止发酵。酸奶也属纯牛奶。

2. 固态奶

奶粉是将原汁奶消毒后在真空下低温脱水所得的固体粉末。由于奶粉是由鲜奶加工而成的，它保留了奶的主要营养成分，即奶粉中同样富含优质蛋白质、不饱和脂肪酸，还含有丰富的钙、磷等矿物质及各种维生素。并且由于各奶粉生产厂家根据不同年龄段人群营养健康的需要，设计了不同年龄段人群饮用的奶粉，如婴幼儿奶粉、中老年奶粉、孕妇奶粉等，饮用这些特殊设计的奶粉比直接饮用鲜牛奶（或鲜羊奶）营养摄入更有效。

日常饮用奶粉时应注意：

（1）为了保证奶粉具有与鲜牛奶等同的营养价值，饮用时一定要按适当的比例冲饮，即一标准量匙（约4.3g奶粉）要加入温开水约30mL，这样的饮品最接近新鲜牛奶的稠稀程度。

（2）为了最大限度地保证奶粉的营养价值，冲饮时一定要把沸腾的开水放凉到70℃以下。

（3）早上冲饮奶粉时一定要佐以面包、饼干或馒头这类干粮，以便消化吸收；晚间冲饮奶粉时应注意少放糖或不放糖，这样有利于减少糖尿病等病症的发生。

3. 其他含乳制品

奶油、冰淇淋、麦乳精、酪乳、干酪、凝乳、乳清等。

☞ 小知识

乳糖不耐受

食物中的乳糖进入小肠后，由于乳糖酶缺乏而不能被分解成单糖（葡萄糖和半乳糖），称为乳糖消化（或吸收）不良。当乳糖进入结肠后被细菌酵解成乳酸、氢气、甲烷和二氧化碳，刺激肠壁，增加肠蠕动而出现腹泻，可引起肠鸣、腹痛、直肠气体和渗透性腹泻。CO_2在肠道内产生胀气和增强肠蠕动，使婴儿表现不安，偶尔还可能诱发肠痉挛而出现肠绞痛。这些临床症状称为乳糖不耐受（LI）。严重的乳糖消化不良或吸收不良一般在摄入乳糖后 30 分钟至数小时内发生，对婴幼儿影响较大，会同时伴有尿布疹、呕吐、生长发育迟缓、体重减轻等，成人有时伴有恶心反应。

三、酒

酒是指用粮食、水果等含淀粉或糖的物质经过发酵制成的含乙醇的饮料。

（一）酒的分类

1. 按酒精含量分

通常以 20℃时每 100mL 酒液所含乙醇的毫升数称为标准酒度（啤酒的度数则不表示乙醇的含量，表示啤酒生产原料麦芽汁的浓度）。按标准酒度分为高度酒（40 度以上）、中度酒（20～40 度之间）和低度酒（20 度以下）三大类。

2. 按制造工艺分

我国人工酿酒至今已有 4000 多年的历史了。按照制造工艺，目前的酒大都可纳入酿造酒、蒸馏酒和配置酒三类。

（1）酿造酒。

酿造酒是制酒原料经发酵后，并在一定容器内经过一定时间的窖藏而产生的含酒精饮品。这类酒品的酒精含量一般都不高，一般不超过百分之十几。这类酒主要包括啤酒、葡萄酒和米酒。

① 啤酒是用麦芽、啤酒花、水和酵母发酵而产生的含酒精的饮品的总称。啤酒按发酵工艺分为底部发酵啤酒和顶部发酵啤酒。底部发酵啤酒包括黑啤酒、干啤酒、淡啤酒、窖啤酒和慕尼黑啤酒等十几种。顶部发酵啤酒包括淡色啤酒、苦啤酒、黑麦啤酒、苏格兰淡啤酒等十几类。

② 葡萄酒主要是以新鲜的葡萄为原料所酿制而成的。依据制造过程的不同，可分成一般葡萄酒、气泡葡萄酒、酒精强化葡萄酒和混合葡萄酒等四种。一般葡萄酒就是我们平常饮用的红葡萄酒、白葡萄酒和桃红葡萄酒。气泡葡萄酒以香槟酒最为著名，而且只有法国香槟地区所生产的气泡葡萄酒才可以称为香槟酒，而世界上其他地区生产的就只能叫气泡葡萄酒。酒精强化葡萄酒的代表是雪利酒和波特酒。混合葡萄酒如味美思等。

③ 米酒主要是以大米、糯米为原料,与酒曲混合发酵而制成的。其代表为我国的黄酒和日本的清酒。

（2）蒸馏酒。

蒸馏酒的制造过程一般包括原材料的粉碎、发酵、蒸馏及陈酿四个过程,这类酒因经过蒸馏提纯,故酒精含量较高。按制酒原材料的不同,大约可分为以下几种:

① 中国白酒。中国白酒一般以小麦、高粱、玉米等为原料经发酵、蒸馏、陈酿制成。中国白酒品种繁多,有多种分类方法。

② 白兰地酒。白兰地酒是以水果为原材料制成的蒸馏酒。白兰地还特指以葡萄为原材料制成的蒸馏酒。其他白兰地酒还有苹果白兰地、樱桃白兰地等。

③ 威士忌酒。威士忌酒是用预处理过的谷物制造的蒸馏酒。这些谷物以大麦、玉米、黑麦、小麦为主,或加以其他谷物。发酵和陈酿过程的特殊工艺造就了威士忌酒的独特风味。威士忌酒的陈酿过程通常是在经烤焦过的橡木桶中完成的。不同国家和地区有不同的生产工艺。威士忌酒以苏格兰、爱尔兰、加拿大和美国等四个地区的产品最具知名度。

④ 伏特加。伏特加可以用任何可发酵的原料来酿造,如马铃薯、大麦、黑麦、小麦、玉米、甜菜、葡萄甚至甘蔗。其最大的特点是不具有明显的特性、香气和味道。

⑤ 龙舌兰酒。龙舌兰酒是以植物龙舌兰为原料酿制的蒸馏酒。

⑥ 朗姆酒。朗姆酒主要是以甘蔗为原料,经发酵、蒸馏制成的。一般分为淡色朗姆酒、深色朗姆酒和芳香型朗姆酒。

⑦ 杜松子酒。人们通常按其英文发音叫作金酒,也有叫琴酒、锦酒的,是一种加入香料的蒸馏酒。也有人用混合法制造,因而也有人把它列入配制酒。

（3）配制酒。配制酒是以酿造酒、蒸馏酒或食用酒精为酒基,加入各种天然或人造的原料,经特定的工艺处理后形成的具有特殊色、香、味、型的调配酒。

中国有许多著名的配制酒,如虎骨酒、参茸酒、竹叶青等。外国配制酒种类繁多,有开胃酒、利口酒、鸡尾酒等。

3. 按酒的香型分

这种方法按酒的主体香气成分的特征分类,在国家级评酒中,往往按这种方法对酒进行归类。

（1）酱香型白酒。

以茅台酒为代表,酱香、柔润为其主要特点,发酵工艺最为复杂,所用的大曲多为超高温酒曲。

（2）浓香型白酒。

以泸州老窖特曲、五粮液、洋河大曲等酒为代表,以浓香、甘爽为特点,发酵原料是多种原料,以高粱为主,发酵采用混蒸续渣工艺。发酵采用陈年老窖,也有人工培养的老窖。在名优酒中,浓香型白酒的产量最大。四川、江苏等地的酒厂所产的酒均是这种类型。

（3）清香型白酒。

以汾酒为代表,其特点是清香纯正,采用清蒸、清渣发酵工艺,发酵采用地缸。

（4）米香型白酒。

以桂林三花酒为代表,特点是米香纯正,以大米为原料、小曲为糖化剂。

（5）其他香型白酒。

这类酒的主要代表有西凤酒、董酒、白沙液等，香型各有特征。这些酒的酿造工艺采用浓香型、酱香型或清香型白酒的一些工艺，有的酒的蒸馏工艺也采用串香法。

（二）酒对人体的作用

酒对人体的主要作用是刺激作用，如加速血液循环，有温热感；药用功效，如减轻疼痛、促进睡眠和镇静作用；调味和营养作用，如去腥（溶解其腥味成分并助其挥发）、赋香（与各种有机酸作用生成酯）、助消化（溶解其他食物中的营养素）以及增进欢乐气氛，营造平和安详的快感等。

（三）酒精中毒及危害

乙醇对蛋白质具有变性作用，其在生物体中存在极少。正常人的血液中含有0.003%的酒精，血液中酒精的致死量是0.7%。其吸收过程：到达胃部快速吸收，几分钟后，转入血液迅速分布于全身，0.5～3h后血液中乙醇浓度达到最高。酒精被带到肝脏，到达心脏，再到肺，从肺返回心脏，通过主动脉到达大脑和神经中枢。

1. 酒精中毒的临床表现

（1）暂时的黑视或记忆力丧失。

（2）酒后与家庭成员或朋友发生争执或打架。

（3）当停止饮酒时会出现头痛、焦虑、失眠、恶心或其他不愉快的症状。

（4）平时皮肤潮红，脸上毛细血管破裂，声音嘶哑，双手颤抖。常伴有慢性腹泻。

2. 酒精依赖和戒断综合征

当患者对酒精形成身体依赖，一旦停止饮用或骤然减量会出现一系列以中枢神经系统抑制为主的酒精依赖性戒断综合征。

（1）心理依赖强烈的饮酒欲，不分时间、地点和场合酗酒。

（2）躯体依赖一般于末次饮酒后6～12h发病，高峰在2～3d,4～5d后改善。初起患者双手甚至躯干出现震颤，有时有舌震颤。

（3）自主神经功能紊乱，失眠、焦虑、恐慌、噩梦，脉搏和呼吸加快，体温升高，继之出现以幻听为主的幻觉，定向力仍完整，幻听内容为辱骂或迫害感，患者可在这种幻觉支配下采取过激行为。最严重者在戒酒后3～5d出现震颤、谵妄，定向力丧失，常伴共济失调，反射亢进，也有出现癫痫样发作；或有迫害妄想，以致发生自杀、自伤或攻击等行为。没有并发症并及时处理者病死率3%～4%；一旦发生震颤、谵妄，病死率达10%～15%。酒精依赖者约90%伴肝、神经系统等损伤。

另外，劣质白酒中含有多种有害成分，如甲醇、醛类、杂醇油、氰化物和铅等。

（四）酒精探测仪化学原理

（1）经过硫酸酸化的含红色三氧化铬的硅胶和乙醇反应，乙醇会被三氧化铬氧化成乙醛，同时三氧化铬被还原为绿色硫酸铬。化学方程式为：

$$2CrO_3 + 3C_2H_5OH + 3H_2SO_4 = Cr_2(SO_4)_3 + 3CH_3CHO + 6H_2O$$

（2）橙色的酸性重铬酸钾，当其遇到乙醇时由橙色变为绿色。化学方程式为：

$$Cr_2O_7^{2-} + 3CH_3CH_2OH + 8H^+ = 3CH_3CHO + 2Cr^{3+} + 7H_2O$$

四、无酒精兴奋饮料

无酒精兴奋饮料包括茶、咖啡、可可，是一类无酒精的中等刺激性饮料。

（一）茶

茶最早源于中国。唐代陆羽著《茶经》，对茶叶加工作了系统介绍。

1. 茶的化学成分及功效

据已有的研究资料表明，茶叶的化学成分有 500 种之多，其中有机化合物达 450 种以上，无机化合物约有 30 种。茶叶中的化学成分归纳起来可分为水分和干物质两大部分。茶叶中化学成分种类繁多，组成复杂，但它们的合成和转化的生化反应途径有着相互联系、相互制约的关系。

（1）水分。

水是一切生命活动的基础。植物体内发生的各种化学变化、物质的形成和转变，都离不开水。同样，水也是茶树生命活动不可缺少的物质，但水分在茶树体内各部位的分布是不均匀的，生命活动新陈代谢旺盛的部位水分含量高。幼嫩的茶树新叶中一般含水 75%～78%，叶片老化以后含水量减少。不同茶树品种、自然条件以及农业技术措施，使鲜叶的水分含量也不同。茶树体内水分可分为自由水和束缚水两种。自由水主要存在于细胞液和细胞间隙中，呈游离状态。茶叶中的可溶性物质如茶多酚、氨基酸、咖啡因、无机盐等溶解在这种水里。水分在制造过程中参与一系列生化反应，也是化学反应的重要介质。因此，控制水分含量也是茶叶生产的一项重要的技术指标。茶叶中除自由水外还有一种束缚水，它与细胞原生质相结合，呈原生质胶体而存在。鲜叶在制茶过程中，水分都有不同程度的减少。由于水分减少，解除了叶细胞的膨压，细胞液浓缩，从而激发了细胞内各种化学成分的一系列变化，使鲜叶适合于加工要求。因此，正确控制制茶过程中的水分变化，是制茶的一项重要技术指标，是保证制茶品质的关键。鲜叶经过加工制成干茶以后，绝大部分水分都已蒸发散失，最后一般只要求保留 4%～6% 的水分。因此，通常需要超过 2kg 鲜叶才能制造 0.5kg 干茶。成品茶含水量根据茶类不同要求而异。一般认为，成品茶含水量控制在 3%～5% 以内，在合理的贮藏条件下，品质比较稳定，不易劣变。广义而言，茶叶中除了水分以外，其余都是干物质。作为饮料的茶叶，其干物质中约有 35%～45% 的物质是能溶于沸水的，这部分能溶于沸水的物质统称为"水浸出物"。由于鲜叶的老嫩不同，其所制成的茶叶的水浸出物含量也不相同。水浸出物中包含着各种各样的物质，诸如茶多酚、咖啡因、氨基酸、可溶性糖、果胶、无机物、维生素、水溶色素和芳香物质等。茶汤品质好坏就决定于各种物质的种类、数量及其组成比例。

（2）茶多酚。

茶多酚是茶叶中酚类物质的总称，主要由三十多种酚类物质组成，根据其化学结构可分为儿茶素、黄酮类物质、花青素和酚酸等四大类。其中儿茶素的含量最高，所占比例最大，约占茶多酚总量的 70% 左右，不同品种有所差异，高的可达 80% 以上，低的也有 50% 左右。茶多酚是茶树生理活性最强的组分，在茶树幼嫩的、新陈代谢旺盛的、特别是光合作用强的部位合成最多。因此，芽叶愈嫩，茶多酚愈多，随着新梢成熟，含量逐渐下降。儿茶素在制茶过程中的变化相当显著，也相当重要，与茶叶的色、香、味均有密切关系。酯型儿茶素收敛性较强，带苦涩味；非酯型儿茶素收敛性较弱。在制茶过程中，儿茶素被氧化聚合，形成 TF、TR、TB（茶棕素）等一系列氧化聚合产物，对红茶的品质特征起着决定性作用。茶黄素（TF）橙黄明亮，味辛辣，与咖啡因结合，使滋味变得更为鲜爽；茶红素（TR）呈棕色，是茶汤红艳的主要成分，与蛋白质结合，生成难溶的棕红色物质，使叶质变红。在红茶中 TF 和 TR 两者含量多、TF 含量高时，茶汤红亮，"金圈"明显，滋味浓鲜；TR 比例高时，汤色红暗，滋味浓醇。黄酮类物质又称花黄素，多以糖甙的形式存在于茶叶中，属于黄酮和黄酮醇类。绿茶中存在的黄酮及其糖甙有 21 种，其中较重要的有牡蛎甙、皂草甙等。黄酮醇类物质有十多种，分子结构不同。茶叶中黄酮类物质总含量为 1%～2%。黄酮类物质是构成绿茶汤黄绿色的主要物质，据研究，绿茶汤中已发现有 19 种。花青素又称花色素。茶树在高温干旱季节往往有大量的紫色芽叶出现，这是花青素形成积累的缘故，紫色芽叶中花青素含量往往高达 0.5%～10%。花青素具有明显的苦味，对品质不利。茶叶中发现的花青素有蔷薇花色素、飞燕草花色素、青芙蓉花青素以及它们的糖甙。茶叶中酚酸的含量较少，主要包括没食子酸、茶没食子素、鞣花酸、绿原酸、咖啡酸、对香豆酸等，其中以没食子酸和茶没食子素含量较多。茶多酚的总量约占鲜叶干物质的三分之一，这是茶树新陈代谢的重要特征。儿茶素的生物合成途径虽然至今没有完全弄清楚，但是大量试验已证明，儿茶素基本结构的形成与糖代谢密切相关，茶叶中儿茶素、花青素和黄酮类物质的基本结构极为相似。茶多酚含量及组成变化很易受外界条件的影响，是形成茶叶品质的重要成分之一。茶多酚是一类生理活性物质，具有维生素 P 的功能，能调节人体血管壁的渗透性，增强微血管的韧性；与维生素 C 协同作用，效果更为明显，对某些心脏病有一定疗效，可预防动脉和肝脏硬化，还有解毒、止泻、抗菌等药理作用。

（3）蛋白质和氨基酸。

茶叶中的氨基酸是氮代谢的产物，是茶树吸收氮素经代谢转化而成的。土壤中的氨态氮或硝态氮被茶树吸收后，转化成氨，再通过酮戊二酸的还原氨化作用，形成了某种氨基酸，然后再通过转氨作用与氨基酸的相互转变，就形成了各种各样的氨基酸。茶叶中的氨基酸在代谢过程中，通过氧化、水解等一系列作用进行脱氨而转化为其他物质，脱氨及脱羧作用形成的游离氨及胺类在酰胺的作用过程中，转化成天门冬酰胺、谷氨酰胺和茶氨酸等物质。氨基酸和蛋白质都是茶叶中的重要含氮物质，很多氨基酸是组成蛋白质的基本单位。茶叶中的蛋白质含量最高达 22% 以上，但绝大部分不溶于水，所以饮茶时，人们并不能充分利用这些蛋白质。能溶于水的蛋白质通常称为"水溶蛋白"，其含量仅有 1%～2%。茶叶中的蛋白质由谷蛋白、白蛋白、球蛋白和精蛋白所组成，其中以谷蛋白所占比例最大，约为蛋白质总量的 80%，其他几种蛋白质含量较少。能溶于水的是白蛋白，这种蛋白质对茶汤的滋味有积极作用。茶叶中的氨基酸种类甚多，已发现的有 25 种以上，主要有茶氨酸、天门冬氨酸、天门冬酰胺、谷氨酸、甘氨酸、谷氨酰胺、精氨酸、丝氨酸、丙氨酸、赖氨酸、组氨酸、苏氨酸、缬氨酸、苯丙氨酸、酪氨酸、亮氨酸和异亮氨酸。氨基酸的总含量因品种、季节、老嫩等因素的不同而有较大的变化，幼嫩的茶叶中一般含有 2%～4%，上述的十几种氨基酸中，以茶氨酸、谷氨酸、天门冬氨酸、精氨酸等含量较高，其中尤以茶氨酸的含量最为突出，约占游离氨基酸总量的 50%～60%，嫩芽和嫩茎中所占比例更大；谷氨酸次之，约占总量的 13%～15%；天门冬氨酸又次之，约占总量的 10%。这三种氨基酸占游离氨基酸总量的 80% 左右。茶树大量合成茶氨酸，是茶树新陈代谢的特点之一。纯结晶茶氨酸为无色针状结晶，熔点为 217℃～218℃，极易溶于水（可溶于 2.6 倍冷水中），是构成茶叶鲜爽味的重要物质。泡茶时，茶叶中的氨基酸可泡出 81%。氨基酸大多具有鲜味。有的氨基酸还带有香气，如苯丙氨酸类似玫瑰花香，丙氨酸、谷氨酸类似花香，茶氨酸类似焦糖香等。氨基酸与邻醌作用，能生成具有香气的醛类物质，如缬氨酸转化为异丁醛,亮氨酸转化为异戊醛,丙氨酸转化为乙醛等。在制茶过程中,部分蛋白质在酶的作用下水解为氨基酸,有利于提高茶叶品质。

(4)芳香物质。

芳香物质是茶叶中种类繁多的挥发性物质的总称,习惯上称为芳香油。芳香物质在茶叶中含量并不多,但对茶叶品质起着重要的作用。一般鲜叶中芳香物质的含量不到0.02%,绿茶中含0.005%～0.02%,红茶叶含量较多,含有0.01%～0.03%。茶叶中芳香物质的含量虽然不多,但由于组成各类茶叶香气的芳香物质多达三百余种,这些物质不同的组合就构成了各种类型的香气。经分析鉴定,鲜叶中以含醇类及部分醛类、酸类等化合物为主,不过五十多种,其香气特征以青草气为主;绿茶一般都经过杀青和烘炒,含碳氢化合物、醇、酸类和含氮化合物,使香气带有青香和栗香,约有107种;红茶因经过萎凋和发酵,茶叶中增加的香气成分更多,其中以醇、醛、酮、酯、酸类化合物为主,其组成香气成分的芳香物质多达200余种。组成茶叶香气的芳香物质,应用气相色谱法分析研究的结果,归纳起来可分为11大类:碳氢化合物、醇类、酮类、酯类、内酯类、酸类、酚类、含氧化合物、含硫化合物和含氮化合物。各种香气物质,由于分别含有羟基、酮基、醛基等发香基团而形成各种各样的香气。茶叶中的各种芳香物质各有各的香气特点,鲜叶中大量存在的是顺式青叶醇,有浓厚的青草气,制成绿茶以后,以含吲哚、紫罗酮类化合物、苯甲醇、沉香醇、己烯醇和吡嗪化合物为主;制成红茶以后,以沉香醇及其氧化物、己烯醇、水杨酸甲酯、己酸等为主。茶叶中的香气物质,除了以上介绍的芳香物质以外,某些氨基酸及其转化物、氨基酸与儿茶素邻醌的作用产物都具有某种茶香。上述芳香物质,其沸点差异很大,低的只有几十摄氏度至100多摄氏度,高的可达200多摄氏度。例如,占鲜叶芳香物质60%的青叶醇,具有强烈的青臭气,但由于其沸点只有157℃,高温杀青时,绝大部分挥发散失,而高沸点的芳香物质,如沉香醇(即芳樟醇)、香叶醇、苯乙醇、茉莉酮酸、香叶酯等就保留较多,从而使茶叶形成特有的清香、花香和果香等。茶叶中芳香物质的来源,有的是新叶生长过程中在茶树体内合成的,但大部分是在制茶过程中由其他物质转化而产生的。绿茶杀青、烘炒的热化作用,红茶萎凋、发酵过程的生化作用,乌龙茶做青过程的酶促氧化,都是产生大量香气物质的重要来源。

(5)生物碱。

茶叶中含有多种嘌呤碱,其中主要成分是咖啡因,它所占的比例相当大。此外,还含有少量的茶叶碱、可可碱等。咖啡因是一种很弱的碱,味苦,纯品为具有绢丝光泽的无色针状结晶,从水中结晶而出时,带有一分子结晶水;加热至100℃失去水分;熔点230℃,但在120℃时开始升华;微溶于冷水,随着水温提高而溶解度逐渐加大;在乙醇、乙醚等有机溶剂中溶解度较小,但易溶于氯仿。茶叶中含咖啡因2%～5%。咖啡因的生物合成途径与氨基酸、核酸、核苷酸的代谢紧密相连,所以咖啡因也是在茶树生命活动活跃的嫩梢部分合成最多,含量最高。咖啡因是含氮物质的一种,属氮代谢产物,因此,含量多少与施用氮肥的水平有关。

在制茶过程中,咖啡因略有减少,由于咖啡因在120℃时开始升华,如果烘焙温度超过120℃时,损失量可能要多些。咖啡因在茶汤中与茶多酚、氨基酸结合形成络合物,具鲜爽味,有改善茶汤滋味的作用。这种络合物在茶汤冷却后能离析出来,形成乳状的"冷后浑",这是茶汤优良的标志。咖啡因作为药用,具有兴奋中枢神经、加强肌肉收缩的能力、消除疲劳的作用，在药理上具有利尿强心和防高血压的作用。此外，还有加速肝的解毒作用，减轻烟碱和酒精的毒害。

（6）糖类。

茶叶中的糖类包括单糖、双糖和多糖三类，有几十种之多，其含量为 20%～30%。茶叶中的糖类化合物都是由光合作用合成、代谢转化而形成的，因此，糖类化合物的含量与茶叶产量密切相关。茶叶中的单糖包括葡萄糖、甘露糖、半乳糖、果糖、核糖、木酮糖、阿拉伯糖等，其含量为 0.3%～1%；茶叶中的双糖包括麦芽糖、蔗糖、乳糖、棉籽糖等，其含量为 0.5%～3%；单糖和双糖通常都易溶于水，故总称可溶性糖，具有甜味，是茶叶滋味物质之一。茶叶中的单糖和双糖在代谢过程中，在一系列转化酶的作用下，易于转化成其他化合物。广义而言，茶叶中的茶多酚、有机酸、芳香物质、脂肪和类脂等物质都是糖的代谢产物，糖类物质又是重要的呼吸基质，因此，糖类的合成和转化是茶树生命活动的重要因素。茶叶中的单糖和双糖不仅是滋味物质，而且在制茶过程中参与茶叶香气的形成。某些茶叶具有"板栗香"、"甜香"或"焦糖香"，这些香气的形成往往与糖类的变化，糖与氨基酸、有机酸、茶多酚等物质的相互作用有关。茶叶中的多糖通常指的是淀粉、纤维素、半纤维素和木质素等物质，它们占茶叶干物质的 20%以上，其中淀粉只含有 1%～2%，含量较多的是纤维素和半纤维素，含 9%～18%。淀粉在茶树体内是作为贮藏物质而存在的，因此，在种子和根中含量较丰富。纤维素类物质是茶树体细胞壁的主要成分，茶树就靠纤维素、半纤维素和木质素起支撑作用而生长。茶叶中的多糖类物质一般不溶于水，含量高是茶叶老化、嫩度差的标志。如鲜叶采摘不及时，纤维素增加，组织老化，使茶叶外形粗松，内质下降。茶叶中的糖类化合物，除上述糖类物质外，还有很多与糖有关的物质，其中主要包括果胶、各种酚类的糖甙、茶皂甙、脂多糖等。果胶质是茶叶中的一种胶体物质，是由糖代谢形成的高分子化合物，其含量约占茶叶干重的 4%。可溶于水的果胶称为水溶性果胶，其含量占果胶质的 0.5%～2%，是形成茶汤厚味和干茶色泽光润度的组分之一。除了水溶性果胶外，其余属原果胶，不溶于水，是构成细胞壁的成分。茶皂甙又称茶皂素，存在于茶树种子、叶、根、茎中，种子中含量最高，含 1.5%～4.0%。通常将种子中的皂素称为茶籽皂素，而茶叶中的皂素称为茶叶皂素。茶皂素味苦而辛辣，在水中易起泡，粗老茶的粗味和泡沫可能与茶皂素有关。茶皂素是由木糖、阿拉伯糖、半乳糖等糖类和其他有机酸等物质结合成的大分子化合物。茶叶皂素一般含量约为 0.4%，如含量过高就可能影响茶汤的味质。茶叶中的脂多糖是类脂和多糖等物质结合在一起的一种大分子物质，其中 50%左右是类脂，30%～40%是糖类，10%左右是蛋白质等其他物质。茶叶中脂多糖的含量为 0.5%～10%，提取出的脂多糖，进行动物注射试验有抗辐射的功效，已引起国内外研究工作者的兴趣。

（7）茶叶色素。

广义而言，茶叶色素是指茶树体内的色素成分和成茶冲泡后，形成茶汤颜色的色素成分，包括叶绿素、胡萝卜素、黄酮类物质、花青素及其他茶多酚的氧化产物（TF、TR、TB）等。叶绿素、叶黄素和胡萝卜素不溶于水，统称为脂溶性色素，黄酮类物质、花青素、TF、TR 和 TB 能溶于水，统称为水溶性色素。脂溶性色素对干茶的色泽和叶底色泽均有很大的影响，而水溶性色素决定着茶汤的汤色。

茶叶中的叶绿素含量一般为 0.3%～0.8%，叶绿素主要是由蓝绿色的叶绿素 a 和黄绿色的叶绿素 b 所组成。通常茶树的叶子，叶绿素 a 的含量要比叶绿素 b 的含量高 2～3 倍，所以叶子通常呈深绿色。但是幼嫩的叶子叶色淡，有时呈黄绿色，那是叶绿素 b 的含量相对较高的缘故。品种与气候因子对叶绿素 a、b 的比例也会产生影响。叶绿素在茶叶制作过程中有着不同程度的分解破坏。红茶叶绿素破坏较多，绿茶破坏较少。叶绿素存在于茶树叶片组织的叶绿体中，接受光能进行光合作用，有效地把光能转化为化学能，并把无机物质经过代谢形成各种各样的有机物，用以维持茶树正常的生长发育。胡萝卜素在茶叶中一般含量为 0.02%～0.1%，叶黄素为 0.01%～0.07%，为黄色至橙黄色物质。这类色素在茶叶中已发现的大约有十五种，统称为类胡萝卜素，含量较多的有 β-胡萝卜素、叶黄素、堇黄素、α-胡萝卜素等。类胡萝卜素也能吸收光能，对叶绿素进行光合作用起着辅助作用。在制茶过程中，类胡萝卜素易氧化，损失较多，叶黄素变化较小，当叶绿素受到破坏后，就显出黄色来。它们都不溶于水，不影响茶汤汤色，但它们是构成叶底和干茶色泽的色素之一。胡萝卜素对人体具有维生素 A 的作用，可治眼疾，如角膜炎，在制茶中经降解后，可形成某些芳香物质，如二氢海葵内酯，提高茶叶品质。黄酮类物质和花青素属多酚类化合物，呈黄色和黄绿色，不仅是绿茶汤色的主要组分，其氧化聚合物与红茶汤色也有着密切的关系。花青素的颜色随细胞液 pH 而变化，在酸性条件下花青素呈红色，在碱性条件下呈蓝紫色。在茶树体内，儿茶素、花青素和黄酮类是能互相转化的。茶多酚在红茶制造中氧化聚合形成的有色产物统称为红茶色素，红茶色素一般包含茶黄素、茶红素和茶褐素三大类物质。茶黄素呈橙黄色，是决定茶汤明亮的主要成分，红茶中含 0.3%～2.0%。茶红素呈红色，是形成红茶汤色的主要物质，红茶中含 5%～11%。茶褐素呈暗褐色，是红茶汤色发暗的主要成分，红茶中含 4%～9%。其中与品质关系密切的是茶黄素，约由八种以上成分组成，通常可分成四类：

① 茶黄素和异茶黄素等（3 种），约占茶黄素总量的 10%～13%。

② 茶黄素单没食子酸酯（2 种），占茶黄素总量的 48%～58%。

③ 茶黄素双没食子酸酯（1 种），占茶黄素总量的 30%～40%。

④ 茶黄酸和茶黄酸没食子酸酯（2 种），只占茶黄素总量的 0.2%～0.3%。

茶黄素形成的数量决定于制茶工艺，也决定于品种的生化特性。如何最大限度地提高茶黄素的含量，是一个值得研究的课题。

（8）有机酸。

茶叶中含有多种数量较少的游离有机酸。其中主要有苹果酸、柠檬酸、草酸、鸡纳酸和香豆酸等。有些有机酸与物质代谢关系密切，如种子萌发时和新梢萌发时形成较多的有机酸，这是代谢旺盛的一种标志。有些有机酸是香气成分，如乙烯酸；有的本身虽无香气，但在氧化或其他作用影响下，可转化为香气成分，如亚油酸；有的是香气成分良好的吸附剂，如棕榈酸。茶叶香气成分中已发现的有机酸有 25 种，有些是挥发的，有些是非挥发的。没食子酸等酚酸物质是茶多酚代谢的产物，参与制茶过程的生化变化，对形成红茶色素有直接影响。茶叶中草酸钙含量为 0.01%，在茶树体内，它与钙质形成草酸钙晶体，在茶树叶片解剖进行显微观察中可以见到这种晶体，可作为鉴定真假茶叶的依据之一。

（9）酶和维生素。

酶是一类具有生理活性的化合物，是生物体进行各种化学反应的催化剂，它具有功效高、专一性强的特点。离开这类化合物，一切生物包括茶树在内就不能生存，茶树物质的合成与转化,也依赖于这种物质的催化作用。例如,茶根中有了茶氨酸合成酶,就能有效地合成大量的茶氨酸;制茶中,多酚氧化酶能促使茶多酚氧化聚合形成茶黄素;蛋白酶能使蛋白质水解变成氨基酸;淀粉酶能使淀粉水解变成葡萄糖。乌龙茶加工的主要技术环节都与酶的控制和利用有关。茶叶中的酶类很多而且复杂,归纳起来有几大类:水解酶、糖苷酶、磷酸化酶、裂解酶、氧化还原酶、移换酶和同分异构酶等。茶叶中的多酚氧化酶在制茶过程中起着重要的作用,对形成各种茶类的品质风格关系极大。随着研究的进展,目前运用电泳技术已将多酚氧化酶分成多种同功酶(功能基本一致,但结果上稍有差异的酶类)。不同品种鲜叶发酵性能的差异,以及适制性上的差异,都与多酚氧化酶同功酶的组成与比例有关。最新研究结果,与乌龙茶品质成因有关的酶类有多酚氧化酶、过氧化物酶、果胶酶、糖苷酶、蛋白酶和淀粉酶等,尤其是糖苷酶与乌龙茶香气的形成有着密切的关系,茶叶中的β-樱草糖苷酶被认为是香气形成的主要底物。蛋白酶可将茶叶中的蛋白质水解成各种氨基酸,不仅能改善茶叶的香气和鲜爽度,而且可减少不溶性的复合物的产生,提高茶汤的质量。在乌龙茶加工过程中,尽管蛋白水解酶不能使氨基酸和可溶性蛋白在量上有较多的积累,但是就其进一步参与各种反应、转化形成一系列芳香物质来看,蛋白酶对乌龙茶特有品质的形成,尤其是香味的发挥起着十分重要的作用。酶是一种蛋白体,就其组成来看,酶可分为两大类:一类是由具有催化作用的蛋白构成,称为单成分酶;另一类是由蛋白质部分(酶蛋白)与非蛋白酶部分(辅基)所构成,称为双成分酶。酶的反应速度各有自己最适的温度和pH,当条件适宜时,就显示出最大的活力;条件不适宜时,活力就受到影响或停止。温度逐渐升高,活性随之增强。一般温度达到$45℃\sim55℃$时,作用最为强烈,超过此温度,活性开始被抑制,在$70℃\sim80℃$温度下,呈钝化状态;$80℃$以上,酶蛋白质开始变性,活性受到破坏。虽各种不同的酶都有自己的要求,但一般都在$30℃\sim50℃$之间,温度过高、过低都会影响酶活性,酶蛋白达到一定温度时,即产生变性而失去活性。同样,各种不同酶要求的酸碱度也不同,各种酶只有在最适pH下,才能达到最大的活性。如多酚氧化酶在低于最适pH 5.5时,其活性就越来越低。乌龙茶的做青就是要创造适宜条件,充分发挥和利用酶的作用,促使萜烯醇类糖苷的水解和多酚类等内含物质适度氧化,形成乌龙茶的色、香、味,以获得优良的制茶品质。相反,乌龙茶的高温杀青,其目的则是利用高温迅速破坏酶的活性,固定已形成的品质。

茶叶中含有多种维生素,有水溶性和脂溶性维生素两大类,水溶性维生素包含维生素C、B_1、B_2、B_3、B_{11}、类维生素P、维生素B和肌酸等。茶叶中含量最多的是维生素C,高级绿茶中的含量可达0.5%,但质量差的绿茶和红茶中含量只有0.1%,甚至更少。茶叶中含有多种B族维生素,一般在100g干茶中含有15mg左右。B族维生素有多种功效,是人体不可缺少的维生素。茶叶中的儿茶素和黄酮类物质具有维生素P的作用,可增强人体血管的弹性,对血管的硬化有辅助疗效。茶叶中维生素B_2(烟碱酸)的含量,100g干茶中约为100mg,具有预防癫皮病、皮肤炎等作用。由于茶叶中富含各种维生素,因此饮茶不仅能解渴、提神,而且还具有一定的营养意义。

茶叶中脂溶性维生素有维生素A、维生素D、维生素E和维生素K等,其中维生素A含量较多。维生素A是胡萝卜素的衍生物,这些维生素因难溶于水,所以饮茶时为人们所利用的不多。

（10）灰分（无机成分）。

茶叶经过高温灼烧后残留下来的物质总称"灰分"，占干物质重的 4%～7%。茶叶的无机成分中含量最多的是磷、钾，其次是钙、镁、铁、锰、铝、硫，微量成分有锌、铜、氟、钼、硼、铅、铬、镍、镉等。茶叶中的无机成分大部分是茶树从土壤中吸收的营养元素，氮、磷、钾等是人们熟悉的大量营养元素，其余大多统称为微量元素。灰分有纯灰分和粗灰分之分。纯灰分是指灰化的物质中各元素的氧化物；粗灰分（总灰分）是指还有一些未经灰化的碳粒和碳酸盐。灰分中有的可溶于水，称为水可溶性灰分；有的不溶于水，称为水不溶性灰分。水不溶性灰分经强酸处理后，有的可溶于酸，称为酸可溶性灰分；有的不溶于酸，称为酸不溶性灰分。水可溶性灰分在总灰分中所占的比例为 56%～65%。钾盐与钠盐构成的灰分都是水可溶性灰分，其余钙、镁、铁、锰、磷、硅、硫等，有的可溶于水，有的不溶于水，也不溶于稀酸，各按其组成物性质而异。一般情况下，嫩叶总灰分含量较低，而老叶、茶梗中含量较高。不同品种的茶叶水溶性灰分含量也有差异。在制茶过程中，灰分的变化很小。例如，鲜叶灰分含量为 4.97%，制成红毛茶与绿毛茶后，分别为 4.92% 和 4.93%。水溶性灰分含量的高低，可反映出成品茶品质的好坏，品质较好的茶叶水溶性灰分含量相对较高。

灰分含量是茶叶出口检验项目之一，通常规定灰分含量不宜超过 6.5%。灰分含量过多是茶叶品质差或是混入泥沙杂质的缘故。

2. 茶的品种

根据制作工艺（茶多酚的氧化程度），茶可分成：

绿茶：不发酵的茶，如龙井茶、碧螺春。

黄茶：微发酵的茶，如君山银针。

白茶：轻度发酵的茶，如白牡丹、白毫银针、安吉白茶。

青茶：半发酵的茶，如武夷岩茶、铁观音、冻顶乌龙茶。

红茶：全发酵的茶，如正山小种、祁红、川红、闽红、英红。

黑茶：后发酵的茶，如普洱茶、六堡茶。

3. 茶文化

所谓茶文化主要指饮茶的方式和习惯，世界各地各有特色。一些有特色的茶文化有沏茶、奶茶、酥油茶、煮茶、冰茶、茶道、酥茶月饼以及袋泡茶等。

（二）咖啡

咖啡是热带的咖啡豆经 200℃～250℃烘烤和磨碎后制成的饮料。

1. 咖啡的主要成分

（1）咖啡因：有特别强烈的苦味，能刺激中枢神经系统、心脏和呼吸系统。适量的咖啡因可减轻肌肉疲劳，促进消化液分泌。它会促进肾脏机能，有利尿作用，帮助体内将多余的钠离子排出体外。但摄取过多会导致咖啡因中毒。

（2）丹宁酸：煮沸后的丹宁酸会分解成焦梧酸，所以冲泡过久的咖啡味道会变差。

（3）脂肪：其中最主要的是酸性脂肪及挥发性脂肪。酸性脂肪即脂肪中含有酸，其强弱会因咖啡种类不同而异。挥发性脂肪是咖啡香气的主要来源，咖啡会散发出约四十种芳香物质。

（4）蛋白质：热量的主要来源，所占比例并不高。咖啡中的蛋白质在煮咖啡时，多半不会溶出来，所以可摄取到的有限。

（5）糖：咖啡生豆所含的糖分约8％，经过烘焙后大部分糖分会转化成焦糖，使咖啡形成褐色，并与丹宁酸互相结合产生甜味。

（6）纤维：生豆的纤维烘焙后会炭化，与焦糖互相结合便形成咖啡的色调。

（7）矿物质：含有少量石灰、铁质、磷、碳酸钠等。

2. 市场上常见的咖啡种类

（1）速溶咖啡。

适合人群为学生、白领等喜欢咖啡或者是需要提神之类的工作者。过量饮用速溶咖啡对身体会产生一些影响。速溶咖啡在生产过程中丢失了一些咖啡原有的功能，此外，速溶咖啡中添加的色素剂和防腐剂对身体也没有什么好处。另外，咖啡在生产过程中产生了一种叫丙烯酰胺的物质，这种物质是一种已知的致癌物质。所以，只要有时间，大家还是尽量到咖啡馆去喝现磨咖啡，那种咖啡品质较好。

（2）自磨咖啡。

包括咖啡店非冲调咖啡，取决于咖啡豆品种以及烘焙。

（3）咖啡饮料。

3. 若干种咖啡简介

① 蓝山咖啡。

咖啡中的极品，产于牙买加的蓝山。这座小山被加勒比海环抱，每当太阳直射蔚蓝色的海水时，海水的颜色和阳光一起反射到山顶，发出璀璨的蓝色光芒，故而得名。蓝山咖啡有着所有好咖啡的特点，不仅口味浓郁香醇，而且其苦、酸、甘三味搭配完美，所以蓝山咖啡一般以单品饮用。这种咖啡产量极小，价格昂贵无比，所以市面上的蓝山咖啡多以味道相似的咖啡来调制。

② 哥伦比亚咖啡。

产地为哥伦比亚，具有酸中带甘、苦味中平的特点，浓度合宜，常被用于高级混合咖啡之中。

③ 意大利咖啡。

指瞬间提炼出来的浓缩咖啡，具有浓烈的香味和苦味，品尝时用小咖啡杯。意大利咖啡的表面浮现一层薄薄的咖啡油，这层油正是意大利咖啡诱人的香味来源。

④ 卡布其诺咖啡。

在一杯五分满的偏浓意大利咖啡里，倒入打过奶泡的热鲜奶至八分满，然后将奶泡倒入，最后还可以根据个人喜好洒上少许肉桂粉或巧克力粉，口感极为香馥柔和。经过这一系列处理的咖啡，颜色看起来就像卡布其诺教会的修士在深褐色外衣上覆上一层头巾，咖啡因此得名。

⑤ 拿铁咖啡。

是意大利咖啡的另一种变化，冲泡步骤也一样，只是咖啡、牛奶、奶泡的比例稍有不同，拿铁咖啡中牛奶的比例比卡布其诺多一倍，即咖啡、牛奶、奶泡的比例为1∶2∶1。

⑥ 摩卡。

指产地为埃塞俄比亚的咖啡豆，豆形小而香味浓，酸醇味强。现在一般指由巧克力的产地墨西哥人发明的咖啡饮法——在拿铁咖啡里加入巧克力而调制成的饮品。这两种东西是一对绝妙的组合,二者的香味混合后相得益彰,达到前所未有的美妙程度。

⑦ 康宝蓝。

在意大利浓缩咖啡中加入鲜奶油,即成一杯康宝蓝。嫩白的鲜奶漂浮在深沉的意大利咖啡上,宛如一朵洁白的莲花。因为咖啡外只加鲜奶油,所以有时又称为"单头马车"。

⑧ 法式牛奶咖啡。

加入牛奶的咖啡,喝起来更加润滑顺口,在浓郁的咖啡香外,还有一股淡淡的奶香。正宗的法式牛奶咖啡中牛奶和咖啡的比例为 1∶1,所以高级咖啡馆里冲泡法式牛奶咖啡都由侍者双手分别执牛奶壶和咖啡壶,同时注入咖啡杯中。由于法国纬度较高,天气寒冷,所以喝法式牛奶咖啡一般用大号马克杯,双手还可以捧杯取暖。

⑨ 爱尔兰咖啡。

爱尔兰将他们对威士忌的热爱也带入咖啡里。威士忌独特而浓烈的重香和淡淡的甜味,将咖啡的酸甜味道衬得更为馥郁、温暖,散发出成熟的忧郁感,特别适合在寒冷阴雨的天气里饮用。威士忌的酒精含量较高,所以喝这种咖啡时要考虑个人的酒量。

⑩ 皇家咖啡。

名字来源于拿破仑。据说他远征俄国,命人在咖啡中加入白兰地以抵御严寒,此后这种咖啡的新式饮法流传开来,被称为"皇家咖啡"。白兰地、威士忌、伏特加与咖啡调配起来非常协调,而其中以白兰地最为出色,二者相加的口感是苦涩中略带甘甜,自发明之日起就受到广泛的喜爱。刚冲泡好的皇家咖啡,在跳动的蓝色火焰中,猛地窜起一股白兰地的芳醇,雪白的方糖缓缓化作焦香,这两种香味混合着浓郁的咖啡香,顿时令人感到人生完满。

（三）可可

可可来自亚热带可可树之果实可可豆,营养丰富,可加工成多种美食。其特点是脂肪含量高,属于高能食品。可可豆经发酵、粗碎、去皮等工序得到可可豆碎片(通称可可饼),由可可饼脱脂粉碎之后的粉状物即为可可粉,多用于咖啡和巧克力、饮料的生产,也是朱古力蛋糕的重要制作成分。

1. 可可粉的主要化学成分

可可粉为棕红色,带有可可特殊香味,水分含量低于 5％,细度为 99.5％通过 200 目筛。可可粉除含脂肪、蛋白质及碳水化合物等多种营养成分外,尚含有可可碱、维生素 A、维生素 B_1、维生素 B_2、尼克酸、磷、铁、钙等。可可碱对人体具有温和的刺激、兴奋作用。

可可粉由可可豆磨成粉即成,在热水中不易分散,易沉淀,可先用少量热水搅和,使粉膨润,继加入砂糖、乳制品等加热即成可可饮料。为提高可可粉的溶解性能,可适当添加表面活性剂,或采用附聚工艺使其迅速溶化。可可与茶、咖啡同属含生物碱饮料,其特点是含有较多脂肪,热值较高,对神经系统、肾脏、心脏等有益。

按所含脂肪量,可可粉主要分成高脂肪可可粉(脂肪含量≥20％)、中脂肪可可粉(脂肪含量 14％～20％)和低脂肪可可粉(脂肪含量 10％～14％)3 种。高脂肪可可粉又可称作早餐可可粉。

2. 可可制品

(1)巧克力。巧克力是可可制品最经典的代表,但是很多巧克力都是由大量的可可脂或代可可脂、大量的糖和糖浆、奶粉制作而成的,其中有营养价值的可可粉含量并不高,同时使用了碱化技术进一步减少了营养成分,这样的产品对健康有诸多不利。

（2）可可饮料，也是由大量的糖和碱化的可可粉制成的。

（3）巧克力酱，成分为糖浆＋焦糖色＋脂肪类成分＋少量可可粉。少量调味即可，能少用尽量少用。

3. 可可与健康

（1）可可与降压。

可可壳纤维可以减低血压以及增强心脏的健康。刊登在《农业与食品化学杂志》的论文表明：可溶性可可壳纤维提取物可以降低大鼠自发性高血压 $10\sim15$ mmHg。据说可可的可溶性纤维产品含有丰富的可溶性纤维、抗氧化剂和多酚类。使用酶专利法从可可壳里面可获得此类产品。研究者还表明：这种新的可溶性纤维有可能被申请作为功能性食品。研究人员喂养有高血压的老鼠可溶性纤维 17 周，证实了老鼠的血压有所减低，但是 20 周后就停止了喂养实验。有研究证实可可含有的可溶性纤维有抗氧化以及降低血压的作用。

次纤维可以通过控制体重来降低血压，它还可以通过抑制乙酰胆碱来抑制高血压患者的血管紧张素Ⅱ。

乙酰胆碱是通过抑制血管紧张素Ⅰ转化为强有力的血管紧张素Ⅱ来改善血流和血压的。

（2）可可与代可可脂。

代可可脂由精选月桂酸油经过高温冷却、分离而取得月桂酸油脂，再经特殊氢化、精炼调制而成。其特性是结实且脆，无嗅无味，抗氧化力强，无皂味、无杂质，溶解速度快。由代可可脂制成的巧克力产品表面光泽良好，保持性长，入口无油腻感，不会因温度差异产生表面霜化。由于代可可脂是氢化植物的油脂，反式脂肪酸成分需要考虑。月桂酸代可可脂的品质，常依巧克力糖果制造商的要求精制而成，能用于实心或空心成模巧克力产品和一般的巧克力表面涂层产品或一些巧克力夹心。利用月桂酸代可可脂制成的巧克力产品，因月桂酸结晶非常稳定，成品在适度冷却后即能成型，无须调晶手续，使得糖果制造商操作方便简易，同时生产成本也因此较低。

巧克力的主要成分是从天然可可豆中制得的乳黄色硬性天然植物油脂的天然可可脂，口感不油不腻；代可可脂是一种由动物蛋白油脂、植物油脂与可可粉相混合的油脂，是一类能迅速熔化的人造硬脂，在物理性能上接近天然可可脂却并非名副其实。

可可脂的含量超过 95％的产品才能标称为巧克力。凡是代可可脂添加量超过 5％的产品，今后都不能直接标注为巧克力，而只能称为代可可脂巧克力或代可可脂巧克力制品，产品包装上也必须注明代可可脂含量。

要想知道巧克力的好坏，就把巧克力揾在手里，要是很快变软就是好的，是用大量的可可脂做的，只有纯正的可可脂才可以做出香浓的巧克力。另外，品质好的巧克力，外观一般非常光亮，光泽度很好，产品的外观非常完整；不好的巧克力则暗淡无光，产品外观也非常粗糙。掰开后，品质好的巧克力细腻均匀；质地不好的巧克力会有很多气孔，很不均匀。

五、碳酸饮料

碳酸饮料指在一定条件下充入二氧化碳气的饮料。其主要成分包括碳酸水、柠檬酸等酸性物质、白糖、香料，有些含有咖啡因、人工色素等。除糖类能给人体补充能量外，充气的"碳酸饮料"中几乎不含营养素。一般的碳酸饮料有可乐、雪碧、汽水。

1772 年英国人普里司特莱(Priestley)发明了制造碳酸饱和水的设备,成为制造碳酸饮料的始祖。他不仅研究了水的碳酸化,还研究了葡萄酒和啤酒的碳酸化。他指出水碳酸化后便产生一种令人愉快的味道,并可以和水中其他成分的香味一同逸出。他还强调碳酸水的医疗价值。1807 年美国推出果汁碳酸水,在碳酸水中添加果汁用以调味,这种产品受到欢迎,以此为开端开始工业化生产。以后随着人工香精的合成、液态二氧化碳的制成、帽形软木塞和皇冠盖的发明、机械化汽水生产线的出现,才使碳酸饮料首先在欧美国家工业化生产,并很快发展到全世界。

我国碳酸饮料工业起步较晚。20 世纪初,随着帝国主义对我国的经济侵略,汽水设备和生产技术进入我国,在沿海主要城市建立起小型汽水厂,如天津山海关汽水厂、上海正广和汽水厂、广州亚洲汽水厂、沈阳八王寺汽水厂以及青岛汽水厂等。但产量都很低,如 1921 年投产的沈阳八王寺汽水厂年产汽水仅 150t。此后又陆续在武汉、重庆等地建成一些小的汽水厂。至新中国成立前夕,我国饮料总产量仅有 5000t。1980 年后碳酸饮料得到迅速发展,1995 年碳酸饮料的总产量已达 3×10^7 t,占当年我国软饮料总产量的 50% 左右;1998 年达 492.7 万吨,约占当年我国软饮料总产量的 45%。尽管碳酸饮料在我国饮料中的比重正不断减少,但由于碳酸饮料具有独特的消暑解渴作用,这是其他饮料包括天然果蔬汁饮料不能取代的,因此其总产量仍在不断提高。

1. 汽水

汽水由矿泉水或煮沸过的凉饮用水或经紫外线照射消毒的水加入二氧化碳制成。自制汽水:食用柠檬酸(或酒石酸)和小苏打($NaHCO_3$)溶于水后,能发生化学反应,产生二氧化碳气体,二氧化碳气体溶解在含糖、果汁等成分的水中,便可制成汽水。

2. 可乐

可乐(Cola)是黑褐色、甜味、含咖啡因的碳酸饮料。可乐的主要口味包括香草、肉桂、柠檬香味等。其名称来自可乐早期的原料之一的可乐果提取物,最知名的可乐品牌有可口可乐和百事可乐。

3. 雪碧

雪碧是 1961 年在美国推出的柠檬味型软饮料。

配料:水、葡萄糖浆、白砂糖、食品添加剂(二氧化碳、柠檬酸、柠檬酸钠、苯甲酸钠)、食用香料。

可乐等碳酸型饮料深受大家的喜爱,尤其是"年轻一族"和孩子们的喜爱。但是,健康专家提醒,过量地喝碳酸饮料,其中的高磷可能会改变人体的钙、磷比例。研究人员还发现,与不过量饮用碳酸饮料的人相比,过量饮用碳酸饮料的人骨折危险会增加大约 3 倍;而在体力活动剧烈的同时,再过量地饮用碳酸饮料,其骨折的危险也可能增加 5 倍。

专家提醒,儿童期、青春期是骨骼发育的重要时期。在这个时期,孩子们活动量大。如果食物中高磷低钙,摄入量不均衡,再加上喝过多的碳酸饮料,则不仅对骨生长可能产生负面影响,还可能会给将来发生骨质疏松症埋下伏笔。

另外,过量的碳酸型饮料可能破坏细胞。英国一项最新研究结果显示,部分碳酸饮料可能会导致人体细胞严重受损。专家们认为碳酸饮料里的一种常见防腐剂能够破坏人体DNA 的一些重要区域,严重威胁人体健康。

据悉，喝碳酸饮料造成的这种人体损伤一般都与衰老以及滥用酒精相关联，最终会导致肝硬化和帕金森病等疾病。

此次研究的焦点在于苯甲酸钠的安全性。在过去数十年，这种代号为 E211 的防腐剂一直被广泛应用于全球总价值 740 亿英镑的碳酸饮料产业。苯甲酸钠是苯甲酸的衍生物，天然存在于各种浆果之中，大量用作许多知名碳酸饮料的防腐剂。英国谢菲尔德大学的分子生物学和生物工艺学教授派珀是研究人体衰老的专家。他的试验结果证明：苯甲酸会破坏人体线粒体 DNA 中的一个重要区域。线粒体属于人体细胞中的一个细胞器，被称为人体细胞中的"能量工厂"，其功能是将细胞中的有机物当作燃料，使这些有机物与氧结合，转变成二氧化碳和水，同时将有机物中的化学能释放出来，供细胞利用。它以分解 ATP 来为人体提供 95％ 的能量，我们的肌肉在收缩的时候，我们在思考的时候，线粒体都在时刻地工作着，为我们的神经元细胞和肌纤维细胞提供能量。派珀表示："这些化合物能够严重破坏线粒体 DNA，从而完全阻止了线粒体的活动。换言之，它们让线粒体罢工了。"据派珀介绍，线粒体能使有机物氧化并且释放能量。如果线粒体遭到了破坏，细胞就会出现严重故障。许多疾病是与这种破坏相关的，如帕金森病和其他神经系统退化性疾病。

由于碳酸饮料含糖量高，糖尿病患者不宜饮用；普通人吃饭前后、用餐中都不宜喝，平时不宜多饮，因为饮用过多会抑制人体内的有益菌，破坏消化系统的功能；长期饮用易引起肥胖等疾病。过多饮用碳酸饮料也会增加心、肾负担，使人产生心慌、乏力、尿频等症状，同时胃液的消化、杀菌能力也会因此而降低，容易造成胃肠疾病。

大量饮用碳酸饮料还会导致骨质疏松，这是由于大部分碳酸饮料中都含有磷酸，这种磷酸会极大地影响人体对于钙质的吸收，并引起钙质的异常流失。碳酸饮料可能增加患食管癌的危险，这是因为碳酸饮料使胃扩张，这样会导致引发食管癌的食物反流。不宜过量饮用冰饮料，否则会导致脏腑功能紊乱，发生胃肠黏膜血管收缩、胃肠痉挛、分泌减少等一系列病理改变，引起食欲下降等疾病。

在美国，软饮料被认为是造成肥胖问题日益严重的主要原因之一。美国疾病控制和预防中心的资料显示，北美地区 16％ 的儿童和青少年体重超标。美国公共利益科学中心的数据也表明，美国十几岁的男孩平均每天喝的软饮料所含的糖分，相当于 15 茶匙白糖。

英国医学杂志《柳叶刀》的一篇研究报告显示，每个孩子平均每天喝一罐软饮料，体重超重概率增加 60％。即使这个孩子以前从不喝软饮料，后来开始每天喝一罐，其患肥胖症的概率也并不比上述孩子低。

这一研究对美国马萨诸塞州 548 名 11～12 岁的孩子进行了 2 年跟踪。研究发现，在 2 年的追踪调查期间，有 57％ 的孩子开始喝更多的软饮料，其中 1/4 的孩子每天喝 2 罐软饮料。这直接导致他们中体重过重的人数明显增加。

六、果汁饮料

果汁饮料是以水果为原料经过物理方法如压榨、离心、萃取等得到的汁液产品，一般是指纯果汁或 100％ 果汁。可以细分为果汁、果浆、浓缩果浆、果肉饮料、果汁饮料、果粒果汁饮料、水果饮料浓浆、水果饮料等 9 种类型，其大都采用打浆工艺，将水果或水果的可食部分加工制成未发酵但能发酵的浆液，或在浓缩果浆中加入果浆在浓缩时失去的天然水分等量的水，制成的具有原水果果肉的色泽、风味和可溶性固形物含量的制品。

几种常见果汁：苹果汁，富钾、铁，少维 C；葡萄汁，富铬、钾，缺维 C；橙汁，富钾及维 C、维 A；菠萝汁，富钾和维 C；红果汁，富维 C 和铁；蓝莓汁，富含维生素 A、C、E，果胶物质，SOD，黄酮；西瓜汁，富含氨基酸、腺嘌呤、糖类、维生素、矿物质；草莓汁，富含氨基酸、矿物质、维生素 C、胡萝卜素、果胶和膳食纤维。

近年来流行的果蔬饮料是用新鲜或冷藏的水果或菜加工制成的饮料。果蔬中含 B 族维生素、维生素 E、维生素 C、胡萝卜素，以及钙、镁、钾等无机盐，这些成分对维护人体健康起着重要的促进作用，所以也越来越受到消费者追捧。

各种不同水果的果汁含有不同的维生素等营养，被视为是一种对健康有益的饮料；可以及时提供能量，消除疲劳感，是因为其主要成分是糖，目前市场的果汁饮料含糖量为 $10\%\sim50\%$。所以，孩子无食欲时适量喝点果汁可以刺激食欲，手术后的病人适当地饮用果汁也可以起到代替葡萄糖输液的作用。

但果汁饮料是孩子健康的双刃剑。果汁中缺乏所有的纤维素和过高的糖分有时被视为其缺点。$3\sim15$ 岁的孩子大多都酷爱果汁饮料，渴了就喝果汁，结果越喝越渴，越渴越喝。有的孩子甚至拒绝果汁以外的一切饮料，从来不知道水的滋味。如此滥饮，许多孩子出现小腹胀鼓、食欲缺乏、消化不良、贫血、情绪不稳等症状，家长却不明白为什么会这样。其实这时孩子已患了"果汁综合征"。

正常情况下，人每天糖的摄入量应在 50g 以内，约占总摄入量的 10%。患有果汁综合征的孩子糖的摄入量超过了总摄入量的 30%，糖的代谢消耗大量维生素 B，并影响钙的正常吸收，所以孩子出现情绪不稳、易怒烦躁的症状。

大量无限制地喝果汁要么降低食欲，要么刺激食欲，患果汁综合征的孩子体格发育大多呈两极分化：过瘦或过肥。正餐受影响，人体必需的蛋白质、脂肪和微量元素等必然缺乏，长此以往，孩子的免疫力下降，易生病。

七、功能饮料

功能饮料是指通过调整饮料中营养素的成分和含量比例，在一定程度上调节人体功能的饮料。据有关资料对功能性饮料的分类，认为广义的功能饮料包括运动饮料、能量饮料和其他有保健作用的饮料。功能饮料是 2000 年来风靡于欧美和日本等发达国家的一种健康饮品。它含有钾、钠、钙、镁等电解质，成分与人体体液相似，饮用后更能迅速被身体吸收，及时补充人体因大量运动出汗所损失的水分和电解质（盐分），使体液达到平衡状态。当今，饮用功能性饮料成为一种时尚，这一产业也随之欣欣向荣。行业刊物《饮料系列》编辑巴里·纳坦松说，功能性饮料的产业价值已高达 15 亿美元，产品类型超过 150 种。然而营养学家提醒消费者，面对功能性饮料，应三思而后"饮"。功能饮料在中国受到越来越多的消费者喜爱，中国逐渐成为功能性饮料的消费大国。

第五节　食品添加剂

一、食品添加剂概述

根据 1962 年 FAO/WHO 食品法典委员会（CAC）对食品添加剂的定义，食品添加剂是指在食品制造、加工、调整、处理、包装、运输、保管中，为达到技术目的而添加的物质。食品添加剂作为辅助成分可直接或间接成为食品成分，但不能影响食品的特性，是不含污染物并不以改善食品营养为目的的物质。食品添加剂是指用于改善食品品质、延长食品保存期、便于食品加工和增加食品营养成分的一类化学合成或天然物质。食品添加剂有很多种类，可按不同的标准分类。按其来源可分为天然食品添加剂和化学合成食品添加剂两大类。

1. 天然食品添加剂

主要以动、植物组织和微生物的代谢产物为原料经加工提取获得。

2. 化学合成食品添加剂

化学合成食品添加剂是通过化学的手段，如氧化还原、中和、聚合等过程获得的。化学合成食品添加剂如果按功能和用途分，则可分为四大类：

（1）为提高和增补食品营养价值的，如强氧化剂、食用酶制剂。

（2）保持食品新鲜度的，如抗氧化剂、保鲜剂。

（3）为改进食品感官质量的，如增味剂、增稠剂、乳化剂、膨松剂。

（4）为方便加工操作的，如消泡剂、凝固剂等。

中国的《食品添加剂使用卫生标准》将食品添加剂分为 22 类：防腐剂、抗氧化剂、发色剂、漂白剂、酸味剂、凝固剂、疏松剂、增稠剂、消泡剂、甜味剂、着色剂、乳化剂、品质改良剂、抗结剂、增味剂、酶制剂、被膜剂、发泡剂、保鲜剂、香料、营养强化剂以及其他添加剂。

国内外在实际使用时，一般也按功能进行分类，主要有：营养强化剂、防腐防霉剂、抗氧化保鲜剂、增稠剂、乳化剂、螯合剂（含稳定剂和凝固剂）、品质改良剂、调味剂、色泽处理剂、其他类添加剂、食用香精、香料。

二、食品添加剂的作用

食品添加剂大大促进了食品工业的发展，并被誉为现代食品工业的灵魂，这主要是它给食品工业带来了许多好处。其主要作用大致如下：

1. 有利于食品的保藏，防止食品败坏变质

防腐剂可以防止由微生物引起的食品腐败变质，延长食品的保存期，同时还具有防止由微生物污染引起的食物中毒作用。抗氧化剂则可阻止或推迟食品的氧化变质，以提供食品的稳定性和耐藏性，同时也可防止可能有害的油脂自动氧化物质的形成，此外，还可用来防止食品特别是水果、蔬菜的酶促褐变与非酶褐变。这些对食品的保藏都是具有一定意义的。

2. 改善食品的感官性状

食品的色、香、味、形态和质地等是衡量食品质量的重要指标。适当地使用着色剂、护色剂、漂白剂、食用香料以及乳化剂、增稠剂等食品添加剂，可明显提高食品的感官质量，满足人们的不同需要。

3. 保持或提高食品的营养价值

在食品加工时适当地添加某些属于天然营养范围的食品营养强化剂，可以大大提高食品的营养价值，这对防止营养不良和营养缺乏，促进营养平衡，提高人们的健康水平具有重要意义。

4. 增加食品的品种和方便性

如今市场上已拥有多达 20000 种以上的食品可供消费者选择，尽管这些食品的生产大多通过一定包装及不同加工方法处理，但在生产工程中，一些色、香、味俱全的产品，大

都不同程度地添加了着色剂、增香剂、调味剂乃至其他食品添加剂。正是这些众多的食品,尤其是方便食品的供应,给人们的生活和工作带来了极大的方便。

5. 有利于食品的加工制作,适应生产的机械化和自动化

在食品加工中使用消泡剂、助滤剂、稳定和凝固剂等,可有利于食品的加工操作。例如,使用葡萄糖酸δ内酯作为豆腐凝固剂,可有利于豆腐生产的机械化和自动化。

6. 满足其他特殊需要

食品应尽可能满足人们的不同需求。例如,糖尿病患者不能吃糖,则可用无营养甜味剂或低热能甜味剂,如三氯蔗糖或天门冬酰苯丙氨酸甲酯制成无糖食品供应。

我国食品工业常用的添加剂主要是营养强化剂和改进感官质量的两类添加剂。在食品行业有这样一句话:"没有食品添加剂,就没有现代化的食品工业。"我国食品工业已进入快速发展期,而食品工业现代化又离不开食品添加剂的支撑,食品添加剂作为现代食品工业发展的助推者,也在近代食品工业的不断发展中处于稳定的上升态势。

我国自然资源十分丰富,比起欧美国家具有明显的优势。在一片回归自然的呼声中,中国的天然抗氧化剂、天然色素、天然香料等天然植物抽提物产品受到国际市场的青睐。不过,中国的这点优势已经受到一些亚洲其他国家的挑战。未来我国食品添加剂主要向以下几个方面发展:开发天然、营养、多功能食品添加剂,致力于开发多样化、专用的添加剂。

三、食品添加剂的一般要求与安全使用

由于食品添加剂毕竟不是食物的天然成分,少量长期摄入也有可能存在对人体的潜在危害。随着食品毒理学方法的发展,原来认为无害的食品添加剂近年来发现可能存在慢性毒性和致畸、致突变、致癌性的危害,故各国对此给予充分的重视。目前国际、国内对待食品添加剂均持严格管理、加强评价和限制使用的态度。为了确保食品添加剂的食用安全,使用食品添加剂应该遵循以下原则:

(1) 经食品毒理学安全性评价证明,在其使用限量内长期使用对人体安全无害。

(2) 不影响食品自身的感官性状和理化指标,对营养成分无破坏作用。

(3) 食品添加剂应有中华人民共和国卫生部颁布并批准执行的使用卫生标准和质量标准。

(4) 食品添加剂在应用中应有明确的检验方法。

(5) 使用食品添加剂不得以掩盖食品腐败变质或以掺杂、掺假、伪造为目的。

(6) 不得经营和使用无卫生许可证、无产品检验合格证及污染变质的食品添加剂。

(7) 食品添加剂在达到一定使用目的后,能够经过加工、烹调或储存而被破坏或排除,不摄入人体则更为安全。

评价食品添加剂的毒性(或安全性)的首要标准是 ADI 值(人体每日摄入量)。评价食品添加剂安全性的第二个常用指标是 LD_{50} 值(半数致死量,也称致死中量)。

四、各种食品添加剂介绍

(一)防腐剂

防腐剂是为了抑制食品腐败和变质,延长贮存期和保鲜期的一类添加剂。目前常用的食品防腐剂分为化学食品防腐剂和天然食品防腐剂。化学食品防腐剂主要有:亚硝酸盐类、苯甲酸及其钠盐、山梨酸及其盐类、丙酸及其盐类、对羟基苯甲酸酯类。近年来,天

然防腐剂的研究和开发利用成了食品工业的一个热点。经过许多科学家多年的精心研究，现已开发了许多种天然防腐剂，并且发现天然防腐剂不但对人体健康无害，而且还具有一定的营养价值，是今后开发的方向。目前已有的天然防腐剂有：那他霉素、葡萄糖氧化酶、鱼精蛋白、溶菌酶、聚赖氨酸、壳聚糖、果胶分解物、蜂胶、茶多酚等。

添加防腐剂是为了防止食品中微生物滋生，从而引发食品腐烂变质。所以合理使用防腐剂并无害。防腐剂有利也有弊，以常用于肉类食品的抗氧化和防腐的硝盐族防腐剂为例：硝酸钠、硝酸钾（火硝）和亚硝酸钠（快硝）等可以防止鲜肉在空气中被逐步氧化成灰褐色的变性肌红蛋白，以确保肉类食品的新鲜度。硝盐还是剧毒的肉毒杆菌的抑制剂。因此，硝盐便成为腌肉和腊肠等肉制品的必备品。但是，加入肉中的硝盐，易被细菌还原成活性致癌物质亚硝酸盐，在一定酸度作用下，亚硝酸盐中的亚硝基还可与肌红蛋白合成亚硝基肌红蛋白，经加热合成稳定的红色亚硝基的肌色原。肌色原也同样具有致癌性质。另一方面，肉类蛋白质的氨基酸、磷脂等有机物质，在一定环境和条件下都可产生胺类，并与硝盐所产生的亚硝酸盐反应生成亚硝胺。所以应做到食物以天然为主，不要长期食用或滥用人工食品和含防腐剂的饮料；不要购买非正式厂家生产的食品；对添加了硝盐的腌肉、腊肠等，食用前要多加日晒，在紫外线下有害物容易分解。另外，亚硝胺在酸性环境里也易分解，烹调时配些醋，可以减少亚硝胺的危害。

对羟基苯甲酸酯类的防腐剂在许多研究中被发现有刺激性及致癌性。在多种乳腺癌的切片样中被发现有低浓度存在，证明该类物质能够渗透并积累在人体组织内。高浓度下，该类物质有雌性激素的活性，而过高的雌性激素是乳腺癌形成的主要因素。对羟基苯甲酸酯类的防腐剂在乳腺中的积累是否会导致或促进乳腺癌的发病还需要更多的研究。在细胞水平上，有实验显示对羟基苯甲酸酯类能加强 UVB（户外紫外线）对表皮细胞 DNA 的破坏。

甲醛的水溶液又称为福尔马林，人们常用它来制作动物标本，用它浸泡腊肉、海产品、猪血、鸭血后，不仅色泽艳丽，而且保鲜持久。但是，它有强烈的致癌作用，所以，绝对不允许使用在食品的保鲜上。可有一些不法商贩仍非法使用甲醛，在社会上产生了一定的不良影响，造成了人们对防腐剂的恐惧，甚至对一些保质期时间长的食品望而生畏。现在，随着科学技术的发展，人们已经逐渐认识到甲醛和硼砂水溶液作为食品防腐剂的危害，国家的有关部门也规定，禁止把它们作为食品防腐剂使用。

（二）抗氧化剂

抗氧化剂是添加于食品后阻止或延迟食品氧化，提高食品质量的稳定性和延长储存期的一类食品添加剂。其主要应用于防止油脂及富脂食品的氧化酸败，避免引起食品褪色、褐变以及维生素被破坏等方面。

抗氧化剂的种类有：自由基清除剂（氢供体、电子供体）、氧清除剂、酶抑制剂、金属离子螯合剂、增效剂（如柠檬酸、酒石酸等）。常用的抗氧化剂有：丁基羟基茴香醚（BHA）、二丁基羟基甲苯（BHT）、没食子酸丙酯（PG）和一些天然抗氧化剂。

天然抗氧化剂主要是一些酚类物质，如生育酚、类黄酮等。近年来由于崇尚天然食品，因此天然的酚类抗氧化剂愈来愈受到重视，它既可作为自由基的终结者，又可作为金属螯合剂。生育酚和类黄酮已被证实具抗氧化活性并进行了工业化生产。

（三）保鲜剂

食品保鲜剂是用于保持食品原有色香味和营养成分的添加剂，按保鲜对象可分为大米保鲜剂、果蔬保鲜剂、禽畜肉保鲜剂和禽蛋保鲜剂等，其使用方法有药剂熏蒸、浸泡杀菌和涂膜保鲜等。

（四）乳化剂

凡是添加少量即能使互不相溶的液体（如油和水）形成稳定乳浊液的食品添加剂称为乳化剂，如脂肪酸甘油酯、蔗糖脂肪酸酯、失水山梨醇脂肪酸酯和大豆磷脂。

（五）增稠剂

增稠剂是一类能提高食品黏度并改变性能的一类食品添加剂。明胶（gelatin）、卡拉胶（也称鹿角菜或鹿角藻胶）和黄原胶等是常用增稠剂。

（六）调味剂

调味剂（flavor agent）是指改善食品的感官性质，使食品更加美味可口，并能促进消化液的分泌和增进食欲的食品添加剂。食品中加入一定的调味剂，不仅可以改善食品的感观性，使食品更加可口，而且有些调味剂还具有一定的营养价值。调味剂的种类很多，主要包括酸味剂、甜味剂（主要是糖、糖精等）、咸味剂（主要是食盐）、鲜味剂、辛辣剂等。

1. 酸味剂

酸味剂是以赋予食品酸味为主要目的的化学添加剂。酸味给味觉以爽快的刺激，能增进食欲，另外酸还具有一定的防腐作用，又有助于钙、磷等营养的消化吸收。酸味剂主要有柠檬酸、酒石酸、苹果酸、乳酸、醋酸等。其中柠檬酸在所有的有机酸中酸味最缓和可口，它广泛应用于各种汽水、饮料、果汁、水果罐头、蔬菜罐头等。大多数食品的 pH 为 5～6.5，处于微酸性，人们一般感觉不到酸味；但 pH<3.0 时，则就会觉得太酸而难以入口。常见物品的 pH 见表 1-12。家庭酸性调料主要以醋为主。我国的名醋主要有山西老陈醋、四川保宁醋和江苏镇江醋。

表 1-12 常见物品的 pH

品名	pH	品名	pH	品名	pH
胃液	1	马铃薯汁	4.1～4.4	山羊奶	6.5
柠檬汁	2.2～2.4	黑咖啡	4.8	牛奶	6.4～6.8
食醋	2.4～3.4	南瓜汁	4.8～5.2	母乳	6.93～7.18
苹果汁	2.9～3.3	胡萝卜	4.9～5.2	马奶	6.89～7.45
橘汁	3.4	酱油	4.5～5.0	米饭汤	6.7
草莓	3.2～3.6	豆	5～6	唾液	6.7～6.9
樱桃	3.2～4.1	白面包	5.5～6.0	雨水	6.5
果酱	3.5～4.0	菠菜	5.1～5.7	血液	7.4
葡萄	3.5～4.5	包心菜	5.2～5.4	尿	5～6
番茄汁	4.0	甘薯汁	5.3～5.6	蛋黄	6.3
啤酒	4～5	鱼汁	6.0	蛋清	7～8
汽水	4.5～5.0	面粉	6.0～6.5	海水	8.0～8.4

2. 甜味剂

甜味剂（Sweeteners）是指赋予食品或饲料以甜味的食物添加剂。世界上使用的甜味剂很多，有几种不同的分类方法：按其来源可分为天然甜味剂和人工合成甜味剂；按其营养价值可分为营养性甜味剂和非营养性甜味剂；按其化学结构和性质可分为糖类和非糖类甜味剂。糖醇类甜味剂多由人工合成，其甜度与蔗糖差不多，因其热值较低，或因其与葡萄糖有不同的代谢过程，尚可有某些特殊的用途。非糖类甜味剂甜度很高，用量少，热值很小，多不参与代谢过程，常称为非营养性或低热值甜味剂，称高甜度甜味剂，是甜味剂的重要品种。

（1）甜味剂的化学特征及甜度。

甜味剂多系脂肪族的羟基化合物。一般说来，分子结构中羟基越多，味就越甜。例如，分子中含 2 个羟基的乙二醇，略有甜味；含 3 个羟基的丙三醇（俗称甘油）较乙二醇甜；葡萄糖分子含 6 个羟基，就比较甜了。不同甜味剂产生甜的效果用甜度表示，它是以蔗糖为基准的一种相对标度。常见糖的甜度见表 1-13。果糖是最甜的糖。按甜度比较，果糖、蔗糖、葡萄糖的比例大约是 9∶5∶4。甜味的感觉由静电力引起，氢键的作用可加强甜感。

表 1-13 常见糖的甜度

物质名称	甜度	物质名称	甜度
蔗糖	1.00	麦芽糖	0.33～0.60
果糖	1.07～1.73	鼠李糖	0.33～0.60
转化糖	0.78～1.27	半乳糖	0.27～0.52
葡萄糖	0.49～0.74	乳糖	0.16～0.28
木糖	0.40～0.60	糖精	450～700

① 木糖醇。木糖醇原产于芬兰，是从白桦树、橡树、玉米芯、甘蔗渣等植物原料中提取出来的一种天然甜味剂。在自然界中，木糖醇的分布范围很广，广泛存在于各种水果、蔬菜、谷类之中，但含量很低。商品木糖醇是将玉米芯、甘蔗渣等农业副产物进行深加工而制得的，是一种天然、健康的甜味剂。对于人们的身体来说，木糖醇也不是一种"舶来品"，它本就是人们身体正常糖类代谢的中间体。

木糖醇的甜度与蔗糖相当，溶于水时可吸收大量热量，是所有糖醇甜味剂中吸热值最大的一种，故以固体形式食用时，会在口中产生愉快的清凉感。木糖醇不致龋且有防龋齿的作用，代谢不受胰岛素调节，在人体内代谢完全，热值为 16.72kJ/g，可作为糖尿病人的热能源。

② 元贞糖。元贞糖是以麦芽糊精、阿斯巴甜、甜菊糖、罗汉果糖、甘草提取物等配料制成的食用糖，其甜度相当于蔗糖的 10 倍，而热量仅为蔗糖的 8%。高营养：不含糖精，添加天然甜味物质甜菊糖、罗汉果糖、甘草提取物等。其因高甜度（甜度相当于蔗糖的 10 倍）、超低热量（热量仅为同等甜度蔗糖的 5%）而有益健康，对人体血糖值不产生升高影响。

经相关研究单位临床实验证明，元贞糖不增高患者血糖水平和尿糖含量，元贞糖是安全的高甜度、低热量食用糖，可用于糖尿病患者，以改善其生活质量。经过十多年的市场营销，元贞糖深受消费者的欢迎，已经成为糖尿病病人的首选替代糖。由于元贞糖在一般食品商店都有上柜销售，故是一种为广大消费者所熟知的低热量代糖品。它也可以说是糖尿病、高血压、冠心病及高脂血症等患者的专用甜味剂。本品作为饮用牛奶、豆浆、咖啡等饮品的优良的无热量的白糖代用品，既甜度较高，又相对无毒副作用，糖尿病患者尽可以放心地使用。唯一美中不足的是元贞糖成本较高些。

（2）常用合成或人工甜料。

糖精的化学名为邻苯甲酰磺亚胺，分子式 $C_7H_5NO_3S$，无色单斜晶体，熔点 229℃，难溶于水，甜度为蔗糖的 450～700 倍，稀释 10000 倍仍有甜味。但是，糖精并非"糖之精华",它不是从糖里提炼出来的,而是以又黑又臭的煤焦油为基本原料制成的。糖精的钠盐称为糖精钠,分子式 $C_7H_4NNaO_3S$,溶于水,甜味相当于蔗糖的 $300\sim500$ 倍,可供糖尿病患者作为食糖的代用品。

甜精的化学名为乙氧基苯基脲,甜度为蔗糖的 $200\sim250$ 倍。其与糖精混用,因协同作用而使甜味倍增。糖精和甜精都没有营养价值,它们在用量超过 0.5% 以上时均显苦味,煮沸以后分解也有苦味,通常不消化而排出。少量食用无害,过量食用有害健康。

甜蜜素,其化学名称为环己基氨基磺酸钠,是食品生产中常用的添加剂。甜蜜素是一种常用甜味剂,其甜度是蔗糖的 $30\sim40$ 倍。消费者如果经常食用甜蜜素含量超标的饮料或其他食品,就会因摄入过量对人体的肝脏和神经系统造成危害,特别是对代谢排毒能力较弱的老人、孕妇、小孩的危害更明显。

3. 咸味剂

咸味是中性盐显示的味,是食品中不可或缺的、最基本的味。咸味是由盐类离解出的阴、阳离子共同作用的结果,阳离子产生咸味,阴离子抑制咸并能产生副味。无机盐类的咸味或所具有的苦味与阳离子、阴离子的离子直径有关,在直径和小于 $0.65nm$ 时,盐类一般为咸味,超出此范围则出现苦味,如 $MgCl_2$(离子直径和 $0.85nm$)的苦味相当明显。只有 $NaCl$ 才产生纯正的咸味,其他盐多带有苦味或其他不愉快味。食品调味料中,专用食盐产生咸味,其阈值一般为 0.2%,在液态食品中的最适浓度为 $0.8\%\sim1.2\%$。由于过量摄入食盐会带来健康方面的不利影响,所以现在提倡低盐食品。目前作为食盐替代物的化合物主要有 KCl,如 20% 的 KCl 与 80% 的 $NaCl$ 混合所组成的低钠盐,苹果酸钠的咸度约为 $NaCl$ 咸度的 $1/3$,可以部分替代食盐。常见的咸味物质主要有 $NaCl$、KCl、NaI、$NaNO_3$、KNO_3 等相对分子质量小于 150 的盐。

4. 鲜味剂

鲜味剂主要是指增强食品风味的物质,如味精(谷氨酸钠)是目前应用最广的鲜味剂。实践证明,如果用谷氨酸钠与 5-肌苷酸以 $5:1$ 至 $20:1$ 的比例混合,谷氨酸钠的鲜味可增加 6 倍。味精有特殊鲜味,但在高温下(超过 $120℃$)长时间加热会分解生成有毒的焦谷氨酸钠,所以在烹调中,不宜长时间加热。此外,味精不是营养品,仅作调味剂,不能当滋补品使用。

从化学角度讲,鲜味的产生与氨基酸、缩胺酸、甜菜碱、核苷酸、酰胺、有机碱等物质有关。鲜味剂的主要代表性物质有味精、核苷酸等。

(1)味精。

味精又叫味素,主要成分为谷氨酸钠(分子式 $C_5H_8NO_4Na$),白色晶体或结晶性粉末,含一分子结晶水,无气味,易溶于水,微溶于乙醇,无吸湿性,对光稳定,中性条件下水溶液加热也不分解,一般情况下无毒性。

作为调味品的市售味精,为干燥颗粒或粉末,因含一定量的食盐而稍有吸湿性,故应密封防潮贮存。商品味精中的谷氨酸钠含量分别有 90%、80%、70%、60% 等不同规格,以 80% 最为常见,其余为精盐。食盐在味精中起助鲜作用兼作填充剂。也有不含盐的颗粒较大的"结晶味精"。

(2)核苷酸。

核苷酸类中的肌苷酸、鸟苷酸、黄苷酸以及它们的许多衍生物都呈强鲜味。例如,肌苷酸钠比味精鲜 40 倍,鸟苷酸钠比味精鲜 160 倍,特别是 2-呋喃甲硫基肌苷酸比味精鲜 650 倍。

肌苷酸钠是在 20 世纪 60 年代兴起的鲜味剂,又名肌苷磷酸二钠,分子式为 $C_{10}H_{11}O_8N_4PNa_2$,含 5～7.5 分子结晶水,是用淀粉糖化液经肌苷菌发酵制得的无色或白色结晶。在市场上看到的"强力味精"、"加鲜味精"就是由 88%～95% 的味精和 12%～5% 的肌苷酸钠组成的,鲜度在 130 之上。

鸟苷酸钠又名鸟苷磷酸二钠,分子式 $C_{10}H_{12}O_8N_5PNa_2$,为白色至无色晶体或白色结晶性粉末,含 4～7 分子结晶水,无气味,易溶于水,不溶于乙醇、乙醚、丙酮。鸟苷酸钠和适量味精混合会发生"协同作用",可比普通味精鲜 100 多倍。

前几年,人们又制造出了新的超鲜物质,名叫甲基呋喃肌苷酸($C_{15}H_{18}O_9N_4P$)。它的鲜度超过 60000,可谓是当今世界鲜味之最了。

鸡精和味精差别不大,很多消费者都认为,味精是化学合成物质,不仅没什么营养,常吃还会对身体有害;鸡精则不同,是以鸡肉为主要原料做成的,不仅有营养,而且安全。于是,有些人炒菜时对味精唯恐避之而不及,但对鸡精却觉得放多少、什么时候放都可以。其实,鸡精与味精并没有太大的区别。

虽然大部分鸡精的包装上都写着"用上等肥鸡制成"、"真正上等鸡肉制成",但它并不像我们想象的那样主要是由鸡肉、鸡骨或其浓缩抽提物做成的天然调味品。它的主要成分其实就是味精(谷氨酸钠)和盐。其中,味精占到总成分的 40% 左右,另外还有糖、鸡肉或鸡骨粉、香辛料、肌苷酸、鸟苷酸、鸡味香精、淀粉等物质复合而成。

鸡精的味道之所以很鲜,主要还是其中味精的作用。另外,肌苷酸、鸟苷酸都是助鲜剂,也具有调味的功效,而且它们和谷氨酸钠结合,能让鸡精的鲜味更柔和、口感更圆润、丰满,且香味更浓郁。至于鸡精中逼真的鸡肉味道,主要来自于鸡肉、鸡骨粉,它们是从新鲜的鸡肉和鸡骨中提炼出来的。鸡味香精的使用也可以使鸡精的"鸡味"变浓;淀粉的作用则是使鸡精呈颗粒状或粉状。

鸡精和味精哪个营养更高一些呢?

味精主要是通过大米、玉米等粮食或糖蜜,采用微生物发酵的方法提取而成的。它的主要成分是谷氨酸钠,是氨基酸的一种,也是构成蛋白质的主要成分。鸡精的成分由于比味精复杂,所含的营养也更全面一些,除了谷氨酸钠以外,还含有多种维生素和矿物质。不过,鸡精再有营养,也只是一种调味品,不能与鸡肉同日而语。

许多人不敢吃味精,主要是担心它会产生一定的致癌物质。不过,联合国粮农组织和世界卫生组织食品添加剂专家认为,在普通情况下,味精是完全安全的,是可以放心食用的,只是不要将它加热到 120℃ 以上,否则其中的谷氨酸钠就会失水变成焦谷氨酸钠,产生致癌物质。由于鸡精中同样含有一定的谷氨酸钠,因此它与味精的安全性是差不多的,同样应注意不要长时间高温加热。此外,由于鸡精本身含有约百分之十几的盐分,所以炒菜和做汤时如果用了鸡精,用盐量一定要减少。鸡精里还含有核苷酸,核苷酸的代谢产物就是尿酸,痛风患者应该少吃。

5. 辛辣剂

简单地说,"辛"就是辣,这个构成是同义反复。辛辣的意思是尖锐而强烈。产生辣味的物质主要是两亲(亲水、亲油)性分子,如辣椒中的辣椒素,肉豆蔻中的丁香酚,生姜中的姜酮、姜酚、姜醇及大蒜中的蒜苷、蒜素等。此类食物包括葱、蒜、韭菜、生姜、酒、辣椒、胡椒、桂皮、八角、小茴香等。

6. 苦味剂

"苦"主要来自相对分子质量大于 150 的盐、胺、生物碱、尿素、内酯等物质,主要有各种生物碱(包括有机叔胺)和含—SH、—S—S—基团的化合物。

7. 涩味

明矾或不熟的柿子那种使舌头感到麻木干燥的味道称为涩味。柿子、绿香蕉、绿苹果有涩味,其原因是在这些物质中存在涩丹宁。

（七）食用香料、香精

1. 食用香料

从化学结构上看,各种香料组分的分子量均较低,挥发性及水溶性有相当大的差异。它们通常具有某种特征官能团。以含两个碳原子的化合物为例:乙烷,无臭;乙醇,酒香;乙醛,辛辣;乙酸,醋香;乙硫醇,蒜臭;二甲醚,醚香;二甲硫醚,西红柿或蔬菜香。此外,如乙酸乙酯等酯类化合物呈水果香,甲硫基丙醛呈土豆、奶酪或肉香。

（1）天然香料。

我国的香料品种很多。常用的天然香料有八角、茴香、花椒、姜、胡椒、薄荷、橙皮、丁香、桂花、玫瑰、肉豆蔻和桂皮等。它们不仅能呈味、赋香,而且有杀菌功能(如蒜受热或在消化器官内酵素的作用下生成蒜素或丙烯亚磺酸,有强杀菌力),还含有多种维生素(如葱头含大量维生素 B)。市场上有干粉调料如姜粉、洋葱泥、胡椒粉、辣椒面供应。

葱、姜、蒜、椒,人称调味"四君子",它们不仅能调味,而且能杀菌去霉,对人体健康大有裨益。但在烹调中如何投放才能更提味、更有效,却是一门学问。

肉食重点多放椒。烧肉时宜多放花椒,烧牛肉、羊肉、狗肉更应多放。花椒有助暖作用,还能去毒。

鱼类重点多放姜。鱼腥气大,性寒,食之不当会产生呕吐。生姜既可缓和鱼的寒性,又可解腥味。做时多放姜,可以帮助消化。

贝类重点多放葱。大葱不仅能缓解贝类(如螺、蚌、蟹等)的寒性,而且还能抗过敏。不少人食用贝类后会产生过敏性咳嗽、腹痛等症,烹调时就应多放大葱,避免过敏反应。

禽肉重点多放蒜。蒜能提味,烹调鸡、鸭、鹅肉时宜多放蒜,使肉更香更好吃,也不会因为消化不良而泻肚子。

（2）合成香料。

主要有:香兰素,具有香荚兰豆特有的香气;苯甲醛,又称人造苦杏仁油,有苦杏仁的特殊香气;柠檬醛,呈浓郁柠檬香气,为无色或黄色液体;α-戊基桂醛,为黄色液体,类似茉莉花香;乙酸异戊酯,人称香蕉水;乙酸苄酯,为茉莉花香;丙酸乙酯,有凤梨香气;异戊酸异戊酯,有苹果香气;麦芽酚,又称麦芽醇,为微黄色针晶或粉末,有焦甜香气,虽然本身香气并不浓,但具有缓和及改善其他香料香气的功能,常用作增香剂或定香剂。

2. 食用香精

食用香精是参照天然食品的香味,采用天然和天然等同香料、合成香料经精心调配而成具有天然风味的各种香型的香精。包括水果类水质和油质、奶类、家禽类、肉类、蔬菜类、坚果类、蜜饯类、乳化类以及酒类等各种香精,适用于饮料、饼干、糕点、冷冻食品、糖果、调味料、乳制品、罐头、酒等食品中。

食用香精分水溶性和油溶性两种，其中以香猫酮、香叶醇、甲酸香叶酯为基体的香精最为重要。

由于调香是一种专门技术，香型极多，主要有两种类型：花香型，如玫瑰、茉莉、兰花、桂花、麝香型等，模仿自然界各种名花的香；想象型，如清香、水果、芳芳（兰花型）、东方、菲菲（青草香型）、科隆（柑橘香型）以及美加净等，即在调香的基础上用合适的美名，强化心理效果。

3. 调料

主要有酒（可使鱼体中的三甲胺溶出而挥发，从而解鱼腥）、醋（杀菌、溶解鱼刺和骨、去腥、去碱、增加胃酸）、酱油（赋香剂和着色剂）等。

4. 辅料

辅料一般指不直接单独食用，但可用于就餐提味的固体或液体成品，通常已熟制。主要有：花椒盐、花椒油、辣椒油、葱姜油、清汤、奶汤、高汤、各种酱。

（八）色泽处理剂

食物的色泽能促进人的食欲，增加消化液的分泌，因而有利于消化和吸收，是食品的重要感官指标。食物的色主要来源于食物的色素和食物发色剂。

食物的色素主要有天然食用色素、合成食用色素和人工着色物质三类。

1. 天然食用色素

指未加工的自然界的花、果和草木的色源。常用的天然食用色素主要有：

（1）红曲色素——用乙醇浸泡红曲米所得到的液体红色素。可直接用于红香肠、红腐乳、各种酱菜及各种糕点的着色。

（2）姜黄素——从姜黄茎中提取的一种黄色色素。由于具有稳定性好、着色力强、色泽鲜亮等特点，可广泛作为食品的着色剂使用。资料显示，姜黄素能抑制实验动物皮肤癌、胃癌、十二指肠癌、结肠癌及乳腺癌的发生，显著减少肿瘤数目，缩小瘤体。

（3）甜菜红——由紫甜菜中提取的红色水溶液浓缩而得，适用于饮料、食品、药品包衣、化妆品等行业。

（4）红花黄色素——由中药红花中提取，可广泛应用于多种饮料、多种果酒，配制酒、糖果、糕点。

（5）β-胡萝卜素——由胡萝卜素中提取，呈橘红色，性能稳定，属油溶性物质，多用于肉类及其食品着色。

（6）虫胶红——又名紫胶红，是从昆虫分泌物紫梗中提出的天然食用色素，为红色粉末。与其他天然食用色素相比，它的纯度高，着色力较强，对光和热的稳定性好。

（7）越橘红——越橘红是从杜鹃花科越橘属越橘果实中提取制得的，为深红色膏状物，味酸甜清香，属于花青素类色素。在酸性条件下呈红色，在碱性条件下呈橙黄色至紫青色，易溶于水和酸性乙醇，所得溶液色泽鲜艳透明，无沉淀，无异味，在乙醇溶液中其最大吸收波长为 535nm。易与较活泼的金属作用，故应避免与铜、铁等金属离子接触。对光敏感，水溶液在一定光照条件下易褪色；当 pH<2 时，在空气中不易氧化变质。越橘红可用作食品着色剂，中国规定可用于果汁（味）类饮料、冰激凌。

天然色素虽然色泽稍逊，对光、热、pH 等稳定性相对较差，但安全性相对比人工合成色素要高,且来源丰富,日益受到人们重视,生产、销售量增长很快。但天然色素成分复杂,生产过程中其化学结构可能发生变化,且可能混入铅、砷等有害金属及其他杂质,也有毒性问题,应按规定用量或生产需要适量使用。

2. 合成食用色素

化学合成食用色素有价格低廉、色泽鲜艳、着色稳定性高、色彩多样等特点,广泛被食品企业所使用。这些合成色素如果食用过量,会引起人体慢性中毒、畸形,甚至会致癌。由于毒理方面的原因,合成的食用色素使用受到很多限制,而且不断被淘汰。

常用的合成食用色素主要是以下 5 种:苋菜红、胭脂红、柠檬黄、日落黄、靛蓝。

苋菜红,又名食用赤色 2 号(日本)、食用红色 9 号、酸性红、杨梅红、鸡冠花红、蓝光酸性红,为水溶性偶氮类着色剂。化学名称为 1-(4'-磺酸基-1'-萘偶氮)-2-萘酚-3,6-二磺酸三钠盐。我国规定苋菜红可用于果味水、果味粉、果子露、汽水、配制酒、糖果、糕点上彩妆、红绿丝、罐头、浓缩果汁、青梅等的着色。

胭脂红,又名食用赤色 102 号(日本)、食用红色 7 号、丽春红 4R、大红、亮猩红,为水溶液偶氮类着色剂。化学名称为 1-(4'-磺酸基-1'-萘偶氮)-2-萘酚-6,8-二磺酸三钠盐,是苋菜红的异构体。

柠檬黄又称酒石黄、酸性淡黄、肼黄。化学名称为 1-(4-磺酸苯基)-4-(4-磺酸苯基偶氮)-5-吡唑啉酮-3-羧酸三钠盐,为水溶性合成色素。呈鲜艳的嫩黄色,是单色品种。多用于食品、饮料、药品、化妆品、饲料、烟草、玩具、食品包装材料等的着色,也用于羊毛、蚕丝的染色。

日落黄(Sunset Yellow,简称 SY),又名食用黄色 5 号(日本)、食用黄色 3 号、夕阳黄、橘黄、晚霞黄,为水溶性偶氮类着色剂。化学名称为 1-(4'-磺基-1'-苯偶氮)-2-萘酚-6-磺酸二钠盐。性质稳定、价格较低,广泛用于食品和药物的着色。

靛蓝,又名食品蓝 1 号、食用青色 2 号、食用蓝、酸性靛蓝、硬化靛蓝,为水溶性非偶氮类着色剂。化学名称为 3,3'-二氧-2,2'-联吲哚基-5,5'-二磺酸二钠盐。靛蓝类色素是人类所知最古老的色素之一,广泛用于食品、医药和印染工业。

有机合成色素可以改善商品外观并吸引消费者购买,于是有不法分子在利欲驱使下,突破允许使用品种、范围和数量,滥用、重剂量使用色素,使食品安全面临挑战。食用色素对人体有危害,主要是由于食用合成色素多以苯、甲苯、萘等化工产品为原料,经过磺化、硝化、偶氮化等一系列有机反应而成,大多为含有 R—NN—R'键、苯环或氧杂蒽结构化合物。因而许多合成色素有一定毒性,必须严格控制使用品种、范围和数量,限制每日允许摄入量(ADI)。有些色素长期低剂量摄入,也存在致畸、致癌的可能性。

胭脂红作为一种偶氮化合物在体内经代谢生成 β-萘胺和 α-氨基-1-萘酚等具有强烈致癌性的物质。胭脂红与欧盟标准禁用的苏丹红 I 同属于偶氮类色素,偶氮化合物在体内可代谢生成致突变原前体芳香胺类化合物,芳香胺被进一步代谢活化后成为亲电子产物,与 DNA 和 RNA 结合形成加合物而诱发突变。

有研究表明,食用合成色素能加重或恶化多动症症状。有些合成色素是偶氮类物质,而偶氮类物质已被确定为不安全的,具有潜在的过敏反应和致癌性。苏联在 1968—1970 年曾对苋菜红这种食用合成色素进行了长期动物试验,结果发现致癌率高达 22%。美、英等国的科研人员在做过相关的研究后也发现,不仅是苋菜红,许多其他的合成色素过量摄入也对人体有伤害作用，可能导致生育力下降、畸胎等，有些色素在人体内可能转换成致癌物质。特别是偶氮化合物类合成色素的致癌作用更明显。

3. 人工着色物质

（1）酱色是用蔗糖或葡萄糖经高温焦化而得的赤褐色色素。不法厂商也用酱色、食盐、水勾兑酱油。

（2）腌色为火腿、香肠等肉类腌制品，因其肌红蛋白及血红蛋白与亚硝基作用而显示的艳丽红色。

亚硝酸盐是一种常见的物质，是广泛用于食品加工业中的发色剂和防腐剂。它有三方面的功能：使肉制品呈现一种漂亮的鲜红色；使肉类具有独特的风味；能够抑制有害的肉毒杆菌的繁殖和分泌毒素。一般来说，只要其含量在安全的范围内，不会对人产生危害。一次性食入 0.2～0.5g 亚硝酸盐会引起轻度中毒，食入 3g 会引起重度中毒。中毒造成人体组织缺氧，严重时甚至引起死亡。亚硝基化合物在天然食物中含量很少，却常常潜藏在一些经过特殊加工——腌制、腊制、发酵的食物中，如家庭制作的腌菜、腌肉、咸鱼、腊肉、熏肉、奶酪、酸菜，以及酱油、醋、啤酒等中都有可能含有亚硝基化合物如亚硝胺等。亚硝胺是目前国际上公认的一种强致癌物，动物试验结果表明：不仅长期小剂量作用有致癌作用，而且一次摄入足够的量，也有致癌作用。因此，国际上对食品中添加硝酸盐和亚硝酸盐的问题十分重视，在没有理想的替代品之前，把用量限制在最低水平。为减少亚硝酸盐和亚硝基化合物的危害，一方面要减少摄入量，包括多吃新鲜的蔬菜和肉类，少吃或不吃腌腊制品、酸菜，不吃腌制时间在 20 天之内的咸菜（腌制一月以上的酸菜和酱菜基本安全），不喝长时间煮熬的蒸锅剩水；另一方面要阻断亚硝酸盐向亚硝基化合物转化，如低温保存食物，以减少蛋白质分解和亚硝酸盐生成，多吃一些含维生素 C 和维生素 E 丰富的蔬菜、水果以及大蒜、茶叶、食醋等。

4. 有毒化学有色添加剂

（1）苏丹红一号。

"苏丹红一号"色素是一种人造化学制剂，全球多数国家都禁止将其用于食品生产。这种色素常用于工业方面，如溶解剂、机油、蜡和鞋油等产品的染色。

"苏丹红一号"染色剂含有"偶氮苯"，当"偶氮苯"被降解后，就会产生"苯胺"（图 1-14），这是一种中等毒性的致癌物。过量的"苯胺"被吸入人体，可能会造成组织缺氧，呼吸不畅，引起中枢神经系统、心血管系统和其他脏器受损，甚至导致不孕症。

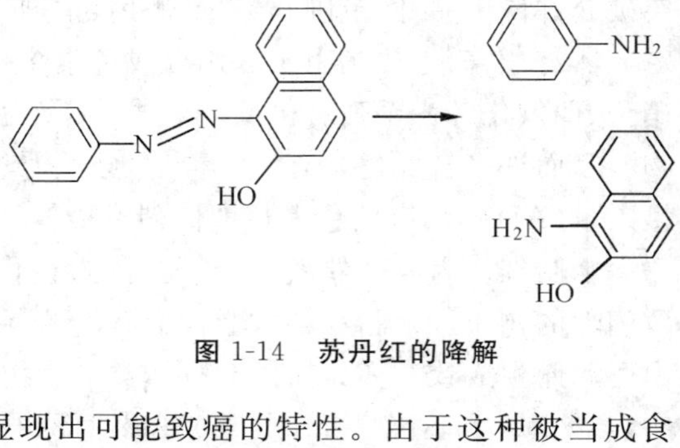

图 1-14　苏丹红的降解

科学家通过实验发现，"苏丹红一号"会导致鼠类患癌，它在人类肝细胞研究中也显现出可能致癌的特性。由于这种被当成食用色素的染色剂只会缓慢影响食用者的健康，并不会快速致病，因此隐蔽性很强。但长期食用含"苏丹红"的食品，最突出的表现可能会使肝部 DNA 结构变化，导致肝部病症。

2005 年 1 月 28 日，英国第一食品公司发现其从印度进口的 5t 红辣椒粉含有工业色素"苏丹红一号"。英国第一食品公司在 2 月 7 日向英国食品标准局做了报告。英国食品标准局马上向各国发出通告,在 2 月 21 日要求召回 400 多种可能含有"苏丹红一号"的食品,包括了麦当劳的 4 种调味料:西部烧烤调味汁、地戎芥末蛋黄酱、恺撒调味汁(普通脂肪型)和恺撒调味汁(低脂肪型)。

我国部分市场曾出现赣南"染色脐橙",甚至曝出有赣南脐橙被检测出苏丹红。赣州市通报了脐橙果品安全有关情况,经检测 3 家疑似染色企业,没有发现用苏丹红染色脐橙的违法犯罪行为。但记者在赣州寻乌县调查采访,某果业的染色脐橙都检出了苏丹红。

(2)王金黄。

又名碱性橙Ⅱ,俗称王金黄、块黄,是一种偶氮类碱性工业染料。它由苯胺重氮化后,与间苯二胺偶合而制得。其为闪光棕红色结晶或粉末,溶于水后呈黄棕色,溶于乙醇和乙二醇乙醚,微溶于丙酮,不溶于苯。碱性橙Ⅱ一般用于腈纶纤维的染色和织物的直接印花,也用于蚕丝、羊毛和棉纤维的染色,还用于皮革、纸张、羽毛、草、木、竹等制品的染色。其不能用于食品工业。由于碱性橙Ⅱ易于在豆腐以及鲜海鱼上染色且不易褪色,因此一些不法商贩用碱性橙Ⅱ对豆腐皮、黄鱼进行染色,以次充好,以假冒真,欺骗消费者。添加王金黄的豆腐皮一般通体金黄,卖相极好,而正常的豆腐皮则只是色泽略黄。过量摄取、吸入以及皮肤接触该物质均会造成急性和慢性的中毒伤害。碱性橙Ⅱ对人体的神经系统和膀胱等有致癌作用。

③ 酸性橙Ⅱ。

酸性橙Ⅱ(图 1-15)属于化工染料,通常是金黄色粉末,故俗称金黄粉。工业上主要用在羊毛、皮革、蚕丝、锦纶、纸张的染色。同时,它又是一种指示剂,医学上常用于组织切片的染色。食品工业中,酸性橙Ⅱ属非食用色素,食品中禁止加入。这些物质如果在食品加工中使用,人食用后可能会引起食物中毒,长期食用甚至会致癌。但是,一些不法商贩利用其色泽鲜艳、着色力强、价格低廉的特点,将其作为色素掺入辣椒面的生产与加工中以牟利,从而严重危害消费者的身体健康。

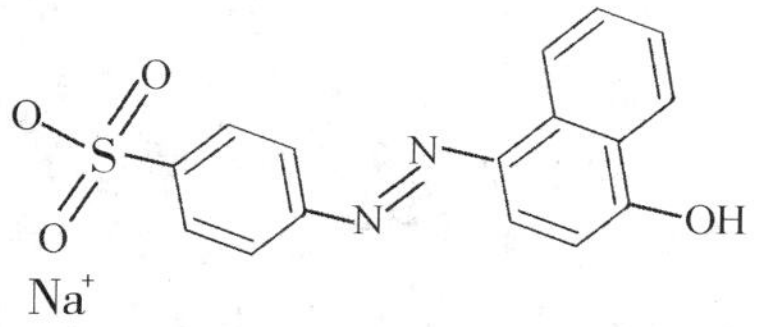

图 1-15　酸性橙Ⅱ的结构

2011 年 4 月,苏州市卫生监督部门接到投诉,顾客称在就餐过程中发现某酒店菜品颜色异常,怀疑其为了美化菜肴色泽,违法添加色素。卫监部门随即展开调查,4 月 8 日,卫生部门对该酒店进行检查,当场查获调制好的红色液体、橙黄色液体各一瓶及德国双燕牌鲜艳颜料一罐。经苏州市疾病预防控制中心检测,在查获的红色液体及德国双燕牌鲜艳颜料中均检出酸性橙Ⅱ物质,而这种物质是国家明令禁止在食品中添加的非食用物质,食用后对人体有害。苏州市沧浪区法院对该案做出一审宣判,三名被告被法院认定构成生产、销售有毒、有害食品罪,分别被判处有期徒刑十个月、九个月和八个月,缓刑一年。在该案的庭审过程中,三名被告都表示对检察院起诉的事实没有异议。

(4)玫瑰红 B。

玫瑰红 B,又称罗丹明 B 或碱性玫瑰精,俗称花粉红,是一种具有鲜桃红色的人工合成色素,由间羟基二乙基苯胺与邻苯二甲酐缩合制成,通常应用的是其氯化物。它属于氧杂蒽类化合物,易溶于水和乙醇,微溶于丙酮、氯仿、盐酸和氢氧化钠溶液;其水溶液为蓝红色,稀释后有强烈荧光,醇溶液为红色荧光。玫瑰红 B 为非食用色素,主要用于染蜡光纸、打字纸、有光纸等;与磷钨钼酸作用生成色淀,用于制造油漆、图画等颜料,也可用于腈纶、麻、蚕丝等织物以及皮革制品的染色；另外还被大量用于有色玻璃、特色烟花爆竹、系列激光染料等行业。因其在溶液中有强烈荧光的特性，玫瑰红B还被大量用作生物染色剂。由于玫瑰红B价格低，着色力强，部分食品生产经营单位或个体生产者为美化食品外观，将其充当食用色素掺入调味品等食品中，以谋求非法利益。食用含玫瑰红B的食品对人体有害。玫瑰红B在机体内经生物转化，可形成致癌物。同时，在玫瑰红B合成过程中产生的杂质如苯酚、苯胺、醚等均有不同程度的毒性，会严重影响消费者的健康。玫瑰红B可以透过皮肤，在高浓度时产生毒性，主要为头痛、咽痛、呕吐、腹痛、四肢酸痛等，部分人手、足、胸部有红染或红点。

第六节　毒物与化学

一、食物中的毒物

食物中的毒物是指食物中存在的或食物产生的生物性毒物和化学性毒物两类。

（一）食物中的生物性毒物

1. 有害细菌和毒素

各种食物的腐败如肉、蛋、牛奶、鱼、蔬菜的变质、酸臭均是由于细菌的作用，当吃进大量活的有毒细菌或细菌毒素时，就会产生食物中毒。一般症状为呕吐、腹泻，重者昏厥、致命。有害细菌和毒素主要有：

（1）肉毒梭菌。广泛存在于土壤中，如在烹调中未被杀死，则可在厌氧条件下产生肉毒素，毒性为眼镜蛇毒素的1万倍，为马钱子碱或氰化物的几百万倍。食用未充分煮熟的家制罐装肉和菜豆、玉米等会引起此类中毒。预防办法是充分煮烹，不食用产生气体、变色、变稠的食物，扔掉变凸的罐头；治疗办法是催吐，适当服抗毒素。

（2）尸毒。肉类腐败后生成的生物碱之总称，主要有腐败牛肉所含的神经碱、鱼肉的组织毒素，以及腐肉胺、酪胺和尸毒素等。尸毒是动物死后其肌肉自行消化变软，细菌不断繁殖，使其蛋白质分解而成的。故应禁食各种腐肉。

（3）大肠杆菌。这是肠道最主要的细菌，由人的粪便排出，可通过苍蝇和手传到食物和餐具上，或经传染而致病。在旅游业高度发达的今天，肠道传染病被称为旅游者疾病。其特点是严重水性腹泻（称为旅游者痢疾）。因此食物烹制要充分，餐具应消毒处理。可用合成的止泻宁或磺胺类药物治疗大肠杆菌感染。

（4）葡萄球菌。这是最普遍的有毒细菌。因为很多健康人都是这类细菌带菌者，涉及的食品范围极其广泛。致病后的症状是严重呕吐、腹泻，病人由于脱水而造成体力不支，通常在食入后数分钟至数小时发作。误食被污染食品后应饮大量水并催吐。

2. 霉菌毒素

霉菌广泛存在于花生、玉米、高粱、麦类、稻谷等农产品中，会引起霉菌病。霉菌毒素主要有：

（1）黄曲霉毒素（一类存在于霉变谷物中的霉素）。世界卫生组织警示指出，人摄入1.5mg/kg体重的黄曲霉毒素，肝脏就会受到损害；若一次摄入75mg/kg体重的黄曲霉毒素，人就会死亡。黄曲霉毒素中毒症状是肝损伤、肝癌、食道癌及儿童急性脑炎。人或动物霉菌中毒，迄今尚无药可治。预防和处理的主要措施是：在干燥条件下保存谷物（湿度应低于18.5％)及易霉变的含油种子如花生、葵花子(湿度应低于9％)等;紫外线辐射、有机酸(乙酸及丙酸混合物或丙酸)作用于谷物,氨气处理棉籽可使毒素失活。

(2)麦角(菌)毒素。麦角菌分布于各种黑麦、小麦、大麦中,食用被麦角污染的食品后主要症状为全身痒、麻木,长期食用含麦角菌毒素食品者会痉挛、发炎,最终手脚变黑、萎缩并脱落。通常麦角是一种防止失血、治偏头痛的药物,但食物中含量超过0.3％即会中毒。预防办法是谷物加工前应筛去麦角。当出现有关症状后应用无麦角饮食调治。

(二)食物中的化学性毒物

1. 食用油中的毒物

食油中的毒物来自原油或加工过程。

(1)原油。致毒的食油有:

① 生棉籽油。生棉籽油是将生棉籽直接榨出而得,内常含棉酚、棉酚紫、棉酚绿等毒物,通常不能用加热法除去。中毒后主要症状为头晕、乏力、心慌等,影响生育(棉酚为男性避孕药)。生棉籽油切不可食用。

② 菜籽油。菜籽油含有芥子甙,在芥子酶作用下生成噁唑烷硫酮,具有令人恶心的臭味。因该毒物挥发性较大,在烹调时将油热至冒烟即可除去。

(2)陈油。指长期存放的油。

存放过久的油:其中的不饱和脂肪酸(在玉米、棉籽、红花、大豆和向日葵油中甚丰)与空气、光、金属接触后,被氧化成有毒的过氧化物,维生素E被破坏;不饱和成分的双键断裂后形成低分子量的醇、醛、酮等物质,有异味和较大刺激性。即使是猪油、牛油等主要含饱和脂肪酸的动物油,久存后也会水解生成甘油和游离脂肪酸,进一步降解成小分子化合物,产生臭味和毒性,通称"变哈"或酸败。为防止酸败,不宜将油久存。油贮存前应充分除去其中的水分,密封容器,用深棕色容器装油放在冰箱中,还可加些抗氧剂如香兰素、丁香、花椒等以延缓酸败。

(3)地沟油。泛指在生活中存在的各类劣质油,如回收的食用油、反复使用的炸油等。

① 多次高温加热的油。其中维生素和必需脂肪酸被破坏,营养价值大降。由于长时间加热,其中的不饱和脂肪酸通过氧化发生聚合,生成各种聚合体。其中二聚体可被人体吸收,并有较强毒性。动物试验表明:喂食这类油后生长停滞、肝脏肿大、胃溃疡,还出现各种癌变。因此,在烹调时应尽量避免高温油炸,禁止将油反复加热,不吃(或少吃)街头摊贩的油炸食品。

② 回收的食用油。其主要成分仍然是甘油三酯,却又比真正的食用油多了许多致病、致癌的毒性物质。不法分子从下水道捞取的大量暗淡浑浊、略呈红色的膏状物,仅仅经过一夜的过滤、加热、沉淀、分离,就能让这些散发着恶臭的垃圾变身为清亮的"食用油",最终通过低价销售,重返人们的餐桌。一旦食用"地沟油",它会破坏人们的白细胞和消化道黏膜,引起食物中毒,甚至造成致癌的严重后果。

2. 某些蔬菜或水果中的毒素

(1)蔬菜中的毒素。

靠一般烹调仍不能去除毒素的常见蔬菜有:

① 四季豆(又称芸豆或芸扁豆)。豆荚外皮中的皂素和籽实中的植物凝血素均有毒。

前者对消化道黏膜有强刺激性，后者有凝血作用，食后可产生胸闷、麻木等症状。烹调时需煮较长时间，使原来的生绿色消失，食用时无生味感，毒素方可完全被破坏。切忌生吃、凉拌等。

② 发芽土豆。发绿的皮层及芽中含有的龙葵素（茄碱），可破坏人体红细胞，产生呼吸困难、心脏麻木等症状。去毒办法是将芽及发芽部位一起挖去，再用水浸泡半小时以上，炒煮时再适当加醋。

③ 鲜黄花菜。鲜黄花菜含秋水仙碱。此碱本身无毒，但在体内可被氧化成具有强毒的氧化二秋水仙碱，侵犯血液循环系统。去毒办法是先用开水烫鲜黄花菜，再放入清水中浸泡 2～3h，即可去碱。干黄花菜无害，可放心食用，因为通过蒸煮晒制，秋水仙碱已被破坏。

④ 鲜木耳。鲜木耳中含有一种光感物质，人食用后，会随血液循环分布到人体表皮细胞中，受太阳照射后，会引发日光性皮炎。这种有毒光感物质还易被咽喉黏膜吸收，导致咽喉水肿。

⑤ 青西红柿。未成熟的西红柿含生物碱甙（龙葵碱），其形状为针状结晶体，对碱性非常稳定，但能够被酸水解。所以，未熟的青西红柿吃了常感到不适，轻则口腔感到苦涩，严重的时候还会出现中毒现象。而青西红柿变红以后，就不含龙葵碱了。

⑥ 蚕豆。蚕豆对大多数人来说是一种可以享用的富有营养的豆类食品，但对某些具有红细胞葡萄糖 6-磷酸脱氢酶（G-6-PD）遗传性缺乏的人而言是有害物质，食后会引起一种反应性疾病，即红细胞凝集及急性溶血性贫血症，称为"蚕豆病"，俗称胡豆黄。红细胞葡萄糖 6-磷酸脱氢酶缺乏者则谷胱甘肽（尤其是还原型谷胱甘肽）明显减少，当食入蚕豆后，蚕豆中被称为巢菜碱甙的物质可使血液中氧化性物质增多，导致红细胞受到破坏，从而发生以黄疸和贫血为主要特征的全身溶血性反应。

⑦ 腐烂的姜。腐烂的生姜会产生一种叫黄樟素的致癌物质，可诱发肝癌、食道癌。

⑧ 腐烂蔬菜。在强菌作用下，腐烂蔬菜中的硝酸盐还原成亚硝酸盐。这种物质进入人体后，可使血液失去携带氧气的功能，造成人体缺氧，引起头痛、头晕、恶心、呕吐、心跳加快、抽筋等症状。

⑨ 鲜扁豆。鲜扁豆中含有皂甙和生物碱，有毒，但遇热后会溶解。食用前应用沸水焯透或过油，或干煸至变色后食用。

⑩ 未完全煮熟的豆浆。由于大豆中含有很多有毒成分，如果豆浆未完全煮熟，人喝下后可引起中毒。发病非常快，潜伏期半小时到一小时，最快三到五分钟，表现为恶心、呕吐、腹胀、腹泻、头晕和乏力等症状。

中毒原因：在 80℃左右，由于皂素受热膨胀，形成泡沫上浮，造成假浮现象，此时大豆中的很多有毒成分并未完全破坏，人食用后造成中毒，应在假沸后继续加热到 100℃，泡沫消失后，表明皂素等被破坏，然后小火煮十分钟，等有毒物质彻底被破坏后可食用。

（2）水果中的毒素。

① 荔枝。荔枝中葡萄糖含量较高，有丰富的维生素 A、B、C 及游离氨基酸，是一种很受欢迎的营养食品，但过食会出现乏力、昏迷等症，中医称为"荔枝病"，西医称为"低血糖"。因其中含有的 α-次甲基环丙基甘氨酸，有降低血糖的作用。

② 柿子。柿子有很多营养功能，但一次饮用量不能过大，尤其是未成熟的柿子，否则

易形成胃柿石。胃柿石是柿子在人的胃内凝聚成块所致,小者如杏核,大者如拳头,而且越积越大,越积越坚,以致无法排出,有时可被误诊为胃部肿瘤。小的柿石可以排出,大的只能采用手术排出。

胃柿石形成的原因:柿子中的柿胶酚遇到胃内的酸液后,产生凝固而沉淀;柿子中含有一种可溶性收敛剂红鞣质(未成熟的柿子中含量高),其与胃酸结合可凝成小块,并逐渐凝聚成大块;柿子中含有 14% 的胶质和 7% 的果胶,这些物质在胃酸的作用下也可发生凝固,最终生成胃柿石。

预防措施:不要生吃柿子和柿皮,不要与酸性食物同时食用,胃酸过多者少食用,不要空腹食用柿子。

③ 果仁。有毒物质主要是氰甙,如苦杏仁甙。各种果仁中,以苦杏仁和苦桃仁中的苦杏仁甙含量最高,约 3%,相当于含氢氰酸 0.17%。苦杏仁甙的致死量是 1g,小儿食 6 粒、成人食 10 粒就能引起中毒。

苦杏仁甙中毒的潜伏期为 0.5~5h,其症状为:口苦涩、头痛、恶心、呕吐、脉频,重者昏迷,继而失去意识,可因呼吸麻痹或心跳停止而死亡。

预防措施为:不生吃各种果仁,经炒熟后可去除毒素;如果用苦杏仁等治病,应遵照医嘱。

④ 甘蔗。甘蔗含有大量水分和蔗糖,存放时间过长或存放不当或受冻的甘蔗就会发霉变质。霉变的甘蔗瓤部呈浅棕色或酒红色,带有明显的霉味和酸酒味,甚至还有辣味。霉变甘蔗产生的神经性毒素(硝基丙酮)会损伤人畜的神经系统。所以霉变的甘蔗人不能吃,也不能喂牲畜,要坚决丢弃处理。

⑤ 菠萝。菠萝中含有一种致敏物质——菠萝蛋白酶以及甙类等容易引起人过敏、皮肤刺激的化学物质,有过敏体质的人吃后会引发过敏症,头晕、腹痛、呕吐、口舌发麻等症状,俗称"菠萝病"。吃菠萝前一定要将菠萝在盐水里浸泡半小时左右,再用凉开水浸洗去咸味,达到去除过敏源的目的。

⑥ 白果。其主要有毒成分为白果二酚、白果酚、白果酸等,尤以白果二酚的毒性为大。

白果中毒的轻重与食用量及人体体质有关,一般儿童中毒剂量为 10~50 颗。当人的皮肤接触种仁或肉质外种皮后可引起皮炎、皮肤红肿;经皮肤吸收或食入白果的有毒部位后,毒素可进入小肠,再经吸收,作用于神经中枢,所以白果中毒主要症状表现为中枢神经系统和胃肠道症状。因此,采集白果时避免与种皮接触,不食用生白果和变质白果。

3. 其他含毒食物

(1) 含毒的花蜜。如杜鹃红、山月桂、夹竹桃等的花蜜中含有化学结构与洋地黄相似的物质,会引起心律不齐、食欲缺乏和呕吐。应充分蒸煮去毒。

(2) 毒蘑菇。食用野生毒蘑菇而引起的食物中毒称为蕈毒。其有毒物质称为蕈毒素。已发现的蕈毒素主要有鹅膏菌素、鹿花菌素、蕈毒定、鹅膏蕈氨酸、蝇蕈醇和二甲-4-羟基色氨磷酸等。蕈毒通常是急性中毒,依据其中毒症状分为四类:原生毒——引起细胞破碎、器官衰竭;神经毒——引起神经系统症状;胃肠道毒——刺激胃肠道,引起胃肠道失调症状;类双硫醒毒——食用毒蕈后,除非 72h 内饮酒,否则无反应。

最典型的毒素是产生原生毒的鹅膏菌素。这种毒素潜伏期较长(6~48h,平均 6~

15h)，潜伏期后期症状突然发作，表现出剧烈腹痛、不间断的呕吐、水泻、干渴和少尿，随后病程很快进入到不可逆的严重肝脏、肾脏、心脏和骨骼肌损伤，表现出黄疸、皮肤青紫和昏迷，中毒死亡率一般为 $50\% \sim 90\%$；个别抢救及时的中毒者康复期至少需要一个月。由于蕈毒素不能通过热处理、罐装、冷冻等食品加工工艺破坏，许多毒素化学结构还没有确定而无法检测。再加上有毒和无毒蘑菇不易辨别，所以目前唯一的预防措施是避免食用野生蘑菇。虽然蕈毒素对所有人都易感，且老少病残者中毒症状较重，但中毒对象和死亡者以成年人居多，这与成年人对奇特食物的嗜好有较大关联。

毒蘑菇的主要特点有：蘑冠色泽艳丽或呈黏土色，表面黏脆，蘑柄上有环，多生长于腐物或粪土上，碎后变色明显，煮时可使银器、大蒜或米饭变黑。可利用这些特征加以识别。

（3）生鱼。淡水鱼（如鲤鱼）大都含有破坏硫胺（维生素 B_1）的酶（称为硫胺素酶），如生吃易得硫胺缺乏症（脚气病或心力衰竭）而突然死亡，通过较长时间加热可破坏这种酶，并保留原有硫胺。

（4）河豚（又称连巴鱼、气泡鱼、吹肚鱼）。其内脏和皮肤中尤其是卵巢和肝中存在河豚毒素，是一种神经性毒剂，不仅可毒死猫、狗、猪等动物，也会毒死人。我国东南沿海每年都有吃河豚中毒者。

河豚中毒是世界上最严重的动物性食物中毒，河豚的共同特征是：身体浑圆，头胸部大，腹尾部小，背上有鲜艳的斑纹或色彩，体表无鳞，口腔内有明显的两对门牙。河豚鱼的毒素主要有两种：河豚毒素和河豚酸。0.5mg 的河豚毒素就可以毒死一个体重 70kg 的人。河豚一般都含有毒素，其含量的多少因鱼的种类、部位及季节不同而有差异，一般在春、夏季的毒性最强，其主要毒性部位是卵巢和肝脏。河豚毒素是一种很强的神经毒，能使呼吸受抑制、血管神经麻痹和血压下降等。

河豚毒素中毒的特点是发病急而剧烈。潜伏期 10min 到 3h，一般先感觉手指、唇、舌等部位刺疼，然后出现呕吐腹泻等胃肠症状，并四肢无力、发冷、口舌、指尖麻痹，以后语言不清、血压和体温下降，呼吸困难以致死亡。而且河豚毒素性质稳定，一般的加工方法很难将其破坏。

河豚毒为剧毒且无特效药。河豚的某些脏器及组织中均含有毒素，其毒性稳定，经炒煮、盐腌和日晒等均不能被破坏。河豚的毒性比剧毒药品氰化钾还要强 1000 倍，约 0.5mg 即可致死。河豚毒素主要使神经中枢和神经末梢发生麻痹。先是感觉神经麻痹，其次运动神经麻痹，最后呼吸中枢和血管神经中枢麻痹，出现感觉障碍、瘫痪、呼吸衰竭等，如不积极救治，常可导致死亡。《水产品卫生管理办法》明文规定，河豚有剧毒，不得流入市场。

（5）熏鱼、熏肉。即通常我国南方用稻草熏制的腊鱼、腊肉，通常含黄曲霉毒素和亚硝基化合物两类毒物，有致癌性。黄曲霉毒素耐热性强，在 280℃ 以上才分解，油溶性好。由于粗盐中常含有硝酸盐，受热时在还原剂作用下可生成亚硝酸盐，然后转化成亚硝胺。

4. 农药残留及人为添加毒物

非法食品添加剂及滥加食品添加剂等，均为人为添加毒物。动、植物在生产过程中未按要求使用农药和饲料，可造成农药残留超标。这些都能给人造成严重损害。

近年来，一些有毒食品相继曝光，大致如下：

（1）高致癌毒大米（陈化粮、民工粮）以及用这类大米加工制作出的膨化食品等。食用这类大米，轻则出现恶心等现象，长期食用还可能致癌。

（2）毛发水勾兑出的毒酱油。其中铅、砷、黄曲霉毒素、4-甲基米唑、氯丙醇等对人体有害。

（3）敌敌畏泡金华火腿。

（4）各类水发食品的浸泡液中掺入甲醛。

（5）含有甲醛的有毒蜜枣。

（6）残留农药超标的蔬菜水果（残留的农药有百菌清、倍硫磷、苯丁锡、草甘膦、除虫脲、代森锰锌、滴滴涕、敌百虫、毒死蜱、对硫磷、多菌灵、二嗪磷、氟氰戊菊酯、甲拌磷、甲萘威、甲霜灵、抗蚜威、克菌丹、乐果、氟氯氢菊酯、氯菊酯、氰戊菊酯、炔螨特、噻螨酮、三唑锡、杀螟硫磷等）；剧毒高残留农药的"无公害"蔬菜。

（7）用"瘦肉精"饲养出的瘦肉型猪。肉中的化学成分在医学临床上可以治疗哮喘。

（8）用矿物油加工制作的毒瓜子。食品中矿物油进入人体后，会刺激人体的消化系统，轻则可出现头晕、恶心、呕吐等症状。

（9）用加丽素红喂养的鸡所产的红心鸡蛋。可引起严重贫血、白血病、骨髓病变等。

（10）用猪大粪浸泡制作的臭豆腐。

（11）用人尿浸泡的鲜海虾。

（12）黑心月饼。掺加化肥的月饼。

（13）变质豆奶。

（14）添加增白剂的馒头、花卷。

（15）用硫黄熏白的银耳、红辣椒、花椒。

（16）用激素催熟的草莓、猕猴桃。

（17）用石蜡作凝固剂的重庆火锅底料。

（18）用色素染制的绿茶。

（19）用违禁的"工业盐"腌制的四川泡菜。

（20）用硫黄熏制的土豆。

（21）肥厚、叶宽、个长、色深的毒韭菜。这是用"3911"农药浸灌出的，其残留物会导致食用者头痛、头昏、恶心、无力、多汗、呕吐、腹泻，重症可出现呼吸困难、昏迷、血液胆碱活性下降等。

（22）掺加"吊白块"的粉丝。

（23）上海某品牌乳酸菌饮料，霉菌多得无法用数字计量。

（24）硫黄熏、药水泡的"卫生筷"。

（25）用墨水染过色的"黑"木耳。

（26）价格低得出奇的假鸡精。

（27）糖精水和色素勾兑的"葡萄酒"。

（28）用"吊白块"、色素加工出的红薯粉条。

（29）用"吊白块"、碱性嫩黄口、工业明胶等化学致癌物质加工制作出的腐竹。

（30）用硫黄和工业盐保鲜的鲜竹笋。

（31）用病死变质禽畜加工成的卤腊方便熟食。

（32）含有大量氯霉素、土霉素等抗生素的禽肉食品、鲜牛奶。

（33）千人涮过的红油老汤。

（34）添加化工原料非食用冰醋酸的"山西老陈醋"。

（35）全国许多面粉都添加漂白剂,大部分面粉中漂白剂过氧化苯甲酰超量,长期食用后身体会出现疲劳、头昏、失眠、多梦、神经衰弱等不适感。

5. 食物相克中毒

（1）柿子和螃蟹——可能导致呕吐、腹泻。

螃蟹体内含有丰富的蛋白质,与柿子的鞣质相结合容易沉淀、凝固成不易消化的物质。因鞣质具有收敛作用,所以还能抑制消化液的分泌,致使凝固物质滞留在肠道内发酵,使食者出现呕吐、腹胀、腹泻等食物中毒现象。

（2）维生素C和河、海虾——可能产生砒霜。

在河虾或海虾等软甲壳类食物中,含有一种浓度很高的"五价砷化合物",它本身对人体无毒害,但在服用维生素C片剂(特别是剂量较大时)后,由于化学作用,可使原来无毒的"五价砷"转化成"三价砷",这正是和毒药砒霜中的砷相同,所以两者同吃,严重时可危及人的生命。

（3）火腿和乳酸饮料——可能致癌。

不少人喜欢用三明治搭配优酪乳当早餐,但是三明治中的火腿、培根等和乳酸饮料一起食用易致癌。为了保存肉制品,食品制造商往往通过添加硝酸盐来防止食物腐败及肉毒杆菌生长,当硝酸盐碰上有机酸时,会转变为一种致癌物质——亚硝胺。

（4）蛋和豆浆——可能影响消化。

生豆浆中含有胰蛋白酶抑制物,它能抑制人体蛋白酶的活性,影响蛋白质在人体内的消化和吸收。而鸡蛋清中含有黏性蛋白,可以与豆浆中的胰蛋白酶结合,使蛋白质的分解受到阻碍,从而降低人体对蛋白质的吸收率。

（5）牛奶和巧克力——可能发生腹泻。

这是常见的一种错误饮食习惯,牛奶中的钙会与巧克力中的草酸结合成一种不溶于水的草酸钙,食用后不但不吸收,还会出现腹泻、头发干枯等症状。

（6）豆腐和菠菜——可能导致结石。

豆腐里含有氯化镁、硫酸钙这两种物质,而菠菜中则含有草酸,两种食物遇到一起可生成草酸镁和草酸钙。这两种白色的沉淀物不仅影响人体吸收钙质,而且还易导致结石症。同理,豆腐也不能与竹笋、茭白、栗子等同吃。

（7）鸡蛋和糖精——中毒。

可生成一种糖基赖氨酸,约2h可出现恶心、呕吐清水、脐周围持续性疼痛,并有阵发性绞痛、腹胀、头晕、口渴、尿少、血压下降;尿检查有红细胞,也有的出现肌肉抽搐和疼痛,轻度惊厥、谵妄、幻听等。重度中毒病人,可造成死亡或遗留下严重的末梢神经炎(多是一次食用超量以及连续多次大量食用所致)。

（8）蜂蜜和豆腐——耳聋。

有可能会让人的耳朵失去听觉。

（9）牛肉和红糖——腹胀。

红糖中含有多种有机酸和营养物质,牛肉中含有丰富的蛋白质,同时食用会影响蛋白质的吸收。

（10）甲鱼和苋菜——中毒。

苋菜含有大量去甲基肾上腺素、多量钾盐和一定量的二羟乙胺，其中的二羟乙胺与甲鱼肉是相克的。因为二羟乙胺具有使得血小板聚集的作用，甲鱼肉质滋腻，如果与二羟乙胺相遇会损害胃，导致消化不良，使得消化功能减退。

二、烟草与化学

从烟草的化学组成、性质及其变化来考察吸烟为什么有害健康。

（一）烟草的化学成分

烟草的化学成分极为复杂，若按化学组成分类，可分为：

1. 碳水化合物

烟草中碳水化合物约占 50%，分为单糖、双糖和多糖。我国烤烟烟叶含有相当丰富的单糖，一般含量在 10%～25%。单糖含量是烟叶质量的重要标志，通常品质好的烤烟烟叶含有较多单糖。烟叶中只含少量双糖，但含相当数量的多糖，如淀粉、纤维素等。

2. 含氮化合物

烟叶中含有许多含氮化合物，主要有：蛋白质、氨基酸和酰胺化合物、烟草生物碱。

蛋白质是烟草植物体的主要营养物之一。烟叶中一般含蛋白质 5%～15%，随蛋白质含量增加，烟叶等级下降。蛋白质燃烧后会产生烟焦油，因此，烟叶中含蛋白质越多，其品质越差。烟草中含氨基酸、酰胺等虽然不多，但经燃烧以及烟叶加工过程中都会产生氨，对吸食的品质影响很大。

烟叶中另一种含氮化合物为烟草生物碱。各种烟草含烟草生物碱量差别很大，低的只含 0.5% 以下，高的可达 10% 以上。烟草生物碱的存在，是烟草有别于其他植物的主要标志。烟草生物碱中，烟碱（即尼古丁，Nicotine）约占 95% 以上。

我国卷烟用烟叶一般含烟碱 2% 以下，含量超过 3% 的很少见。烟草之所以能成为人类最普遍之嗜好品，主要是由于它含有烟碱，当吸食烟草时，部分烟碱被人体器官吸收。摄入适量的烟碱，能兴奋精神，消除疲劳，增加思维能力，提高工作效率。但烟碱毒性较大，过量的烟碱有抑制和麻痹作用，会引起头痛、呕吐等中毒症状。烟碱对心脏也有毒害。吸烟者的机体虽然逐渐习惯于这种毒性刺激，但仍然可能会引起慢性中毒。

3. 有机酸

烟叶中含有不少酸性物质，含量较多的有机酸是柠檬酸，其次是苹果酸和草酸。有机酸可以增加烟气酸性，醇化烟气，使烟味甜润舒适。

4. 苷及多酚

烟叶中含有一种由单糖与酚类组成的化合物，称为苷。它们是组成烟叶色素和树脂物质的成分。苷类性质都不稳定，易被催化分解。当烟叶成熟之后，或在干制、发酵过程中，由于酶催化的结果，烟叶中的苷类物质发生强烈水解。苷类物质的分解产物往往具有令人快慰的香气。因此，苷类物质被认为是产生烟芳香气味的重要物质之一。

5. 脂肪、挥发油和树脂物

烟叶一般含 2%～7% 的脂肪，通常上等烟叶含脂肪较多。烟叶中还含有具芳香特性的挥发油及树脂物。上等烟叶表面均有香气，这是因为它们含有较多的挥发油。

6. 灰分元素

烟叶中含灰分元素约 10%。灰分元素与烟叶的吸食品质并无直接关系。但是因为某些元素对烟叶燃烧特性有影响，故间接地影响烟叶吸食品质。例如，烟叶中含钾适量时，其燃烧性、保火力均较好，灰色也好；烟叶中含镁量高时，烟叶的灰色变得灰暗；如果镁含量适中，则既能保持烟灰完整、又不易散落。灰分中氯元素含量对烟叶的燃烧性质至关重要。当氯元素含量超过 3% 时，会导致烟叶燃烧性质变坏，引起熄火。

（二）烟气的化学成分

烟草制品在燃吸过程中，靠近火中心的温度可高达 800℃～900℃。燃烧过程中发生干馏作用和氧化分解等化学作用，使烟草中的各种化学成分都发生了不同程度的变化，有的成分被破坏，有的则又合成了新物质。其中各主要成分的变化大致如下：

烟草生物碱：它在燃烧过程中除了一部分经干馏作用进入烟气之外，其中大部分（60% 以上）则氧化分解为亚硝胺、烟酸、吡啶、吡啉、吡咯、胺以及二氧化碳等物质。

蛋白质：高分子含氮化合物经燃烧产生强烈氧化作用后，分解为一氧化碳、二氧化碳、硫化氢、氰氢酸、氨、简单胺化物和脂肪等化合物。

糖和有机酸：糖和有机酸经氧化作用生成一氧化碳、二氧化碳、挥发酸、酚的衍生物、烯烃、醇、醛和酮等物质。

树脂物、多酚和苷类：经氧化后生成挥发性芳香油、醛、酮、醇和酸类物质。

以上物质均进入烟气，故烟草制品经燃烧后所产生的烟气，化学成分更为复杂。据检测，一支香烟燃烧后可产生 4000 多种化学物质，其中气态物质占烟气总量的 92%，颗粒状物质占 8%。气态物质中主要是氮气（58%）和氧气（12%），其余为一氧化碳（3.5%）、二氧化碳（13%）、一氧化氮、二氧化氮、氨、挥发性 N-亚硝胺、氰化氢、挥发性碳水化合物以及挥发性烯烃、醇、醛、酮和烟碱等物质。颗粒状物质包括烟草生物碱、焦油和水分以及 70 多种金属和放射性元素。焦油是不挥发性 N-亚硝胺、芳香族胺、链烯、苯、萘、多环芳烃、N-杂环烃、酚、羧酸等物质总的浓缩物。在数千种烟气组分中，被认为对人体健康最有害的是焦油、烟碱、一氧化碳、醛类等物质。

（三）烟气中的有害物质

1. 焦油

烟气中的焦油是威胁人体健康的罪魁祸首，烟焦油中的多环芳烃是致癌物质。其中具有强力致癌作用的苯并芘是其代表。致癌物质改变细胞的遗传结构，使正常细胞变为癌细胞。1000 支烟的烟气中含苯并芘为 2～122μg。若以每千支烟含苯并芘 100μg 计算，日吸烟 20 支，年吸入苯并芘 700μg，此剂量仅次于煤焦炉前的空气污染量，而大于一般城市空气中的含量。

烟焦油中的酚类及其衍生物则是一种促癌物质。促癌物质本身虽不能改变细胞的遗传结构，但能刺激被激发的细胞，导致癌症发展。两阶段发癌理论认为：第一阶段，正常细胞在致癌物质作用下成为潜在癌细胞；第二阶段，潜在癌细胞在促癌物质作用下发展成癌症。因此，烟焦油被认为是诱发各种癌症的首要因素。

2. 放射性物质

烟草中的放射性物质也是吸烟者肺癌发病率增加的因素之一。卷烟中最有害的放射性物质是 ^{210}Po（钋），它放出的 α 射线能把原子转变成离子，后者很容易损害活细胞的基因,或是杀死它们,或者把它们转变为癌细胞。据估计,一个吸烟者一天平均接触了比非吸烟者多约 30 倍[210]Po 的放射剂量。每天吸一包半卷烟的人,全年肺脏接受的放射剂量相当于其皮肤接触了约 300 次胸部 X 线照射。有人认为,吸烟者患肺癌 50% 的因素是由于放射性物质。

3. 尼古丁(烟碱)

尼古丁是烟草的特征性物质,其分子结构见图 1-16。它在人体内的作用十分复杂。吸烟时,尼古丁很快进入血液,仅 7.5 秒即可到达大脑,其作用快于静脉注射。尼古丁主要作用于大脑而影响全身。它可刺激交感神经节、副交感神经

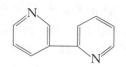

图 1-16 尼古丁分子结构

节和肾上腺,使心肌和其他组织释放出强的刺激物——儿茶酚胺,从而使心率加速,血压升高,排血加大,心脏负荷加重,促使冠心病发作。尼古丁还可使胃平滑肌收缩而引起胃痛。有人认为,长期吸烟的人发生慢性气管炎、心悸、脉搏不齐、冠心病、血管硬化、消化不良、震颤、视觉障碍等都与尼古丁有关。

医学界还认为,尼古丁最大的危害在于其成瘾性,其作用相当于鸦片中的吗啡和可卡因。烟民对烟草产生需求愿望的决定因素是尼古丁。尼古丁在人体内无累积性,不会长久停留在人体中,吸烟后 2h,尼古丁通过呼吸和汗腺绝大部分被排除,故它进入血液后只停留几小时。但长期吸烟,身体会习惯于血液内存在一定浓度尼古丁的状态。当血液中尼古丁下降时,便会渴望尼古丁浓度恢复至原来的水平,于是得再吸一支,所以加强了吸烟愿望,形成烟瘾,从而增加其危害性。

尼古丁通过肺黏膜和口腔黏膜扩散到全身,进入大脑之后,尼古丁能模仿乙酰胆碱这种神经传递物质作用,同许多神经元表面的尼古丁受体结合在一起。尼古丁对中枢神经系统具有刺激作用,在"奖赏回路"内作用尤为明显。它能通过激活相关神经来释放更多的多巴胺。而烟草中所含的哈尔明和降哈尔明则能通过分解酶的活动,使神经突触内的多巴胺、血清素和去甲肾上腺素保持在高浓度水平。随着多巴胺、血清素和去甲肾上腺素保持的作用得到强化,人的清醒程度就更大,注意力更为集中,从而更能缓解忧虑,忍耐饥饿。吸烟可导致恶心、眩晕、头痛。

经常吸烟会使大脑中的尼古丁含量始终处于很高水平。神经元受体对尼古丁越来越不敏感,对多巴胺释放的刺激作用也出现减弱,原来的烟量再也不能满足吸烟者的快感,吸烟者由此对尼古丁产生耐受性。当吸烟者停止吸烟数小时(睡眠时间)后,体内尼古丁含量出现下降,神经元受体变得异常敏感。此时乙酰胆碱的活性超出正常水平,于是吸烟者变得烦躁,并很想抽烟。这时候吸烟会过度刺激神经元受体,并促使多巴胺大量释放。通过这一现象,我们可以明白为什么每天的第一支烟能给"老烟枪"带来莫大的快感,吸烟者也因此陷入烟瘾增强的恶性循环。

4. 一氧化碳

一氧化碳是烟草不完全燃烧的产物,一支卷烟烟雾中一氧化碳含量为 1%～5%。一氧化碳与尼古丁协同作用,危害吸烟者的心血管系统,对冠心病、心绞痛、心肌梗死、缺血性心血管病、脑血管病以及血栓性闭塞性脉管炎都有直接影响,由此造成的死亡率是十分惊人的。与不吸烟者相比,吸烟者冠心病发病率要高 5～10 倍,猝死率高 3～5 倍,心肌梗死发病率高 20 倍,大动脉瘤发病率高 5～7 倍。

5. 醛类

烟气中主要是甲醛和丙烯醛。甲醛是一种无色有强烈刺激性的气体,对呼吸道黏膜有刺激作用,长期慢性刺激可引起黏膜充血,诱发呼吸道炎症。丙烯醛可破坏支气管黏膜上的纤毛,促进黏液腺分泌更多的黏液,从而带来呼吸困难,发展成慢性支气管炎和肺气肿,一旦得了感冒,就有得肺心病甚至死亡的危险。而且气管、支气管的黏膜上皮细胞为了对付长期不断的刺激,还会发生一定的改变,病理学上称作"化生",这很可能就是向肺癌方向迈出的第一步。

（四）烟草的危害

吸烟有害健康。吸烟时,吸烟者自己把香烟烟雾吸进体内,叫作主动吸烟。吸烟者吞云吐雾以及香烟点燃处冒出的烟雾污染了附近的空气,使不吸烟的人呼吸了被香烟烟雾污染的空气,也受到了香烟的危害,这就叫被动吸烟。研究证明:如果在一个家庭内,丈夫吸烟,妻子不吸烟,经常在一起生活,那么,将来妻子得肺癌的机会比丈夫不吸烟的妻子要高一倍到三倍。丈夫吸烟量越大,妻子得癌的机会越大。如果家庭中有人吸烟,家里的孩子容易得支气管炎和肺炎。

女性使用口服避孕药者如果吸烟,会增加心脏病及下肢静脉形成血凝块的危险。孕妇吸烟时,体内的胎儿也在"吸烟",孕妇吸烟把一氧化碳和尼古丁等带入了胎儿的血流,从而减少了对胎儿氧的供应,并加快了胎儿心率。吸烟孕妇的胎儿容易早产和体重不足,婴幼儿时期容易生病。

青少年吸烟危害更大,这是由于青少年在生长发育时期,人体各系统器官尚未成熟,对环境中有害因素的抵抗力弱,香烟烟雾中的有害物质微粒容易达到细支气管和肺泡,因而毒物容易被吸收,人体组织受损害较严重。吸烟影响肺呼吸功能,出现咳嗽多痰,还可能出现呼吸短促,容易患慢性支气管炎、肺气肿和心脏病。20～26 岁开始吸烟,肺癌的发生率比非吸烟者大 10 倍;15～19 岁开始吸烟,则肺癌的发生率大 15 倍;如果小于 15 岁开始吸烟,肺癌的发生率比非吸烟者大 17 倍。开始吸烟的年龄越早,到成年后因吸烟所致疾病的死亡率越高。青少年吸烟还可使学习成绩下降。

三、毒品与化学

根据《中华人民共和国刑法》第 357 条规定,毒品是指鸦片、海洛因、甲基苯丙胺(冰毒)、吗啡、大麻、可卡因以及国家规定管制的其他能够使人形成瘾癖的麻醉药品和精神药品。《麻醉药品及精神药品品种目录》中列明了 121 种麻醉药品和 130 种精神药品。

（一）分类

毒品种类很多,范围很广,分类方法也不尽相同。

从毒品的来源看,可分为天然毒品、半合成毒品和合成毒品三大类。天然毒品是直接从毒品原植物中提取的毒品,如鸦片。半合成毒品是由天然毒品与化学物质合成而得的毒品,如海洛因。合成毒品是完全用有机合成的方法制造的毒品,如冰毒。

从毒品对人中枢神经的作用看,可分为抑制剂、兴奋剂和致幻剂等。抑制剂能抑制中枢神经系统,具有镇静和放松作用,如鸦片类。兴奋剂能刺激中枢神经系统,使人产生兴奋,如苯丙胺类。致幻剂能使人产生幻觉,导致自我歪曲和思维分裂,如麦司卡林、二甲氧甲苯丙胺(DOMSTP)、亚甲二氧甲苯丙胺(MDMA)以及其他苯丙胺代用品。

从毒品的自然属性看,可分为麻醉药品和精神药品。麻醉药品是指对中枢神经有麻醉作用,连续使用易产生生理依赖性的药品,如鸦片类。精神药品是指直接作用于中枢神经系统,使人兴奋或抑制,连续使用能产生依赖性的药品,如苯丙胺类。

从毒品流行的时间顺序看,可分为传统毒品和新型毒品。传统毒品一般指鸦片、海洛因等阿片类流行较早的毒品。新型毒品是相对传统毒品而言的,主要指冰毒、摇头丸等人工化学合成的致幻剂、兴奋剂类毒品。

（二）常见传统毒品

1. 鸦片

鸦片源于植物罂粟。罂粟是两年生草本植物,每年初冬播种,春天开花。其花色艳丽,有红、粉红、紫、白等多种颜色,初夏罂粟花落,约半个月后果实接近完全成熟之时,用刀将罂粟果皮划破,渗出的乳白色汁液经自然风干凝聚成黏稠的膏状物,颜色也从乳白色变成深棕色,这些膏状物用刀刮下来就是生鸦片。生鸦片有强烈的类似氨的刺激性气味,味苦,长时间放置后,随着水分的逐渐散失,慢慢变成棕黑色的硬块,形状不一,常见为球状、饼状或砖状（图 1-17）。

罂粟花　　　　　　　罂粟果　　　　　　　鸦片膏

图 1-17　罂粟和鸦片

生鸦片一般不直接吸食,尚需经烧煮和发酵等进一步精制成熟鸦片方可使用。熟鸦片呈深褐色,手感光滑柔软。

鸦片内含有 30 多种生物碱,其中主要含吗啡,含量为 10%～15%,此外还含有少量的罂粟碱（约 1%）、可待因（约 1%）、蒂巴因（约 0.2%）及那可汀（约 3%）等。因产地不同而呈黑色或褐色,味苦。

鸦片吸食时有一种强烈的香甜气味。一般来说,最初几口鸦片的吸食令人不舒服,可使人头晕目眩、恶心或头痛,但随后可体验到一种伴随着疯狂幻觉的欣快感。如果吸食成瘾则会变得瘦弱不堪,面无血色,目光发直、发呆,瞳孔缩小,失眠,对什么都无所谓。长期吸食鸦片,可使人先天免疫力丧失,极易感染各种疾病,体质严重衰弱及精神颓废,寿命也会缩短。过量吸食鸦片可引起急性中毒,可因呼吸抑制而死亡。

罂粟壳又称米壳、御米壳、粟壳、鸦片烟果果、大烟葫芦、烟斗斗等,呈椭圆形或瓶状卵形,直径 1.5～5cm,长 3～7cm,外表面黄白色、浅棕色至淡紫色,平滑,略有光泽,表面常见纵向或横向割痕,气味清香,略苦。罂粟壳是罂粟果实提取鸦片后剩余的果壳,煮汁食用有一定的止泻、止痛作用。

罂粟壳中也含有吗啡、可待因、蒂巴因、那可汀等鸦片中所含有的成分,虽含量较鸦片小，但久服也有成瘾性。因此，罂粟壳被列入麻醉药品管理的范围予以管制。

在我国一些地区，曾发生过餐馆的火锅调料内放罂粟壳以招揽生意的不法行为，这实际上是欺骗他人吸食毒品。

2. 吗啡

吗啡是鸦片中的一种生物碱，1806年由法国化学家 F. 泽尔蒂纳首次从鸦片中分离得到。他将分离得到的白色粉末在狗和自己身上进行实验，结果狗吃下去后很快昏昏睡去，用强刺激法也无法使其兴奋苏醒；他本人吞下这些粉末后也陷入昏睡状态。据此他用希腊神话中的睡眠之神吗啡斯（Morphus）的名字将这些物质命名为"吗啡"。

纯净吗啡为无色或白色结晶或粉末，难溶于水，易吸潮，随着杂质含量的增加颜色逐渐加深，粗制吗啡则为咖啡似的棕褐色粉末。其味苦有毒，无臭，遇光易变质，易溶于水，微溶于乙醇。由于其遇光易变质和易溶于水，故一般用赛璐珞或聚乙烯纸包装。

吗啡有强大的止痛作用，对各种疼痛都有镇痛效果，临床上主要用于外科手术和外伤性剧痛、晚期癌症剧痛等，也用于心绞痛发作时的止痛和镇静。

吗啡有抑制呼吸作用，可以减轻病人呼吸困难的痛苦。如果用量过大可致呼吸缓慢，可以少至每分钟 $2\sim4$ 次，甚至出现呼吸麻痹，这通常是吗啡中毒致死的直接原因。分娩止痛禁用吗啡，是为了避免新生儿呼吸被抑制。

吗啡会引起恶心、呕吐，还可以使瞳孔缩小。吗啡中毒时瞳孔极度缩小，被称为针尖样瞳孔，这是诊断吗啡中毒的重要体征。吗啡一般副反应有头晕、嗜睡、恶心、便秘、排尿困难等。吗啡中毒的主要特征为意识昏迷、针尖样瞳孔、呼吸深度抑制、发绀及血压下降。吗啡有强大的止痛作用，但它却比阿片更易使人上瘾，因而成为毒品。通常连续用药一周以上即可上瘾。有的人仅用药几天就可成瘾。吗啡成瘾者常用针剂皮下或静脉注射，寻求快感，或避免断药后的痛苦。从静脉注射吗啡，初始感觉为"一阵快感"或"激动"的心境体验，此种状态持续数秒到几分钟不等。它有一种强烈的欣快感，这种药理学特性是产生滥用和上瘾的主要根源。

在同样质量下，注射吗啡的效果比吸食鸦片强烈 $10\sim20$ 倍。医用吗啡一般为吗啡的硫酸盐、盐酸盐（图1-18）或酒石酸盐，易溶于水，常制成白色小片状或溶于水后制成针剂。

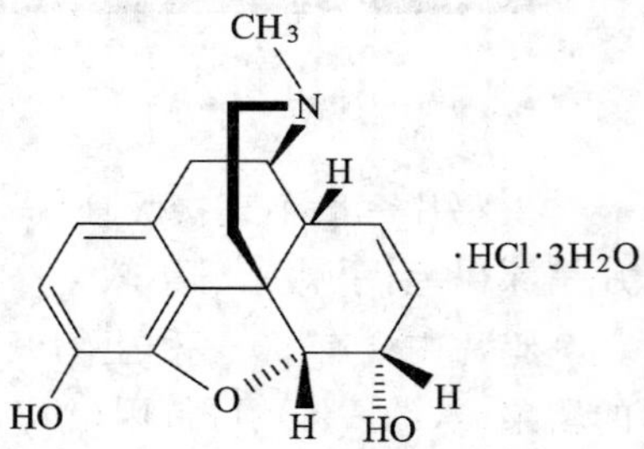

图1-18　吗啡分子结构

3. 海洛因

海洛因来源于鸦片，是吗啡二乙酰的衍生物，其化学名为二乙酰吗啡。1874年英国化学家 C. 莱特在吗啡中加入冰醋酸等物质，首次提炼出镇痛效果更佳的衍生物二乙酰吗啡（图1-19），即海洛因，鸦片毒品系列中最纯净的精制品，是目前吸毒者吸食和注射的主要毒品之一。最初的海洛因曾被用作戒除吗啡毒瘾的药物，后来发现它同时具有比吗啡更强的药物依赖性。常用剂量连续使用几天即可成瘾，由此产生严重的药物依赖。

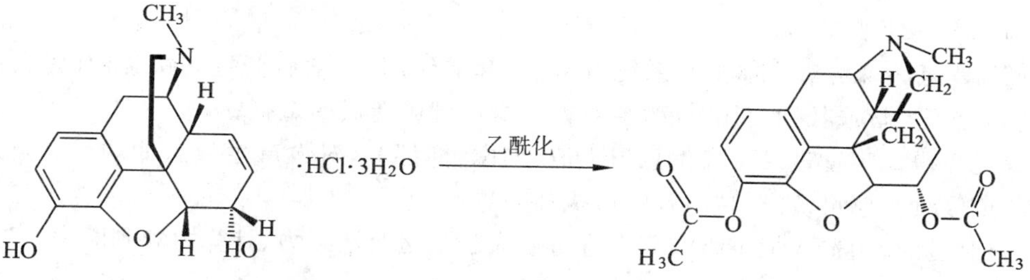

图 1-19　吗啡的乙酰化

海洛因进入人体后，首先被水解为单乙酰吗啡，然后再进一步水解成吗啡而起作用。

海洛因为白色粉末，微溶于水，易溶于有机溶剂。盐酸海洛因易溶于水，其溶液无色透明。海洛因的水溶性、脂溶性都比吗啡大，故它在人体内吸收更快，更易进入中枢神经系统，产生强烈的反应。高纯度的海洛因有比吗啡更强的神经抑制作用，其镇痛作用也为吗啡的 $4\sim8$ 倍。

海洛因之所以受吸毒者的追求，是因为海洛因有着快速的舒适感和五倍于吗啡的作用。注射海洛因其效力快如"闪电"。由于快感消失，接着便是对毒品的容忍、依赖和习惯，不得不增加剂量。对"闪电"的记忆犹存，人已适应了药物，产生了生理和心理上的依赖，这样吸毒者在精神和身体上慢慢开始崩溃。

戒断症状的一般表现为焦虑、烦躁不安、易激动、流泪、周身酸痛、失眠、起"鸡皮疙瘩"、有灼热感、呕吐、喉头梗塞、腹部及其他肌肉痉挛、失水等，还会出现神经质、精神亢奋、全身性肌肉抽搐、大量发汗或发冷等症状。

海洛因中毒的主要症状是瞳孔缩小如针孔，皮肤冷而发黑，呼吸极慢，深度昏迷，可因呼吸中枢麻痹、衰竭而致命。海洛因吸毒者极易发生皮肤感染，如脓肿、败血症、破伤风、肝炎、艾滋病等，甚至会因急性中毒而死亡。

我国海洛因的主要毒源地是位于老挝、泰国、缅甸三个国家接壤的"金三角"地区。

4. 大麻

一年生大麻植株为单一茎草本，主根明显。多年生大麻植株形如灌木，以枝及根须为主；茎直立，密生细柔毛，掌状深裂复叶，互生具长叶柄，茎下部叶对生，小叶 3～9 枚，披针形，先端渐尖，边缘粗锯齿，上下表皮有钟乳体及腺毛（图 1-20）。雌雄异株。大麻主要成分为四氢大麻酚（Tetrahydrocannabinoid，THC），富含于叶及雌花。大麻植物顶端之树脂分泌物干燥后得大麻制剂，在中东及北非地区称为 Hashish，远东地区称 Charas，为含大麻酚浓度最高者。

图 1-20　大麻叶

（1）大麻类毒品分为：

大麻植物干品：由大麻植株或植株部分晾干后压制而成，俗称大麻烟，其 THC 的含量为 $0.5\%\sim5\%$。

大麻树脂：用大麻的果实和花顶部分经压搓后渗出的树脂制成，又叫大麻脂，其 THC 的含量为 $2\%\sim10\%$。

大麻油：从大麻植物或是大麻籽、大麻树脂中提纯出来的液态大麻物质，其 THC 的

含量为 $10\%\sim60\%$。

（2）四氢大麻酚对中枢神经系统有抑制、麻醉作用，吸食后产生欣快感，有时会出现幻觉和妄想，大量或长期使用大麻，会对人的身体健康造成严重损害。

神经障碍。吸食过量可发生意识不清、焦虑、抑郁等，对人产生敌意冲动或有自杀意愿。长期吸食大麻可诱发精神错乱、偏执和妄想。

对记忆和行为造成损害。滥用大麻可使大脑记忆及注意力、计算力和判断力减退，使人思维迟钝、木讷，记忆混乱。

影响免疫系统。吸食大麻可破坏机体免疫系统，造成细胞与体液免疫功能低下，易受病毒、细菌感染。所以大麻吸食者患口腔肿瘤的较多。

吸食大麻可引起气管炎、咽炎、气喘发作、喉头水肿等疾病。吸一支大麻烟对肺功能的影响比一支香烟大 10 倍。

影响运动协调。过量吸食大麻可损伤肌肉运动的协调功能，造成站立平衡失调、手颤抖、失去复杂的操作能力和驾驶机动车的能力。

大麻的基源植物为印度大麻，生长于温带或热带气候地区。

大麻的滥用方式为吸烟或烟斗抽吸。

5. 可卡因

可卡因俗称"可可精"，学名苯甲酰甲醛芽子碱，是 1860 年德国化学家尼曼（Alert Niemann）从古柯叶中分离出来的一种最主要的生物碱，是强效的中枢神经兴奋剂和局部麻醉剂，能阻断人体神经传导，产生局部麻醉作用，并可通过加强人体内化学物质的活性刺激大脑皮层，兴奋中枢神经。使用者可表现出情绪高涨、好动、健谈，有时还有攻击倾向，具有很强的成瘾性。类似毒品还有可待因、那可汀、盐酸二氢埃托啡等。

可卡因呈白色晶体状，无气味，味略苦而麻，易溶于水和酒精，它对人体有两种作用：

（1）能阻断神经传导，产生局部麻醉作用，对眼、鼻、喉等的黏膜神经的效果尤其明显，因此在早期曾广泛在眼、鼻、喉等五官的外科手术中作为麻醉剂。但由于可卡因盐酸盐的不稳定性，表面局部麻醉会引起角膜混浊，因此目前在临床上已经用新的、毒副作用更小的麻醉药取代了可卡因。

（2）可卡因通过加强人体内化学物质的活性刺激大脑皮层，兴奋中枢神经，并继而兴奋延髓和脊髓，表现为情绪高涨、思维活跃、好动、健谈，能较长时间从事紧张的体力和脑力劳动。但必须指出的是，服用可卡因者会具有一定的攻击性，因而特别危险。

可卡因能使呼吸加深、加快，换气量增大，同时心率也加快，心脏收缩力加强，血管平滑肌松弛，对肺血管、冠状动脉等全身血管都有程度不同的扩张作用，对支气管平滑肌、胆道和胃肠平滑肌也有一定的舒张效应。

吸食可卡因可产生很强的心理依赖性，长期吸食可导致精神障碍，也称可卡因精神病，易产生触幻觉与嗅幻觉，最典型的是皮下虫行蚁走感，奇痒难忍，造成严重抓伤甚至断肢自残，情绪不稳定，容易引发暴力或攻击行为。长时间大剂量使用可卡因后突然停药，可出现抑郁、焦虑、失望、易激惹、疲惫、失眠、厌食等症状。长期吸食者多营养不良，体重下降。

古柯是生长在美洲大陆、亚洲东南部及非洲等地的热带灌木。古柯叶是提取古柯类毒品的重要物质，曾为古印第安人习惯性咀嚼，并被用于治疗某些慢性病。其毒害作用早就得到科学证实。从古柯叶中可分离出的一种最主要的生物碱——可卡因，也是一种毒品。

在南美洲的安第斯山脉北部和中部,生长着一种热带山地的常绿灌木——古柯树。其性喜温暖、潮湿,株高约 2～4m,树叶茂密,叶片长 3～7cm,呈长椭圆形,边缘光滑,其形状和味道均类似茶叶(图1-21)。古柯树花小,每朵 5 瓣,花色黄白;果实呈红色,核内含一枚种子。古柯树根系发达,生命力强,每年可采摘古柯叶 3～4次,一般在 3 月、6 月、9 月及 11 月采摘,每棵树约可采摘 40 年。

图 1-21　古柯叶

早在 5000 年前这种植物就出现在厄瓜多尔一带,被安第斯山的土著居民——古印第安人奉为"圣草"。因此,他们自古以来就有咀嚼古柯叶的习惯,用以提神醒脑,消除疲劳,增加力量,还用以御寒、治病以及减轻胃痉挛、风湿、头痛等引起的不适。为了减少古柯叶的苦味,他们常常把古柯叶和石灰、植物灰或贝壳灰混合后咀嚼,在登山时尤其如此,以消除或减轻高山反应的症状。早期咀嚼古柯叶曾是王族的特权,16 世纪后才普及到一般平民,包括西班牙的移民。现在它已是土著文化不可缺少的一个组成部分,90% 的印第安人至今仍保持着这一嗜好,同时也逐渐成为阿根廷西北部、哥伦比亚、玻利维亚、秘鲁和亚马孙河谷等地约 800 万人的日常习惯。

鸦片及大麻系列毒品均属于麻醉、抑制剂类(其中鸦片类毒品表现形式为先兴奋后抑制,大麻类毒品大剂量使用时有致幻作用),吸食或注射后能麻醉神经、松弛肌肉,使人萎靡不振、欲醒不能。而可卡因、古柯类毒品则属于兴奋剂,进入人体后能使脉搏、心率加快,血压及体温升高,精神亢奋。

(三)常见新型毒品

根据新型毒品的毒理学性质,可以将其分为四类:

第一类以中枢兴奋作用为主,代表物质是包括甲基苯丙胺(俗称冰毒)在内的苯丙胺类兴奋剂。

第二类是致幻剂,代表物质有麦角乙二胺(LSD)、麦司卡林和分离性麻醉剂(苯环利定和氯胺酮)。

第三类兼具兴奋和致幻作用,代表物质是亚甲基双氧甲基苯丙胺(MDMA,我国俗称摇头丸)。

第四类是一些以中枢抑制作用为主的物质,包括三唑仑、氟硝安定和 γ-羟丁酸等。

1. 冰毒

通用名称:甲基苯丙胺(图 1-22)。

性状:外观为纯白结晶体,晶莹剔透,故被吸毒、贩毒者称为"冰"(Ice)。由于其对人体的中枢神经系统具有极强的刺激作用,且毒性剧烈,又称之为"冰毒"。冰毒的精神依赖性极强,已成为目前国际上危害最大的毒品之一。

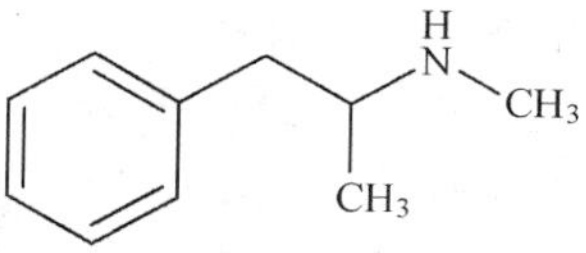

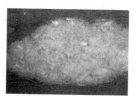

甲基苯丙胺分子　　　　　　　　成品"冰"

图 1-22　冰毒

滥用方式：口服、鼻吸。

吸食危害：吸食后会产生强烈的生理兴奋，能大量消耗人的体力和降低免疫功能，严重损害心脏、大脑组织甚至导致死亡，吸食成瘾者还会造成精神障碍，表现出妄想、好斗等。

2000 年 2 月 7 日，福建厦门某一居室内发生了一场激烈的枪战。警方调查发现，开枪者是两名台湾人，他们不仅合伙秘密加工制造冰毒，而且本身就是冰毒吸食者。两人吸食冰毒后产生了强烈幻觉，神志不清，怀疑被人监视，两人竟互相开枪对射了 40 余发子弹。

👉 **小知识**

"麻谷"是泰语的音译，实际是缅甸产的"冰毒片"，其主要成分是"甲基苯丙胺"和"咖啡因"。其外观与摇头丸相似，通常为红色、黑色、绿色的片剂，属苯丙胺类兴奋剂，具有很强的成瘾性。

2. 摇头丸

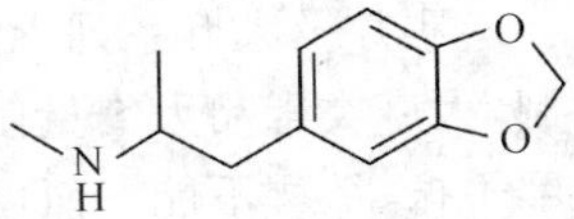

亚甲基双氧甲基苯丙胺（MDMA），化学名为 N,a-二甲-3,4-甲烯二氧苯乙胺（N,a‐Dimethyl‐3,4‐Methylenedioxyphenethya-mine)（图 1-23)，分子式为 $C_{11}H_{15}O_2N$，相对分子质量为 193。MDMA 纯品为白色粉末，属于安非他命类兴奋剂。由于滥用者服用后可出现长时间难以控制的随音乐剧烈摆动头部的现象，故称为摇头丸。其外观多呈片剂，形状多样，五颜六色。

图 1-23　MDMA 分子结构

吸食危害：摇头丸具有兴奋和致幻双重作用，在药物的作用下，用药者的时间概念和认知出现混乱，表现出超乎寻常的活跃，整夜狂舞，不知疲劳。同时在幻觉作用下人的行为失控，常常引发集体淫乱、自残与攻击行为，并可诱发精神分裂症及急性心脑疾病。

据一位吃过摇头丸的吸毒者说，药劲半个小时就会上来，先是感到浑身发热，坐着坐着就想晃动身体，你越想忍住就越想摇头，不摇就会浑身冒汗，上下牙打架，莫名的兴奋会从骨子里钻出来。一女学生在酒吧服下摇头丸后摇头不止，直到呼吸困难、全身抽搐、倒地人事不省，被送医院抢救才挽回生命。

最初在我国被称之为摇头丸的是指以 MDMA、MDA 等苯丙胺类兴奋剂为主要成分的丸剂。目前常被滥用的摇头丸成分更为混杂，除 MDMA、MDA 等成分外，还常含有冰毒、氯胺酮、麻黄素、咖啡因、解热镇痛药等毒品和药物，从而增强摇头丸的致幻、兴奋以及对人体的毒性作用。

3. 浴盐

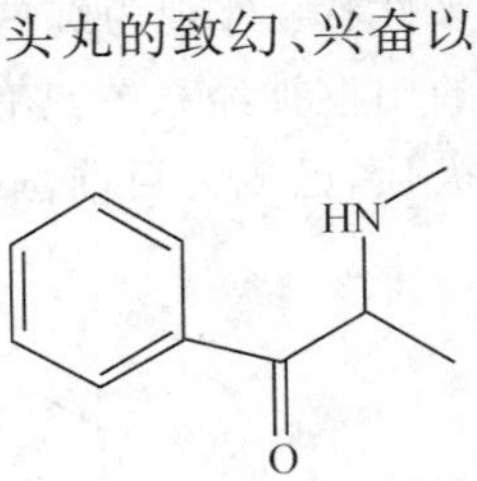

浴盐是一种新型致幻剂，又称为丧尸剂、喵喵、象牙、光环、香草的天空。"浴盐"并不是指某种特定的毒品，而是一批具有相似化学性质的物质的统称。所含物质主要为甲卡西酮（图 1-24)、亚甲基双氧吡咯戊酮（MDPV）等。大多数"浴盐"品种都含有甲氧麻黄酮，或者含有亚甲基双氧吡咯戊酮（MDPV）。这两种药物都与柯特（阿拉伯茶）有关，阿拉伯茶是在中东与东非国家发现的一种有机兴奋剂，因含

图 1-24　甲卡西酮

有美国缉毒局（DEA）规定的一级管制品卡西酮而在美国被列为非法药物。

吸食"浴盐"后，人会完全丧失理智，将自己想象成"超人"，而将其他人看成"怪兽"，导致吸食者对其他人进行不可想象的攻击和撕咬，是迄今为止最厉害的毒品。

"浴盐"是一种中枢神经系统的兴奋剂。在最危险的情况下，药物滥用专家形容其兴奋功能比可卡因强13倍。而其带来的精神状态改变，可能会导致恐慌、躁动、妄想、幻觉和暴力行为。这种新型的药物可能是导致迈阿密"食脸案"的罪魁祸首。

"浴盐"是一种廉价的合成药物，功能犹如甲基安非他明和可卡因的混合物，可极大提高人大脑中的多巴胺和去甲肾上腺素水平，使用者会出现妄想狂、暴力和难以预料行为。

迈阿密曾有一名无家可归者威胁要咬食两名警察。他被制服后，如同《沉默的羔羊2》中食人者汉尼拔一样，被戴上了防咬人的面具。警方认为他服用了包括"浴盐"在内的毒品。

2012年6月14日，美国一女子因吸食"浴盐"而"丧尸化"，该女子在"浴盐"的作用下，精神错乱，全身巨热难耐，裸奔街头，追打并企图掐死自己年仅3岁的儿子。在警察赶来现场后，异常狂躁的女子还大声咆哮，企图袭警。后来，该女子被电击枪制服，在送往医院后死亡。

4. K粉

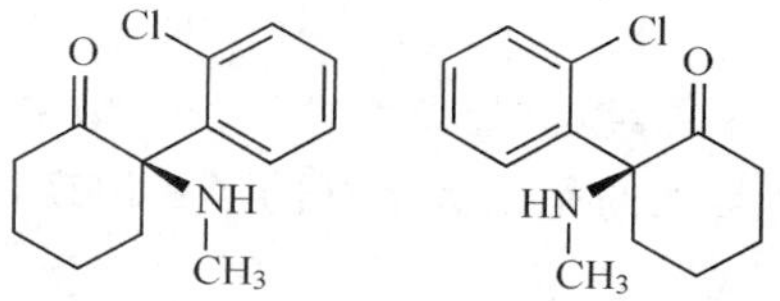

通用名称：氯胺酮（图1-25）。静脉全麻药，有时也可用作兽用麻醉药。一般人只要足量接触二三次即可上瘾，是一种很危险的精神药品。K粉外观上是白色结晶性粉末，无臭，易溶于水，可随意勾兑进饮料、红酒中服下。

图1-25　氯胺酮结构

吸食反应：服药开始时身体瘫软，一旦接触到节奏狂放的音乐，便会条件反射般强烈扭动、手舞足蹈，"狂劲"一般会持续数小时甚至更长，直到药性渐散、身体虚脱为止。

氯胺酮具有很强的依赖性，服用后会产生意识与感觉的分离状态，导致神经中毒反应、幻觉和精神分裂症状，表现为头昏、精神错乱、过度兴奋、幻觉、幻视、幻听、运动功能障碍、抑郁以及出现怪异和危险行为，同时对记忆和思维能力都造成严重损害。

有一位18岁的女病人两年前开始吸食氯胺酮，当医护人员为她作智力测验时，发现她的智力已下降至86，与医学上对弱智所定义的70相距不远，而正常人的平均智力应该在100以上。

一些不法分子经常在迪吧、舞厅等娱乐场所将K粉和冰毒、摇头丸混合一起兜售给吸毒者使用，具有兴奋和致幻的双重作用。由此导致毒品之间相互作用产生的毒性较两种毒品单独使用要严重得多（即1+1＞2），很容易导致过量中毒甚至发生致命危险。目前也有发现把K粉溶于水中骗取年轻女性服用后实施性侵犯，因此K粉也被叫作"强奸药"。

5. 咖啡因

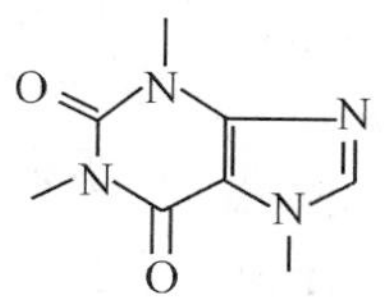

咖啡因（图1-26）是一种黄嘌呤生物碱化合物，对人类来说是一种兴奋剂，是化学合成或从茶叶、咖啡果中提炼出来的一种生物碱，适度地使用有祛疲劳、兴奋神经的作用。

图1-26　咖啡因分子结构

滥用方式：吸食、注射。

大剂量长期使用会对人体造成损害，引起惊厥、导致心律失常，并可加重或诱发消化性肠道溃疡，甚至导致吸食者下一代智能低下、肢体畸形，同时具有成瘾性，一旦停用会出现精神委顿，浑身困乏疲软等各种戒断症状。咖啡因被列入国家管制的精神药品范围。

我们平时喝的咖啡、茶叶中均含有一定数量的咖啡因，一般每天摄入咖啡因总量在50～200mg以内，不会出现不良反应。

6. 安纳咖

通用名称：苯甲酸钠咖啡因。由苯甲酸钠和咖啡因以近似一比一的比例配制而成。外观常为针剂。长期使用安纳咖除了会产生药物耐受性而需要不断加大用药剂量外，也有与咖啡因相似的药物依赖性和毒副作用。

7. 氟硝安定

属苯二氮卓类镇静催眠药，俗称"十字架"。

吸食反应：镇静、催眠作用较强，诱导睡眠迅速，可持续睡眠5～7h。氟硝安定（图1-27）通常与酒精合并滥用，滥用后可使受害者在药物作用下无能力反抗而被强奸和抢劫，并对所发生的事情失忆。氟硝安定与酒精和其他镇静催眠药合用后可导致中毒死亡。

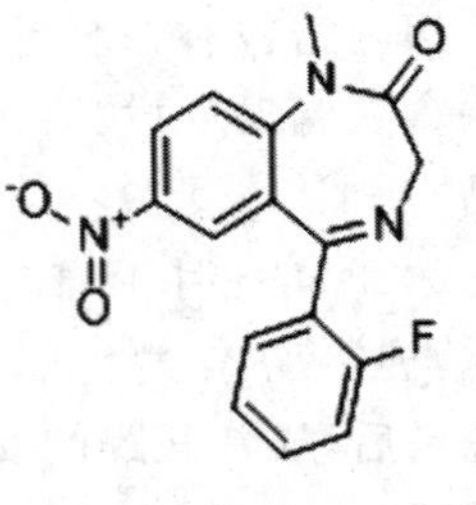

图 1-27　氟硝安定分子结构

8. 麦角乙二胺（LSD）

纯的LSD无色、无味，最初多制成胶囊包装。目前最为常见的是以吸水纸的形式出现，也有发现以丸剂（黑芝麻）形式销售。

LSD是已知药力最强的致幻剂，极易为人体吸收。服用后会产生幻视、幻听和幻觉，出现惊慌失措、思想迷乱、疑神疑鬼、焦虑不安、行为失控和完全无助的精神错乱的症状；同时会导致失去方向感、辨别距离和时间的能力，因而导致身体严重受伤和死亡。

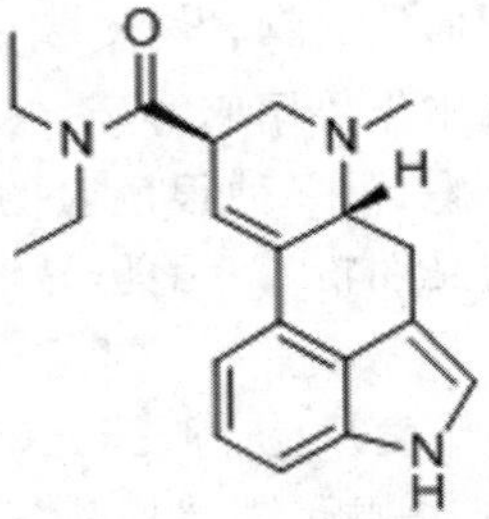

图 1-28　麦角乙二胺分子结构

在台湾及香港也有以黑色砂粒状小颗粒（状似六神丸）方式呈现，叫作一粒砂、黑芝麻、蟑螂屎等。由于食用这种黑色、小如细沙的"黑芝麻"毒品以后，听到节奏强烈的音乐就会不由自主地手舞足蹈，药效长达12个小时，故又称作"摇脚丸"。

某一吸食完LSD的青年本来在高楼上，却错误地判断自己在平地上，于是本想"走"到街上，却从高楼跳了下来；迎面而来的汽车离自己已经很近了，某吸食者却错误地判断车离他还很远，于是迎着车走过去……

9. 三唑仑

又名海乐神、酣乐欣，淡蓝色片，是一种强烈的麻醉药品。口服后可以迅速使人昏迷晕倒，故俗称迷药、蒙汗药、迷魂药。无色无味，可以伴随酒精类共同服用，也可溶于水及各种饮料中。

三唑仑（图1-29）的药效比普通安定强45～100倍，服用5～10分钟即可见效，用药2片致眠效果可以达到6小时以上，昏睡期间对外界无任何知觉。服用后还可使人出现狂躁、好斗甚至性格改变等情况。由于三唑仑的催眠、麻醉效果远远高于安定片等其他精神药

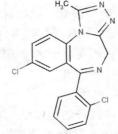

图 1-29　三唑仑分子结构

品,长期服用极易导致药物依赖,因此不法分子常利用其实施抢劫、强奸等不法活动。

曾有无业人员张某等 3 人,对少女小青(化名)酒肉招待。小青喝下"可乐"立即昏迷。原来,可乐中被张某等人放入了三唑仑。小青被麻翻后,张某等人将小青轮奸,并抢走手机等。

10. 麦司卡林

通用名称:三甲氧苯乙胺,是苯乙胺的衍生物,可由生长在墨西哥北部与美国西南部干旱地的一种仙人掌的种子、花球中提取。服用该药物后可出现幻觉,引起恶心、呕吐,并导致精神恍惚。服用者可发展为迁延性精神病,还会出现攻击性及自杀、自残等行为。

四、兴奋剂与化学

(一)概述

凡是能提高运动成绩并对人体有害的药物,都是兴奋剂。兴奋剂是国际体育界对违禁药物的总称。国际奥委会规定:竞赛运动员应用任何形式的药物或以非正常量或通过不正常途径摄入生理物质,企图以人为和不正当的方式提高他们的竞赛能力,即为使用兴奋剂。兴奋剂作为一种短期提高体育成绩,但对身体造成极度危害的药物,已经像幽灵一样附着在人类体育运动许多领域,玷污着人类崇高的体育精神。

药物会让使用者在比赛中获得优势,这种违法行为不符合诚实和公平竞争的体育道德。现代体育运动最强调公平竞争的原则。公平竞争意味着"干净的比赛"、正当的方法和光明磊落的行为。使用兴奋剂既违反体育法规,又有悖于基本的体育道德。使用兴奋剂使体育比赛变得不公平,运动员们不再处于平等的同一起点。使用兴奋剂不仅损害奥林匹克精神,破坏运动竞赛的公平原则,而且严重危害运动员身体健康。国际奥委会严禁运动员使用兴奋剂。目前禁用的药物和技术有七大类:刺激剂、麻醉止痛剂、合成代谢类固醇、beta 阻滞剂、利尿剂、肽激素及类似物、血液兴奋剂等。

目前人们还没有发现既能提高成绩,又不损害身体的兴奋剂。由于兴奋剂的主要功能是用强加的方法来改变身体的机能,而这种改变必将导致身体的平衡遭到破坏,造成自身原有的功能受到抑制,进而形成人体对药物的长期依赖,即这种依赖的不可恢复性,甚至导致猝死的发生。

不同种类的兴奋剂对人机体的作用是不同的,如刺激剂就对增加反应速度、提高竞争意识有作用;蛋白同化制剂则增加人体肌肉,增强体能;阻断剂能增加动作稳定性;利尿剂可以减轻体重,还可以利用药物的强排泄能力掩饰其他的兴奋药物。

早在奥运会初期,参加比赛的某些运动员为了取得好成绩,使用一种由酒和某种植物混合而成的饮料以增加中枢神经的兴奋性,这是最原始的兴奋剂。到了 20 世纪的中期,运动员为提高成绩而服用的药物种类也在不断地变化。1988 年汉城奥运会百米飞人约翰逊因服用能增强体能、增长肌肉的合成类固醇康利龙而被取消冠军资格。

(二)部分兴奋剂简介

目前,国际奥委会已经规定的属于兴奋剂的部分药品有:

1. 氯三苯乙烯

医疗用途:促进卵的排放,治疗女子不孕症。

体育用途:作为额外补充或在摄取睾丸素之后进行补充,通过反应来刺激"自然"睾丸素的生成。

风险：头痛、神经质和抑郁。

2. 硝酸甘油

医疗用途：扩张血管和增强心脏的功能，被用于预防和治疗心绞痛和心力衰竭。

体育用途：在冲刺时刺激爆发力，缩短反应的时间，曾被老年运动员预防性使用，现在又重新"时兴"起来。

风险：头痛、高血压和恶心。

3. 皮质类固醇

医疗用途：消炎药，治疗风湿和哮喘。

体育用途：去痛、消除疲劳和使人兴奋。难以检测出来。

风险：糖尿病、骨质疏松。

4. 蛋白合成类固醇

医疗用途：治疗严重的营养缺乏和骨质疏松，用于艾滋病患者、长期卧床不起的病人和被严重烧伤者。

体育用途：促进肌肉的生长发育，与大剂量诺龙结合使用时，可消除使用者不希望出现的副作用。

风险：痤疮、多毛症、偏头痛、鼻子出血、腱炎（指肌肉肿胀而不是腱肿胀）、肌肉破裂、前列腺癌、精神错乱，甚至是死亡。

5. 诺龙

医疗用途：老年人的营养缺乏，消瘦，也用于严重烧伤和动过手术的人。

体育用途：促进肌肉的生长发育，增加训练耐力和训练负荷，但其效果从未被证实过。

风险：痤疮、女子男性化，大剂量使用可能导致癌症、糖尿病、严重的精神错乱等。

6. 促红细胞生成素

医疗用途：增加红细胞的数目，用于贫血、组织断离、早产儿，也用于抗癌和血液方面的研究。

体育用途：增加训练耐力和训练负荷。该药物在目前的反兴奋剂检查中还查不出来，被经常使用（有时会给一个运动员使用 5 倍于一个严重病人的剂量）。

风险：形成血栓，死亡。

7. 睾丸素

医疗用途：用于睾丸素分泌不足和严重的营养缺乏。

体育用途：增加肌肉的数量。某些为增加肌肉数量而进行锻炼的人使用的剂量甚至会达到治疗剂量的 250 倍。

风险：痤疮、水肿、减少精子的数量、死亡。

8. 支气管扩张剂

医疗用途：治疗和预防哮喘。

体育用途：既可以起到刺激作用（如舒喘灵功效接近肾上腺素），又可以提高呼吸功能。

风险：使心跳加快，大剂量使用会导致头痛和消化系统紊乱。

9. 蛋白合成激素

商品名"黑通宁"。医疗用途：防老化。自此药上市以来，美国使用此类药物成风。

体育用途：促进肌肉的生长发育。

风险：像其他蛋白合成激素一样，可能会造成死亡。

10．苯乙酸诺龙

医疗用途：属于合成荷尔蒙睾丸素。

体育用途：增强运动员肌肉，减缓疲劳。

风险：寿命衰减，女性出现男性特征。

（三）检测

由于国际体育组织坚定了反兴奋剂的立场，并不断加大反兴奋剂的力度，这就使服用兴奋剂的人转而使用不会被查获的其他类药物。今天的兴奋剂也许并不比 20 年前的兴奋剂能更好地提高成绩，但却更能隐蔽自己。因此，检测专家们使用了更先进、更精密的仪器。高分辨率质谱仪是目前世界上检测灵敏度最高的设备。它可以检测出每毫升尿中大于 2ng 的药物代谢残留物。从某种意义上说，兴奋剂和检测手段的"道高一尺、魔高一丈"的斗法已经更加严峻，以至于不能仅仅用传统的尿检来证明运动员是否使用了违禁药物。

在奥运会和各种世界重大比赛中对运动员进行兴奋剂检查的开销相当惊人，小国一般都负担不起。1988 年汉城奥运会对 1600 名运动员进行了兴奋剂检查，耗资 300 万美元，约合每人 1875 美元。根据国际奥委会的统计，1989 年世界各国总共检查了 52371 人次，粗略计算，当时全世界兴奋剂检查耗资就高达约 1 亿美元。进入 20 世纪 90 年代后，由于国际反兴奋剂斗争的需要，每年接受各个国际单项体育联合会赛内和赛外检查的运动员人次猛增（1994 年为 93680 人次，1998 年为 105250 人次），全世界每年用于兴奋剂检查的费用更是成倍增长，仅国际田联 1996 年用于对付违禁药物的开支就高达 1700 万美元。试想，如果把夏季奥运会 28 个比赛大项和冬季奥运会 7 个比赛大项的所有国际体育联合会对付违禁药物的开支，国际奥委会、世界反兴奋剂机构以及各国政府和国家反兴奋剂组织用在反兴奋剂方面的所有经费支出加在一起，该是怎样庞大的天文数字！

1．血样检测

血样检测的目的主要是补充尿样分析方法的不足，尚处于研究探索阶段，目前仅用于血液回输、红细胞生成素、生长激素、绒毛膜促性腺激素、睾酮等的测量。

2．尿样检测

尿样检测是兴奋剂检测的理想样本。其优点在于取样方便，对人无损害，尿液中的药物浓度高于血液中的药物浓度，尿液中的其他干扰少。

分析大体分筛选和确认两个过程。筛选即对所有的样本进行过筛，当发现某样本疑有某种药物或其代谢产物时，再对此样本进行该药物的确认分析。在进行药物的确认分析时，尿样要重新提取，此提取过程与空白尿（即肯定不含有此药物的尿液）和阳性尿样（即服用过该药物后存留的尿样）同时进行，以保证万无一失。分析过程中按药物的化学特征和分析方法将所有药物分成四类：第一类，尿中以游离形式排泄的易挥发性含氮化合物（主要是刺激剂）；第二类，尿中以硫酸或葡萄糖醛酸结合的难挥发性含氮化合物（主要是麻醉止痛剂、beta 阻滞剂和少数刺激剂）；第三类，化学结构和特性特殊的刺激剂（咖啡因、匹莫林）和利尿剂；第四类，合成类固醇及睾酮。

尿样进入实验室，首先进行尿样 pH 和尿比重测定，然后按以上四类药物分成四组进行筛选分析，主要是化学提取和仪器分析两步，最后由计算机打出检测报告。

（四）反兴奋剂

1999 年 11 月 10 日，世界反兴奋剂机构在洛桑成立，这标志着国际反兴奋剂协调行动的开始。它的主要任务是负责审定和调整违禁药物的名单，确定药检实验室，以及从事反兴奋剂的研究、教育和预防工作。

2000 年 1 月世界反兴奋剂机构在洛桑举行了首次正式会议。会议决定成立一个工作委员会处理该机构日常事务，并起草年度报告；成立一个专门委员会负责赛外兴奋剂检查，拟订禁止使用的兴奋剂清单；成立一个科研小组，专职研究包括 EPO 和人工激素的兴奋剂问题，用高科技成果指导反兴奋剂工作。会议还讨论了世界反兴奋剂机构常设办公地址的问题，有瑞士的洛桑、葡萄牙的里斯本、西班牙的马德里、奥地利的维也纳、德国的波恩、法国的里尔、希腊的雅典和卢森堡的卢森堡等城市表示希望世界反兴奋剂机构总部设在各自城市。

2000 年 2 月中国成为世界反兴奋剂机构理事国，中国在同年 2 月 18 日加拿大蒙特利尔举行的世界反兴奋剂机构会议上被选为亚洲的四个理事国之一，并成为该机构的执委会成员。

第七节　健康与化学

健康长寿是人类的共同愿望。许多资料表明，危害人类健康的疾病都与体内某些元素的平衡失调有关。因此，了解生命元素的功能，并正确理解饮食、营养与健康的关系，树立平衡营养观念，对于预防疾病、增强体质、保持健康具有重要意义。

1989 年世界卫生组织提出了有关健康的新概念：除了躯体（生理）健康、心理健康和社会适应健康外，还要加上道德健康，只有这四个方面健康才算是完全健康。具体包括以下内容。

（1）躯体（生理）健康：这是健康的基础，指人体结构完整，生理功能正常。

（2）心理健康：具有同情心与爱心，情绪稳定，具有责任心和自信心，热爱生活，和睦相处，善于交往，有较强的社会适应能力，能做到知足常乐。

（3）社会适应健康：是指不同时间内在不同岗位上时各种角色的适应情况。适应良好是指能胜任各种角色，适应不良是指缺乏角色意识（如在单位是好工作人员，在家不一定是好父亲或好母亲）。

（4）道德健康：最高标准是无私奉献，最低标准是不损害他人。不健康标准是损人利己或损人不利己。

一、平衡膳食、合理营养

（一）合理营养

人对于营养的要求随年龄、性别、体质、工作性质而异。一个成人每天的基本需要量大致为：碳水化合物 300～400g，蛋白质 80～120g，脂肪 84～100g。

合理营养就是既要通过膳食调配提供满足人体生理需要的能量和各种营养素；又要考虑合理的膳食制度和烹调方法，以利于各种营养物质的消化、吸收与利用；此外，还应避免膳食构成的比例失调，某些营养素摄入过多以及在烹调过程中营养的损失或有害物质的生成。

合理营养不仅能满足机体的各种生理需要,还能预防多种疾病的发生,是人类最合理的膳食。

虽然人体对六大营养素的需要量不同,有的甚至是微量,但每一种营养素对人体都有着特殊的功用,缺一不可。在膳食中,不管是营养缺乏或是营养过剩均会影响人体健康。

合理营养需具备以下两个特点。

1. 膳食中应该有多样化的食物

人们知道,人体需要各种营养素,不是几种食物就能包含人体所需的全部营养素的。如果只吃一两种或少数几种比较单调的食物,就不能满足人体对多种营养素的需要。长期吃较单调的膳食对生长发育和身体健康是不利的,因各种食物中所含的营养素不尽相同,只有吃各类食物,才能满足人体对各种营养素的要求。

2. 膳食中各种食物比例要合适

人的身体需要各种营养素,而各种营养素,在人体内发挥作用又是互相依赖、互相影响、互相制约的。例如,人体需要较多的钙,而钙的消化吸收必须有维生素 D 参与完成。维生素 D 是脂溶性维生素,如果肠道里缺少脂肪,它也不能很好地被肠道吸收,只有在摄入维生素 D 的同时,摄入一定数量的脂肪,维生素 D 才能被吸收。而脂肪的消化吸收,必须要胆汁发挥作用,胆汁是肝脏分泌的。要使肝脏分泌胆汁,又必须保证蛋白质的供给。

那么,蛋白质、脂肪、糖这三大营养素又是怎样相互作用的呢?如果人吃的糖和脂肪不足,体内的热量供应不够,就会分解体内的蛋白质来释放热量,补充糖和脂肪的不足。但蛋白质是构成人体的"建筑材料",体内缺少了它,会严重影响健康。如果在吃蛋白质的同时,又吃进足够的糖和脂肪,就可以减少蛋白质的分解,用它来修补和建造新的细胞和组织。

由此可见,各种营养素之间存在一种非常密切的关系,为了使各种营养素在人体内充分发挥作用,不但要注意各种营养素齐全,还必须注意各种营养素比例适当。日常膳食中各种营养素的比例可遵照中国营养学会的建议。

(二)食品酸碱性与人体健康

正常人的血液 pH 为 7.35～7.45,呈弱碱性。若 pH 小于 7.35,会发生酸性中毒;大于 7.45 则会发生碱性中毒。营养学上将食品分为两大类,即碱性和酸性,是依据食品经过消化吸收代谢产物的酸性或碱性来界定的。钾、钠、钙、镁、铁五种金属元素进入人体代谢后产物呈现碱性;硫、磷、氯在人体内氧化后,生成带有阴离子的酸根,呈酸性。除牛奶外,动物性食品大多是酸性食品。酸性食物包括各种肉类、蛋类、白糖、大米、面粉、花生、大麦、啤酒等。植物性食品中,除五谷、杂粮、豆类外,大多为碱性食品。碱性食物包括多数蔬菜类、水果类、海藻类。低热量的植物性食物几乎都是碱性食品。

提倡"三少三多"的饮食结构:少吃大鱼大肉,多吃豆、乳制品;少吃油性食品,多吃蔬菜水果;少吃甜食,多吃海产品。

(三)不宜常吃的食品

烧烤食品、熏制食品、油炸食品、腌制食品不宜常吃,此外,经加工的肉类食品、罐头食品、方便类食品(含饼干)、奶油制品、冷冻甜点、果脯、话梅和蜜饯类食物、汽水和可乐类食品也应少吃。

上述食品中含世界卫生组织公布的"十大垃圾食品"：油炸食品、罐头类食品、腌制食品、加工的肉类食品、肥肉和动物内脏类食品、奶油制品、方便面、诱人的海鲜与水果、冷冻甜点、果脯、话梅和蜜饯类食品。

（四）健康饮食搭配

粗细粮搭配、荤素搭配、谷类与豆类搭配、素菜多色搭配、酸性食物与碱性食物搭配、干稀搭配。

1. 膳食原则

（1）清淡、守时、多餐、多样、安全。

（2）黄金法则：吃得越杂，获得健康所需的全面营养的机会就越多。任何时候都要尽量避免过食，过食会导致肥胖、糖尿病、小儿弱智、老年痴呆等病。

2. 膳食结构宝塔

膳食宝塔共分五层，包含每天应摄入的主要食物种类。膳食宝塔利用各层位置和面积的不同反映了各类食物在膳食中的地位和应占的比重。

谷类食物位居底层，每人每天应分别摄入 250～400g。

蔬菜和水果居第二层，每人每天应分别摄入 300～500g 和 100～200g。

鱼、禽、肉、蛋等动物性食物位于第三层，每人每天应摄入 125～225g（鱼虾类 50～100g，畜、禽肉 50～75g，蛋类 25～50g）。

奶类和豆类食物合居第四层，每人每天应吃相当于鲜奶 300g 的奶类及奶制品和相当于干豆 30～50g 的大豆及制品。

第五层塔顶是烹调油和食盐，每人每天烹调油的摄入量不超过 25g，食盐不超过 6g。

由于我国居民现在平均糖摄入量不多，对健康的影响不大，故膳食宝塔没有建议食糖的摄入量，但多吃糖有增加龋齿的危险，儿童、青少年不应吃太多的糖和含糖高的食品及饮料。

3. 进食方法

小康人家的菜谱："四菜一汤"以及粗细搭配。

胃的工作通常分三个阶段：

一是早晨（5：00～12：00）。糖的酵解作用强烈，消化快，食物一般停留 3～4h，主要为前晚的积食和当日的早餐。

二是午后（13：00～18：00）。肠、胃的功能全面启动，适宜处理脂肪、蛋白质。

三是晚上（19：00～睡前）。消化能力较弱，易于积食，宜吃易消化的食物。

民间谚语："早吃饱，中吃好，晚吃少"、"晚餐过饱发福早"、"晚饭少一口，活到九十九"等，正是这种消化周期的反映。

4. 食物搭配禁忌

民间相传不能一起吃的食物：

鸡蛋忌糖精——同食中毒、死亡　　　　　狗肉忌黄鳝——同食则死

豆腐忌蜂蜜——同食耳聋　　　　　　　　羊肉忌田螺——同食积食腹胀

海带忌猪血——同食便秘　　　　　　　　芹菜忌兔肉——同食脱头发

土豆忌香蕉——同食生雀斑　　　　　　　番茄忌绿豆——同食伤元气

牛肉忌红糖——同食胀死人　　　　　　　螃蟹忌柿子——同食腹泻

鹅肉忌鸭梨——同食伤肾脏　　　　洋葱和蜂蜜——伤害眼睛

洋葱忌蜂蜜——同食伤眼睛　　　　萝卜和木耳——皮肤发炎

黑鱼忌茄子——同食肚子痛　　　　芋头和香蕉——腹胀

甲鱼忌苋菜——同食中毒　　　　　花生和黄瓜——伤害肾脏

皮蛋忌红糖——同食作呕　　　　　牛肉和栗子——引起呕吐

人参忌萝卜——同食积食滞气　　　兔肉和芹菜——容易脱发

白酒忌柿子——同食心闷　　　　　鲤鱼和甘草——会中毒

红薯和柿子——会得结石

（五）我国居民的营养现状

近年来,我国城乡居民的膳食状况明显改善,儿童、青少年平均身高增加,营养不良发生率下降。但在贫困农村,仍存在着营养不足的问题。同时,我国居民膳食结构及生活方式也发生了重要变化,谷类、薯类减少,动物性食物、脂肪增多,与之相关的慢性非传染性疾病,如肥胖、高血压、糖尿病、血脂异常,还有恶性肠道疾病等患病率增加,已成为威胁国民健康的突出问题。

部分农村或边远地区居民膳食质量差、营养不足,以植物性食物为主,优质蛋白质占总蛋白不到 1/3。

中国人群最严重缺乏的营养:维生素 A、维生素 B 和钙。普遍缺乏:维生素 B_1、维生素 B_6、维生素 C(中老年人)以及 Fe(妇女)、Zn(儿童)、Se 等。

为给居民提供最根本、准确的健康膳食信息,指导居民合理营养、保持健康,中国营养学会受卫生部委托于 2006 年成立了《中国居民膳食指南》修订专家委员会,对中国营养学会 1997 年发布的《中国居民膳食指南》进行修订。经过多次论证、修改,并广泛征求相关领域专家、机构和企业的意见,最终形成了《中国居民膳食指南(2007)》(以下简称"指南"),于 2007 年 9 月由中国营养学会理事会扩大会议通过。

营养学家和临床医师认为,有目的的偏食对人体会起到保健作用。人们可以根据自身的特点,合理地多摄取一些可以补充自己不足的营养食物。身体瘦弱者,适当多吃瘦肉、鱼、蛋类、乳类、豆制品等含蛋白质多的食物,同时也应注意脂类、多糖类及维生素、矿物质食品的摄入量,以保持营养的平衡。脑力劳动者,每天应有足够的碳水化合物补充大脑对养分的需求,并适当多吃些含磷、铁、锌、硒等微量元素丰富的食物,如蛋黄、动物脑、禽肉、核桃、芝麻等。贫血患者,多吃动物肝脏和含氨基酸、蛋白质丰富的食物及新鲜的水果和绿色蔬菜。皮肤干燥和粗糙者,多吃胡萝卜、番茄及茄子等蔬菜水果,避免摄入鱼、虾、蟹、酒等易导致过敏的食物。

二、食疗学与药膳学

（一）食疗学

1. 定义

所谓食疗学,就是以营养理论为指导,系统地探讨和研究饮食与养生的方法及规律的科学。

2. 特别饮食（特殊要求的食疗）

出于减少医疗开支、增强身体活力和延长工作年限的愿望,人们提出了许多食疗和食补方案。

特别饮食是指对正常饮食作某些变动，为那些不宜采用普通饮食的人提供营养的模式。

（1）普通流质。将食物烹调、匀浆，滤去渣后取汁，适用于无牙齿者、不能咀嚼和吞咽固体食物的病人、运动员、需减轻体重者。

普通流质分为清流质（如过罗肉汤、菜汁、米汤等）和全流质（包括各种汤类、牛奶、豆浆、麦乳精、乐口福、糖盐开水及各种饮料等）。

（2）要素膳食。适合严重腹泻、烧伤、肠炎、胰腺炎患者。其特点是没有纤维和其他不消化物质，而含有充分的营养要素，不经消化即被完全吸收。主要有：

① 低渗制剂。即低渗透压浓度（300 单位）的膳食制剂。

典型配方为 60％糖（葡萄糖和蔗糖）、12％蛋白质（如鸡蛋蛋白）、28％脂肪（植物油）以及添加的矿物质和维生素。

② 高渗制剂。即高渗透压浓度（810 单位）的膳食制剂。

典型配方为 80％糖（葡萄糖）、15％以上的纯氨基酸（若病人不能消化蛋白质，就必须提供氨基酸的纯品）及少量蛋白质和其他添加剂。

要素膳食短期内适用效果明显，但不可久用。

（3）清淡饮食。用于结肠炎、食道炎和溃疡等患者。这些病的共同点是消化器官运动过激，消化液分泌太多，应选择无刺激性、可发酵的糖类和易消化物、较软的食物，通常为奶制品、嫩蛋、马铃薯泥、软烂的蔬菜等食品。

但这类饮食易导致营养不良，只能用于急性期。

（4）限制性饮食。针对特殊要求改变某些营养素的摄入，主要有：

① 限糖。主要食用蛋、鱼、肉及奶，不加糖，适合胃切除患者的倾倒综合征即幼年期糖尿病的治疗。

② 限脂。主要食用水煮蛋、瘦肉、果汁及脱脂奶，适合胆道和胰病变造成的脂肪性腹泻（脂肪痢）患者。

③ 限胆固醇和饱和脂肪。主要食用面包、谷物、蛋白、鱼、瘦肉、青豆等，适合防治某些高脂蛋白血症，如有早期心血管病或血管病家族史、有意外心脏病或中风趋势、体重超标过多并有高血脂及血液黏稠、异常快速凝结的患者。

④ 限钠。饮食中不加盐，适用于高血压病及充血性心衰、肝硬化及一些肾脏疾病、营养不良引起的水肿。

（5）特殊病的饮食措施。

① 糖尿病。应严格控制饮食以减少对胰岛素的需要，可用大分子碳水化合物（淀粉）、低脂肪饮食改善其葡萄糖耐量。

② 心脏病。食用低胆固醇、低脂肪、低热能、低钠、低糖的食物。例如，每周最多食用 4 只蛋、不超过 5～10mL 油脂，食用高蛋白（如瘦肉）、绿叶蔬菜和低脂奶制品，以及适量面包和土豆。

③ 贫血。食用富铁食物，如猪肝、牛肝、牛肾、麦麸、小麦-大豆粉、脱脂大豆粉等，经常吃些醋和带酸性的水果。

（二）药膳学

药膳学就是研究以中药为配料的膳食的科学。药膳学的基本内容包括药膳学的理论基础和药肴的一般制作方法。

1. 药膳学的基本理论——医食同源论

我国人民从与自然界斗争的实践中，认识到许多食物具有药性。中医药学发展史上有一阶段是将医和食紧密结合的。《周礼·天官篇》记载，早在 3000 年前的西周时代，我国就建立了世界上最早的医疗体系，医事制度中已设有负责饮食营养管理的专职人员。当时医生分为四类：食、疾、疡、兽。食医即内科医生；疾医，"掌养万民之疾病"；疡医即外科医生；兽医则专掌治疗家畜之病。周代医疗体系以"食医"为首。迄今中医仍重视膳食疗法，这种方法在日本盛行。医食同源论继承了这一思想，并发展成为药膳学特有的病源论和食医论。

（1）病源论。药膳学认为"病从口入"，所以应以预防为主，从食物防病着手。一旦得病，应"先以食疗，食疗不愈，后乃用药"。药膳学认为应"寓药于食"，药可以食。从广义看，食也是药。

（2）食医论。药膳学的食医包括食补、食治、食疗诸方面。所谓药膳就是以药物和食物为原料，经过烹饪加工制成的一种具有食疗作用的膳食。它是中国传统的医学知识与烹调经验相结合的产物。它"寓医于食"，既将药物作为食物，又将食物赋以药用，药借食力，食助药威；既具有营养价值，又可防病治病、保健强身、延年益寿。

2. 药肴的制作

既是药物又是食品的菜肴，可称为药肴。药肴不同于一般的菜肴，其制作要求和制作方法均有相应的特点。

（1）药肴的制作要求。

① 保持或强化药效。

② 可食性（最好味道鲜美）。因大多数中药有明显异味，故限制了药物的选用范围。

③ 慎重考虑药、食之间的相克作用和复杂化学反应可能引起的毒性及不良后果。例如，服食某些含铁质及含蛋白质、生物碱类药物（如天麻、人参），不可饮浓茶，因为茶叶中的鞣酸与铁、生物碱结合生成沉淀而影响吸收，因此也不可用茶水送服中药；甘草、黄连、百合抗猪肉；半夏、菖蒲反羊肉；天门冬（天冬草，有升高血细胞和延长抗体存在时间、祛痰、镇咳作用）禁鲤鱼；等等。

（2）投料方式。

① 药、食同时上席，如人参清蒸鸡、虫草鸭。要求药物有较好的色、香、味。

② 药不上席。烹制前将药物用特制的纱布包好，煮后撤去，再经调味上席，如参芪砂锅鱼头、归地烧羊肉（益气补血，温中补虚）等。这类药滋补效果好，但有异味，且药渣不能食用。

③ 药、食分制。将药煎汁后加入菜中再上席，如山楂肉片、首乌肝尖。这类药中有某些油溶性成分不宜与菜同煮。

（三）著名的药膳食谱

东汉张仲景：百合鸡子汤、当归生姜羊肉汤。

唐代孙思邈：《千金药方》列举了中医药膳 241 种，后来发展成《补养方》《食疗本草》。

宋代王怀隐：《太平圣惠方》记载了 28 种病的药膳疗法，如鲤鱼粥和黑豆粥治水肿、枣仁粥治咳嗽等。

元代宫廷御医忽思慧：《饮膳正要》介绍了药肴 94 种、汤类 35 种、抗衰老处方 24 个。

明代李时珍：《本草纲目》全书载药 1892 种，属常用食物或作食用者就达 518 种之多，记载 2000 余食疗方。

清代袁枚：《随园食单》详尽地论述了他对饮食与烹饪的意见，把中国饮食文化系统化、理论化、艺术化。

迄今常用的包括菜肴、汤羹、甜点、米面食品、药粥、饮料汁液、蜜膏、药酒等药膳品种已达 300 余种。

家用药膳食谱举例：

（1）菜肴类。

① 山楂 100g、肉片 200g，开胃消食。

② 红枣 200g、炖肘 1000g，补脾益胃。

③ 枸杞 50g、滑溜里脊片 250g，抗衰防老。

④ 姜丝 25g、菠菜 250g，养血消毒。

（2）汤羹类。

① 当归 15g、生姜 15g、羊肉 500g 炖汤，治血虚及大寒症。

② 猪肝 100g、菠菜 100g、党参 9g 炖汤，补血。

③ 百合 15g、公鸡 500g 炖汤，清虚热安神。（食疗古方）

（3）饮料类。

① 双花饮。金银花 50g、菊花 50g、山楂 50g、蜂蜜 50g，用开水 1000mL 冲开，凉后饮用，为著名的清凉饮料。

② 五汁饮。梨、荸荠、藕、鲜芦根各 100g，麦门冬 50g，凉开水泡服，有清热解毒、利尿通便之效。（名食疗饮汁）

③ 胖大海饮。胖大海 3～4 个，用 200mL 开水泡半小时，加白糖，可清热解毒、利咽喉，对教师、演员尤宜。

（四）药和食物的禁忌

一般人认为药吃了就完事了。但事实上药物参与消化的所有过程，可能和服药者抽的烟、喝的果汁、吃的食物相互作用。因此，有必要了解所服用的药物有哪些忌口，防止药效打折甚至出现不良反应。

1. 任何药物忌烟

服用任何药物后的 30min 内都不能吸烟。因为烟碱会加快肝脏降解药物的速度，导致血液中药物浓度不足，难以充分发挥药效。试验证实，服药后 30min 内吸烟，血药浓度约降至不吸烟时的 1/20。

2. 维生素 C 忌虾

服用维生素 C 前后 2h 内不能吃虾。因为虾中含量丰富的铜会氧化维生素 C，令其失效；同时，虾中的五价砷成分还会与维生素 C 反应生成具有毒性的"三价砷"。

3. 阿司匹林忌酒、果汁

酒进入人体后需要被氧化成乙醛，再进一步被氧化成乙酸。阿司匹林妨碍乙醛氧化成乙酸，造成人体内乙醛蓄积，不仅加重发热和全身疼痛症状，还容易引起肝损伤。而果汁则会加剧阿司匹林对胃黏膜的刺激，诱发胃出血。

4. 黄连素忌茶

茶水中含有约10%鞣质,鞣质在人体内分解成鞣酸,鞣酸会沉淀黄连素中的生物碱,大大降低其药效。因此,服用黄连素前后2h内不能饮茶。

5. 布洛芬忌咖啡、可乐

布洛芬(芬必得)对胃黏膜有较大刺激性,咖啡中含有的咖啡因及可乐中含有的古柯碱都会刺激胃酸分泌,所以会加剧布洛芬对胃黏膜的毒副作用,甚至诱发胃出血、胃穿孔。

6. 抗生素忌牛奶、果汁

服用抗生素前后2h内不要饮用牛奶或果汁。因为牛奶会降低抗生素活性,使药效无法充分发挥;而果汁(尤其是新鲜果汁)中富含的果酸则加速抗生素溶解,不仅降低药效,还可能生成有害的中间产物,增加毒副作用。

7. 钙片忌菠菜

菠菜中含有大量草酸钾,进入人体后电解出的草酸根离子会沉淀钙离子,不仅妨碍人体吸收钙,还容易生成草酸钙结石。专家建议服用钙片前后2h内不要进食菠菜,或先将菠菜煮一下,待草酸钾溶解于水,将水倒掉后再食用。

8. 抗过敏药忌奶酪、肉制品

服用抗过敏药物期间忌食奶酪、肉制品等富含组氨酸的食物。因为组氨酸在人体内会转化为组织胺,而抗过敏药抑制组织胺分解,因此造成人体内组织胺蓄积,诱发头晕、头痛、心慌等不适症状。

9. 止泻药忌牛奶

服用止泻药物,不能饮用牛奶。因为牛奶不仅降低止泻药药效,其含有的乳糖成分还容易加重腹泻症状。

10. 苦味健胃药忌甜食

苦味健胃药依靠苦味刺激唾液、胃液等消化液分泌,促食欲、助消化。甜味成分一方面掩盖苦味、降低药效,另一方面还与健胃药中的很多成分发生络合反应,降低其有效成分含量。

11. 利尿剂忌香蕉、橘子

服用利尿剂期间,钾会在血液中滞留。若同时再吃富含钾的香蕉、橘子,体内钾蓄积更加严重,易诱发心脏、血压方面的并发症。

12. 滋补类中药忌萝卜

滋补类中药通过补气,进而滋补全身气血阴阳,而萝卜有破气作用,会大大减弱滋补功效,因此服用滋补类中药期间忌食萝卜。

13. 降压药忌西柚汁

服用降压药期间不能饮用西柚汁。因为西柚汁中的柚皮素成分会影响肝脏中某种酶的功能,而这种酶与降压药的代谢有关,将造成血液中药物浓度过高,副作用大大增加。

14. 多酶片忌热水

酶是多酶片等助消化类药物的有效成分,酶这种活性蛋白质遇热水后即凝固变性,失去应有的助消化作用,因此服用多酶片时最好用低温水送服。

三、健康与长寿

（一）年龄和寿命

1. 年龄

我国典籍就年龄的划分有艾（50 岁）、耆（60 岁）、老（70 岁）、耋（80 岁）、耄（90 岁）和颐（100 岁）之别。

杜甫名句"酒债寻常行处有，人生七十古来稀"（《曲江对酒》），也把 70 岁定为老年。

目前，国际老龄化社会的标志是 65 岁以上人口占总数的 7％。据人口普查显示，2000 年我国老龄人口已达 8600 万，占 7.2％，说明我国已进入老龄化社会。

2. 寿命

目前有 3 种推算寿命的方法：

（1）成熟系数法。生物的最高寿命约为性成熟期的 8～10 倍，而人类的性成熟期为 14～15 岁，按此推算，人类的最高自然寿命应是 112～150 岁。

（2）寿命系统法（日本人蒲丰提出）。哺乳动物的寿命是其生长期的 5～7 倍，人的生长发育期为 20～25 岁，则人类的自然寿命为 100～175 岁。

（3）细胞分裂法（美国人海尔弗利提出）。人体细胞体外分裂传代 50 次左右，按平均每次分裂周期 2.4 年推算，人类的平均寿命应是 120 岁。我国 100 岁以上的老人已经超过 3000 人，其中 2/3 是女性。

影响寿命的因素诸多，主要有：种族、国家、社会、环境、遗传、饮食、营养、心理（或精神）、生活方式、家庭、职业因素等。

世界卫生组织 1992 年宣布：每个人的健康与寿命，60％取决于自己，15％取决于遗传因素，10％取决于社会因素，8％取决于医疗条件，7％取决于气候（如酷暑或严寒）。因此，健康长寿主要取决于自己，生命掌握在你自己手中。

（二）衰老的机理

1. 自由基学说及类 SOD 化合物的研究

目前研究较多的是衰老的自由基学说及免疫调节障碍学说。

超氧化物歧化酶（SOD）谷胱甘肽过氧化物酶（GSH-Px）具有清除自由基的作用。

类 SOD 化合物有维生素 C、维生素 E、类胡萝卜素、类黄酮、皂苷、鞣酸、木质素、萜类、生物碱等。

2. 老化因素

主要有：

（1）残余不洁物质在体内积累。

（2）胶原蛋白的硬化。

（3）固有的老化过程。

（4）神经组织的退化。

（5）自体免疫。

3. 病变因素

主要有：

（1）体格构成失调。

（2）骨质疏松。

（3）脑及神经功能降低。

（4）皮肤及头发老态明显。

（5）循环和内分泌系统失调。

（三）常见老年病

1. 骨质疏松症

骨质疏松症是由于年老而发生的骨头大量损耗。通常按颌骨、牙槽骨、背脊骨和长骨的顺序依次劣化，造成掉牙、骨折，且难以愈合，身高降低。

致病原因：缺钙、缺维生素 D、缺少运动。因为缺少运动，就会导致钙从尿中大量排出。

治疗和预防：用氟化物、维生素 D 及钙（每日 1000mg）进行联合作用，经常运动使骨骼改善对钙的吸收，保证每日蛋白质摄取量（46～56g）。

2. 老龄关节炎

即骨关节炎。骨关节炎的患病率随着年龄增长而增加，女性比男性多见。世界卫生组织统计，50 岁以上的人中，骨关节炎的发病率为 50%，55 岁以上的人群中，发病率为 80%。1999 年世界卫生组织将骨关节炎与心血管疾病及癌症列为威胁人类健康的三大杀手。

3. 老年性痴呆（阿尔茨海默病 AD）

老年性痴呆是指老年期出现的已获得的智能在本质上出现持续的损害，智能缺失和社会适应能力降低。

老年性痴呆的确切病因、病理仍不清楚，但有两点是可以肯定的：第一，它虽不是衰老的必然产物，但与衰老有关；第二，多数（70%）与遗传有关。

导致老年性痴呆发生的因素主要包括两类：自身危险因素和环境危险因素。

老年性痴呆的主要表现为：在智能方面出现抽象思维能力丧失、推理判断与计划不足、注意力缺失；在人格方面出现兴趣丧失、情绪迟钝或难以抑制、社会行为不端、不拘小节；在记忆方面出现遗忘，不能学习，时间感、地形判断、视觉与空间定向力差；在言语与认知功能方面出现说话不流利，综合能力缺失。

对老年性痴呆应采取"防胜于治"策略。通常食用胆碱和烟酰胺含量丰富的食品如肝、肾、瘦肉、坚果、花生酱等及维生素 B 含量丰富的食品如动物心脏、鱼等。

研究表明，人的智力的维持和发展与年龄并无直接关系，而主要取决于文化素质和大脑的运用，所以老年人多从事智力活动有益健康。

四、减肥

肥胖是一种病态，易导致高血压、内分泌失调、气喘；肥胖限制了人的活动能力，降低了体质，影响到免疫功能；老年肥胖者更容易瘫痪；从美容方面考虑，人们普遍不喜欢肥胖。减肥已成为一个世界性课题。

荷兰鹿特丹一所大学的科学家最近完成的一项前瞻性研究显示，成年期（尤其是 40 岁左右）肥胖可使预期寿命缩短，早期死亡率增加。

（一）肥胖的定义及诊断

肥胖指身体内脂肪过度积蓄以致威胁健康，需要长期的治疗和控制才能达到减重并维持。

肥胖的表现是皮下脂肪积累，通常集中在腹部、臀部和大腿。

肥胖的主要原因是摄入热量过多，也与从幼年时代起饮食不协调（脂肪摄入过多），然后导致内分泌失调，使分解脂肪的酶功能受抑有关。

标准体重计算公式：

$$SBM = H - 105$$

式中，SBM（Standard Body Mass）为标准体重，单位：kg；H 为身高，单位：cm。超过标准体重 10% 为超重，超过标准体重 20% 为肥胖。

（二）肥胖的预防和治疗

所谓限食就是限制进食热量，尤其是脂肪，但保证其他营养。1934 年，美国的马凯伊研究了限食对幼鼠寿命和活动的影响。结果表明：任意取食的对照组大鼠的骨架在 175 天停止生长，而限食组到 500 天、700 天乃至 1000 天后仍在生长；当对照组在两年半内全部死亡时（它们的一般寿命为 2 年），限食组还刚刚在生育，后来普遍活了 3～4 年，即寿命延长了 50%～100%。后者的活动能力强，而且肿瘤发病率低得多。直到 1976 年还有人重复了类似试验。但对人的实验证据欠缺，而且缺少理论解释和限食程度的说明。然而，这一结果仍表明一定的限食并无坏处。

世界卫生组织以及国内外的营养学家在研究了以往的减肥方案后，大都认为应从改善饮食习惯入手，调整体内的代谢和分泌使之建立起新的健康的平衡。这不仅对减肥者，而且对治疗糖尿病很重要。美国营养学家拉布扎提出的减肥膳食疗法效果较好，其要点如下：

（1）不过食。饮食的热量应定为正常人的一半，约 5000kJ，多吃蔬菜，如仍不够饱，可补充去油的肉汤（如鸡汤、鱼汤），宜吃煮、炖、蒸、烘和凉拌的食物，不吃油炸食物。

（2）食欲。饮食的色、香、味要好，能引起食欲，满足人的正常愿望，使人觉得舒畅。

（3）营养要充足。除脂肪外，其他成分的配比要正常，维生素、微量元素要丰富，这样可以逐渐消解和吸收体内已积存的脂肪，逐步建立代谢平衡。

（4）少吃多餐。要经常保持轻微的饥饿感，约七八成饱，但不要过饿（否则会引起低血糖症）。把同热量的食物分几次摄入能更好吸收，可进一步减少食物量，有助于降低胆固醇，而且会防止脂肪进行新的聚集。

（5）节律。饮食守时，限酒戒烟，不吃零食和甜食，吃蛋白质含量高的食物如瘦肉、鱼、豆制品、鸡肉等，过一种有规律的生活。

（6）运动。

五、美容

（一）女性各年龄阶段生理变化

女性在一生中如果能根据自己不同年龄阶段的生理变化，合理安排日常饮食，就能起到护肤美容的作用。各年龄阶段生理变化为：

（1）13～23 岁：此阶段的女性正处在青春发育期。要使皮肤光洁、红润且富有弹性，就必须保证摄取足够的蛋白质、脂肪酸及多种维生素的食品，如白菜、韭菜、豆芽菜汤、瘦肉等，尤其是豆类食物，既能满足人体需要的优质蛋白质，又能供给多种维生素和无机盐。要少吃盐，多喝白开水。

（2）25～30 岁：此阶段为女性发育成熟的鼎盛时期。此阶段的女性情感丰富，多愁善感，致使面部表情过度丰富，逐渐使额及眼下出现皱纹，皮下的皮脂腺分泌也逐渐减少，皮肤光泽感减弱,粗糙感增强。这一阶段,除了每天坚持吃淡食和多饮水外,要特别多吃富含维生素 C 和维生素 B 族的食品,如荠菜、黄瓜等蔬菜,以及豌豆、木耳、牛奶等。

(3) 30~40 岁:此阶段的女性皮脂腺分泌减少,皮肤易干燥。一般女性在眼尾开始出现鱼尾纹,下巴肌肉开始松弛,笑纹更明显。此阶段的女性要坚持多喝水,特别是早晨起床后必须喝一杯凉开水;除坚持多吃新鲜蔬菜瓜果外,要特别补充富含胶原蛋白的动物蛋白质,如猪蹄、肉皮、鲜鱼、瘦肉等,使皮肤显得丰满、充实而有水分,还可以使皮肤增强弹性和韧性,变得滋润娇嫩。

(4) 40~45 岁:此阶段的女性眼部易出现黑晕,皮肤干燥而缺少光泽。此阶段的女性饮食上应多吃能促进胆固醇排泄、补气养血、延缓面部肌肉衰老的食品,如鲜玉米、红薯、蘑菇、柠檬、核桃和富含维生素 E 的卷心菜、菜心、花生油等。

(二)饮食与皮肤养护

为了使皮肤更细腻。最简单的方法是注意饮食,少熬夜。俗话说:"吃在脸上。"这句话充分说明了"吃"是美容养颜过程中不可忽略的重要方面。所以,皮肤养护要遵循以下原则:

1. 少食肉类食品和动物性脂肪

在一定条件下,肉类食品和动物性脂肪在体内分解过程中可产生诸多酸性物质,对皮肤和内脏均有强烈的刺激性,影响皮肤的正常代谢。皮肤粗糙,往往是血液中肌酸含量增高造成的。

2. 多吃植物性食物

植物性食物中富含防止皮肤粗糙的胱氨酸、色氨酸,可延缓皮肤衰老,改变皮肤粗糙现象。这类食物主要有:黑芝麻、小麦麸、油面筋、豆类及其制品、紫菜、西瓜子、葵花子、南瓜子和花生仁。

3. 注意蛋白质摄取均衡

蛋白质是人类必不可少的营养物质,一旦长期缺乏蛋白质,皮肤将失去弹性,粗糙干燥,使面容苍老。但肉类及鱼、虾、蟹等蛋白质食物过食,可引起过敏。要多吃含胶原蛋白和弹性蛋白食物。胶原蛋白能使细胞变得丰满,从而使肌肤充盈,皱纹减少;弹性蛋白可使人的皮肤弹性增强,从而使皮肤光滑而富有弹性。富含胶原蛋白和弹性蛋白的食物有猪蹄、动物筋腱和猪皮等。

4. 常吃富含维生素的食物

维生素对于防止皮肤衰老、保持皮肤细腻滋润起着重要作用。维生素 E 对于皮肤抗衰老有着重要作用,因为维生素 E 能够破坏自由基的化学活性,从而抑制衰老。维生素 E 还有防止脂褐素沉着与保护皮肤的作用。含维生素 E 多的食物有卷心菜、葵花子油、菜子油等。维生素 A、B 也是皮肤光滑细腻不可缺少的物质。当人体缺乏维生素 A 时,皮肤会变得干燥、粗糙、有鳞屑;缺乏维生素 B 时,会出现口唇皮肤开裂、脱屑及色素沉着。富含维生素 A 的食物有动物肝脏、鱼肝油、牛奶、奶油、禽蛋及橙红色的蔬菜和水果。富含维生素 B 的食物有肝、肾、心脏、奶等。

5. 多吃新鲜蔬菜和水果

肤色较深者,宜经常摄取萝卜、大白菜、竹笋、冬瓜及大豆制品等富含植物蛋白、叶酸和维生素 C 的食品;皮肤粗糙者,应多摄取富含维生素 A、D 的食物,如胡萝卜、藕、菠菜、黄豆芽等黄色、绿色蔬菜以及鸡蛋、牛奶、动物肝脏。同时，还要摄取充足的其他维生素和足够的植物纤维素，以防止因便秘而带来的皮肤和脏器病变。

6. 注意碱性食物的摄入

日常生活中所吃的鱼、肉、禽、蛋、粮食等均为生理酸性。酸性食物会使体液和血液中乳酸、尿酸含量增高。当有机酸不能及时排出体外时，就会侵蚀敏感的表皮细胞，使皮肤变得粗糙和缺乏弹性。为了中和体内酸性成分，应多吃些富含生理碱性的食物，如苹果、梨、柑橘和蔬菜等。

7. 多吃富含铁质的食物

皮肤要光泽红润，就需要供给充足的血液。铁是构成血液中血红素的主要成分之一，故应多吃富含铁质的食物，如动物肝脏、蛋黄、海带、紫菜等。

8. 少饮烈性酒

长期过量饮用烈性酒，能使皮肤干燥、粗糙、老化。少量饮用含酒精的饮料，可促进血液循环，促进皮肤的新陈代谢，使皮肤产生弹性和更加滋润。

9. 适当饮水

正常的成年人每日应饮水 2000mL 左右。充足的水分供应，可延缓皮肤老化。当人体水分减少时，会出现皮肤干燥、皮脂腺分泌减少的现象，从而使皮肤失去弹性，甚至出现皱纹。

10. 不摄入使人肥胖的食物

肥胖是导致皮肤老化和病变的危险因素，故应尽量不摄入使人肥胖的食物，但也不可过分节食，以免皮肤失去活力。

11. 充足的睡眠

充足的睡眠既可消除身体疲劳，也是使皮肤保持健美的一味良药。

12. 药浴

含有柠檬酸和维生素的中草药或水果、蔬菜，均可做成药浴剂。适当的药浴会使皮肤白皙、光滑、柔软、滋润、细腻。

13. 要避免外界的刺激

夏天的烈日，冬季的寒风，都会使皮肤变得粗糙，因而要根据季节的变化，适时采取防护措施。皮肤的清洗不要过于频繁，如果经常反复摩擦，会使被破坏的皮肤细胞来不及再生；应避免接触过酸性、过碱性物质，应根据自己的皮肤状况，选择合适的化妆品，并经常适当按摩皮肤。

（三）美容饮食中的误区

保证身体健美除坚持锻炼外，还要有均衡的营养。然而，许多人在饮食的安排和选择上往往走进了误区，主要表现在以下方面：

（1）误区一：吃荤油易发胖，吃素油苗条。其实，无论荤油还是素油，人体吸收后每克均产生 22kJ 左右的热量，没有多大差别。由于素油吸收率高，若消耗不了，多食反而容易使人发胖。

（2）误区二：吃瘦肉可长肌肉。许多人认为多吃瘦肉会长肌肉。其实未必如此，因为肌肉主要靠体育锻炼获得。

（3）误区三：肉、蛋等高蛋白食物是肌肉最好的能量来源。其实，现在的健美运动员流行的食谱是增加复合碳水化合物,包括粮食、豆类、水果,认为这才是肌肉最好的能量来源。想要体形健美的女性,每日摄取蛋白质 80～90g 和适量的碳水化合物,再加上合理的锻炼就能达到目的,不必过多地吃肉。应多吃水果、蔬菜等碱性食物,以防止因蛋白质摄取过多而造成酸血症。

(4)误区四:多吃蛋白质不会长脂肪。每克蛋白质与碳水化合物氧化后均产生 10kJ 的热量。无论蛋白质还是碳水化合物,摄入过多,所产生的热量身体消耗不了,都会变成中性脂肪贮存于皮下,使人发胖。

(5)误区五:用热油锅炒菜。过热的油锅中容易产生一种硬脂化合物,人若常吃过热油锅炒出来的菜,易患低酸性胃炎和胃溃疡,如不及时治疗,还可诱发胃癌。

(6)误区六:用生水冷却蛋。将煮熟的蛋浸在冷水中,蛋壳虽好剥,但病菌却仍有机可乘。如果要让蛋壳好剥,只需在煮蛋时水中加入少量食盐。

(7)误区七:饭后马上吃水果。水果中含有大量的单糖类物质,若被饭菜堵塞在胃中,就会因腐败而形成胀气,导致胃部不适。所以,吃水果宜在饭前一小时或饭后两小时。

(8)误区八:多添佐料调味。胡椒、桂皮、五香等天然调味品具有一定的诱发性和毒性,多食用会给人带来口干、咽喉痛、精神不振、失眠等副作用,还会诱发高血压、胃肠炎等多种病变,甚至导致人体细胞畸变,形成癌症。

饮食得当助美丽。食物满足身体的各种营养需求,适当量的蛋白质可供生长发育、身体组织的修复更新,维持正常的生理功能。要从食物中吃出美丽来,就要注意饮食习惯。饮食的要点就是:合理偏食为健康充电,缺啥补啥;少食肉类食品和动物性脂肪,多吃植物性食物和新鲜蔬菜及水果,注意蛋白质摄取均衡,减少不良的饮食习惯。还应根据不同的年龄段选择不同的食物。

六、减压食物和升压食物

(一)减压食物

究竟什么物质是属于"减压食物"呢?一般认为主要仍以抗氧化物质为主,如维生素 B 族、维生素 C、维生素 E、钙、镁、异黄酮、多酚类、茄红素以及胡萝卜素等。

1. 碳水化合物

主要是富含淀粉等糖类成分的食物,包括米饭、面条、马铃薯、杂粮面包、地瓜、南瓜等主食类。碳水化合物能促进脑部分泌脑神经传导物质(血清素),让脑部运作顺畅,头脑清醒,所以适量摄取碳水化合物,能帮助体内脑神经传导物质运作。

2. 纤维质

精神压力容易造成腹部绞痛或是便秘,因此多吃些富含纤维质的蔬果、谷物,能帮助消化系统的运作。另外,全麦谷类食物也可以促进分泌脑神经传导物质,提升身体反应水平。营养师建议每天至少摄取 25g 的纤维质,早餐以完整水果取代果汁,全麦片也是很好的选择。

3. 蔬菜

多摄取蔬菜,补充其中的左旋色胺酸(L-Tryptophan),可以帮助脑部产生血清素(Serotonin)。另外,各色蔬菜包括绿色蔬菜(如花椰菜)、黄色蔬菜(如玉米、黄甜椒等)、橘色蔬菜(如胡萝卜)等,都含有丰富的矿物质、植物多酚(phytochemicals)、维生素,可以提升免疫反应以及预防疾病。

4. 水果

水果是维生素最佳的来源，可以帮助释放压力，另富含植物多酚，为抗氧化物，可提升免疫水平以及预防疾病。

5. 鱼类

深海鱼类包括鲔鱼、鲑鱼、沙丁鱼、鳟鱼、鲭鱼等，因为其含有大量的 ω-3 物质，可以强化心脏与动脉，并维持身体血管与血液循环方面的健康。

6. 乳制品

其中含有蛋白质，可帮助补充大量消耗的能量。建议选择低盐、低脂的牛奶或奶酪片，以减少身体的负担。

7. 坚果类

因其富含不饱和脂肪酸与蛋白质，可补充能量，且含多种矿物质尤其是微量矿物质，可增加抗氧化能力。

（二）升压食物

升压食物中不乏我们平时认为有助于减压的东西，像是酒精、咖啡因等，这些东西虽可能带来短暂的愉悦，但同时也会造成长时间的身体伤害。因此，我们必须要改正这些错误观念。升压食物有：

1. 咖啡因

咖啡因存在于咖啡、茶、可可、可乐等中。当我们适度地食用时，咖啡因可以提升肌肉、神经系统和心脏的活动力，并增加自己的灵活、机警度。但如果大量饮用，将会促进释放肾上腺素，导致压力的等级增加。

2. 酒精

适量饮酒是有益的，尤其适量的红酒对心血管系统有所帮助；不过如果借酒浇愁，则其反而是造成压力的主要原因。

3. 抽烟

许多人都会利用抽烟来调节情绪，就短期来看似乎真的可以释放压力，但长期来看却会对身体造成非常大的伤害。

4. 精制糖

精制糖提供短期的热量。热量缺乏时可能会出现易怒、注意力不集中与情绪低落的现象，但糖类过量摄取也会增加身体的负担，因此含糖饮料或高糖食物不宜多吃。

5. 盐

过量的盐分会导致血压上升，消耗肾上腺素，并会使得情绪不稳定。因此建议烹调时应减少氯化钠的添加，如少用一些含盐高的调味料，同时也应尽量避免摄取含钠量高的腌制食物，如培根、火腿、香肠以及加工品食物等。

6. 油脂

油脂摄入过多是造成肥胖的因素之一，并会带给心血管系统与身体不必要的负担与压力。

7. 高蛋白质

高蛋白质饮食会提升脑内多巴胺与肾上腺素，这两种分泌物都会使得焦虑与压力更加严重。应该减少摄取肉食。

（三）养成良好生活习惯，减压很简单

营养师提出了下列十点要求，当这些要求成为自己的生活习惯时，健康水平将上一个新台阶。

1. 吃早餐

无论如何都应该吃早餐，一片面包、一个蛋与一杯柳橙汁或一份水果就足够了，不需太复杂。

2. 喝绿茶

咖啡因会提升压力，因此如果想要解压以及改善自己的心情，不妨考虑换成含有低咖啡因的绿茶，不仅可以镇静情绪，同时绿茶中又含有儿茶素等抗氧化物质。

3. 选择新鲜果汁取代碳酸饮料

如果喜欢喝碳酸饮料，如可乐、汽水等，建议重新选择新鲜果汁或无糖的气泡水，以使你更为健康。

4. 晚饭过后严禁喝咖啡

咖啡要完全消化至少需要 6h，因此愈晚喝愈会影响自己的睡眠。

5. 随身携带小点心

在车里、办公室或是皮包内可放置含丰富蛋白质的小点心，如小包综合坚果、葡萄干、杏仁小鱼干等，可以帮助避免血糖下降伴随而来的心情变化与疲劳。

6. 自己准备便餐

花点时间带工作便餐，不仅可以省钱，还可以吃出健康。

7. 让不适当的食物远离你

尽量不要在家里储放含高糖、高油脂或是任何不健康成分的食物。

8. 为家里规划健康花费

建议每个星期为自己或家人规划健康菜单或点心。

9. 消除压力与紧张的活动

选择瑜伽、写日记、运动、大笑、泡浴、按摩等任何你喜欢的方式放松自己紧绷的神经，释放压力。

10. 设计一个放松的环境

为自己准备一顿舒服、美味的餐点，关上电灯，点亮一些蜡烛，播放自己喜欢的音乐或是放映一部好看的电影，坐在沙发上享受这舒适的时刻。

专家提醒大家，食物是"帮助"减轻压力，改变心情低落、焦虑状态的方法，绝对不能"治愈"或"完全解除"压力，因为当初造成压力的来源根本不是食物。所以，要完全摆脱压力，唯一的路径就是消除压力来源，如此才能真正获得一个自在的心灵。

 思考题

1. 食品的分类有哪些？

2. 简述 3～5 种新概念食品。

3. 哪些食品被称为致癌食品？

4. 什么是食品污染？怎样分类？

5. 食品污染怎样预防？

6. 人体所需基本营养元素有哪些？谈谈钙、镁、锌、硒、铜元素在人体中起的生理、生化作用。这些物质缺乏时会引起什么疾病？如何预防？

7. 维生素一般怎样分类？

8. 三大产能元素是什么？

9. 谷物中的主要营养元素有哪些？

10. 大豆中的主要营养元素有哪些？

11. 薯芋类中的主要营养元素有哪些？

12. 根据我国食物构成实际情况，饮料主要有哪些类型？

13. 简述豆浆及其制品的主要种类及其特征。

14. 简述奶及其制品的主要种类及其特征。

15. 简述酒的主要组成和功效。酒精中的有害成分有哪些？

16. 茶、咖啡、可可的主要组成、功效和特征有哪些？

17. 何为软饮料？主要有哪些类型？谈谈软饮料对青少年健康的影响。

18. 按功能，食品添加剂怎样分类？

19. 天然产物色素主要有哪些？

20. 生活中的香料主要有哪些？在化学上有何特点？

21. 食物中的毒物主要有哪些种类？对人体有哪些危害？

22. 烟草的化学成分主要有哪些？烟气中的毒物主要有哪些？吸烟对人体有哪些危害？

23. 常见毒品有哪些？它们的危害性怎样？

24. 简述体育运动中使用兴奋剂的危害。

24. 简述膳食的金字塔结构。

25. 常见老年病有哪些？怎样防治？

26. 肥胖与苗条的概念是怎样的？怎样采取合理、科学的减肥方法？

第二章 日用品与化学

　　现代生活随着社会的进步和人类文明的发展,大量的化学物品进入家庭,渗透到人们生活的各个方面,成为人类生活中不可缺少的必需品。日用化学品泛指在家庭中使用的一大类化学物品。广义上讲,凡进入家庭日常生活和居住环境的化学物品均可通称为日用化学品,包括洗涤用品、护肤美容用品、护发美发用品、护齿用品、除虫杀菌用品、文化用品及娱乐用品(如烟花、爆竹)等。

第一节　洗涤用品

一、洗涤用品的发展历史和现状

　　洗涤是指以化学和物理作用并用的方法,将附着在被洗涤物表面的污垢去掉,从而使物体表面洁净的过程。去污的范围很广,日常生活中的去污主要是指衣物的去污,这是洗涤用品最主要的功能,所用的洗涤用品称为洗涤剂,主要包括合成洗涤剂和肥皂。日用器皿、餐具和水果、蔬菜等的洗涤也属去污,但习惯上称为清洗,所用的洗涤用品则称为清洗剂。

　　最早出现的洗涤用品是皂角类植物等天然产物,其中含有皂素,即皂角苷,有助于增强水的洗涤去污作用。此外,草木灰也被用作洗涤剂,因为其中含有钾碱,用水沥淋出来的水溶液,有助于去除织物上的油污。据老普林尼著《博物志》中的记载,公元前600年,腓尼基人就用羊脂和木灰制造出原始的肥皂。1791年,N.吕布兰以卤水制得纯碱,并将纯碱经石灰苛化而生产出苛性钠,使肥皂从手工制作转向工业化生产。第一次世界大战时期,由于动、植物油脂供应紧张,德国首先开发了合成洗涤剂,主要成分是短链的烷基萘磺酸盐。

　　20世纪20年代末期,开始用长链脂肪醇经硫酸化、中和成为脂肪醇硫酸钠,当时仅添加些硫酸钠,作为合成洗涤剂出售。20世纪30年代初期,随着石油化工的发展,美国生产了长链的烷基苯磺酸盐。第二次世界大战后,由丙烯聚合而成的四聚丙烯代替了煤油馏分,与苯结合而成为烷基苯,经磺化、中和而成为烷基苯磺酸钠。由于其价格低廉、性能良好,当时世界上大部分合成洗涤剂是由这种表面活性剂配制而成的。20世纪60年代,由于四聚丙烯在化学结构上存在支链,不易被生物所降解,造成环境污染,因此用直链烷基苯逐步取代了四聚丙烯烷基苯。

　　随着化学工业的发展,在使用烷基苯磺酸钠之类的优良表面活性剂作为基本组分外,还配用其他表面活性剂和各种不同的助剂和辅助剂,以提高洗涤效果。在第二次世界大战时期,德国就开始用羧甲基纤维素作为合成洗涤剂的辅助剂以消除污垢的再沉积问题。到第二次世界大战末期,将碳酸盐、硅酸盐、磷酸盐等碱性物作为合成洗涤剂的助剂加以使用。聚磷酸盐的使用是合成洗涤剂工业发展中的一个重要步骤。初期使用焦磷酸四钠，以后改用三聚磷酸钠，取得了良好的洗涤效果。但到 20 世纪 60 年代末，由于三聚磷酸钠在合成洗涤剂中使用量较大，用后排入下水道，有污染河流水源而造成"过营养"化的问题，有些国家已禁止或限制使用，而改为沸石等其他代用品。

我国在 1903 年就在天津创立了"造胰公司"，1907 年在上海建立"裕茂皂厂"，这是中国开办最早的两家肥皂厂。直到 1949 年，中国的洗涤用品工业还只有肥皂工业，而且多数是手工作坊，规模小，设备简陋，仅在上海、天津等少数大城市有几家规模稍大、采用机器生产的工厂。1959 年开始生产合成洗涤剂。从 1960 年开始，随着合成洗涤剂的发展，逐步发展了烷基苯、三聚磷酸钠等原材料的生产。1961 年开始利用石蜡生产皂用合成脂肪酸。1978 年以后，洗涤用品生产发展迅速，花色品种逐步增加，如洗衣粉中发展了复配、加酶、杀菌消毒、加色加香、浓缩、增白等许多品种；液体洗涤剂中发展了洗涤餐具、水果和蔬菜、浴缸、炉灶、纱窗、玻璃、搪瓷器皿、地毯等各种专用洗涤剂等；还发展了润肤、护肤以及具有一定疗效的香皂、浴液，并发展了适合老年人、妇女、儿童特点的产品。

二、洗涤剂的洗涤原理

1. 去污作用

所谓去污，其本质就是从衣物、布料等被洗涤物上将污垢洗涤干净。在这个洗涤过程中，借助于某些化学物质（洗涤剂）减弱污垢与被洗物表面的黏附作用并施以机械力搅拌，使污垢与被洗物分离并悬浮于介质中，最后将污垢洗净冲走。

2. 洗涤作用

从目的和机能来说，洗涤过程包括下列要素：被称为基质的洗涤对象；从基质上被除去的物质、污垢；洗涤时使用的洗涤液，即在除去污垢时使用的肥皂溶液、合成洗涤剂溶液。通常可将洗涤过程用下式表示：

物品·污垢＋洗涤剂 ——→ 物品＋污垢·洗涤剂

整个过程是在介质中进行的（图 2-1）。黏着污垢的衣物和洗涤剂一起投入介质中，洗涤剂溶解在介质中，洗涤液将物品润湿，进而将污垢溶解，使污垢与衣物表面的结合变为污垢与洗涤剂的结合，从而使污垢脱离衣物表面而悬浮于介质中。分散、悬浮于介质中的污垢经漂洗后，随水一起除去，得到洁净的物品，这是洗涤的主过程。洗涤过程是一个可逆过程，分散和悬浮于介质中的污垢也有可能从介质中重新沉积于衣物表面，使被洗物变脏，这叫作污垢再沉积作用。因此，性能良好的洗涤剂至少应具备两种作用：一是降低污垢与基质表面的结合力，具有使污垢脱离物品表面的能力；二是具有抗污垢再沉积作用。

A.水的表面张力大，对油污润湿性能差，不容易把油污洗掉。

B.加入表面活性剂后，憎水基团朝向织物表面并吸附在污垢上，使污垢逐步脱离表面。

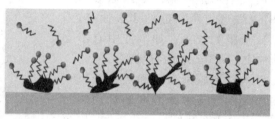

C.污垢悬在水中或随泡沫浮到水面后被去除，织物表面被表面活性剂分子占领。

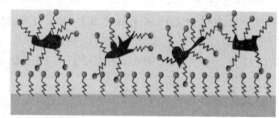

图 2-1　洗涤剂的去污过程

三、洗涤剂的组成

洗涤剂是按一定的配方配制的产品。洗涤剂配方中的必要成分是表面活性剂,辅助成分包括助剂、泡沫促进剂、配料、填料等。表面活性剂是一种用量尽管很少,但对体系的表面行为有显著效应的物质。它们能降低水的表面张力,起到润湿、增溶、乳化、分散等作用。洗涤助剂是能使表面活性剂充分发挥活性作用,从而提高洗涤效果的物质。

（一）表面活性剂

1. 表面活性剂的结构

表面活性剂被誉为"工业味精",是指具有固定的亲水亲油基团,在溶液的表面能定向排列,并能使表面张力显著下降的物质。表面活性剂的分子结构具有双亲性(图 2-2):一端为亲

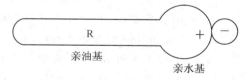

图 2-2　表面活性剂分子示意图

水基团,另一端为亲油基团;亲水基团常为极性的基团,如羧酸、磺酸、硫酸、氨基或胺基及其盐,也可是羟基、酰胺基、醚键等;而亲油基团常为非极性烃链,如 8 个碳原子以上的烃链。

为了达到稳定,表面活性剂溶于水时,可以采取两种方式:

(1) 在液面形成单分子层膜,将亲水基留在水中而将亲油基伸向空气,以减小排斥(图 2-3)。而亲油基与水分子间的斥力相当于使表面的水分子受到一个向外的推力,抵消表面水分子原来受到的向内的拉力,使水的表面张力降低。这就是表面活性剂的发泡、乳化和润湿作用的基本原理。在油-水系统中,表面活性剂分子会被吸附在油-水两相的界面上,而将极性基团插入水中,非极性部分则进入油中,在界面定向排列。这在油-水相之间

产生拉力，使油-水的界面张力降低。这一性质对表面活性剂的广泛应用有重要的影响。

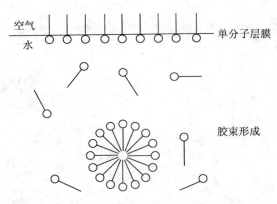

图 2-3　表面活性剂在水中的行为

（2）形成"胶束"。胶束可为球形，也可是层状结构，都尽可能地将亲油基藏于胶束内部而将亲水基外露。如以球形表示极性基，以柱形表示亲油的非极性基，则形成单分子膜和胶束。如溶液中有不溶于水的油类（不溶于水的有机液体的泛称），则可进入球形胶束中心和层状胶束的夹层内而溶解。这称为表面活性剂的增溶作用。表面活性剂可起到洗涤、乳化、发泡、润湿、浸透和分散等多种作用，且表面活性剂用量少（一般为百分之几到千分之几），操作方便、无毒无腐蚀，是较理想的化学用品，因此在生产上和科学研究中都有重要的应用。在浓度相同时，表面活性剂中非极性成分大，其表面活性强。即在同系物中，碳原子数多的表面活性较大。但碳链太长时，则因在水中溶解度太低而无实用价值。

2. 表面活性剂的分类

表面活性剂的分类方法很多，根据亲油基结构进行分类可分为直链、支链、芳香链、含氟长链等；根据亲水基进行分类可分为羧酸盐、硫酸盐、季铵盐、内酯等；有些研究者根据其分子构成的离子性分成离子型、非离子型等；还有根据其水溶性、化学结构特征、原料来源等各种分类方法。但是众多分类方法都有其局限性，很难将表面活性剂合适定位，并在概念内涵上不发生重叠。因此，通常采用一种综合分类法，以表面活性剂的离子性划分，同时将一些属于某种离子类型，但具有其显著的化学结构特征，已发展成表面活性剂一个独立分支的品种单独列出，在基本不破坏分类系统性的前提下，使得分类更明确，并对表面活性剂各个近代发展分支有较为清晰的了解。表面活性剂按极性基团的解离性质分类如下：

（1）阴离子表面活性剂：如作为普通肥皂的脂肪酸盐、大部分家用洗衣粉的烷基苯磺酸钠、用作化妆品原料的脂肪醇硫酸钠等。

（2）阳离子表面活性剂：常用品种有苯扎氯铵（洁尔灭）和苯扎溴铵（新洁尔灭）等。其特点是水溶性大，在酸性与碱性溶液中较稳定，具有良好的表面活性作用和杀菌作用。

（3）两性离子表面活性剂：有卵磷脂、氨基酸型、甜菜碱型。在碱性水溶液中呈阴离子表面活性剂的性质，具有很好的起泡、去污作用；在酸性溶液中则呈阳离子表面活性剂的性质，具有很强的杀菌能力。

（4）非离子表面活性剂：有脂肪酸甘油酯、脂肪酸山梨坦（Span）、聚山梨酯（Tween）、聚氧乙烯-聚氧丙烯共聚物等，常用作乳化剂和分散剂。

（5）双子表面活性剂：是通过化学键将两个或两个以上的同一或几乎同一的表面活性剂单体，在亲水头基或靠近亲水头基附近用连接基团将这两亲成分连接在一起而形成的。与普通表面活性剂相比，双子表面活性剂在溶液界面的吸附能力大 100～1000 倍。这意味着双子表面活性剂比普通表面活性剂效率更高。例如，降低溶液的表面张力、起泡或形成乳液、微乳液所需的双子表面活性剂的浓度比普通表面活性剂的浓度更低。

（二）洗涤助剂

助剂的选择、配比必须与表面活性剂的性能相适应。选择适当的助剂可大大影响洗涤剂的效果（表2-1）。

表 2-1 助剂对烷基苯磺酸钠去污力的影响

烷基苯磺酸盐/%	Na_2SO_4/%	Na_2CO_3/%	$2Na_2O \cdot SiO_2$/%	$Na_4P_2O_7$/%	去污力的增加率/%
40	60				16.5
40	20	40			18.0
40	20		40		34.0
40	20		20	20	41.0
40	20	20		20	42.0

主要助剂及作用如下：

（1）三聚磷酸钠（$Na_5P_3O_{10}$）。俗称五钠，为洗涤剂中最常用的助剂，配合水中的钙、镁离子，造成碱性介质，有利油污分解，防止制品结块（形成水合物而防潮），使粉剂成空心状。

（2）硅酸钠。俗称水玻璃，除有碱性缓冲能力外，还有稳泡、乳化、抗蚀等功能，也可使粉状成品保持疏松、均匀和增加颗粒的强度。

（3）硫酸钠。其无水物俗称元明粉，十水物俗称芒硝；在洗衣粉中用量甚大（约40%），是主要填料，有利于配料成型。

（4）羧甲基纤维素钠。简称CMC，可防止污垢再沉积，由于它带有大量负电荷，吸附在污垢上，静电斥力增加。

（5）月桂酸二乙醇酰胺。有促泡和稳泡作用。

（6）荧光增白剂。如二苯乙烯三嗪类化合物，配入量约0.1%。

（7）过硼酸钠。水解后可释出过氧化氢，起漂白和化学去污作用，多用作器皿的洗涤剂。

（8）其他。如香精、酶制剂等。

四、家用洗涤剂简介

家用洗涤剂包括衣物洗涤剂、个人卫生清洁剂以及家庭日用清洁剂等。

1. 衣物洗涤剂

（1）肥皂：主要成分是硬脂酸钠。生产肥皂要耗用大量的动、植物油脂。据统计，生产1t肥皂，需要耗用2t食用油脂。肥皂的优点是能洗涤衣服上的污垢，使用方便；缺点是用水的适应性差，肥皂不宜在硬水（含有矿物质多的河水、井水、海水和山水等）中使用。在硬水中用肥皂洗涤衣服，会使衣服发黄、发硬、变脆，降低牢度，还容易使衣服发霉。家庭常用的肥皂有：洗衣皂、香皂、透明皂、药皂等。

（2）洗衣粉：碱性较强，pH大于12，去污力强，含助剂较多。使用过程中对皮肤的刺激较大，还容易损伤衣物纤维和颜色，是现今家庭普遍使用的一类粉状洗涤剂。

（3）弱碱性洗衣液：pH为9～10.5。除含有烷基苯磺酸钠等表面活性剂之外，还含有很多助剂，如人造沸石、螯合剂、增稠剂等。液体一般不透明，适用于洗涤棉、麻、合成纤维等织物。洗衣液的去污效果虽然不如洗衣粉，但不伤手，不伤衣，不受水质影响，没有残留，通常还有柔顺、除菌等功能。可以预见市场份额逐年上升的洗衣液即将完全取代洗衣粉。

（4）中性洗衣液：pH 为 6.0～8.5，由表面活性剂和增溶剂组成，不含助剂。洗涤剂的透明度较高，可用于丝、毛等精细织物，如商品丝毛净。

（5）衣领净：含表面活性剂、助剂、酶、荧光增白剂、抗再沉淀剂和香料等。主要优点是低温下溶解性好，易分散，属于重垢洗涤剂。

（6）衣物柔顺剂：是一种电荷中和剂。因为洗涤剂大多是阴离子表面活性剂，少量阴离子残留在织物上引起静电而导致织物变硬。柔顺剂的活性物质是季铵盐类阳离子型表面活性剂，不仅可以消除静电，还可以使织物柔软而富有弹性。

（7）干洗剂：是指非水系，以有机溶剂为主要成分的液体洗涤剂。它主要用于洗涤油性污垢，洗涤后衣服不变形、不缩水，适用于洗涤各种高级真丝、毛料、皮革等衣物。由表面活性剂、漂白剂和有机溶剂组成。用作干洗剂的溶剂是石油产品中的卤代烃，最常用的是四氯乙烯。

2. 个人卫生清洁剂

（1）洗发露：主要活性成分是硫酸脂肪醇，此外还含有三乙醇胺与氢氧化胺的混合盐、月桂酸异丙醇酰胺、甲醛、聚氧乙烯、羊毛脂、香料、色料和水，主要功能是清洁头发和头皮。目前有各种适用不同发质的不同功效的洗发露销售，如丝质均衡洗发露、营养修护洗发露、深层保护洗发露、深层去污洗发露、深层修复烫发洗发露等。

（2）沐浴露：主要成分是表面活性剂，此外还有泡沫稳定剂、香精、增稠剂、螯合剂、护肤剂、色料。一般 pH 为 5～6，属弱酸性，可保护皮肤环境且清洁力强。高级浴液中还加入一些功效成分，如中草药提取物、水解蛋白、维生素和羊毛脂衍生物等，使浴液不仅有清洁作用，还能促进血液循环，润湿保护皮肤，以及具有杀菌、消毒的作用。

（3）口腔清洁剂：包括牙膏和漱口水。牙膏是由粉状摩擦剂、湿润剂、表面活性剂、黏合剂、香料、甜味剂及其他特殊成分构成的。漱口水的主要组分是香精、表面活性剂、氟化物、氯化锶、酒精和水等。它们都能清洁口腔，预防龋齿和牙周炎等，有清凉爽口感。

（4）洗面奶：油脂、水及表面活性剂是构成洗面奶的最基本的成分。为提高产品的滋润性能，使之更为温和，除采用脂肪醇、脂肪酸酯、矿物油脂外，配方中还要添加一些像羊毛油、角鲨烷、橄榄油等天然动植物油脂。除了去离子水以外，水相中还经常加入一些多元醇（如甘油、丙二醇等）保湿剂，以减轻因洗面造成的皮肤干燥。配方中表面活性剂的作用尤为重要，它既具有乳化作用（将配方中的油脂分散于水中形成白色乳液），又具有洗涤功能（在水的作用下除去污垢）。常用的表面活性剂有 N-酰基谷氨酸盐、烷基磷酸酯等。除了油脂、水及表面活性剂外，洗面奶配方中还要加入香精、防腐剂、抗氧化剂等添加剂以稳定产品、赋予其香气。另外，产品中加入杀菌剂、美白剂等原料还可以使之具有一些特殊功能。一些蔬菜、瓜果等提取物的加入还可以适当给皮肤补充一些维生素等营养成分。洗面奶产品为水包油型乳液，其去污、清洁作用包括两个方面：一是借助于表面活性剂的润湿、渗透作用，使面部污垢易于脱落，然后将污垢乳化、分散于水中；二是洗面奶中的油性成分可以作为溶剂溶解面部的油溶性污垢。前一种去污作用与香皂的作用原理相似，但不同的是洗面奶中的表面活性剂要比香皂中的皂基温和得多，且加入量也少。以上两种清洁作用相辅相成,使洗面奶在安全、温和的同时,具有很好的去污效果,成为十分流行的面部专用清洁用品。

(5)洗手液:由多种表面活性剂及多功能添加剂组成,具有清洁、杀菌、滋润等多种功效。

3. 家庭日用清洁剂

(1)餐具、果蔬洗涤剂:就是常说的洗洁精,主要由表面活性剂、发泡剂、增溶剂组成。常用的表面活性剂有脂肪醇聚氧乙烯醚、脂肪醇聚氧乙烯醚硫酸钠。该类洗涤剂必须对人体无害、不刺激皮肤、对餐具无腐蚀作用。

(2)消毒洗涤剂:主要由表面活性剂、杀菌剂和稳定剂组成。杀菌剂多使用次氯酸钠(故洗涤衣物时有漂白作用)。这种洗涤剂在水中呈碱性,只适用于餐具、衣物的洗涤,不得用于水果蔬菜的洗涤。使用时还要稀释到一定浓度(次氯酸钠浓度为 20～30mg/L)才能获得最佳消毒效果。

(3)硬表面洗涤剂:主要成分是非离子型表面活性剂、阴离子表面活性剂、磷酸盐、羧甲基纤维素、尿素、二甲苯磺酸盐、杀菌剂和香料,用于玻璃门窗、家具、墙壁的清洁。

五、洗涤剂与环境污染

资料显示,地球上水质和土壤的污染,竟然有 70% 是来自每个家庭所排放出来的废水。其中最引人注意的一点是:家用洗涤剂是造成水体富营养化的主因。因为家用洗涤剂中一般有 15%～30% 的磷酸盐助剂,排入水后水体中的营养物质增加,在适宜的条件下促成蓝绿藻类大量繁殖。因此,磷是造成水体富营养化的罪魁祸首。随着水体中营养物质的富集,藻类占据的空间越来越大,有时占据整个水域,这样就使得鱼类的生活空间越来越少,这种现象持续下去的结果就是藻类种类越来越少,而个体数量越来越大,并由以硅藻和绿藻为主转变为以蓝藻为主。藻类只在水体表面能接受阳光的范围内生长,并排出氧气,在深层的水中就无法进行光合作用而出现耗氧,夜间或阴天也同样消耗水中的溶解氧,严重时导致水中生物死亡。藻类的死亡和沉淀又会把有机物转入深层水中,使其变为厌氧分解状态。大量厌氧菌繁殖,最终使水体变得腐臭。富营养化的水中含有硝酸盐和亚硝酸盐,人畜长期饮用也会中毒致病。

历史上发生过多起水体富营养化事件。最典型的是日本琵琶湖水体富营养化。琵琶湖自 20 世纪 60 年代起开始遭遇富营养化的问题,在湖内出现了畸形鱼,居民的水龙头也经常发出恶臭。相应的措施是从 1974 年开始的,即减少水生植被,控制湖中水草的生长。有关部门在 1979 年制定了《琵琶湖富营养化防治条例》,并具体规定了排放污水中氮和磷的含量。

2007 年 5 月底,我国太湖无锡流域也曾发生大面积蓝藻暴发事件(图 2-4),造成无锡全城自来水污染,近百万市民家中的自来水无法饮用,生活用水和饮用水严重短缺,超市、商店里的桶装水被抢购一空。

为防止水体富营养化现象的产生,很多国家都制定了污水排放中禁磷和限磷的措施。目

图 2-4 太湖蓝藻

前我国每年的洗衣粉生产量为 200 万吨左右,如果按平均 15％的磷酸盐含量计算,每年将有 30 万吨的含磷化合物被排放到地表中。据科学试验表明,1g 磷入水,可使水内生长蓝藻 100g。这种蓝藻可产生致癌毒素,并透过水体散发出令人难以忍受的气味。专家指出,近年来大量含磷的工业废水和生活污水排入河中,而在城市污水处理系统中又没能采取相应的措施直接除去磷,致使这些含磷量过高的污水回流到地表水域之中,造成地表水富营养化。

1996 年我国地方法规《江苏省太湖水污染防治条例》颁布禁磷条款以来,已先后有云南滇池、杭州西湖、安徽巢湖、北京密云、抚顺大伙房、大连、深圳、厦门等地实施禁磷。

现在提倡大家使用无磷洗衣粉就是这个道理。

六、洗涤用品与人类健康

1. 肥皂

肥皂在制造时要求使用的原料对人体无害,毒性小,但是管理不善或使用了劣质原料则会给使用者造成不同伤害。制皂过程中使用了大量的烧碱,如果烧碱残留过量,则其强碱性必然会对皮肤造成烧伤等一系列刺激性损伤。过量的乙醇、食盐除影响肥皂质量外,对皮肤也会产生一定的刺激作用。肥皂中的其他成分如香料、着色剂、抗氧化剂、富脂剂、钙皂分散剂也可引起皮肤损害。香料是常见的致敏原,可以引起皮肤瘙痒、丘疹、湿疹、过敏性皮炎等。羊毛脂也可以致敏;苯酚对皮肤刺激性很大,可引起刺激性损伤;三溴水杨酸、苯胺被怀疑为光敏性物质;对氯苯酚和六氯酚也是致敏物质。这些物质在肥皂中所占比例很小,按照通常的洗涤习惯,涂抹肥皂后经过一定揉洗,会用大量水冲洗掉,因此这些物质在皮肤上残留的量很少,由这些物质引起的皮肤损伤并不严重。

因使用肥皂、香皂而引起皮肤损伤的人数以及严重程度远不如合成洗涤剂,但如果使用不当,少数人也会发生轻重程度不同的皮肤刺激反应。如过多地使用肥皂就会把皮脂保护膜洗掉,缺少这层保护膜,皮肤会过于干燥,变得粗糙,出现皲裂、脱屑,容易遭受外界各种刺激。一些本来已经患有皮炎、湿疹、瘙痒症一类皮肤病的人怕刺激,肥皂包括香皂的碱性会使这类皮肤病加重、恶化,或者已经治愈的皮肤病在使用肥皂后复发。出现这些情况时,应该立即停止使用肥皂或香皂。单纯因使用肥皂引起的过敏极为罕见。有不少人反复使用肥皂后出现皮肤过敏现象,如皮肤出现瘙痒、红斑、皮疹、丘疹,误认为是肥皂造成的,实际上主要是肥皂和香皂内的添加剂造成的,多数是药皂中的杀菌剂造成的。例如,暗红色药皂中的石炭酸易使人过敏,还有前面提到的透明剂、抗氧化剂、富脂剂等都可能成为诱发皮肤过敏的致敏源。

2. 合成洗涤剂

据新闻报道,广州一位家庭主妇在家中打扫卫生时突然晕倒,家人发现后立即将她送往医院抢救。经对其血液和胃液化验,确认是氯气中毒。原来这位主妇为了获得更强的去污能力,把漂粉精和洁厕灵混合使用,结果发生化学反应,产生氯气。由于氯气比重比空气重,沉积于面积狭小的浴室下部,导致中毒事故发生。氯气在空气中含量达到百万分之十五时,人的眼、呼吸道会有疼痛感;达到百万分之五十时就会胸痛、咳嗽、咳痰,甚至咯血;达到万分之一时将会引起呼吸困难、血压下降,甚至出现休克、窒息而导致死亡。

含有次氯酸盐的漂粉精和酸性的洁厕灵混合使用是怎样产生氯气的呢？实际上是发生了下面的化学反应：

$$ClO^- + Cl^- + 2H^+ \longrightarrow Cl_2 + H_2O$$

一般洗涤剂的主要原料本身毒性并不大,但是有些原料本身或者其中含有的杂质、中间体常常能够造成对皮肤的刺激作用或本身就是致敏源,如漂白剂、杀菌剂、酶制剂、香料等。劣质的原料中可能还含有过量重金属如铅、汞、砷;餐具洗涤剂中含有对人体有害的甲醇和荧光增白剂;因存储不当而被污染或者储存时间超过保质期限,可使微生物(大肠杆菌、绿脓杆菌、金黄色葡萄球菌)在洗涤剂中繁殖,一些有害微生物能通过消化道、皮肤和破损皮肤进入人的机体,危害人体健康,或对人体造成潜在的危害。

洗涤剂对人体的危害主要有:

(1)皮肤损伤。洗衣粉、漂白剂、洁厕灵等家庭用清洁化学品中含有碱、发泡剂、脂肪酸、蛋白酶等有机物,其中的酸性物质能从皮肤组织中吸出水分,使蛋白质凝固;而碱性物质除吸出水分外,还能使组织蛋白变性并破坏细胞膜,损害比酸性物质更加严重。洗涤用品中所含的阳离子、阴离子表面活性剂,能除去皮肤表面的油性保护层,进而腐蚀皮肤,对皮肤的伤害也很大,尤其是强力去污粉和洁厕剂等。常接触洗涤剂还可导致面部出现蝴蝶斑(蝴蝶形色素沉着)。因为洗涤剂中的烷基磺酸盐等化学物质能抑制氧化酶的活性,导致皮肤中的黑色素由无色变为黑色,进而出现大面积蝴蝶斑。

常使用洗涤剂还可导致"主妇手",该病因好发于每天从事家务劳动,双手经常毫无保护地接触各种肥皂、洗衣粉、洗洁精等化学洗涤用品的家庭主妇而得名。近年来的研究表明,"主妇手"并不仅仅发生于家庭主妇,孩子们过度洗手、滥用杀菌皂也会成为该病的受害者。对于"主妇手",防重于治。在天气寒冷的季节要注意手部保暖,避免用冷水洗手,注意防冻。每天应用温热水泡手,避免接触肥皂、洗衣粉,及脂溶性、吸水性或其他易使皮肤干燥的化学物质,并经常外涂油脂性护肤剂、防裂膏等。

(2)免疫功能受损。各种清洁剂中的化学物质都可能导致人体发生过敏性反应。有些化学物质侵入人体后会损害淋巴系统,引起人体抵抗力下降;使用清除跳蚤、白蚁、臭虫和蟑螂的药剂,会致人体患淋巴癌的风险增大;一些漂白剂、洗涤剂、清洁剂中所含的荧光剂、增白剂成分,侵入人体后,不像一般化学成分那样容易被分解,而是在人体内蓄积,大大削减人体免疫力。

意大利医学研究机构最近的一项调查表明,让孩子接触一些细菌并非坏事,它对加强自身免疫很有帮助。在接触细菌时,人自身会产生抗体,就像打预防针一样。如果滥用杀菌洗涤用品,一味拒绝细菌,人的抵抗力会降低,而且杀菌皂还能增加病菌的耐药性。此外,滥用杀菌用品会杀灭有益菌群,甚至会刺激细菌突变,催生出一大批超级细菌变体。如果每天用杀菌皂给孩子洗手,就如同滥用抗生素一样,会破坏人体的微生物平衡,使自身的免疫力下降。

(3)致癌风险增高。洗涤剂中的荧光增白剂能使人体细胞出现变异性倾向,其与伤口外的蛋白质结合,还会阻碍伤口的愈合,使人体细胞出现变异性倾向。其毒性累积在肝脏或其他重要器官,会成为潜在的致癌因素。不少含天然生物精华的沐浴液,常含有防腐剂等化学物质,容易污染人体血液,虽然血液具有一定的自净能力,微量的有害物质进入其中,会被稀释、分解、吸附和排出,但长期、大量的有毒物质倾注而入,必致其发生质的变化。这些化学物质进入血液循环,会破坏红细胞的细胞膜,引起溶血现象,这些都增加了罹患白血病的风险。

另外，一种被广泛应用于肥皂、牙膏、内衣裤清洗剂、洗手液中的抗菌剂三氯生（三氯羟基二苯醚）被认为可能致癌。这来自于 2005 年美国弗吉尼亚理工大学教师比德的一项实验。实验结果称，含有三氯生的产品与含氯的自来水发生反应后，可形成一种被称为"哥罗芳"的物质，也就是氯仿。而在另一项研究中，来自弗吉尼亚理工学院的研究人员检测了 16 项家居用品，包括女性护理液、肥皂和沐浴露。结果表明，所有含三氯羟基二苯醚成分的产品与自来水接触都会生成氯仿或者其他氯的副产品。而氯仿曾被用作麻醉剂。动物试验发现，这种物质会对心脏和肝脏造成损伤，具有轻度致畸性，可诱导小白鼠发生肝癌。因为这份 2005 年的研究报告，英国某大型连锁零售商撤销了所有含三氯羟基二苯醚成分的产品，中国的商店也撤销了所有含三氯羟基二苯醚成分的牙膏。某知名品牌牙膏被质疑含有三氯生成分。在 2009 年公布的牙膏新国标中，三氯生则被列入到允许添加的防腐剂中，但明确不得超过 0.3%。美国食品药品监督管理局在 2010 年 4 月宣布启动对三氯生安全性的评估。研究人员发现，这一杀菌成分有可能干扰甲状腺荷尔蒙功能，甚至会使部分细菌对抗生素产生抵抗性。但在其本职工作"杀菌"方面却未必比肥皂加清水强多少。2011 年年底，美国有议员甚至敦促美国将三氯生列入禁用名单。三氯生的安全性问题目前还是悬而未决。

（4）神经系统受损。一般的空气清洁剂所含的人工合成芳香物质能对神经系统造成慢性毒害，致人出现头晕、恶心、呕吐、食欲减退等症状，影响儿童生长发育。其一旦进入人体中枢神经系统会使人患抑郁症或痴呆症。如果含有杂质成分（如甲醇等），散发到空气中对人体健康的危害更大。这些物质会引起人呼吸系统和神经系统中毒和急性不良反应，产生头痛、头晕、喉头发痒、眼睛刺痛等症状。不同类型的清洁剂混用，可能导致更严重的后果，如上述的广州家庭妇女事件。

（5）生殖系统受损。化学洗涤剂大都含有氯化物。氯化物过量，会损害女性生殖系统。清洁剂中的烃类物质可使女性卵巢丧失功能，烷基磺酸盐等化学成分可通过皮肤黏膜吸收，若孕妇经常使用，可致卵细胞变性，卵子死亡。科学家在研究不孕症的过程中，发现不少妇女的不孕与长期使用洗涤剂关系密切。在怀孕早期，洗涤剂中的某些化学物质还有致胎儿畸形的危险。洗涤剂中含有的十二烷基苯磺酸钠，对雄性哺乳动物的生殖细胞有潜在的致畸作用，会导致精子活性及数量下降。

据保健专家介绍，由家用洗涤剂造成的化学污染是近年来白血病、恶性淋巴病、神经细胞瘤、肝癌等患者增多的重要原因之一。因此，我们必须要谨慎选择和正确使用洗涤剂。

第二节 化 妆 品

根据 2007 年 8 月 27 日国家质检总局公布的《化妆品标识管理规定》，化妆品是指以涂抹、喷洒或者其他类似方法，散布于人体表面的任何部位，如皮肤、毛发、指趾甲、唇齿等，以达到清洁、保养、美容、修饰和改变外观，或者修正人体气味，保持良好状态为目的的化学工业品或精细化工产品。近 30 年来，世界化妆品发展迅速，人类使用化妆品越来越普遍，化妆品已从奢侈品发展为生活必需品，在精细化学品工业中占有重要地位。化妆品业也吸收了其他学科及工业部门的新成就，加强学科之间的渗透，逐渐形成了一门新兴的综合学科——化妆品学。化妆品学是研究化妆品配方组成和原理,制造工艺,产品及原料性能评价,安全使用,产品质量和有关法规的一门综合性学科。它是化学、药学、皮肤科学、齿学、生物化学、化学工艺学、毒理学、生理学、心理学、美学、色彩学、管理学和法律学等有关学科综合起来的一门应用学科。现代化妆品是根据化妆品科学和工艺学制成的精细化学品。

一、化妆品的发展史

化妆品的发展历史大致可分为下列六个阶段:

1. 古代化妆品时期

"爱美之心,人皆有之",自有人类文明以来,就有了对美化自身的追求。在原始社会,一些部落在祭祀活动时,会把动物油脂涂抹在皮肤上,使自己的肤色看起来健康而有光泽,这也算是最早的护肤行为了。由此可见,化妆品的历史几乎可以推算到自人类的存在开始。公元前5世纪到公元7世纪期间,各国有不少关于制作和使用化妆品的传说和记载,如古埃及人用黏土卷曲头发,古埃及皇后用铜绿描画眼圈,用驴乳浴身,古希腊美人亚斯巴齐用鱼胶掩盖皱纹,等等,还出现了许多化妆用具。中国古代也喜好用胭脂抹腮,用油脂滋润头发,衬托容颜的美丽和魅力。

2. 合成化妆品时期

20世纪第二次世界大战后,世界范围内经济慢慢复苏。随着石油化学工业的迅速发展,为了迎合人们对美的追求和渴望,以矿物油为主要成分,加入香料、色素等其他化学添加物的合成化妆品诞生了。由于合成化妆品能大批量生产,价格较低廉,且能保证稳定供应,在社会上迅速普及。合成化妆品以油和水乳化技术为基础理论,以矿物油锁住角质层的水分,保持皮肤湿润,抵抗外界刺激。但同时,油类也会阻碍皮肤呼吸,导致毛孔粗大,引发皮脂腺功能紊乱。特别是由于合成化妆品是多种化工原料的大杂烩,其中大量添加了对肌肤有潜在伤害的化学添加物,长期使用,会对皮肤造成伤害。

3. 危险化妆品时期

伴随着合成化妆品的普及,在中国化妆品领域出现了一个特殊的阶段——危险化妆品时期,越来越多化妆品伤害肌肤的事件爆发。一些不法厂商盲目追求经济利益,利用人们求快、求效果的心态,在化妆品中加入激素等特殊成分,做成"三天美白""七天祛斑"等功效型产品。如添加雌性激素让肌肤白里透红,用重金属汞美白祛斑,造成使用者肌肤铅、汞中毒,患上激素依赖性皮炎等严重的皮肤病。

4. 自然化妆品时期

进入20世纪70年代,由于合成化妆品在生产与消费过程中造成环境污染和人体毒性问题已引起了人们极大的关注,全世界掀起了一股"回归大自然"的思潮。自然化妆品用天然油取代了过去的矿物油,但由于皮肤本身生理结构特性,单纯从自然界中提取的营养成分只能到达角质层,无法深入皮肤解决问题。而且某些所谓自然的化妆品中天然物质并不多,绝大部分仍然是化工原料。同时,化妆品行业炒作概念的行为也愈演愈烈。原料仍然是油与水,换一种包装,换一公司名称,持续不断推出第二代、第三代产品。核酸美白、酵素护理、生化基因家、克隆素、干细胞活肤,科学界发表的学术理论都被当成了卖点来炒作。

5. 无添加化妆品时期

随着化妆品科学研究的深入和化妆品危害性的爆发，人们对化妆品安全健康的需求达到了前所未有的高度。肩负着开创安全健康化妆品的历史责任，无添加化妆品正式诞生。20 世纪 90 年代末，日本成功研发出无添加化妆品，这是一种不用油，以凝胶为原料的化妆品。其不添加着色剂、香料、化学防腐剂、油脂、蜡、乳化剂、乙醇等所有可能对皮肤造成刺激、对皮肤有潜在危害的化学添加物，成分与人体组织液相似，蕴含多种营养元素，能深入肌肤产生出多层次的综合性护肤效果，对肌肤安全无刺激，并且能很好地改善肌肤问题，是真正安全有效的化妆品。

6. 细胞护理化妆品时期

任何一项科技发展的历程都同人类认识过程密切联系，随着对皮肤的生理结构的了解，科学家们了解到一切问题皮肤的根源，都来自皮肤的里面。只能在表面角质层保养的化妆品，无法真正改善皮肤问题。因为皮肤健康与缺水、缺油没有直接关系，而与皮肤里面的组织液——细胞间脂质有密切的关系。细胞间脂质的多少，才是决定皮肤是否健康的重要因素。利用高科技的人工细胞技术，把肌肤真正需要的细胞间脂质送入肌肤里面，且不添加对皮肤有任何刺激的化学添加物，帮助皮肤微小循环，活化基底母细胞，促进皮肤新陈代谢的无添加细胞护理理论，成为当前国际化妆品领域的最新研究动向。脱离了简单的角质层保养，21 世纪的化妆品，已经进入了无添加细胞护理的新时代。

科技的发展是永无止境的，化妆品行业的发展也不例外，化妆品学将会与其他许多学科（材料学、医学、生物工程与农业、环境与农业、航空航天以及微电子、光电子与计算机等）一样奔向纳米时代。纳米技术在化妆品中的应用始于 20 世纪 90 年代，随着技术的不断改进，摸索出许多方法来提高和增加化妆品活性添加物的功效，保持其稳定和活性，并使其顺利渗透到皮肤内层，滋养深层细胞，从而事半功倍地发挥护肤、疗肤功效。例如，在化妆品原料的研究与生产方面，由于采用了纳米技术，也可将活性物质包裹在直径仅为几十纳米的超微粒中，从而使活性物质得到有效的保护，并且还可有效控制其释放的速度，延长释放时间。又如，纳米维生素 E 化妆品的祛斑效果，据有关部门的临床试验表明，比一般含氢醌类化合物的被动祛斑效果快且明显，而且具有安全稳定、无毒副作用的优点。化妆品界热衷于使用 SOD（Superoxide Dismutace，超氧化物歧化酶）来抗衰老，可是 SOD 本身有难以让皮肤吸收的问题，用纳米技术已经使这个问题得到圆满解决，用纳米技术加工中草药能使某些中草药中的有效成分产生意想不到的治疗效果，用纳米技术使中药花粉破壁后，不仅皮肤吸收好，而且其保健功效也大大增加。另外，采用生物技术制造与人体自身结构相仿并具有高亲和力的生物精华物质并复配到化妆品中，以补充、修复和调整细胞因子来达到抗衰老、修复受损皮肤等功效的仿生化妆品，也将代表 21 世纪化妆品的发展方向。

二、化妆品的分类

化妆品的分类方法很多，按功能性可分为普通化妆品（又称非特殊化妆品）和特殊类化妆品两大类。

1. 普通化妆品

包括护发用品、护肤品、彩妆品、指（趾）甲用品和芳香品。

护发用品有：发油类、发蜡类、发乳类、发露类、发浆类等。

护肤品有：护肤膏霜类、乳液类、油类、化妆水类、爽身类、沐浴类、眼周护肤类、面膜类、洗面类等。

彩妆品有：粉底类、粉饼类、胭脂类、涂身彩妆类；描眉类、眼影类、眼睑类、眼毛类、眼部彩妆卸除剂；护唇膏类、亮唇油类、普色唇膏类、唇线笔等。

指（趾）甲用品有：修护类、涂彩类、清洁漂白类。

芳香品有：香水类、古龙水类、花露水类。

2. 特殊类化妆品

包括育发、染发、烫发、脱毛、美乳、健美、除臭、祛斑、防晒的化妆品。

三、化妆品的组成及功效

化妆品是在基质中添加各种成分精制而成的日用化学产品。常添加有香料、防腐剂、色素、水溶性高分子化合物、表面活性剂、保湿剂、化妆品用药物、金属离子黏合剂等辅助成分和特殊成分。

（一）基质原料

基质是组成化妆品的基本原料。基质主要由溶剂和油脂组成。

1. 溶剂

溶剂是液状、浆状、膏霜状化妆品配方中不可缺少的一类主要组成成分，这类化妆品包括：香水、古龙水、花露水、护发素、洗发膏、睫毛膏、剃须膏、香波等。在这些化妆品中，溶剂起到溶解作用，并使得制品具有一定的性能和剂型。溶剂原料包括：水、醇类（乙醇、异丙醇、正丁醇）、酮类（丙酮、丁酮）、醚类、酯类、芳香族溶剂（甲苯、二甲苯）。在化妆品中，水是化妆品不可缺少的原料，通常使用的产品用水为经过处理的去离子水。几乎所有的化妆品中都有水，而且通常情况下水所占的比例最大，尤其是化妆水（爽肤水）中80%～90%都是水。其作用也就不言而喻了，一是为皮肤（或毛发）补充水分、软化角质层；二是溶解、稀释其他原料，是化妆品的基质。乙醇是香水、古龙水、花露水的主要原料；异丙醇取代乙醇用于指甲油，正丁醇也是指甲油的原料；丙酮、丁酮、醚类、酯类、芳香族溶剂用于指甲油、油脂、蜡的溶解。

2. 油脂类

油脂是油和脂的总称，包括植物性油脂和动物性油脂。油脂的主要成分为脂肪酸以及甘油组成的脂肪酸甘油酯。除水以外，各类化妆品中含量最高的就是油脂了，有时还会超过水的含量，如卸妆油其油脂含量在85%左右。其作用一是作为良好的保湿剂，使皮肤柔软、有弹性；二是作为溶剂溶解物质，同水一样为化妆品的基质。

化妆品中常用的油脂类原料有植物性油脂和动物性油脂两类。植物性油脂分三类：干性油、半干性油和不干性油。干性油如亚麻仁油、葵花籽油；半干性油如棉籽油、大豆油、芝麻油；不干性油如橄榄油、椰子油、蓖麻油等。用于化妆品的油脂多为半干性油，干性油几乎不用于化妆品原料。常用于化妆品的植物性油脂有橄榄油、椰子油、蓖麻油、棉籽油、大豆油、芝麻油、杏仁油、花生油、玉米油、米糠油、茶籽油、沙棘油、鳄梨油、石栗子油、欧洲坚果油、胡桃油、可可油等。动物性油脂用于化妆品的有水貂油、蛋黄油、羊毛脂油、卵磷脂等。动物性油脂一般包括高度不饱和脂肪酸和脂肪酸，它们和植物性油脂相比，其色泽、气味等较差，在具体使用时应注意防腐问题。水貂油具有较好的亲和性，易被皮肤吸收，用后滑爽而不腻，性能优异，故在化妆品中得到广泛应用，如营养霜、润肤霜、发油、洗发水、唇膏及防晒霜等。蛋黄油含油脂、磷脂、卵磷脂以及维生素 A、D、E 等，可作唇膏类化妆品的油脂原料。羊毛脂油对皮肤的亲和性、渗透性、扩散性较好，润滑柔软性好，易被皮肤吸收，对皮肤安全无刺激，主要用于无水油膏、乳液、发油以及浴油等。卵磷脂是从蛋黄、大豆和谷物中提取的，具有乳化、抗氧化、滋润皮肤的功效，是一种良好的天然乳化剂，常用于润肤膏霜和油中。其他油脂还包括：

（1）蜡类。蜡类是高级脂肪酸和高级脂肪醇构成的酯。这种酯在化妆品中起到稳定、调节黏稠度、减少油腻感等作用。主要应用于化妆品的蜡类有：棕榈蜡、霍霍巴蜡、木蜡、羊毛脂、蜂蜡等。

棕榈蜡主要用于唇膏、睫毛膏、脱毛蜡等制品。

霍霍巴蜡广泛应用于润肤膏、面霜、香波、头发调理剂、唇膏、指甲油、婴儿护肤用品以及清洁剂等用品。

羊毛脂广泛用于护肤膏霜、防晒制品以及护发油制造中，也用于香皂、唇膏等美容化妆品中。

（2）烃类。烃是指由来源于天然的矿物经精加工而得到的一类碳水化合物。按照其性质和结构，可分为脂肪烃、脂环烃和芳香烃三大类。在化妆品中，主要利用其溶剂作用，用来防止皮肤表面水分的蒸发，提高化妆品的保湿效果。通常用于化妆品的烃类有液状石蜡、固体石蜡、微晶石蜡、地蜡、凡士林等。

液状石蜡广泛用在发油、发蜡、发乳、雪花膏、冷霜、剃须膏等化妆品中。

凡士林用于护肤膏霜类、发用类、美容修饰类等化妆品，如清洁霜、美容霜、发蜡、唇膏、眼影膏、睫毛膏以及染发膏等。

固体石蜡主要作为发蜡、香脂、胭脂膏、唇膏等油脂原料。

（3）合成油脂原料：指由各种油脂或原料经过加工合成的改性油脂和蜡，组成和原料油脂相似，保持其优点，但在纯度、物理性状、化学稳定性、微生物稳定性以及对皮肤的刺激性和皮肤吸收性等方面都有明显的改善和提高，因此，已广泛用于各类化妆品中。常用的合成油脂原料有：角鲨烷、羊毛脂衍生物、聚硅氧烷、脂肪酸、脂肪醇、脂肪酸酯等。

角鲨烷常常被用于各类膏霜类、乳液、化妆水、口红、护发素、眼线膏等高级化妆品中。聚硅氧烷在化妆品中常取代传统的油性原料，如石蜡、凡士林等来制造化妆品，如膏霜类、乳液、唇膏、眼影膏、睫毛膏、香波等。

作为化妆品原料的脂肪酸有多种，如月桂酸、肉豆蔻酸、棕榈酸、硬脂酸、异硬脂酸、油脂等。脂肪酸为化妆品的原料，主要和氢氧化钾或三乙醇胺等合并作用生成液体肥皂作为乳化剂。月桂酸又叫十二烷酸，为白色结晶蜡状固体，在化妆品中，一般将月桂酸和氢氧化钠、氢氧化钾或三乙醇胺中和生成肥皂，作为制造化妆品的乳化剂和分散剂，它起泡性好，泡沫稳定，主要用于香波、洗面奶及剃须膏等制品中。肉豆蔻酸和月桂酸的应用范围一样，主要用在洗面奶及剃须膏的原料中。棕榈酸为膏霜类、乳液、表面活性剂、油脂的原料。硬脂酸、油脂是膏霜类、发乳、化妆水和唇膏以及表面活性剂的原料。

脂肪醇作为油脂原料，主要为 $C_{12} \sim C_{18}$ 的高级脂肪醇。例如，月桂醇、鲸醇、硬脂醇等可作为保湿剂，丙二醇、丙三醇、山梨醇等可以作为黏度降低剂、定性剂和香料的溶剂在化妆品中使用。月桂醇很少直接用在化妆品中，多用作表面活性剂；鲸醇作为膏霜、乳液的基本油脂原料，广泛应用于化妆品中。硬脂醇是制备膏霜、乳液的基本原料，与十六醇匹配使用于唇膏产品的生产中。

3. 胶质类

其本质为水溶性高分子化合物,它在水中能膨胀成胶体,应用于化妆品中会产生多种功能,如可使固体粉质原料黏合成型,作为胶合剂;对乳状液或悬状剂起到乳化作用,作为乳化剂。此外,还具有增稠或凝胶化作用。

化妆品中所用的水溶性高分子化合物主要分为天然的和合成的两大类。天然的水溶性高分子化合物有淀粉、植物树胶、动物明胶等,但质量不稳定,易受气候、地理环境的影响,产量有限,且易受细菌、霉菌的作用而变质。合成的水溶性高分子化合物有聚乙烯醇、聚乙烯吡咯烷酮等,性质稳定,对皮肤的刺激性低,价格低廉,所以取代了天然的水溶性高分子化合物成为胶体原料的主要来源。它又分为半合成的与全合成的水溶性高分子化合物。半合成的水溶性高分子化合物常常使用甲基纤维素、乙基纤维素、羧甲基纤维素钠、羟乙基纤维素以及瓜耳胶及其衍生物。全合成水溶性的高分子化合物常用聚乙烯醇、聚乙烯吡咯烷酮、丙烯酸聚合物等。这些作为黏胶剂、增稠剂、成膜剂、乳化稳定剂在化妆品中使用,常用于各种凝露、啫喱质和果冻质化妆品中。常见胶质有黄原(汉生)胶、阿拉伯胶、卡拉胶、琼胶、明胶、硅酸镁铝等。

4. 粉质类

粉质原料主要用作粉末状化妆品,如爽身粉、香粉、粉饼、唇膏、胭脂以及眼影等的原料。其在化妆品中主要起到遮盖、滑爽、附着、吸收、延展作用;常用在化妆品中的原料有无机粉质原料、有机粉质原料以及其他粉质原料。

这些原料一般均含有对皮肤有毒性作用的重金属,应用时,重金属含量不得超过国家化妆品卫生规范规定的含量。

(1)无机粉质原料。化妆品中使用的无机粉质原料有:滑石粉、高岭土、膨润土、碳酸钙、碳酸镁、钛白粉、锌白粉、硅藻土等。

① 滑石粉为天然硅酸盐,主要成分为含水硅酸镁,特性为色白、滑爽、柔软,对皮肤不发生任何化学反应。主要用作爽身粉、香粉、粉饼、胭脂等各种粉类的化妆品的重要原料。

② 高岭土又叫白陶土,主要成分为含水硅酸铝,为白色或淡黄色细粉,对皮肤的黏附性能好,有抑制皮脂分泌及吸汗的性能,在化妆品中与滑石粉配合使用,有缓解、消除滑石粉光泽的作用。主要用作粉条、眼影、爽身粉、香粉、粉饼、胭脂等各种粉类的化妆品的重要原料。

③ 膨润土在化妆品中主要用作乳液制品的悬浮剂和粉饼等。

④ 钛白粉为无臭、无味、白色、无定形微粒细粉末,具有较强的遮盖力,对紫外线透过率较低,因此,应用于防晒化妆品中,也用作粉条、眼影、爽身粉、香粉、粉饼、胭脂等各种粉类的化妆品的重要遮盖剂。

(2)有机粉质原料。有机粉质原料有硬脂酸锌、硬脂酸镁、聚乙烯粉、纤维素微珠、聚苯乙烯粉等,主要用于爽身粉、香粉、粉饼、胭脂等各种粉类的化妆品中作吸附剂。

其他粉质原料主要有:尿素甲醛泡沫、微结晶纤维素、混合细粉、丝粉以及表面处理细粉。

(二)辅助原料

1. 表面活性剂类

现今全世界表面活性剂年产值已经达到 1600 万吨,这些表面活性剂是化妆品中普遍使用的原料。表面活性剂有三种特性：去污作用，清洁类化妆品利用了该特性；乳化作用，膏霜类以及香波类化妆品中作为乳化剂；湿润渗透作用，如使染发剂、烫发剂均匀接触头发，面霜、唇膏易于涂展。

在化妆品中表面活性剂品种主要可分为两大类：聚氧乙烯型和多元醇型。聚氧乙烯型有聚氧乙烯脂肪醇醚、聚氧乙烯烷基酚醚、聚氧乙烯脂肪酸酯、聚氧乙烯脂肪酰胺等；多元醇型有烷基醇酰胺、失水山梨醇单硬脂酸酯等。在化妆品中，使用的乳化剂、泡沫剂、增稠剂、分散剂多使用非离子性表面活性剂。

2. 防腐剂类

在化妆品中有大量微生物生长和繁殖所需的物质，如甘油、山梨糖醇、氨基衍生物、蛋白质、水等，被微生物污染后易发霉变质，使产品质量下降且易造成皮肤过敏，故在化妆品中必须加入防腐剂。但其应具有对多种微生物有效，能溶于化妆品中，没有毒性和对皮肤的刺激性，不与配方中的有机物反应等特点。常见防腐剂有山梨酸、山梨酸钾、苯甲酸等。

3. 抗氧化剂类

油脂中的不饱和键在光照下、温度过高和有微生物存在下很容易被氧化引起变质，若其产物对皮肤有刺激性，则会引起皮肤炎症，因此化妆品中需要加入抗氧化剂。常见抗氧化剂有叔丁基苯甲酚及其衍生物、维生素 C（抗坏血酸）、生育酚（维生素 E）等。

4. 保湿剂类

角质层位于皮肤表皮的最外层，当角质层的含水量充足时，皮肤柔软、光滑、细嫩、富有弹性。所以需要通过化妆品为皮肤补水。保湿剂则是通过防止皮肤内水分丢失和吸收外界环境的水分来达到皮肤内含有一定水分的目的的。保湿剂是可以使水分传递到表皮角质层的物质，主要包括：以油脂及多元醇为主要成分的封闭剂（如石蜡、丙二醇等）；吸湿剂（如甘油、蜂蜜等），其中能与水结合的大分子，有维持水分及封阻作用的称为亲水基质（如透明质酸、弹力蛋白等）；以脂肪酸和维生素为主的深层保湿剂（如亚油酸、维生素 A、维生素 E 等）。

5. 其他原料

在化妆品中，除使用上述原料外还有香精、香料、染料、颜料等。

（三）特殊原料

此类原料添加量较少，但一般具有特殊作用，且在商业宣传中经常出现。

1. 水杨酸

系统命名法为邻羟基苯甲酸。水杨酸不仅是用途极广的消毒防腐剂，还可以去除角质，促进皮肤代谢，收缩毛孔，清除黑头粉刺，有效淡化细纹及皱纹。水杨酸也被证明是很安全也很有效的祛痘类（祛粉刺类）产品。其作用较果酸来说更为温和，但在水中溶解度较小，在化妆水中需借助较高浓度酒精来助溶，反而对皮肤有一定刺激性。

2. 果酸

指一组天然有机酸，包括乳酸（羟基乙酸）、苹果酸、水杨酸及其衍生物。它可以深入皮肤，软化角质层，使角质层细胞分裂加快，从而使老化、堆积的角质层脱落。但其酸性对皮肤有一定副作用，表现为皮肤发红，有刺痛感、灼烧感。

3. 熊果苷

化学名称为对羟基苯-α-D-吡喃葡萄苷。熊果苷为国际公认的一种安全、高效祛斑美白剂。它能有效抑制酪氨酸酶活性,对皮肤有漂白作用,抑制黑色素形成。熊果苷经多种动物实验证明毒性很低。

4. 胶原蛋白

是一种高分子蛋白质,主要功能是作为结缔组织的黏合物,使皮肤保持结实和弹性。在皮肤内,它与弹力纤维合力构成网状支撑体,给真皮层提供支撑,能促进表皮活力,增加营养,有效消除皮肤细小皱纹。

5. 辅酶 Q_{10}

也称泛醌 Q_{10},是组成细胞线粒体呼吸链的成分之一,能氧化还原辅酶,激活细胞呼吸,加速产生 ATP(三磷酸腺苷)。它同时又是细胞自身产生的抗氧化剂,抑制线粒体的过氧化。其主要作用是调理细胞,抑制皮肤老化,还可增强基底层细胞的功能,激发细胞能量,使皮肤平滑,恢复表皮青春。

6. 原花青素

化学名称为黄烷-3-醇或黄烷-3,4-二醇,为一种具有复合功能的天然活性原料。其具有以下几个功效:

(1)抗皱作用。它能维护胶原的合成,抑制弹性蛋白酶,改善皮肤健康循环,使皮肤健康、有活力。

(2)防晒美白作用。它有较强的紫外吸收性,同时抑制酪氨酸酶的活性,使色素褪色。

(3)收敛和保湿作用。它可使粗大的毛孔收缩,同时在空气中易吸水,可与透明质酸、蛋白质复合。

7. 透明质酸(HA,又叫玻尿酸)

为直链式高分子酸性黏多糖化合物,广泛存在于动物组织细胞间质和眼玻璃体中,主要的生理功能是保水和润滑,是国际公认的最好的保湿剂。其保湿效果不受环境影响,与其他保湿剂如甘油、丙二醇、山梨醇等相比,在低相对湿度下吸水量最高,在高相对湿度下吸水量最低,正适合化妆品在不同季节、不同湿度下对保湿作用的要求。透明质酸具有高分子量和大体积的特点,可形成一连续的网状结构,如同海绵一样,可吸收大量水分,形成一透气、非封闭的水膜。这都是其他保湿剂所不具有的特点。HA 水溶液具有较强的黏弹性和润滑性,涂于皮肤表面,可形成一层保湿透气膜,保持皮肤滋润亮泽。小分子 HA能渗透到真皮层,促进血液微循环,有利于皮肤对营养物质的吸收,起到美容抗皱的保健作用。HA 还可消除紫外线照射所产生的活性氧自由基,保护皮肤免受其害。HA 通过促进表皮细胞的增殖和分化,促进受伤部位皮肤的再生。

8. 其他

(1)甘草黄酮:是从特定品种甘草中提取的天然美白剂。它能抑制酪氨酸酶的活性,又能抑制多巴色素互变和DHICA 氧化酶的活性,是一种快速、高效、绿色的美白祛斑化妆品添加剂。

(2)芦荟:对晒后的皮肤有很好的护理作用,减轻由于紫外线的刺激而带来的皮肤黑化;具有保湿、防晒、祛斑、除皱、美白、防衰老等功效,甚至还可护发。

(3)甘菊:含有大量的甘菊环。主要成分是从花头(花瓣及花蕊)中萃取出来的,含有6%～7%的矿物质、三萜类及少量胶质,0.4%～1%的植物精油,另外,也含有多酚酸、咖啡酸，具有抗发炎、抗过敏及杀菌之效果，对于皮肤之保湿及增加细胞活性、杀菌具有疗效，所以也适用于过敏性皮肤。在药理学上，甘菊外用可治疗风湿痛、结膜炎、伤口及溃疡。

（4）海藻精华：具有三重不可挡的护肤魅力——美白、保湿与吸除脸部过多油脂。

（5）丹参酮：有利于平衡肌肤酸碱度，收敛毛孔，补充水分，消炎杀菌等。

（6）鳄梨油：具有较好的润滑性、温和性、乳化性，稳定性也好，对皮肤的渗透力要比羊毛脂强，故它可作为乳液、膏霜、香波及香皂等的原料，对炎症、粉刺有一定的疗效。

（7）尿酸：有高效保湿功能，能迅速改善皮肤松弛，促进胶原蛋白再生，阻挡自由基的破坏，提升细胞能量与修复能力；具抗老化，快速美白，淡化脸部黑斑，消除细纹，使皮肤柔嫩明亮的效果。

（8）海藻素：含丰富的胶原成分及皮肤所需的各种氨基酸、微量元素，其分子量小，能被快速吸收。海藻萃取物具调理作用，能改善血液循环，让皮肤更紧实，更具弹性。

（9）水解胶原蛋白：是通过酶解方式，将复杂的螺旋状态的胶原蛋白分子羟化为极易分解的小分子多肽结构，易于人体吸收，生物利用度可大幅度提高。

（10）卵磷脂：可使皮脂正常分泌，在腺体壁形成乳化状态，不会阻塞毛孔而导致发炎。卵磷脂可使皮肤毛发得到营养滋润，从而让真皮组织充盈，增强表皮的张力，减缓和消除因表皮组织松弛而形成的皱纹，保持肌肤的水分平衡和皮肤组织弹性，充分显示出皮肤的动人质感和娇嫩。

（11）神经酰胺：是一种能够保湿、抑制黑色素生成和防止皮肤粗糙的有用物质。

（12）神经酰胺脂质体：是采用现代生物工程技术，将提取得到的神经酰胺，经脂质体工序而制得的一种纯天然功能性化妆品添加剂。

（13）葡萄籽油：具有抗自由基、抗氧化功能，能活化细胞，具有长效保湿功能。

四、常用化妆品简介

（一）洁肤类

市场上洁肤类化妆品非常丰富，如清洁霜、洗面奶、卸妆乳、磨砂膏、去死皮膏（液）等。

1. 洗面奶

是目前流行的洁肤用品，品种繁多。品质优良的洗面奶应该具有清洁、营养、保护皮肤的功效。从作用上分有收敛型的，如控油洁面乳；营养型的，如美白嫩肤洁面乳、抗皱洁面乳、水嫩润白洁面乳等。洗面奶是由油相物、水相物、表面活性剂、保湿剂、营养剂等成分构成的液状产品。其中奶油状洗面奶含有油相成分，适用于干性皮肤使用；水晶状透明产品不含油相成分。洗面奶如配方调理适当，可满足绝大多数消费者使用。洗面奶中表面活性剂具有润湿、分散、发泡、去污、乳化五大作用，是洁面品中的主要活性物。此外，根据相似相溶原理，在洗面过程中，可借油相物溶解面部油溶性的脂垢及多余的油脂，借其水相物溶解脸面上水溶性的汗渍污垢。

2. 卸妆乳（油）

是以植物油为主体的卸妆用品。卸妆乳水油平衡适中，其油性成分可以洗去污垢，而水性成分又可留住肌肤的滋润，适合日常生活妆容，也适合缺水的肌肤。其主要成分为植物油、蜂蜡、蛋白质、多重植物提取液。

3. 磨砂膏

是均匀细微颗粒的乳化型洁肤品。其主要用于去除皮肤深层的污垢,通过在皮肤上摩擦可使老化的鳞状角质剥起,除去死皮。其主要成分为营养油、植物提取液、蜂蜡、弹性颗粒等。磨砂膏的作用是物理性的,用磨砂颗粒去除角质层。

4. 去死皮膏(液)

是一种可以帮助剥脱皮肤老化角质的洁肤用品。其主要成分为角质软化素、植物酵素、润滑油脂及微酸性海藻胶等。去死皮膏的作用是化学性的,用化学物质软化角质层。

(二)护肤类

护肤类化妆品包括润肤膏霜、乳液、防晒霜、化妆水、按摩膏(乳)等。

1. 雪花膏

雪花膏是硬脂酸和碱类溶液中和后生成的以阴离子型乳化剂为基础的油/水型乳化体,能使皮肤与外界干燥空气隔离,调节皮肤表皮水分的挥发,从而保护皮肤,不致干燥、皲裂或粗糙。

2. 润肤霜

润肤霜是用以保持皮肤滋润光滑的护肤品,长期使用可使皮肤柔软而有张力。润肤的主要成分为精纯植物油、植物美白剂、卵磷脂、润肤剂、保湿剂、柔软剂、去离子水等。润肤霜有水分和油分两种配方:水分配方中含有非常多的细小油粒子,性质较清爽,能够对皮肤起到保湿作用;油分配方中的水分粒子含在油分中,使用之后能锁紧皮肤中的水分,令皮肤更加滋润。一般情况下,人们日间使用的润肤霜多为清爽型水分配方,到了晚间,由于不用化妆,通常使用油分较厚的油分配方或者水分配方。

3. 乳液

乳液是一种呈黏稠流动状护肤品。乳液类化妆品含水量高,多为水包油型乳化体,使用后使皮肤滋润、清爽,主要成分为植物油、动物脂、抗氧化剂、去离子水等。

4. 防晒霜

防晒霜是用于防止因过强的日光照射而使皮肤受到伤害的保护品。当阳光过强时,阳光中含有过强的紫外线,过强的紫外线照射到真皮层,皮肤容易起皱、增厚以及引发日光性皮炎,或出现灼痛、起泡、肿胀、蜕皮等现象,严重的甚至可引起皮肤癌。防晒化妆品使用后,在一定的时间内会有效地保护皮肤不受紫外线的伤害。其主要成分为植物提取液、植物油、氧化锌、二氧化钛、高岭土等。

5. 化妆水

化妆水的种类很多,功效显著。有使皮肤柔软滋润的润肤化妆水,有收缩毛孔、绷紧皮肤的收敛性化妆水,有保湿性强的柔软性化妆水和补充皮肤营养成分的营养化妆水。主要成分:表面活性剂、保湿剂、植物提取液、去离子水等。

(1)收敛性化妆水。可分为两类:一类是适合于油性皮肤的,主要成分有茶树油、海藻控油精华、柠檬酸、酒石酸、乳酸等;另一类是适合于干性和中性皮肤使用的,主要成分有植物提取液、润肤剂、保湿剂、尿囊素、明矾、去离子水等,为碱性化妆水。

(2)柔软性化妆水。主要成分为植物提取液、甘油、多元醇等。

(3)营养化妆水。主要成分为多肽、植物提取液、珍珠水解液、尿囊素、甘油等。

6. 按摩膏（乳）

按摩膏是用以按摩皮肤的护肤品，能使手与皮肤之间具有润滑感。主要成分为植物营养油、蜂蜡、卵磷脂、乳化剂、抗氧化剂和去离子水等。

（三）治疗类

治疗类化妆品含有某种药物成分，主要用于问题性皮肤。常用的治疗类化妆品有祛斑霜、祛痘霜等。

1. 祛斑霜

祛斑霜是在润肤霜或乳剂产品中添加中药成分及维生素的制品。其中维生素C有抑制皮肤黑色素形成的功效。因加入了调理性中药，使其渗透皮肤，故可改善色斑状况。祛斑霜的主要添加成分有熊果苷、曲酸、维生素C衍生物、果酸及一些中药提取物等。

2. 祛痘霜

祛痘霜是用于治疗粉刺和痤疮皮肤的化妆品。主要成分为中药提取物、胶原蛋白、甘草酸二钾等。

（四）粉饰类

粉饰类化妆品具有遮盖性、修饰性，有改善、美化人的肤色，调整面部轮廓、五官比例的作用。粉饰类化妆品包括粉底霜、粉底液、粉条、粉饼、蜜粉、胭脂、眼影、眼线液、睫毛膏、唇膏、指甲油、唇线笔、眉笔、香粉等。

1. 胭脂

胭脂有粉状和膏状两大类，主要成分为滑石粉、陶土粉、氧化锌以及香精、颜料。其功能主要是改善肤色，令皮肤看上去健康红润，如果涂抹适当，还具有调整脸部视感的作用。

2. 粉底

粉底主要包括粉底霜、粉底液、粉条和粉饼四种。

粉底霜：粉底霜含有氧化锌或二氧化钛、硬脂酸、色素、蜂蜡、羊毛醇、甘油、乳化剂和去离子水等成分，有非常强的遮盖性，能够有效掩盖皮肤上的瑕疵。

粉底液：粉底液中的成分与粉底霜中的成分基本相同。只不过是水分的比例被加大，而脂类的比例被减少了。因此，它的遮盖性小于粉底霜，但是清爽舒适，自然清新的感觉高于粉底霜。

粉条：粉条的成分与粉底霜相似，只是水的比例下降而油脂和粉料的比例增大了而已。因此，遮盖性高于粉底霜。

粉饼：又被人们称为加脂粉，主要成分是粉料，此外便是胶质、羊毛脂、色料和甘油等，有较好的遮盖效果。

不论粉底霜、粉底液、粉条或粉饼，使用的时候均应先将皮肤清洗干净，并在上好底妆后再用潮湿的海绵均匀涂敷。

3. 香粉

香粉是最常用的粉状化妆品，主要是由滑石粉、高岭土、碳酸钙、碳酸镁、氧化锌、二氧化钛、香料等材料加工而成，能散发出较为浓郁的芳香气味，通常用于固定粉底，防止化好的妆走形或脱落，并具有柔和粉底霜或粉条在皮肤上的油光感，使妆容更自然协调的作用。此外，香粉还能很好地遮盖面部瑕疵，对面部皮肤有较好的美容和保护作用。

4. 蜜粉

蜜粉以滑石粉为主要成分,能够降低粉底霜对皮肤的油光感,具有固定妆面,使妆不易脱落的作用。通俗地说,就是固定粉底和定妆。因此,使用蜜粉时应用粉扑将蜜粉均匀地布满皮肤,并用毛刷将浮粉扫净。

5. 眼影

眼影是眼部化妆品,主要含有滑石粉、碳酸钙、高岭土、硬脂酸锌、色料和少量黏稠剂,可以有效改善和强化眼部的凹凸结构,对眼型有很好的修饰作用。一般情况下可以用化妆棉签蘸取,然后将眼影涂在眼部四周的皮肤上。

6. 睫毛膏

最早的睫毛膏主要是用植物蜡、蜂蜡、胶合剂、乳化剂、大豆磷脂、克什米尔羊毛脂等制作而成的,具有保持、保护睫毛柔软的作用。此外,由于人们对睫毛的浓密度和长度的需求,睫毛膏的功能也有所不同。人们使用较多的是增厚浓密型睫毛膏、纤长型睫毛膏、防水型睫毛膏等几种。

7. 眼线液

眼线液是能够修饰眼睛轮廓的化妆品。想要让自己的眼睛显得明亮有神,除了刷不同功能的睫毛膏外,画眼线也是必不可少的。最常使用的眼线液基本可以分为乳剂型眼线液、非乳剂型眼线液和抗水性眼线液三大类。

8. 唇膏

唇膏能够赋予嘴唇以色彩,使嘴唇呈现出健康靓丽的色泽。此外,由于部分唇膏中增加了珠光粉末,使用之后能令嘴唇表面细节光亮,从而增加唇部的亮度和视觉效果。而且,随着人们思想观念的改变,市场上又出现了黑色、蓝色或绿色等不同系列的唇膏,使人的唇部更加多姿多彩。但不管哪种色系的唇膏,均需有膏体均匀、香气适宜、色泽鲜艳、附着性好、不宜掉色、不易变质、对人体无害等特质。

（五）护发美发类

1. 护发素

护发素含有多种天然营养成分,如丝蛋白和胶原蛋白等,使用之后能在头发上形成一层光滑的保护膜,防止头发中的水分流失,同时还可滋养发质,有效改善头发的干枯、发黄、断裂、分叉等状况,修复因各种原因引起的发质损伤,长期使用可以令干枯的头发滋润,显著增加头发的韧性和延伸性,令秀发更加光滑、柔顺、易于梳理。

2. 发乳

发乳是乳化型膏状的护发用品之一,具有膏体稳定,色泽洁白,香气持久,稠度适当等特点,使用它能够很好地保护头发,固定发型,并使头发更加柔软、润滑、有光泽。为了提高发乳的使用效果,现在的发乳中基本都添加了不同的药物和营养物质。

3. 烫发剂

最常使用的烫发剂有两种:还原剂和氧化剂。头发的主要成分是角质物质,此物质中的胱氨酸含量非常高,而胱氨酸分子中又含有二硫化键,当二硫化键遇到还原剂时,会断开而形成半胱氨酸,从而使头发变得柔软滑爽,便于弯曲。但是,单纯使用还原剂而盘卷的头发不易稳定。因此,头发卷曲之后还要使用氧化剂,氧化剂能够使已经被还原的半胱氨酸重新成为胱氨酸分子,这样就能使发型保持得较为长久。

现在常用的巯基乙酸类烫发剂不但有刺激性、过敏性，而且可能破坏造血系统，更加严重的还会诱发膀胱癌、乳腺癌、淋巴癌、白血病等疾病。烫发不但会使发丝链键结构受到破坏，头发也容易变得干燥、分叉、没有光泽。在烫发时记得选择值得信任的设计师，严格控管药水量和烫发时间，把伤害减至最低。不应反复过多烫发，至少应间隔 1 个月以上。

4．啫喱水

啫喱水是发用凝胶的一种，是近来非常流行的新型定形、护发产品，主要成分为成膜剂、调理剂、稀释剂及其他添加剂等，外观是透明流动的液体。使用时利用气压将瓶中液体喷到头发上，或挤压于手上，涂在头发所需部分形成膜，起到定型、保湿、调理并赋予头发光泽的作用，如果使用电吹风还可以加快定型。

5．染发剂

染发剂具有改变头发颜色的作用。染发剂分植物染发剂和化学染发剂两类。植物染发剂主要有海娜花和五倍子。植物染发剂的主要成分为多元酚类植物性染发活性成分，比较安全。化学染发剂目前市场上较为流行的是氧化永久性染发剂，它不含有一般所说的染料，而是含有染料中间体和偶合剂，这些染料中间体和偶合剂渗透进入头发的皮质后，发生氧化反应、偶合和缩合反应，形成较大的染料分子，被封闭在头发纤维内。由于染料中间体和偶合剂的种类不同、含量比例的差别，故产生色调不同的反应产物，各种色调产物组合成不同的色调，使头发染上不同的颜色。由于染料大分子是在头发纤维内通过染料中间体和偶合剂小分子反应生成的，因此，在洗涤时，形成的染料大分子不容易通过毛发纤维的孔径被冲洗掉。

化学染发剂中普遍含有对苯二胺，它是一种着色剂，是国际公认的一种致癌物质。染发剂接触皮肤，而且在染发的过程中还要加热，使苯类的有机物质通过头皮进入毛细血管，然后随血液循环到达骨髓，长期反复作用于造血干细胞，导致造血干细胞的恶变，导致白血病的发生。同时，对苯二胺还会导致皮肤过敏等。

专家建议，染发次数不宜过多，一年最多染三次，而且只染长出来的新发即可。染发前一至两周，加强头发护理，能减少对头发的伤害，并且让头发更易上色。染发前一周，不要使用洗护合一的洗发水，也不要使用毛鳞片修护液或护发剂与润发素，这些产品会在毛发外形成保护膜，阻挡染剂进入，应该使用具有深层清洁效果的洗发精。并且，染前两天尽量不要洗头，让毛发分泌油脂，形成天然保护膜来保护毛囊。染发前 48h 还要做局部过敏试验。

（六）护甲类

1．指甲油

指甲油的主要成分为 $70\%\sim80\%$ 的挥发性溶剂，15% 左右的硝化纤维素，少量的油性溶剂、樟脑、钛白粉以及油溶颜料等。指甲油涂于指甲后所形成的薄膜，坚牢而具有适度着色的光泽，既可保护指甲，又赋予指甲一种美感。普通指甲油的成分一般由两类组成，一类是固态成分，主要是色素、闪光物质等；另一类是液体的溶剂成分，主要使用的有丙酮、乙酸乙酯、邻苯二甲酸酯、甲醛等。

指甲油的溶剂成分基本都是有毒或者有害物质，其中危害最大的应该是邻苯二甲酸酯、甲醛，其次是丙酮、乙酸乙酯等。邻苯二甲酸酯会妨碍正常的荷尔蒙平衡，导致严重的生殖系统损害和其他健康问题;而苯和甲醛均是致癌物质。专家提醒爱美的女性:常涂指甲油不仅对指甲健康不利,还会影响女性的生育,让人患上乳腺癌。丙酮、乙酸乙酯属于危险化学品,它们易燃易爆,挥发时产生令人眩晕的刺激性气味,污染室内空气,在长期吸入的情况下,对神经系统可能产生危害,还对黏膜有强刺激性。这些有机溶剂还有一个坏处,就是在多次反复使用于指甲后,会使指甲变色、变脆、发白,导致"美甲不成反毁甲"。

2. 洗甲水

洗甲水的主要功用是去除指甲上剩余的指甲油,也叫去光水、净甲液。一般洗甲水,特别是劣质洗甲水的成分就是丙酮或工业香蕉水。

市面上的洗甲水种类繁多,价格差别也大得离谱,便宜的几块钱,贵的几十元甚至上百元。无论哪种价位的洗甲水,用多了都会使指甲失去光泽,表面坑坑洼洼。很多人为了掩饰不漂亮的指甲,只有再次涂指甲油,使指甲重复受到伤害。周而复始,陷入恶性循环。

如果打开洗甲水的瓶盖闻到味道很冲,那是因为其中含有挥发性强的甲醛及邻苯二甲酸酯。

如何安全使用洗甲水呢?首先,一定要挑选正规厂家出品,温和、无刺激的洗甲水,注意看一下成分说明上是否含丙酮。其次,洗甲水的用量一定要少。清洗指甲油时,只要让洗甲水浸透化妆棉上一个甲面大小的地方就够了。第三,洗甲水不能用来猛擦指甲,否则会使甲面变得黯淡、无光泽。正确的做法是,将蘸了洗甲水的化妆棉压在指甲上 5s,指甲油就自然脱落了。如果仍未清除,可以再做一次。

(七)香水类

1. 香水

香水是一种混合了香精油、固定剂与酒精或乙酸乙酯的液体,用来让物体(通常是人体部位)拥有持久且悦人的气味。香精油取自于花草植物,用蒸馏法或脂吸法萃取。固定剂是用来将各种不同的香料结合在一起,包括有香脂、龙涎香以及麝香猫与麝鹿身上腺体的分泌物。香水加入酒精,是借以酒精的挥发性来达到香气四溢。

香水以香型分有单花型、混合花型、植物型、香料型、柑橘型、东方型、森林型;以味道分有花香型、百花型、现代型、青春型、水果型;以浓度分有香精、香水、淡香水、古龙水、清香水等。

香水的香味可以分为前调、中调和尾调三个部分。前调是一瓶香水最先透露的信息,也就是当你接触到香水的那么几十秒到几分钟之间所嗅到的,直达鼻内的味道。前调通常是由挥发性的香精油所散发,味道一般较清新,大多为花香或柑橘类成分的香味。但前味并不是一瓶香水的真正味道,因为它只能维持几分钟而已。前调之后那就是中调了,是香水中最重要的部分,也是"香核"。也就是说洒上香水的你就是带着这种味道示人的。中味是一款香水的精华所在,这部分通常由含有某种特殊花香、木香及微量辛辣刺激香组成,其气味无论清新还是浓郁,都必须是和前味完美衔接的。中味的香味一般可持续数小时或者更久一些。尾调也就是我们平常所说的"余"香,通常是用微量的动物性香精和雪松、檀香等芳香树脂所组成,这个阶段的香味是兼具整合香味的功能的。后味的作用是给予香水一种绕梁三日不绝的深度,它持续的时间最长久,可达整日或者数日之久。抹过香水隔天后还可以隐隐感到的香味就是香水的后味,这也就是香水制作的极致了:连绵不断,回味无尽。

2. 花露水

花露水是用花露油作为主体香料，配以酒精制成的一种香水类产品。花露水的主要功效在于去污、杀菌、防痱、止痒，同时，也是祛除汗臭的一种良好夏令用品。花露水所用的香精略差，含量也较少，一般为 1%～3%，所以香气不如其他酒精溶液香水持久。制作花露水所需要香精的香料，多以清香的薰衣草油为主体，也有用玫瑰麝香型的。酒精浓度为 70%～75%，这种配比易渗入细菌内部，使原生质和细胞核中的蛋白质变性而失去活力性，因此消毒杀菌作用强。为了防止沉淀，可以辅以少量的螯合剂（柠檬酸钠）、抗氧剂（二叔丁基对甲酚）和耐晒的醇溶性色素。花露水的香型以清香为主。花露水中含有适量醇溶性色素，颜色以浅色为主，有淡绿、黄绿、湖蓝等，给人以清凉感。

五、化妆品与健康

很多女性早晨起床后都要对脸部进行精心护理和化妆，因为她们认为这样可以令自己更漂亮，但是殊不知每天化妆的女性平均会遭受 175 种化学物质的"考验"。也就是说，如果你每天化妆，一年内将接触 2kg 有害物质。虽然多数女性都知道化妆会令其身体健康受到伤害，但是不少人却不知道究竟化妆品和护肤品会给人带来多大的伤害。此外，不少化妆品、护肤品生产厂商宣称，自己的产品含有温和化学成分，对人体的伤害会降低到最低程度，然而事实上，不少化妆品、护肤品都含有导致严重健康问题的化学物质。很多女性每天使用的化妆品中含有可以导致癌症、荷尔蒙失调、皮肤炎等问题的物质。

（一）化妆品中的有毒有害物质及其对健康的伤害

根据国家《化妆品卫生规范》的规定，共列出在化妆品组分中禁用的化学物质有 421 种，限用的化学物质有 300 余种。这些物质具有强烈的毒性、致突变性、致癌性、致畸性，或者对皮肤、黏膜可能造成明显损伤，或者有特殊的、化妆品中不希望具有的生物活性。2011 年化妆品市场最让人触目惊心的事件莫过于某洗发水中含有的致癌成分二噁烷及释放出甲醛的季铵盐。

化妆品中的有害物质，可以简单分为以下几类：无机重金属、化妆品稳定剂、有机溶剂、香料、抗生素以及激素等。这些有害物质对人体的危害可以分为以下五类：

第一类，刺激性伤害。这是最常见的一种皮肤损害，与化妆品含有刺激成分，或化妆品 pH 过高或过低，或使用者皮肤角质层损伤有关。

第二类，过敏性伤害。化妆品中含有致敏物质，使具有过敏性体质的使用者发生过敏反应。

第三类，感染性伤害。化妆品富含营养成分，具有微生物繁殖的良好环境。使用被微生物污染的化妆品会引起人体的感染性伤害，对破损皮肤和眼睛周围等部位伤害更大。

第四类，沾染性伤害。化妆品富含养分成分，具有微生物繁殖的良好环境。使用被微生物污染的化妆品会引起人体的沾染性伤害，对破损皮肤和眼睛四周等部位伤害更大。

第五类，全身性伤害。化妆品原料多种多样，许多成分虽然具有美容功效，但对人体可能具有多种毒性。某些成分本身可能无毒，但在使用过程中也可能产生有毒物质（如光毒性）。这些毒性成分可经皮肤吸收到体内并在体内蓄积，造成全身性的机体损害。

1. 重金属

（1）铅（Pb）。在化妆品中添加铅能增加皮肤的洁白，所以一般铅被添加于增白、美白化妆品中。铅对所有的生物都具有毒性。在化妆品中铅的氧化物作为添加剂也有着悠久的历史,含铅的美容用品曾一度风靡,从前国外的皇族都对它偏爱有加。我国明清时候使用的铅华就是粉饼的雏形,其中主要成分是氧化铅。氧化铅粉末呈现纯白色,有很强的附着和遮盖能力,直到近代,仍旧是遮盖类产品如粉底、粉饼的主要成分。铅及其化合物是化妆品组分中的禁用物质,作为杂质成分,在化妆品中含量不得超过 40mg/kg(以铅计)。但含乙酸铅的染发剂除外,在染发制品中含量必需小于 0.6%(以铅计)。现今的遮瑕类产品中使用更多的是钛白粉(二氧化钛)、锌白粉(氧化锌)等。但是,氧化铅粉末遮瑕效果明显,附着力强,成本低廉,仍旧有很多化妆品厂商,特别是一些"三无"产品厂商,使用大量的氧化铅作为主要成分,这将会对身体造成很大的危害。此外,还有些化妆品中,由于使用原料不纯,在其他金属成分中掺杂有少量铅,长期使用也会造成累积中毒。铅及其化合物通过皮肤吸收而危害人类健康,主要影响造血系统、神经系统、肾脏、胃肠道、生殖功能、心血管、免疫与内分泌系统,特别是影响胎儿的健康等。

(2)汞(Hg)。汞在化妆品中主要有两种存在形式:硫化汞和氯化汞。硫化汞又名朱砂,是一种很常用的颜料。在化妆品中,硫化汞一般添加在口红、胭脂等化妆品中能使颜色鲜艳持久。尽管硫化汞在水中溶解度极小,但由于使用部位是口部,而且长期使用,所以还会造成一定的危害。氯化汞用于化妆品具有洁白、细腻之特点,而且汞离子能干扰人皮肤内酪氨酸变成黑色素的过程,一般被添加于增白、美白、祛斑化妆品中,特别是一些廉价的增白皂、增白霜等中。汞及其化合物都可穿过皮肤的屏障进入机体所有的器官和组织,主要对肾脏损害最大,其次是肝脏和脾脏,破坏酶系统活性,使蛋白凝固,组织坏死。汞及其化合物一般作为添加剂使用,如果看到一款美白产品说明书上有速效、瞬间美白等字样,就要小心里面可能含有汞化合物了。目前国家规定,汞及其化合物为化妆品组分中禁用的化学物质,作为杂质成分其限量应小于 1mg/kg。其中例外的是,硫柳汞(乙基汞硫代水杨酸钠)具有良好的抑菌作用,允许用于眼部化妆品和眼部卸妆品中,其最大允许使用浓度为 0.007%(以汞计)。

(3)砷(As)。砷是化妆品中除了铅和汞以外危害最大的元素。砷及其化合物广泛存在于自然界中,化妆品原料和化妆品生产过程中,也容易被砷污染。因此作为杂质成分,砷在化妆品中的限量为 10mg/kg(以砷计)。砷及砷化合物的毒性与它们在水中的溶解度有关,三氧化二砷易溶于水,毒性很大,是剧毒物;砷对蛋白质及多种氨基酸均具有很强的亲和力,可与多种含巯基的酶结合,使其失去活性,从而导致细胞呼吸和氧化过程发生障碍,细胞分裂发生紊乱,引发神经系统、肝、肾、毛细血管等产生一系列病变。长期低剂量接触,可导致慢性砷中毒,出现头晕、头痛、无力、四肢酸痛、恶心呕吐、食欲缺乏、肝区痛、腹胀、腹泻、贫血、皮肤色素沉着等症状。砷急性中毒表现为急性胃肠炎、休克、中毒性肌肤炎、肝病及中枢神经系统症状。皮肤直接接触砷,可出现皮炎、湿疹、毛囊炎和皮肤角化等皮肤损害,经常接触可导致皮肤癌。砷还会透过胎盘屏障,导致胎儿畸形。砷化氢是一种强烈溶血性毒物,吸收后可使红细胞大量崩解,血红蛋白逸出,造成一系列溶血性后果。

(4)镉(Cd)。镉并不起到美容的作用,所以一般没有厂家把镉作为添加剂使用。镉作为杂质主要出现在粉底、粉饼等含氧化锌的产品中。化妆品中常用的锌化合物,其原料闪锌矿常含有镉。为此,作为杂质成分,在化妆品中镉含量不得超过 40mg/kg(以镉计)。金属镉的毒性很小,但镉化合物属剧毒,尤其是镉的氧化物。镉及其化合物主要对心脏、肝脏、肾脏、骨骼肌及骨组织造成损害。镉还能破坏钙、磷代谢以及参与一系列微量元素的代谢，如锌、铜、铁、锰、硒。主要临床表现为高血压、心脏扩张和早产儿死亡，诱发肺癌。

以上四种重金属及其化合物是化妆品中的禁用成分。

2. 有机合成物

（1）甲醇。为化妆品组分中限用物质，其最大允许浓度为 2000mg/kg。甲醇作为溶剂添加在香水及喷发胶系列产品中。甲醇主要经呼吸道和胃肠道吸收，皮肤也可部分吸收。甲醇有明显的蓄积作用。甲醇在体内抑制某些氧化醇系统，抑制糖的需氧分解，造成乳酸和其他有机酸积累，从而引起酸中毒。甲醇主要作用于中枢神经系统，具有明显的麻醉作用，可引起脑水肿；对视神经及视网膜有特殊选择作用，引起视神经萎缩，导致双目失明。

（2）氢醌（对苯二酚）。为化妆品组分中限用物质，其在化妆品中最大允许浓度为 2%，允许使用范围及限制条件是染发用的氧化着色剂。氢醌是从石油或煤焦油中提炼制得的一种强还原剂，对皮肤有较强的刺激作用，常会引起皮肤过敏。它也是一种皮肤漂白剂。据说著名歌星迈克尔杰克逊就是用氢醌漂白皮肤的，所以在很多美白化妆品中都有这种成分。其美白机理是凝结酪氨酸酵素，破坏黑色素，其美白效果非常显著。对苯二酚本身就是一种有毒物质，积聚下来会在人体留下可怕的疤痕，更可能对人体内部器官带来致命的伤害，尤其是肾和肝。因此，在一些欧洲国家，仅在某些医药用产品中允许含 2% 的对苯二酚。

（3）乙醇（酒精）。普通化妆品的成分中，如香水、花露水中，一般都含有酒精，其实酒精对我们的皮肤是有很大的害处的。乙醇具有超强的渗透力，能渗透到细胞体内，使蛋白质凝固变性，从而使细胞脱水，皮肤就会渐渐失去弹性。乙醇具有高挥发性，在带走皮肤热量的同时也带走了皮肤的水分，使皮肤的天然保湿能力及免疫力降低，造成皮肤干燥、粗糙，皮脂分泌旺盛，毛孔粗大。含有乙醇的化妆品涂在皮肤上之后会有光敏反应发生，导致皮肤色素加重，产生难以逆转的斑点。由于细胞的适应性，在长期使用含有乙醇的化妆品后，皮肤细胞就会对乙醇产生依赖，而对不含乙醇成分的化妆品产生排斥。乙醇还会麻痹细胞，使细胞难以区分营养物质的优劣，从而会吸收一些对皮肤有害的物质，如铅、汞等有害物质，让皮肤不再健康。化妆品中乙醇含量≥10% 的产品，需要检测甲醇含量。

（4）邻苯二甲酸盐。即邻苯二甲酸酯，又称酞酸酯，是邻苯二甲酸形成的酯的统称。在化妆品中，指甲油中邻苯二甲酸酯含量最高。很多化妆品的芳香成分也含有该物质，香水中也曾被检出含有这种物质。邻苯二甲酸酯在化妆品行业的使用功效主要集中在：使指甲油降低脆性而避免碎裂；使发胶在头发表面形成柔韧的膜而避免头发僵硬；使用在皮肤上后，增加皮肤的柔顺感，增加洗涤用品对皮肤的渗透性；同时还可作为一些产品的溶剂和芳香固定液。邻苯二甲酸酯在人体和动物体内发挥着类似雌性激素的作用，可干扰内分泌，使男子精液量和精子数量减少，精子运动能力低下，精子形态异常，严重的会导致睾丸癌，是造成男子生殖问题的"罪魁祸首"。化妆品中的这种物质会通过女性的呼吸系统和皮肤进入体内，如果过多使用，会增加女性患乳腺癌的概率，还会危害到她们未来生育的男婴的生殖系统。

（5）甲醛。属于化妆品中限制使用的物质。除口腔产品外，化妆品中甲醛的最大允许使用量为 0.2%。甲醛禁止用于喷雾产品，指甲硬化剂中甲醛的最大允许使用浓度为

5%。在化妆品中甲醛常作为防腐抑菌剂使用。甲醛可造成空气污染。据测,百货商店化妆品柜台空气中甲醛含量远高于其他柜台。现已查明几种含醛类香料对遗传物质脱氧核糖核酸也有不良作用。

(6)对羟基苯甲酸乙酯:又称尼泊金乙酯,广泛应用于化妆品、除臭剂、皮肤护理产品和婴儿护理产品,可作为防腐剂,以延长其保质期。对羟基苯甲酸乙酯是有毒物质,可造成皮疹和过敏性反应。在英国最近的科学研究中发现,该防腐剂的使用和妇女的乳腺癌增长率有着密切联系。

(7)一乙醇胺和二乙醇胺:多用于脸和身体的润肤制品。在成分表中一乙醇胺以MEA 出现,二乙醇胺以 DEA 出现,令消费者难以辨别。它们都对皮肤有刺激性,超量使用可能造成过敏性反应,如长期使用含此类成分过量的产品还可造成肝脏和肾脏癌症发病率上升。

3. 各种化妆品添加剂

(1)激素。化妆品中添加的激素主要是糖皮质激素。化妆品中添加的激素共 11 种:氢化可的松、地塞米松、醋酸泼尼松、醋酸地塞米松、甲基睾丸酮、睾丸酮、黄体酮、雌二醇、雌三醇、雌酮、己烯雌酚。含有激素成分的化妆品如果长期使用,皮肤就会产生如同"上瘾"的症状,只要停用过敏症状就会加重发作,造成毛细血管扩张、萎缩,皮肤变薄、痤疮加重、色素沉着,甚至出现多毛、皮炎等症状,称为"激素美容综合征"。同时,激素外用还可能引起人体内激素水平变化,造成内分泌混乱,引起月经不调等不良反应。如长期使用含有激素地塞米松的化妆品,皮肤会变薄、变黑。经常使用带有激素的化妆品,甚至会出现严重的皮肤反应。有皮肤过敏症状的病人用后,初期症状得到缓解,皮肤细腻了,但一段时间后,过敏症状会重新发作。速效护肤品往往含有激素成分。

(2)矿物油和凡士林。是卸妆用的洁颜油以及婴儿油的主要原料。含有矿物油的护肤品滋润效果很好,但易堵塞毛孔,阻止毒素的排出,导致痤疮等皮肤病的发生。凡士林也容易让皮肤生痤疮,并导致皮肤过早老化。同时,它容易受到污染,在使用过程中把毒素带到皮肤上。

(3)色素与香料。香料的香气来源于香味料所含的醇、酮等可以挥发的化学物质,可能造成光敏感、接触性皮炎等健康问题。香料和色素中常含的"铬"和"钕"属于禁用元素,如果皮肤抵抗力较弱的患者使用,皮肤就会出现刺激感和灼烧感,或者皮肤敏感、发红,严重的就会导致皮炎。铬为皮肤变态反应原,可引起过敏性皮炎或湿疹,病程长,久而不愈。钕对眼睛和黏膜有很强的刺激性,对皮肤有中度刺激性,吸入还可导致肺栓塞和肝损害。据统计显示,引起皮肤功能障碍的化妆品原料中最危险的是香料,其次就是色素和防腐杀菌剂,它们被称为化妆品的"三害"。造成伤害的比例分别为:香料占 50.6%,色素占43.9%,防腐杀菌剂占 4.9%。有研究人员指出,化妆品中的色素与人类皮肤的色素沉着有一定的关系。色素沉着是在正常皮肤上出现的褐色斑点,严重影响形象。化妆品中所含的色素属焦油衍生物,长期使用会对光线发生敏感反应,从而导致色素沉着。化妆品引起的色素沉着多数还伴有皮肤潮红、丘疹等炎症现象。口红是人们最常用的化妆品之一,由于它是涂在嘴唇上的,很容易在吃饭时"溜"到体内。一般来说,咽下微量口红对身体不大可能造成危害,但是口红中含有色素,长期使用会产生蓄积作用,对机体造成潜在危害。色素还是导致人们对化妆品过敏的重要原因之一,常常引起烧灼、瘙痒、表皮剥脱、轻微疼痛等过敏症状。

（二）选择正确、安全的化妆品

如上所述，尽管在化妆品中存在着诸多的健康隐患，但只要能正确地选择和使用化妆品，还是可以避免其对健康造成伤害的。在选择化妆品时，应该从以下两方面来考虑：

1. 要学会识别化妆品的质量

（1）从外观上识别：好的化妆品应该颜色鲜明、清雅柔和。如果发现颜色灰暗污浊、深浅不一，则说明质量有问题。如果外观浑浊、油水分离或出现絮状物，膏体干缩有裂纹，则不能使用。

（2）从气味上识别：化妆品的气味有的淡雅，有的浓烈，但都很纯正。如果闻起来有刺鼻的怪味，则说明是伪劣或变质产品。

（3）从感觉上识别：取少许化妆品轻轻地涂抹在皮肤上，如果能均匀紧致地附着于肌肤且有滑润舒适的感觉，就是质地细腻的化妆品；如果涂抹后有粗糙、发黏感，甚至皮肤刺痒、干涩，则是劣质化妆品。

2. 选择适合自己的化妆品

（1）依据皮肤类型：油性皮肤的人，要用爽净型的乳液类护肤品；干性肌肤的人，应使用富有营养的润泽性的护肤品；中性肌肤的人，应使用性质温和的护肤品。

（2）依据年龄和性别：儿童皮肤幼嫩，皮脂分泌少，须用儿童专用的护肤品；老年人皮肤萎缩，又干又薄，应选用含油分、保湿因子及维生素 E 等成分的护肤品；男性宜选用男士专用的护肤品。

（3）依据肤色：选用口红、眼影、粉底、指甲油等化妆品时，须与自己的肤色深浅相协调。肤色较白的人，应选用具有防晒作用的化妆品。

（4）依据季节：季节不同，使用的化妆品也有所不同。在寒冷季节，宜选用滋润、保湿性能强的化妆品；而在夏季，宜选用乳液或粉类化妆品。

3. 正确存放化妆品

在保管化妆品时，须谨记化妆品有"六怕"。

（1）怕热：温度过高的地方不宜存放化妆品。因为高温会造成化妆品油水分离，膏体干缩，引起变质。

（2）怕晒：阳光或灯光直射处不宜存放化妆品。因为光线照射会造成化妆品水分蒸发，某些成分会失去活力，以致引起变质。阳光中的紫外线还能使化妆品中的一些物质发生化学变化，影响使用效果，甚至发生不良反应。

（3）怕冻：化妆品可放在冰箱的保鲜冷藏室保存，不能放在冷冻室保存。寒冷季节，不宜将化妆品放在室外或长时间随身携带到室外。因为冷冻会使化妆品发生冻裂现象，而且解冻后还会出现油水分离、质地变粗，对皮肤产生刺激作用。

（4）怕潮：有些化妆品含有蛋白质，受潮后容易发生霉变。有的化妆品使用铁盖，受潮后容易生锈污染化妆品，使化妆品变质。

（5）怕久放：一般化妆品的有效期限为 1～2 年，开封后存放的期限更短些。因此，化妆品最好在有效期限内用完，不可停停用用直到过期。再好的化妆品，再精心的保管，如果过了保质期，便会一文不值。

（6）怕污：化妆品使用后一定要及时旋紧瓶盖，以免细菌侵入繁殖。使用时最好避免直接用手取用,可以用干净的棉棒等工具取用。如果一次取用过多,可涂抹在身体其他部位,不可再放回瓶中。

第三节 卫生用品

随着生活水平的提高,人们的健康意识逐步增强,越来越多的人开始注重家庭卫生,消毒剂、杀虫剂等卫生用品也逐渐走进了人们的日常生活。

一、消毒剂

消毒剂也称化学消毒剂,是指用化学消毒药物作用于微生物和病原体,使其蛋白质变性,失去正常功能而死亡。目前常用的有含氯消毒剂、过氧化物消毒剂、碘类消毒剂、醛类消毒剂、杂环类气体消毒剂、酚类消毒剂、醇类消毒剂、季胺类消毒剂等。

1. 含氯消毒剂

指溶于水产生具有杀灭微生物活性的次氯酸的消毒剂,其有效成分常以有效氯表示。次氯酸分子量小,易扩散到细菌表面并穿透细胞膜进入菌体内,使菌体蛋白氧化导致细菌死亡。含氯消毒剂可杀灭各种微生物,包括细菌繁殖体、病毒、真菌、结核杆菌和抗力最强的细菌芽孢。这类消毒剂包括无机氯化合物和有机氯化合物。无机氯性质不稳定,易受光、热和潮湿的影响,丧失其有效成分;有机氯则相对稳定,但是溶于水之后均不稳定。这类消毒剂的主要优点是杀菌谱广、作用迅速、杀菌效果可靠;毒性低;使用方便、价格低廉。缺点是不稳定,有效氯易丧失;对织物有漂白作用;有腐蚀性;易受基物、pH 等的影响。

常用的含氯消毒剂有:液氯,含氯量＞99.5%(质量百分数,下同);漂白粉(次氯酸钙,$Ca(ClO)_2$),含有效氯 25%;漂白粉精(优氯剂),含有效氯 80%;三合二,含有效氯 56%;次氯酸钠($NaClO$),工业制备的含有效氯 10%,"84"消毒液就是次氯酸钠溶液;二氯异氰尿酸钠(优氯净,$C_3O_3N_3Cl_2Na$),含有效氯 60%;三氯异氰尿酸($C_3N_3O_3Cl_3$),含有效氯 85%~90%;氯化磷酸三钠($Na_3PO_4 \cdot 1/4NaClO \cdot 12H_2O$),含有效氯 2.6%。适用范围:适用于餐(茶)具、环境、水、疫源地等的消毒。

2. 含氧消毒杀菌剂

此类消毒剂具有强氧化能力,对各种微生物都十分有效,可将所有微生物杀灭,主要包括过氧化氢、过氧乙酸、二氧化氯和臭氧等。这类消毒剂的杀菌机制是依靠它强大的氧化能力杀灭微生物,达到消毒目的。

这类消毒剂的优点:杀菌力极强,作用迅速,可以作为灭菌剂使用;易溶于水,使用比较方便;分解产物包括乙酸、氧或水,均为无毒物质,消毒后不残留毒性成分,不污染环境;是无色透明的液体,对消毒物品没有染色的危害。缺点:极易分解,性质不稳定,配制时不易掌握浓度;在未分解前有较难闻的刺激气味,对人有一定的刺激性或毒性,影响环境空气;对消毒物品有一定的漂白作用和腐蚀性。过氧化物类消毒剂能杀灭病毒、真菌、芽孢等病原微生物,并可以用于肝炎病毒的消毒。

常用的含氧消毒剂有:

(1) 二氧化氯(ClO_2),对细胞壁有较强的吸附和穿透能力,放出的原子氧能将细胞内的含巯基的酶氧化而起到杀菌作用。国外大量的实验研究显示,二氧化氯是安全、无毒的消毒剂,无"三致"(致癌、致畸、致突变)效应,同时在消毒过程中也不与有机物发生氯代反应生成可产生"三致作用"的有机氯化物或其他有毒类物质。但由于二氧化氯具有极强的氧化能力，应避免在高浓度时（大于万分之五）使用。当使用浓度低于万分之五时，对人体的影响可以忽略，万分之一以下时不会对人体产生任何的影响，包括生理、生化方面的影响。对皮肤也无任何的致敏作用。事实上，二氧化氯的常规使用浓度要远远低于万分之五，一般仅在十万分之几左右。因此，经美国食品药物管理局（FDA）和美国环境保护署（EPA）的长期科学试验和反复论证，二氧化氯灭菌消毒剂已被确认为是医疗卫生、食品加工中的消毒灭菌，食品（肉类、水产品、果蔬）的防腐、保鲜，环境、饮水和工业循环及污水处理等方面杀菌、清毒、除臭的理想药剂，是国际上公认的含氯消毒剂最理想的更新换代产品。

（2）过氧乙酸（CH_3COOOH），能产生新生态氧，将菌体蛋白质氧化，使细菌死亡，能杀灭细菌、真菌、芽孢、病菌。特性：属于高效能消毒剂，具有广谱、高效、低毒；但对金属及织物有腐蚀性，受有机物影响大，稳定性差，见光、高温易爆，有刺激性气味，室内空气中药液经皮肤吸收，会产生不良反应。使用范围：0.2％溶液用于手的消毒浸泡，时间为1～2min；0.2％～0.5％溶液用于物体表面的擦拭或浸泡，时间为10min；0.5％溶液用于餐具消毒浸泡，时间为30～60min；1％～2％溶液用于室内空气消毒。过氧乙酸浓溶液对皮肤有较强的刺激性和腐蚀性，不可直接用手去接触。

（3）过氧化氢（H_2O_2，俗称双氧水），能破坏蛋白质的基础分子结构，从而具有抑菌与杀菌作用。特性：过氧化氢属高效消毒剂，具有广谱、高效、速效、无毒、对金属及织物有腐蚀性、受有机物影响很大、纯品稳定性好、稀释液不稳定等特点。对人体的伤害性小。适用于丙烯酸树脂制成的外科体内埋植物（如隐形眼镜）、不耐热的塑料制品、餐具、服装、饮水等的消毒和口腔含漱、外科伤口清洗。使用方法：使用前用无菌生理盐水冲洗；易氧化分解降低浓度，应存于阴凉处，不宜用金属器皿盛装；根据有效含量按稀释定律用灭菌蒸馏水将过氧化氢稀释成所需浓度。

消毒方法有浸泡、擦拭等。浸泡法：将清洗、晾干的待消毒物品浸没于装有3％过氧化氢的容器中，加盖，浸泡30min。擦拭法：对大件物品或其他不能用浸泡法消毒的物品用擦拭法消毒。所有药物浓度和作用时间参见浸泡法。其他方法：用1％～1.5％过氧化氢漱口；用3％过氧化氢冲洗伤口。

注意事项：过氧化氢应贮存于通风阴凉处，用前应测定有效含量；稀释液不稳定，临用前配制；配制溶液时，忌与还原剂、碱、碘化物、高锰酸钾等相混合；过氧化氢对金属有腐蚀性，对织物有漂白作用；使用浓溶液时，谨防溅入眼内或皮肤、黏膜上，一旦溅上，即时用清水冲洗；消毒被血液、脓液等污染的物品时，需适当延长作用时间。

3. 碘类消毒剂

包括碘酊和碘伏，可杀灭细菌繁殖体、真菌和部分病毒，可用于皮肤、黏膜消毒，医院常用于外科洗手消毒。碘伏是单质碘与聚乙烯吡咯烷酮的不定型结合物。聚乙烯吡咯烷酮是表面活性剂，为碘的载体和增溶剂；碘元素以络合或包结的形式存在于载体中。碘伏具有广谱杀菌作用，可杀灭细菌繁殖体、真菌、原虫和部分病毒，在医疗上用作杀菌消毒剂，可用于皮肤、黏膜的消毒，也可处理烫伤，治疗滴虫性阴道炎、霉菌性阴道炎、皮肤霉菌感染等，也可用于手术前和其他皮肤的消毒、各种注射部位皮肤消毒、器械浸泡消毒以及阴道手术前消毒等。取碘化钾适量，加水20mL溶解后，加碘及乙醇，搅拌使溶解，再加水适量使成 1000mL,即得碘酊(俗称碘酒)。碘酒具有较强的消毒杀菌作用,如果放置时间过长,碘酒中的碘作为氧化剂,酒精作为还原剂,就会发生氧化还原反应。碘使酒精氧化成乙醛,甚至继续氧化成乙酸。乙醛和乙酸对皮肤都有刺激和伤害作用。碘可能被乙醇还原为碘化氢。碘与酒精也可能发生取代反应生成碘乙烷(C_2H_5I)等物质。所以长期存放的碘酒不仅减弱或失去消毒杀菌作用,还会伤害皮肤。为避免碘酒变质失效,须存放在棕色瓶中、阴凉处。

另一种常用的消毒剂叫红药水,它是 2%汞溴红(2,7-二溴-4-羟基汞荧光黄素二钠盐)水溶液,其杀菌、抑菌作用较弱,但无刺激性,适用于新鲜的小面积皮肤或黏膜创伤(如擦伤、碰伤等)之消毒。碘酒和红药水不能混用,因为红药水中的汞溴红与碘酒里的碘相遇时,会生成碘化汞(HgI_2),是一种剧毒物质,对皮肤黏膜及其他组织产生强烈的刺激作用,甚至引起皮肤损伤、黏膜溃疡。碘化汞如果进入人体,会使牙床红肿发炎,严重时还会引起疲乏、头痛、体温下降等症状。

还有一种消毒剂是紫药水,是 1%～2%龙胆紫(甲紫)稀释溶液,有较好的杀菌作用,对组织无刺激性,且能与黏膜、皮肤表面凝结成保护膜而起收敛作用,防止细菌感染和局部组织液的外渗,可用于浅表创面、溃疡及皮肤感染。伤口已感染化脓时,不宜使用紫药水,因其具有收敛作用,会在伤口表面形成一层痂膜,使坏死组织中的脓液难以排出而向深部扩散,加重感染。此外,紫药水可使皮肤残留紫色斑痕,所以对较大面积的皮肤创伤以不用为好,以免影响美观。

4. 高锰酸钾($KMnO_4$,俗称 PP 粉)

高锰酸钾为强氧化剂,遇有机物即放出新生态氧而具杀灭细菌作用,杀菌力极强,但极易为有机物所减弱,故作用表浅而不持久。可除臭消毒,用于杀菌、消毒,且有收敛作用。0.1%溶液用于清洗溃疡及脓肿,0.025%溶液用于漱口或坐浴,0.01%溶液用于水果等消毒,浸泡 5min。高锰酸钾在发生氧化作用的同时,还原生成二氧化锰,后者与蛋白质结合而形成蛋白盐类复合物,此复合物和高锰离子都具有收敛作用。也用它作漂白剂、毒气吸收剂、二氧化碳精制剂等。高锰酸钾溶液放置一段时间以后,溶液由紫红色变为棕色,容器底部或内壁形成褐色斑痕。这说明高锰酸钾已经分解,失去消毒杀菌作用。因此,高锰酸钾溶液应该随配随用。高锰酸钾的浓溶液长时间接触皮肤、衣服或器皿,会留下棕黑色斑痕,这是高锰酸钾分解生成的二氧化锰形成的,皮肤或衣服上的斑痕应该用3%的过氧化氢溶液(双氧水)擦洗。

5. 酚类消毒剂

酚类消毒剂主要包括苯酚、煤酚皂溶液、六氯酚、黑色消毒液及白色消毒液等。酚类是一种表面活性物质(带极性的羟基是亲水基团,苯环是亲脂基团),可损害菌体细胞膜,较高浓度时也是蛋白变性剂,故有杀菌作用。此外,酚类还通过抑制细菌脱氢酶和氧化酶等活性,而产生抑菌作用。一般酚类化合物仅用于环境及用具消毒。由于酚类污染环境,故低毒高效的酚类消毒药的研究开发受到重视。在适当浓度下,酚类对大多数不产生芽孢的繁殖型细菌和真菌均有杀灭作用,但对芽孢和病毒作用不强。酚类的抗菌活性不易受环境中有机物和细菌数目的影响,故可用于消毒排泄物等。酚类的化学性质稳定,因而贮存或遇热等不会改变药效。目前销售的酚类消毒剂大多含两种或两种以上具有协同作用的化合物,以扩大其抗菌作用范围。常用的有:

（1）苯酚（C_6H_6O），属于中效消毒剂，0.1%～1%溶液有抑菌作用；1%～2%溶液有杀菌和杀真菌作用；5%溶液可在48h内杀死炭疽芽孢。苯酚的杀菌效果与温度呈正相关。碱性环境、脂类、皂类等能减弱其杀菌作用。苯酚是外科最早使用的一种消毒防腐药，但由于对动物和人有较强的毒性，不能用于创面和皮肤的消毒。苯酚曾用作检定其他消毒防腐药杀菌效力的标准品。当苯酚浓度高于0.5%时，具有局部麻醉作用；5%溶液对组织产生强烈的刺激和腐蚀作用。动物意外吞服或皮肤、黏膜大面积接触苯酚会引起全身性中毒，表现为中枢神经先兴奋后抑制以及心血管系统受抑制，严重者可因呼吸麻痹致死。对吞服苯酚的动物可用植物油（忌用液状石蜡）洗胃；内服硫酸镁导泻；对症治疗，给予中枢兴奋剂和强心剂等。皮肤、黏膜接触部位可用50%乙醇或者水、甘油或植物油清洗。眼可先用温水冲洗，再用3%硼酸液冲洗。此外，苯酚还被认为是一种致癌物。

（2）甲酚（C_7H_8O），抗菌作用比苯酚强3～10倍，毒性大致相等，但消毒用药液浓度较低，故较苯酚安全。其可杀灭一般繁殖型病原菌，对芽孢无效，对病毒作用不可靠。甲酚是酚类中最常用的消毒药。由于甲酚的水溶度较低，通常都用肥皂乳化配制成50%甲酚皂溶液，就是俗称的"来苏儿"（Lysol）。

（3）六氯酚，对多数革兰氏阳性菌（包括葡萄球菌）有较强的杀菌作用，对革兰氏阴性菌杀菌作用稍差。2%～5%六氯酚曾广泛加入抗菌药皂，用于皮肤消毒。一次使用效果不比普通肥皂好；多次用其擦洗皮肤，会在皮肤表面残留一层药膜，从而使其抑菌作用时间延长。用后如果以其他肥皂擦洗皮肤，可迅速除去皮肤上的六氯酚残留。六氯酚易吸收，若过量应用，动物会出现神经毒性症状，并可见大脑和脊髓的髓磷脂可逆性空泡样变。人皮肤反复地接触高浓度六氯酚，也会引起吸收中毒，导致神经系统紊乱。为避免对人的潜在神经毒性，美国食品药物管理局（FDA）规定：凡含六氯酚高于0.75%的产品均需凭处方购买。意外内服六氯酚会引起人急性中毒。因此从安全角度出发，对六氯酚及其药皂应重新进行评价。

6. 醛类消毒剂

包括甲醛和戊二醛等。此类消毒剂的消毒原理为一种活泼的烷化剂作用于微生物蛋白质中的氨基、羧基、羟基和巯基，从而破坏蛋白质分子，使微生物死亡。甲醛和戊二醛均可杀灭各种微生物，由于它们对人体皮肤、黏膜有刺激和固化作用，并可使人致敏，因此不可用于空气、食具等的消毒，一般仅用于医院中医疗器械的消毒或灭菌，且经消毒或灭菌的物品必须用灭菌水将残留的消毒液冲洗干净后才可使用。

（1）甲醛（CH_2O）。用于消毒的通常为福尔马林和多聚甲醛。福尔马林为含甲醛34%～38%（质量分数）的水溶液，无色澄清，有强烈刺激气味，呈弱酸性，能与水或乙醇按任意比例混溶。在冷处久置，会因部分聚合而发生浑浊或沉淀，加热又可澄清。甲醛属高效消毒剂，杀菌谱广，对细菌繁殖体、细菌芽孢以及真菌、病毒等均有杀灭作用，但作用时间多较其他高效消毒剂长。甲醛为中等毒性化学物质，对皮肤黏膜有强烈刺激作用。其急性中毒症状为对眼结膜和呼吸道产生急性刺激作用，轻者引起流泪、咳嗽，重者可引起支气管炎、血痰以至窒息而死。皮肤接触甲醛过久，可角质化及变黑，有的可引起湿疹样皮炎。空气中最高允许浓度为5mg/m³。口服甲醛溶液，可引起呕吐、腹痛，导致中枢神经系统损害等，以至休克、死亡，人口服甲醛的最小致死量为36g。甲醛具有致突变和致癌作用。甲醛对消毒物品一般无损害作用。甲醛消毒有液体浸泡和气体熏蒸两种方法。

甲醛液体可用于医疗器械等物品的浸泡消毒,但已较少应用。甲醛气体消毒可用于热敏医学材料的消毒灭菌、医院被褥等的消毒。

(2) 戊二醛($C_5H_8O_2$)。对物品进行消毒灭菌通常用2％戊二醛溶液,有三种剂型。

① 酸性强化戊二醛:由2％戊二醛加入0.25％聚氧乙烯脂肪醇醚制成,pH为3.2～4.6。酸性强化戊二醛溶液具有很好的杀菌作用,但对细菌芽孢的杀灭速度慢于碱性戊二醛溶液。其稳定性好,可在室温贮存18个月。2％酸性强化戊二醛可直接用于物品的消毒与灭菌。

② 中性戊二醛:由酸性强化戊二醛加碳酸氢钠调整溶液pH至7.0,即成中性戊二醛。其稳定性比碱性戊二醛溶液好,但不及酸性强化戊二醛,在室温下可使用3～4周。

③ 碱性戊二醛:用碳酸氢钠将2％戊二醛溶液的pH调至7.5～8.5,称碱性戊二醛。碱性戊二醛溶液对细菌芽孢的杀灭速度比酸性和中性戊二醛溶液快。碱性戊二醛溶液不稳定,室温放置2周后,浓度即明显降低,杀菌作用明显减退。

戊二醛属高效消毒剂,杀菌谱广。戊二醛对人体组织有中等毒性,对皮肤黏膜有刺激性和致敏作用,大气中最高允许浓度为$1mg/m^3$。有人指出戊二醛有致畸、致突变作用,可能有致癌作用。戊二醛对金属器械,如不锈钢、镀铬制品以及镜面等腐蚀作用较小,但对碳钢和铝制品有一定腐蚀作用。戊二醛主要用于不耐热的医疗器械和精密仪器,如内窥镜的消毒和灭菌。

7. 醇类消毒剂

最常用的是乙醇和异丙醇,它可凝固蛋白质,导致微生物死亡,属于中效消毒剂,可杀灭细菌繁殖体,破坏多数亲脂性病毒,如单纯疱疹病毒、乙型肝炎病毒、人类免疫缺陷病毒等。醇类杀微生物作用也可受有机物影响,而且由于易挥发,应采用浸泡消毒或反复擦拭以保证其作用时间。醇类常作为某些消毒剂的溶剂,而且有增效作用,常用浓度为75％。据国外报道:80％乙醇对病毒具有良好的灭活作用。近年来,国内外出现了许多复合醇消毒剂,这些产品多用于手部皮肤消毒。

乙醇(C_2H_5OH),俗称酒精。它的水溶液具有特殊的、令人愉快的香味,并略带刺激性。乙醇的用途很广,可用乙醇来制造醋酸、饮料、香精、染料、燃料等。医疗上也常用体积分数为70％～75％的乙醇作消毒剂等。为什么用70％～75％的酒精而不用纯酒精消毒呢?这是因为酒精浓度越高,使蛋白质凝固的作用越强。当高浓度的酒精与细菌接触时,就能使菌体表面迅速凝固,形成一层包膜,阻止了酒精继续向菌体内部渗透,细菌内部的细胞不能被彻底杀死,包膜内的细胞可能将包膜冲破重新复活。因此,使用浓酒精达不到消毒杀菌的目的。如果使用70％～75％的酒精,则既能使组成细菌的蛋白质凝固,又不形成包膜,而能使酒精继续向内部渗透,使其彻底消毒杀菌。经实验,若酒精的浓度低于70％,也不能彻底杀死细菌。

8. 环氧乙烷

又名氧化乙烯,属于高效消毒剂,可杀灭所有微生物。由于它的穿透力强,常将其用于皮革、塑料、医疗器械、医疗用品的消毒或灭菌,而且对大多数物品无损害,也可用于精密仪器、贵重物品的消毒。因其对纸张色彩无影响,有时用于书籍、文字档案材料的消毒。

9. 表面活性剂类消毒剂

双胍类消毒剂属于阳离子表面活性剂,具有杀菌和去污作用,医院里一般用于非关键物品的清洁消毒，也可用于手消毒。将其溶于乙醇后可增强其杀菌效果，也作为皮肤消毒剂。由于这类化合物可以改变细菌细胞膜的通透性，常将它们与其他消毒剂复配以提高其杀菌效果和杀菌速度。例如，氯己定（双氯苯双胍己烷，洗必泰）具有相当强的广谱抑菌、杀菌作用，是一种较好的杀菌消毒药，对革兰氏阳性和阴性菌的抗菌作用比新洁尔灭等消毒药强，即使在有血清、血液等存在时仍有效，对绿脓杆菌、真菌也有效。

洁尔灭、新洁尔灭（十二烷基二甲基苄基溴化铵），别名为苯扎溴铵、溴化苄烷铵，是季铵盐型阳离子表面活性剂，能改变细菌胞浆膜通透性，使菌体胞浆物质外渗，阻碍其代谢而起杀灭作用，对革兰氏阳性细菌作用较强，但对绿脓杆菌、抗酸杆菌和细菌芽孢无效，能与蛋白质迅速结合，遇有血、棉花、纤维素和有机物存在，作用显著降低，对 0.1% 以下浓度皮肤无刺激性，主要用于手术前皮肤消毒、黏膜和伤口消毒、手术器械消毒。创面消毒用 0.01% 溶液，皮肤及黏膜消毒用 0.1% 溶液，手术前洗手用 0.05%～0.1% 溶液浸泡 5min；手术器械消毒用 0.1% 溶液（内加 0.5% 亚硝酸钠以防生锈）煮沸 15min，再浸泡 30min；0.005% 以下溶液作膀胱和尿道灌洗；0.0025% 溶液作膀胱保留液。常用的"邦迪牌创可贴"使用的是苯扎氯铵，别名洁尔灭。本品禁止与普通肥皂配伍，不适用于膀胱镜、眼科器械、橡胶及铝制品的消毒。

二、家用杀虫剂

（一）家用杀虫剂的种类

家用杀虫剂是指用来预防或杀灭蚊、蝇、蚁、蚤、蟑螂、螨、蜱、鼠、衣物蛀虫等卫生害虫的药剂，主要有蚊香类、烟片剂、气雾剂、喷射剂、饵剂、球剂、片剂等剂型，一年四季皆有使用。这类杀虫剂与保护农林作物、杀灭农林害虫的杀虫剂不同，卫生杀虫剂直接作用于人类居住的环境，有的甚至长时间与人接触（如用于室内的空间喷洒剂、滞留喷洒剂、蚊帐浸泡剂等），其保护对象是人。因此，对卫生杀虫剂的要求除了具有农林用杀虫剂的要求外，尚有更高的要求。所以，目前卫生杀虫剂大多数为低毒级，少数为中等毒性，不用高毒，禁用剧毒。根据其成分与属性可分为以下几种：

1. 有机氯类

有机氯类是最早用于卫生害虫防治的一类农药。六六六、DDT 等过去在除害灭病中起到了重要作用。由于该类农药毒性大，高残留，对环境及人的危害性大，现在大部分已停用。国家目前许可生产的唯一有机氯类杀虫剂是三氯杀虫酯（7504），毒性属于低毒，目前主要应用于灭蚊片、灭蚊烟熏纸的配制上。

2. 有机磷类

此类杀虫剂合成于 20 世纪 40 年代，具有广谱、高效、低残留、合成简单、价格便宜的特点，20 世纪 50 年代被推广应用于卫生害虫杀灭，是使用量最大的一类杀虫剂。常用品种主要有 DDVP、敌百虫、马拉硫磷、杀螟硫磷、乙酰甲胺磷、甲基嘧啶磷、倍硫磷、毒死蜱、辛硫磷。其杀虫机理是抑制胆碱酯酶活性，使害虫中毒。有机磷杀虫剂其缺点是对人畜毒性一般较大，残效期短，在外界或动物体内易被降解；在碱性条件下易分解失效（敌百虫除外），在长期贮存过程中，有些有机磷杀虫剂可逐渐分解而失效。有机磷杀虫剂的某些品种对人畜高毒，使用过程中稍有不当，就会发生中毒事故。

3. 氨基甲酸酯类

此类化合物是 20 世纪 50 年代发展起来的有机合成杀虫剂，其产量和使用量仅次于有机磷类。常用品种主要有仲丁威(巴沙)、残杀威。仲丁威多与有机磷、拟除虫菊酯类杀虫剂混配使用,可大大提高毒效和击倒速度,还用于蚊香、电热蚊香中。残杀威对蟑螂有较好的防治效果,其1%粉剂、20%乳油及1%毒饵被广泛用于蟑螂防治,且经常以1%浓度在喷射剂和气雾剂中使用。

4. 拟除虫菊酯类

一类仿生合成的杀虫剂,是改变天然除虫菊酯的化学结构衍生的合成酯类。天然除虫菊酯是古老的植物性杀虫剂,是除虫菊花的有效成分。其主要特点:杀虫活性高,比一般的有机磷、氨基甲酸酯杀虫活性要高1~2个数量级;击倒速度快;杀虫谱广;对人畜低毒。目前作为家庭卫生用杀虫剂的原药大多数是这类农药。用于卫生害虫防治的拟除虫菊酯类杀虫剂主要有丙烯菊酯、胺菊酯、氯氰菊酯、溴氰菊酯等。胺菊酯、氯菊酯是气雾剂、喷射剂的主剂;氯氰菊酯、溴氰菊酯主要加工成可湿性粉剂和胶悬剂,少数用于气雾剂;丙烯菊酯大多数用于蚊香和电热蚊香中,少量用在气雾剂和喷射剂中。

5. 生物杀虫剂及昆虫生长调节剂

生物杀虫剂主要是球形芽孢杆菌和苏云金杆菌,这类杀虫剂不易产生抗药性,不污染环境,对蚊幼虫有一定的防治效果。昆虫生长调节剂主要是乙酰甲胺磷与灭幼脲混配的毒饵,用于蟑螂的防治。

(二)常见家用杀虫剂

由于杀虫原药中杀虫有效成分含量高,除少数品种可直接用于熏蒸或超低容量喷洒外,很少直接使用,需加工成各种剂型才能使用。剂型加工的目的:改进杀虫剂的物理性状,以适合不同场所、不同防治对象;提高药效,增加安全性;延缓抗药性产生,延长药物使用寿命,扩大使用范围;增强产品的市场竞争力。目前生产和使用的剂型有粉剂、可湿性粉剂、胶悬剂、喷射剂(包括油剂、酊剂、水性乳剂、乳油)、气雾剂、盘式蚊香、电热蚊香、毒饵、粘捕剂、烟剂、杀虫涂料、驱避剂等。家庭常用的卫生杀虫剂有:

1. 蚊香和电热蚊香

主要用于室内驱杀成蚊。传统的蚊香有线香和盘香两种。电热蚊香包括电热片蚊香、电热液体蚊香和电热固体蚊香。最近还出现了电子蚊香。电子蚊香不同于上述传统电蚊香,它是为电脑及手机用户驱蚊而开发的软件,开发者声称通过超声波的发出,可有效驱蚊。另外还有一种号称长效环保型的驱蚊贴,是用天然防蚊植物萃取物与高分子凝胶基质相结合,利用微滴包覆和恒速缓释控制技术,用天然防蚊植物萃取物(薰衣草精油、桉叶精油、香茅精油等)为驱蚊原料研制而成,是一种绿色环保、无毒、无害的驱蚊产品。

蚊香的成分有:有机磷类(敌百虫、毒死蜱、害虫敌)、氨基甲酸酯类(残杀威、混灭威)、菊酯类(氯氰菊酯、丙炔菊酯、丙烯菊酯、ES生物菊酯),其中有机磷类毒性最大,菊酯类毒性最弱。这些成分多数属于低毒农药。早在2004年蚊香和杀虫剂就被列入农药管理范围,对蚊香的毒性作了强制规定。所以,蚊香等驱蚊产品属于大农药的范畴。蚊香盘香的载体是木屑,而电蚊香的载体则是碳氢化合物。蚊香盘香燃烧的烟里含有4类对人体有害的物质,即超细微粒(直径小于$2.5\mu m$的颗粒物质)、多环芳香烃(PAHs)、羰基化合物(如甲醛和乙醛)和苯。同时,除了这4类明显的有害物质外,蚊香中还有大量的有机填料、黏合剂、染料和其他添加剂,才能使蚊香可以无焰闷烧。所以蚊香盘香只适合在室外、阳台等处使用。片型电蚊香和液体电蚊香污染较小,适室内使用。

固体电蚊香的原理是将杀虫剂（除虫菊精）吸入纸片中，利用热量蒸发出杀虫剂，一般药效可维持 6～8h。缺点是刚使用时药效良好，甚至可能会"超量"，但 4～5h 之后，杀虫剂挥发将尽，药效变差，防蚊效果变弱。市售的蚊香片都是淡蓝色的，这不是药液的颜色，药液实际上是无色的，蓝色是指示剂的颜色。蚊香片受热时，随着药液的挥发，蓝色也逐渐褪去。液体电蚊香利用毛细管原理，持续加热稳定释放杀虫剂物质，可以弥补固体电蚊香在空气中浓度变化大的缺点。液体电蚊香可以连续长时间使用，为 60 天左右，甚至可定时释放。

而传统蚊香是利用高温燃烧作用，将杀虫剂缓缓释放到空气中，驱蚊效果大于杀蚊效果。因为传统蚊香的成分不太一样，燃烧的烟中产生的有害气体也不同，其中超细微粒（直径小于 $2.5\mu m$ 的颗粒物质，PM 2.5）是最常见的，这种超细微粒可以被人体吸入，影响人的呼吸系统健康。有些劣质的蚊香燃烧时还会产生多环芳香烃、羰基化合物（如甲醛和乙醛）和苯，这些物质都属于有毒气体，所以蚊子只要在烟圈附近飞一圈就会毙命，多数蚊子闻到气味都会远离。如果在封闭的空间里点燃，人也会出现中毒症状。如果使用劣质蚊香，重则会致癌，轻则会诱发呼吸道疾病。

2. 气雾杀虫剂

气雾杀虫剂是指杀虫剂的原液和抛射剂一同装封在带有阀门的耐压罐中，使用时以雾状形式喷射出杀虫制剂原液。喷射出来的微小雾粒是气溶胶。喷雾剂不用抛射剂而是利用手工压气来喷射的。由于此类杀虫剂杀灭效果好，便于携带、使用、储存，具有奏效迅速、准确等各种独特优点而得到迅速发展。气雾杀虫剂的主要成分是拟除虫菊酯，这是一种高效、低毒、残留量低且能降解的杀虫剂，而且拟除虫菊酯的含量仅占总量的 0.2%～0.8%，对蚊虫具有驱避、击倒和毒杀三种作用。但若经呼吸道、消化道和皮肤进入人体内，可能对神经系统产生毒副作用。使用气雾杀虫剂应注意：

（1）在房间内使用时，应先关闭门窗，喷完后，人要立即离开房间，等一段时间后打开门窗，等气味散尽后再进入房间。

（2）喷药的数量要适量。气雾剂的罐体内压力较大时，$12m^2$ 的房间，只需喷 5～10s 即可。

（3）喷药时切勿将药液喷到皮肤上或衣物上，万一皮肤不慎沾到杀虫剂，应立即清洗。

（4）不要倒置喷射，不能朝着人体、厨灶及食品喷射。

（5）气雾剂为易燃品，应放置在阴凉处，远离火源及热源。

3. 衣物防蛀剂

为了防止毛料服装、毛衣、皮衣等在储存时被虫蛀、发霉，常选用防蛀剂。市场上常见的防蛀剂有卫生球、樟脑丸、樟脑精块（片）等。

（1）卫生球。是用精萘压制成的。萘具有较大的毒性，轻者会刺激人的皮肤，或使人头痛、恶心、食欲减退等；重者可引起肾脏损害和溶血性贫血，特别是有红细胞酶遗传缺陷的小儿更易发生溶血性贫血。萘被世界卫生组织和国际癌症研究中心列为人类的可能致癌物之一，因此经常接触萘有一定的致癌风险。早在 1993 年，国家工商总局已明令禁止以萘丸冒充樟脑丸，但是市场上仍然能见到以萘为原料生产的卫生球、樟脑丸。

（2）对二氯苯（$C_6H_4Cl_2$）。这种防蛀剂因为防蛀防霉效果好，不仅用于普通百姓家里,而且在许多标本馆、档案馆、图书馆、仓库等处也被广泛使用。但是对于它的安全性却存在争议。对二氯苯是合成的有机化合物,人体可经呼吸道吸入,食用被其污染的食物以及局部皮肤接触会引起中毒。对二氯苯致人中毒,轻者会让人头晕、呕吐、出现呼吸道刺激反应、皮肤过敏,重者会引起人体肝脏和肾脏损害、溶血性贫血,或致多发性神经炎等。对二氯苯同样被世界卫生组织和国际癌症研究中心列为人类的可能致癌物。1992 年我国发布的《常用危险化学品的分类及标志》中,将对二氯苯列为第六类有毒品。

1999 年国家环境保护总局发布的《环境标志产品技术要求——安全型防虫蛀剂》中明确提出,以樟脑或拟除虫菊酯为原料生产的防蛀剂产品中不得含有对二氯苯。

(3) 以拟除虫菊酯为原料的产品。其特点是对昆虫通过胃杀、触杀,有高效的杀灭作用,对哺乳动物和人的毒性很低,残留量也低,在环境中易降解,而且不会损伤衣物纤维,对色泽无影响,是比较理想的防蛀剂。

(4) 以天然樟脑为原料制成的樟脑丸、樟脑片等。樟脑是将有 50 年以上树龄的樟木,经蒸气蒸馏得到的樟油制成的,对人无毒害,能驱逐蛀虫,是比较安全的防蛀剂。由于它极易升华,能使周围环境受到樟脑气味的污染,还能使白色的丝绸织物变黄。因樟脑用途广泛但资源有限,因而价格较高,所以常用合成樟脑替代。合成樟脑是由天然松脂提取的松节油加工而成的,虽然对皮肤黏膜有刺激性,但不会致人中毒,也不会致癌。

这些防蛀剂均为挥发性有机化合物,其特点是具有程度不等的浓烈气味,以挥发气体的方式对蠹虫进行驱杀。天然樟脑作为防蛀剂是安全的,所以选购时应注意假冒樟脑的萘和对二氯苯。樟脑精块(片)的性状与萘和对二氯苯的区别在于:樟脑精块是光滑无色或白色的半透明结晶块,气味清香,比重小,能浮于水面;萘和对二氯苯呈白色(市售的对二氯苯产品也有彩色的),不透明,气味刺鼻,比重大,能沉于水中。

对于防蛀剂也应该注意正确使用:

① 给衣物使用防蛀剂要适量,不是越多越好。

② 将衣物连同防蛀剂放置在密闭的箱子内(可用塑料整理箱),并在箱子的接缝处用胶条封闭,防止防蛀剂气体外逸到室内空气中。

③ 启用衣物时,要在室外打开箱子使防蛀剂挥发掉,同时衣物应挂在室外充分晾晒。

④ 小儿衣物不要使用防蛀剂。

⑤ 防蛀剂应装在封口瓶内储存,放在小孩拿不到的地方。

4.卫生香和空气清新剂

(1) 卫生香。是人们用各种木粉、炭粉按一定比例加入各种香料以及中草药制成的,形状有饼、棒、球、线、盘等,点燃之后会释放出香气,可作为熏屋熏衣、防虫驱瘟、香化环境、调理身心的一种生活用品。现代生活中发展成香薰疗法,使用植物精油提升身体和精神疗效。

目前我国的卫生香可以归纳为“南方人喜欢焚烧的棒香、塔香”和“北方人喜欢焚烧的线香、盘香”4 大类。棒香,因卫生香中心是一根“竹棒”而得名,这类卫生香的生产主要分布在我国的南部;线香,因生产出来的卫生香像线一样一条一条而得名,主要分布在我国北方;塔香,把长长的一根线香盘成一圈或两根线香盘成一圈,因点燃时用一根漂亮的香架架起成一个塔状而得名,各地都有生产;盘香,又称环香,在制作时,通常会先将香末做成长线香后再小心地弯成螺旋盘绕的环状,放一段时间,定型之后再晾起等待完全风干后使用。制作盘香主要是因为其燃烧的时间比线香更持久。

卫生香可以杀菌、驱除瘴气、赶走蚊蝇、净化空气，并且对人体基本没有伤害。而另一种同样起到净化空气作用的所谓空气清新剂就不同了。

（2）空气清新剂。是由乙醇、香精、去离子水等成分组成的，通过散发香味来掩盖异味，减轻人们对异味不舒服的感觉。由于携带方便、使用简单以及价格便宜，空气清新剂成为不少司机朋友净化车内空气的首选，它的工作原理也很简单，就是在发出恶臭的物质中加入少量药剂，通过化学反应达到除臭目的和使用强烈的芳香物质隐蔽臭气。因此，很多空气清新剂事实上并没有将车内的异味清除，仅仅是用一种讨人喜欢的香味将异味掩盖而已。空气清新剂最明显的缺陷是它含有的成分对人体可能带来伤害。目前市场上销售的空气清新剂种类很多，但基本上都是由乙醇、香精等成分组成，这些物质在空气中化学分解之后产生的气体本身就是空气污染物，这其实是加剧了封闭空间内空气的污染程度，长期使用对人体会产生不良刺激。另外，空气清新剂里含有的芳香剂对人的神经系统还会产生危害，刺激小孩的呼吸道黏膜等，长期使用还可能致癌。空气清新剂的另一个缺点就是它并没有分解有害气体，达到清新空气的目的。它的作用是通过散发香气来盖住异味，而不是与空气中导致异味的气体发生反应。也就是说，空气清新剂的效果并没有清除空气中的有害气体，它只是靠混淆人的嗅觉来"淡化"异味。许多空气清新剂的包装上都标明可以起到杀菌的作用，有些消费者也把它作为消毒产品，频繁喷洒在一些不容易清理的地方，尤其是在卫生间等异味较多的地方，认为可以一举两得，既消毒又除味。专家提醒，空气清新剂不能杀灭空气中的细菌，不可以作为消毒产品使用。过于频繁地使用空气清新剂只会对室内空气造成二次污染。因为空气清新剂中有一种物质叫作"萜"，这种物质和空气中的臭氧进行反应，会产生甲醛等有害的气体。另外，空气清新剂还是易燃物品。为健康与安全起见，应尽量避免使用空气清新剂。

第四节 文化用品

一、文房四宝

"文房四宝"是中国独具特色的文书工具，即笔、墨、纸、砚。文房四宝之名，起源于南北朝时期。自宋朝以来，"文房四宝"则特指湖笔（浙江省湖州）、徽墨（徽州，现安徽歙县）、宣纸（现安徽省泾县，泾县古属宁国府，产纸以府治宣城为名）、端砚（现广东省肇庆，古称端州）和歙砚（现安徽歙县）。

1. 笔

笔是人类的一大发明，是供书写或绘画用的工具，多通过笔尖将带有颜色的固体或液体（墨水）在纸上或其他固体表面绘制符号或图画，也有利用固体笔尖的硬度比书写表面大的特性在表面刻出符号或图画。在中国，早在 3000 多年以前的商代就使用毛笔写字绘画。北宋著名的书画家苏东坡有名句："信手拈来世已惊，三江滚滚笔头倾"，足见"笔"的重要性。古希腊、古罗马曾在木板面上涂蜡，然后用铁棒在蜡面上划写。古代埃及和波斯曾将芦苇秆削尖当笔使用。从中世纪开始，在欧美则是使用芦苇笔或鹅毛笔。到 19 世纪 80 年代中期在羽毛笔的基础上发明了钢笔之后，钢笔迅速替代传统的羽毛笔而成为 20 世纪主要的书写工具。进入 20 世纪 90 年代中后期，电脑、打印机与网络迅速普及，在很大程度上取代了钢笔的书写功能,而且性能更加优良的圆珠笔被广泛运用,也挤占了钢笔的市场占有率。现今普遍使用的是签字笔和圆珠笔,绘制艺术底稿和画图则多用铅笔。

根据笔的不同用途可以分为以下几种类型:

(1)毛笔:由笔毛和笔杆两部分组成。根据笔毛的来源不同,毛笔可分为羊毫(软毫)笔、狼毫(硬毫)笔、兼毫笔和胎毛笔4种。羊毫大部分是用兔毛制作的,质软、弹性柔弱,写出的字浑厚丰满;狼毫用黄鼠狼尾巴上的毛制成,质硬、富有弹性,适于写挺拔刚劲的楷体字;兼毫用软毫和硬毫按一定比例混合制成,软硬居中;胎毛笔使用的是婴儿的毛发。因毛发的主要成分为蛋白质,易被虫蛀,所以写完字后要及时洗净余墨,套好笔帽存放于阴凉、干燥处。新买的毛笔笔尖上有胶,应用清水把笔毛浸开,将胶质洗净再蘸墨写字。暂时不用的毛笔应置于阴凉通风处,久置不用的毛笔最好在靠近笔毛处放置樟脑球以防虫蛀。

(2)铅笔:英格兰巴罗代尔一带的牧羊人常用石墨在羊身上画上记号。受此启发,人们将石墨块切成小条,用于写字绘画。1761年,德国化学家法伯用水冲洗石墨,使石墨变成石墨粉,然后同硫黄、锑、松香混合,再将这种混合物做成条状,这比纯石墨条的韧性大得多,也不大容易弄脏手,这就是最早的铅笔。常见的铅笔有两种:一种是用木材固定铅笔芯的铅笔;一种是把铅笔芯装入细长塑料管并可移动的活动铅笔。铅笔芯是由石墨掺和一定比例的黏土制成的,所谓的铅笔有"铅毒、金属毒"都属于人们对铅笔缺乏了解而产生的误解。当掺入黏土较多时铅笔芯硬度增大,笔上标有"Hard"的首写字母H。反之,则石墨的比例增大,硬度减小,黑色增强,笔上标有"Black"的首写字母B。所以一般用"H"表示硬质铅笔,"B"表示软质铅笔,"HB"表示软硬适中的铅笔,"F"表示硬度在HB和H之间的铅笔。其由软至硬分别有9B、8B、7B、6B、5B、4B、3B、2B、B、HB、F、H、2H、3H、4H、5H、6H、7H、8H、9H、10H等硬度等级。儿童学习、写字适用软硬适中的HB铅笔,绘图常用6H铅笔,而2B、6B铅笔常用于画画、填涂答题卡。

(3)钢笔:是笔头用各含5%～10%的Cr、Ni合金组成的特种钢制成的笔。铬镍钢抗腐蚀性强,不易氧化,是一种不锈钢。钢笔有蘸水钢笔和自来水钢笔两类。

钢笔中最上等的是金笔。金笔的笔头用黄金的合金制成,笔尖用铱的合金制成。我国生产的金笔有两种:一种含Au 58.33%,Ag 20.835%,Cu 20.835%,通常称为14K;另一种含Au 50%,Ag 25%,Cu 25%,俗称五成金,也称12K。金笔经久耐磨,书写流利,耐腐蚀性强,书写时弹性特别好,是一种很理想的硬笔。2011年广州出现过售价高达16.8万元的用18K金纯手工打造的"派克金笔"。

钢笔中较经济实用的是铱金笔。铱金笔的笔头用铱(Ir)的合金制成。该笔既有较好的耐腐蚀性和弹性,还有经久耐用的特点,深受广大消费者的喜爱。

(4)圆珠笔:使用干稠性油墨,笔尖是个小钢珠,把小钢珠嵌入一个小圆柱体形铜制的碗内,后连接装有油墨的塑料管,油墨随钢珠转动由四周流下。这种笔比一般钢笔坚固耐用,但保管不当会不能书写。这主要是油墨干涸黏结在钢珠周围阻碍油墨流出的缘故。圆珠笔有一个很大的缺点:它写出来的字迹起初很清晰,可是却经不起时间的考验,时间一久,字迹就会慢慢地模糊起来。这是因为圆珠笔的油墨是用染料和蓖麻油制成的。油与水不一样,它很不容易干,日子久了,油就会慢慢地在纸上浸开去,字迹就会变得模糊。因此,圆珠笔只能作为一种普通书写用笔。如果想要把字迹长久保存起来,那么就需要用钢笔。

（5）中性笔：书写介质的黏度介于水性和油性之间的圆珠笔称为中性笔，是目前比较流行的一种书写工具。中性笔兼具自来水钢笔和圆珠笔的优点，书写手感舒适，油墨黏度较低，并增加容易润滑的物质，因而比普通油性圆珠笔更加顺滑，是油性圆珠笔的升级换代产品。中性笔内的液体既不同于钢笔墨水的水性，又不同于圆珠笔芯内的油性液体，而是一种有机颜料与尾端锂基酯混合的液体，所以被称为中性笔。中性笔内装的有机溶剂，其黏稠度比油性笔墨低、比水性笔墨稠，当书写时，墨水经过笔尖，便会由半固态转成液态墨水。中性笔墨水最大的优点是每一滴墨水均是使用在笔尖上，不会挥发、漏水，因而可提供如丝一般的滑顺书写感，墨水流动顺畅稳定。

（6）粉笔：粉笔一般用于书写在黑板上。古代的粉笔通常用天然的白垩制成，但现今多用其他的物质取代。现在，国内使用的粉笔主要有普通粉笔和无尘粉笔两种，其主要成分均为碳酸钙（石灰石）和硫酸钙（石膏），或含少量的氧化钙。也可加入各种颜料做成彩色粉笔。在制作过程中把生石膏加热到一定温度，使其部分脱水变成熟石膏，然后将熟石膏加水搅拌成糊状，灌入模型凝固而成粉笔。生石膏变成熟石膏的反应为（需要加热）：

$$2CaSO_4 \cdot 2H_2O \stackrel{\triangle}{=\!=\!=} 2CaSO_4 \cdot H_2O + 3H_2O$$

熟石膏加水变成生石膏的反应为（常温即可）：

$$2CaSO_4 \cdot H_2O + 3H_2O =\!=\!= 2CaSO_4 \cdot 2H_2O$$

粉笔在使用过程中常会产生大量粉尘，长时间飘浮在空气中，严重污染室内空气，危害师生的身心健康，损坏具有时代特征的现代教具如幻灯机、投影机、电脑以及实验室的重要设备，影响这些设备的性能、使用质量和寿命。同时，由于粉笔大量使用必然需要开采大量的石灰石矿和石膏矿，这样会造成环境污染和生态的破坏。

2. 墨

墨分块墨、墨水和油墨三种。

（1）块墨。块墨在我国已有4700年左右的历史。制块墨的主要原料为炭墨烟、动物胶、防腐添加剂。炭墨烟是利用有机碳氢化合物不完全燃烧产生黑烟，将黑烟收集而成的，由于燃烧的原料不同，可分为松烟、油烟、漆烟和工业炭黑等四种。松烟是以松枝燃烧而成的，松烟墨的墨色深重，缺乏光泽。油烟制墨，人们曾采用菜油、豆油、猪油、皂青油、麻油、桐油烟造墨，其中以桐油 $[CH_3(CH_2)_3(CH\!=\!CH)_3(CH_2)_7COOH]$ 为主要成分炼烟为墨写成的字，墨色黑润而光亮，经久不褪。漆烟则是以燃烧桐油和一定数量的漆而成的，其字迹特别有光泽，颇得人们青睐。工业炭黑为矿物油经燃烧提炼而成，品质较差。动物胶是从动物的皮或骨中提取的一种胶原蛋白质，其作用是使炭墨的微粒黏合在一起，便于制成块状，使书写的字迹牢固。防腐添加剂的作用是防止动物胶生霉，改善气味、色泽或黏度。常用于防腐及改善气味、色泽的材料有麝香、丁香、檀香、藿香、朱砂、雌黄、珍珠粉、蛋白、生漆、当归、皂角水等。块墨如著名的徽墨，属于文房四宝中的一宝。

徽墨是以松烟、桐油烟、漆烟、胶为主要原料制作而成的一种主要供传统书法、绘画使用的特种颜料，经点烟、和料、压磨、晾干、挫边、描金、装盒等工序精制而成，成品具有色泽黑润、坚而有光、入纸不晕、舔笔不胶、经久不褪、馨香浓郁、防蛀等特点。其正面镌绘名家的书画图案，美观典雅，是书画艺术的珍品。有高、中、低三种规格。高档墨有超顶漆烟、桐油烟、特级松烟等。尤其是超顶墨能分出浓淡层次,落纸如漆。

历代徽墨品种繁多,主要有漆烟、油烟、松烟、全烟、净烟、减胶、加香等。高级漆烟墨是用桐油烟、麝香、冰片、金箔、珍珠粉等10余种名贵材料制成的。徽墨集绘画、书法、雕刻、造型等艺术于一体,使墨本身成为一种综合性的艺术珍品。徽墨制作技艺复杂,不同流派各有自己独特的制作技艺,秘不外传。徽墨制作配方和工艺非常讲究,"廷之墨,松烟一斤之中,用珍珠三两,玉屑龙脑各一两,同时和以生漆捣十万杵"。因此,"得其墨者而藏者不下五六十年,胶败而墨调。其坚如玉,其纹如犀"。正因为有独特的配方和精湛的制作工艺,徽墨素有拈来轻、磨来清、嗅来馨、坚如玉、研无声、一点如漆、万载存真的美誉。徽墨的另一个特点是造型美观,质量上乘。这主要是使用墨模的缘故。南唐李庭造小挺双脊龙纹墨锭,就是用墨模压制而成。至宋以后,墨模大量使用。而且墨模绘画和雕刻都很讲究。明、清时期墨模艺术也达到其巅峰。

把块墨加水在砚台上磨成汁即成墨汁。由于碳的化学性质稳定,故字画可长久保存。

(2)墨水。为了满足书写或印刷的一些特殊要求,人们逐渐发明或制造了适合其他用途的各种墨水。凡是用来表现文字或符号的一切液体都可统称为墨水。

常用书写墨水有:蓝黑墨水(主要成分是染料、单宁酸、没食子酸及硫酸亚铁,特点是书写后色泽由蓝变黑,字迹悦目、牢固)、纯蓝墨水(主要成分是染料、苯酚、甘油等,特点是色泽纯蓝,字迹鲜艳悦目,对酸性稳定,遇碱性变色,不适于书写档案文件)、黑色墨水(主要成分是染料、苯酚、乙二醇等,特点是呈碱性,字迹深黑醒目,适宜于金笔和蘸水笔用,适合记账、登记卡片、写笔记和信件)、碳素墨水(主要成分是炭黑、苯酚、甘油、乙二醇等,特点是字迹坚牢、耐水,永不褪色,供书写档案之用,现今使用广泛的针管笔使用的就是这种墨水)。

隐形墨水,其原理非常简单,它仅仅是利用酸碱指示剂在酸性或碱性溶液中的颜色变化而已,除了应用化学变化中的酸碱中和原理之外,还可利用其他的化学反应,如沉淀反应、氧化还原、催化反应等。将酸碱指示剂如酚酞溶液滴 2 滴于酸性溶液(如 0.1mol/L HCl)中,并利用毛刷沾酸性溶液将滤纸涂满,待干后再利用毛笔蘸取碱性溶液(如 0.5mol/L NaOH)作为隐形墨水(无色透明),并在滤纸上写字,则便会在白色滤纸上出现粉红色字来。

(3)油墨。油墨是具有一定流动度的浆状胶黏体。印刷油墨是一种为印刷出版服务的工业性产品,可用于印刷报刊、书籍、杂志、画报、钞票和邮票等。几乎所有的物质,如纸张、塑料、玻璃、木材、布匹、尼龙、皮革和金属等均可用油墨印刷。油墨主要由色料、联结料、助剂和溶剂等组成。色料包括颜料和染料。色料能给油墨以不同的颜色和色浓度,并使油墨具有一定的黏稠度和干燥性,常用的是偶氮系、酞菁系颜料。联结料由少量天然树脂、合成树脂、纤维素、橡胶衍生物等溶于干性油或溶剂中制得,它有一定的流动性,使油墨在印刷后形成均匀的薄层,干燥后形成有一定强度的膜层,并对颜料起保护作用,使其难以脱落。助剂主要有填充剂、稀释剂、防结皮剂、防反印剂、增滑剂等。

油墨中含有大量的铅、汞等重金属,主要来源于油墨中的颜料和助剂,重金属对人体的损害在前面已有介绍。印刷油墨中常使用一些芳香烃类溶剂,如甲苯、二甲苯等,它们会伴随油墨的干燥挥发到空气中去污染空气,而且毒性很大,会致癌,对印刷工人的健康会造成损害。油墨中还含有一种叫多氯联苯的有毒物质,它的化学结构跟 DDT 差不多。

如果用报纸包食品,这种物质便会渗到食品上,然后随食物进入人体。多氯联苯的化学性质相当稳定,进入人体后易被吸收,并积存起来,很难排出体外。如果人体内多氯联苯的储存量达到 0.5～2g 就会引起中毒。轻者眼皮发肿,手掌出汗,全身起红疙瘩;重者恶心呕吐,肝功能异常,全身肌肉酸痛,咳嗽不止,甚至可导致死亡。所以,千万不能用报纸、杂志、书页等印刷品来包装食物。

3. 纸

造纸术是我国古代四大发明之一。纸是传播文化、记载历史的重要工具,是经济建设各部门的重要材料。纸是由纸用纤维(植物纤维、合成纤维、矿物纤维、玻璃纤维等)和辅助材料(胶料、填料、化学助剂、染料、明矾等)加工而成的。按原料不同,一般可将纸分为木浆纸、棉浆纸、竹浆纸、草浆纸和混配浆纸;按色泽可分为本色纸、白色纸和彩色纸;按包装可分为平板纸和卷筒纸;按用途可分为印刷用纸、书写用纸、绘图绘画用纸、宣传用纸、生活用纸和包装用纸等。

造纸的原料主要是以竹与木为主的植物纤维,植物纤维中主要含有纤维素 $[(C_6H_{10}O_5)]_n$、半纤维素、木素 $[C_9H_{7.41}O_{3.72}(OCH_3)_{1.74}]$ 三大主要成分,并含有少量的树脂、灰分等。半纤维素是一类化学性质介于糖(淀粉)和纤维素之间的物质。灰分是植物纤维原料中的无机盐类,主要是钾、钠、钙、镁、硫、磷、硅的盐类。

造纸工业中,一般经过化学制浆(除去木质素)、打浆,并加入胶、染料、填料(如松香胶、白陶土、石蜡胶、硫酸铝、滑石粉、硫酸钡)等工序制成纸。纸的实用功能以书写和印刷为主,要求纤维细腻、均匀,填料精致、平整,以防洇水;还可制各种纸制品,主要有餐具、实验服、连衣裙、袜子、家具、壁纸等。不同的纸,其原料和制造工艺也不同。

宣纸是中国传统的古典书画用纸,是汉族传统造纸工艺之一,原产于安徽省宣城泾县,以府治宣城为名,故称"宣纸"。宣纸具有"韧而能润、光而不滑、洁白稠密、纹理纯净、搓折无损、润墨性强"等特点,并有独特的渗透、润滑性能,写字则骨神兼备,作画则神采飞扬,成为最能体现中国艺术风格的书画纸。所谓"墨分五色",即一笔落成,深浅浓淡,纹理可见,墨韵清晰,层次分明。这是书画家利用宣纸的润墨性,控制了水墨比例,运笔疾徐有致而达到的一种艺术效果。再加上其耐老化、不变色、少虫蛀、寿命长,故有"纸中之王、千年寿纸"的誉称。19 世纪在巴拿马国际纸张比赛会上宣纸获得金牌。除了题诗作画外,宣纸还是书写外交照会、保存高级档案和史料的最佳用纸。我国流传至今的大量古籍珍本、名家书画墨迹,大都以宣纸形式保存,虽历经沧桑,依然如初。

不同纸材添加不同的填料,可以制成有特殊功能的纸(图 2-5)。例如,铜系抗菌纸就是将铜离子复合在聚丙烯腈(俗称腈纶)的第一单体丙烯腈上,制得改性腈纶复合纤维,然后再将改性腈纶纤维配加到植物纤维中,即可制得抗菌纸。复写纸是将一种易于脱离的油溶性涂料均匀涂在韧薄的纸上晾干而成的。复写纸的颜

图 2-5　各种特殊用途的纸

色取决于所用的涂料颜色,一般有黑、蓝、红等几种,可供书写和打印一式多份的文件、报表及写单据、开发票等。再如晒图纸,是一种化学涂料加工纸,专供各种工程设计、机械制

造晒图之用,在原纸中加入感光涂料即可制得。还有一种水写显色纸,是在纸上涂以着色底层涂料,再以白色涂料罩面,能以水代墨书写显色的加工纸,可供学习毛笔书画使用,有干净方便、节约纸张和墨水、提高兴趣等优点。

印制钞票的纸均采用坚韧、光洁、挺括、耐磨的印钞专用纸。这种纸经久耐用,不起毛、耐折、不断裂。其造纸原料以长纤维的棉、麻为主。有的国家还在纸浆中加入了本国特有的物产,如日本的印钞纸浆中有三桠皮成分,法国法郎印钞纸浆专用阿列河的河水等。

在印钞技术中常用的纸张有以下几类:

(1)水印纸:应用铸模机制成的具有浮雕形的、可透视的、可触摸的图像、条码等的纸张。造纸过程中,在丝网上安装事先设计好的水印图文印版,或通过印刷滚筒压制而成。由于图文高低不同,使纸浆形成厚薄不同的相应密度。成纸后因图文处纸浆的密度不同,其透光度有差异,故透光观察时,可显出原设计的图文,这些图文即称之为水印。据报道,国外新研制一种透明水印,只能从某个角度观察方可显示、辨认,用扫描仪不能复制。

(2)化学水印纸:将化学物质印刷在纸上所制成的水印纸。

(3)超薄纸:表层具有不同颜色、可用来防止擦去数字或签名等的防伪用纸,也称低强度纸。

(4)防伪嵌入物:纸张中加有或涂敷具有防伪作用的小圆片、微粒、纤维、丝带、全息图、带有文字的半透明窄条等。

4. 砚

砚是磨墨的工具,从问世至今已有四五千年的历史。砚石可分为端州砚、歙州砚等,其中端砚、歙砚、洮河砚、澄泥砚被称为中国的"四大名砚"。砚石的化学成分因产地不同而有所区别,但主要化学成分是硅酸盐(二氧化硅和氧化铝)。如歙砚石,其岩性为板岩和粉砂板岩,为层状结构。其主要物质有绢云母及隐晶质(70%~90%)、碳质、金属矿物质、粉砂等,主要化学成分是二氧化硅和氧化铝。端砚石的化学成分为二氧化硅占17%左右,三氧化二铝占15%左右,三氧化二铁占3%左右,氧化钙占27%左右,氧化镁占6%左右。随着社会的进步,科学技术的发展,墨汁的出现,逐渐代替了人们的研墨之劳,砚的实用性正在逐渐弱化,人们越来越注重砚的观赏性,砚已成为集实用、观赏、收藏于一体的高档工艺品。世界上最贵的砚台是2009年成都"非遗节"上展出的苴却砚,名叫"九龙至尊"(图2-6),标价高达13.9亿元。

图2-6 最贵的砚台"九龙至尊"

二、其他

1. 橡皮

橡皮是用橡胶制成的文具,能擦掉石墨或墨水的痕迹。橡皮的种类繁多,形状和色彩各异,有普通的香橡皮,也有绘画用2B、4B、6B等型号的美术专用橡皮,以及可塑橡皮等。1770年,英国化学家J.普里斯特利发现橡胶可用来擦去铅笔字迹,当时将这种用途的材料称为"rubber",此词一直沿用至今。橡皮的原料是橡胶或塑胶。橡胶的分子链可以交联,交联后的橡胶受外力作用发生变形时,具有迅速复原的能力,并具有良好的物理力学性能和化学稳定性。塑胶是由高分子合成树脂（聚合物）为主要成分掺入各种辅助料或添加剂而制成的，在特定温度、压力下具有可塑性和流动性，可被模塑成一定形状，且在一定条件下保持形状不变。

一些样式时尚的橡皮往往散发着刺鼻的香味，但深受小学生的喜欢。这种香味常常是添加了各种各样的合成香精和有机溶剂，主要含有苯、甲醛、苯酚等有害化学物质。这些有机溶剂通过挥发进入人体，刺激呼吸道的黏膜，严重时会对孩子的神经系统和血液系统造成伤害，如孩子们会出现头晕、恶心、失眠等不适症状。

2. 涂改液（修正液、修正带）

为消除书写错误，在中、小学生中流行使用一类"涂改液""修正液"。它是一种白色不透明颜料，涂在纸上以遮盖错字，干涸后可于其上重新书写，于 1951 年由美国人贝蒂·奈史密斯·格莱姆发明，主要成分是钛白粉、三氯乙烷、甲基环己烷、环己烷等（表 2-2）。涂改液使用方便，而且覆盖力很强，挥发性也比较快，很受学生的青睐。但涂改液涂改了字迹，却留下了有毒物质，对人体的伤害很大，因为涂改液中含有铅、苯、钡等对人体有害的化学物质。涂改液挥发性强，如被吸入人体或黏在皮肤上，将引起慢性中毒，从而危害人体健康，如长期使用将破坏人体的免疫功能，可能会导致白血病等并发症。2012 年 12 月初，"涂改液有毒，3 分钟毒死小白鼠"的视频在网络热传，引起了大家的广泛关注。

表 2-2　涂改液中各成分的性质

	三氯乙烷	甲基环己烷	环己烷
易燃	×	√	√
作为主要溶剂	早期	近期	近期
快干	√	×	×
破坏臭氧层	√		×
误食毒性	轻	轻	轻
刺激部位	眼睛、皮肤、呼吸道	眼睛、皮肤、呼吸道	眼睛、皮肤、黏膜系统
吸入造成的危害	轻至中度	中度	轻至中度
中毒症状	可致癌，引起心脏痉挛	头痛、呕吐、昏迷	影响中枢神经系统

修正带上有一层白色不透明颜料，在错字上覆盖少量修正带上的颜料可以遮盖错字，并可立即于其上重新书写，类似于修正液。其主要成分为钛白粉、树脂、聚苯乙烯、自粘胶、剥离纸、苯乙烯-丙烯腈共聚物。主要特性是快且干净，不用等，很快就可以重新书写；环保，无异味；修改后，能很快在干净平滑表面书写；轻巧，便于携带；修改痕迹不会在复印件或传真里显示出来。某些修正带在使用钢笔、铅笔、可擦笔的情况下会难于书写，最好使用圆珠笔。

涂改液与修正带的区别：涂改液属液体成分，可用于任何纸张，可任意涂改，但须等其干固。修正带属于固体粉带，覆盖力强，无须等其干固。

修正带和涂改液一样，都是化学合成物，里面或多或少会含有化学物质。个别劣质产品可能含有超标的苯，它会对肝脏、肾脏等造成慢性危害，甚至会导致白血病。而铅、铬的可溶物对人体有明显的危害，过量的铅会损害神经、造血和生殖系统，对儿童的危害尤其大,可影响儿童生长发育和智力。

3. 胶水

胶水就是能够粘接两个物体的物质。胶水中的高分子体(白胶中的醋酸乙烯是石油衍生物的一种)都是呈圆形粒子,一般粒子的半径为 $0.5\sim5\mu m$。物体的粘接,就是靠胶水中的高分子体间的拉力来实现的。在胶水中,水就是高分子体的载体,水载着高分子体慢慢地浸入到物体的组织内。当胶水中的水分消失后,胶水中的高分子体就依靠相互间的拉力,将两个物体紧紧地结合在一起。在胶水的使用中,涂胶量过多,胶水中的高分子体相互拥挤,从而形成不了相互间最强的吸引力,同时,高分子体间的水分也不容易挥发掉。这就是在粘接过程中"胶膜越厚,胶水的粘接效力就越差"的原因。涂胶量过多,胶水起到的是"填充作用"而不是粘接作用,物体间的粘接靠的不是胶水的黏结力,而是胶水的"内聚力"。如果胶水不是水溶性的,其实原理也大同小异,就是用其他溶剂代替了水罢了。

胶水可分为液体胶和固体胶两类。

市面上的普通液体胶水,其成分基本是水,添加部分聚乙烯醇、白乳胶、硬脂酸钠、滑石粉、尿素、乙二醇、蔗糖、香精等。502 胶水的主要成分是 α-氰基丙烯酸乙酯,其实质是无色透明、低黏度、不可燃性液体,单一成分、无溶剂,稍有刺激性气味、易挥发、挥发气具弱催泪性。

固体胶是一种以动物胶、动物胶抗凝剂、脂肪酸盐、溶剂、防腐剂为主要原料制得的胶,可在 $-20℃$ 至 $40℃$ 环境中用于粘贴各种纸张。添加增效剂后制得的固体胶粘贴性能明显提高。其主要特点为:原料易得,制作简单,保存期长,便于携带,使用方便,粘接牢固,适用于纸品粘接。

4. 颜料

颜料就是能使物体染上颜色的物质。颜料有可溶性的和不可溶性的,有无机的和有机的区别。无机颜料一般是矿物性物质,人类很早就知道使用无机颜料,利用有色的土和矿石,在岩壁上作画和涂抹身体。有机颜料一般取自植物和海洋动物,如茜蓝、藤黄和古罗马从贝类中提炼的紫色。从应用的角度颜料可分为水彩颜料、油画颜料和国画颜料等几种。

水彩颜料泛指用水进行调和的颜料。制造水粉颜料需要有各种着色剂、填充剂、胶固剂、润湿剂、防腐剂等结合剂。着色剂:使用球磨机磨研成的极细的颜料粉;填充剂:主要是各种白色颜料或小麦淀粉等;胶固剂:糊精、树胶等;润湿剂:冰糖、甘油等;防腐剂:苯酚或福尔马林。水彩颜料如果用于人体彩绘,容易造成毛孔堵塞、皮肤干燥粗糙、过敏等;此外,颜料中所含的铅、汞等重金属也会对人体造成伤害。

油画颜料是一种油画专用绘画颜料,由颜料粉加油和胶搅拌研磨而成。市场出售多为管装,也可自制。油画颜料是以矿物、植物、动物、化学合成的色粉与调和剂亚麻油或核桃油搅拌研磨所形成的一种物质实体。它的特性是能染给别的材料或附着于某种材料上而形成一定的颜料层,这种颜料层具有一定可塑性,它能根据工具的运用而形成画家所想达到的各种形痕和纹理。油画颜料的各种色相是根据色粉的色相而决定的,油可以起到使色粉的色相稍偏深及饱和一些的作用。

国画颜料也叫中国画颜料,是用来画国画的专用颜料。销售的一般为管装和颜料块,也有颜料粉的。传统的中国画颜料一般分成矿物颜料与植物颜料两大类,从使用历史上讲，应先有矿物颜料、后有植物颜料，就像用墨先有松烟、后有油烟。远古时的岩画上留下的鲜艳色泽，据化验后发现是用了矿物颜料（如朱砂）。矿物颜料的显著特点是不易褪色、色彩鲜艳。看过张大千晚年泼彩画的大多有此印象，大面积的石青、石绿、朱砂能让人精神为之一振。植物颜料主要是从树木花卉中提炼出来的。

第五节　娱乐用品

一、爆竹与鞭炮

放鞭炮贺新春，在我国已有两千多年历史。最早的爆竹，是指燃竹而爆，因竹子焚烧发出"噼噼啪啪"的响声，故称爆竹。随着火药的发明，火药爆竹取代了原来的竹节爆竹。春节放鞭炮，已经成为我国人民欢度春节的习俗。爆竹火药配方以"1硫2硝3碳"的黑色火药为基础：硝酸钾（KNO_3）3g，硫黄（S）2g，炭粉（C）4.5g，蔗糖（$C_{12}H_{22}O_{11}$）5g，镁粉（Mg）1～2g。爆炸主要反应为：

$$S+2KNO_3+3C \longrightarrow K_2S+N_2+3CO_2+707kJ$$

爆炸反应的特点有：

（1）反应速度极快，如1kg硝铵（NH_4NO_3）炸药反应时间为十万分之三秒，功率达30万马力，比一般气体混合物爆炸快万倍。

（2）产生大量热并导致高温。如1kg硝铵爆炸时可放出3850～4932kJ热量，温度可达2400℃～3400℃。

（3）体积急剧膨胀，并有冲击波。如1kg硝铵爆炸产生869～963L气体，远超过一般气体混合物的作用。

（4）低敏感度。即任何炸药只要外界供给一定的起爆能就会引爆，有时极微小的震动就足以达到引爆要求而无须直接点火。例如，硝化甘油（硝酸甘油酯）在160℃时，起爆能仅0.2J/cm^2。

燃放爆竹对于许多人来说是重大节庆里不可或缺的一项民俗活动，但它在给人们带来欢乐和喜庆的同时，也存在着一定的危险。在燃放时，一定要先认真阅读说明和注意事项，严格按说明书确定的方法燃放，切不可在室内、阳台、商场、市场、公共娱乐场所、人员密集场所等地方燃放。爆竹属危险物品，不要一次购买过多数量，存放时应尽量选择干燥、通风的位置，不要放在客厅、卧室等有大功率家用电器的房间，也不要放在厨房等易引发火灾事故的地方。燃放爆竹时万一受伤，早期一定要迅速降低损伤处温度，用凉水冲洗，以及用冰块冷敷等方法处理，以减轻肿胀，防止损伤加重。冷敷后，要进行局部消毒，如有破损，要赶快到正规医院就近治疗。对于头、耳、眼、鼻、面部损伤不可掉以轻心，应该到医院接受检查治疗，以免延误治疗。

此外，燃放烟花爆竹还会污染环境。燃放后，将产生大量的二氧化硫、氮氧化物、一氧化碳等有害气体和各种无机盐、金属氧化物的粉尘。以市场上销售的100发装的筒装烟花为例，燃放后排放二氧化硫约0.5kg，相当于露天燃烧20～30kg原煤。烟花爆竹燃放产生的金属氧化物粉尘将直接影响人的呼吸系统，尤其是添加剂铜、锶等重金属粉尘影响更为巨大。此外，燃放产生的二氧化硫、氮氧化物、一氧化碳等有害气体在空气中经二次转化后，与冬雾一起形成二次颗粒物污染，增加PM2.5浓度，表现为雾霾污染。

二、烟花

烟花即花炮、彩色烟火、礼花,常用于节日之夜,也可用作照明弹、信号弹。

1. 组成与结构

烟花由底部和顶端两部分组成。底部为一大爆竹,装黑色火药,爆炸时将顶端烟花推向空中。顶端为一圆球,装有燃烧剂(主要为黑火药)、助燃剂(主要为铝镁合金、硝酸钾、硝酸钡等,其中硝酸盐分解放出大量氧,使燃烧更旺)、发光剂(铝粉或镁粉,燃烧时放出白炽光)、发色剂(为各种金属盐,是产生色彩的关键成分)、笛音剂(高氯酸钾和苯甲酸的混合物,燃烧时发出美妙的声音)。

2. 成分

不同焰色烟花的配方见表 2-3。

表 2-3　常见焰色烟花配方

焰色	配方组成
红焰	氯酸钾 2.5g,硫黄粉 2.5g,木炭粉 1g,硝酸锶 8g
绿焰	氯酸钾 3g,硫黄粉 1.5g,木炭粉 0.5g,硝酸锶 6g
蓝焰	硫黄粉 2g,硝酸钾 9g,三硫化二锑 2g
黄焰	氯酸钾 3g,硫黄粉 12g,木炭粉 2g,硝酸钠 5g
白焰	硫黄粉 3g,木炭粉 2g,硝酸钾 12g,镁粉 1g
紫焰	氯酸钾 7g,硫黄粉 5g,硝酸钾 7g,蔗糖 2g

焰色来源于高温下金属离子的焰色反应。在实验室里我们可利用焰色反应来鉴定金属离子(表 2-4)。

表 2-4　金属离子的焰色反应

离子	锂	钠	钾	铷	铯	钙	锶	钡	铜
焰色	红	黄	紫	紫红	紫红	橙红	红	黄绿	绿

除上述发色剂外,还有硝酸铯(天蓝)、硝酸铷(紫红)、氯化铊(绿)、硫酸铜(蓝)、硝酸铟(蓝靛色)等。

三、烟幕

战场上的烟幕弹、舞台上的神仙境界,均由化学烟雾剂产生。方法很多,主要有:

1. 硝酸铵法

取 3 份硝酸铵平铺于温热的石棉板上,盖 2 份锌粉,加水数滴,即产生由氧化锌固体颗粒组成的烟,反应式为:

$$NH_4NO_3 + Zn =\!=\!= ZnO + 2H_2O + N_2\uparrow$$

2. 乙二醇法

将液态乙二醇($HOCH_2CH_2OH$,沸点 198℃)密封加压,喷到已加热的电热丝上后迅速蒸发形成大量雾状蒸气。此法近年来普遍用于舞台,加入香料可去异味。

3. 五氧化二磷法

将干燥的五氧化二磷(P_2O_5)喷于空气中,因 P_2O_5 强烈吸水而呈雾状,如飞机进行蓝天写字的特技表演。

4. 干冰法

干冰即固体二氧化碳，它有很大的饱和蒸气压，很易升华。升华时会大量吸热（25.23kJ/mol），使其附近空气的温度急剧下降，因此，空气中的水汽就会凝结成雾滴在空中弥漫，犹如仙境的云雾一般。若配上各色灯光，效果更佳。

四、霓虹灯

霓虹灯是城市的美容师，每当夜幕降临时，华灯初上，五颜六色的霓虹灯就把城市装扮得格外美丽。霓虹灯是英国化学家拉姆赛在一次实验中偶然发现的。拉姆赛把一种稀有气体注射在真空玻璃管里，然后把封闭在真空玻璃管中的两个金属电极连接在高压电源上。突然，一个意外的现象发生了：注入真空管的稀有气体不但开始导电，而且还发出了极其美丽的红光。这种神奇的红光使拉姆赛和他的助手惊喜不已，他们打开了霓虹世界的大门。拉姆赛把这种能够导电并且发出红色光的稀有气体命名为氖气。后来，他继续对其他一些气体导电和发出有色光的特性进行实验，相继发现了氩气能发出白色光，氪气能发出蓝色光，氦气能发出黄色光，氙气能发出深蓝色光……不同的气体能发出不同的色光，五颜六色，犹如天空美丽的彩虹（表2-5）。霓虹灯也由此得名。

表 2-5　稀有气体与灯光颜色的关系

灯色	气体	玻璃管的颜色
大红	氖	无色
深红	氖	淡红
蓝	氩80％，氖20％（体积分数）	淡蓝
金黄	氦	淡红
绿	氩80％，氖20％（体积分数）	淡黄
紫	氦5％，氖50％（体积分数）	无色

由于霓虹灯管通常采用玻璃材质制作，故工艺相对复杂并且有易碎的缺点。同时由于采用高压变压器，往往对周边通信设备有一定的干扰。在技术发达的今天，霓虹灯已被多色LED灯逐步取代，相比之下，LED灯更节能，安装更方便。

五、荧光棒、荧光粉、反光粉

在一些歌星的演唱会上，或是大型的晚会上，经常会看到年轻人不停挥舞着荧光棒（图2-7）。近几年来，儿童和年轻人把荧光棒当成一种时髦的玩具。荧光棒外形多为条状，荧光棒中的化学物质主要有三种：过氧化物、酯类化合物和荧光染料。荧光棒发光的原理就是过氧化物和酯类化合物发生反应，将反应后的能量传递给荧光染料，再由染料发出荧光。目前市场上常见的荧光棒中通常放置了一个玻璃管夹层，夹层内外隔离了过

图 2-7　荧光棒

氧化物和酯类化合物,经过揉搓,两种化合物反应使得荧光染料发光。

曾有媒体说:"荧光棒所含成分为苯二甲酸二甲酯和苯二甲酸二丁酯,具有低毒性。如果不慎发生泄漏,被人体误吸或触碰,会造成恶心、头晕、麻痹甚至昏迷等伤害人体健康的现象。"清华大学化学系物理化学研究所的赵福群表示,只要使用方法正确,荧光棒不会对人体造成太大伤害。他认为,由于荧光棒中的液态化学物质被聚乙烯(塑料)包装,所以不会对人体造成太大伤害。因为荧光棒所发出的光是靠化学反应激发染料发出的非放射性光,而不是由放射线激发染料发出的光,所以不会伤害人体。但赵福群也对时下有些人为追赶时髦,将荧光棒弄破,把里面的液体涂抹在身上的做法表示反对,因为荧光棒中的化学物质直接接触皮肤会对人体造成一定的损害,尤其注意不要让儿童误食。

荧光粉(俗称夜光粉),通常分为光致储能夜光粉和带有放射性的夜光粉两类。光致储能夜光粉是荧光粉在受到自然光、日光灯光、紫外光等照射后,把光能储存起来,在停止光照射后,再缓慢地以荧光的方式释放出来,所以在夜间或者黑暗处,仍能看到发光,持续时间长达几小时至十几小时。带有放射性的夜光粉,是在荧光粉中掺入放射性物质,利用放射性物质不断发出的射线激发荧光粉发光,这类夜光粉发光时间很长,但因为有毒有害并会导致环境污染等,应用范围小。人们在实际生活中利用夜光粉长时间发光的特性,制成弱照明光源,在军事部门有特殊的用处,把这种材料涂在航空仪表、钟表、窗户、机器上各种开关标志,门的把手等处,也可和各种透光塑料一起压制成各种符号、部件、用品(如电源开关、插座、钓鱼钩等)。这些发光部件经光照射后,夜间意外停电或黑暗中起床,它仍在持续发光,使人们可辨别周围方向,为工作和生活带来方便。把夜光材料超细粒子掺入纺织品中,使其颜色更鲜艳,穿上有夜光的纺织品,可减少交通事故。

反光粉,英文名为 Refractive Powder,由以玻璃为主的粉体材料生产而成,其主要成分为 SiO_2、CaO、Na_2O、TiO_2 和 BaO 等。该产品可以直接加入涂料或树脂中,使产品具有反光效果,在各种复杂形状的表面上都可以使用。它是生产反光布、反光贴膜、反光涂料、反光标牌、广告宣传材料、服饰材料、标准赛场跑道、鞋帽、书包、水陆空救生用品等新型光功能复合材料的核心原材料。反光粉的生产国家主要有美国、日本、中国,其他国家很少有生产,原因是该产品的生产是高耗能产业,用途一般只限于反光膜、反光服装。

 思考题

1. 常用合成洗涤剂的化学成分是什么?不正确的使用会对人体健康造成什么危害?

2. 什么是表面活性剂?它是如何分类的?

3. 洗涤剂与水体污染的关系是怎样的?

4. 化妆品有哪些种类?主要原料有哪些?如何正确选择和使用化妆品?

5. 烫发、染发的原理是什么?常用烫发剂、染发剂有什么危害?

6. 指甲油和洗甲水的危害有哪些?

7. 如何选择合适的化妆品?

8. 碘酊、红药水、紫药水有什么区别?它们各有什么作用?

9. 创可贴中经常使用的杀菌剂是什么？杀菌原理是什么？

10. 衣物防蛀剂有哪些？主要成分是什么？如何辨别假冒樟脑？如何正确使用防蛀剂？

11. 中性笔的墨水中有哪些成分？起什么作用？

12. 报纸为什么不能用来包装食品？长时间保存的报纸为什么会发黄？

13. 粉笔的主要成分是什么？

14. 燃放烟花爆竹有什么危害？

15. 荧光粉、反光粉、夜光粉有何区别？

第三章 材料与化学

第一节 概 述

　　材料是指人类用于制造物品、器件、构件、机器或其他产品的物质。材料是人类赖以生存和发展的物质基础,一直是人类进步的重要里程碑。

　　从人们的衣食住行到太空世界的探究,都离不开材料。材料的应用和发展与人类文明的进步紧密相关。当代人类社会已经进入了一个材料技术和应用迅猛发展的崭新时代。人们对材料的认识、制造和使用,经历了从天然材料到人工合成材料,到为特定需求设计材料的发展过程。材料是人们利用化合物的某些功能来制作物件时用的化学物质。化学是材料发展的源泉,而材料又为化学发展开辟了新的空间。化学与材料保持着相互依存、相互促进的关系。材料技术和应用的每一次重大进步,都与化学等科学的发展密不可分。

一、材料发展的历史

　　人类社会的发展历程,是以材料为主要标志的,一般可以根据代表性的材料将人类社会划分为石器时代、青铜器时代、铁器时代、聚合物时代和信息时代。

1. 石器时代

　　100万年以前,原始人采用天然的石、木、竹、骨等材料作为狩猎工具,称为旧石器时代;1万年以前,人类对石器进行加工,使之成为器皿和精致的工具,从而进入新石器时代。新石器时代后期(约公元前6000年),人类发明了火,掌握了钻木取火技术,用以烧制陶器(图3-1)。

图3-1　石器时代制造的物品

2. 青铜器时代

　　人类在寻找石器过程中认识了矿石,并在烧陶生产中发展了冶铜术,开创了冶金技术。公元前5000年，人类进入青铜器时代。青铜是人类社会最先使用的金属材料（青铜主要为铜（Cu）、锡（Sn）的合金）。中国历史上曾有过灿烂的青铜文化，著名青铜器有商周时期青铜器的代表作司母戊方鼎、商朝晚期的四羊方尊、西周晚期的毛公鼎等（图3-2）。

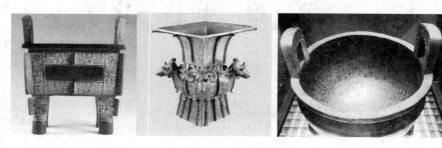

图3-2　著名青铜器

3. 铁器时代

公元前1200年，人类开始使用铸铁，从而进入了铁器时代。用铁作为材料来制造农具，比青铜工具更耐用。铁在农业和军事上的广泛应用（图3-3），推动了以农业为中心的科学技术日益进步。随着技术的进步，又发展了钢的制造技术。18世纪，钢铁工业的发展，成为产业革命的重要内容和物质基础。19世纪中叶，现代平炉和转炉炼钢技术的出现，使人类真正进入了钢铁时代。与此同时，铜、铅、锌也大量得到应用，铝、镁、钛等金属相继问世并得到应用。直到20世纪中叶，金属材料在材料工业中一直占有主导地位。

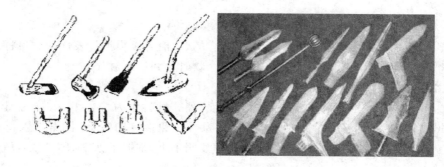

图3-3　古代的铁制农具和兵器

4. 聚合物时代

二战后各国致力于恢复经济，发展工农业生产，对材料提出了质量轻、强度高、价格低等一系列要求。具有优良性能的工程塑料部分地代替了金属材料。合成高分子材料的问世是材料发展的重大突破。

首先是人工合成高分子材料问世，并得到广泛应用。先后出现了尼龙、聚乙烯、聚丙烯、聚四氟乙烯等塑料，以及维尼纶、合成橡胶、新型工程塑料、高分子合金和功能高分子材料等。仅半个世纪时间，高分子材料已与有上千年历史的金属材料并驾齐驱，并已在年产量的体积上已超过了钢，成为国民经济、国防尖端科学和高科技领域不可缺少的材料。

其次是陶瓷材料的发展。陶瓷是人类最早利用自然界所提供的原料制造而成的材料。20世纪50年代，合成化工原料和特殊制备工艺的发展，使陶瓷材料产生了一个飞跃，出现了从传统陶瓷向先进陶瓷的转变，许多新型功能陶瓷形成了产业，满足了电力、电子技术和航天技术的发展和需要。

从此以金属材料、陶瓷材料、高分子材料为主体,建立了完整的材料体系,形成了材料科学。

5. 信息时代

结构材料的发展,推动了功能材料的进步。20世纪初,人们开始对半导体材料进行研究。20世纪50年代,制备出锗单晶,后又制备出硅单晶和化合物半导体等,使电子技术领域由电子管发展到晶体管、集成电路、大规模和超大规模集成电路。半导体材料的应用和发展,使人类社会进入了信息时代。

20世纪80年代以来,在世界范围内高新技术(生物技术、信息技术、空间技术、能源技术、海洋技术)迅猛发展,国际上展开激烈的竞争。发展高新技术的关键往往与材料有关,即根据需要来设计具有特定功能的新材料。

能源、信息和材料已被公认为当今社会发展的三大支柱产业。

二、材料的分类

1. 按材料的用途分类

按用途材料可分为结构材料和功能材料。结构材料主要是利用材料的力学和理化性质,广泛用于机械制造、工程建设、交通运输和能源等各个部门;功能材料则利用材料的热、光、电、磁等性能,用于电子、激光、通信、能源和生物工程等许多高新技术领域。功能材料的最新发展是智能材料,它具有环境判断功能、自我修复功能和时间轴功能,智能材料是21世纪的材料。

2. 按材料的成分和特性分

按成本和特性材料可分为金属材料、陶瓷材料、高分子材料和复合材料。复合材料是由金属材料、陶瓷材料、高分子材料组成的。复合材料的强度、刚度和耐腐蚀性能比单一材料更为优越,是一类有更为广阔发展前景的新型材料。

3. 材料也可分为传统材料和新型材料

传统材料是指生产工艺已经成熟,并投入工业生产的材料。新型材料是指新发展或正在发展的具有特殊功能的材料,如高温超导材料、工种材料、功能高分子材料。

新型材料的特点:

(1)具有特殊的性能,能满足尖端技术和设备制造的需要。例如,能在接近极限条件下使用的耐超高温、耐超高压、耐极低压、耐腐蚀、耐摩擦等材料。

(2)新型材料是多学科综合研究成果。它要求以先进的科学技术为基础,往往涉及物理、化学、冶金等多个学科。

(3)新型材料从设计到生产,需要专门的、复杂的设备和技术,它自身形成一个独特的领域,称为新材料技术。

第二节 家居材料

家是我们生活中最重要的场所,为了生活的方便和家居的美化,我们家中会用到各类不同的物品。随着科技的发展,各种新颖的家居物品也不断进入我们的生活空间。这些家居物品的性能、外观等都和它们所选用的材料有密切关系,也就是说,材料决定了它们的性质。接下来让我们来了解一下，家中常见物品都是由什么材料制成的。

让我们到家里的各个房间转一转。首先，我们来到厨房，这里是各种材料最集中的地方。厨房中锅、碗、瓢、盆和各种厨房电器就已经涵盖了多种类型材料。

一、锅——金属材料

厨房里有各种各样的锅（图3-4）：煮饭锅、炒菜锅、蒸锅、高压锅、平底锅等。从制造的原料来看，一般有铜锅、铁锅、铝锅、不锈钢锅、不粘锅、陶瓷锅和砂锅等。由于锅需要具有耐高温、耐磨、传热性好等特点，所以主要还是以金属材料为主。

金属是指具有良好的导电性和导热性，有一定的强度和塑性并具有光泽的物质，如铜、锌和铁等。而金属材料则是指由金属元素或以金属元素为主组成的具有金属特性的工程材料，它包括纯金属和合金。

图3-4 各种锅

1. 金属材料的分类

金属材料通常分为黑色金属、有色金属和特种金属材料。

（1）黑色金属又称钢铁材料，包括含铁90%以上的工业纯铁，含碳2%~4%的铸铁，含碳小于2%的碳钢，以及各种用途的结构钢、不锈钢、耐热钢、高温合金、精密合金等。广义的黑色金属还包括铬、锰及其合金。

（2）有色金属是指除铁、铬、锰以外的所有金属及其合金，通常分为轻金属、重金属、贵金属、半金属、稀有金属和稀土金属等。有色合金的强度和硬度一般比纯金属高，并且电阻大、电阻温度系数小。其中重金属的密度较大，一般在 $5.0g/cm^3$ 以上；轻金属的密度都在 $5.0g/cm^3$ 以下，且化学性质活泼；而贵金属的共同特点则是化学性质稳定，密度大（$10.0~22.0g/cm^3$），熔点较高。

（3）特种金属材料包括不同用途的结构金属材料和功能金属材料。其中有通过快速冷凝工艺获得的非晶态金属材料，以及准晶、微晶、纳米晶金属材料等；还有隐身、抗氢、超导、形状记忆、耐磨、减振阻尼等特殊功能合金以及金属基复合材料等。

2. 常见的金属材料

（1）钢铁。钢铁是铁与C（碳）、Si（硅）、Mn（锰）、P（磷）、S（硫）以及少量的其他元素所组成的合金，也称为铁碳合金。其中除Fe（铁）外，C的含量对钢铁的机械性能起着主要作用。它是工程技术中最重要的，也是最主要的、用量最大的金属材料。

含碳量2%~4.3%的铁碳合金称生铁。生铁硬而脆，但耐压耐磨。根据生铁中碳存在的形态不同，又可分为白口铁、灰口铁和球墨铸铁。白口铁中碳以 Fe_3C 形态分布，断口呈银白色，质硬而脆，不能进行机械加工，是炼钢的原料，故又称炼钢生铁。碳以片状石墨形态分布的称灰口铁，断口呈银灰色，易切削，易铸，耐磨。若碳以球状石墨分布则称球墨铸铁，其机械性能、加工性能接近于钢。

含碳量为0.03%~2%的铁碳合金称钢。按化学成分钢又可分为碳素钢和合金钢。碳素钢是最常用的普通钢，冶炼方便、加工容易、价格低廉，而且在多数情况下能满足使用要求，所以应用十分普遍。按含碳量不同可分为低碳钢、中碳钢和高碳钢。随含碳量升高,碳钢的硬度增加、韧性下降。合金钢又叫特种钢,在碳钢的基础上加入一种或多种合金元素,使钢的组织结构和性能发生变化,从而具有一些特殊性能,如高硬度、高耐磨性、高韧性、耐腐蚀性等。经常加入钢中的合金元素有 Si、W、Mn、Cr、Ni、Mo、V、Ti 等。例如,锰钢具有很强的耐磨性,可用于制造拖拉机履带和车轴、齿轮,作坦克的装甲材料等;钨钢耐高温,是制造金属切削工具的好材料;硅钢具有良好的电磁性能,许多电器都离不开它。

　　钢铁材料一般分类的体系如下:

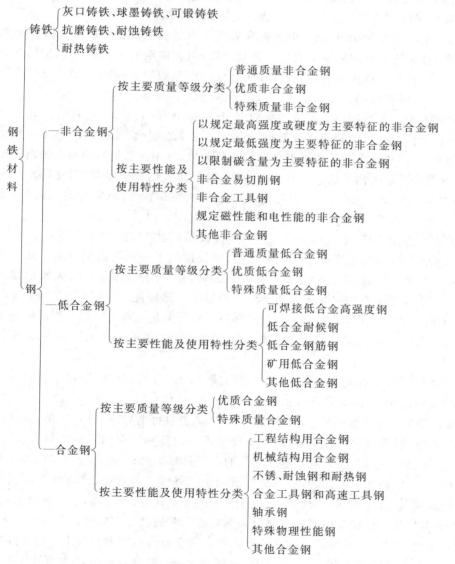

　　(2)铝。铝是一种银白色轻金属,在自然界中主要以铝矾土矿形式存在,它是一种含有杂质的水合氧化铝矿。铝元素在地壳中的含量高于 7%,仅次于氧和硅,名列第三。它在全部金属元素中占第一位,比铁几乎多了一倍,是铜的近千倍。铝在生产、生活中应用广泛。

1825 年，丹麦化学家和矿物学家厄斯泰德（Oersted H. C. , 1777—1851）用钾汞齐还原无水卤化铝，第一个制备出不纯的金属铝。

1827 年，德国化学家维勒（Wohler Friedrich, 1800—1882）用金属钾还原无水氯化铝，制备出较纯的铝，并用它发现了铝的许多性质。

由于维勒制取铝的方法不可能应用于大量生产，在这以后很长的一段时间里，铝是珠宝店里的商品、帝王贵族的珍宝。直到 1886 年两位青年化学家 21 岁的美国大学生豪尔和 21 岁法国大学生埃罗分别独立地用电解法制铝获得成功，使铝成为普通商品，竟然经历了 60 多年的时间。他们的工作奠定了今天电解铝的方法。

虽然铝是比较活泼的金属元素，但纯铝在大气中有优良抗蚀性。因为在铝的表面能生成一层薄而致密并与基体金属牢固结合的氧化膜，阻止向金属内部扩散而起到保护作用。铝及其合金也易进行阳极氧化处理，表面形成一层坚固的、各种色彩的、美观的保护膜，可起到装饰与保护作用。

纯铝的密度小（$\rho = 2.7 \mathrm{g/cm^3}$），大约是铁的 1/3，熔点低（660℃），具有很高的塑性和良好的延展性，易于加工，可制成各种型材、板材，也可拉成细丝、轧成箔片等。铝具有良好的导电能力，广泛用作电线。铝具有良好的导热能力，可用作炊具。铝粉具银白色金属光泽，可与其他物质混合用作涂料。制造工业中，铝粉和氧化铁粉混合，引发后发生剧烈反应，放出大量的热，用于焊接。铝也用作炼钢工业中的脱氧剂，高质量的反射镜、聚光碗等。

但是纯铝的强度很低，不宜作结构材料。通过长期的生产实践和科学实验，人们逐渐以加入合金元素及运用热处理等方法来强化铝，这就得到了一系列的铝合金。其主要合金元素有铜、硅、镁、锌、锰，次要合金元素有镍、铁、钛、铬、锂等。添加一定元素形成的合金在保持纯铝质轻等优点的同时还能具有较高的强度。这样使得其"比强度"（强度与比重的比值）胜过很多合金钢，成为理想的结构材料。铝合金是工业中应用最广泛的一类有色金属结构材料，在航空、航天、汽车、机械制造、船舶及化学工业中已大量应用，使用量仅次于钢。

铝合金在我们的生活中十分常见，我们的门窗、床铺、炊具、餐具、自行车、汽车，甚至笔记本电脑和数码相机等，都包含有铝合金。

（3）金。俗称黄金，是一种金黄色的稀有金属，具有良好的导电、导热性能，高度的延展性，稳定的化学性质及数量稀少等特点，不仅是用于储备和投资的特殊通货，同时又是首饰业、电子业、现代通信、航天航空业等部门的重要材料。例如，利用金箔对红外线有强烈的反射作用，并能防止紫外线的通过，被广泛用于红外线干燥设备、红外线探测仪和宇航员的防护面罩、宇宙飞船的密封舱上。由于黄金的导电性好、熔点高，不会被氧化，被用作飞机、人造卫星和宇航设备内某些控制仪表和电器开关的接触点材料。

我们日常生活中最常见的黄金就是黄金首饰。黄金首饰从其含金量上可分为纯金和 K 金两类。纯金首饰的含金量在 99% 以上，最高可达 99.99%，故又有"九九金"、"十足金"、"赤金"之称。K 金首饰是在其黄金材料中加入了其他的金属（如银、铜金属）制造而成的首饰，又称为"开金"、"成色金"。由于其他金属的加入量有多有少，便形成了 K 金首饰的不同 K 数。黄金首饰以含金量的多少分为：24K（含金量 99% 以上）、22K（含金量 91.7%）、18K（含金量 75%）、14K（含金量 58.33%）、12K（含金量 50%）等。

（4）银。银是一种美丽的银白色的稀有金属。银是人类最早发现的金属之一。银在自然界中很少量以游离态单质存在，主要以含银化合物矿石存在。银的化学性质稳定，活跃性低，价格贵，其反光率极高，可达99％以上。纯银具有良好的导电性和传热性，在所有的金属中都是最高的。银还具有很高的延展性，因此可以碾压成只有0.00003cm厚的透明箔，1g重的银粒就可以拉成约两千米长的细丝。

在古代，人类就对银有了认识。银和黄金一样，是一种应用历史悠久的贵金属，至今已有4000多年的历史。由于银独有的优良特性，人们曾赋予它货币和装饰双重价值，过去的英镑和新中国成立前用的银圆，就是以银为主的银铜合金。银有很强的杀菌能力，银在水中能分解出极微量的银离子，这种银离子能吸附水中的微生物，使微生物赖以呼吸的酶失去作用，从而杀死微生物。银离子的这种杀菌能力十分惊人，十亿分之几毫克的银就能净化1kg水。

银在现代生活中也被广泛应用。电子电器材料是用银量最大的领域。摄影胶卷、相纸、X光胶片等卤化银感光材料也是用银量最大的领域之一。不过电子成像、数字化成像技术的发展，使卤化银感光材料用量有所减少，但卤化银感光材料的应用在某些方面尚不可替代，仍有很大的市场空间。另外在化学化工材料和工艺饰品领域银的使用也是比较多的。

（5）铜。铜是一种人类广泛使用的金属化学元素，属于重金属。铜也是人类最早使用的金属。早在史前时代，人们就开始采掘露天铜矿，并用获取的铜制造武器、工具和其他器皿，铜的使用对早期人类文明的进步影响深远。铜是一种存在于地壳和海洋中的金属。铜在地壳中的含量约为0.01％，在个别铜矿床中，铜的含量可以达到3％～5％。

铜是与人类关系非常密切的有色金属，被广泛地应用于电气、轻工、机械制造、建筑工业、国防工业等领域，在中国有色金属材料的消费中仅次于铝。铜是一种红色金属，同时也是一种绿色金属。说它是绿色金属，主要是因为它熔点较低，容易再熔化、再冶炼，因而回收利用相当地便宜。铜在古代主要用于器皿、艺术品及武器铸造，比较有名的器皿及艺术品如青铜器司母戊鼎、四羊方尊等。

铜离子对生物而言，不论是动物或植物，都是必需元素。铜是人体必需的微量矿物质，在摄入后15min即可进入血液中，同时存在于红细胞内外，可帮助铁质传递蛋白，在血红素形成过程中扮演催化的重要角色。人体缺乏铜会引起贫血、毛发异常、骨和动脉异常，以至脑障碍；但如过剩，会引起肝硬化、腹泻、呕吐、运动障碍和知觉神经障碍。一般来说，牛肉、葵花籽、可可、黑椒、羊肝等都含有丰富的铜质。

（6）锡。锡是一种银白色金属，硬度较低，展性较好，延性较差。锡有一种特别的性质——"锡疫"，即锡在一般温度下很稳定，但在高温和低温下特别"娇气"，温度161℃时，锡一碰就脆；温度为－13.2℃时能逐渐变成一种煤灰色的粉末；温度低于－33℃时，转变过程大大加快，锡制品迅速被毁坏。

锡常用来制造镀锡铁皮，即"马口铁"。锡的化合物——二硫化锡呈金黄色，用于仿造镀金和制颜料等。

（7）锂。锂是一种银白色的轻金属，是自然界最轻的金属，密度小（$0.53g/cm^3$），质量轻，化学性质活泼，应存放在凡士林或石蜡中。金属锂可溶于液氨。

锂和锂的化合物被广泛应用，如锂基润滑剂不怕高温、不怕水，在低温环境中也能保持良好性能，用于汽车维护；锂能与氧、氮、氯、硫等物质强烈反应，工业上用作脱氧剂和脱硫剂；铜冶炼过程中，加入十万分之一的锂，能改善铜内部结构，使之致密，提高导电性；1kg锂通过热核反应放出的能量相当于两万多吨优质煤燃烧放出的能量，锂在原子能工业上的独特性能举世瞩目；锂电池具有比能量高、放电平衡等优点，广泛应用于各种领域，是很有前途的动力电池，现在聚合物锂电池广泛用于手机、电脑等电子信息产品中。

（8）钛。钛在地壳中的含量位于第 10 位。含钛矿物多达 70 多种，海水中钛的含量也非常丰富。继铜、铁、铝之后，金属钛将是 21 世纪冶金工业中最重要的产品之一。

钛具有银灰色光泽，强度大，密度小（$4.51g/cm^3$），硬度大，熔点高（1675℃），广泛应用于飞机、火箭、导弹、人造卫星、宇宙飞船、舰艇、军工、轻工、化工、纺织、医疗及石油化工等领域。例如，极细的钛粉是火箭的良好燃料；钛的抗腐蚀能力比不锈钢强 15 倍，用于制造洗印设备的齿轮；外科医疗手术上钛被称为"亲生物金属"，可用于制造"人造骨骼"，起到支撑和加固作用；炼钢工业中，少量的钛是良好的脱氧、除氧及除硫剂。

3. 几种具有特殊功能的新型金属材料

为了得到某些特殊功能，人们常将两种或两种以上的金属元素或以金属为基础添加其他非金属元素通过合金化工艺（熔炼、机械合金化、烧结、气相沉积等）来制备出具有金属特性的材料，这些材料称为合金。下面介绍几种具有特殊功能的新型金属材料：

（1）具有记忆能力的合金——形状记忆合金。记忆合金是一种新型的功能金属材料，能在一定条件下重新恢复到原来的形状。记忆合金一般可分为：镍-钛合金；铜基合金，如铜-锌-铝、铜-铝-镍；铁基合金。记忆合金被广泛应用于航空、卫星、医疗、生物工程、能源和自动化等方面。

（2）能贮存氢气的合金——贮氢合金。利用金属合金或金属与氢气发生反应，形成金属合金氢化物或金属氢化物，使氢气以固体化的形式贮存起来，稍微改变条件，金属合金氢化物或金属氢化物就会放出氢气并重新变成金属合金或金属。

贮氢合金的必备条件：贮氢量要大；吸氢和放氢都容易，只要稍稍加热就可以放氢且速度要快；使用寿命长和价格便宜。

贮氢合金主要有四大系列：

① 镁系贮氢合金，如二氢化镁（MgH_2）、镁-镍合金（Mg_2Ni）等。

② 稀土系贮氢合金，如镧-镍合金（La_3Ni_5）、混合稀土镍-锰合金（MmNiMn）、混合稀土镍-铝合金（MmNiAl）等。

③ 钛系贮氢合金，如二氢化钛（TiH_2）、钛-锰合金（$TiMn_{1.5}$）等。

④ 锆系贮氢合金。

（3）能软能硬的合金——超塑性合金。超塑性合金在加工时能像口香糖那样柔软可塑，一旦成形后又能像钢铁那样坚固耐用。高强度超塑性合金在航天工业方面作用很大。例如，采用超塑性钛合金来制造飞机骨架与采用普通钛或钛合金相比，不仅使锻压、轧制、弯曲等加工过程变得更加容易，而且每生产 500 架飞机，可节省 120 万～150 万美元。

超塑性合金在民用方面的应用价值也是十分显著的。对一些形状复杂的电子仪器零件、汽车外壳等的制造，若采用超塑性合金都可一次完成，不仅大大简化了工序，而且大大降低了成本。

（4）没有电阻的金属——超导金属。高温超导材料如 Y-Ba-Cu-O 的 T_c 高达 90K，

Ti-Ba-Ca-Cu-O 和 Bi-Sr-Ca-Cu-O 的 T_c 高达 120K。这些超导材料在液氮温度(77K)下就可发挥出它们的超导性,因而具有实用价值。

超导体在临界温度 T_c 时,具有零电阻和抗磁性。超导材料在电力输送、超导发电机、大型电子计算机、磁悬浮高速列车的研制,以及核聚变反应控制等高科技领域中得到应用。

(5)颗粒超细的金属——纳米金属。纳米材料是指组成材料颗粒的粒径大小为 1～100nm 的一类材料,纳米金属是纳米材料的一种。

二、碗——陶瓷材料

厨房里碗是必备之物,根据用途和主人喜好可以采用各种不同的材料制成各种不同的大小和形状的碗。制碗的材料有陶瓷、木材、玉石、玻璃、琉璃、金属等,其中最常用的材料是陶瓷。瓷器的出现成为中华民族文化的象征之一,对世界文化产生过深远的影响。

最早的瓷碗是出现于商周至春秋战国时期的原始青瓷制品,基本形状为大口深腹平底。以后随着制瓷工艺的逐步改善以及人们的审美和实用要求的提高,碗的形状、纹饰、质量也越来越精巧,使用分工也越来越具体多样,如饭碗、汤碗、菜碗、茶碗等。经过唐、宋、元、明等多代的发展,碗的制作工艺、装饰技法丰富多样,不断完善。到清代,碗无论在哪一方面均胜过前朝,形状、釉色、纹饰更为丰富多样,工艺制作更为精巧细腻,素三彩、五彩、粉彩装饰的宫廷皇家用碗更让人叹为观止。瓷器形状、釉色、纹饰丰富多样,工艺制作精巧细腻、耐高温、耐磨,不易变形。所以,至今人们仍然使用瓷碗居多。

1. 陶瓷的概念

陶瓷是一类应用广泛的材料,1968 年美国科学院将陶瓷(Ceramic)定义为"无机非金属材料或物品",包括水泥、玻璃、搪瓷、陶瓷、耐火材料、砖、瓦等。这是一个广义上的概念,在狭义上就是指普通陶瓷和新型陶瓷。

2. 陶瓷的分类

陶瓷有多种不同的分类方法,即可以从概念上可分为普通陶瓷和新型陶瓷,也可以从陶瓷的用途或按材料和致密程度分类。

(1)按用途分类。

① 日用陶瓷:如餐具、茶具、缸、坛、盆、罐、盘、碟、碗等。

② 艺术(工艺)陶瓷:如花瓶、雕塑品、园林陶瓷、器皿、陈设品等。

③ 工业陶瓷:指应用于各种工业的陶瓷制品。又分以下几个方面:

建筑卫生陶瓷:如砖瓦、排水管、面砖、外墙砖、卫生洁具等。

化工(化学)陶瓷:用于各种化学工业的耐酸容器、管道,塔、泵、阀以及搪砌反应锅的耐酸砖、灰等。

电瓷:用于电力工业高、低压输电线路上的绝缘子。

特种陶瓷:用于各种现代工业和尖端科学技术的特种陶瓷制品,有高铝氧质瓷、镁石质瓷、钛镁石质瓷、锆英石质瓷、锂质瓷以及磁性瓷、金属陶瓷等。

(2)按材料和致密程度分类。

陶瓷按材料和致密程度分为粗陶、普通陶、细陶、炻、细炻、普通瓷和细瓷,原料是从粗到精,坯体是从粗松多孔逐步到达致密,烧成温度也是逐渐从低到高(具体分类见表 3-1)。

表 3-1　日用陶、瓷器的分类

种类	粗陶	普通陶	细陶	炻	细炻	普通瓷	细瓷
吸水率/%	11～20	6～14	4～12	3～7	<1	<1	<0.5
烧结温度/℃	～800	1100～1200	1250～1280	——	1200～1300	1250～1400	1250～1400

3. 普通陶瓷

普通陶瓷即传统陶瓷，是以天然黏土以及各种天然矿物为主要原料经过粉碎混炼、成型和煅烧制得的材料的各种制品。用陶土烧制的器皿叫陶器，用瓷土烧制的器皿叫瓷器。陶和瓷的重要区别之一是坯体的孔隙度，即吸水率。它取决于原料和烧结温度。它们之间有一个过渡产品，叫炻器。陶瓷则是陶器、炻器和瓷器的总称。凡是以陶土和瓷土这两种不同性质的黏土为原料，经过配料、成型、干燥、焙烧等工艺流程制成的器物都可以叫陶瓷。由最粗糙的土器到最精细的精陶和瓷器都属于它的范围。

日常生活中遇到的陶瓷器主要都是普通陶瓷。

粗陶是最原始、最低级的陶瓷器，一般以一种易熔黏土制造。我国建筑材料中的青砖，即是以含有 Fe_2O_3 的黄色或红色黏土为原料，在临近止火时用还原焰煅烧，使 Fe_2O_3 还原为 FeO 成青色。

陶器可分为普通陶器和细陶器两类。普通陶器指土陶盆、罐、缸、瓮以及耐火砖等具有多孔性着色坯体的制品。细陶器坯体吸水率仍有 $4\%\sim12\%$，因此有渗透性，没有半透明性，一般为白色，也有有色的。釉多采用含铅和硼的易熔釉。

炻器在我国古籍上称"石胎瓷"，是介于陶器和瓷器之间的一种陶瓷制品，质地致密坚硬，跟瓷器相似，多为棕色、黄褐色或灰蓝色。炻器的著名代表是紫砂。

瓷器是陶瓷器发展的更高阶段。它的特征是坯体已完全烧结，完全玻化，因此很致密，对液体和气体都无渗透性，胎薄处呈半透明，断面呈贝壳状，以舌头去舔，感到光滑而不被粘住。硬质瓷具有陶瓷器中最好的性能，用以制造高级日用器皿、电瓷、化学瓷等。

软质瓷的熔剂较多，烧成温度较低，因此机械强度不及硬质瓷，热稳定性也较低，但其透明度高，富于装饰性，所以多用于制造艺术陈设瓷。至于熔块瓷与骨瓷，它们的烧成温度与软质瓷相近，其优、缺点也与软质瓷相似，应同属软质瓷的范围。这两类瓷器由于生产难度较大（坯体的可塑性和干燥强度都很差，烧成时变形严重），成本较高，生产并不普遍。英国是骨瓷的著名产地，我国唐山也有骨瓷生产。骨瓷是西方发明的唯一瓷种。

4. 新型陶瓷

新型陶瓷是随着现代电器，无线电、航空、原子能、冶金、机械、化学等工业以及电子计算机、空间技术、新能源开发等尖端科学技术的飞跃发展而发展起来的。这些陶瓷所用的主要原料不再是黏土、长石、石英，有的坯体也使用一些黏土或长石，然而更多的是采用纯粹的氧化物和具有特殊性能的原料，制造工艺与性能要求也各不相同。

新型陶瓷又称精细陶瓷，采用人工合成的高纯度无机化合物为原料，在严格控制的条件下经成型、烧结和其他处理而制成具有微细结晶组织的无机材料，具有一系列优越的物理、化学和生物性能（表 3-2）。

表 3-2　传统陶瓷与新型陶瓷的差异

	传统陶瓷	新型陶瓷
主要组分	二氧化硅等氧化物	氧化物、氮化物、碳化物、硅化物和硼化物等
主要产品	玻璃、水泥、砖瓦、耐火材料、搪瓷和各种陶瓷器等烧结制品	烧结制品,如单晶、纤维、薄膜、粉末等
性能优势	产品的性能稳定、熔点较高和难溶于水	强度高、耐腐蚀、耐高温,在光、电、磁和声等方面有特殊功能

新型陶瓷按其应用功能分类,大体可分为高强度、耐高温和复合结构陶瓷及电工电子功能陶瓷两大类。在陶瓷坯料中加入特别配方的无机材料,经过 1360℃ 左右高温烧结成型,从而获得稳定可靠的防静电性能,成为一种新型特种陶瓷,通常具有一种或多种功能,如电、磁、光、热、声、化学、生物等功能,以及耦合功能,如压电、热电、电光、声光、磁光等功能。

常见的新型陶瓷有:

(1) 能植入人体的陶瓷——生物陶瓷。生物陶瓷是用于人体器官和组织修复的一种功能陶瓷,具有良好的生物相容性,对机体无免疫排异反应;对血液的相容性也好,无溶血和凝血反应;对人体无毒害,不会引起代谢作用产生异常现象,也不会致癌。

生物陶瓷按组成分类:纯氧化物,如氧化铝和氧化锆等;复合氧化物,如羟基磷灰石和磷酸钙等;生物玻璃。

按其与人体修复部位的关系分类:生物惰性陶瓷,如主要用于修复牙齿和骨骼等硬组织的氧化铝和用来制人体中最重要的承重关节的氧化锆;生物活性陶瓷,主要有用来做假牙和中耳道植入件的羟基磷酸盐陶瓷和可以制成金属股骨涂层的生物玻璃;可吸收性生物陶瓷,如与人体骨骼的组成相似的磷酸三钙和羟基磷灰石,植入人体后可以逐渐被降解,最后转化成人体骨骼组织。

(2) 像玻璃一样透明的陶瓷——透明陶瓷。这是一类像玻璃一样透明的陶瓷。它不仅透明,而且机械强度高、耐高温,熔点一般都高于 2000℃。

透明陶瓷有两个系列:氧化物系列和非氧化物系列。

获得透明陶瓷的条件:原料的纯度必须很高;原料的结构必须是光学异向性较小的晶体;生产工艺必须使光的散射减少到最小。

透明陶瓷的主要用途有:在玻璃的高温禁区代替玻璃,如做成防核闪光致盲护镜,焊接和炼钢工人用的眼睛防护用具、防弹汽车的窗、坦克的观察窗、轰炸机的瞄准器、高级防护眼镜等;军事上常用来制导弹头部的红外探测器。

(3) 能进行能量转换的陶瓷——压电陶瓷。这是使电能和机械能之间的相互转换的一种特殊陶瓷材料。

主要成分是铅、钛和锆的氧化物,它是由许许多多粒径为几个微米的小晶粒组成的,如钛酸钡、锆钛酸铅、锆钛酸铅镧等。

压电陶瓷可以把机械能转换成电能,制成高压电源,用于点火、触发和引爆等,如煤气灶的自动点火装置。也可以把电能转换成机械能,制成儿童的电子玩具上的蜂鸣器。还可以作为振子使用,制成滤波器、振动器、变形器和延迟换能器等电子元件,用于电视、通信和计算机等。

（4）能以不同方式导电的陶瓷——导电陶瓷。

① 电子导电陶瓷。加热或其他方法激活后，产生自由电子，在外加电场作用下能进行导电的一类陶瓷材料。

导电陶瓷可以在超高温度下使用，表 3-3 是一些导电材料的最高使用温度。

表 3-3　常用导电材料的最高使用温度

导电材料	金属电热材料		常用电子导电陶瓷		新型电子导电陶瓷		
	镍铬丝	铂丝、铑丝	碳化硅	二硅化钼	氧化锆	氧化钍	铬酸镧
最高使用温度	1100℃	1600℃	1450℃	1650℃	2000℃	2500℃	1800℃

② 离子导体材料。像电解质溶液或电解质熔融体那样，具有高离子导电性的固体陶瓷，又称快离子导体或超离子导体。

固体状态的离子导电陶瓷的结构中存在大量缺陷、空洞和通道等，它们可以允许一种离子迁移，从而起到搬运电荷的作用。例如，氧化铝和氧化锆陶瓷，可以用来制一些新型化学电源；利用单离子迁移的特性，可以制成离子选择电极的选择膜，即离子浓度传感器，从而快速、准确地测定被测离子的浓度；可用来提纯金属等。

③ 半导体陶瓷。这是具有半导体性能的一类陶瓷，主要有钛酸铁陶瓷和氧化锌陶瓷，可以用来检测各类气体，包括氧化性气体、还原性气体和可燃性气体和一些特殊气体，还可做成各种电器元件。

三、盆——塑料制品

厨房里还有一种必备用品——盆，专指用来盛放物品的钵状容器，因其形状要比钵大，故称为盆。盆通常为圆形，口大底小，比盘深，比桶和缸要浅。生活中，盆无处不在。厨房里的盆就有多种，如洗菜盆、饭盆等。盆常用的材料有塑料、不锈钢、钢铁、铝、玻璃、木材、瓷器等。由于塑料盆价廉物美、轻便易用，故广受欢迎。

在这里要给大家介绍一类现代生活中无处不在，带来很大方便的材料——塑料。

1. 塑料的定义

塑胶原料（简称塑料）是一种以合成的或天然的高分子化合物为主要成分，可任意加工成各种形状，最后能保持形状不变的材料。它的主要成分往往是合成树脂并辅以填料、增塑剂、稳定剂、润滑剂、色料等添加剂。树脂这一名词最初是由动、植物分泌出的脂质而得名，如松香、虫胶等，现树脂往往是指尚未和各种添加剂混合的高聚物。树脂约占塑料总重量的 $40\%\sim100\%$。塑料的基本性能主要决定于树脂的本性，但添加剂也起着重要作用。有些塑料基本上全是由合成树脂所组成的，不含或少含添加剂，如有机玻璃、聚苯乙烯等。人类历史上第一种完全由人工合成的塑料是 1909 年美国化学家贝克兰制造的酚醛树脂，又称为"贝克兰塑料"。

塑料和树脂这两个名词也常混用。

2. 塑料的分类

塑料按用途可分为通用塑料、工程塑料和特种塑料。

通用塑料有聚乙烯、聚丙烯、聚苯乙烯、聚氯乙烯、酚醛塑料、氨基塑料等（表 3-4）。

工程塑料有聚酰胺、聚甲醛、有机玻璃、聚碳酸酯、ABS塑料、聚苯醚、聚砜等。特种塑料有含氟塑料、有机硅树脂、特种环氧树脂、离子交换树脂等。

塑料按受热时的表现可分为：热塑性塑料和热固性塑料。前者可重复利用，后者无法重新塑造使用。

塑料高分子的结构基本有两种类型：第一种是线型结构，第二种是体型结构。所以按高分子的分子结构可分为线型结构（无支链），线型结构（有支链），网状结构（分子链间少量交联），体型结构（分子链间大量交联）。

表 3-4　塑料原料对照表

英文名	英文简称	中文学名	俗称	排号	用途
Polyethylene	PE	聚乙烯			
Polypropylene	PP	聚丙烯	百折胶,塑料	5	微波炉餐盒
High Density Polyethylene	HDPE	高密度聚乙烯	硬性软胶	2	清洁用品、沐浴产品
Low Density Polyethylene	LDPE	低密度聚乙烯		4	保鲜膜、塑料膜等
Linear Low Density Polyethylene	LLDPE	线性低密度聚乙烯			
Polyvinyl Chloride	PVC	聚氯乙烯	搪胶	3	很少用于食品包装
General Purpose Polystyrene	GPPS	通用聚苯乙烯	硬胶		
Expansible Polystyrene	EPS	发泡性聚苯乙烯	发泡胶		
High Impact Polystyrene	HIPS	耐冲击性聚苯乙烯	耐冲击硬胶		
Styrene-Acrylonitrile Copolymers	AS,SAN	苯乙烯-丙烯腈共聚物	透明大力胶		
Acrylonitrile-Butadiene-Styrene Copolymers	ABS	丙烯腈-丁二烯-苯乙烯共聚合物	超不碎胶		
Polymethyl Methacrylate	PMMA	聚甲基丙烯酸酯	亚克力有机玻璃		
Ethylene-Vinyl Acetate Copolymers	EVA	乙烯-醋酸乙烯共聚合物	橡皮胶		
Polyethylene Terephthalate	PET	聚对苯二甲酸乙二醇酯	聚酯	1	矿泉水瓶、碳酸饮料瓶
Polybutylene Terephthalate	PBT	聚对苯二甲酸丁酯			
Polyamide(Nylon 6.66)	PA	聚酰胺	尼龙		

英文名	英文简称	中文学名	俗称	排号	用途
Polycarbonates	PC	聚碳酸酯树脂	防弹胶	7	水壶、水杯、奶瓶
Polyacetal	POM	聚甲醛树脂	赛钢、夺钢		
Polyphenyleneoxide	PPO	聚苯醚	Noryl		
Polyphenylenesulfide	PPS	聚亚苯基硫醚	聚苯硫醚		
Polyurethanes	PU	聚氨基甲酸乙酯	聚氨酯		
Polystyrene	PS	聚苯乙烯		6	泡面盒、快餐盒

3. 塑料的特性

大多数塑料质轻，化学性质稳定，不会锈蚀，耐冲击性好，具有较好的透明性和耐磨耗性，绝缘性好，导热性低，一般成型性、着色性好，加工成本低。但大部分塑料耐热性差，热膨胀率大，易燃烧，尺寸稳定性差，容易变形，耐低温性差，低温下易变脆，容易老化，某些塑料易溶于溶剂。

4. 常用塑料简介

我们一般称 PP、HDPE、LDPE、PVC 及 PS 为五大通用塑料。

塑料是重要的有机合成高分子材料，应用非常广泛，但是废弃塑料带来的"白色污染"也越来越严重。如果我们能详细了解塑料的分类，不仅能帮助我们科学地使用塑料制品，也有利于塑料的分类回收，并有效控制和减少"白色污染"。现将我们常用的各种塑料瓶子、盒子、盆等底部号码的含义介绍如下。

"1号"，聚对苯二甲酸乙二醇酯（聚酯），简称"PET"，常用于矿泉水瓶、碳酸饮料瓶等。

它只能耐热至70℃，易变形。只适合装常温饮料或冷饮，装高温液体或加热则易变形，并放出对人体有害的物质。科学家还发现，1号塑料品使用了10个月后，可能释放出致癌物 DEHP，对睾丸具有毒性。

要注意，1号饮料瓶不可循环使用或装热水，不能放在汽车内晒太阳，不要装酒、油等物质。因此，饮料瓶等用完了就应丢掉，不要再用来作为水杯，或者用来作储物容器盛装其他物品，以免引发健康问题，得不偿失。

"2号"，高密度聚乙烯，简称"HDPE"，常用于清洁用品、沐浴产品的包装。

此类容器可在小心清洁后重复使用，但这些容器通常不好清洗，残留原有的清洁用品，变成细菌的温床，最好不要循环使用，不要再用来作为水杯，或者用来作储物容器装其他物品。

"3号"，聚氯乙烯，简称"PVC"，常用于制作雨衣、建材、塑料膜、塑料盒等，很少用于食品包装。

PVC 是国内外最大塑料品种之一。突出优点是耐化学腐蚀、具不燃性、成本低、加工容易，广泛用来制造薄膜、导线和电缆、板材、管材、化工防腐设备和隔音绝热泡沫塑料、包装材料和日常生活用品等。缺点是耐热性差，只能耐热81℃，高温时容易产生有害物质，甚至连制造的过程中都会释放有毒物。若随食物进入人体，可能引起乳癌、新生儿先天缺陷等疾病。这种材料的容器已经较少用于包装食品。如果使用,千万不要让它受热。其难清洗、易残留,不要循环使用。PVC瓶装的饮品不要购买。特别注意3号塑料不可用于食品的包装。

"4号",低密度聚乙烯,简称"LDPE",常用于保鲜膜、塑料膜等。

LDPE耐热性不强,通常合格的PE保鲜膜在遇温度超过110 ℃时会出现热熔现象,会在食品上留下一些人体无法分解的塑料制剂。食物中的油脂也很容易将保鲜膜中的有害物质溶解出来。因此,食物放入微波炉,先要取下包裹着的保鲜膜。LDPE高温时产生有害物质,有毒物随食物进入人体后,可能引起乳腺癌、新生儿先天缺陷等疾病。

"5号",聚丙烯,简称"PP",常用于微波炉餐盒、豆浆瓶、优酪乳瓶、果汁饮料瓶,熔点高达167℃,是唯一可以安全放进微波炉的塑料盒,可在小心清洁后重复使用。需要注意,有些微波炉餐盒,盒体以5号PP制造,但盒盖却以1号PET制造,由于PET不能抵受高温,故不能与盒体一并放进微波炉。所以此类餐盒放入微波炉时,要把盖子取下。

"6号",聚苯乙烯,简称"PS",常用于泡面盒、快餐盒。

聚苯乙烯具有良好的高频绝缘性,透明无毒,有很好的加工性能,用于薄膜、玩具、发泡材料、电容器绝缘层和电器零件等。

聚苯乙烯既耐热又抗寒,但不能放进微波炉中,以免因温度过高而释放出化学物;并且不能用于盛装强酸性(如柳橙汁)、强碱性物质,因为会分解出对人体有害的苯乙烯,容易致癌。因此,要尽量避免用快餐盒打包滚烫的食物。注意别用微波炉煮碗装方便面。

"7号",其他类PC,常用于水壶、水杯、奶瓶。百货公司常用这样材质的水杯当赠品。这种杯子很容易释放出有毒的物质双酚A,对人体有害,使用时不要加热,不要在阳光下直晒。

塑料的不同性能决定了其在生活和工业中的用途。随着技术的进步,对塑料改性一直没有停止过研究。希望不远的将来,塑料通过改性后可以有更广泛的应用,甚至可代替钢铁等材料,并对环境不再产生污染。

5. 新型塑料——可降解塑料

一般塑料的化学性质十分稳定,埋在地下上百年也不会腐烂,这是导致"白色污染"的根本原因。所谓可降解塑料,是指在一定条件下会自行分解的塑料。把包装食品的塑料袋、泡沫塑料饭盒等改用可降解的塑料是消除"白色污染"的必要途径。可降解塑料主要有以下几种:

(1) 生物降解塑料。这是一种能被土壤中的微生物和酶分解掉的塑料,它是像有机植物那样能在土壤中腐败的一类物质。普通塑料变成生物降解塑料的办法:

① 在塑料中添加淀粉。

② 在塑料中加入40%～50%的凝胶状淀粉,或者加入经有机硅偶联剂处理过的淀粉和少量玉米油不饱和脂肪酸。

③ 使塑料成分中含有淀粉和聚己内酰胺。降低成本是可降解塑料能否推广应用的一个重要因素。

因此,目前一些化学家积极设法采用谷壳和木浆等天然废物来制取生物降解塑料,以降低成本。

(2) 化学降解塑料。这是含有一种特殊包装物的塑料。这种包装物是用淀粉包裹的易被氧化物,如能促进聚合物降解的玉米油等。当这种塑料被埋在土里时,淀粉首先被细菌吃掉,剩下千疮百孔的网络状外壳,随后藏在外壳内的易被氧化物与土壤中的盐和水发生化学反应,生成氧化物,并破坏塑料分子中的碳碳键,从而达到降解的目的。

化学降解塑料的特点是成本低,降解效果好。在理想的情况下,一般 6 个月就可以把塑料变成粉末,几年后全部降解。

（3）光照降解塑料。这是一种在光照下能降解的塑料,降解效果与化学降解塑料差不多,在降解过程中先留下一堆残渣,经过好几年后才能完全降解。光照降解塑料目前主要制成一些食品包装袋和瓶罐等。

四、灯——荧光材料、光电材料

灯是家中必不可少的一种电器,如厨房日光灯、客厅大吊灯、房间吸顶灯、书房台灯和卫生间镜前灯等各种各样不同类型、造型的灯。

常见的灯有白炽灯、荧光灯和 LED 灯等。

1. 荧光灯——荧光材料

荧光灯分传统型荧光灯和无极荧光灯。传统型荧光灯即低压汞灯,是利用低气压的汞蒸气在放电过程中辐射紫外线,从而使荧光粉发出可见光的原理发光,因此它属于低气压弧光放电光源。日光灯是老百姓对直条式荧光灯的称呼,是荧光灯的一种。

荧光灯是磷光材料的最重要应用之一。激发源是汞放电产生的紫外光,磷光材料吸收这种紫外光,发出“白色光”。传统型荧光灯内装有两个灯丝,灯丝上涂有电子发射材料三元碳酸盐(碳酸钡、碳酸锶和碳酸钙),俗称电子粉。在交流电压作用下,灯丝交替地作为阴极和阳极,灯管内壁涂有磷光材料,俗称荧光粉,管内充有 $400\sim500$Pa 压力的低压氩气和少量的汞。通电后,液态汞蒸发成压力为 0.8Pa 的汞蒸气,在电场作用下,汞原子不断从原始状态被激发成激发态,继而自发跃迁到基态,并辐射出波长 254nm 和 185nm 的紫外线(主峰值波长是 254nm,约占全部辐射能的 $70\%\sim80\%$;次峰值波长是 185nm,约占全部辐射能的 10%),以释放多余的能量。荧光粉吸收紫外线的辐射能后发出可见光。荧光粉不同,发出的光线也不同,这就是荧光灯可做成白色和各种彩色的缘由。由于荧光灯所消耗的电能大部分用于产生紫外线,因此,荧光灯的发光效率远比白炽灯和卤钨灯高,是目前节能的电光源。

无极荧光灯即无极灯,它取消了传统荧光灯的灯丝和电极,由高频发生器、耦合器和灯泡三部分组成,利用电磁耦合的原理,使汞原子从原始状态激发成激发态,其发光原理和传统荧光灯相似,是现今最新型的节能光源。无极荧光灯具有高辉度、高效率、低耗电、无频闪、体积小、寿命长的优点。其反复可启动性能好,可在 0.1s 内瞬间启动。三波长白色光色的色度可满足不同需求。

从荧光灯的发光机制可见,荧光粉对荧光灯的质量起关键作用。20 世纪 50 年代以后的荧光灯大都采用卤磷酸钙,俗称卤粉。卤粉价格便宜,但发光效率不够高,热稳定性差,光衰较大,光通维持率低,因此,它不适用于细管径紧凑型荧光灯中。1974 年,荷兰飞利浦公司首先研制成功了将能够发出人眼敏感的红、绿、蓝三色光的荧光粉氧化钇(发红光,峰值波长为 611nm)、多铝酸镁(发绿光,峰值波长为 541nm)和多铝酸镁钡(发蓝光,峰值波长为 450nm)按一定比例混合成三基色荧光粉(完整名称是稀土元素三基色荧光粉),它的发光效率高(平均光效在 80lm/W 以上,约为白炽灯的 5 倍),色温为 2500K～

6500K，显色指数为 85 左右，用它作荧光灯的原料可大大节省能源，这就是高效节能荧光灯的来由。可以说，稀土元素三基色荧光粉的开发与应用是荧光灯发展史上的一个重要里程碑。没有三基色荧光粉，就不可能有新一代细管径紧凑型高效节能荧光灯的今天。但稀土元素三基色荧光粉也有其缺点，其最大缺点就是价格昂贵。现在我们生活中用到的节能灯的正式名称就是稀土三基色紧凑型荧光灯。

2. LED 灯——光电材料

LED 照明较节能灯更加环保、节能，在产品性能上更加具有优势。LED 灯因其价格较高，在民用照明方面范围较小。但应当注意到，随着技术的更新，LED 灯的价格每年以较快的速度下降。预计未来三到五年之间，LED 灯的价格有望下降到节能灯的水平。届时将是 LED 灯进入通用照明的拐点，节能灯面临着巨大的挑战。

LED 灯是近几年才进入家庭的新颖光源。

LED 是英文 Light Emitting Diode（发光二极管）的缩写，是一种能够将电能转化为可见光的固态的半导体器件，它可以直接把电转化为光。LED 的心脏是一个半导体的晶片，晶片的一端附在一个支架上，一端是负极，另一端连接电源的正极，然后四周用环氧树脂密封，起到保护内部芯线的作用。半导体晶片由两部分组成，一部分是 P 型半导体，在它里面空穴占主导地位，另一端是 N 型半导体，在这边主要是电子。这两种半导体连接起来的时候，它们之间就形成一个 P-N 结。当电流通过导线作用于这个晶片的时候，电子就会被推向 P 区，在 P 区里电子跟空穴复合，然后就会以光子的形式发出能量，这就是 LED 灯发光的原理。而光的波长也就是光的颜色，是由形成 P-N 结的材料决定的。

20 世纪 60 年代，科技工作者利用半导体 P-N 结发光的原理，研制成了 LED 发光二极管。当时研制的 LED，所用的材料是 GaAsP，其发光颜色为红色。经过近 30 年的发展，大家十分熟悉的 LED 已能发出红、橙、黄、绿、蓝等多种色光。然而照明需用的白色光LED 仅在 2000 年以后才发展起来。LED 光源和传统的光源相比有很多显著的特点。

（1）新型绿色环保光源。LED 为冷光源，眩光小，无辐射，使用中不产生有害物质。LED 的工作电压低，采用直流驱动方式，超低功耗（单管 $0.03 \sim 0.06$W），电光功率转换接近 100%，在相同照明效果下比传统光源节能 80% 以上。LED 的环保效益更佳，光谱中没有紫外线和红外线，而且废弃物可回收，没有污染，不含汞元素，可以安全触摸，属于典型的绿色照明光源。

（2）寿命长。LED 为固体冷光源，环氧树脂封装，抗震动，灯体内也没有松动的部分，不存在灯丝发光易烧、热沉积、光衰等缺点，使用寿命可达 $6 \times 10^5 \sim 1 \times 10^6$h，是传统光源使用寿命的 10 倍以上。LED 性能稳定，可在 $-30\text{℃} \sim +50\text{℃}$ 环境下正常工作。

（3）多变换。LED 光源可利用红、绿、蓝三基色原理，在计算机技术控制下使三种颜色具有 256 级灰度并任意混合，即可产生 $256 \times 256 \times 256$（即 16777216）种颜色，形成不同光色的组合。LED 组合的光色变化多端，可实现丰富多彩的动态变化效果及各种图像。

（4）高新技术。与传统光源的发光效果相比，LED 光源是低压微电子产品，成功地融合了计算机技术、网络通信技术、图像处理技术和嵌入式控制技术等。传统 LED 灯中使用的芯片尺寸为 0.25mm $\times 0.25$mm，而照明用 LED 的尺寸一般都要在 1.0mm $\times$ 1.0mm 以上。LED 裸片成型的工作台式结构、倒金字塔结构和倒装芯片设计能够改善其发光效率，从而发出更多的光。LED 封装设计方面的革新包括高传导率金属块基底、倒装芯片设计和裸盘浇铸式引线框等，采用这些方法都能设计出高功率、低热阻的器件，而且这些器件的照度比传统 LED 产品的照度更大。

LED 光源的应用非常灵活，可以做成点、线、面各种形式的轻薄、短小产品；LED 的控制极为方便，只要调整电流，就可以随意调光；不同光色的组合变化多端，利用时序控制电路，更能达到丰富多彩的动态变化效果。LED 已经被广泛应用于各种照明设备中，如电池供电的闪光灯、微型声控灯、安全照明灯、室外道路和室内楼梯照明灯以及建筑物与标记连续照明灯。

白光 LED 的出现，是 LED 从标志功能向照明功能跨出的实质性一步。白光 LED 最接近日光，更能较好地反映照射物体的真实颜色，所以从技术角度看，白光 LED 无疑是 LED 最尖端的技术。白光 LED 已开始进入生活领域，应急灯、手电筒、闪光灯、室内照明用灯泡等产品相继问世，但是由于价格昂贵，故普及速度较慢。白光 LED 普及的前提是价格下降，而价格下降必须在白色 LED 形成一定市场规模后才有可能，两者的融合最终有赖于技术进步。

五、电视机——液晶显示材料、等离子材料、有机电致发光体材料

来到客厅，电视机绝对是个主角，现在电视机基本是每个家庭必备的电器之一了。电视机的常见类型有阴极射线管（CRT）电视机（即传统的显像管电视机）、液晶（LCD）电视机、等离子体（PDP）电视机、有机电致发光体（OLED）电视机等。

1. 液晶显示材料

液晶电视机就是用液晶屏作显像器件的电视机，目前，主流液晶电视的尺寸为 81～140cm（32～55 英寸）。液晶电视机最大的优点是能够做得很薄，可以像画板一样挂在墙上使用。另外，液晶电视机还有耗电省、亮度高等优点。不过，液晶电视机目前的画质跟 CRT 电视相比还有一段距离，主要是难以再现足够深沉的黑色，观看视角小，反应速度也稍慢，液晶电视机的价格还比较高。不过现在液晶显示技术发展很快，在性能上不断接近于 CRT 电视机。随着近年来液晶电视机的价格的不断下降，已经替代了 CRT 电视机，成为市场的主流。

普通物质有三种形态：固态、液态和气态。有些有机物质在固态和液态之间存在另一种形态——液晶态。液晶态物质既具有液体的流动性和连续性，又保留了晶体的有序排列性，物理上呈现各向异性。液晶这种中间态的物质外观是流动性的混浊液体，同时又有光、电各向异性和双折射特性。

（1）液晶材料的结构与分类。液晶材料主要是脂肪族、芳香族、硬脂酸等有机物。液晶也存在于生物结构中，日常适当浓度的肥皂水溶液就是一种液晶。液晶的种类很多，通常按液晶分子的中心桥键和环的特征进行分类。由有机物合成的液晶材料已有 1 万多种，其中常用的液晶显示材料有上千种，主要有联苯液晶、苯基环己烷液晶及酯类液晶等。

从分子形态上看，液晶分子基本上都具有长形或饼形外观，即具有一定长径比。按形成条件不同可分为热致液晶和溶致液晶。液晶的光电效应受温度条件控制的液晶称为热致液晶；溶致液晶则受控于浓度条件。显示用液晶一般是低分子热致液晶。

此外，其他一些特殊类别的液晶还包括高分子液晶、铁电液晶以及新型高性能的氟取代液晶等。

（2）液晶材料的优点。液晶显示材料具有明显的优点：驱动电压低、功耗微小、可靠

性高、显示信息量大、彩色显示、无闪烁、对人体无危害、生产过程自动化、成本低廉、可以制成各种规格和类型的液晶显示器、便于携带等。由于这些优点,用液晶材料制成的计算机终端和电视可以大幅度减小体积等。液晶显示技术对显示、显像产品结构产生了深刻影响,促进了微电子技术和光电信息技术的发展。

(3)液晶显示材料的用途。液晶显示材料最常见的用途是电子表和计算器的显示板、液晶电视机以及电脑、手机等电子产品的显示器等。液晶为什么会显示数字和图像呢?原来这种液态光电显示材料,可利用液晶的电光效应把电信号转换成字符、图像等可见信号。液晶在正常情况下,其分子排列很有秩序,显得清澈透明,一旦加上直流电场后,分子的排列被打乱,一部分液晶变得不透明,颜色加深,因而能显示数字和图像。

根据液晶会变色的特点,人们利用它来指示温度、报警毒气等。例如,液晶能随着温度的变化,使颜色从红变绿、蓝。这样可以指示出某个实验中的温度。液晶遇上氯化氢、氢氰酸之类的有毒气体也会变色,可用于毒气泄漏的报警。

正是由于液晶具有其特殊的物理、化学、光学特性,20世纪中叶开始被广泛应用在轻薄型的显示技术上。液晶显示器,简称LCD(Liquid Crystal Display)。世界上第一台液晶显示设备出现在20世纪70年代初,被称之为TN-LCD(扭曲向列)液晶显示器。尽管是单色显示,它仍被推广到了电子表、计算器等领域。20世纪80年代,STN-LCD(超扭曲向列)液晶显示器出现,同时TFT-LCD(薄膜晶体管)液晶显示器技术被研发出来,但液晶技术仍未成熟,难以普及。20世纪80年代末、90年代初,日本掌握了STN-LCD及TFT-LCD生产技术,LCD工业开始高速发展。到2013年液晶面板已经更新换代到第八代了,中国LCD厂商也积极建造八代液晶面板厂。相对而言,八代液晶面板生产线在制造46英寸、52英寸等主流大尺寸液晶面板上更加经济,同时也是各大液晶电视厂商所主推的规格。随着这类产品在市场销量的提升,以及制造工艺的进一步成熟,液晶面板的价格成本也会进一步降低。也就是说,液晶电视,特别是117～178cm(46～70英寸)的大尺寸液晶电视还有继续降价的空间。

液晶电视与传统CRT和等离子电视相比的一大优点还是省电,液晶电视只有同尺寸的CRT电视的一半功耗,比等离子电视更是耗能低上好多。

与传统CRT相比,液晶在环保方面也表现很好,这是因为液晶显示器内部不存在像CRT那样的高压元器件,所以其不至于出现由于高压导致的X射线超标的情况,所以其辐射指标普遍比CRT要低一些。

由于CRT显示器是靠偏转线圈产生的电磁场来控制电子束的,而由于电子束在屏幕上又不可能绝对定位,所以CRT显示器往往会存在不同程度的几何失真、线性失真情况。而液晶显示器由于其原理不同,不会出现任何的几何失真、线性失真,这也是一大优点。

一般CRT显示器在显像时,显示器画面四周会有一些黑边占去可视画面;而液晶显示器的画面不会有这些问题,为完全可视画面。例如,13寸的液晶显示器画面大小就相当于15寸的CRT显示器,其高分辨率和精细的画质,比CRT显示器和等离子显示器都有很大的优势。

2. 等离子体显示器

首个等离子体显示器(Plasma Display Panel,简称PDP)装置出现在1964年,那是作为 PLATO 电脑的显示器。作为电视显示器是最近十几年才兴起的，PDP 是光致发光显示器的典型代表，也是继 CRT、LCD 后的正在广泛应用的新一代显示器。等离子体显示器的主要特点是像素元主动发光，亮度高，响应速度快，对比度高，可视角度大，画面层次感强，色彩更自然、更丰富，容易制成大面积平板显示屏，弥补了 CRT 和 LCD 的某些不足，是新兴显示器中对 LCD 的有力竞争者。

等离子体是继物质三态（固态、液态、气态）后发现的第四态，由数量密度都近似的正、负离子组成。

等离子体显示器的工作原理与一般日光灯原理相似，它在显示平面上安装数以十万计的等离子管作为发光体（像素）。每个发光管有两个玻璃电极，内部充满氦、氖等惰性气体，其中一个玻璃电极上涂有三原色荧光粉。当两个电极间加上高电压时，引发惰性气体放电，产生等离子体。等离子体产生的紫外线激发涂有荧光粉的电极而发出不同分量的由三原色混合的可见光。每个等离子体发光管就是我们所说的等离子体显示器的像素，我们看到的画面就是由这些等离子体发光管形成的"光点"汇集而成的。等离子体技术同其他显示方式相比存在明显的差别，在结构和组成方面领先一步。

由于 PDP 各个发光单元的结构完全相同，因此不会出现显像管常见的图像几何畸变。PDP 屏幕的亮度十分均匀，且不会受磁场的影响，具有更好的环境适应能力。另外，PDP 屏幕不存在聚焦的问题，不会产生显像管的色彩漂移现象，表面平直使大屏幕边角处的失真和色纯度变化得到彻底改善。PDP 显示有亮度高、色彩还原性好、灰度丰富、对迅速变化的画面响应速度快等优点，可以在明亮的环境之下欣赏大画面电视节目。

3. 有机电激发光二极管

有机电激发光二极管（Organic Light-Emitting Diode），简称 OLED，又称有机 EL 显示屏。有机发光显示技术由非常薄的有机材料涂层和玻璃基板构成。当有电荷通过时这些有机材料就会发光。OLED 发光的颜色取决于有机发光层的材料，故厂商可由改变发光层的材料而得到所需的颜色。有源阵列有机发光显示屏具有内置的电子电路系统，因此每个像素都由一个对应的电路独立驱动。由于同时具备自发光，不需背光源，对比度高，厚度薄，视角广，反应速度快，可用于挠曲性面板，使用温度范围广，构造及制程较简单等优异的特性，被业界公认是下一代革命性显示技术。就显示技术而言，承担着"未来显示技术"的无疑就是 OLED，在可预见的未来 10～20 年里，OLED 将会成为主流显示技术。

OLED 为自发光材料，不需用到背光板，同时视角广，画质均匀，反应速度快，较易彩色化，用简单驱动电路即可达到发光，制程简单，可制作成挠曲式面板，符合轻薄、短小的原则，应用范围属于中小尺寸面板。

在显示方面，OLED 主动发光、视角范围大；响应速度快、图像稳定；亮度高、色彩丰富、分辨率高。

OLED 的驱动电压低、能耗低，可与太阳能电池、集成电路等相匹配。

OLED 适应性广。采用玻璃衬底可实现大面积平板显示；如用柔性材料做衬底，能制成可折叠的显示器。由于 OLED 是全固态、非真空器件，具有抗震荡、耐低温（$-40\,^\circ\!C$）等特性，在军事方面也有十分重要的应用，如用作坦克、飞机等现代化武器的显示终端。

由于上述优点，在商业领域 OLED 显示屏可以适用于 POS 机和 ATM 机、复印机、游戏机等；在通信领域可适用于手机、移动网络终端等领域；在计算机领域可大量应用在

PDA、商用 PC 和家用 PC、笔记本电脑上；在消费类电子产品领域可适用于彩色电视机、音响设备、数码相机、便携式 DVD；在工业应用领域可适用于仪器仪表等；在交通领域则用在 GPS、飞机仪表上等。

OLED 显示器的应用越来越普遍，在手机、媒体播放器及小型入门级电视等产品中的应用最为显著。在 2013 年 9 月，国际电视厂商相继发布了 55 寸的纤薄曲面 OLED 电视，OLED 开始进入大尺寸显示器领域。

OLED 根据驱动方式的不同分为主动式 OLED（AMOLED）和被动式 OLED（PMOLED）。

AMOLED 不管在画质、效能及成本上，先天表现都较 TFT-LCD 具有更多优势。在显示效能方面，AMOLED 反应速度较快、对比度更高、视角也较广，这些是 AMOLED 天生就胜过 TFT-LCD 的地方；另外 AMOLED 具自发光的特色，不需使用背光板，因此比 TFT-LCD 能够做得更轻薄，而且不需使用背光板的 AMOLED 可以省下占 TFT-LCD 3～4 成比重的背光模块成本。因此，AMOLED 正在得到主流智能手机厂家的采用。

PMOLED 制程较简单、结构单纯。其缺点是大尺寸化有困难，为维持整个面板的亮度，需提高每一像素的亮度而提高操作电流，会因此减少 OLED 的寿命。

六、洗衣机——纳米材料

洗衣机是卫生间里的主角之一，也是关系到我们穿着健康的重要电器。

2003 年以来，全球经历了多次重大病毒疫情，人们现在最关注的莫过于健康了，就连洗衣机也开始与健康结缘。其实洗衣机业对健康概念的提出由来已久，早在 20 世纪 90 年代末就有洗衣机厂家提出了纳米洗衣机等健康洗衣的概念。

洗衣机的内、外桶，由于其结构的原因不能随意清洗，每次洗涤完衣物后，就会有一些污垢黏附在桶的表面，再加上适宜的温度和湿度就成为细菌滋生的温床。如果这些细菌不能被及时杀死，就会黏附在洗涤后的衣物上，形成二次污染，危害人体健康。所谓纳米洗衣机就是应用纳米技术来制造洗衣机，是指把纳米材料添加在内、外桶材料或内、外桶的表面涂敷材料中，而纳米材料具有很强的抗菌杀菌作用，能使细菌体内的蛋白酶丧失活力，导致细菌死亡，从而防止细菌在桶壁上滋生，达到抗菌目的。

1. 纳米材料概述

纳米材料是当今材料科学中研究的热点，所谓纳米材料是指在三维空间中至少有一维处于纳米尺度范围（1～100nm）或由它们作为基本单元构成的材料。这些尺寸在 1～100nm 间，所含原子或分子数为 10^2～10^5 的材料是一种介于宏观与微观原子或分子间的过渡亚稳态物质。根据 2011 年 10 月 18 日欧盟委员会通过的纳米材料的定义，纳米材料是一种由基本颗粒组成的粉状或团块状天然或人工材料，这一基本颗粒的一个或多个三维尺寸为 1～100nm，并且这一基本颗粒的总数量在整个材料的所有颗粒总数中占 50% 以上。

自 20 世纪 70 年代纳米颗粒材料问世以来，从研究内涵和特点大致可划分为三个阶段：

第一阶段（1990 年以前）：主要是在实验室探索用各种方法制备各种材料的纳米颗粒粉体或合成块体，研究评估表征的方法，探索纳米材料不同于普通材料的特殊性能；研究对象一般局限在单一材料和单相材料，国际上通常把这种材料称为纳米晶或纳米相材料。

第二阶段(1990—1994年)：人们关注的热点是如何利用纳米材料已发掘的物理和化学特性，设计纳米复合材料。复合材料的合成和物性探索一度成为纳米材料研究的主导方向。

第三阶段(1994年至今)：纳米组装体系、人工组装合成的纳米结构材料体系正在成为纳米材料研究的新热点。国际上把这类材料称为纳米组装材料体系或者纳米尺度的图案材料。它的基本内涵是以纳米颗粒以及它们组成的纳米丝、管为基本单元在一维、二维和三维空间组装排列成具有纳米结构的体系。

2. 纳米材料的分类

纳米材料的分类方法主要有以下几种：

按材质纳米材料可分为纳米金属材料、纳米非金属材料、纳米高分子材料和纳米复合材料。其中纳米非金属材料又可分为纳米陶瓷材料、纳米氧化物材料和其他非金属纳米材料。

按纳米的尺度在空间的表达特征，纳米材料可分为零维纳米材料即纳米颗粒材料、一维纳米材料(图3-5)(如纳米线、棒、丝、管和纤维等)、二维纳米材料(如纳米膜、纳米盘、超晶格等)、纳米结构材料即纳米空间材料(如介孔材料等)。

按形态纳米材料可分为纳米粉末材料、纳米纤维材料、纳米膜材料、纳米块体材料以及纳米液体材料(如磁性液体纳米材料和纳米溶胶等)。

按功能纳米材料可分为纳米生物材料、纳米磁性材料、纳米药物材料、纳米催化材料、纳米智能材料、纳米吸波材料、纳米热敏材料、纳米环保材料等。

3. 纳米材料的特性

(1) 表面与界面效应。表面与界面效应指纳米粒子表面原子数与总原子数之比随粒径变小而急剧增大后所引起的性质上的变化。表3-5给出了纳米粒子尺寸与表面原子数的关系。

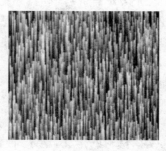

图3-5　纳米线的电镜照片

表3-5　纳米粒子尺寸与表面原子数的关系

粒径/nm	包含的原子/个	表面原子所占比例/%
20	2.5×10^5	10
10	3.0×10^4	20
5	4.0×10^3	40
2	2.5×10^2	80
1	30	99

从上表可以看出，随粒径减小，表面原子数迅速增加。另外，随着粒径的减小，纳米粒子的表面积、表面能都迅速增加。这主要是粒径越小，处于表面的原子数越多。表面原子的晶体场环境和结合能与内部原子不同。表面原子周围缺少相邻的原子，有许多悬空键，具有不饱和性质，易与其他原子相结合而稳定下来，因而表现出很大的化学和催化活性。

(2) 小尺寸效应。当纳米微粒尺寸与光波波长、传导电子的德布罗意波长及超导态的相干长度、透射深度等物理特征尺寸相当或更小时，它的周期性边界被破坏，从而使其声、光、电、磁、热力学等性能呈现出"新奇"的现象。随着颗粒尺寸的量变，在一定条件下会引起颗粒性质的质变。由于颗粒尺寸变小所引起的宏观物理性质的变化称为小尺寸效应。对超微颗粒而言,尺寸变小,同时其比表面积也显著增加,从而产生特殊的光学性质、热学性质、磁学性质和力学性质。

超微颗粒的小尺寸效应还表现在超导电性、介电性能、声学特性以及化学性能等方面。

(3)量子尺寸效应。当粒子的尺寸达到纳米量级时,会出现纳米材料的量子效应,从而使其磁、光、声、热、电、超导电等性能变化。

(4)宏观量子隧道效应。微观粒子具有贯穿势垒的能力称为隧道效应。纳米粒子的磁化强度等也有隧道效应,它们可以穿过宏观系统的势垒而产生变化,这种能力被称为纳米粒子的宏观量子隧道效应。而量子尺寸效应和隧道效应将会是未来微电子器件的基础,当微电子器件进一步细微化时就必须考虑上述的量子条件。

前面谈到的表面与界面效应、小尺寸效应、量子尺寸效应和宏观量子隧道效应是纳米材料的基本特征,这一系列效应导致了纳米材料在熔点、蒸气压、光学性质、化学反应性、磁性、超导及塑性形变等许多物理和化学方面都显示出特殊的性能。它使纳米微粒和纳米固体呈现出许多奇异的物理和化学性质,出现了一系列的"反常现象"。

3. 纳米材料的应用

20世纪80年代中期研制成功纳米金属材料后,相继有纳米半导体薄膜、纳米陶瓷、纳米瓷性材料和纳米生物医学材料等问世,这使得纳米材料的应用越来越广泛。

(1)纳米材料在大自然中的应用。海龟在美国佛罗里达州的海边产卵,但出生后的幼小海龟为了寻找食物,却要游到英国附近的海域,才能得以生存和长大。最后,长大的海龟还要再回到佛罗里达州的海边产卵。如此来回需5~6年。为什么海龟能够进行几万千米的长途跋涉呢?它们依靠的是头部内的纳米材料的特殊磁学性质,为它们准确无误地导航。

另外,研究鸽子、海豚、蝴蝶、蜜蜂等生物为什么从来不会迷失方向时,发现它们体内同样存在着天然纳米磁性材料为它们导航。

(2)纳米材料在生活中的应用。一张信用卡大小的纳米冰箱卫生卡,只要放入冰箱,不仅可以清除异味,还有保鲜的功效,储存半个月的果蔬拿出来还是水灵灵的。

应用纳米技术制成的各色衣服、领带、帽子和碗具,由于纳米材料的加入能使衣物防水、防污、免清洗,而且透气性好。

采用纳米光催化技术生产的瓷砖,本身就可以自动分解油渍,还可以除臭、杀菌和自清洁,不用再人工去费力清理揩擦。

在合成纤维树脂中添加纳米 SiO_2、纳米 ZnO、纳米 Fe_2O_3 或纳米 Ag 等复配粉体材料,经抽丝、织布,可制成杀菌、防霉、除臭和抗紫外线辐射的内衣和服装,可用于制造抗菌内衣、床上用品及绒毛织品等,也可制得满足国防工业要求的抗紫外线辐射的功能纤维。

用纳米材料制成的纳米多功能塑料,具有抗菌、除味、防腐、抗老化、抗紫外线等作用,可用为作洗衣机、电冰箱、空调外壳里的抗菌除味塑料。

用纳米材料做成内胆的热水器,能快速、有效地杀死水中细菌,同时能耐酸、耐碱和具有更强的韧性。

汽车挡风玻璃被雾气遮挡会影响行车安全,该问题被采用纳米技术的光催化抗雾玻璃解决了。这种玻璃不仅具有抗雾、灭菌功能，而且可以长时间保持洁净，还适合用于窗户、镜面和外墙玻璃。

随着纳米材料和纳米技术基础研究的深入和实用化进程的发展，特别是纳米技术与环境保护和环境治理进一步有机结合，许多环保难题如大气污染、污水处理、城市垃圾等将会得到解决。

维生素 E 被纳米化后，很容易被皮肤细胞吸收，这是因为物质被加工到纳米尺度后其物理特性和生物特性都会发生很大的改变。纳米化妆品正是利用这种特性达到其特殊的效果的。

（3）纳米材料在工业中的应用。由于纳米材料的各种特殊性质，在工业生产中得到了广泛的应用。

① 纳米磁性材料具有十分特别的磁学性质，纳米粒子尺寸小，具有单磁畴结构和矫顽力很高的特性，用它制成的磁记录材料不仅音质、图像和信噪比好，而且记录密度比 $\gamma\text{-}Fe_2O_3$ 高几十倍。超顺磁的强磁性纳米颗粒还可制成磁性液体，用于电声器件、阻尼器件、旋转密封及润滑和选矿等领域。

② 传统的陶瓷材料中晶粒不易滑动，材料较脆，烧结温度高。纳米陶瓷的晶粒尺寸小，晶粒容易在其他晶粒上运动，因此，纳米陶瓷材料具有极高的强度和高韧性以及良好的延展性，这些特性使纳米陶瓷材料可在常温或次高温下进行冷加工。如果在次高温下将纳米陶瓷颗粒加工成形，然后做表面退火处理，就可以使纳米材料成为一种表面保持常规陶瓷材料的硬度和化学稳定性，而内部仍具有纳米材料的延展性的高性能陶瓷。

③ 纳米二氧化锆、氧化镍、二氧化钛等陶瓷对温度变化、红外线以及汽车尾气都十分敏感。因此，可以用它们制作温度传感器、红外线检测仪和汽车尾气检测仪，检测灵敏度比普通的同类陶瓷传感器高得多。

④ 在航天用的氢氧发动机中，燃烧室的内表面需要耐高温，其外表面要与冷却剂接触。因此，内表面要用陶瓷制作，外表面则要用导热性良好的金属制作。但块状陶瓷和金属很难结合在一起。如果制作时在金属和陶瓷之间使其成分逐渐地连续变化，让金属和陶瓷"你中有我、我中有你"，最终便能结合在一起形成倾斜功能材料。这种材料结合部的成分变化像一个倾斜的梯子。当用金属和陶瓷纳米颗粒按其含量逐渐变化的要求混合后烧结成形时，就能达到燃烧室内侧耐高温、外侧有良好导热性的要求。

⑤ 将硅、砷化镓等半导体材料制成纳米材料，具有许多优异性能。例如，纳米半导体中的量子隧道效应使某些半导体材料的电子输运反常、导电率降低，电导热系数也随颗粒尺寸的减小而下降，甚至出现负值。这些特性在大规模集成电路器件、光电器件等领域发挥重要的作用。

利用半导体纳米粒子可以制备出光电转化效率高、即使在阴雨天也能正常工作的新型太阳能电池。由于纳米半导体粒子受光照射时产生的电子和空穴具有较强的还原和氧化能力，因而能氧化有毒的无机物，降解大多数有机物，最终生成无毒、无味的二氧化碳、水等。所以，可以借助半导体纳米粒子利用太阳能催化分解无机物和有机物。

⑥ 纳米粒子是一种极好的催化剂，这是由于纳米粒子尺寸小、表面的体积分数较大、表面的化学键状态和电子态与颗粒内部不同、表面原子配位不全，导致表面的活性位置增加，使它具备了作为催化剂的基本条件。

如纳米铂黑催化剂可以使乙烯的氧化反应的温度从 600 ℃降低到室温。镍或铜锌化合物的纳米粒子对某些有机物的氢化反应是极好的催化剂,可替代昂贵的铂或钯催化剂。

⑦ 采用纳米材料技术对机械关键零部件进行金属表面纳米粉涂层处理,可以提高机械设备的耐磨性、硬度和使用寿命。

(4) 纳米材料在医疗上的应用。血液中红细胞的大小为 6000~9000nm,而纳米粒子只有几个纳米大小,实际上比红细胞小得多,因此它可以在血液中自由活动。如果把各种有治疗作用的纳米粒子注入人体各个部位,便可以检查病变和进行治疗,其作用要比传统的打针、吃药的效果好。

碳材料的血液相溶性非常好,现在的人工心瓣都是在材料基底上沉积一层热解碳或类金刚石碳。但是这种沉积工艺比较复杂,而且一般只适用于制备硬材料。介入性气囊和导管一般是用高弹性的聚氨酯材料制备的,通过把具有高长径比和纯碳原子组成的碳纳米管(图 3-6)材料引入到高弹性的聚氨酯中,我们可以使这种聚合物材料一方面保持其优异的力学性质和容易加工成型的特性,一方面获得更好的血液相溶性。实验结果显示,这种纳米复合材料引起血液溶血的程度会降低,激活血小板的程度也会降低。

使用纳米技术能使药品生产过程越来越精细,并在纳米材料的尺度上直接利用原子、分子的排布制造具有特定功能的药品。纳米材料粒子将使药物在人体内的传输更为方便,用数层纳米粒子包裹的智能药物进入人体后可主动搜索并攻击癌细胞或修补损伤组织。使用纳米技术的新型诊断仪器只需检测少量血液,就能通过其中的蛋白质和 DNA 诊断出各种疾病。通过纳米粒子的特殊性能在纳米粒子表面进行修饰形成一些具有靶向、可控释放、便于检测的药物传输载体,为身体的局部病变的治疗提供新的方法,为药物开发开辟了新的方向。

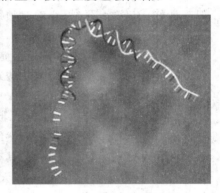

图 3-6　碳纳米管

英国《自然》杂志上报告说,他们用 DNA(脱氧核糖核酸)制造出了一种纳米级的镊子。利用 DNA 基本元件碱基的配对机制,以 DNA 为"燃料"? 控制这种镊子反复开合。有了这种超微型镊子,钳起分子或原子并对它们随意组合,使得制造纳米机械就容易多了。

(5) 纳米材料在环境保护上的应用。

环境科学领域将出现功能独特的纳米膜。这种膜能够探测到由化学和生物制剂造成的污染,并能够对这些制剂进行过滤,从而消除污染。

第三节　穿戴材料

穿戴用品主要指穿着于人身体上的服装鞋帽,以及其他的一些附属制品等,它们兼有生理功能及社会功能,是美化生活的重要内容,主要包括纺织品、皮革、橡胶、塑料制品和一些特殊制品。

本节主要介绍与穿戴品有关的纤维材料、皮革材料、橡胶材料和特殊制品的性质及应用。

一、纤维材料

（一）纤维的种类和特征

纤维是天然或人工合成的细丝状物质，纺织纤维则是指用来加工成各种纺织品的纤维。

纺织纤维具有一定的长度（且长度直径比达到 100 以上）、细度、弹性、强力等良好物理性能，还具有较好的化学稳定性。例如，棉花、毛、丝、麻等天然纤维是理想的纺织纤维。纺织纤维按其来源可分为天然纤维和化学纤维两大类。在此基础上，近年来还不断研制出了新型纤维材料。

1. 天然纤维

包括植物纤维、动物纤维和矿物纤维。

（1）植物纤维。主要有棉、麻两类以及最近几年才用于纺织品的竹纤维。其主要成分是纤维素，由 β-葡萄糖（$C_6H_{12}O_6$）缩合而成的聚合物。

在显微镜下看到棉纤维呈细长略扁的椭圆形管状、空心结构，吸湿（吸汗）性、透气性、保暖性好，但易缩、易皱，穿着时须熨烫。棉多用来制作时装、休闲装、内衣和衬衫。

麻纤维是实心棒状的长纤维，不卷曲，强度极高，吸湿、导热、透气性甚佳，洗后仍挺括，但穿着不甚舒适，外观较为粗糙、生硬，适于做夏季衣裳、蚊帐。棉麻纤维不耐酸、碱的腐蚀，当强酸（如硫酸、硝酸或盐酸）或强碱（如氢氧化钠）滴落在棉或麻织品上时，就会严重损伤。弱碱性物质（如普通洗衣皂）对它们的损伤很小。

近几年市场上开始流行竹纤维制品。竹纤维是从竹子中提取的一种纤维素纤维，是继棉、麻、毛、丝之后的第五大天然纤维。竹纤维具有良好的透气性、瞬间吸水性、较强的耐磨性和良好的染色性，同时又具有天然抗菌、抑菌、除螨、防臭和抗紫外线功能。

竹纤维分成两大类：第一类，天然竹纤维——竹原纤维；第二类，化学竹纤维——包括竹浆纤维和竹炭纤维。

天然竹纤维制取过程：

竹材→制竹片→蒸竹片→压碎分解→生物酶脱胶→梳理纤维→纺织用纤维

竹原纤维具有抗菌、抑菌、除臭、防紫外线等功能。竹原纤维可以进行纯纺和混纺，是企业开发和推广新产品所要选择的新原料之一，混纺产品更是走向内衣、袜子等领域不可或缺的品种之一。

竹浆纤维是将竹片做成浆，然后将浆做成浆粕，再湿法纺丝制成纤维。制备竹浆粕的工艺流程如下：

干竹片→预水解→蒸煮→疏解→筛选→洗涤处理→氯化→碱处理→第一次漂白→第二次漂白→酸处理→除砂→抄浆→烘干竹浆粕

但在加工过程中竹子的天然特性遭到破坏，纤维的除臭、抗菌、防紫外线功能明显下降。所以要选择竹原纤维制品。竹原纤维更能适应家用纺织品的应用，特别是床上用品。

竹炭纤维取毛竹为原料，采用纯氧高温及氮气阻隔延时的煅烧新工艺和新技术，使得竹炭天生具有的微孔更细化和蜂窝化，然后再与具有蜂窝状微孔结构趋势的聚酯切片熔融纺丝而制成。这种独特的纤维结构设计，具有吸湿透气、抑菌抗菌、冬暖夏凉、绿色环保等特点。

竹纤维用于服装面料,挺括、洒脱、亮丽、豪放,尽显高贵风范;用于针织面料,吸湿透气、防紫外线;用于床上用品,凉爽舒适、抗菌抑菌;用于袜子、浴巾,抗菌抑菌、除臭无味。

(2)动物纤维。常用的有丝、毛两类,如羊毛、兔毛、蚕丝等,主成分为蛋白质(角蛋白),因为不被消化酶作用,故无营养价值;均呈空心管结构。

蚕丝纤维细长,由蚕分泌汁液在空气中固化而成,通常一个蚕茧即由一根丝缠绕,长达1000~1500米,吸湿、透气、强度高、有丝光,适用酸性及直接染料。适合做夏季服装,是一种高级服装材料。

毛纤维包括各种兽毛,以羊毛为主,纤维比丝纤维粗短。构成羊毛的蛋白质有两种,一种含硫较多,称为细胞间质蛋白,另一含硫较少,叫作纤维质蛋白。后者排列成条,前者则像楼梯的横档使纤维角蛋白连接,两者构成羊毛纤维的骨架,有很好的耐磨和保暖功能,具有柔软、蓬松、保暖、舒适、容易卷曲等优点,吸湿、弹性、穿着性能均好,但不耐虫蛀,适宜做外衣和水兵服。现在在羊毛织物内添加了防止虫蛀成分,使羊毛织物依然受人喜爱。

(3)矿物纤维。是从纤维状结构的矿物岩石中获得的纤维,主要组成物质为各种氧化物,如二氧化硅、氧化铝、氧化镁等,其主要来源为各类石棉,如温石棉、青石棉等。可用作保温隔热材料。

2.化学纤维

化学纤维是经过化学处理加工而制成的纤维。可分为人造纤维(再生纤维)、合成纤维和无机纤维。

(1)人造纤维。是利用自然界的天然高分子化合物——纤维素或蛋白质作原料(如木材、棉籽绒、稻草、甘蔗渣等纤维或牛奶、大豆、花生等蛋白质及其他失去纺织加工价值的纤维原料),经过一系列的化学处理与机械加工而制成的类似棉花、羊毛、蚕丝一样能够用来纺织的纤维。根据人造纤维的形状和用途,分为人造丝、人造棉和人造毛三种。

① 人造棉。把含木质纤维素(单体为戊糖或木糖)的木材,除去木质素后和二硫化碳及氢氧化钠作用,生成纤维素黄原酸盐,经进一步处理而得。主要有:

黏胶纤维。将上述黄原酸酯除去杂质后溶于稀碱中,成为黏稠状液体,很像胶水,故名。将此黏胶液喷丝入硫酸及硫酸钠溶液中,纤维素黄原酸酯分解,重新变成纤维素,可成均匀细丝。由于经多次化学处理,纤维素分子排列较棉纤维松散零乱,分子之间空隙较大,水分子易钻入,故缩水率大(10%)。主要性能与棉相近,可制作内衣等。

富强纤维。将黏胶纤维用合成树脂处理,使黏胶纤维分子间挂接、整齐排列,增强干、湿强度,改善洗涤性能,不缩水,因而得"富强纤维"雅号。

② 人造毛。

人造羊毛。将优质黏胶纤维长丝切成羊毛的长度(76~102mm),外表酷似羊毛,但遇水膨胀、变硬,且不耐磨。

氰乙基纤维。由纤维素中的羟基和丙烯腈反应生成。结构式相当于[纤维素—OCH_2—CH_2—CN]。这种纤维非常牢固,其耐磨性为普通纤维的4倍。

③ 人造丝。

普通人造丝。用黏胶中的长丝纺成,特点与棉纤维同,可制作衬衫、窗帘,湿时不结实,洗涤易变形。

铜氨纤维。将氢氧化铜溶于浓氨水即得铜氨溶液，加入木质纤维使之溶解，制成纺丝液，在酸液中喷丝，专用于人造丝制备，质地比黏胶纤维好。

醋酸纤维。将纤维和醋酸酐在硫酸的催化下反应，此时纤维素中的羟基在醋酸酐作用下生成醋酸纤维酯$[C_6H_7O_2(OCOCH_3)_3]_n$聚合物。此酯不溶于丙酮，但它部分水解后就可溶于丙酮。将此丙酮液压过小孔，通过热空气使溶剂蒸发即得丝状纤维素。本品不能燃烧，为优质人造丝。

（2）合成纤维。是化学纤维的一种，其化学组成和天然纤维完全不同，是用合成高分子化合物作原料而制得的丝状化学纤维的统称。它以小分子的有机化合物为原料，是经加聚反应或缩聚反应合成的线型有机高分子化合物，如聚丙烯腈、聚酯、聚酰胺等。

合成纤维有优异的化学性能和机械强度，在生活中应用极广。合成纤维与人造纤维的主要区别在于，它的抽丝原料不再是天然的高聚物，而是合成高聚物。现在世界上合成纤维的产量已超过发展历史比较长的人造纤维和天然纤维的产量，排名第一。我国已成为世界上合成纤维的第一大产地。合成纤维的品种也已超过任何其他纤维。

常见的合成纤维有氯纶（1913 年）、氨纶（1937 年）、锦纶（1939 年）、维纶（1939 年）、腈纶（1950 年）、涤纶（1953 年）、丙纶（1957 年）。它们各自的主要特点为：

① 氯纶（耐腐易干）。即聚氯乙烯纤维的商品名，国外叫天美纶、罗维尔等。氯纶纤维具有较好的耐化学腐蚀性、保暖性、难燃性、耐晒性、耐磨性和弹性，缺点是吸湿性小、易产生静电、耐热性差、沸水收缩率大和难以染色等，适宜做棉毛衫、裤，可治关节炎。氯纶的这种生理特性与其吸湿性低有关，吸附水分后很容易蒸发，因而织物能使人体局部病区保持干燥温暖。

② 氨纶（弹性纤维）。是聚氨基甲酸酯纤维的简称，商品名称有莱克拉或莱卡（Lycra，美国、荷兰、加拿大、巴西）、尼奥纶（Neolon，日本）、多拉斯坦（Dorlastan，德国）等。首先由德国 Bayor 公司于 1937 年研究成功，美国杜邦公司于 1959 年开始工业化生产。氨纶纤维具有优异的延伸性和弹性回复性能。在合成纤维里弹性最好，强度最差，吸湿差，有较好的耐光、耐酸、耐碱、耐磨性。利用它的特性被广泛地使用于内衣、女性用内衣裤、休闲服、运动服、短裤、连裤袜、绷带等为主的纺织领域、医疗领域等。氨纶是追求动感及便利的高性能衣料所必需的高弹性纤维。氨纶比原状可伸长 5～7 倍，所以穿着舒适、手感柔软且不起皱，可始终保持原来的轮廓。

③ 锦纶（结实耐磨）。是聚酰胺纤维的商品名称，国外叫尼龙、耐纶、卡普隆等。锦纶是合成纤维中性能优良、用途广泛的品种。它最突出的优点是耐磨性高于其他一切纤维，比棉花高 10 倍，比羊毛高 20 倍；还有强度高、弹性好、比重小、耐腐蚀、拒霉烂和不怕虫蛀、着色性好、鲜艳夺目等特点，适宜制袜、裙。缺点是耐光性、保型性较差，表面光滑而有蜡状手感。

④ 维纶（水溶吸湿）。是聚乙烯醇缩醛纤维的商品名，国外商品名有维尼纶等。其性能接近棉花，有"合成棉花"之称，是现有合成纤维中吸湿性最大的品种。原料易得，性能优良，用途广泛。耐磨、吸湿、透气性均佳，耐化学腐蚀、耐虫蛀霉烂、耐日晒等性能也很好，适宜做内衣和床单。缺点是弹性、染色性较差，耐热水性不够好，不宜在沸水中洗涤。

⑤ 腈纶（蓬松耐晒）。是聚丙烯腈纤维的商品名，国外叫奥纶、开司米，俗称合成羊毛。除吸湿性、染色性不如羊毛外，其他性能都优于羊毛。其耐气候、耐日晒的本领几乎

超过一切天然纤维和化学纤维。它蓬松、温和、柔软、软化点高(160℃),宜做毛绒、毛毯或加工成膨体纱(将腈纶或尼龙经膨化加工使其含气率高而得),保暖性好。腈纶正在朝着合成蚕丝方向发展,不仅成为制造轻薄华丽的绸缎的良好材料,而且成为制造耐高温纤维——碳素纤维和石墨纤维的重要原料。

⑥ 涤纶(挺括不皱)。是聚对苯二甲酸乙二酯的商品名,俗称的确良,由乙二醇和对苯二甲酸二甲酯缩聚而得。涤纶纺织品的特性是强度高、弹性好、耐蚀耐磨、挺括不皱、免烫快干,还有良好的电绝缘性,但吸湿及透气性不好,适宜做外衣及工作服。耐热性优于锦纶,耐磨性仅次于锦纶。

⑦ 丙纶(质轻保暖)。是聚丙烯纤维的商品名,国外叫梅克丽纶、帕纶等。是比重最小(0.91,只有棉花的 3/5)的合成纤维新秀,坚牢、耐磨、耐蚀,又有较高的蓬松性和保暖性。丙纶可与棉、毛、黏胶纤维混纺用于衣料。工业上用作飞机用物、宇航服、蚊帐、降落伞等军用品。缺点是耐光性、耐热性、染色性、吸湿性和手感较差。

在合成纤维的基础上为改善纺织品的功能,将多种纤维混合,即得各种混纺制品。如25%锦纶与75%黏丝混纺华达呢简称黏锦华达呢;50%黏胶、40%羊毛、10%锦纶混纺凡立丁简称黏毛锦花呢或三合一;涤纶50%～65%和黏胶35%～50%混纺称快巴的确良,可做内衣;涤纶与蚕丝混纺而成的涤绢绸,轻盈细洁,多做夏衣;用涤纶长丝纤维做轴芯,外面均匀包卷上一层棉纤维的包芯纤,透气性、吸湿性、耐磨性均佳。还有毛线,除纯羊毛(保暖性好)、氯纶(便宜,易起静电)、腈纶(蓬松)毛线外,还有腈-毛、棉-毛及毛-黏混纺毛线,除保持毛的优良保暖性外,还增加了耐磨性强度。

(3) 无机纤维。是以天然无机物或含碳高聚物纤维为原料,经人工抽丝或直接碳化制成的,包括玻璃纤维、金属纤维和碳纤维。

3. 新型纤维材料

随着科技的发展,近些年来不断地研制出新型的纤维材料,并广泛应用于我们的生活中。常见的新型纤维材料有:

(1) 天然彩棉。天然生长的非白色棉花,我国于 1994 年开始彩棉引进与种植,目前已拥有棕、绿、紫、灰、橙等色泽品种,通常用来与白棉、合成纤维混纺,后工序不经染色,是真正意义的环保绿色纤维,其长度与强度略逊于白棉。

(2) 除鳞防缩羊毛。羊毛的鳞片使羊毛具有缩绒性,这给洗涤和使用带来了诸多问题,所以剥除和破坏羊毛鳞片是最直接也是最根本的一种防缩方法。经氯化处理的羊毛不仅获得了永久性的防缩效果,而且使羊毛纤维变细,纤维表面变得光滑,富有光泽,染色变得容易,制品更加柔软、滑糯,具有抗起球、可机洗等特点,无刺痒感,使羊毛织物具有更好的品质和更广的应用范围。这种处理方法称之为"羊毛表面变性处理",也有人称之为"羊毛丝光处理"。

(3) 新型绿色纤维素纤维——Lyocell(莱塞尔)。这是一种 20 世纪 90 年代国外发展起来的新型纤维素纤维,是将天然纤维素原料直接溶解在 4-甲基吗啉-N-氧化物的水溶液中进行纺丝再生出来的一种人造纤维素纤维,生产工艺较黏胶纤维简单,所用溶剂无毒,也无有害物放出,溶剂回收率达 99.7%,产品废弃物土埋 5～6 周可生物降解,不会产生环境污染,被称之为 21 世纪的绿色纤维,为纤维素纤维的环保化生产及产品升级换代提供了方向。目前,我国多引用英国的商品名,译为莱赛尔。Lyocell 纤维集天然纤维与合成纤维的优点于一身，具有纤维素纤维吸湿性好、透气、舒适等优点，穿着舒适性远优于涤纶，光泽优美，手感柔软，悬垂性好，飘逸性好，同时又具有合成纤维强度高的优点，其强力高于棉和普通的黏胶，具有良好的水洗尺寸稳定性和较好的性价比，其混纺性能好，可与其他天然纤维、合成纤维混纺。

（4）超细纤维。其制品手感柔软、细腻、滑爽，光泽柔和。超细纤维的比表面积大，表面吸附作用强，具有很高的清洁能力，可作为高吸水材料（如毛巾、纸巾）。超细纤维可用于制作仿真丝面料、高密防水透气织物、桃皮绒织物、仿鹿皮面料等。

目前国家对超细纤维的分类尚无统一标准，但一般把细度在 $0.55\sim1.4$ dtex（$0.5\sim1.3$ 旦）的称为细旦丝，细度在 $0.33\sim0.55$ dtex 的称为超细旦丝，细度在 $0.11\sim0.33$ dtex 的称为极细旦丝。

（5）凉爽纤维（Coolmax）。杜邦的 Dacron，截面呈四沟槽，使液态水传导面积增大，具有优良截止湿气的功能（透气、透湿），如同管道将湿气迅速送到了面料外层，增强了穿着者的舒适感，同时还具有极佳的可染性和抗沾污性，适合于男女衬衣、户外及运动服面料，使穿着者干爽舒适，持久如一。

（6）阻燃纤维。纤维的阻燃性一般用极限氧指数（LOI，即能维持燃烧的最低氧含量的百分率）表示。空气中的氧含量约为 21%。若纤维的 LOI 值大于 21%，离开火焰后，在空气中就不能继续燃烧。一般 LOI 大于 26% 的纤维就可认为是阻燃纤维。阻燃腈氯纶纤维是我国生产阻燃织物的主要纤维品种，LOI 值在 26% 以上，有良好的阻燃性，且尺寸稳定性好，耐日光性类似于腈纶，手感舒适，悬垂性好，回弹性好，染色容易，色牢度好。

另外，在成纤高聚物的大分子链中，引入芳环或芳杂环，增加分子链的刚性、大分子的密集度和内聚力，从而提高热稳定性。例如，芳纶 1313（Nomex）也是一种具有良好阻燃性的阻燃纤维。

（7）大豆蛋白纤维。由我国科技工作者自主开发，并在国际上率先实现了工业化生产，也是迄今我国获得的唯一完全知识产权的纤维发明；是通过提取大豆中的蛋白质及多种对人体有益的微量元素，利用生物工程高新技术制成的新型再生植物蛋白纤维。

大豆蛋白纤维织物手感柔、滑、软，吸湿导湿，透气性好，保暖性好，具有蚕丝般的光泽、羊绒般的手感，与棉、毛、丝、腈纶、涤纶、天丝等都有良好的混纺效果，是绒衫、内衣、睡衣等的理想面料。

（8）玉米纤维（聚乳酸纤维）。玉米纤维具有丝的光泽，手感好，透明度高，强度、弹性比棉、麻好的优点。玉米纤维制成的纺织品可以烫，可以洗，但最好不要用高温（$120\,℃$ 以上）洗烫。此外，其染色性也不错。从环保的观点看来，玉米聚乳酸纤维以其低原料能源取胜于合成纤维；玉米纤维主要用在衣着类纺织品、填充棉、非织造布、地毯及家饰用品等五大方向；丢弃后，12 年后即会溶掉，是属于无污染的纤维并且在生物降解方面获得极高评价。玉米纤维具有极好的悬垂性、滑爽性、吸湿透气性，良好的耐热性和抗紫外线功能并富有光泽和弹性，可做内衣、运动衣、时装等。

（9）天丝纤维。天丝是一种纤维素纤维，采用溶剂纺丝技术，干强度略低于涤纶，但明显高于一般的黏胶纤维，湿强度比黏胶有明显的改善，具有非常高的刚性、良好的水洗尺寸稳定性（缩水率仅为 2%），具有较高的吸湿性，纤维横截面为圆形或椭圆形，光泽优美，手感柔软，悬垂性好，飘逸性好。天丝具有棉的柔软性、涤纶的高强力、毛的保暖性。

但是它在湿热的条件下容易变硬。

（10）丽赛纤维（Richcel）。被业界称之为"植物羊绒"，是具有优异综合性能的植物纤维素纤维，生产原料来源于进口的天然针叶树精制专用木浆。丽赛纤维特点：

① 卷曲度较好。因纤维中存留静态空气较多，因而具有较好的保暖性。

② 回弹性好，利用这一性能，可制成蓬松度较好、手感丰满的仿毛类毛衫织物。

③ 吸湿性较好，由其织成的织物具有良好的导湿透气性，同时纤维对人体皮肤无刺激性，且柔软滑润。

④ 染色鲜艳，富有光泽。

⑤ 织物成形性好。

丽赛纤维的用途：保暖内衣原料上乘之选；生产 T 恤面料的理想选择；制作女装面料；制作家纺产品，如毛巾。

（二）纤维织品的性能

纤维种类很多，但要用于纺织还必须有良好的服用（穿着）性能和机械强度，而这些均由其化学结构决定。

（1）柔弹性。即织物没有硬感。纤维分子呈链状，可缠绕，因而柔顺。例如，聚酯及蛋白质纤维（涤纶、羊毛）分子较整齐，规整性好，抗变形能力强，故织物弹性优异、挺括。

（2）耐磨性。取决于化学链的强度，也与柔弹性有关。酰胺基组成的纤维分子主链共价键结合力大，链间距离小，从而使锦纶成为耐磨和强度冠军。

（3）精致性。即纤维要足够细。就人造纤维和合成纤维而言，与喷丝孔径有关，通常孔径为 0.04mm，长度与直径比为 1000。

（4）缩水性。各类纤维的缩水率：丝绸、黏胶为 10%（亲水性强），棉、麻、维纶为 3%～5%，锦纶为 2%～4%，涤纶、丙纶为 0.5%～1%（疏水性强），混纺品为 1%（经树脂整理）。缩水原因：除受组成纤维单体的化学结构影响外，还由于纺织和染整过程中受到机械作用使纤维被拉长，因而有潜在的收缩性，落水就会显示。织品落水后横向膨胀，纵向则缩短。使用缩水率大的织物要落水预缩。

（5）熨烫。高温下化纤制品会熔融和收缩。熨烫温度一般应比软化温度低 80℃～100℃。各类纤维的软化温度为：黏胶 260℃～300℃，涤纶 240℃，维纶 220℃，腈纶 190℃～230℃，锦纶 180℃，丙纶 140℃～150℃，氯纶 60℃～90℃。混纺制品，以最低熨烫温度的物料为准。天然纤维不耐高温，150℃以上就开始分解，变成焦黄色。除氯纶不宜熨烫以外，其他通常用水汽熨烫较合适，温度太低起不到应有作用，太高则会烫坏纤维。

（6）洗涤。洗涤条件也取决于纤维的化学特征。黏胶纤维、腈纶、蚕丝、羊毛（及其与化纤混纺品）不耐碱，宜用中性洗涤剂，温度应在 40℃ 以下。由于湿态时强度低，切忌搓揉拧绞，应自然沥干。涤、锦、维、丙"四大纶"，水洗不应超过 50℃，可用碱性洗衣粉，因耐光性差，洗后宜阴干。氯纶可用碱性洗涤剂，切忌热揉。棉制品可用热水（70℃）。麻织品宜中温（50℃～60℃）。

（三）纤维和织品的鉴别

纤维和织品的鉴别有感官鉴别法、燃烧法和溶解法三种方法。其中燃烧法和溶解法都属于化学法。

1. 感官鉴别法（手感目测法）

感官鉴别就是用手触摸，眼睛观察，凭经验来判断纤维的类别（表3-6）。除对面料进行触摸和观察外，还可从面料边缘拆下纱线进行鉴别。

表3-6　常用纺织纤维的感官特征

感官内容	感官特征
手感	棉、麻手感较硬，羊毛很软，蚕丝、黏胶纤维、锦纶则手感软硬适中。用手拉断时，感到蚕丝、麻、棉、合成纤维很强，毛、黏胶纤维、醋酸纤维较弱。拉伸纤维时感到棉、麻的伸长度较小；毛、醋酸纤维的伸长度较大；蚕丝、黏胶纤维、大部分合成纤维的伸长度适中
光泽	涤棉光亮，黏胶纤维色艳，维棉色暗，丝织品有丝光
重量	棉、麻、黏胶纤维比蚕丝重；锦纶、腈纶、丙纶比蚕丝轻；羊毛、涤纶、维纶、醋酸纤维与蚕丝重量相近
挺括	用手攥紧布迅速松开，毛纤混纺品一般无皱折且毛感强。涤棉皱折少，复原快。纯棉和黏棉皱折多，恢复慢。维棉则不易复原且留下折痕
长度	可抽开丝观看，并在润湿后试验。黏胶湿处易拉断，蚕丝干处断，棉丝或涤丝干、湿处都不断。短丝则为羊毛或棉花；粗的为毛，细的为棉；如纤维较长且均匀，则为合成短纤维

2. 燃烧法

利用常用纺织品纤维的燃烧特征，如近焰时、在焰中、离焰以后的燃烧方式、火焰颜色、气味、灰烬形状等现象来判别纤维的品种（表3-7）。

表3-7　常用纺织纤维的燃烧法鉴别

纤维种类	燃烧情况	产生的气味	灰烬颜色、状态
棉	燃烧很快，产生黄色火焰及黄烟	有烧纸气味	灰末细软，呈浅灰色
麻	燃烧快，产生黄色火焰及黄烟	有烧枯草气味	灰烬少，呈浅灰或白色
丝	燃烧慢，烧时缩成一团	有烧毛发的臭味	灰为黑褐色小球，用手指一压即碎
羊毛	不延烧，一面燃烧，一面冒烟起泡	有烧毛发的臭味	灰烬多，为有光泽的黑色脆块，用手指一压即碎
黏胶纤维	燃烧快，产生黄色火焰	有烧纸气味	灰烬少，呈浅灰或灰白色
醋酸纤维	燃烧缓慢，一面熔化，一面燃烧，并滴下深褐色胶状液滴	有刺鼻的醋酸味	灰烬为黑色有光泽的块状，可用手指压碎
涤纶	燃烧时纤维卷缩，一面熔化，一面冒烟燃烧，产生黄白色火焰	有芳香气味	灰烬为黑褐色硬块，用手指可以压碎
锦纶	一面熔化，一面缓慢燃烧，火焰很小，呈蓝色，无烟或略带白烟	有芹菜香味	灰烬为浅褐色硬块，不易压碎

纤维种类	燃烧情况	产生的气味	灰烬颜色、状态
腈纶	一面熔化,一面缓慢燃烧,产生明亮的白色火焰,有时略有黑烟	有鱼腥气味	灰烬为黑色圆球状,易压碎
维纶	烧时纤维迅速收缩,发生熔融,燃烧缓慢,有浓烟,火焰较小,呈红色	有特殊气味	灰烬为褐黑色硬块,可用手压碎
丙纶	靠近火焰迅速卷缩,边熔化,边燃烧,火焰明亮,呈蓝色	有燃蜡气味	灰为硬块,能用手压碎
氯纶	难燃,接近火焰时收缩,离火即熄灭	有氯气的刺鼻气味	灰为不规则黑色硬块

3. 溶解法

不同纤维的溶解特征取决于形成纤维的单体的化学结构(表 3-8),有的机制尚不清楚。

表 3-8 常见纤维的溶解特征

纤维品种	溶解特征
棉、黏胶纤维	易溶于浓硫酸(脱水及酯化作用)、铜氨溶液(羟基及醛基的配合及还原作用)
麻	易溶于铜氨溶液
丝	易溶于酸、碱(氨基酸的两性)、铜氨溶液
羊毛	易溶于氢氧化钠溶液(脂层破坏后进攻蛋白质)
涤纶	易溶于苯酚(缩合)
锦纶	易溶于苯酚及各种酸(酰胺的碱性)
腈纶	易溶于硫氰化钾溶液、二甲基甲酰胺
丙纶	易溶于氯苯
维纶	易溶于酸
氯纶	易溶于二甲基甲酰胺、四氢呋喃、氯苯等

(四) 纤维材料在各行业中的用途

1. 纺织业

穿得舒服,御寒防晒,是我们对衣服的最初要求,如今这个要求已很容易达到。例如,海藻碳纤维做成衣服后,穿着时能长期与人体摩擦产生热反应,促进身体血液循环,因此能蓄热保温,而防紫外线辐射的纤维制成衣服便可减少我们夏日撑伞的麻烦。

不过现在人们不仅要求穿得暖和,还增加了许多新要求,纤维都能一一满足。例如,过去的年代曾经流行过"涤盖棉"、"丙盖棉",面料外涤里棉,是因为棉和肌肤的亲和性好,而涤与丙纶结实耐磨,方便洗涤。现在的新材料有了颠覆性的转变,可以"棉盖涤"、"棉盖丙",新型的抗菌导湿纤维,比通常的纤维直径要小,织成的面料可以使汗液透过,却不附着，这样汗液便被排到外层的棉布层，衣服贴身面便可随时保持干爽……千变万化，只为了使我们穿着更舒适。

2. 军事上

纤维的作用早已不只停留在日常穿着上了。例如，黏胶基碳纤维帮导弹穿上"防热衣"，可以耐几万度的高温；无机陶瓷纤维耐氧化性好，且化学稳定性高，还有耐腐蚀性和电绝缘性，航空航天、军工领域都用得着；聚酰亚胺纤维可以做高温防火保护服、赛车防燃服、装甲部队的防护服和飞行服；碳纳米管纤维可用作电磁波吸收材料，用于制作隐形材料、电磁屏蔽材料、电磁波辐射污染防护材料和"暗室"（吸波）材料。

3. 环保方面

聚乳酸作为可完全生物降解性塑料，越来越受到人们重视。可将聚乳酸制成农用薄膜、纸代用品、纸张塑膜、包装薄膜、食品容器、生活垃圾袋、农药和化肥缓释材料、化妆品的添加成分等。

4. 医药方面

甲壳素纤维做成医用纺织品，具有抑菌除臭、消炎止痒、保湿防燥、护理肌肤等功能，因此可以制成各种止血棉、绷带和纱布，废弃后还会自然降解，不污染环境；聚丙烯酰胺类水凝胶能控制药物释放；聚乳酸或者脱乙酰甲壳素纤维制成的外科缝合线，在伤口愈合后自动降解并吸收，病人就不用再动手术拆线了。

5. 建筑领域

防渗防裂纤维可以增强混凝土的强度和防渗性能。纤维技术与混凝土技术相结合，可研制出能改善混凝土性能，提高土建工程质量的钢纤维以及合成纤维，前者对于大坝、机场、高速公路等工程可起到防裂、抗渗、抗冲击和抗折作用，后者可以起到预防混凝土早期开裂，在混凝土材料制造初期起到表面保护作用。该技术在公路、水电、桥梁、国家大剧院、上海市公安局指挥中心屋顶停机坪、上海虹口足球场等大型工程中已露了一手。

6. 生物科技领域

随着生物科技的发展，一些纤维的特性可以派上用场。类似肌肉的纤维可制成"人工肌肉"、"人体器官"。聚丙烯酰胺具有生物相容性，一直是人体组织良好的替代材料，聚丙烯酰胺水凝胶能够有规律地收缩和溶胀，这些特性可以模拟人体肌肉的运动。

胶原是人体中最多的蛋白质，人体心脏、眼球、血管、皮肤、软骨及骨骼中都有它的存在，并为这些人体组织提供强度支撑。合成纳米纤维能在骨折处形成一种类似胶质的凝胶，引导骨骼矿质在胶原纤维周围生成一个类似于天然骨骼的结构排列，修补骨骼于无形之中。

蜘蛛网一直是人类想要模仿制造的，天然蜘蛛丝的直径为 $4\mu m$ 左右，而它的牵引强度相当于钢的 5 倍，还具有卓越的防水和伸缩功能。如果制造出一种具有天然蜘蛛丝特点的人造蜘蛛丝，将会具有广泛的用途。它不仅可以成为降落伞和汽车安全带的理想材料，而且可以用作易于被人体吸收的外科手术缝合线。

二、皮革材料

皮革制品也是一类重要穿戴品，并具有广泛的用途。

1. 皮革的定义

皮与革是截然不同的两种东西，不过现在不少经营者往往把皮革简称为皮，把人造革简称为革,这种说法是不正确的,也是不严谨的。

皮是指皮胶原纤维仍处于其在动物身体上时的状态(指化学结构);革是指将动物皮经过物理及化学处理,除去了皮中无用的成分,并使皮的胶原纤维的化学结构发生变化而不同于其在动物体上时的状态。另外,革干燥状态柔软易曲,潮湿状态也不易腐烂,而皮是制革的原料,革是由皮制成的。

如果把皮与革的区别,同"天然皮革"与"人造革"的区别混淆在一起,容易使外行的消费者在概念上发生混乱,增加了鉴别皮革制品的难度。

现实生活中的说法,皮通常指真皮,真皮是动物的表皮经脱毛和鞣制等物理、化学加工后的制品,透气性比较好;革是指人造革,人造革是一种仿真皮的制品,现在的制革技术也很高,有的单从外观上看不出来,只有通过火烧法才能分辨出来。

广义上来说皮革包括动物革和非动物革,一般说的皮革指前者,即天然皮革;后者属于塑料,即人造革。常见的天然皮革分为革皮和裘皮,前者是经过去毛处理的皮革,而后者是处理过的连皮带毛的皮革。皮革的表面有一种特殊的粒面层,具有自然的粒纹和光泽,手感舒适。它多用以制作时装、冬装。

皮革的质地取决于所选用的原料,动物革首先取决于生皮。常见的动物皮有牛皮、羊皮和猪皮,也有其他珍奇动物(如鹿、虎、狐)的皮,这些皮的化学结构大体相近,但细腻程度及毛色不同。实用的生皮包括:表皮,是皮肤最外层组织,主要由角朊细胞组成;真皮,是含有胶质的纤维组织,决定了皮的强韧程度和弹性。化学上均把它们划为蛋白质。根据加工要求,生皮还有去毛和附毛两种。皮和毛中的蛋白质主要为角蛋白,不溶于水、酸、碱及一般有机溶剂,有一定的硬度和耐磨性。

生皮是不能用来直接制成制品的,首先需要进行制革。制革就是把动物体上剥离的生皮加工成实用皮料的过程,也称为鞣制,即用鞣酸及重铬酸钾对生皮进行化学处理。鞣酸又称丹宁,可溶于水,能使蛋白质凝固。当生皮充分润湿并压榨后,它的每条纤维周围均充满蛋白质。经鞣酸处理后,生皮可变得规整。重铬酸钾在鞣制时加入,经还原使 Cr^{6+} 成为 Cr^{3+},铬离子与氨基酸的活性基团作用,使皮的纤维键合,强度大增。鞣制后,本来容易发臭、腐烂的硬生皮,变成干净、柔软的皮革。

2. 皮革的分类和应用

皮革按照需要可以有多种不同的分类方式:

(1)按用途可分成:生活用革、国防用革、工农业用革、文化体育用品革。

(2)按鞣制方法分为:铬鞣革、植鞣革、油鞣革、醛鞣革和结合鞣革等。此外,还可分为轻革和重革。一般用于鞋面、服装、手套等的革称为轻革,按面积计量;用较厚的动物皮经植物鞣制或结合鞣制,用于皮鞋内、外底及工业配件等的革称为重革,按重量计量。

(3)按动物种类来分:主要有猪皮革、牛皮革、羊皮革、马皮革、驴皮革和袋鼠皮革等,另有少量的鱼皮革、爬行类动物皮革、两栖类动物皮革、鸵鸟皮革等。其中牛皮革又分黄牛皮革、水牛皮革、牦牛皮革和犏牛皮革;羊皮革分为绵羊皮革和山羊皮革。在主要几类皮革中,黄牛皮革和绵羊皮革,其表面平细,毛眼小,内在结构细密紧实,革身具有较好的丰满和弹性感,物理性能好。因此,优等黄牛革和绵羊革一般用作高档制品的皮料,其价格是大宗的皮革中较高的一类。

(4)按层次分:有头层革和二层革,其中头层革有全粒面革和修面革;二层革又有猪二层革和牛二层革等。

（5）按来源来分：

① 真皮。动物革是一种自然皮革，即我们常说的真皮。是由动物（生皮）经鞣制加工后，制成各种特性、强度、手感、色彩、花纹的皮具材料，是现代真皮制品的必需材料。其中，牛皮、羊皮和猪皮是制革所用原料的三大皮种。

② 再生皮。是动物革的衍生物。将各种动物的废皮及真皮下脚料粉碎后，调配化工原料加工制作而成再生皮。其表面加工工艺同真皮的修面皮、压花皮一样，其特点是皮张边缘较整齐、利用率高、价格便宜；但皮身一般较厚，强度较差，只适宜制作公文箱、拉杆袋、球杆套等定型工艺产品和皮带，其纵切面纤维组织均匀一致，可辨认出流质物混合纤维的凝固效果。

③ 人造革。也叫仿皮或胶料，是聚氯乙烯（PVC）和聚氨酯（PU）等人造材料的总称。它是在纺织布基或无纺布基上，由各种不同配方的 PVC 和 PU 等发泡或覆膜加工制作而成，可以根据不同强度、耐磨度、耐寒度和色彩、光泽、花纹图案等要求加工制成，具有花色品种繁多、防水性能好、边幅整齐、利用率高和价格相对比真皮便宜的特点。

人造革是早期一直到现在都极为流行的一类材料，被普遍用来制作各种皮革制品。如今，极似真皮特性的人造革已生产面市，它的表面工艺及其基料的纤维组织几乎达到真皮的效果，其价格与头层皮的价格不相上下。

④ 合成革。是模拟天然革的组成和结构并可作为其代用材料的塑料制品。表面主要是聚氨酯，基料是涤纶、棉、丙纶等合成纤维制成的无纺布。其正、反面都与皮革十分相似，并具有一定的透气性。特点是光泽漂亮，不易发霉和虫蛀，并且比普通人造革更接近天然革。

合成革品种繁多，各种合成革除具有合成纤维无纺布底基和聚氨酯微孔面层等共同特点外，其无纺布纤维品种和加工工艺各不相同。合成革表面光滑，整体厚薄、色泽和强度等均一，在防水、耐酸碱、耐微生物方面优于天然皮革。

动物革和人造革两者在应用上有某些共同性。例如，均适合做御寒外衣，动物皮革较透气，保暖性更好，但怕水，而人造革表面不怕受潮；二者均耐磨、坚韧，但动物皮革做成的皮鞋（及其他皮制品）受潮后易变形、产生折皱，甚至断裂，而人造革制的鞋不怕水，但比较闷气。

皮革的类型不同，其特点和用途也各不相同。例如，牛皮革面细，强度高，最适宜制作皮鞋；羊皮革轻，薄而软，是皮革服装的理想面料；猪皮革的透气、透水汽性能较好。

3. 皮革的保养与护理

在寒冷的冬天，皮衣、皮帽、皮手套等皮质衣物、配件以其防寒保暖、轻软耐用等特点成为人们御寒的良伴，但频繁的穿着、严冬的干冷也易造成皮革老化、表面龟裂、褪色等现象。而很多人可能也会发现，在日常生活中被广泛使用的汽车内部皮革、皮沙发、皮箱、皮包、皮带等皮具制品也面临着以上的问题。

其实，皮革制品表面膜层娇嫩，就像我们的肌肤一样，对季节的更替、环境的变化等十分敏感，需要选择优质的保养品、掌握正确的使用方法与保养小常识、定期护理，才能经得起时间的考验，日久常新，保持润泽光亮的最佳状态。

（1）保养皮革制品时要做到：

① 避免使用清洁剂、鞋油、洗革皂和貂油，这些产品都会对皮革造成损伤。

② 先在皮衣的不显眼处试用清洗剂。

③ 不要将重的物品，如钥匙串放在口袋里，否则会使皮衣变形。

④ 穿着皮衣时，避免使用喷发胶及香水。

⑤ 不要将别针、徽章别在皮衣上。

⑥ 用少量的橡胶黏合剂修补衣服边缘。

（2）皮革清洗时应做到：

① 用干净的软布轻轻擦去液体污渍。

② 皮衣上的盐渍可用干净的湿布轻轻擦拭，自然吹干。

③ 更严重的污渍，去皮革专业清洗店处理。通常的清洗方法能去除一般的油渍，但会导致皮革变硬、褪色、收缩。专业的皮革清洗方法既能清洗皮革，又能护理皮革。由于这个特殊的过程会稍稍改变皮革的色彩、质地和外形，因此，很重要的一点就是将配套的服装一起清洗。

（3）皮革储藏时注意事项：

① 将皮大衣或皮夹克挂在木质的、塑料的或加软垫的衣架上，以保持衣物不变形。

② 将皮革衣物置于通风、阴凉、干燥的地方，避免放在热的地方（如顶楼）或是潮湿的地方（如地下室）。

③ 储藏时，在皮衣上盖一层透气的棉布，塑料袋包装会使皮衣过分干燥。

④ 皮衣上的皱褶须抚平。如需熨烫，请在皮衣上盖一层厚牛皮纸，用低温至中温熨烫。注意，温度不能过高，否则皮革会反光。

⑤ 避免在直射阳光下暴晒或受热时间过长。

4. 人造革与真皮的鉴别

（1）视觉鉴别法。从皮革的花纹、毛孔等方面来辨别，真皮革表面有较清晰的毛孔、花纹，黄牛皮有较匀称的细毛孔，牦牛皮有较粗而稀疏的毛孔，山羊皮有鱼鳞状的毛孔。猪皮毛孔圆而粗大，呈三角形排列。这些天然皮革表面分布的花纹和毛孔确实存在，并且分布得不均匀，反面有动物纤维，侧断面，层次明显可辨，下层有动物纤维，用手指甲刮擦会出现皮革纤维竖起，有起绒的感觉，少量纤维也可掉落下来。而人造革反面能看到织物，侧面无动物纤维，一般表皮无毛孔，但有些有仿皮人造毛孔，会有不明显的毛孔存在，有些花纹也不明显，或者有较规律的人工制造花纹，毛孔也相当一致。

（2）手感鉴别法。用手触摸真皮表面，有滑爽、柔软、丰满、弹性的感觉；而一般人造革面发涩、死板、柔软性差。将真皮的正面向下弯折90°左右会出现自然皱褶，分别弯折不同部位，产生的折纹粗细、多少有明显的不均匀，基本可以认定这是真皮，因为真皮革具由天然的不均匀的纤维组织构成，因此形成的折皱纹路表现也有明显的不均匀。而人造革手感像塑料，回复性较差，弯折下去折纹粗细、多少都相似。

（3）气味鉴别法。真皮具有一股很浓的皮毛味，即使经过处理，味道也较明显，而人造革产品则有股塑料的味道，无皮毛的味道。

（4）燃烧鉴别法。真皮燃烧时会发出一股毛发烧焦的气味，烧成的灰烬一般易碎成粉状。而人造革燃烧后火焰较旺，收缩迅速，并有股很难闻的塑料味道，烧后发黏，冷却后会发硬变成块状。

三、橡胶材料

橡胶是高分子化合物中极重要的一种，橡胶的最大特点是富有弹性。橡胶在日常生活和工农业生产中用途很广。生活中的胶鞋、雨衣、橡皮管、热水袋、球胆、防酸手套、自行车车胎等，还有汽车、飞机轮胎等配件都可用橡胶制成。橡胶制品达几万种之多，其中80％的橡胶用来制造轮胎。

橡胶具有以下性能：突出的高弹性、良好的耐磨性、高的摩擦系数和耐酸碱腐蚀性，有些品种如丁腈橡胶、氟橡胶等还耐油。此外，橡胶还具有电绝缘、消振和气密等特性。缺点是导热差、不耐热及不易机械加工等。

橡胶按原料来源分天然橡胶和合成橡胶两大类。天然橡胶是从橡胶树、橡胶草等植物中提取胶质后加工制成，基本化学成分为顺-聚异戊二烯，弹性好、强度高、综合性能好。合成橡胶则由各种单体经聚合反应而得。按性能橡胶又可分为通用型及特种型。通用橡胶是指综合性能较好、应用面广的品种，包括天然橡胶、异戊橡胶、丁苯橡胶、顺丁橡胶等。特种橡胶是指具有某些特殊性能的橡胶，包括氯丁橡胶、丁腈橡胶、硅橡胶、氟橡胶、聚氨酯橡胶、聚硫橡胶、氯醇橡胶、丙烯酸酯橡胶等。按橡胶的形态，除通常的块状生胶外，还有胶乳、液体橡胶和粉末橡胶。另外，20 世纪 60 年代开发的热塑性橡胶，是一类具有热塑性的弹性体，它是不需经化学硫化，采用热塑性塑料的加工方法成型为制品的合成橡胶。

（一）天然橡胶

天然橡胶的主要产地在南美洲，那里盛产橡胶树，割破树皮会流出白色的胶乳，当地的印第安人把这种胶乳叫作树的眼泪。胶树的经济寿命约 30～40 年，7～8 年树龄的胶树开始割胶，产 1t 胶约需割 3 万棵胶树。天然橡胶 NR（Natural Rubber）就是由橡胶树采集的胶乳制成的，是异戊二烯的聚合物（即由异戊二烯为单体聚合而成），具有很好的耐磨性、很高的弹性、扯断强度及伸长率，在空气中易老化，遇热变黏，在矿物油或汽油中易膨胀和溶解，耐碱但不耐强酸。天然橡胶是制作胶带、胶管、胶鞋的原料，并适用于制作减震零件、在汽车刹车油和乙醇等液体中使用的制品。

异戊二烯在橡胶分子中是由各个单体的头尾彼此相连的。橡胶分子内含有双键，可和臭氧发生加成作用，生成 90％的羰基戊醛。弹性是橡胶的主要特性，可以抽长 9 倍。这一特性进一步反映了其特定结构：X 光研究表明橡胶在通常情况下并不呈晶形，但当抽长达到一定程度时结晶性质即开始出现，这种抽长析晶现象和结构很有关系，平时皱折绞连的碳链在抽长时不但被拉直，而且拉开形成有序排列。橡胶按链式结构又可分为顺式和反式两种，其中顺式结构的弹性优良，用途广泛，通常所说的天然橡胶就是指它。反式结构弹性差、质地硬，没有什么用途。天然橡胶的分子量约为 30 万左右，它的分子链极为柔顺，有一定弹性，但显示弹性的温度范围不宽，温度较高会变黏，低温会变脆，影响使用效果。这种未经化学处理的橡胶叫作生胶。

把生胶与硫黄一起加热生成硫化橡胶，性能将大为改善，这个过程就叫作硫化。在橡胶工厂里称为硫化工艺，硫黄的用量一般不超过生胶的 5％。硫化后橡胶的分子量增加不多，仅在 100 个异戊二烯链中形成一个交联点，但物理性能显著改善，如张力及弹性增大，在有机溶剂中的溶解度降低，受热后不变软。硫原子在生胶的大分子链节之间建立起桥梁(简称硫桥),好像做沙发时一个个弹簧互相之间用麻绳、铁丝联成一个整体,既加强弹性,又防止松散。

橡胶硫化除了硫化剂硫黄外,还需要添加各种配合剂,如硫化促进剂、防老剂及补强剂(填料)等。硫化促进剂的作用是促进橡胶硫化,缩短硫化时间,降低硫化温度。常用的硫化促进剂有 TMTD(二硫化四甲基秋兰姆)和促进剂 M(2-硫基苯并噻唑)。防老剂就是抗氧化剂。由于橡胶分子中残留双键,对光、热、氧的作用敏感,易氧化引起分子链断裂或进一步交联,从而使橡胶制品变黏或龟裂,强度降低,弹性丧失。常用防老剂 3-羟基丁醛-α 萘胺和 N-苯基-β-萘胺以进一步增强橡胶制品的使用强度。往橡胶里掺入炭黑,可以做成较硬、耐磨的黑橡胶,用以做鞋底、轮胎等。相反,掺入白色的碳酸钙、钛白粉等填料就变成了白橡胶,可做擦铅笔字的白橡皮。

(二)合成橡胶

合成橡胶是由分子量较低的单体经聚合反应而成的,其基本成分是丁二烯及异戊二烯分子。

1. 合成橡胶的分类

合成橡胶的性能和用途因单体不同而异(表 3-9)。按照不同的性能和用途,可分为通用橡胶和特种橡胶两类。通用橡胶有丁苯橡胶(单体为丁二烯、苯乙烯)、顺丁橡胶(单体为丁二烯)、异戊橡胶(单体为异戊二烯)、氯丁橡胶(单体为氯丁二烯)、乙丙橡胶(单体为乙烯、丙烯)、丁基橡胶(单体为异丁烯、异戊二烯)、丁腈橡胶(单体为丁二烯、丙烯腈)。特种橡胶主要有硅橡胶、氟橡胶和聚氨酯橡胶。生产合成橡胶所需的单体,主要来自石油化工产品。

表 3-9　主要橡胶品种的性能及用途

品　种	性　能					特长和主要用途
	耐热/℃	耐寒/℃	弹性	耐油	耐老化	
天然橡胶 (NR)	120	−70～−50	优	劣	良	高弹性。作轮胎、胶管、胶鞋、胶带
丁苯橡胶 (SBR)	120	−60～−30	良	劣	良	耐磨、价格低,最大主要的工业用胶。做轮胎、鞋、地板等
顺丁橡胶 (BR)	120	−73	优	劣	良	弹性比天然橡胶好,耐磨优。做飞机轮胎,兼改性剂
异丁橡胶 (IBR)	150	−55～−30	次	劣	优	高度气密性、耐老化、适做内胎、气球、电缆绝缘层
氯丁橡胶 (CR)	130	−55～−35	优	劣	良	耐油、不燃、耐老化。制耐油制品、运输带、胶黏剂
聚硫橡胶 (BR)		−7	良	良	优	气密性好。做管子、水龙头衬垫等
丁腈橡胶 (NBR)	150	−20	尚可	优	良	高耐油、耐酸碱。做油封、垫圈、胶管、印刷辊等
乙丙橡胶 (EPR)	150	−60～−40	良	良	优	耐老化、电绝缘。用作电线包层、气胶管、运输带

续表

品　种	性　能					特长和主要用途
	耐热/℃	耐寒/℃	弹性	耐油	耐老化	
硅橡胶	200～250	−100～−50	尚可	优	优	耐热、耐寒。做高级电绝缘材料、医用胶管、衬垫
氟橡胶	120	−100	良	优	优	耐热、耐寒。用于飞机、宇航、特种橡胶元件

2. 橡胶的合成

天然橡胶产量有限，如何用合成方法，制出性能与天然橡胶相仿的橡胶品种，是人们百余年来探索的重大课题。

100 多年前人们已经基本弄清天然橡胶的组成和结构，20 世纪 50 年代开始人们从石油产品中大量生产出异戊二烯，真正使异戊二烯聚合成聚戊二烯是 1954 年才实现的。因为那一年发现了一种新型的聚合催化剂——钛催化剂和锂催化剂。在钛、锂催化剂催化下，合成橡胶中顺式聚合体的含量可分别达到 97％和 92％，而天然橡胶中为 98％。后来，我国化学家研制出一种稀土催化剂，其工艺流程和经济效益均超过钛、锂催化剂，具有重要的学术意义和经济价值。

（三）橡胶制品

（1）防水用具。橡胶不透水且轻便、易成型，广泛用来制雨衣、雨靴、水管、热水袋等。

（2）鞋底。橡胶柔软、耐磨、富弹性，多用于制造运动鞋和皮鞋的鞋底。

（3）车胎。长期以来大量橡胶用于制造自行车、汽车、拖拉机、飞机等各种交通工具的轮胎，对于提高这些交通工具的速度和运输效率起了很大作用，并且迄今尚未发现更好的代用品。

（4）小日用品。因橡胶具有独特的弹性和柔韧性，故常用制作婴儿的奶嘴、小学生的橡皮擦、皮筋和松紧带。

四、其他类

穿戴用品的制造除了采用上述纤维、皮革、橡胶和塑料四大类材料，还有其他的一些材料也会采用，如一些金属和非金属材料，这些材料可用于衣物、鞋袜等的附件，或一些附属用品中。

（一）眼镜材料

现代人特别是学生中由于用眼过度或遗传因素等原因，近视的比例越来越高，眼镜对于很多人来说已是必不可少的东西了。另外，眼镜还起到美观、防护等作用，所以眼镜所用的材料和款式也多种多样。

1. 镜架材料

眼镜架材质主要分为三种：非金属类、金属类、天然材质类。

（1）非金属类镜架材料。

① 赛璐珞：这是一种很早就用来做眼镜架的材料，现在已经少见了。赛璐珞可塑性好，硬度大，可染成各种颜色，但稳定性差，易老化；摩擦时会发出樟脑气味，可以用来鉴别这种材料。由于易老化和易燃烧等特性，现在已很少采用。

② 醋酸纤维：和赛璐珞相比，醋酸纤维不易燃。一般化学材料架多为醋酸纤维制成。

按照加工方式，又可分为注塑架和板材架。

注塑架：造价低，有接缝，粗糙，用于太阳眼镜的低档架（热加工制造）。

板材架：用冷加工制造，精细，质量好，经久耐用，现在绝大部分的非金属架都是由板材材质加工的碳晶架，高强度，结实，但是低温下材质较脆，在冬季受到冲击碰撞后，易脆裂。区分碳晶架的方法是：镜腿处有明显切割痕迹。

③ 环氧树脂：比重轻，色彩鲜艳，而且弹性好，寿命长。环氧树脂最早由欧洲的眼镜公司开发出来，主要用于制造 CD、Dunhill 等品牌眼镜架。区分环氧树脂架的方法是镜腿处没有芯，而醋酸纤维架有金属芯。另外，环氧树脂架颜色较鲜艳。

（2）金属类镜架材料。

白铜（铜锌合金）镜架：主要成分为铜（64％）、锌（18％）、镍（18％），镜架材料便宜，易加工、电镀。白铜主要用于制造合页、托丝等细小零件及低档镜架。

高镍合金镜架：镍含量 8％以上，主要有镍铬合金、锰镍合金等，高镍合金的抗蚀性好、弹性好。

蒙耐尔材镜架：镍铜合金，镍含量达到 63％，铜 28％左右，另外还有铁、锰等其他少量金属，抗腐蚀、高强度、焊接牢固，为中档架采用最多的材料。

纯钛镜架：钛的密度只有 $4.5g/cm^3$，非常耐腐蚀，强度是钢的 2 倍，用于制造航天飞机、表壳等，被称为"太空金属"，而且没有皮肤过敏。钛材镜架一般注有 Ti-P 或 TiTAN，除了托丝、合页、螺丝以外基本上由钛制造。

记忆钛合金镜架：镍、钛按原子比 1∶1 所组成的一种新合金，比一般合金轻 25％，而耐蚀性和钛材一样，且弹性非常好。记忆钛合金在 0℃以下表现为形状记忆的特性，在 0℃～40℃之间表现为高弹性，记忆钛材质的耐腐蚀性高于蒙耐尔合金及高镍合金，不过比纯钛和 β-钛要稍逊一筹。

钛合金架（β-TiTAN）：纯钛（占 70％）和钴、铬等稀有金属（占 30％）混合后形成的一种特殊合金，超轻、超弹性，镜架可以做得很细。由于是钛与钴和铬等稀有金属的合金稳定性很好，不会产生皮肤过敏现象，在未来的数十年里将会有更大的发展普及。

包金架：其工艺是在表层金属和基体间加入钎料或直接机械结合，与电镀相比，包覆材料的表面金属层较厚，同样具有亮丽的外观，具有良好的耐久性和耐腐蚀性。

K 金架：一般为 18K 金，说明镜架中纯金（24K）的含量为 18/24。

（3）天然材质类镜架材料。

玳瑁架：玳瑁是一种产于热带海域中的一种海龟的名称，这里指的是其甲壳。玳瑁壳蛋白质成分约占 90％，另外还含有约 10％左右的水分。玳瑁的成分和人的皮肤、指甲近似，所以触感自然，加上独特的透明感和色彩斑纹，戴起来显得高雅、大方。

牛角架：以牛角为镜架材质的眼镜架，目前已不常见。

2. 镜片材料

镜片材料采用透明的介质，主要分为无机、有机和天然材料三大类。

（1）天然材料——水晶。在我们的日常生活中会碰到一种天然介质水晶镜片，这是用石英研磨制成的镜片。古代有水晶能养颜明目的说法。水晶的主要成分是二氧化硅（SiO_2），最大优点是硬度高且不易受潮，紫外线及红外线的透过率较高。水晶中密度不均匀，含有杂质、条纹及气泡时，会形成折射现象，从而影响视力。

（2）无机材料——玻璃。玻璃材料制成的镜片具有良好的透光性、耐磨性。

① 普通玻璃材料：折射率为 1.523 的冕牌玻璃是传统光学镜片的制造材料，其中 60%～70% 为二氧化硅，其余则由氧化钙、钠和硼等多种物质混合。

② 高折射率玻璃材料：经过多年的研究，镜片制造商已经生产出了含钛元素的镜片，折射率为 1.7；含镧元素的镜片，折射率为 1.8；含铌元素的镜片，折射率为 1.9，这是目前折射率最高的镜片材料。虽然采用这些材料所制造的镜片越来越薄，然而却没有减少镜片的一个重要参数：重量。实际上，随着折射率的增加，材料的比重也随之增加，这样就抵消了因为镜片变薄而带来的重量上的减轻。

③ 光致变色玻璃材料：光致变色现象是通过改变材料的光线吸收属性，使材料对太阳光强度作出反应的一种性质。常见的是在镜片内加入卤化银，原本透明无色的镜片遇上强光照射时卤化银分解就会变成有色镜片，从而减弱光线，保护眼睛，所以适合于室内、室外同时使用。光致变色材料大多是灰色和棕色的，其他的颜色也可以通过专门的工艺达到。

（3）有机材料——树脂、PC。热固性材料具有加热后硬化的性质，受热不会变形，眼镜片大部分以这种材料为主，如 CR-39 树脂。热塑性材料具有加热后软化的性质，尤其是适合热塑和注塑，聚碳酸酯 PC 就是这种材料。

① 热固性材料。

普通树脂材料（CR-39）：是第一代的超轻、抗冲击的树脂镜片。作为光学镜片，CR-39 材料性质的参数十分适宜：折射率为 1.5（接近普通玻璃镜片）、密度 1.32（几乎是玻璃的一半）、阿贝数为 58～59（只有很少的色散）、抗冲击、高透光率，可以进行染色和镀膜处理。它主要的缺点是耐磨性不及玻璃，需要镀抗磨损膜处理。树脂镜片可采用模式压法加工镜片表面的曲率，因此很适用于非球面镜片的生产。

中高折射率树脂材料：中折射率（$n=1.56$）和高折射率（$n>1.56$）材料都是热固性树脂，其发展非常迅速。与传统 CR-39 相比，用中高折射率树脂材料制造的镜片更轻、更薄。

染色树脂材料：用于制造太阳眼镜镜片的染色树脂材料基本上都是在聚合前加入染料而制成的，特别适合大批量制造各色平光太阳镜片，同时在材料中可加入吸收紫外线的物质。

光致变色树脂材料：片基是树脂材料，轻且抗冲击，适合用于各种屈光不正者在户外活动时使用。

② 热塑性材料（聚碳酸酯，Polycarbonate，简称 PC）：PC 镜片具有许多光学方面的优点：出色的抗冲击性（是 CR-39 的 10 倍以上），高折射率（$n_e=1.591$，$n_d=1.586$），非常轻（比重 $=1.20 g/cm^3$），100% 抗紫外线（385nm），耐高温（软化点为 140℃）。

平时我们在生活中还会见到一些特殊的镜片，如偏光镜片，就是宝丽来片，它的功能是只接受一个方向来的光，其他方向的光都挡回去，它是利用百叶窗的原理，过滤杂光，使我们看东西更清晰。在镜片上加入垂直向的特殊涂料，就成为偏光镜片。偏光太阳镜镜片能吸收 99% 的紫外线，具有抗疲劳、防辐射和消除眩光的功能，同时还能看到视像中隐含的图形。其具有良好的韧性、耐冲击性，能保护眼睛不受伤害，特别适合钓鱼、开车、航海、打猎、滑雪等户外活动。

偏心片（非球面镜片）就是将它的凸面做成一个又一个弯度不平行的交叉面，为的是使光的折射率在我们眼睛的接受范围内，使我们的视线清晰，也不会头晕，在追求时尚的同时又保护了我们的眼睛。

对于常见的太阳眼镜，其镜片的颜色深度分为 15％、34％、50％、70％。颜色深度为 15％ 的室内外均可佩戴，镜片要求度数适合。颜色深度为 34％ 的适合普通室外环境，颜色深度为 50％ 的适合烈日和海边，颜色深度为 70％ 的应用于电焊等特殊用途。镜片颜色深度只影响可见光的吸收度，与防紫外线能力无关。防紫外线能力只与镜片材质有关。

（二）首饰材料

与服装或相关环境相配套，起装饰作用的饰品统称为首饰，主要指以贵重金属、宝石等加工而成的耳环、项链、戒指、手镯等。

用于饰品的材料主要有钻石、翡翠、珍珠、各种宝石、黄金、铂金以及其他贵金属。

由于天然宝石美丽而稀少，故备受人们青睐，因而它的价格十分昂贵。人们一直在寻求一些易于生产而价值低廉，又与天然宝石基本相同或相仿的材料。这些完全或部分由人工生产或制造的，用于制造首饰及装饰品的宝石材料称为人工宝石。

1. 人工宝石的分类

从分类的角度，根据人为因素的差异以及产品的具体特点，将人工宝石划分为合成宝石、人造宝石、拼合宝石及再造宝石。

（1）合成宝石：指部分或完全由人工制造的晶质或非晶质材料，这些材料的物理性质、化学成分及晶体结构和与其相对应的天然宝石基本相同。例如，合成红宝石与天然红宝石的化学成分均为 Al_2O_3（含微量元素 Cr），它们具有相同的折射率和硬度。

（2）人造宝石：指由人工制造的晶质或非晶质材料，然而这些材料没有天然的对应物，如人造钛酸锶，迄今为止自然界中还未发现此种化合物。

（3）拼合宝石：指由两种或两种以上材料经人工方法拼合在一起，在外形上给人以整体琢型印象的宝石。例如，目前流行的一种蓝宝石刻面琢型的拼合宝石，常常上部为合成蓝宝石，下部为天然蓝宝石，两者之间用树脂黏合，看上去像一个完整的刻面宝石。

（4）再造宝石：将一些天然宝石的碎块、碎屑经人工熔结后制成。常见的有再造琥珀、再造绿松石等。

2. 人工合成宝石的特点及区分方法

合成宝石与人造宝石的最大区别是其生成的材料是否有天然对应物。

下面，我们就对常见的一些人工合成宝石的材料、特点和简单的区分方法做一简单介绍。

（1）玻璃。玻璃是一种价格低廉的人造材料，用于仿制天然珠宝玉石，如玉髓、石英、绿柱石（祖母绿和海蓝宝石）、翡翠、软玉和黄玉等。宝石学上所指的用于仿宝石的玻璃是由氧化硅（石英的成分）和少量碱金属元素如钙、钠、钾或铅、硼、铝、钡的氧化物组成的。

（2）塑料。塑料是一种人造材料，是由聚合物长链状分子组成的。塑料作为宝石的仿制品，主要用于模仿不透明的宝石材料如绿松石、翡翠、软玉、象牙；半透明的宝石品种如龟甲、珍珠、贝壳；透明的宝石如琥珀等。

根据塑料的低密度（用手掂，明显感觉到很轻）、低硬度（用小刀可以划动）、低传导率（接触时有温感）、可燃性（用热针接触样品时，样品会熔化或烧焦，发出辛辣难闻的气味）

等特点,很容易区分宝石、玉石和塑料。

(3) 合成立方氧化锆。合成立方氧化锆也称"CZ 钻",尽管其磨成宝石后,外观极像钻石,但还是可以用一些简单的方法来加以区分的。合成立方氧化锆的密度为 $6g/cm^3$ 左右,是钻石密度($3.5g/cm^3$)的 1.7 倍,故它的手感比较沉重;或者用油性笔划过样品的表面,划过钻石表面时可留下清晰而连续的线条,划过合成立方氧化锆时则出现不连续的小液滴现象;或者对着样品哈气,对于雾气很快散开的样品为钻石,较慢散开的为合成立方氧化锆。当然要准确无误地区分它们,最好还是通过仪器来鉴定,如反射仪、热导仪、显微镜等。

至于用石墨人工合成的金刚石,由于其合成成本高于天然金刚石,并且合成的金刚石往往颗粒细小,达不到宝石的级别,所以人们至少目前不用担心在珠宝市场上会买到人工合成的金刚石。

(4) 合成红宝石和蓝宝石。红宝石和蓝宝石的合成试验始于 19 世纪 60 年代,但直到 20 世纪初维尔纳叶炉诞生后,合成红、蓝宝石才真正成功。合成的红、蓝宝石是从熔体中结晶而来,其主要成分均为 Al_2O_3,在合成时加入微量的 Cr,则呈现红色,即合成红宝石;如果加入微量的 Ti,则就成为合成蓝宝石。

合成红宝石和蓝宝石与天然的红、蓝宝石的外观和性质十分接近,因此区分它们也比较困难。目前主要是根据样品内部的包裹体的差异进行鉴别,如合成红、蓝宝石中常含有气泡、细密的弧线纹等。如果包裹体细小,用放大镜可能还观察不到这些现象,此时就需要用光学显微镜来观察才能分辨。

(5) 合成水晶。由于自然界水晶资源较其他宝石要丰富得多,以往合成水晶主要是为了满足电子和光学工业等方面的需要,合成水晶作为宝石用显得不经济。然而,随着自然资源的减少以及人工合成技术的提高,现在合成水晶也大量用于珠宝首饰中。

合成水晶和天然水晶几乎没有什么差别,从成分上都是以 SiO_2 为主,加入不同的微量元素,则可呈现不同颜色(如无色、紫、黄、蓝、绿、茶色等)的品种,但用于珠宝以紫色最广泛,其次为黄色;在价格上两者之间的差别也不算大。

目前,区分合成水晶与天然水晶的主要方法在于区分其内部的包裹体,也可以用吸收光谱等一些简单的仪器来测量。此外,如果见到蓝色或绿色的水晶,通常可以判断其是人工合成的,因为自然界几乎没有发现这两种颜色的水晶。

要鉴别人工宝石的优劣,可从折射率、硬度、外观、比重等几方面入手。一般来说,折射率越高,光泽就越强、越闪亮,也就是通常所说的"很火"。其次,硬度越高的人工宝石抵御外界刻划和研磨的能力就越强,这使得研磨后的宝石棱线尖锐完美,可以镶嵌在首饰上长期佩戴而不会被磨毛、失去光泽。虽然氧化锆在折射率和硬度上与钻石接近,可以在外观上达到"以假乱真"的效果,但氧化锆的比重几乎是钻石的 2 倍,也就是说,同样大小的氧化锆人工宝石比钻石要重。

第四节　建筑材料

从上古时期原始人类居住在天然岩洞开始,人类就不断发展、改进着能够遮风挡雨、提供舒适居住环境的居所。约 8000 年前欧洲出现了土坯房屋;到了约 3000 年前开始出现了砖；2000年前的秦砖汉瓦说明这一时代砖瓦材料的辉煌；19世纪出现了钢筋混凝土，使得高楼大厦成了可能；现代不断出现的各种具有特殊功能的新型建筑材料继续改善着人类的居所。

建筑材料是土木工程和建筑工程中使用的材料的统称。人类社会的基本活动如衣、食、住、行，无一不直接或间接地和建筑材料密切相关。

建筑材料根据用途可分为结构材料、装饰材料和某些专用材料。结构材料包括木材、竹材、石材、水泥、混凝土、金属、砖瓦、陶瓷、玻璃、工程塑料、复合材料等；装饰材料包括各种涂料、油漆、镀层、贴面、各色瓷砖、具有特殊效果的玻璃等；专用材料指用于防水、防潮、防腐、防火、阻燃、隔音、隔热、保温、密封等的材料。

建筑材料根据来源可分为天然材料和人造材料。天然材料包括竹、木等，人造材料包括砖、瓦、水泥、砼、钢材等。

建筑材料根据化学成分可分为无机材料、有机材料和复合材料。无机材料包括金属材料（钢、铁、铝、铜等）和非金属材料（水泥、玻璃、砖瓦、石材）；有机材料包括木、竹、沥青、塑料等；复合材料包括玻璃纤维增强材料、钢筋增强砼等。

本节主要讨论水泥、钢材、木材（三大类建材）以及玻璃和生态建材等。

一、水泥

水泥是指一种细磨材料，加入适量水后成为塑性浆体，既能在空气中硬化，又能在水中硬化，并能把砂、石等材料牢固地黏结在一起，形成坚固的石状体的水硬性胶凝材料。水泥是无机非金属材料中使用量最大的一种建筑材料和工程材料，广泛用于建筑、水利、道路、石油、化工以及军事工程中。

（一）水泥的分类

（1）根据生产的原料性质分为天然水泥、有熟料水泥（用石灰石和黏土按所需成分配合，在较高温度下煅烧得到的产物称为熟料）和无熟料水泥（利用粉煤灰、高炉矿渣等工业废料或天然火山灰与石灰、水玻璃等碱性激发剂以及石膏按比例磨细，不经煅烧而制得的水泥）。

（2）根据水泥的性能，可分为快硬水泥、低热水泥、膨胀水泥、耐酸水泥、耐火水泥等。

（3）根据用途，可分为油井水泥、大坝水泥、喷射水泥、海工水泥等。

（4）根据水泥中主要化学成分，分为硅酸盐水泥、铝酸盐水泥（高铝水泥）、磷酸盐水泥等，后者应用较少。虽然水泥的品种繁多，但95％以上属硅酸盐水泥类，只是根据工程的要求改变其中化学组成，或在使用时加入某些调节性能的物质而已。

（5）另外水泥还可以分为：

通用水泥：一般土木建筑工程通常采用的水泥。通用水泥主要是指以下六类：硅酸盐水泥、普通硅酸盐水泥、矿渣硅酸盐水泥、火山灰质硅酸盐水泥、粉煤灰硅酸盐水泥和复合硅酸盐水泥。

专用水泥：专门用途的水泥，如G级油井水泥、道路硅酸盐水泥。

特性水泥：某种性能比较突出的水泥，如快硬硅酸盐水泥、低热矿渣硅酸盐水泥、膨胀硫铝酸盐水泥。

（二）水泥生产工艺流程

可分为生料制备、熟料煅烧、水泥制成（粉磨）和包装等过程。

　　硅酸盐类水泥的生产工艺在水泥生产中具有代表性，是以石灰石（有时需加入少量氧化铁粉）和黏土（主要成分是 SiO_2）为主要原料，经破碎、配料、磨细制成生料，然后喂入水泥窑中煅烧成熟料，再将熟料加适量石膏（有时还掺加混合材料或外加剂）磨细而成。其中主要成分是 CaO（约占总重量的 $62\%\sim67\%$）、SiO_2（$20\%\sim24\%$）、Al_2O_3（$4\%\sim7\%$）、Fe_2O_3（$2\%\sim5\%$）等。这些氧化物组成了硅酸盐水泥的四种基本矿物组分：硅酸三钙（$3CaO\cdot SiO_2$，简写 C_3S）是熟料的主要矿物，含量通常在 50% 以上；硅酸二钙（$2CaO\cdot SiO_2$，简写 C_2S）含量约 20%；铝酸三钙（$3CaO\cdot Al_2O_3$，简写 C_3A）含量为 $7\%\sim15\%$；铁铝酸四钙（$4CaO\cdot Al_2O_3\cdot Fe_2O_3$，简写 C_4AF）含量为 $10\%\sim18\%$。

　　水泥生产随生料制备方法不同，可分为干法（包括半干法）与湿法（包括半湿法）两种。

　　干法生产：将原料同时烘干并粉磨，或先烘干经粉磨成生料粉后喂入干法窑内煅烧成熟料的方法。但也有将生料粉加入适量水制成生料球，送入窑内煅烧成熟料的方法，称之为半干法，仍属干法生产之一种。

　　湿法生产：是将原料加水粉磨成生料浆后，入湿法窑煅烧成熟料的方法。也有将湿法制备的生料浆脱水后，制成生料块入窑煅烧成熟料的方法，称为半湿法，仍属湿法生产之一种。

　　干法生产的主要优点是热耗低，缺点是生料成分不易均匀，车间扬尘大，电耗较高。湿法生产具有操作简单，生料成分容易控制，产品质量好，料浆输送方便，车间扬尘少等优点，缺点是热耗高。

　　水泥行业是我国继电力、钢铁之后的第三大用煤大户，我国水泥熟料平均烧成热耗 115kg 标煤/t，比国际先进水平高 10% 多。水泥行业二氧化碳的排放仅次于电力行业，位于全国第二。水泥企业的矿山资源消耗与生态破坏也是突出问题。

　　据中国环境科学研究院、中国水泥协会介绍，水泥行业是重点污染行业，其颗粒物排放占全国颗粒物排放量的 $20\%\sim30\%$；二氧化硫排放占全国排放量的 $5\%\sim6\%$，有些立窑生产中加入萤石以降低烧成热耗，但造成周边地区的氟污染。

　　水泥行业要通过技术改造和监管到位，减少粉尘、二氧化硫、二氧化氮的污染，以及进行原料和燃料替代，减少二氧化碳排放，同时应降低化石燃料的使用而节约成本，以产生较大的环保及经济效益。

二、钢材

1. 钢材的概述

　　建筑用钢铁材料是构成土木工程物质基础的四大类材料（钢材、水泥混凝土、木材、塑料）之一。人类开始大量使用生铁作建筑材料是从 17 世纪 70 年代开始的，那时用的是生铁。到 19 世纪初发展到用熟铁建造桥梁、房屋等。这些材料因强度低、综合性能差，在使用上受到限制，但已是人们采用钢铁结构的开始。19 世纪中期以后，钢材的规格品种日益增多，强度不断提高，连接等工艺技术也相应得到发展，为建筑结构向大跨重载方向发展奠定了基础，带来了土木工程的一次飞跃。

　　19 世纪 50 年代出现了新型的复合建筑材料——钢筋混凝土。至 20 世纪 30 年代，高强钢材的出现又推动了预应力混凝土的发展，开创了钢筋混凝土和预应力混凝土占统治地位的新的历史时期，使土木工程发生了新的飞跃。

　　与此同时，各国先后推广具有低碳、低合金（加入 5% 以下合金元素）、高强度、良好的韧性和可焊性以及耐腐蚀性等综合性能的低合金钢。随着桥梁大型化,建筑物和构筑物向大跨、高层发展以及能源和海洋平台的开发,低合金钢的产量在近 30 年来已大幅度增长,其在主要产钢国的产量已占钢材总产量的 7％～10％,个别国家达 20％以上,其中35％～50％用于房屋建筑和土木工程,主要为钢筋、钢结构用型材、板材,而且土木工程钢结构用低合金钢的比例已从 10％提高到 30％以上。各国大力发展不同于普通钢材品种的各种高效钢材,其中包括低合金钢材、热强化钢材、冷加工钢材、经济断面钢材以及镀层、涂层、复合、表面处理钢材等,经在建筑业中使用,已取得明显的经济效益。

2. 建筑钢材的分类和技术性质

建筑钢材通常可分为钢结构用钢和钢筋混凝土结构用钢筋。钢结构用钢主要有普通碳素结构钢和低合金结构钢,品种有型钢、钢管和钢筋。型钢中有角钢、工字钢和槽钢。钢筋混凝土结构用钢筋,按加工方法可分为热轧钢筋、热处理钢筋、冷拉钢筋、冷拔低碳钢丝和钢绞线管,按表面形状可分为光面钢筋和螺纹钢筋,按钢材品种可分为低碳钢、中碳钢、高碳钢和合金钢等。

钢材的技术性质主要有以下三个方面:

(1) 力学性质:抗拉性能、弹性、塑性、冲击韧性、冷脆性和硬度。

(2) 工艺性质:冷弯性、可焊性、热处理性、可冷加工性以及时效。

(3) 耐久性。

3. 建筑钢材的锈蚀与防止

钢材表面与周围介质发生作用而引起破坏的现象称作腐蚀(锈蚀)。根据钢材与环境介质的作用原理,腐蚀可分为化学锈蚀和电化学锈蚀。

根据钢材腐蚀的原理不同,建筑钢材锈蚀的防治方法常见的有:

(1) 保护层法。通常的方法是采用在表面施加保护层,使钢材与周围介质隔离。保护层可分为金属保护层和非金属保护层两类。

非金属保护层常用的是在钢材表面刷漆,常用底漆有红丹、环氧富锌漆、铁红环氧底漆等,面漆有调和漆、醇酸磁漆、酚醛磁漆等。该方法简单易行,但不耐久。此外,还可以采用塑料保护层、沥青保护层、搪瓷保护层等。

金属保护层是用耐蚀性较好的金属,以电镀或喷镀的方法覆盖在钢材表面,如镀锌、镀锡、镀铬等。薄壁钢材可采用热浸镀锌或镀锌后加涂塑料涂层等措施。

混凝土配筋的防锈措施,根据结构的性质和所处环境条件等考虑混凝土的质量要求,主要是保证混凝土的密实度、保证足够的保护层厚度、限制氯盐外加剂的掺和量和保证混凝土一定的碱度等;还可掺用阻锈剂(如亚硝酸钠等)。

(2) 制成合金。钢材的组织及化学成分是引起锈蚀的内因。通过调整钢的基本结构或加入某些合金元素,可有效地提高钢材的抗腐蚀能力。例如,在钢中加入一定量的合金元素如铬、镍、钛等,制成不锈钢,可以提高耐锈蚀能力。

4. 钢材的化学成分及其对钢材性能的影响

钢材的主要成分有铁、碳、合金元素以及杂质。

(1) 碳。与铁原子以固溶体、化合物(Fe_3C)和机械混合物的方式结合。

固溶体形成铁素体,含碳量极少;化合物形成渗碳体,含碳量较高;机械混合物形成珠光体,含碳量在二者之间。当含碳量升高时,珠光体含量升高,强度增强,塑性、韧性、可焊性下降（0.6％时可焊性很差）。

（2）合金元素。

硅：含量低于 1％时，能提高钢材的强度。

锰：含量 1％～2％，提高钢材的强度。

钛：可大大增加钢材的强度，韧性、可焊性也增加。而且其化学性质稳定，耐腐蚀（抵抗海水腐蚀能力很强），主要用于飞机、火箭、导弹、飞船等，少量用于冶金、能源、交通医疗及石化工业。

钒、铌：增加钢材的强度。

（3）杂质元素。磷可增加钢材的强度，但可焊性大大降低，而且冷脆性也会大大增加。磷还可以提高钢材的硬度、耐磨性，改善切削性和耐大气腐蚀性，在低合金钢中可配合其他元素作合金元素用，军事上利用其冷脆性增大炮弹杀伤力。普通碳素钢的磷含量≤0.045％；优质碳素钢的磷含量≤0.035％；高级优质碳素钢的磷含量≤0.030％。

硫是极有害元素，会使可焊性大大降低，热脆性增加，降低热加工性。普通碳素钢的硫含量≤0.055％；优质碳素钢的硫含量≤0.040％；高级优质碳素钢的硫含量为 0.02％～0.03％。

氧可使钢材的韧性、可焊性降低。氮可以增强钢材的强度，但会使得塑性、韧性降低。

三、木材

木材泛指用于工业和民用建筑的木制材料，常被统分为软材和硬材。工程中所用的木材主要取自树木的树干部分。木材因取得和加工容易，自古以来就是一种主要的建筑材料，对于人类生活起着很大的支持作用。根据木材不同的性质特征，人们将它们用于不同途径。

（一）木材的分类

木材按树种进行分类，一般分为针叶树材和阔叶树材。

1. 针叶树（软木）

主要有杉木、红松、白松、黄花松等。

其树叶呈针状，树干通直、高大，纹理顺直，木质较软，易加工。表观密度（12℃时的气干密度）小，胀缩变形小，耐腐蚀性较强，常作承重材料。

2. 阔叶树（硬木）

主要有檀香、紫檀（十檀九空）、黄花梨、酸枝木（红木）、鸡翅木、乌木、铁木（最重）、金丝楠木、香樟木、核（胡）桃木、柚木、水曲柳、橡木（制葡萄酒桶）、榆木、椴木（铅笔、火柴）、桦木、杨木等。

此类木材材质坚硬，密度大（许多表观密度大于 1g/cm³，遇水沉底），加工较难，胀缩变形大，颜色、纹理美观（贵重木材油性大，呈金属色），主要用作装修或制作家具。

（二）木材的特性

木材具有轻质、较高的强度和较好的韧性，导热系数低，吸声性能好，电绝缘性好，易加工以及装饰性好等特性。

木材有很好的力学性质，但木材是有机各向异性材料，顺纹方向与横纹方向的力学性质有很大差别。木材的顺纹抗拉和抗压强度均较高，但横纹抗拉和抗压强度较低。木材强度还因树种而异，并受木材缺陷、荷载作用时间、含水率及温度等因素的影响，其中以木材缺陷及荷载作用时间两者的影响最大。因木节尺寸和位置不同、受力性质（拉或压）不同,有节木材的强度比无节木材可降低 30%～60%。在荷载长期作用下木材的长期强度几乎只有瞬时强度的一半。另外木材还有易燃、易虫蛀、易腐朽等缺点。

现在具有防腐功能的木材就是采用防腐剂渗透并固化于木材以后使木材具有防止腐朽菌腐朽、生物侵害功能。

（三）木材的应用

木材由于其特性,作为建筑材料有其独特的优势:绿色环保,可再生,可降解;施工简易、工期短;冬暖夏凉;抗震性能优良;等等。由于木材加工、制作方便且性能良好,现在木材广泛用作建筑结构材料,以及用于装饰、装修和制作家具。

1. 木材在结构工程中的应用

木材是传统的建筑材料,在古建筑和现代建筑中都得到了广泛应用。在结构上,木材主要用于构架和屋顶,如梁、柱、椽、望板、斗拱等。我国许多建筑物均为木结构,它们在建筑技术和艺术上均有很高的水平,并具独特的风格。

另外,木材在建筑工程中还常用作混凝土模板及木桩等。

2. 木材在装饰工程中的应用

在国内外,木材历来被广泛用于建筑室内装修与装饰,它给人以自然美的享受,还能使室内空间产生温暖与亲切感。在古建筑中,木材更是用作细木装修的重要材料,这是一种工艺要求极高的艺术装饰。

（1）条木地板是室内使用最普遍的木质地面,它是由龙骨、地板等部分构成的。地板有单层和双层两种,双层者下层为毛板,面层为硬木条板,硬木条板多选用水曲柳、柞木、枫木、柚木、榆木等硬质树材,单层条木板常选用松、杉等软质树材。条板宽度一般不大于 12cm,板厚为 2～3cm,材质要求采用不易腐朽和变形开裂的优质板材。

（2）面层拼花地板多选用水曲柳、柞木、核桃木、栎木、榆木、槐木、柳桉等质地优良、不易腐朽开裂的硬木树材。双层拼花木地板的固定方法是将面层小板条用暗钉钉在毛板上,单层拼花木地板则可采用适宜的黏结材料,将硬木面板条直接粘贴于混凝土基层上。

（3）护壁板又称木台度,在铺设拼花地板的房间内,往往采用木台度,以使室内空间的材料格调一致,给人一种和谐整体景观的感受。护壁板可采用木板、企口条板、胶合板等装饰而成,设计施工时可采取嵌条、拼缝、嵌装等手法进行构图,以达到装饰墙壁的目的。

（4）木装饰线条简称木线条。各类木线条立体造型各异,每类木线条又有多种断面形状,如有平行线条、半圆线条、麻花线条、鸠尾形线条、半圆饰、齿型饰、浮饰、孤饰、S形饰、贴附饰、钳齿饰、十字花饰、梅花饰、叶形饰以及雕饰等多种。

建筑室内采用木线条装饰,可增添古朴、高雅、亲切的美感。木线条主要用作建筑物室内的墙腰装饰、墙面洞口装饰线、护壁板和勒脚的压条饰线、门框装饰线、顶棚装饰角线、楼梯栏杆的扶手、墙壁挂画条、镜框线以及高线建筑的门窗和家具等的镶边、贴附组花材料。特别是在我国的园林建筑和宫殿式古建筑的修建工程中,木线条是一种必不可缺的装饰材料。

木花格即为用木板和枋木制作成具有若干个分格的木架,这些分格的尺寸或形状一般都各不相同。木花格具有加工制作较简便、饰件轻巧纤细、表面纹理清晰等特点。木花格多用作建筑物室内的花窗、隔断、博古架等，它能起到调节室内设计格调、改进空间效能和增强室内装修艺术风格等作用。

旋切微薄木是以色木、桦木或多瘤的树根为原料，经水煮软化后，旋切成厚 0.1mm 左右的薄片，再用胶黏剂粘贴在坚韧的纸上（即纸依托）制成卷材。或者，采用柚木、水曲柳、柳桉等树材，通过精密旋切，制得厚度为 0.2～0.5mm 的微薄木，再采用先进的胶黏工艺和胶黏剂，粘贴在胶合板基材上，制成微薄木贴面板。

旋切微薄木花纹美丽动人，材色悦目，真实感和立体感强，具有自然美的特点。采用树根瘤制作的微薄木，具有鸟眼花纹的特色，装饰效果更佳。微薄木主要用作高级建筑的室内墙、门、橱柜等家具的饰面。这种饰面材料在日本采用较普遍。

此外，建筑室内还有一些小部位的装饰，也是采用木材制作的，如窗台板、窗帘盒、踢脚板等，它们和室内地板、墙壁互相联系，相互衬托，使得整个空间的格调、材质、色彩和谐、协调，从而收到良好的整体装饰效果。

3. 木材的综合利用

木材在加工成型材和制作成构件的过程中，会留下大量的碎块、废屑等，将这些下脚料进行加工处理，就可制成各种人造板材（胶合板原料除外）。常用人造板材有以下几种：

（1）胶合板是将原木旋切成的薄片，用胶黏合热压而成的人造板材，其中薄片的叠合必须按照奇数层数进行，并且保持各层纤维互相垂直，胶合板最高层数可达 15 层。

胶合板大大提高了木材的利用率，其主要特点是：材质均匀，强度高，无疵病，幅面大，使用方便，板面具有真实、立体和天然的美感，广泛用作建筑物室内隔墙板、护壁板、顶棚板、门面板以及各种家具及装修。在建筑工程中，常用的是三合板和五合板。

（2）纤维板是将木材加工下来的板皮、刨花、树枝等边角废料，经破碎、浸泡、研磨成木浆，再加入一定的胶料，经热压成型、干燥处理而成的人造板材，分硬质纤维板、半硬质纤维板和软质纤维板三种。纤维板的表观密度一般大于 $800kg/m^3$，适合作保温隔热材料。

纤维板的特点是材质构造均匀，各向同性，强度一致，抗弯强度高（可达 $5.5 \times 10^7 Pa$）、耐磨，绝热性好，不易胀缩和翘曲变形，不腐朽，无木节、虫眼等缺陷。生产纤维板可使木材的利用率达 90% 以上。

（3）刨花板、木丝板、木屑板是分别以刨花木渣、边角料刨制的木丝、木屑等为原料，经干燥后拌入胶黏剂，再经热压成型而制成的人造板材。所用黏结剂为合成树脂，也可以用水泥、菱苦土等无机的胶凝材料。这类板材一般表观密度较小，强度较低，主要用作绝热和吸声材料，但其中热压树脂刨花板和木屑板，其表面可粘贴塑料贴面或胶合板作饰面层，这样既增加了板材的强度，又使板材具有装饰性，可用作吊顶、隔墙、家具等材料。

（4）复合板主要有复合地板及复合木板两种。

复合地板是一种多层叠压木地板，板材 80% 为木质。这种地板通常是由面层、芯板和底层三部分组成。其中面层是由经特别加工处理的木纹纸与透明的密胺树脂经高温、高压压合而成；芯板是用木纤维、木屑或其他木质粒状材料等，与有机物混合经加压而成的高密度板材；底层为用聚合物叠压的纸质层。

复合地板规格一般为 120cm×20cm 的条板，板厚 8mm 左右，其表面光滑美观，坚实耐磨，不变形、不干裂、不沾污及褪色，不需打蜡，耐久性较好，且易清洁，铺设方便。复合地板适用于客厅、起居室、卧室等地面铺装。

复合木板又叫木工板，它是由三层胶黏压合而成，其上、下面层为胶合板，芯板是由木材加工后剩下的短小木料经加工制得木条，再用胶黏拼而成的板材。

复合木板一般厚为 2cm，长 200cm，宽 100cm，幅面大，表面平整，使用方便。复合木板可代替实木板应用，现普遍用作建筑室内隔墙、隔断、橱柜等的装修。

四、玻璃

(一) 玻璃概述

广义上说，凡熔融体通过一定方式冷却，因黏度逐渐增加而具有固体性质和结构特征的非晶体物质，都称为玻璃。

玻璃是一种透明的固体物质，在熔融时形成连续网络结构，冷却过程中黏度逐渐增大并硬化而不结晶的硅酸盐类非金属材料。普通玻璃化学氧化物的组成为 $Na_2O \cdot CaO \cdot 6SiO_2$，主要成分是二氧化硅，属于混合物。

玻璃广泛用于建筑、日用、医疗、化学、电子、仪表、核工程等领域。我们通常使用的玻璃是指硅酸盐玻璃，由石英砂、纯碱、长石及石灰石经高温制成。

玻璃是一种无规则结构的非晶态固体（从微观上看，玻璃也是一种液体），其原子不像晶体那样在空间具有长程有序的排列，而近似于液体那样具有短程有序。玻璃像固体一样保持特定的外形，不像液体那样随重力作用而流动。

玻璃的原子排列是无规则的，其原子在空间中具有统计上的均匀性。在理想状态下，均质玻璃的物理、化学性质（如折射率、硬度、弹性模量、热膨胀系数、导热率、电导率等）在各方向都是相同的，即具有各向同性。

玻璃由固体转变为液体是在一定温度区域（即软化温度范围）内进行的，它与结晶物质不同，没有固定的熔点。

(二) 玻璃的分类方法及其应用

玻璃的种类繁多，常见的分类方法以及应用如下：

1. 按工艺

玻璃按工艺可分为热熔玻璃、浮雕玻璃、锻打玻璃、晶彩玻璃、琉璃玻璃、夹丝玻璃、聚晶玻璃、玻璃马赛克、钢化玻璃、夹层玻璃、中空玻璃、调光玻璃、发光玻璃。

2. 按生产方式

玻璃按生产方式主要分为平板玻璃和深加工玻璃。平板玻璃主要分为三种：引上法平板玻璃、平拉法平板玻璃和浮法玻璃。由于浮法玻璃具有厚度均匀、上下表面平整平行，再加上受劳动生产率高及利于管理等方面的因素影响，浮法玻璃正成为玻璃制造方式的主流。

为达到生产生活中的各种需求，人们对普通平板玻璃进行深加工处理，称为深加工玻璃，主要分为：

(1) 钢化玻璃。它是普通平板玻璃经过再加工处理而成的一种预应力玻璃。钢化玻璃相对于普通平板玻璃来说，具有两大特征：第一，前者强度是后者的数倍，抗拉度是后者的 3 倍以上，抗冲击度是后者的 5 倍以上；第二，钢化玻璃不容易破碎，即使破碎也会以无锐角的颗粒形式碎裂，对人体的伤害大大降低。

(2) 磨砂玻璃。它是在普通平板玻璃上面再磨砂加工而成的。一般厚度多在 0.3cm

以下，以 0.2cm 厚度居多。

（3）喷砂玻璃。性能上基本与磨砂玻璃相似，不同的为改磨砂为喷砂。由于两者视觉上类同，很多业主，甚至装修专业人员都把它们混为一谈。

（4）压花玻璃。是采用压延方法制造的一种平板玻璃。其最大的特点是透光不透明，多使用于洗手间等装修区域。

（5）夹丝玻璃。是采用压延方法，将金属丝或金属网嵌于玻璃板内制成的一种具有抗冲击平板玻璃，受撞击时只会形成辐射状裂纹而不至于堕下伤人，故多采用于高层楼宇和震荡性强的厂房。

（6）中空玻璃。多采用胶接法将两块玻璃保持一定间隔，间隔中是干燥的空气，周边再用密封材料密封而成，主要用于有隔音、隔热要求的装修工程之中。

（7）夹层玻璃。夹层玻璃一般由两片普通平板玻璃（也可以是钢化玻璃或其他特殊玻璃）和玻璃之间的有机胶合层构成。当受到破坏时，碎片仍黏附在胶层上，避免了碎片飞溅对人体的伤害。多用于有安全要求的装修项目。

（8）防弹玻璃。实际上就是夹层玻璃的一种，只是构成的玻璃多采用强度较高的钢化玻璃，而且夹层的数量也相对较多。多采用于银行或者豪宅等对安全要求非常高的装修工程之中。

（9）热弯玻璃。由优质平板玻璃加热软化在模具中成型，再经退火制成的曲面玻璃。该玻璃样式美观，线条流畅，在一些高级装修中出现的频率越来越高。

（10）玻璃砖。玻璃砖的制作工艺基本和平板玻璃一样，不同的是成型方法。其中间为干燥的空气。多用于装饰性项目或者有保温要求的透光造型之中。

（11）玻璃纸。也称玻璃膜，具有多种颜色和花色。根据纸膜的性能不同，具有不同的性能。绝大部分起隔热、防红外线、防紫外线、防爆等作用。

（12）LED 光电玻璃。光电玻璃是一种新型环保节能产品，是 LED 和玻璃的结合体，既有玻璃的通透性，又有 LED 的亮度，主要用于室内外装饰和广告。

（13）调光玻璃。通电呈现玻璃本质透明状，断电时呈现白色磨砂不透明状。不透明状态下，可以作为背投幕。

3. 按主要成分

玻璃按主要成分可分为氧化物玻璃和非氧化物玻璃。

非氧化物玻璃品种和数量很少，主要有硫系玻璃和卤化物玻璃。硫系玻璃的阴离子多为硫、硒、碲等，可截止短波长光线而通过黄、红光，以及近、远红外光，其电阻低，具有开关与记忆特性。卤化物玻璃的折射率低，色散低，多用作光学玻璃。

氧化物玻璃又分为硅酸盐玻璃、硼酸盐玻璃、磷酸盐玻璃等。硅酸盐玻璃指基本成分为 SiO_2 的玻璃，其品种多，用途广。通常按玻璃中 SiO_2 以及碱金属、碱土金属氧化物的不同含量，又分为：

（1）石英玻璃。SiO_2 含量大于 99.5%，热膨胀系数低，耐高温，化学稳定性好，透紫外光和红外光，熔解温度高、黏度大，成型较难。多用于半导体、电光源、光导通信、激光等技术和光学仪器中。

（2）高硅氧玻璃。也称 Vycor 玻璃，主要成分 SiO_2 含量约为 95%～98%，含少量 B_2O_3 和 Na_2O，其性质与石英玻璃相似。

（3）钠钙玻璃。以 SiO_2 含量为主，还含有 15％的 Na_2O 和 16％的 CaO，其成本低廉、易成型，适宜大规模生产，其产量占实用玻璃的 90％。可生产玻璃瓶罐、平板玻璃、器皿、灯泡等。

（4）铅硅酸盐玻璃。主要成分为 SiO_2 和 PbO，具有独特的高折射率和高体积电阻，与金属有良好的浸润性，可用于制造灯泡、真空管芯柱、晶质玻璃器皿、火石光学玻璃等。含有大量 PbO 的铅玻璃能阻挡 X 射线和 γ 射线。

（5）铝硅酸盐玻璃。以 SiO_2 和 Al_2O_3 为主要成分，软化变形温度高，用于制作放电灯泡、高温玻璃温度计、化学燃烧管和玻璃纤维等。

（6）硼硅酸盐玻璃。以 SiO_2 和 B_2O_3 为主要成分，具有良好的耐热性和化学稳定性，用以制造烹饪器具、实验室仪器、金属焊封玻璃等。硼酸盐玻璃以 B_2O_3 为主要成分，熔融温度低，可抵抗钠蒸气腐蚀。含稀土元素的硼酸盐玻璃折射率高、色散低，是一种新型光学玻璃。磷酸盐玻璃以 P_2O_5 为主要成分，折射率低、色散低，用于光学仪器中。

4. 根据特性

根据玻璃的特性，可把玻璃分成如下几类：

（1）镜片玻璃。

① 有良好的透视、透光性能。对太阳光中近红外热射线的透过率较高，但对可见光折射至室内墙顶、地面和家具、织物而反射产生的远红外长波热射线却能有效阻挡，可产生明显的"暖房效应"。镜片玻璃对太阳光中紫外线的透过率较低。

② 隔音，有一定的保温性能。

③ 抗拉强度远小于抗压强度，是典型的脆性材料。

④ 有较高的化学稳定性。通常情况下，对酸、碱、盐及化学试剂和气体都有较强的抵抗能力，但长期遭受侵蚀性介质的作用也能导致变质和破坏，如玻璃的风化和发霉都会导致外观破坏和透光性能降低。

⑤ 热稳定性较差，极冷、极热易发生炸裂。

（2）装饰玻璃。

① 彩色平板玻璃可以拼成各类图案，并有耐腐蚀、抗冲刷、易清洗等特点。

② 釉面玻璃具有良好的化学稳定性和装饰性。

③ 压花玻璃、喷花玻璃、乳花玻璃、刻花玻璃、冰花玻璃根据各自制作花纹的工艺不同，有各种色彩、观感、光泽效果，富有装饰性。

（3）安全玻璃。

① 钢化玻璃：机械强度高、弹性好、热稳定性好，碎后不易伤人。但可发生自爆。

② 夹丝玻璃：受冲击或温度骤变后碎片不会飞散，可短时防止火焰蔓延，有一定的防盗、防抢作用。

③ 夹层玻璃：透明度好，抗冲击性能高，夹层 PVB 胶片的黏合作用可使碎片不散落伤人，耐久、耐热、耐湿、耐寒性高。

（4）功能性玻璃。

① 着色玻璃：有效吸收太阳辐射热，达到蔽热节能效果；吸收较多可见光，使透过的光线柔和；吸收紫外线，防止紫外线对室内产生影响；色泽艳丽耐久，增加建筑物外形美观。

② 镀膜玻璃：保温隔热效果较好，但易对外面环境产生光污染。

③ 中空玻璃：光学性能良好，保温隔热性能好，防结露，具有良好的隔声性能。

（三）新型玻璃

玻璃是一种古老的建筑材料，随着现代科技水平的迅速提高和应用技术的日新月异，各种功能独特的新型玻璃纷纷问世，兴旺了玻璃家族。

1. 不碎玻璃

英国一家飞机制造公司发明了一种用于飞机上的打不碎玻璃，它是一种夹有碎屑黏合成透明塑料薄膜的多层玻璃。这种以聚氯酯为基础的塑料薄膜具有黏滞的半液态稠度，当有人试图打碎它时，受打击的聚氯酯薄膜会慢慢聚集在一起，并恢复自己特有的整体性。这种玻璃可用于轿车，以防盗车。

2. 防弹玻璃

防弹玻璃是由玻璃（或有机玻璃）和优质工程塑料经特殊加工得到的一种复合型材料，它通常是透明的材料，如 PVB/聚碳酸酯纤维热塑性塑料（一般为力显树脂，即 lexan 树脂，也叫 LEXAN PC RESIN）。它具有普通玻璃的外观和传送光的行为，对小型武器的射击能提供一定的防护。最厚 PC 板能做到 136mm 厚，最大宽度达 2166mm，有效时间达 6664d。

3. 可钉钉玻璃

这种玻璃是将硼酸玻璃粉和碳化纤维混合后加热到 1000℃ 制成。它是采用硬质合金强化的玻璃，其最大断裂应力为一般玻璃的 2 倍以上，无脆性弱点，可钉钉和装木螺丝，不用担心破碎。

4. 不反光玻璃

由德国一家玻璃公司开发的不反光玻璃，光线反射率仅在 1% 以内（一般玻璃为 8%），从而解决了玻璃反光和令人目眩的头痛问题。

5. 防盗玻璃

匈牙利一家研究所研制的这种玻璃为多层结构，每层中间嵌有极细的金属导线，万一盗贼将玻璃击碎，与金属导线相连接的警报系统就会立即发出报警信号。

6. 隔音玻璃

这种玻璃是用厚达 5mm 的软质树脂将两层玻璃黏合在一起，几乎可将全部杂音吸收殆尽，特别适合录音室和播音室使用。它的价格相当于普通玻璃的 5 倍。

7. 空调玻璃

这是一种用双层玻璃加工制造的玻璃，可将暖气送到玻璃夹层中，通过气孔散发到室内，代替暖气片。这不仅节约能量，而且方便、隔音和防尘，到了夏天还可改为送冷气。

8. 真空玻璃

真空玻璃是在两片厚度为 3mm 的玻璃之间设有 0.2mm 间隔的 1/100 大气压的真空层，层内有金属小圆柱支撑以防外部大气压使两片玻璃贴到一起。这种真空玻璃厚度仅 6.2mm，可直接安装在一般的窗框上。它具有良好的隔热、隔音效果，适用于民宅和高层建筑的窗户。

9. 智能玻璃

由美国研制的这种玻璃透明度能随着视野角度变化而变化，它有一种特殊的高分子膜,其散光度、厚度、面积和形式都能由制造者自由选择,利用它可以起到一定的保护和屏蔽作用。

10. 全息玻璃

美国波士顿一研究小组开发的全息衍射玻璃,可将某些颜色的光线集中到选择的方位。用这种玻璃的窗户可将自然光线分解成光谱组合色,并将光线射向天花板进而反射至房间的各个角落,即使没有窗户的房间,也可以通过通风管从反射墙"得到"阳光,然后由孔眼将光线漫射到天花板上。

11. 调温玻璃

英国一家公司研制成功一种被称为云胶的热变色调温玻璃,它是一种两面是塑料薄膜和中间夹着聚合物水色溶剂的合成玻璃。它在低温环境中呈透明状,吸收日光的热能,待环境温度升高后则变成不透明的白云色,并阻挡日光的热能,从而有效起到调节室内温度的作用。

12. 生物玻璃

美国佛罗里达大学研制出一种具有生物活性,能和活性组织结合的新型生物玻璃。这种生物玻璃具有生物适应性,可用于人造骨和人造齿龈等方面。

13. 天线玻璃

日本一家公司研制成功一种电视天线窗户玻璃,这种玻璃内层嵌有很细的天线,安装好后,室内电视机就能呈现出更为清晰的画面。

14. 薄纸玻璃

德国科学家制造出一种能用于光电子学、生物传感器、计算机显示屏和其他现代技术领域的超薄型玻璃,它的厚度仅为 0.003mm。

15. 信息玻璃

日本德岛大学发明了一种能记录信息的玻璃。它记录信息时,先用光学显微镜将激光集中在玻璃内部的某一点上,3×10^{-11} s 即完成一次照射,留下一个记录斑点,读信息时,通过激光扫描斑点来进行。这种记录信息可在常温下进行,其性能已高于通常使用的光盘。

16. 污染变色玻璃

美国加州大气污染观测实验室研制出一种能探测污染的变色玻璃。这种玻璃受到污染气体污染时能改变颜色,如当受到酸性气体污染时变成绿色、受到含胺气体污染时变成黄灰色等,用它来制作污染检测材料和标示材料将具有广泛的用途。

17. 排二氧化碳玻璃

日本开发出可透过二氧化碳的玻璃膜,将它应用在居室的玻璃窗上,可将室内的二氧化碳气体排出室外。它在不同的湿度下,透过的二氧化碳量不同,湿度越大,透过性越高。

18. 电解雾化玻璃

电解雾化玻璃,具有耐刮、耐划,手感舒适、柔软,不带汗渍、指纹印的功能。它改变传统玻璃给人的冰冷及生硬的感观。其最大的特点就是电解雾化玻璃在通电后,会自动产生表面雾化效果,瞬间改变透明度,在外部看起来就和一般白墙无异。

19. 泡沫玻璃

保加利亚的建材专家研制成功一种泡沫玻璃,它具有良好的生物稳定性,不腐烂,吸湿性差，便于加工，也容易与其他建筑材料黏合。这种新型泡沫玻璃是在加入各种矿物成分的液体玻璃的基础上制造成功的。

20. 自洁玻璃

日本东京大学发明了一种二氧化钛涂层玻璃，能防止污垢和水点聚积于表面，可达到自动清洗和防震的效果，可不费气力地清洁玻璃窗。

（四）玻璃材料在建筑装饰中的应用

随着科学技术的不断发展，各种各样的装饰玻璃相继进入市场，满足了人们对生活品质的追求。下面简要介绍几种玻璃在建筑装饰工程中的应用。

1. 玻璃幕墙

玻璃幕墙装饰于高层建筑物的外表，覆盖建筑物的表面，看上去好像罩在建筑物外表的一层薄帷。特别是应用热反射镀膜玻璃，将建筑物周围的景物，蓝天、白云等自然现象都映衬到建筑物的表面，使得建筑物的外表情景交融，层层交错，有变幻莫测的感觉。玻璃幕墙也从当初的采光、保温、防风雨等较为单纯的功能变为多功能的装饰。

2. 镜子

在房间里装饰一面镜子，曾经是流行一时的时尚。对于西方人来说，房间里的镜子无疑是浪漫情调的主角。而对于传统的东方人来说，扩大空间和应用性仍被视为镜子的主要功能。镜子的特点是能够映照、反射物体，造成一种扩大空间的错觉，可以使空间仿佛无限地延伸了。

3. 玻璃家具

玻璃家具以其典雅、冷艳、脱俗而进入寻常百姓家，现代风格的家具轻巧、可人，极具浪漫气息，若与居室气氛浑然一体，更显得色彩绚丽，满室生辉。现代新型玻璃家具视觉通透、明亮，以酒柜、茶几、餐桌和书柜为代表。它的主材往往是由高硬度的钢化玻璃和金属框架构成的，玻璃的透明度高出普通玻璃4～5倍。

五、新型建材

新型建材（即新型建筑材料）是区别于传统的砖瓦、灰砂石等建材的建筑材料新品种，新型建筑材料主要包括新型墙体材料、新型防水密封材料、新型保温隔热材料和装饰装修材料四大类。

1. 新型墙体材料发展状况

新型墙体材料主要包括砖、块、板，如黏土空心砖、掺废料的黏土砖、非黏土砖、建筑砌块、加气混凝土、轻质板材、复合板材等，但数量较少，在墙体材料中占的比例仍然偏小。只有促使各种新型墙体材料因地制宜快速发展，才能改变墙体材料不合理的产品结构，达到节能、保护耕地、利用工业废渣、促进建筑技术的目的。

2. 新型防水密封材料发展状况

防水材料是建筑业及其他有关行业所需要的重要功能材料，是建筑材料工业的一个重要组成部分。改革开放以来，我国建筑防水材料获得较快的发展。防水材料已摆脱了纸胎油毡一统下的落后局面，拥有包括沥青油毡（含改性沥青油毡）、合成高分子防水卷材、建筑防水涂料、密封材料、堵漏和刚性防水材料等五大类产品。

3. 新型保温隔热材料发展状况

我国保温材料工业经过30多年的努力，特别是经过近20年的高速发展，不少产品从无到有,从单一到多样化,质量从低到高,已形成以膨胀珍珠岩、矿物棉、玻璃棉、泡沫塑料、耐火纤维、硅酸钙绝热制品等为主的品种比较齐全的产业,技术、生产装备水平也有了较大提高,有些产品已达到国际先进水平。

4. 新型装饰、装修材料发展状况

建筑装饰、装修材料品种门类繁多,更新换代十分迅速,与人民生活水平提高和居住条件改善密切相关,是极具发展潜力的建筑材料品种之一。我国建筑装饰、装修材料的发展,虽然起步较晚,但起点较高,主要生产能力是 20 世纪 80 年代以后引进国外先进技术和装备基础上发展起来的,其花色品种已达 4000 多种,已基本形成初具规模、产品门类较齐全的工业体系。

5. 生态建材发展状况

随着人们对环境问题的不断重视,现在又提出了生态建筑材料的概念。生态建筑材料的科学和权威的定义仍在研究确定阶段。生态建筑材料的概念来自于生态环境材料。生态环境材料的定义也仍在研究确定之中。其主要特征首先是节约资源和能源;其次是减少环境污染,避免全球变暖与臭氧层的破坏;第三是容易回收和循环利用。作为生态环境材料的一个重要分支,生态建筑材料应指在材料的生产、使用、废弃和再生循环过程中以与生态环境相协调,满足最少资源和能源消耗,最小或无环境污染,最佳使用性能,最高循环再利用率要求设计生产的建筑材料。显然,这样的环境协调性是一个相对和发展的概念。

生态建材与其他新型建材在概念上的主要不同在于生态建材是一个系统工程的概念,不能只看生产或使用过程中的某一个环节。对材料环境协调性的评价取决于所考察的区间或所设定的边界。目前,国内外出现了各种各样称之为生态建材的新型建筑材料,如利用废料或城市垃圾生产的"生态水泥"等。但如果没有系统工程的观点,设计生产的建筑材料有可能在一个方面反映出"绿色",而在其他方面则是"黑色",评价时难免失之偏颇甚至误导。

生态建材中最健康的壁材以硅藻泥为主。以硅藻土为主要原材料的硅藻泥应用在墙面建筑材料起源于中国青岛,由中国硅藻泥发明人徐廉福先生发明并广泛使用。

关于生态建材的发展策略,环境协调性与使用性能之间并不总是能协调发展、相互促进。生态建材的发展不能以过分牺牲使用性能为代价。但生态建材料使用性能的要求不一定都要高性能,而是指满足使用要求的优异性能或最佳使用性能。性能低的建筑材料势必影响耐久性和使用功能,在生产环节中为节能利废而牺牲性能并不一定能提高材料的环境协调性。

在生态建材发展的重点方面,国内外不少研究者关注按环保和生态平衡理论设计制造的新型建筑材料,如无毒装饰材料,绿色涂料,采用生活和工业废弃物生产的建筑材料,有益健康和杀菌抗菌的建筑材料,低温或免烧水泥、土陶瓷等。从宏观来看,中国发展生态建材,现阶段的重点应放在引入资源和环境意识,采用高新技术对占主导地位的传统建筑材料进行环境协调化改造,尽快改善建材工业对资源、能源的浪费和严重污染环境的状况。其实,提高传统建筑材料的环境协调性能并不是排斥发展新型的生态建材,而是前面所述的发展生态建材的重要内容和方法之一。

第五节 信息材料

世界上第一台电子计算机的诞生,标志着世界科学技术进入了一个新时代,即电子信息时代。随之产生了被称为第四产业的信息产业,这是 20 多年来发展速度最快的产业,它已成为一种新型生产力,深入到国民经济、文化教育、国防建设和社会生活的各个领域。与此同时,微电子技术、激光技术、光纤技术、存贮技术等信息技术也取得了惊人的发展。信息技术现在已经进入我们生活的各个方面,我们平时使用的手机、电脑、电视以及互联网等都是信息产业大发展的产物。而且我们的生活方式也随之发生了改变,如智能手机、无线上网,让我们能随时随地登录互联网了解世界;网络购物,让我们足不出户就能逛遍商场,采购到满意的商品。

所谓信息材料,就是为实现信息探测、传输、存储、显示和处理等功能使用的材料。信息材料主要包括半导体材料、光传导纤维、激光材料、光存储材料、有机光电导材料、传感器材料、磁性材料、电子功能陶瓷等。信息材料及产品支撑着现代通信、计算机、信息网络技术、微机械智能系统、工业自动化和家电等现代高技术产业。信息材料产业的发展规模和技术水平,已经成为衡量一个国家经济发展、科技进步和国防实力的重要标志,在国民经济中具有重要战略地位,是科技创新和国际竞争最为激烈的材料领域。

一、半导体材料

自然界的物质、材料按导电能力大小可分为导体、半导体和绝缘体三大类。半导体的电导率为 $10^{-3} \sim 10^{9} \mathrm{S/m}$。半导体材料的电导率对光、热、电、磁等外界因素的变化十分敏感,在半导体材料中掺入少量杂质可以控制这类材料的电导率。正是利用半导体材料的这些特性使半导体成为各种电子应用中最重要的材料之一。半导体的基本化学特征在于原子间存在饱和的共价键。作为共价键特征的典型是在晶格结构上表现为四面体结构,所以典型的半导体材料具有金刚石或闪锌矿(ZnS)的结构。

由于地球的矿藏多半是化合物,所以最早得到利用的半导体材料都是化合物,如方铅矿(PbS)很早就用于无线电检波,氧化亚铜(Cu_2O)用作固体整流器,闪锌矿(ZnS)是熟知的固体发光材料,碳化硅(SiC)的整流检波作用也较早被利用。硒(Se)是最早被发现并被利用的元素半导体,曾是固体整流器和光电池的重要材料。元素半导体锗(Ge)放大作用的发现开辟了半导体历史新的一页,从此电子设备开始实现晶体管化。中国的半导体研究和生产是从 1957 年首次制备出高纯度(99.999999%～99.9999999%)的锗开始的。采用元素半导体硅(Si)以后,不仅使晶体管的类型和品种增加、性能提高,而且迎来了大规模和超大规模集成电路的时代。以砷化镓(GaAs)为代表的系列化合物的发现促进了微波器件和光电器件的迅速发展。

（一）半导体材料的分类

半导体材料是半导体工业的基础,它的发展对半导体技术的发展有极大的影响。半导体材料按化学成分和内部结构,大致可分为以下几类:

(1) 元素半导体,有锗、硅、硒、硼、碲、锑等。

(2) 化合物半导体,由两种或两种以上的元素化合而成的半导体材料。它的种类很多,重要的有砷化镓、磷化铟、锑化铟、碳化硅、硫化镉及镓砷硅等。

（3）非晶体半导体材料。用作半导体的玻璃是一种非晶体无定形半导体材料，分为氧化物玻璃和非氧化物玻璃两种。

（4）有机半导体材料。已知的有机半导体材料有几十种，包括萘、蒽、聚丙烯腈、酞菁和一些芳香族化合物等。

（二）半导体材料的特性和参数

半导体材料的导电性对某些微量杂质极敏感。纯度很高的半导体材料称为本征半导体，常温下其电阻率很高，是电的不良导体。在高纯半导体材料中掺入适当杂质后，由于杂质原子提供导电载流子，使材料的电阻率大为降低。这种掺杂半导体常称为杂质半导体。杂质半导体靠导带电子导电的称 N 型半导体，靠价带空穴导电的称 P 型半导体。不同类型半导体间接触（构成 PN 结）或半导体与金属接触时，因电子（或空穴）浓度差而产生扩散，在接触处形成位垒，因而这类接触具有单向导电性。利用 PN 结的单向导电性，可以制成具有不同功能的半导体器件，如二极管、三极管、晶闸管等。此外，半导体材料的导电性对外界条件（如热、光、电、磁等因素）的变化非常敏感，据此可以制造各种敏感元件，用于信息转换。

半导体材料的特性参数有禁带宽度、电阻率、载流子迁移率、非平衡载流子寿命和位错密度。禁带宽度由半导体的电子态、原子组态决定，反映组成这种材料的原子中价电子从束缚状态激发到自由状态所需的能量。电阻率、载流子迁移率反映材料的导电能力。非平衡载流子寿命反映半导体材料在外界作用（如光或电场）下内部载流子由非平衡状态向平衡状态过渡的弛豫特性。位错是晶体中最常见的一类缺陷。位错密度用来衡量半导体单晶材料晶格完整性的程度，对于非晶态半导体材料，则没有这一参数。半导体材料的特性参数不仅能反映半导体材料与其他非半导体材料之间的差别，更重要的是能反映各种半导体材料之间甚至同一种材料在不同情况下，其特性的量值差别。

（三）半导体材料的应用

1. 元素半导体材料的应用

硅在当前的应用相当广泛，它不仅是半导体集成电路、半导体器件和硅太阳能电池的基础材料，而且用半导体制作的电子器件和产品已经大范围地进入到人们的生活，人们的家用电器中所用到的电子器件 80% 以上元件都离不开硅材料。锗是稀有元素，地壳中的含量较少，由于锗的特有性质，使得它的应用主要集中于制作各种二极管、三极管等。而以锗制作的其他器件如探测器，也具有许多的优点，广泛地应用于多个领域。

2. 化合物半导体材料的应用

化合物半导体材料种类繁多，按元素在周期表族来分类，分为Ⅲ-Ⅴ族，Ⅱ-Ⅵ族，Ⅳ-Ⅳ族等。如今化合物半导体材料已经在太阳能电池、光电器件、超高速器件、微波等领域占据重要位置，且不同种类具有不同的应用。总之，半导体材料的发展迅速，应用广泛，随着时间的推移和技术的发展，半导体材料的应用将更加重要和关键，半导体技术和半导体材料的发展也将走向更高端的市场。

3. 非晶体半导体材料的应用

非晶体半导体按键合力的性质分为共价键非晶半导体和离子键非晶半导体两类，可用液相快冷方法和真空蒸气或溅射的方法制备。这类材料具有良好的开关和记忆特性及很强的抗辐射能力。工业上主要用来制造阈值开关、记忆开关、固体显示器件以及传感器、太阳能锂电池、薄膜晶体管等非晶体半导体器件。

4. 有机半导体材料的应用

有机半导体材料具有热激活电导率，如萘蒽、聚丙烯和聚二乙烯苯以及碱金属和蒽的络合物。有机半导体材料可分为有机物、聚合物和给体受体络合物三类。有机半导体芯片等产品的生产能力差，但是拥有加工处理方便、结实耐用、成本低廉、耐磨耐用等特性。

二、光纤材料

光纤是光导纤维的简写，是一种利用光在玻璃或塑料制成的纤维中的全反射原理而达成的光传导工具。由于光在光导纤维中的传导损耗比电在电线中传导的损耗低得多，光纤被用作长距离的信息传递。

目前通信中所用的光纤一般是石英光纤，是由两层折射率不同的石英玻璃组成的。内层为光内芯，直径在几微米至几十微米，外层的直径为 0.1～0.2mm。一般内芯玻璃的折射率比外层玻璃大 1%。根据光的折射和全反射原理，当光线射到内芯和外层界面的角度大于产生全反射的临界角时，光线透不过界面，全部反射。石英的主要成分为二氧化硅（SiO_2），它和我们日常用来建房子所用的砂子的主要成分是相同的。但是普通的石英材料制成的光纤是不能用于通信的。通信光纤必须由纯度极高的材料组成。不过为了使纤芯和包层的折射率略有不同，在主体材料里掺入微量的掺杂剂，使得光线能够达到全反射，从而有利于信息的传输。

（一）光纤结构

光纤的典型结构是一种细长多层同轴圆柱形实体复合纤维。自内向外分为三层：中心高折射率玻璃芯（芯径一般为 50 或 62.5μm），中间为低折射率硅玻璃包层（直径一般为 125μm），最外是加强用的高分子树脂涂覆层（图 3-7）。核心部分为纤芯（也称芯层）和包层，二者共同构成介质光波导，形成对光信号的传导和约束，实现光的传输，所以又将二者构成的光纤称为裸光纤。其中涂覆层又称被覆层，是一层高分子涂层，主要对裸光纤提供机械保护，因裸光纤的主要成分为二氧化硅，它是一种脆性易碎材料，抗弯曲性能差，韧性差，为提高光纤的微弯性能，涂覆一层高分子材料。而且如将若干根这样的裸光纤集束成一捆，相互间极易产生磨损，导致光纤表面损伤而影响光纤的传输性能。为防止这种损伤采取的有效措施就是在裸光纤表面涂一层高分子材料。

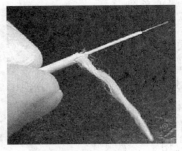

图 3-7　光纤

（二）光纤的分类

光纤的种类很多，根据用途不同，所需要的功能和性能也有所差异。但对于有线电视和通信用的光纤，其设计和制造的原则基本相同，诸如：损耗小，有一定带宽且色散小，接线容易，可靠性高，制造比较简单，价廉等。

光纤常见的分类主要有：

1. 按传输点模数分类

按传输点模数可分单模光纤（Single Mode Fiber）和多模光纤（Multi Mode Fiber）。单模光纤的纤芯直径很小，在给定的工作波长上只能以单一模式传输，传输频带宽，传输容量大。多模光纤是在给定的工作波长上能以多个模式同时传输的光纤。与单模光纤相比,多模光纤的传输性能较差。

2. 按折射率分布分类

按折射率分布可分为跳变式光纤和渐变式光纤。跳变式光纤纤芯的折射率和保护层的折射率都是一个常数。在纤芯和保护层的交界面,折射率呈阶梯形变化。渐变式光纤纤芯的折射率随着半径的增加按一定规律减小,在纤芯与保护层交界处减小为保护层的折射率。纤芯的折射率的变化近似于抛物线。

(三)光纤的应用

1. 通信应用

光导纤维做成的光缆可用于通信技术,光纤传输有许多突出的优点:频带宽、损耗低、重量轻、抗干扰能力强、保真度高、工作性能可靠等。随着制造成本的不断下降,光纤传输成了有线通信的最主要传输手段,广泛应用于电信网络、互联网和有线电视网等。

2. 医学应用

由光导纤维制成的内窥镜可导入心脏和脑室,测量心脏中的血压、血液中氧的饱和度、体温等。用光导纤维连接的激光手术刀已在临床应用,并可用作光敏法治癌。

另外,利用光导纤维制成的内窥镜,可以帮助医生检查胃、食道、十二指肠等的疾病。光导纤维胃镜是由上千根玻璃纤维组成的软管,它有输送光线、传导图像的本领,又有柔软、灵活、可以任意弯曲等优点,可以通过食道插入胃里。光导纤维把胃里的图像传出来,医生就可以窥见胃里的情形,然后根据情况进行诊断和治疗。

3. 传感器应用

光导纤维可以把阳光送到各个角落,还可以进行机械加工。计算机、机器人、汽车配电盘等也已成功地用光导纤维传输光源或图像。例如,与敏感元件组合或利用本身的特性,则可以做成各种传感器,测量压力、流量、温度、位移、光泽和颜色等。其在能量传输和信息传输方面也获得了广泛的应用。

4. 艺术应用

由于光纤良好的物理特性,光纤照明和 LED 照明已具有艺术装修美化的用途。例如,门头店名(标志)和广告可采用粗光纤制作光晕照明;场所外立面局部可采用光纤三维镜;在草坪上可布置光纤地灯;制造光纤瀑布、光纤立体球等艺术造型。光纤同时也用在装饰显示、广告显示和各种视觉艺术的展示等。

5. 井下探测技术

石油工业中需要更好的井下技术以提高无干扰流动监测和控制,从而提高原油采收率。可以共同提高采收率的技术有:电子井下传感器,提供定点温度和压力监测;流量和含水量传感器;井下电-液压操控流动控制系统;基于实时油藏动态数据;优化油藏模拟;高温光纤井下传感器;电子与光纤井口湿式连接系统,其中光纤起到了重要作用。

三、激光材料

激光是 20 世纪以来,继原子能、计算机、半导体之后人类的又一重大发明。在现代的信息技术中,激光是非常重要的一种光源,是光通信、光存储和光输出设备等技术的基础。激光就是激光器所发射的光,激光器俗称镭射(Laser),"Laser"是英文"Light amplification by stimulated emission of radiation"首字母的缩写,意思就是受激发射光放大器。

1917 年爱因斯坦从理论上指出:除自发辐射外,处于高能级 E_2 上的粒子还可以另一方式跃迁到较低能级。他指出，当频率为 $\nu=\dfrac{(E_2-E_1)}{h}$ 的光子入射时，也会引发粒子以一定的概率，迅速地从能级 E_2 跃迁到能级 E_1，同时辐射一个与外来光子频率、相位、偏振态以及传播方向都相同的光子，这个过程称为受激辐射。

可以设想，如果大量原子处在高能级 E_2 上，当有一个频率 $\nu=\dfrac{(E_2-E_1)}{h}$ 的光子入射，从而激励 E_2 上的原子产生受激辐射，得到两个特征完全相同的光子，这两个光子再激励 E_2 能级上的原子，又使其产生受激辐射，可得到四个特征相同的光子，这意味着原来的光信号被放大了。这种在受激辐射过程中产生并被放大的光就是激光。

（一）激光的特点

激光的发射原理及产生过程的特殊性决定了激光具有普通光所不具有的特点：即三好（单色性好、相干性好、方向性好）一高（亮度高）。

（1）单色性好。激光发射的各个光子频率相同，谱线宽度与单色性最好的氪同位素（^{86}Kr）灯发出的光的谱线相比，是后者的十万分之一，因此激光是最好的单色光源。

（2）相干性好。激光为我们提供了最好的相干光源。由于激光器的问世，促使相干技术获得飞跃发展，全息技术才得以实现。

（3）方向性好。激光束的发散角很小，可达到毫弧度，几乎是一平行的光线。激光照射到月球上形成的光斑直径仅有 1 千米左右。

（4）亮度极高，比太阳的亮度可高几十亿倍。因此激光具有很大的能量，用它可以容易地在钢板上打洞或切割。在工业生产中，利用激光高亮度的特点已成功地进行了激光打孔、切割、雕刻和焊接。在医学上，利用激光的方向性好和高能量可使剥离视网膜凝结和进行外科手术，现在用于近视治疗的准分子激光手术就是利用了激光的这些特性。在测绘方面，可以进行地球到月球之间距离的测量和卫星大地测量。在军事领域，提高激光能量，可以制成摧毁敌机和导弹甚至是卫星的激光武器；激光制导技术可以大大提高导弹的打击精度。在核技术中，激光可以用于核聚变点火。生活中的激光技术也是被广泛应用于光纤通信、激光笔、光盘存储等。在科技领域中，光源、激光冷却、全息技术、激光光解等也都离不开激光技术。

（二）激光材料

激光材料是把各种泵浦（电、光、射线）能量转换成激光的发光介质材料，是激光器的工作物质。激光材料按工作方式不同，可以分为连续激光和脉冲激光，前者输出光线不间断，但功率一般不高；后者是以极短暂的间隙周期闪烁式输出光线。以产生激光的介质材料特点分类，可分为固体激光器材料、气体激光器材料、液体激光器材料（主要是染料激光）和半导体激光器材料四个大类。

1. 固体激光器材料

固体激光器材料按其化学成分可包括如下几种：简单有序结构氟化物、氟化物固溶体、有序结构的氧化物体系、高浓度自激活晶体、色心晶体和其他类型。

固体激光器的激发态具有相对较长的寿命，出光功率一般高于气体激光，也容易制成大功率激光器。固体激光器中最为常用的是红宝石激光器和钇铝石榴石激光器。

2. 气体激光器材料

气体激光器是以气体作为工作物质的激光器,利用气体原子、离子或分子的能级跃迁产生激光。通常包括原子、离子和分子气体激光器三种。原子气体激光器的典型代表是氦氖激光器;分子气体激光器的典型代表是 CO_2 激光器、氮分子(N_2)激光器和准分子($XeCl^*$)激光器;离子气体激光器的典型代表是氩离子(Ar^+)激光器和氦镉(He-Cd)离子激光器。

由于气态物质的光学均匀性一般都比较好,气体激光器在单色性和光束稳定性方面都比固体激光器、半导体激光器和液体(染料)激光器优越。气体激光器产生的激光谱线极为丰富,达数千种,分布在从真空紫外到远红外波段范围内。多数气体激光器都有瞬间功率不高的特点。

3. 液体激光器材料(染料激光器)

染料激光器(Dye Laser)是以某种有机染料溶解于一定溶剂(甲醇、乙醇或水等)中作为激活介质的激光器。其优点是:能连续脉冲和长脉冲工作;输出激光波长可调谐,它不仅可直接获得从 $0.3 \sim 1.3\mu m$ 光谱范围内连续可调谐的窄带高功率激光,而且还可以通过混频等技术获得从真空紫外到中红外的可调谐相干光;可以产生极窄(飞秒量级)的光脉冲。缺点是稳定性差。主要应用于激光光谱学、同位素分离、激光医学等领域,是目前在光谱学研究中用得最多的一种激光器。

很多荧光染料都可制成染料激光器,如最常用的罗丹明 6G。

4. 半导体激光器材料

半导体激光(Laser Diod,LD)与传统 LED 的结构与原理基本相似,但有所区别。半导体激光的核心是 P-N 结,它与一般的 LED P-N 结的主要差别是,半导体激光器是高掺杂的,即 P 型半导体中的空穴极多,N 型半导体中的电子极多。因此半导体激光器 P-N 结中的自建场很强,结两边产生的电位差 VD(势垒)很大。

LD 工作时,只有外加足够强的正电压,注入足够大的电流,才能产生激光,否则只能产生荧光。这里所指的荧光就是传统 LED 的发光行为,其发射光波长呈带状分布,谱带半峰宽约数十纳米。而 LD 所发射的激光也不是传统意义上的线状光,而是半峰宽仅为几纳米的窄带状光谱。鉴于 LD 受激辐射、窄带发射的特点,可看成是一种近似激光。

LD 广泛应用于激光打印机、光碟光驱、激光笔、光纤通信等。

(三)激光的应用

激光器是现代激光加工系统中必不可少的核心组件之一。随着激光加工技术的发展,激光器也在不断向前发展,出现了许多新型激光器。早期激光加工用激光器主要是大功率 CO_2 气体激光器和灯泵浦固体 YAG 激光器。从激光加工技术的发展历史来看,首先出现的激光器是 20 世纪 70 年代中期的封离式 CO_2 激光管,发展至今,已经出现了第五代 CO_2 激光器——扩散冷却型 CO_2 激光器。从发展上可以看出,早期的 CO_2 激光器趋向激光功率提高的方向发展,但当激光功率达到一定要求后,激光器的光束质量受到重视,激光器的发展随之转移到调高光束质量上。出现的接近衍射极限的扩散冷却板条式 CO_2 激光器有较好的光束质量,一经推出就得到了广泛的应用,尤其是在激光切割领域,受到众多企业的青睐。

21 世纪初,出现了另外一种新型激光器——半导体激光器。与传统的大功率 CO_2、

YAG 固体激光器相比，半导体激光器具有很明显的技术优势，如体积小、重量轻、效率高、能耗小、寿命长以及金属对半导体激光吸收高等优点。随着半导体激光技术的不断发展，以半导体激光器为基础的其他固体激光器，如光纤激光器、半导体泵浦固体激光器、片状激光器等的发展也十分迅速。其中，光纤激光器发展较快，尤其是稀土掺杂的光纤激光器，在光纤通信、光纤传感、激光材料处理等领域获得了广泛的应用。

由于激光器具备的种种突出特点，因而被很快运用于工业、农业、精密测量和探测、通信与信息处理、医疗、军事等各方面，并在许多领域引起了革命性的突破。激光在军事上除用于通信、夜视、预警、测距等方面外，多种激光武器和激光制导武器也已经投入使用。

1. 激光用作热源

激光光束细小，且带着巨大的功率，如用透镜聚焦，可将能量集中到微小的面积上，产生巨大的热量。例如，人们利用激光集中的极高能量，可以对各种材料进行加工，能够做到在一个针头上钻 200 个孔；激光作为一种在生物机体上引起刺激、变异、烧灼、汽化等效应的手段，已在医疗、农业的实际应用上取得了良好效果。

2. 激光测距

激光作为测距光源，由于方向性好、功率大，可测很远的距离，且精度很高。

3. 激光通信

在通信领域，一条用激光柱传送信号的光导电缆可以携带相当于 2 万根电话铜线所携带的信息量。

4. 受控核聚变中的应用

将激光射到氘与氚混合体中，激光带给它们巨大能量，产生高压与高温，促使两种原子核聚合为氦和中子，并同时放出巨大辐射能量。由于激光能量可控制，所以该过程称为受控核聚变。

今后，随着人类对激光技术的进一步研究和发展，激光器的性能将进一步提升，成本将进一步降低，但是它的应用范围却还将继续扩大，并将发挥出越来越巨大的作用。

激光指示器是以激光作为指示用途的小型低功率激光器，属于一般民用品，也称为激光笔、指示笔等，是一种用途广泛的产品。教学、科研单位将激光指示器作为教学、学术报告、会议等场合配合视像设备作为指示用；军事单位用于配合大屏幕指挥系统指示；旅游单位用于导游讲解；建筑及装修监理单位用于建筑、装修验收时的指示等。某些场合还可将其固定作为定向工具；也可将其作为礼品。

四、磁记录材料

磁记录材料（magnetic recording material）是指利用磁特性和磁效应输入（写入）、记录、存储和输出（读出）声音、图像、数字等信息的磁性材料。分为磁记录介质材料和磁头材料。前者主要完成信息的记录和存储功能，后者主要完成信息的写入和读出功能。磁记录材料的应用领域十分广泛，根据工作频率范围不同主要可分为磁录音、磁录像、磁录数（码）、磁复制、磁印刷和磁照相等。

磁记录材料是一种涂敷在磁带、磁卡、磁盘和磁鼓上面用于记录和存储信息的永磁材料，它具有矫顽力（H_c）和饱和磁感应强度（B_s）大、热稳定性好等特点。常用的介质有氧化物和金属材料两种。金属磁记录介质材料有铁、钴、镍的合金粉末，用电镀化学和蒸发方法制成的钴-镍、钴-铬等磁性合金薄膜，广泛使用的磁记录介质是 $\gamma\text{-}Fe_2O_3$ 系材料。

磁头材料是具有矫顽力低、磁导率高、饱和磁化强度高、损耗小、硬度高和剩余磁化强度小的用以将输入信息记录、存储在记录载体中，或将存储在记录载体中的信息输出的软磁材料。目前磁头材料主要有金属、铁氧体和非晶态三种。金属磁头一般采用 Fe-Ni-Nb（Ta）合金或 Fe-Ni-Al 合金加工而成，但只能在低频下使用。铁氧体单晶或多晶磁头用的材料有（MnZn）Fe_2O_4 等，都具有高磁导率、高饱和磁化强度和电阻率，可在高频（如录像）中使用。非晶态材料常见的有 Fe-B 系、Fe-Ni 系、Fe-Co-B 系和 Fe-Co-Ni-Zn 系等。

磁记录密度将向大容量、小型化和高速化方向发展。为适应这一要求，将开发一系列磁带用精细颗粒、薄膜磁记录介质和高饱和磁感应强度、高磁导率、高密度的磁头材料。为了得到更好的磁记录效果，这两种材料均不断向薄膜化方向发展。

磁记录是一种利用磁性物质作记录、存储和再生信息的技术。磁记录的基本原理就是在记录信息（声音、图像、数字）过程中，输入的信息先转变为相应的电信号，传送到记录磁头的线圈中，在记录磁头气隙中产生与输入电信号相应的变化磁场，气隙附近以恒定速度移动的磁带上的磁记录介质受到该变化磁场的作用，从原来未存储信息的退磁状态转变到磁化状态，也就是将随时间变化的磁场转变为按空间变化的磁化强度分布，磁带通过磁头以后转变到相应的剩磁状态，剩磁状态便记录下与气隙磁场、磁头电流和输入电信号相应的信息。在磁带重放过程中，与上述磁记录过程相反，即磁带剩磁影响磁头气隙磁场，再到磁头线圈中的电流，最后变成与原来记录相应的信息（声音、图像和数字）。磁记录具有记录密度高，稳定可靠，可反复使用，时间基准可变，可记录的频率范围宽，信息写入、读出速度快等特点，广泛应用于广播、电影、电视、教育、医疗、自动控制、地质勘探、电子计算技术、军事、航天及日常生活等方面。如以前常见的录像机、录音机等都是采用磁记录技术来记录视频、音频信号的。

由于水平方向磁化和环形磁头的发明，实现了纵向磁记录的进步。微小永磁体的磁化方向沿介质表面方向，为纵向磁记录方式。如果微小永磁颗粒的磁化方向垂直膜表面，这种方式为垂直磁记录方式。垂直磁记录方式比纵向磁记录方式有更小的退磁场，在超高密度硬盘磁记录方面必将有很大的优势。目前，市场上的大容量硬盘产品都是利用垂直磁记录制成的。

磁记录存储技术是当代计算机中主要的信息存储技术之一，是应用历史最久、应用范围最广的一种传统的存储记录技术。以硬磁盘、软磁盘和磁带为代表的磁记录设备，由于其价格低廉、性能优良的特点，对计算机技术的发展和性能的提高起到了决定性的作用。特别由于在记录介质、读写磁头、数字信道等技术方面不断取得突破性进展以及业已显示出的进一步发展的潜力，磁记录技术迄今依然焕发着盎然生机，在性价比方面仍然处于优势地位。特别是作为磁记录技术代表的硬磁盘，不仅在计算机系统中具有不可取代的地位，而且已经渗透到各种消费电子领域。硬磁盘是由一个或者多个铝制或者玻璃制的碟片组成的。这些碟片外覆盖有铁磁性材料。绝大多数硬盘都是固定硬盘，被永久性地密封固定在硬盘驱动器中（图 3-8）。其特点是：存储容量大，随机存取速度快，性价比高，价格较便宜，可靠性高。这是传统硬盘，也称为机械硬盘。最近几年发展起来的固态硬盘和传统硬盘的原理是不同的，前者也称为电子硬盘或者固态电子盘，是由控制单元和固态存储单元（DRAM 或 FLASH 芯片）组成的硬盘。

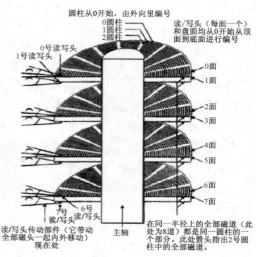

图 3-8　机械硬盘读写示意图

五、光存储材料

光盘存储技术是 20 世纪 70 年代在激光技术的基础上发展起来的一种新型存储记录技术。光记录的主要特点是采用非接触式记录，存储密度高、容量大。近几年随着其性能的不断提高和性能价格比的改进，已在消费电子领域和计算机中获得广泛应用，占据了相当大的市场份额。

（一）光盘存储技术的特点

与磁存储技术相比，光盘存储技术具有以下特点：

（1）存储密度高。

（2）存储寿命长。只要光盘存储介质稳定，一般存储寿命在 10 年以上，而磁存储的信息一般只能保存 3～5 年。

（3）非接触式读/写和擦。光盘机中光头与光盘间有 1～2mm 距离，光头不会磨损或划伤盘面，因此光盘可以自由更换。

（4）信息的载噪比高。经光盘多次读出的音质和图像的清晰度是磁带和磁盘无法比拟的。

（5）信息位的价格低。它的信息位价格是磁记录的几十分之一。但光盘的记录/读出速度与同一水平的磁盘的速度相比要慢得多，限制了光盘性能的发挥。另外，光盘在擦除、重写的性能上还远不能与磁盘竞争。

（二）光存储技术的发展

光存储技术是采用激光照射介质，激光与介质相互作用，导致介质的性质发生变化而将信息存储下来的。读出信息是用激光扫描介质，识别出存储单元性质的变化。在实际操作中，通常都是以二进制数据形式存储信息的，所以首先要将信息转化为二进制数据。写入时，将主机送来的数据编码，然后送入光调制器，这样激光源就输出强度不同的光束。此激光束经光路系统、物镜聚焦后照射到介质上，其中一种存储方法是介质被激光烧蚀出小凹坑。介质上被烧蚀和未烧蚀的两种状态对应着两种不同的二进制数据。识别存储单元这些性质变化,即读出被存储的数据。

光存储技术经过不断发展,已经发展到了第四代。

1. 第一代光盘技术

多媒体信息时代的第一次数字化革命是以直径为 12cm 的高音质 CD(Compact disc)光盘取代直径为 30cm 的密纹唱片。这其中包括 CD-ROM,CD-R 和 CD-RW 类型。CD光盘使用的激光波长为 780nm,存储容量为 650MB。

2. 第二代光盘技术

第二代数字多用光盘 DVD(Digital Versatile Disk)使用的激光波长为 635nm 或650nm,单面存储容量为 4.7GB,双面双层结构的为 17GB。DVD 光盘系列有 DVD-ROM、DVD-R、DVD-RW、DVD＋RW 等多种类型。目前 DVD-Multi 已兼容了 DVD-RW、DVD＋RW、DVD-RAM 三种光盘。上述产品的问世,对包括音频、视频信息在内的数据的记录都发挥过巨大的作用。

3. 第三代光盘技术

高清晰度电视 HDTV(High-Definition)的投入使用,要求研发出更高存储密度的光盘,蓝光存储、近场光存储等技术应运而生。

(1)蓝光存储。光存储密度与 $[N_A/\lambda]^2$ 成正比,所以提高存储密度首先想到的是缩短波长和提高物镜的数值孔径 N_A。随着 405nm 波长的蓝紫色半导体激光器的成功开发和商品化,高密度激光视盘系统步入了第三代光存储时代。

刚推出的蓝光光盘,采用 AgInSbTe 相变材料,得到单盘单面 12GB 存储容量,每秒30MB 数据输出。接下来推出的蓝光光盘容量不断提升,单面单层容量达到 27GB 的可擦写光盘和其他规格的光盘,能存储 2h 的高清晰度视、音频信号,以及超过 13h 的标准电视信号。之后 HD DVD 联盟推出只读单层 15GB,双层 30GB,可擦写单层 20GB,双层40GB 等的光盘。

(2)近场光存储。为突破衍射分辨率极限,研究人员提出了近场光存储。其主要原理是使用锥尖光纤作为数据读写的光头,而且将光纤与光盘之间距离控制在纳米级,使从光纤中射出的光在没有扩散之前就接触到盘面,故称作近场记录。与传统的光存储方式相比,近场光存储的存储容量大大提高。当光斑直径小于半个波长时,存储密度就会提高几个数量级,可达到 100GB 以上。

4. 第四代光盘技术

全息记录技术的光盘称为全息通用光盘(HVD,Holographic Versatile Disc),简称为全息光盘。在第四代光盘中,全息光盘凭借其创新型思维和在光电器件、全息存储材料等研究领域取得的突破,成为未来海量存储消费市场上的新宠。全息光盘具有存储密度高、超快存储速度、高冗余度和寻址速度快等特点。

全息存储技术使用激光的干涉原理将数据记录到光盘上。在同样 12cm 的光盘上,使用全息记录技术可以将存储容量提升到 1TB,这将是目前 DVD 标准容量(4.7GB)的200 倍。而且在数据传输率方面,也将到达每秒 1GB,远高于现有的硬盘水平,是目前DVD 最高速度(16X,约每秒 22MB)的 40 倍。全息存储技术将是宽带时代理想的容量与高速度存储技术。在 2009 年推出了 500G 的全息光盘,能达到蓝光光盘相同的刻录速度,但由于价格昂贵,尚不能得到普及。

（三）光存储材料

光存储材料就是这种借助光束作用写入、读出信息的材料，又称为光记录高分子材料。光记录材料可以分为只读型和读写型，只读型由光盘基板和表面记录层构成，用于永久性保留信息，多是从可写型光盘复制得到的，价格低廉，可以大批量复制生产，如常见的LD视盘、CD唱片、VCD、DVD和蓝光光盘等；读写型光记录材料由光盘基板与光敏材料复合而成，记录的信息可以在激光作用下改写，用于临时性信息记录，价格较贵。光存储材料是目前使用最广、高密度、低价格信息记录材料之一。

1. 只读式光盘材料

只读式光盘一般由盘基（多采用聚碳酸酯PC）、金属反射层（一般为Al）和保护层组成。光盘衬底材料一般采用聚甲基丙烯酸甲酯、聚碳酸酯和聚烯类非晶材料。

2. 一次写入型光盘材料

一次写入型光盘CD-R是采用有机染料作为记录层的可录式光盘，为了提高反射率，反射层采用Au膜取代Al膜。CD-R所用的有机染料主要有花菁染料、酞菁染料和偶氮化合物等。

3. 可擦写光盘材料

（1）相变型存储材料。相变光盘的记录层是由半导体合金相变材料构成的。相变光存储材料主要分为Te(碲)基、Se(硒)基和InSb(铟锑)基合金三大类。其中四元In-Sb-Te-Ag合金，由于其晶态的反射率较高，写入功率较低，抹除响应特性好，被认为是一种应用前景良好的相变光盘材料，已成为DVD-RAM的首选记录材料之一。

有机材料有可能成为另一类可擦写的超高密度光存储介质材料，但目前尚处于研究探索阶段。

（2）磁光存储材料。磁光盘（MO）是一种比较特殊的光盘，属于磁记录和光记录的混合体。磁光记录与磁记录的不同主要在于记录读出信号所用的传感元件是光头而不是磁头。

磁光盘的发展方向和光盘相似，是小型化、高密度（大容量）化和高速化。在小型化方面，已从130nm的第一代发展到90nm、64nm，以及作为数字相机使用的50.8nm的iD图像光盘（单面容量730MB）。大容量方面，第一代的130nm MO的双面容量为650MB，发展到1.3GB、2.6GB、5.2GB和9.1GB；90nm MO则从128MB、230MB、640 MB发展到1.3GB和2.3GB。

4. 全息光盘材料

在全息光存储中，存储介质是一项关键技术。它关系到存储容量、传输速度、系统体积等。目前广泛使用的全息存储材料包括：银盐材料、光致抗蚀剂、光导热塑材料、重铬酸盐明胶（DCG）、光致聚合物、光致变色材料和光折变晶体（表3-10）。

表3-10　主要全息光存储材料性能

材料分类	处理方法	是否形成潜像	全息图类型	能否循环使用	典型厚度	记录波长范围	分辨率/(线对/分)
卤化银乳胶	湿法、化学	是	振幅/位相	否	$6\sim16\mu m$	紫外及可见	>4000
硬化DCG	湿法、化学	是	位相	否	$1\sim15\mu m$	紫外到绿	>5000

材料分类	处理方法	是否形成潜像	全息图类型	能否循环使用	典型厚度	记录波长范围	分辨率/(线对/分)
光致聚合物	无须处理,也可采用后曝光或者后加热处理	否	位相	否	$5\sim2\mu m$	主要为紫外到蓝绿	$3000\sim5000$
光致变色材料	无须处理	否	振幅/位相/混合	是	$0.1\sim2\mu m$	紫外,可见	>2000
光折变晶体	无须处理,也可用热定影	否	位相	是	$10\mu m$ 至 $1cm$	紫外,可见	>1500

六、有机光电导材料

有机光电导材料(Organic Photoconductive Material,简称 OPC)是现代信息社会不可缺少的高技术材料。自 20 世纪 80 年代起,人们着重研究了一些毒性低、对环境污染小、具有高灵敏度、长寿命的 OPC 材料,现在已经被应用的材料有几十种之多。

(一)光电导材料的特征

光电导材料是指在光辐射下能增加电导率的无机或有机材料。无机光电导材料是最早使用在静电复印机上的材料,其中硒鼓是用得最多的一种,它是由锑砷掺杂敏化的无定形硒而制成的。由于硒对环境的严重污染,因而硒鼓的应用逐渐遭到淘汰,取而代之的就是成本低廉、污染小的有机光电导材料。作为光电导材料必须具备以下特征:

(1)光照时能迅速荷电并能保持其静电荷,即具有高的充电电位和较小的暗衰。

(2)能快速放电,即对光敏感,这对静电复印特别重要。

(3)在曝光区域内,其残余电位低,即与充电电位有大的差值,此特征对复印清晰度特别重要。

(4)光谱敏感性好。

(5)耐磨、成本低、毒性小。

(二)有机光电导材料

有机光电导材料兴起于 1969 年,首先被开发并获得成功的是聚乙烯基咔唑(PVK)和三硝基芴酮复合物(TNF)。在过去 40 多年中有机光电导材料的研制发展迅猛,在 20 世纪 80 年代中每年就都有新的 OPC 用于商品市场,市场占有率已达 97.6%。

1. 有机光电导材料的优点

(1)具有双重导电性,既可传输电子,又可传输空穴。

(2)光敏性好、耐磨性能好、成本低、毒性小、易加工、对环境污染小。

(3)根据要求可以进行分子设计。

2. 有机光电导材料根据用途可分为电荷产生材料和电荷传输材料

(1)电荷产生材料。

① 复印机用电荷产生材料:要求使用在 $450\sim650nm$ 的可见光区具有感光度的有机颜料,在这个波长区域内具有光吸收能力的有机颜料有偶氮颜料(—NN—)和稠环系颜料等。

② 激光打印机用电荷产生材料:由于半导体激光打印机的光源波长是在 780～

830nm 区域，所以使用的有机颜料比复印机用的有机颜料趋向近红外区，并具长波长的光吸收能力。这些颜料有酞菁、双偶氮颜料和三偶氮颜料等。

（2）电荷传输材料。

① 复印机感光鼓用的电荷传输材料：应使用离子化电位差小的化合物，如吡唑啉类、腙类、噁唑类、芳胺类和三苯甲烷类化合物等，这类化合物很多已达实用阶段，以腙类化合物（N—NCH—）的效果较好。

② 激光打印机感光鼓用的电荷传输材料：目前使用较多的是酞菁类化合物，如氧化酞菁。

根据 OPC 材料的光敏特性，目前已开发出以静电摄影原理为基础的感光鼓器件、以电荷耦合器件原理为基础的图像传感器和以光伏效应为基础的光电池三大类有机光电导器件，在静电复印、激光打印、光电池、全息照相等领域得到广泛应用。

现在有机光电导材料已经成为信息社会不可或缺的高技术材料，随着时代和信息技术的发展，成本更低、性能更高、对环境污染小的有机复合光电导材料及器件正成为当前信息和功能材料研究的方向和趋势。

思考题

1. 具有特殊功能的新型金属材料有哪些？分别具有哪些特性？

2. 陶瓷是如何制备的？传统陶瓷和特种陶瓷的差异有哪些？

3. 塑料的主要成分是什么？生活中常见的 1～7 号塑料分别对应哪些种类有机材料？分别用于制造哪些日常用品？

4. 常见的节能灯的发光原理是什么？有什么特点？

5. 什么是纳米材料？在日常生活中你碰到过哪些纳米材料？

6. 简述用于纺织品的纤维材料的种类和特征。

7. 简述制革的过程和目的。

8. 天然橡胶的结构特点是什么？简述从天然乳胶制备橡胶制品的工艺流程。

9. 硅酸盐水泥的主要成分是什么？水泥生产的工艺流程分为哪些？

10. 简述钢材的化学成分及其对钢材性能的影响。

11. 木材综合利用时，制成的人造板材有哪几种？各自特点是什么？

12. 玻璃的结构特点是什么？有哪些特性？

13. 简述光纤的结构特点及其应用。

14. 石英光纤纤芯和包层折射率差异是如何实现的？

15. 什么是液晶材料？如何分类？有什么特点？举例说明其应用。

16. 重要的化合物半导体有哪些？其主要应用领域有哪些？

17. 简述激光材料的特点及其分类。

18. 信息存储技术主要有哪些？比较各自的特点。

19. 简述 LED 和 OLED 的异同点。举例说明各自的特征应用。

第四章　环境与化学

　　人类在改造自然，创造物质财富的进程中，特别是 20 世纪以来，随着化学工业的发展，石油、天然气生产的急剧增长，使化学污染越来越突出，环境问题日趋严重。不可否认，化学科学的研究成果和化学知识的应用为推动人类的进步做出了巨大的贡献，化学及其制品已经渗透到人类生活、生产和国民经济的各个领域。但另一方面，随着化学品的大量生产和广泛应用，给人类本来绿色、平和的生态环境带来了黑色的污水、黄色的烟尘、五颜六色的废渣和看不见的各种毒物。环境污染威胁着人们的健康，给人类赖以生存的自然环境的可持续发展带来了巨大的威胁。如何保护我们赖以生存的自然环境，已成为世界各国共同关注和思考的问题。

　　虽然人们已经意识到环境与人类健康和可持续发展的密切关系，并采取了一些相应的措施，但由于人类不合理开发、利用自然资源而造成的生态破坏，以及工农业生产、人类生活对环境造成的污染还是日趋严重，人类对大自然的破坏已经开始自食其果，红色警报已经拉响。

　　为此，联合国确定每年的 6 月 5 日为世界环境日。这反映了世界人民对环境问题的认识和态度，表达了人类对美好环境的向往和追求。2014 年"六·五"世界环境日，中国的主题为"向污染宣战"，旨在体现我们党和国家对治理污染紧迫性和艰巨性的清醒认识，彰显了以人为本、执政为民的宗旨情怀和强烈的责任担当精神；倡导全社会共同行动，打一场治理污染的攻坚战，努力改善环境质量，保卫我们赖以生存的共同家园。2015 年世界环境日中国的主题为"践行绿色生活"，旨在通过"环境日"的集中宣传，广泛传播和弘扬"生活方式绿色化"理念，提升人们对"生活方式绿色化"的认识和理解，并自觉转化为实际行动；呼吁人人行动起来，从自身做起，从身边小事做起，减少超前消费、炫耀性消费、奢侈性消费和铺张浪费现象，实现生活方式和消费模式向勤俭节约、绿色低碳、文明健康的方向转变。

　　中国环境十大问题是指大气污染问题、水环境污染问题、垃圾处理问题、土地荒漠化和沙灾问题、水土流失问题、旱灾和水灾问题、生物多样性破坏问题、WTO 与环境问题、三峡库区的环境问题、持久性有机物污染问题。造成环境污染的因素主要有物理、化学、生物三方面，其中化学是最主要的因素。但化学因素造成的污染也可以通过化学方法加以治理，因此也可以说，化学为环境污染的治理提供了科学和技术的支持。

第一节　大气污染与治理

　　中国大气环境面临的形势非常严峻，大气污染物排放总量居高不下。2011 年中国二氧化硫年排放量高达 1857 万吨，烟尘 1159 万吨，工业粉尘 1175 万吨，大气污染仍然十分严重。中国大多数城市的大气环境质量达不到国家规定的标准。中国 47 个重点城市中，约 70％以上的城市大气环境质量达不到国家规定的二级标准；参加环境统计的 338 个城市中，137 个城市空气环境质量超过国家三级标准，占统计城市的 40％，属于严重污染型城市。美国《福布斯》杂志网站 2013 年 11 月 24 日发表题为《真正的中国综合征——糟糕的空气》的文章称，美国公众第一次意识到北京的空气质量问题是在 2008 年的北京奥运会期间。为了应对空气污染，北京关闭了管辖区域内的火力发电厂，实行交通管制措施，

图 4-1　雾霾笼罩的故宫

并停止了许多工业活动。在奥运会期间这些做法起到了不错的效果。文章指出，以任何标准来衡量，北京的空气质量都是非常非常糟糕的，几乎是世界卫生组织规定的颗粒物上限的 40 倍。中国每年有 100 万人因为雾霾而提前死亡。北京在众多城市中是空气最糟糕的一个（图 4-1）。文章还说，这种健康影响也带来了经济损失。来京旅游人数在过去一年内减少了。一些高层人才的招聘也变得越来越困难，因为一些有意愿前来的雇员担心糟糕的空气质量给家人带来对健康的不良影响，有些人甚至要求危险工作津贴。所以大气污染是中国第一大污染问题。

一、大气中的主要污染物及来源

大气污染是指因人类生产和生活使一些化学物质进入大气而导致大气的物理、化学、生物等方面的特性发生改变，从而影响人类的生活、工作，危害人类健康，影响或危害各类生物的生存，直接或间接地损害设备、建筑物等。大气污染物的种类很多，按其存在状态可概括为两大类：气溶胶状态污染物，气体状态污染物。

1. 气溶胶状态污染物

在大气污染中，气溶胶是指沉降速度可以忽略的小固体粒子、液体粒子或它们在气体介质中的悬浮体系。从大气污染控制的角度，按照气溶胶的来源和物理性质，可将其分为如下几种：

（1）粉尘（dust）：粉尘是指悬浮于气体介质中的小固体颗粒，受重力作用能发生沉降，但在一段时间内能保持悬浮状态。它通常是由于固体物质的破碎、研磨、分级、输送等机械过程，或土壤、岩石的风化等自然过程形成的。颗粒的形状往往是不规则的。颗粒的尺寸范围，一般为 $1 \sim 200 \mu m$。属于粉尘类的大气污染物的种类很多，如黏土粉尘、石英粉尘、煤粉、水泥粉尘、各种金属粉尘等。

（2）烟（fume）：烟一般是指由冶金过程形成的固体颗粒的气溶胶。它是由熔融物质挥发后生成气态物质的冷凝物，在生成过程中总是伴有诸如氧化之类的化学反应。烟颗粒的尺寸很小，一般为 $0.01 \sim 1 \mu m$。产生烟是一种较为普遍的现象，如有色金属冶炼过程中产生的氧化铅烟、氧化锌烟，在核燃料后处理厂中的氧化钙烟等。

（3）飞灰（fly ash）：飞灰是指随燃料燃烧产生的烟气排出的分散得较细的灰。

（4）黑烟（smoke）：黑烟一般是指由燃料燃烧产生的能见气溶胶。在某些情况下，粉尘、烟、飞灰、黑烟等小固体颗粒气溶胶的界限很难明显区分开，在各种文献特别是工程中使用得较混乱。根据我国的习惯，一般可将冶金过程和化学过程形成的固体颗粒气溶胶

称为烟尘;将燃料燃烧过程产生的飞灰和黑烟在不需仔细区分时也称为烟尘。在其他情况下,或泛指小固体颗粒的气溶胶时,则通称粉尘。

(5)雾(fog):雾是气体中液滴悬浮体的总称。在气象中指造成能见度小于 1 km 的小水滴悬浮体。

2. 气体状态污染物

气体状态污染物是以分子状态存在的污染物,简称气态污染物。气态污染物的种类很多,总体上可以分为五大类:以二氧化硫为主的含硫化合物、以氧化氮和二氧化氮为主的含氮化合物、碳氧化物、有机化合物及卤素化合物等。对于气态污染物,又可分为一次污染物和二次污染物。一次污染物是指直接从污染源排到大气中的原始污染物质;二次污染物是指由一次污染物与大气中已有组分或几种一次污染物之间经过一系列化学或光化学反应而生成的与一次污染物性质不同的新污染物质。在大气污染控制中,受到普遍重视的一次污染物主要有硫氧化物(SO_x)、氮氧化物(NO_x)、碳氧化物及有机化合物等;二次污染物主要有硫酸烟雾和光化学烟雾。

对上述主要气态污染物的特征、来源等简单介绍如下:

(1)硫氧化物:硫氧化物中主要有 SO_2,它是目前大气污染物中数量较大、影响范围较广的一种气态污染物。大气中的 SO_2 来源很广,几乎所有的工业企业都能产生。它主要来自化石燃料的燃烧过程,以及硫化物矿石的焙烧、冶炼等热过程。

(2)氮氧化物:氮和氧的化合物有很多种可用 NO_x 表示。其中污染大气的主要是 NO、NO_2。NO 毒性不太大,但进入大气后可被缓慢地氧化成 NO_2,当大气中有 O_3 等强氧化剂存在时,或在催化剂作用下,其氧化速度会加快。NO_2 的毒性约为 NO 的 5 倍。人类活动产生的 NO_2,主要来自各种炉窑、机动车和柴油机的排气,其次是硝酸生产、硝化过程,炸药生产及金属表面处理等过程。由燃料燃烧产生的 NO,约占 83%。

(3)碳氧化物:CO 和 CO_2 是各种污染物中发生量最大的一类污染物,主要来自于原料燃烧和汽车尾气排放。CO 是一种窒息性气体,进入大气后,由于大气的扩散,一般对人体没有伤害作用。

(4)硫酸烟雾:硫酸烟雾是大气中的 SO_2 等硫氧化物,在有水雾、含有重金属的悬浮颗粒物或氮氧化物存在时,发生一系列化学或光化学反应而生成的硫酸雾或硫酸盐气溶胶。硫酸烟雾引起的刺激作用和生理反应等危害,要比 SO_2 气体大得多。

(5)光化学烟雾:光化学烟雾是在阳光照射下,大气中的氮氧化物、碳氢化合物和氧化剂之间发生一系列光化学反应而生成的蓝色烟雾(有时带些紫色或黄褐色)。其主要成分有臭氧、过氧乙酰硝酸酯、酮类和醛类等。光化学烟雾的刺激性和危害要比一次污染物强烈得多。

我国的空气质量以前采用空气污染指数(API),现在采用空气质量指数(AQI)进行评价。API 就是将常规监测的几种空气污染物浓度简化成为单一的概念性指数值形式,并分级表征空气污染程度和空气质量状况,适合于表示城市的短期空气质量状况和变化趋势。API 指数由 PM10(直径小于 $10\mu m$ 的颗粒物)、二氧化硫和二氧化氮三项的污染指数取最大值得来,通常情况下这三者的最大值是 PM10 污染指数,个别工业城市可能是二氧化硫。空气污染指数划分为 0~50、51~100、101~150、151~200、201~250、251~300 和大于 300 七档,对应于空气质量的七个级别。指数越大,级别越高,说明污染越严重,对人体健康的影响也越明显(表 4-1)。AQI 是报告每日空气质量的参数,描述了空气清洁或者污染的程度以及对健康的影响。AQI 的重点是评估呼吸几小时或者几天污染空气对健康的影响。

表 4-1　API 对人体健康的影响

空气污染指数 API	空气质量状况	对健康的影响	建议采取的措施
0～50	优	可正常活动	
51～100	良		
101～150	轻微污染	易感人群症状有轻度加剧,健康人群出现刺激症状	心脏病和呼吸系统疾病患者应减少体力消耗和户外活动
151～200	轻度污染		
201～250	中度污染	心脏病和肺病患者症状显著加剧,运动耐受力降低,健康人群中普遍出现症状	老年人和心脏病、肺病患者应停留在室内,并减少体力活动
251～300	中度污染		
>300	严重污染	健康人运动耐受力降低,有明显强烈症状,提前出现某些疾病	老年人和病人应当留在室内,避免体力消耗,一般人群应避免户外活动

2012 年 3 月国家发布的新空气质量评价标准,污染物监测为六项:二氧化硫、二氧化氮、PM10、PM2.5(直径小于 $2.5\mu m$ 的颗粒物)、一氧化碳和臭氧,数据每小时更新一次。根据 2012 年发布的《环境空气质量指数 AQI 技术规定(试行)》,AQI 共分为六级描述,分别用绿、黄、橙、红、紫、褐红来显示。其中:0～50 为一级(优),51～100 为二级(良),101～150 为三级(轻度污染),151～200 为四级(中度污染),201～300 为五级(重度污染),300以上为六级(严重污染)。AQI 的数值越大、级别和类别越高、表征颜色越深,说明空气污染状况越严重,对人体的健康危害也就越大(表 4-2)。按照国家要求,包括珠三角 9 市在内的 74 个城市从 2013 年元旦起开始按新国标监测并公布 AQI,2013 年在 113 个环境保护重点城市和环保模范城市开展监测,2016 年在所有地级以上城市开展监测。2013 年元旦,全国首批 74 个城市发布 AQI(空气质量指数),一个星期后,这个更为严格的空气质量指数就遭遇挑战——严重雾霾天气令我国中东部地区深陷十面"霾"伏,媒体纷纷报道多地 PM2.5 浓度与 AQI 双双"爆表"。

表 4-2　AQI 对人体健康的影响

AQI 数值	AQI 级别	AQI 类别及表示颜色		对健康的影响	建议采取的措施
0～50	一级	优	绿色	空气质量令人满意,基本无空气污染	各类人群可正常活动
51～100	二级	良	黄色	空气质量可接受,但某些污染物可能对极少数异常敏感人群健康有较弱影响	极少数异常敏感人群应减少户外活动
101～150	三级	轻度污染	橙色	易感人群症状有轻度加剧,健康人群出现刺激症状	儿童、老年人及心脏病、呼吸系统疾病患者应减少长时间、高强度的户外锻炼

AQI数值	AQI级别	AQI类别及表示颜色		对健康的影响	建议采取的措施
151~200	四级	中度污染	红色	进一步加剧易感人群症状,可能对健康人群心脏、呼吸系统有影响	儿童、老年人及心脏病、呼吸系统疾病患者避免长时间、高强度的户外锻炼,一般人群适量减少户外运动
201~300	五级	重度污染	紫色	心脏病和肺病患者症状显著加剧,运动耐受力降低,健康人群普遍出现症状	儿童、老年人及心脏病、肺病患者应停留在室内,停止户外运动,一般人群减少户外运动
>300	六级	严重污染	褐红色	健康人运动耐受力降低,有明显强烈症状,提前出现某些疾病	儿童、老年人和病人应当停留在室内,避免体力消耗,一般人群应避免户外活动

二、几种典型的大气污染现象

(一)雾霾

雾霾是雾和霾的组合词。因为空气质量的恶化,雾霾天气现象出现增多,危害加重。中国不少地区把阴霾天气现象并入雾一起作为灾害性天气预警预报,统称为"雾霾天气"。

1. 雾和霾的区别及形成原因

雾是由大量悬浮在近地面空气中的微小水滴或冰晶组成的气溶胶系统,多出现于秋冬季节,是近地面层空气中水汽凝结的产物。霾是由空气中的灰尘、硫酸、硝酸、有机碳氢化合物等粒子组成的。霾与雾的区别在于:

(1)存在形态的区别。雾是悬浮于空气中的水滴小颗粒。霾是悬浮于空气中的固体小颗粒,包括灰尘、硫酸、硝酸等各种化合物。

(2)颜色不同。雾是由小水滴构成,由于其物理特性,散射的光与波长关系不大,因此雾呈乳白色或青白色。霾是由各种化合物构成,由于其物理特性,散射波长较长的光比较多,常呈黄色、橙灰色。

(3)含水量的区别。雾是相对湿度(含水量)大于90%的空气悬浮物。霾是相对湿度(含水量)小于80%的空气悬浮物。相对湿度介于80%~90%的为雾霾混合物。

(4)分布均匀度不同。雾是由大量悬浮在近地面空气中的微小水滴或冰晶组成的气溶胶系统,是近地面层空气中水汽凝结的产物,雾在空气中分布不均匀,越挨近地面密度越大。霾的粒子较小,质量较轻,在空气中均匀分布。

(5)能见度不同。由于雾越接近地面的地方密度越大,对光线的影响也越大,能见度很低,一般在1km之内。霾在空气中均匀分布,颗粒较小,密度较低,对光线有一定影响,但影响没有雾大,能见度较低,一般在10km之内。

(6)垂直厚度不同。雾由于小水滴质量较大,受重力作用,云会贴近地面,厚度一般为几十米到200m。霾粒子质量轻,分布较均匀,厚度一般可达1~3km。

(7)边界明晰度不同。由于雾的范围小,密度大,对光线影响大,因此雾的边界明显。霾的范围广,密度小,颗粒较小,与晴空区有一定的过渡效果,边界不明显。

（8）持续时间不同。雾：小水滴在重力作用下沉向地面,大气温度升高也会使水滴蒸发,雾气只会越来越少,持续时间短。霾是固体小颗粒,一般不分解,不沉降,消解速度慢,持续时间长。

（9）社会影响不同。雾是悬浮在空中的微小水滴,过一段时间会降落到地面,对人们生活、健康影响不大。霾是各种化合物的小微粒,对人体健康和植物都有害。

二氧化硫、氮氧化物和可吸入颗粒物这三项是雾霾的主要组成,前两者为气态污染物,最后一项颗粒物才是加重雾霾天气污染的罪魁祸首。它们与雾气结合在一起,让天空瞬间变得灰蒙蒙的。颗粒物的英文缩写为 PM,这种颗粒本身既是一种污染物,又是重金属、多环芳烃等有毒物质的载体。可吸入颗粒物目前主要检测的是 PM 10 和 PM 2.5。其中 PM 2.5 细颗粒物粒径小,含大量的有毒有害物质且在大气中的停留时间长、输送距离远,对人体健康影响更大（图 4-2）。世界卫生组织（WHO）认为,PM2.5 小于 10 才是安全值。

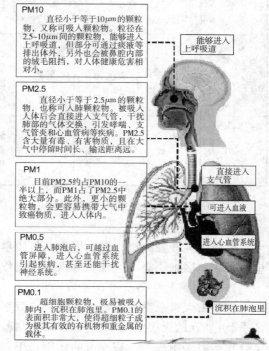

PM10
直径小于等于 $10\mu m$ 的颗粒物,又称可吸入颗粒物。粒径在 $2.5\sim10\mu m$ 间的颗粒物、能够进入上呼吸道,但部分可通过痰液等排出体外,另外也会被鼻腔内部的绒毛阻挡,对人体健康危害相对小。

能够进入上呼吸道

PM2.5
直径小于等于 $2.5\mu m$ 的颗粒物,也称可入肺颗粒物。被吸入人体后会直接进入支气管,干扰肺部的气体交换,引发哮喘、支气管炎和心血管病等疾病。PM2.5 含大量有毒、有害物质,且在大气中停留时间长、输送距离远。

PM1
目前PM2.5约占PM10的一半以上,而PM1占了PM2.5中绝大部分。此外,更小的颗粒物,会更容易携带大气中致癌物质,进入人体内。

直接进入支气管

可进入血液

PM0.5
进入肺泡后,可越过血管屏障,进入心血管系统引起疾病,甚至还能干扰神经系统。

进入心血管系统

PM0.1
超细胞粒粒物,极易被吸入肺内,沉积在肺泡里。PM0.1的表面积非常大,使得超细粒子成为极其有效的有机物和重金属的载体。

沉积在肺泡里

图 4-2　PM"家族"成员及危害

2. 中国的雾霾天气

近几年来,我国的雾霾天气愈演愈烈。中国气象局应急减灾与公共服务司司长陈振林在 2013 年 11 月的新闻发布会上表示:2013 年全国平均雾霾日数为 4.7d,较常年同期（2.4d）偏多 2.3d,为 1961 年以来最多;其中黑龙江、辽宁、河北、山东、山西、河南、安徽、湖南、湖北、浙江、江苏、重庆、天津均为历史同期最多。与常年同期相比,河北大部、河南、山西南部、山东大部、北京、天津等地雾霾日数偏多 5～10d;其中江苏北部、河南中部等地偏多 10d 以上,部分地区超过 15d。而北京的情况更为糟糕,1 月份就仅有 5d 不是雾霾天气。统计数据显示,我国雾霾天气成因具有明显的季节性变化。1981 年至 2012 年,霾天气出现频率是冬半年明显多于夏半年,冬半年中的冬季霾日数占全年的比例为 42.3％。从时间跨度来看,1961～2012 年,中国中东部地区（东经 100°以东）平均年雾霾日数总体呈增加趋势。近 52 年来,年雾霾日数最多的是 1980 年,有 35.8d。20 世纪 80 年代以前,中国中东部地区平均雾日数基本都在霾日数的 3 倍以上;20 世纪 80 年代以来,雾日数呈减少趋势,而霾日数呈增加趋势,雾霾日数比例逐渐减小,特别是 2011 年和 2012 年的霾日数均超过雾日数。从空间分布看,雾霾日数变化呈东增西减趋势。东北、西北和西南大部地区雾霾日数每年减少 0～0.5d,除新疆北部外,西部地区年雾霾日数基本都在 5 天以下;华北、长江中下游和华南地区呈增加趋势,其中珠三角地区和长三角地区增加最快,广东深圳和江苏南京平均每年增加 4.1d 和 3.9d。中东部大部地区年雾霾日数为 25d 至 100d,局部地区超过 100d。

2013 年我国雾霾天气增多主要有四个原因。

（1）工业污染。随着城市人口的增长和工业发展、机动车辆猛增,污染物排放和悬浮物大量增加,直接导致了能见度降低。实际上,家庭装修中也会产生粉尘"雾霾",室内粉尘弥漫,不仅有害于工人与用户健康,增添清洁负担,粉尘严重时,还给装修工程带来诸多隐患。

（2）成品油质量低。按照我国成品油排放标准,以硫含量来看,京Ⅴ标准硫含量要求低于十万分之一,国Ⅳ标准要求低于十万分之五,国Ⅲ标准要求低于万分之1.5。但据了解,除了2012年开始北京使用京Ⅴ标准汽柴油,上海、珠三角、江苏等地实施国Ⅳ标准油品外,全国大部分地区的油品实施的仍是国Ⅲ标准。而美国、欧洲实施的成品油排放标准硫含量分别是低于十万分之三、十万分之一。这意味着,除北京油品质量与欧洲相当外,大部分地区(国Ⅲ)油品的硫含量是欧洲的15倍,是美国的5倍。

（3）气候原因。一是2013年影响我国的冷空气活动较常年偏弱,风速小,中东部大部地区稳定类大气条件出现频率明显偏多尤其是华北地区高达64.5%,为近10年最高,易造成污染物在近地面层积聚,从而导致雾霾天气多发;二是我国冬季气溶胶背景浓度高,有利于催生雾霾形成。

（4）地理原因。我国有世界上最大的黄土平、高原地区,其土壤质地最易生成颗粒性扬尘微粒。我国煤资源丰富,大量燃煤也导致严重污染。

3. 雾霾的危害

俗话说"秋冬毒雾杀人刀"。我们看得见、抓不着的"雾霾"其实对身体的影响较大,尤其是对心脑血管和呼吸系统疾病高发的老年人群体。

（1）对呼吸系统的影响。霾的组成成分非常复杂,包括数百种大气化学颗粒物质。其中有害健康的主要是直径小于$10\mu m$的气溶胶粒子,如矿物颗粒物、海盐、硫酸盐、硝酸盐、有机气溶胶粒子、燃料和汽车废气等,它能直接进入并黏附在人体呼吸道和肺泡中。尤其是PM2.5粒子会分别沉积于上、下呼吸道和肺泡中,引起急性鼻炎和急性支气管炎等病症。对于支气管哮喘、慢性支气管炎、阻塞性肺气肿和慢性阻塞性肺疾病等慢性呼吸系统疾病患者,雾霾天气可使病情急性发作或急性加重。如果长期处于这种环境还会诱发肺癌。最近华东地区查到了最小的肺癌患者,年仅8岁。江苏省肿瘤医院的医生表示,这名8岁女童患肺癌的原因是家在马路边,由于长期吸入公路粉尘,才导致癌症的发生。据统计,2001—2010年,北京市肺癌发病率增长了56%。全市新发癌症患者中有五分之一为肺癌患者。2010年,北京市户籍居民肺癌死亡率达48.9/10万,居"众癌之首"。不仅如此,35岁以上人群的肺癌发病率上升加速;且男性发病率高于女性,北京的肺癌患者男、女比例为172比100。专家指出,这很可能与PM2.5有很大关系。

（2）对心血管系统的影响。雾霾天气时空气中污染物多,气压低,容易诱发心血管疾病的急性发作。例如,雾大的时候,水汽含量非常高,如果人们在户外活动和运动,人体的汗就不容易排出,易造成人们胸闷、血压升高。

（3）对生殖系统的影响。2013年中国社科院联合中国气象局发布《气候变化绿皮书》,报告称雾霾天气影响健康,除众所周知的会使呼吸系统及心脏系统疾病恶化外,还会影响生殖能力。另一项大型的国际研究也有证实,说是接触过某些较高浓度空气污染物的孕妇,更容易产下体重不足的婴儿,这很容易增加儿童死亡率和患疾病的风险,并且与婴儿未来一生的发育及健康都有很大关系。

（4）雾霾天气还可导致近地层紫外线的减弱，使空气中的传染性病菌的活性增强，传染病增多。

（5）由于雾天日照减少，儿童紫外线照射不足，体内维生素 D 生成不足，对钙的吸收大大减少，严重的会引起婴儿佝偻病、儿童生长减慢。

（6）影响心理健康。阴沉的雾霾天气由于光线较弱及导致的低气压，容易让人产生精神懒散、情绪低落及悲观情绪，遇到不顺心的事情甚至容易引起情绪失控。

（7）影响交通安全。出现霾天气时，视野能见度低，空气质量差，容易引起交通阻塞，发生交通事故。

4. 雾霾天的对策

（1）自我对策。应对雾霾天气八大方法：

① 避免雾天晨练。晨练时人体需要的氧气量增加，随着呼吸的加深，雾中的有害物质会被吸入呼吸道，从而危害健康。可以改在太阳出来后再晨练，也可以改为室内锻炼。从太阳出来的时间推算，冬天室外锻炼比较好的时间是上午 9 时前后。

② 尽量减少外出。当遇到浓雾天气，要尽量减少外出。如果不得不出门时，最好戴上口罩。戴口罩对于过敏性哮喘的人来说更重要，口罩可以防止一些尘螨等过敏源进入鼻腔，起到一定的防护作用。

③ 患者坚持服药。呼吸病患者和心脑血管病患者在雾天更要坚持按时服药，以免发病；并加强自我监察，注意身体的感受和反应，若有不适，及时就医。

④ 多喝桐桔梗茶、桐参茶和罗汉果茶。这些药茶可以防治雾天吸入污浊空气引起的咽部瘙痒，有润肺的良好功效。尤其是午后喝效果更好。因为清晨的雾气最浓，中午差不多就散去，人在上午吸入的灰尘杂质比较多，午后喝就能及时清肺。

⑤ 注意调节情绪。心理脆弱、患有心理障碍的人在这种天气里会感觉心情异常沉重，精神紧张，情绪低落（图 4-3），这类人群在雾天要注意情绪调节。可以在家看看喜剧类电视剧或听听相声等，要让自己高兴起来。

⑥ 别把窗子关得太严。家里会有厨房油烟污染、家具添加剂污染等，如不通风换气，污浊的室内空气同样会危害健康。可以选择中午阳光较充足、污染物较少的时候短时间开窗换气。

图 4-3　PM2.5 能影响情绪

⑦ 尽量远离马路。上下班高峰期和晚上大型汽车进入市区这些时间段，污染物浓度最高。

⑧ 补钙、补维生素 D，多吃豆腐、雪梨。鱼和豆腐都是人们日常喜欢的食物，鱼是"密集型"营养物，豆腐食药兼备，益气、补虚，钙含量也相当高。鱼中丰富的维生素 D 具有一定的生物活性，可将人体对钙的吸收率提高 20 多倍。雪梨炖百合能够达到润肺抗病毒的效果，雾天可以多食。

（2）政府对策。2011 年 11 月，中国环境保护部公布《环境空气质量标准》二次征求意见稿，在基本监控项目中增设 PM2.5 年均、日均浓度限值，并降低了 PM10 浓度限值等，这是中国首次制定 PM2.5 的国家环境质量标准。意见稿中，PM2.5 年均和日均浓度限

值分别定为 $35\mu g/m^3$ 和 $75\mu g/m^3$,相当于世卫组织所设定的第一个过渡时期的目标值。新标准于 2016 年 1 月 1 日全面实施。

2012 年起,在北京、天津、河北和长三角、珠三角等重点区域以及直辖市和省会城市开展了 PM2.5 和臭氧监测。PM2.5 监测有了良好的开始。

2013 年 1 月 24 日至 29 日,国务院总理温家宝在中南海主持召开三次座谈会,听取各界人士对《政府工作报告(征求意见稿)》的意见和建议。温家宝表示,最近的雾霾天气对人们的生产、生活和身体健康都造成了影响,我们应该采取切实有效的措施,加快推进产业结构和布局调整,推进节能减排,建设生态文明,用行动让人民看到希望。

在雾霾天气的压力之下,国家开始加快油品升级的脚步,要求自 2013 年起全国车用汽油置换至国Ⅳ标准,过渡期至 2013 年 12 月 31 日;而从 2013 年 7 月起国内流通的国标柴油需全部升级到国Ⅲ标准。同时,于 2013 年 4 月 1 日起,在海南全省封闭推行国Ⅳ汽、柴油;2013 年 6 月底前,在浙江全省封闭施行国Ⅳ标准的汽、柴油。另外,从 2013 年 7 月 1 日起,南京市场中石化、中石油下属加油站全面销售国Ⅴ标准柴油。上海在 2013 年开始推行沪Ⅴ标准汽、柴油。

(二)臭氧层空洞

1. 臭氧层及其作用

在大气层上层的氧分子受到阳光中紫外线的辐射,当氧分子吸收波长小于 200nm 的辐射后,会发生光化学反应,分解为两个氧原子。此外,水蒸气也会进行光化学反应,分解为两个氢原子和一个氧原子。在 100 千米以下的空间,氧分子和氧原子的浓度相当,相互碰撞后就形成臭氧。如此反复发生光化学反应就形成比较稳定的富臭氧层。臭氧是有特殊臭味的淡蓝色气体,具有极强的氧化性,能漂白和消毒杀菌。用臭氧净化城市饮用水,处理生活污水和工业污水,比用氯气、高锰酸钾等消毒剂既经济又不会引起二次污染。但臭氧对人类的贡献不仅是用作漂白剂和消毒杀菌剂,更重要的是臭氧层作为地球的屏障,保护了一切生命。臭氧层在离地面 20～50km 的大气平流层中,臭氧含量高达 0.1%。如果将地球上的臭氧压缩至 1 个大气压,其厚度仅有 3mm 左右,就像是一件厚度为 3mm 左右的"宇宙服"。

臭氧层主要有三个作用:其一,保护作用。臭氧层能够吸收 99% 的太阳光中波长 306.3nm 以下的紫外线,主要是一部分 UV-B(波长 290～300nm)和全部的 UV-C(波长 ≤290nm),保护地球上的人类和动植物免遭短波紫外线的伤害。只有长波紫外线 UV-A 和少量的中波紫外线 UV-B(大概 1% 左右)能够辐射到地面,长波紫外线对生物细胞的伤害要比中波紫外线轻微得多。所以臭氧层犹如一件保护伞保护地球上的生物得以生存繁衍。其二,加热作用。臭氧吸收太阳光中的紫外线并将其转换为热能加热大气。由于这种作用,大气温度结构在高度 50km 左右有一个峰,地球上空 15～50km 存在着升温层。正是由于存在着臭氧,才有平流层的存在。而地球以外的星球因不存在臭氧和氧气,所以也就不存在平流层。大气的温度结构对于大气的循环具有重要的影响,这一现象的起因也来自臭氧的高度分布。其三,温室气体的作用。在对流层上部和平流层底部,即在气温很低的这一高度,臭氧的作用同样非常重要。如果这一高度的臭氧减少,则会产生使地面气温下降的动力。因此,臭氧的高度分布及变化是极其重要的。

2. 臭氧层空洞的形成原因

20 世纪 50 年代末到 70 年代开始发现臭氧浓度有减少的趋势。1985 年英国南极考察队在南纬 60°地区观测发现臭氧层空洞，引起世界各国的极大关注（图 4-4）。臭氧层的臭氧浓度减少，使得太阳对地球表面的紫外辐射量增加，对生态环境产生破坏作用，影响人类和其他生物有机体的正常生存。2011 年 11 月 1 日，日本气象厅发布的消息说，该机构今年以来测到的南极上空臭氧层空洞面积的最大值超过去年，已相当于过去 10 年的平均水平。美、日、英、俄等国联合观测发现，北极上空臭氧层在 2011

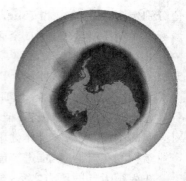

图 4-4　南极上空的臭氧层空洞

年也减少了 20%，面积最大时相当于 5 个德国。在被称为是世界上"第三极"的青藏高原，中国大气物理及气象学者的观测也发现，青藏高原上空的臭氧正在以每 10 年 2.7% 的速度减少，已经成为大气层中的第三个臭氧空洞。

臭氧层损耗是臭氧空洞的真正成因，那么，臭氧层是如何耗损的呢？经过跟踪、监测，科学家们找到了臭氧层损耗即臭氧空洞的形成原因。一种大量用作制冷剂、喷雾剂、发泡剂等化工制剂的氯氟烷烃或溴氟烷烃是导致臭氧减少的"罪魁祸首"。另外，寒冷也是臭氧层变薄的关键，这就是为什么首先在地球南北极最冷地区出现臭氧空洞的原因。

消耗臭氧的物质在大气的对流层中是非常稳定的，可以停留很长时间，如 CF_2Cl_2（氟利昂）在对流层中寿命长达 120 年左右。因此，这类物质可以扩散到大气的各个部位，但是到了平流层后，就会在太阳的紫外辐射下发生光化反应，释放出活性很强的游离氯原子或溴原子，参与导致臭氧损耗的一系列化学反应：

$$CF_xCl_{4-x} + h\nu \longrightarrow \cdot CF_xCl_{3-x} + \cdot Cl$$
$$\cdot Cl + O_3 \longrightarrow \cdot ClO + O_2$$
$$\cdot ClO + O \longrightarrow O_2 + \cdot Cl$$

这样的反应循环不断，每个游离氯原子或溴原子可以破坏约 10 万个 O_3 分子，这就是氯氟烷烃或溴氟烷烃破坏臭氧层的原因。

为使臭氧层不致枯竭，1987 年国际组织通过了大气臭氧层保护的《蒙特利尔议定书》。该议定书规定了 15 种氯氟烷烃、3 种哈龙、40 种含氢氯氟烷烃、34 种含氢溴氟烷烃、四氯化碳（CCl_4）、甲基氯仿（CH_3CCl_3）和甲基溴（CH_3Br）为控制使用的消耗臭氧层物质，也称受控物质。在工程和生产中作为溶剂的四氯化碳（CCl_4）和甲基氯仿（CH_3CCl_3），同样具有很大的破坏臭氧层的潜值，所以也被列为受控物质。溴氟烷烃主要是哈龙：哈龙 1211（CF_2BrCl）、哈龙 1310（CF_3Br）、哈龙 2420（$C_2F_4Br_2$），这些物质一般用作特殊场合的灭火剂。此类物质对臭氧层最具破坏性，比氯氟烷烃高 3～10 倍，1994 年发达国家已经停止这 3 种哈龙的生产。此外研究发现，核爆炸、航空器发射、超音速飞机等将大量的氮氧化物注入平流层中，也会使臭氧浓度下降。NO 对臭氧层破坏作用的机理为：

$$O_3 + NO \longrightarrow O_2 + NO_2$$
$$O + NO_2 \longrightarrow O_2 + NO$$

总反应式为：
$$O + O_3 \longrightarrow 2O_2$$

3. 臭氧空洞的危害

（1）对人类健康的影响。据报道，居住在距南极洲较近的智利南端海伦娜岬角的居民，已尝到苦头。只要走出家门，就要在衣服遮不住的肤面，涂上防晒油，戴上太阳眼镜，否则半小时后，皮肤就会被晒成鲜艳的粉红色，并伴有痒痛；羊群则多患白内障，几乎全盲。据说那里的兔子眼睛全瞎，猎人可以轻易地拎起兔子耳朵带回家去，河里捕到的鲜鱼也都是盲鱼。推而广之，若臭氧层全部遭到破坏，太阳紫外线就会杀死所有陆地生命，人类也将遭到"灭顶之灾"，地球将会成为无任何生命的不毛之地。可见，臭氧层空洞已威胁到人类的生存了。研究表明，长期接受过量紫外线辐射，会引起人体细胞中脱氧核糖核酸（DNA）的改变，形成腺嘧啶二聚物，从而阻止 DNA 双螺体分离，使细胞自身修复机能减弱，人体免疫机能减退。强紫外线辐射会诱发人体皮肤癌变，使眼球晶状体混浊，产生白内障以至失明。据分析，平流层臭氧减少 1％，辐射到地面的紫外线数量就会增加 1.5％～3.0％，全球皮肤癌发病率将增加 5％～7％，白内障发病率将增加 0.6％～0.8％。臭氧减少 2.5％，每年死于皮肤癌的人数将增加 1.5 万人，由于白内障而引起失明的人数将增加 10000～15000 人。如果不限制氯氟烃类物质的生产和消费，按臭氧层破坏速率推算，到 2075 年时，地球臭氧总量将比 1985 年再耗减 25％，全世界人口中将有皮肤癌患者 1.54 亿人，死于皮肤癌者 320 万人，眼睛患白内障者 1800 万人。紫外辐射增加造成人体免疫机能的抑制还会使许多疾病的发病率和病情的严重程度大大增加。

（2）对生态的影响。第一，农产品减产及其品质下降。试验 200 种作物对紫外线辐射增加的敏感性，结果 2/3 有影响，尤其是大米、小麦、棉花、大豆、水果和洋白菜等人类经常食用的作物。臭氧减少 25％，大豆减产 20％。第二，减少渔业产量。紫外线辐射可杀死 10 米水深内的单细胞海洋浮游生物。实验表明，臭氧减少 10％，紫外线辐射增加 20％，将会在 15 天内杀死所有生活在 10 米水深内的鳗鱼幼鱼。第三，破坏森林。树木会受到紫外线的伤害。

（3）对环境的影响。强烈的紫外辐射会加速城市汽车尾气中氮氧化物的分解，在较高气温下产生以臭氧为主要成分的光化学烟雾。近地面大气中的臭氧是一种有害气体，它会刺激眼睛和呼吸道，引起眼睛刺痛和干咳，并深入到肺底，使鼻、喉、肺纤维失去弹性而丧失呼吸功能。1943 年美国洛杉矶光化学烟雾事件曾使数千人住院，400 多人丧生。美国环保局估计，高空臭氧层耗减 16.7％，城市光化学烟雾浓度将增加 20％～25％；臭氧层耗减 33.3％时，城市光化学烟雾浓度将增加 30％～45％，从而使低层大气的烟雾变本加厉，更严重地威胁人类的健康。近地面臭氧还能抑制植物的光合作用，使叶片褪色，出现病斑，甚至落叶、落花、落果、坏死等。1943 年美国洛杉矶光化学烟雾后，一夜之间城郊蔬菜叶子全部由绿变黑，不能食用。此外，过量紫外线还会加速建筑物、绘画、雕塑、橡胶和塑料制品的老化过程，使其变硬、变脆，缩短使用寿命。尤其是在阳光强烈、高温、干燥气候下更为严重。

（4）对气候的影响。臭氧是一种温室气体，它的存在可以使全球气候增暖。但是，臭氧与其他温室气体不同，它是自然界中受自然因子（太阳辐射中紫外线对高层大气氧分子进行光化作用而生成）影响而产生，并不是人类活动排放产生的。

有人甚至认为，当臭氧层中的臭氧量减少到正常量的 1/5 时，将是地球生物死亡的临界点。这一论点虽尚未经科学研究所证实，但至少也表明了情况的严重性和紧急性。

4. 修补臭氧层的措施

氟利昂是杜邦公司 20 世纪 30 年代开发的一个引以为傲的产品，被广泛用于制冷剂、溶剂、塑料发泡剂、气溶胶喷雾剂及电子清洗剂等。哈龙在消防行业发挥着重要作用。当科学家研究令人信服地揭示出人类活动已经造成臭氧层严重损耗的时候，"补天"行动非常迅速。实际上，现代社会很少有一个科学问题像"大气臭氧层"这样由激烈的反对、不理解，迅速发展到全人类采取一致行动来加以保护。1985 年，也就是 Monlina 和 Rowland 提出氯原子臭氧层损耗机制后 11 年，同时也是南极臭氧洞发现的当年，由联合国环境署发起 21 个国家的政府代表签署了《保护臭氧层维也纳公约》，首次在全球建立了共同控制臭氧层破坏的一系列原则方针。1987 年 9 月，36 个国家和 10 个国际组织的 140 名代表和观察员在加拿大蒙特利尔集会，通过了大气臭氧层保护的重要历史性文件《关于消耗臭氧层物质的蒙特利尔议定书》。在该议定书中，规定了保护臭氧层的受控物质种类和淘汰时间表，要求到 2000 年全球的氟利昂消减一半，并制定了针对氟利昂类物质生产、消耗、进口及出口等的控制措施。由于进一步的科学研究显示大气臭氧层损耗的状况更加严峻，1990 年通过了《关于消耗臭氧层物质的蒙特利尔议定书》伦敦修正案，1992 年通过了哥本哈根修正案，其中受控物质的种类再次扩充，完全淘汰的日程也一次次提前，缔约国家和地区也在增加。到目前为止，缔约方已达 165 个之多，反映了世界各国政府对保护臭氧层工作的重视和责任。不仅如此，联合国环境署还规定从 1995 年起，每年的 9 月 16 日为"国际保护臭氧层日"，以增加世界人民保护臭氧层的意识，提高参与保护臭氧层行动的积极性。

我国政府和科学家们也非常关心保护大气臭氧层这一全球性的重大环境问题。我国早于 1989 年就加入了《保护臭氧层维也纳公约》，先后积极派团参与了历次的《保护臭氧层维也纳公约》和《关于消耗臭氧层物质的蒙特利尔议定书》缔约国会议，并于 1991 年加入了修正后的《关于消耗臭氧层物质的蒙特利尔议定书》。我国还成立了保护臭氧层领导小组，开始编制并完成了《中国消耗臭氧层物质逐步淘汰国家方案》。根据这一方案，我国已于 1999 年 7 月 1 日冻结了氟利昂的生产，并于 2010 年前全部停止生产和使用所有消耗臭氧层的物质。

据美国国家航空航天局（NASA）和美国国家海洋和大气管理局（NOAA）的卫星数据显示，臭氧层空洞的历史最大值发生在 2000 年 9 月 6 日，面积达 2990 万平方千米，这个数据相当于美国、加拿大和墨西哥国土面积的总和。到 2012 年，他们记录到的臭氧层空洞当年最大值发生在 9 月 22 日，面积为 2120 万平方千米，已缩小了 29%。而 2012 年南极臭氧层空洞的平均面积最小值为 1790 万平方千米，这也是过去 20 年来的第二小值。我们终于看到了相对乐观的结果。但是，"人类制造的化学品中的氯元素是导致臭氧层形成空洞的罪魁祸首，目前在南极平流层中仍存在着相当可观的氯。"美国国家航空航天局戈达德航天中心的大气学家保罗·纽曼说："自然界本身的气流震荡模式造成今年大气中平流层的温度高于常年。正是这样的升温现象造成了臭氧层空洞的缩小。"据观测，大气中的臭氧耗损物质浓度已经停止上升，并呈现逐渐降低的趋势。从这样的情况看，大气中的臭氧浓度将不再降低。但由于臭氧耗损物质分解缓慢，纽曼认为，可能要到 2065 年南极臭氧层才能恢复到当年的水平。不过总体来说，臭氧层的恢复仍要归功于国际协定对耗损臭氧的化学品生产的管制。

从这里我们不仅可以看到人类日益紧迫的步伐,而且也发现,即使如此努力地弥补我们上空的"臭氧空洞",但由于臭氧层损耗物质从大气中除去十分困难,预计采用哥本哈根修正案,也要在 2050 年左右平流层氯原子浓度才能下降到临界水平以下。到那时,我们上空的"臭氧洞"可望开始修复。

（三）酸雨

酸雨是指 pH 小于 5.6 的雨雪或其他形式的降水。5.6 这个数据来源于蒸馏水跟大气中的二氧化碳达到溶解平衡时的酸度。酸雨中含有多种无机酸和有机酸,绝大部分是硫酸和硝酸。酸雨主要是人为地向大气中排放大量酸性物质造成的(图 4-5)。我国的酸雨主要是因大量燃烧含硫量高的煤而形成的,多为硫酸雨。我国从酸雨取样分析来看,硝酸的含量只

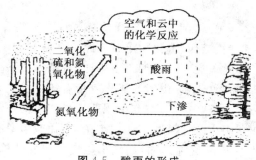

图 4-5　酸雨的形成

有硫酸的 1/10,这跟我国燃料中含硫量较高有关。此外,各种机动车排放的尾气也是形成酸雨的重要原因。我国一些地区已经成为酸雨多发区,酸雨污染的范围和程度已经引起人们的密切关注。我国三大酸雨区分别为:华中酸雨区,目前它已成为全国酸雨污染范围最大、中心强度最高的酸雨污染区;西南酸雨区,是仅次于华中酸雨区的降水污染严重区域;华东沿海酸雨区,它的污染强度低于华中、西南酸雨区。

1. 酸雨的成因

酸雨的形成是复杂的大气物理和大气化学过程,造成酸雨现象的原因有天然的以及人为的。酸雨的形成与两大排放源有关:

（1）天然排放源。

① 海洋:海洋雾沫,它们会夹带一些硫酸到空中。

② 生物:土壤中某些有机体,如动物死尸和植物败叶在细菌作用下可分解某些硫化物,继而转化为二氧化硫。

③ 火山爆发:喷出可观量的二氧化硫气体。

④ 森林火灾:雷电和干热引起的森林火灾也是一种天然硫氧化物排放源,因为树木也含有微量硫。

⑤ 闪电:高空雨云闪电有很强的能量,能使空气中的氮气和氧气部分化合生成一氧化氮,继而在对流层中被氧化为二氧化氮。

$$N_2 + O_2 \longrightarrow 2NO$$
$$2NO + O_2 \longrightarrow 2NO_2$$
$$2NO_2 + H_2O \longrightarrow HNO_3 + HNO_2$$

氮氧化物即为一氧化氮和二氧化氮之和,与空气中的水蒸气反应生成硝酸。

⑥ 细菌分解:即使是未施过肥的土壤也含有微量的硝酸盐,土壤硝酸盐在土壤细菌的帮助下可分解出一氧化氮、二氧化氮和氮气等气体。

（2）人工排放源。

① 燃料燃烧:煤、石油、天然气等化石燃料中含有硫,燃烧过程中生成大量二氧化硫,通过气相或液相反应而生成硫酸。此外,煤燃烧过程中的高温使空气中的氮气和氧气化

合为一氧化氮，继而转化为二氧化氮，造成酸雨。

气相反应：
$$2SO_2 + O_2 \longrightarrow 2SO_3$$
$$SO_3 + H_2O \longrightarrow H_2SO_4$$

液相反应：
$$SO_2 + H_2O \longrightarrow H_2SO_3$$
$$2H_2SO_3 + O_2 \longrightarrow 2H_2SO_4$$

② 工业过程：金属冶炼过程中某些有色金属的矿石是硫化物，铜、铅、锌矿便是如此，将铜、铅、锌硫化物矿石还原为金属过程中将逸出大量二氧化硫气体，部分回收为硫酸，部分进入大气。又如化工生产，特别是硫酸生产和硝酸生产可分别产生可观量的二氧化硫和二氧化氮，由于二氧化氮带有淡棕黄色，因此，工厂尾气所排出的带有二氧化氮的废气像一条"黄龙"，在空中飘荡。再如石油炼制等，也能产生一定量的二氧化硫和二氧化氮。它们集中在某些工业城市中，也比较容易得到控制。

③ 交通运输：如汽车尾气。在发动机内火花塞频繁打出火花，像天空中的闪电一样把氮气变成二氧化氮。不同的车型，尾气中氮氧化物的浓度也不同，机械性能较差的或使用时间较长的发动机尾气中的氮氧化物浓度要高一些。汽车停在十字路口不熄火等待通过时，要比正常行车尾气中的氮氧化物浓度高。近年来，我国各种汽车数量猛增，汽车尾气对酸雨的贡献正在逐年上升，不能掉以轻心。

2. 酸雨的危害

酸雨给地球生态环境和人类社会经济都带来了严重的影响和破坏。研究表明，酸雨对土壤、水体、森林、建筑、名胜古迹等人文景观均带来了严重危害，不仅造成重大经济损失，更危及人类生存和发展。

（1）对水域生物的危害。江河、湖泊等水域环境受到酸雨的污染，影响最大的是水生动物，特别是鱼类（表4-3）。主要危害表现在以下方面：

① 水域酸化可引起鱼类血液与组织失去营养盐分，导致鱼类烂腮、变形，甚至死亡。

② 水域酸化还导致水生植物死亡、消失，破坏各类生物间的营养结构，造成严重的水域生态系统紊乱。

③ 酸雨杀死水中的浮游生物，减少鱼类食物来源，破坏水生生态系统。

表 4-3　水域酸化对水中生物的影响

pH	影　　响
<6	鱼类食物的基本种类相继死去
<5.5	鱼类不能繁殖
	幼鱼很难存活
	因为缺少营养造成很多畸形的成鱼
	个别鱼类因窒息而死
<5.0	鱼群会相继死去
<4.0	假如有生物存活，将是非常不同于之前的生物种类

（2）对陆生植物的危害。研究表明，酸性降水能影响树木的生长发育，降低生物产量，甚至引起森林树木大量死亡。首先，酸雨能直接侵入树叶的气孔，破坏叶面的蜡质保护层。当 pH<5 时，使植物的阳离子从叶片中析出，破坏表皮组织，流失某些营养元素，

从而使叶面腐蚀而产生斑点和坏死。其次，酸雨还阻碍植物的呼吸和光合作用等生理功能。当 pH<4 时，植物的光合作用受到抑制，从而影响成熟，降低产量；引起叶片变色、皱褶、卷曲，直至枯萎。最后，酸雨落地渗入土壤后，使土壤酸化，破坏土壤的营养结构，从而间接影响树木生长。

（3）对农作物的危害。酸雨会损害农作物叶子，同时土壤中的金属元素因被酸雨溶解，造成矿物质大量流失，植物无法获得充足的养分，将枯萎、死亡。但土壤中因酸雨释出的金属离子也可能对植物吸收造成影响，如酸雨中某些金属（如铁）的释出反而有助于植物的生长。因此，酸雨对植物、农作物、森林的影响较复杂。

（4）对土壤的危害。酸雨可使土壤发生物理化学性质变化。影响之一是酸雨落地渗入土壤后，使土壤酸化，破坏土壤的营养结构。酸雨使植物营养元素从土壤中淋洗出来，特别是 Ca、Mg、Fe 等阳离子迅速损失，所以长期的酸雨会使土壤中大量的营养元素流失，造成土壤中营养元素的严重不足，从而使土壤变得贫瘠，影响植物的生长和发育。影响之二是土壤中某些微量重金属可能被溶解，一方面造成土壤贫瘠化，另一方面有害金属如 Ni、Al、Hg、Cd、Pb、Cu、Zn 等被溶出，在植物体内积累或进入水体造成污染，加快重金属的迁移。特别是土壤中到处都存在铝的化合物，在 pH=5.6 时，土壤中的铝基本上是不溶解的，但 pH=4.6 时铝的溶解性约增加 1000 倍。酸雨造成森林和水生生物死亡的主要原因之一是土壤中的铝在酸雨作用下转化为可溶态，毒害了树木和鱼类。影响之三是过量酸雨的降落，造成土壤微生物分解有机物的能力下降，影响土壤微生物的氨化、硝化、固氮等作用，直接抑制由微生物参与的氮素分解、同化与固定，最终降低土壤养分供应能力，影响植物的营养代谢。酸雨对土壤的影响是积累的，土壤对酸沉降也有一定的缓冲能力，所以在若干年后才会出现土壤酸化现象。

（5）对建筑物的危害。酸雨对金属、石料、水泥、木材等建筑材料均有很强的腐蚀作用。酸雨能使非金属建筑材料（混凝土、砂浆和灰砂砖）表面硬化、水泥溶解，出现空洞和裂缝，导致强度降低，从而损坏建筑物。特别是许多以大理石和石灰石为材料的历史建筑物和艺术品，耐酸性差，容易受酸雨腐蚀和变色。

酸雨对金属物品的腐蚀十分严重。因而对电线、铁轨、船舶车辆、输电线路、桥梁、房屋、机电设备等均会造成严重损害。全世界的钢铁产品，约 1/10 受酸雨腐蚀而报废。1967 年，美国连接佛罗里达州波因特普莱森特与俄亥俄州河上的一座吊桥突然坍塌，桥上许多汽车掉入河中，当场淹死 46 人。原因就是桥上钢梁和螺钉因酸雨腐蚀锈坏，导致断裂。在美国东部，约 3500 栋历史建筑和 1 万座纪念碑受到酸雨损害。

酸雨对古建筑和石雕艺术品的腐蚀十分严重。世界上许多古建筑和石雕艺术品遭酸雨腐蚀而严重损坏，如罗马的文物遗迹、加拿大的议会大厦、我国的乐山大佛（图 4-6）等。希腊雅典一座神庙中的大理石雕像，在 20 世

修复后　　　　　　　修复前

图 4-6　乐山大佛

纪前的数百年里均完好无损。然而自 20 世纪 50 年代以来，因酸雨侵蚀，损坏严重。北京有一块 500 年前的明代石碑，40 年前碑文还清晰可见，但近些年因酸雨侵蚀，字迹已模糊难辨了。酸雨造成了这些文物的社会利用价值严重降低，并导致维修费用大大增加。

（6）对人体健康的危害。酸雨对人体健康的危害主要有两方面，一是直接危害，二是间接危害。酸雨通过它的形成物质二氧化硫和二氧化氮直接刺激皮肤。眼角膜和呼吸道黏膜对酸类十分敏感，酸雨或酸雾对这些器官有明显刺激作用，会引起呼吸方面的疾病，导致红眼病和支气管炎，甚至可诱发肺病。它的微粒还可以侵入肺的深层组织，引起肺水肿、肺硬化甚至癌变。酸雨可使儿童免疫力下降，易感染慢性咽炎和支气管哮喘，致使老人眼睛、呼吸道患病率增加。美国因酸雨而致病人数高达 5.1 万。据调查，仅在 1980 年，英国和加拿大因酸雨污染而导致死亡的就有 1500 人。其次，酸雨还对人体健康产生间接影响。酸雨使土壤中的有害金属被冲刷带入河流、湖泊，一方面使饮用水水源被污染；另一方面，这些有毒的重金属如汞、铅、镉会在鱼类身体中沉积，人类因食用而受害，可诱发癌症和老年痴呆。再次，农田土壤酸化，使本来固定在土壤矿化物中的有害重金属，如汞、镉、铅等再溶出，继而为粮食、蔬菜吸收和富集，人类摄取后中毒得病。据报道，很多国家由于酸雨影响，地下水中铝、铜、锌、镉的浓度已上升到正常值的 10～100 倍。

3. 酸雨的防治

数据显示，2010 年上半年温州等 8 个城市酸雨频率为 100.0％，近 200 个城市出现酸雨，引发重点关注。事实上，早在 2006 年，酸雨迁移到包括京津在内的华北地区就引起了广泛的关注；2010 年 4 月流传的"火山灰酸雨致癌"则引起了人们大规模的恐慌。人们在想，难道我们头上一直下的是酸雨？

我国酸雨区面积占国土面积的 30％，是世界第三大酸雨区。我国酸雨的发生和发展与我国能源消费增长密切相关。由于经济发展的原因，我国的能源消耗将持续增长，其中作为我国主要能源煤的消耗也将不断增长。由于我国煤的硫含量较高，在目前的技术条件下 SO_2 的去除率较低，为 30％～50％，这为致酸物质 SO_2 排放量的增长提供了前提。根据国家环保总局的环境公报提供的 SO_2 的年排放量，1997—1999 年排放量呈下降趋势，而 2004 年呈上升趋势。这是由于 1998 年国务院批准了国家环保总局的《酸雨控制区和二氧化硫污染控制区划分方案》，对两控区内的电力、煤炭这两个行业的 SO_2 排放进行了严格控制，使 SO_2 的排放量有了明显降低；1999 年之后，经济发展，能源消耗的增长，导致 SO_2 的排放量呈上升趋势。随着我国经济的发展，人民生活水平的提高，汽车数量也大大增加，这使得致酸物质 NO_x（氮氧化物）的排放量也持续增长。根据预测，我国 SO_2 的排放量到 2020 年前将持续增长，到 2020 年将达到 3178 万吨。由于 NO_x 更难控制，其排放量增长速度将会更大，到 2020 年，可能会超过 2000 万吨。而根据中国酸雨的历史变化，随着酸雨前体物排放量的长期持续增长，降水不断进一步酸化。因此可以预见，我国酸雨将会变得更加严重，酸雨面积继续扩大，酸雨区将向西向北蔓延，降水酸性继续升高。长江以南将出现更多降水的 pH＜4 的严重酸雨区，生态环境和物质材料将会遭到更严重的破坏。因此，酸雨的治理与防治是一项非常紧迫的任务。目前采取的措施主要有：

（1）减少 SO_2 的排放量。采用烟气脱硫技术，用石灰浆或石灰石在烟气吸收塔内脱硫。石灰石的脱硫效率是 85％～90％，而石灰浆脱硫比石灰石快而完全，效率高达 95％。

$$Ca(OH)_2 + CO_2 \longrightarrow CaCO_3 \cdot \frac{1}{2}H_2O + \frac{1}{2}H_2O$$

$$CaCO_3 + SO_2 + \frac{1}{2}H_2O \longrightarrow CaSO_3 \cdot \frac{1}{2}H_2O + CO_2$$

$$CaSO_3 \cdot \frac{1}{2}H_2O + SO_2 + \frac{1}{2}H_2O \longrightarrow Ca(HSO_3)_2$$

$$Ca(HSO_3)_2 + O_2 + H_2O \longrightarrow CaSO_4 \cdot 2H_2O + SO_2$$

（2）汽车尾气净化。我国的汽车数量越来越多,尾气污染问题也日益严重。汽车尾气排放的主要污染物为一氧化碳(CO)、碳氢化合物(C_xH_y)、氮氧化物(NO_x)、铅(Pb)等。在汽车尾气系统中安装净化器可有效降低这些污染物向大气的排放。汽车尾气净化器主要是由净化管和净化蜂窝陶瓷芯组成的,也叫作陶瓷触媒转化器,是利用其中含有的贵金属原子产生一系列的化学反应,而它本身在反应前后是没有变化的,相当于起到化学反应的催化剂作用。其化学方程式为:

$$2NO + 2CO \longrightarrow 2CO_2 + N_2 \ (Pt \text{ 催化})$$

$$C_5H_{16} + 9O_2 \longrightarrow 8H_2O + 5CO_2$$

$$2CO + O_2 \Longrightarrow 2CO_2$$

这样就将汽车尾气中的氮氧化合物转化成氮气和二氧化碳,将一氧化碳和碳氢化合物转化成二氧化碳和水。

由于含铅化合物能使催化剂中毒,所以装有尾气净化器的汽车必须使用无铅汽油。

（3）加强绿化建设。树木、花草均可调节气候、涵养水源、保持水土和吸收 SO_2 等有毒气体。因此,绿化能大面积、大范围、长时间地净化大气。有的树木还具有吸收 SO_2 的能力。如 1 公顷的柳杉每月可以吸收 SO_2 60kg。抗二氧化硫的树种还有:夹竹桃、喜树、女贞、悬铃木、梧桐、泡桐、罗汉松、广玉兰、乌桕、银杏、核桃、柑橘、棕榈、枇杷、丁香等。皂荚对二氧化硫、氯气等有害气体抗性很强,当其叶子受到危害时,能较快地萌生新叶和恢复生长。侧柏是针叶树中抗污染力最强的树种之一,对氯气和氟化氢抗性强,有吸收二氧化硫的能力,对有害烟气也有抵抗力,适应性强,且树形优美、萌芽力强、耐修剪,是重要的风景林和绿篱树种。桑树对二氧化硫的抗性较强,对硫化氢有一定的抗性,在氟化物污染下,含氟量增加 2.5 倍至数十倍也不受其害。板栗对二氧化硫和氨气有较强的抗性,有明显的吸氟能力。柳树对二氧化硫有抗性,具抗汞污染能力。紫薇、菊花、石榴等花卉对二氧化硫也有较强的吸收能力。

（四）光化学烟雾

从 1940 年初开始,洛杉矶每年从夏季至早秋,只要是晴朗的日子,城市上空就会出现一种弥漫天空的浅蓝色烟雾,使整座城市上空变得浑浊不清。这种烟雾使人眼睛发红、咽喉疼痛、呼吸憋闷、头昏、头痛。1943 年以后,烟雾更加肆虐,以致远离城市 100km 以外的海拔 2000m 高山上的大片松林也因此枯死,柑橘减产。仅 1950～1951 年,美国因大气污染造成的损失就达 15 亿美元。1955 年,因呼吸系统衰竭死亡的 65 岁以上的老人达 400 多人;1970 年,约有 75% 以上的市民患上了红眼病。这就是最早出现的大气污染事件——光化学烟雾污染事件。

1971 年,日本东京发生了较严重的光化学烟雾事件,使一些学生中毒昏迷。与此同时,日本的其他城市也发生了类似的事件。此后,日本的一些大城市连续不断出现光化学烟雾事件。日本环保部门对东京几个污染排放点的主要污染物进行调查后发现,汽车排放的 CO、NO_x、C_xH_y 这三种污染物占总排放量的 80%,使人们进一步认识到,汽车排放的尾气是产生光化学烟雾的罪魁祸首。

1974 年以来,中国兰州的西固石油化工区也出现了光化学烟雾。一些乡村地区也有光化学烟雾污染的迹象。随着我国城市化的飞速发展,继兰州之后,光化学烟雾污染在广州、北京、上海等地相继出现。1986 年夏季在北京发现了光化学烟雾的迹象;而 1995 年 6 月 2 日,在上海的外滩,许多行人感觉到空气刺眼、刺鼻,甚至呛出眼泪来,经确认,空气中的一氧化碳浓度极高,这是上海首次出现光化学烟雾污染。2002 年 3 月 15 日在天津也出现了辣得人们睁不开眼睛的光化学烟雾事件。日益严重的光化学烟雾问题,逐渐引起人们的重视。人们对于光化学烟雾的发生源、发生条件、反应机理和模式,对生物体的毒性,以及光化学烟雾的监测和控制技术等方面进行了广泛的研究。世界卫生组织和美国、日本等许多国家已把臭氧或光化学氧化剂[臭氧、二氧化氮(NO_2)、过氧乙酰硝酸酯(PAN)(图 4-6)及其他能使碘化钾氧化为碘的氧化剂的总称]的水平作为判断大气环境质量的标准之一,并据此发布光化学烟雾的警报。

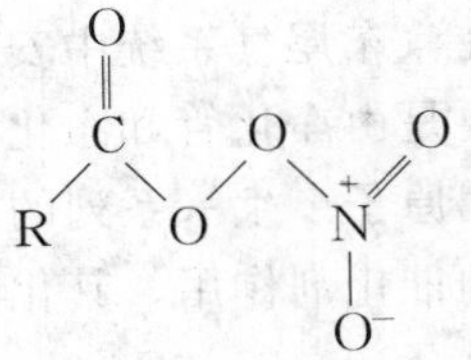

其中 $R=CH_3$ 时,
该化合物即为 PAN

图 4-6 PANs 的结构

1. 光化学烟雾的成因

光化学烟雾是氮氧化物(NO_x)、碳氢化合物(烃类)等一次污染物经阳光中紫外线($290\sim400nm$)照射后发生光化学反应而形成的,是一类具有刺激性的浅蓝色烟雾,包含有臭氧、醛类、PAN(过氧乙酰硝酸酯)等强氧化剂。这些都是通过光化学反应二次生成的,所以叫作二次污染物。光化学烟雾是在强日光、低湿度条件下形成的一种强氧化性和刺激性的烟雾,一般发生在相对湿度较低的夏季晴天,高峰出现在中午或刚过中午,夜间消失。光化学烟雾呈白色雾状(有时带紫色或黄褐色),使大气能见度降低且具有特殊的刺激性气味。

光化学烟雾的形成往往需要比较复杂的条件。首先,产生光化学烟雾的大气必须稳定,整个大气没有强烈的对流,也没有风的扰动;其次,大气中必须具有相对高浓度的氮氧化物;第三,必须有强烈的光照。NO_2 在紫外光的照射下光解成 NO 和氧原子,氧原子与氧分子结合生成臭氧(O_3),O_3 再光解成活性的氧原子和氧气,活性氧原子与大气中的挥发性有机污染物(VOCs)发生一系列反应,生成包括 PAN 在内的各种产物。由于 O_3 和 PAN 是光化学反应里最关键的产物,所以通常将这两种物质作为光化学烟雾的指示物质。PAN 没有天然源,只有人为污染才会产生 PAN。之前,不论是兰州、广州还是北京的光化学烟雾,都检出了相对高浓度的 O_3。在我国的空气质量标准中也规定了对 O_3 的监测,这实际上就是为了监测光化学烟雾的状况。

1951 年加利福尼亚大学哈根·斯密特博士提出了光化学烟雾的理论,他认为洛杉矶烟雾主要是由汽车排放尾气中的氮氧化物、碳氢化合物在强太阳光作用下,发生光化学反应而形成的。光化学烟雾是一个链式反应,其中关键性的反应可以简单地分成 3 组:

(1) NO_2 的光解导致 O_3 的生成。

(2) 碳氢化合物(HC)氧化生成了具有活性的自由基,如 HO、HO_2、RO_2 等。

在光化学反应中,自由基反应占很重要的地位,自由基的引发反应主要是由 NO_2 和醛光解引起的。

碳氢化合物的存在是自由基转化和增殖的根本原因。

(3) 通过以上途径生成的 HO_2、RO_2、$[RC(O)O_2]$ 均可将 NO 氧化成 NO_2。

2. 光化学烟雾的危害

(1) 对人类健康的危害。光化学烟雾在不利于扩散的气象条件时,烟雾会积聚不散,使人眼和呼吸道受刺激或诱发各种呼吸道炎症,危害人体健康。对人体最突出的危害是刺激眼睛和上呼吸道黏膜,引起眼睛红肿和喉炎,这与醛类等二次污染物有关。它的另一些危害与臭氧有关。当大气中臭氧浓度达到 $200\sim300mg/m^3$ 时,会引发哮喘发作,导致上呼吸道疾患恶化,使视觉敏感度和视力降低;浓度在 $400\sim1600mg/m^3$ 时,只要接触两小时就会出现气管刺激症状,引起胸骨下疼痛和肺通透性降低,使肌体缺氧;浓度再高,就会出现头痛,并使肺部气道变窄,出现肺气肿等。

(2) 对大气及交通的影响。光化学烟雾的另一重要特征是使大气的能见度降低,视程缩短。这主要是由于污染物质在大气中形成的光化学烟雾气溶胶所引起的。这种气溶胶颗粒大小一般多在 $0.3\sim1.0\mu m$ 范围内。由于这样大小的颗粒实际上不易因重力作用而沉降,能较长时间悬浮于空气中,长距离迁移,它们的直径与人视觉能力的光波波长相一致,且能散射太阳光,从而明显地降低了大气的能见度,因此妨碍了汽车与飞机等交通工具的安全运行,导致交通事故增多。

(3) 对植物的危害。植物受害是判断光化学烟雾污染程度的最敏感的指标之一。植物受害现象是人体健康受到影响的先兆。光化学烟雾对植物的损害是十分严重的,主要表现是大片树林枯死,农作物严重减产。对光化学烟雾敏感的植物包括许多农作物(如棉花、烟草、甜菜、莴苣、番茄和菠菜等),以及某些饲料作物、观赏植物(如菊花、蔷薇、兰花和牵牛花等)和许多种树木。

(4) 对材料、建筑物等的危害。臭氧、PAN 等还能造成橡胶制品的老化、脆裂、寿命缩短,使染料、绘画褪色,并损害油漆涂料、纺织纤维和塑料制品等。另外,光化学烟雾还会促成酸雨的形成,使建筑物和机器设备受腐蚀等。

3. 光化学烟雾的防治

预防和治理光化学烟雾最根本的问题依旧是控制污染源。就目前来说,已经采取的措施有:

(1) 改进燃料的结构和成分,并改进燃料设备,使燃烧过程完全,尽量减少污染物的排放。例如,用煤、石油作燃料,对煤、石油进行脱硫处理,使煤液化、气化后使用,减少污染。

(2) 改进进汽车设备结构,降低汽车尾气氮氧化物、硫氢化合物的排放量。汽车尾气是氮氧化物和硫氢化合物最主要的排放源,控制汽车尾气是避免光化学烟雾的形成、保证环境空气质量的有效措施。汽车尾气污染的防治,除提高汽油燃烧质量外,关键在于改进发动机的燃烧设计。美国福特公司制成一种"层化加油"发动机,它改变了燃烧室的设计和燃料注入系统的设计,从而减少废气的排出。日本本田摩托车研制出三台层状燃烧的汽缸,它能使汽油与空气的比例降到 $1:20$,使排气中氮氧化物减少 2/3,一氧化碳、碳氢化合物几乎减少一半以上。这两种发动机,一种是减少基质的浓度,一种是减少引发物质的浓度，其结果都是使光化学烟雾产生的可能性降低。此外，还可以以立法的形式限制汽车尾气气的排放，以电车代替公共汽车，使用氢能、太阳能和风能等清洁能源替代化石燃料，安装尾气净化装置等。

（3）加强监测，及时报警，采取预防措施。光化学烟雾是有前兆的，可通过监测发出警报，采取措施加以避免。当氧化剂浓度达到 $0.5\mu g/L$ 时，接近危险水平，应禁止垃圾燃烧、减少其他燃烧、减少汽车行驶；当氧化剂浓度达到 $1.0\mu g/L$ 时，已经达到危害健康的水平，应严格禁止汽车行驶，其余措施同上；当氧化剂浓度达到 $1.5\mu g/L$ 时，达到严重危害健康的水平，除完全采取上述措施外，还应采取其他紧急措施，如关停有关工厂等。

（4）大面积植树造林。绿色植物是二氧化碳的消耗者，氧气的天然加工厂，在调节大气中的氧气和二氧化碳的平衡上起着无可替代的作用。不同的植物对二氧化硫、氟化氢、氯气、氨气、氯化氢、光化学烟雾、放射线等有不同的吸收能力，从而达到净化空气的效果。

2013 年春节刚过，笼罩京城的雾霾风波就掀起波澜。一项中科院的研究成果让全民再度闻"霾"色变。中科院公布的"大气灰霾追因与控制"专项课题组的最新结果是："本次席卷中国中东部地区的强霾污染物，是爆发于 20 世纪四五十年代英国伦敦、美国洛杉矶光化学烟雾事件污染物的混合体，并叠加了中国特色的沙尘气溶胶。"这则消息经媒体大量报道后迅速升温，部分公众简单地将北京雾霾等同于光化学烟雾，一时间公众哗然。从 2011 年的环保记录来看，北京市的臭氧污染并不严重，而最新的报道中也只是提到了检出 PAN，没有给出具体的浓度。不过我们现在还没有必要为此而恐慌，简单来说，如果真的有足够浓度的光化学烟雾，那么我们首先应该感觉到的是眼睛疼，而不是呼吸不畅。所以，在北京的重度空气污染中，我们更应该在意的还是大气颗粒物（尤其是 PM2.5）。专家总结，现阶段，我国的空气污染已变为大面积的城市群复合污染，主要分布在珠三角、长三角、京津冀等城市群，城市大气污染在一些大城市已逐渐由煤烟型转向汽车尾气型，或成为二者综合型的污染特征。

4. 光化学污染和雾霾的关系

从物质形态看，光化学烟雾与雾霾似乎没有什么关系。光化学烟雾主要为气态污染物，而雾霾则是大气颗粒物。但是，光化学烟雾最终生成大量的臭氧，增加了大气的氧化性，这导致大气中的 SO_2、NO_2、VOCs 被氧化并逐渐凝结成颗粒物，从而增加了 PM2.5 的浓度。也就是说，光化学烟雾可能成为雾霾的来源之一。

目前我国华北地区的污染物包括以 SO_2 为主的煤烟型烟雾污染、沙尘暴、黑炭气溶胶、其他燃烧产物、挥发性有机物，以及可能出现的光化学烟雾。这种各类污染物同时出现的复杂污染形式是世所罕见的，因为类似的污染是在西方几百年发展历史上陆续出现的，基本上是治理好了一种才出现另一种。复杂的污染物在时空上重叠，导致污染物在生成、输送、转化过程中的复杂化学耦合作用，产生大量二次污染物（即大气污染物之间发生反应生成新的污染物），致使污染的状况与以往单一类型的污染相比有了很大的变化，形成典型的大气复合型污染。而且，就目前的研究结果来看，我国大气复合型污染的主要产物就是 PM2.5 和 O_3，即雾霾和光化学烟雾。可见，光化学烟雾和雾霾在我国大气污染中同样重要。

大气复合型污染表现为各种污染物对大气污染的贡献相差不大，很难找出最重要的污染物，从而使控制污染排放工作的难度加大。过去几十年来那种"SO_2→总悬浮颗粒物→可吸入颗粒物→细颗粒物"为代表的循序渐进治理污染物的思路已经无法适应目前环境工作的需要。此外,在这种复合污染条件下,各种污染物对人体健康联合作用的影响还有待研究。或许,污染物之间是协同作用,也就是说,几种污染物结合会对人体产生更大的影响;但也存在一种可能,污染物之间的作用是相互拮抗的,也就是所谓"以毒攻毒"。当然,不管是哪一样,我们只有尽自己所能保护环境,减少污染排放,才可能将环境污染的风险降到最低。

第二节 水体污染与防治

　　水污染是指水体因某种物质的介入,而导致其化学、物理、生物或者放射性等方面特性的改变,从而影响水的有效利用,危害人体健康、破坏生态环境及造成水质恶化的现象。水污染主要是由于人类排放的各种外源性物质(包括自然界中原先没有的)进入水体后,超出了水体本身自净作用(就是江河湖海可以通过各种物理、化学、生物方法来消除外源性物质)所能承受的范围。

　　水资源是人类的生命之源,人们的生存离不开水。我国的大小河川总长 4.2×10^6 km,湖泊 7.56×10^5 km^2,占国土总面积的 0.8%,水资源总量为 2.8×10^{13} m^3,人均2300m^3,只占世界人均拥有量的 1/4,为 13 个贫水国之一。目前中国 640 个城市有 300多个缺水,2.32 亿人年均用水量严重不足。我国污水排放量每天约为 1×10^8 m^3 之多。水污染现状更是触目惊心,一项调查表明,全国目前已有 82% 的江河湖泊受到不同程度的污染,每年由于水污染造成的经济损失高达 377 亿元。

一、水污染物的来源

　　水污染主要是由人类活动产生的污染物造成的,它包括工业污染源、农业污染源和生活污染源三大部分。工业污水是水体的重要污染源,具有量大、面积广、成分复杂、毒性大、不易净化、难处理等特点(图 4-7)。2008 年全国污水排放总量 571.7 亿吨,其中工业污水排放量 241.7 亿吨,占污水排放总量的 42.3%。实际上,排污水量远远超过这个数,因为许多乡镇企业工业污水排放量难以统计。农业污染源包括牲畜粪便、农药、化肥等。农业污水中,一是有机质、植物营养物及病原微生物含

图 4-7 工业污染是水体污染的重要源头

量高,二是农药、化肥含量高。中国没开展农业方面的监测,据有关资料显示,在 1 亿公顷耕地和 220 万公顷草原上,每年使用农药 1.1×10^7 t。中国是世界上水土流失最严重的国家之一,每年表土流失量约 50 亿吨,致使大量农药、化肥随表土流入江、河、湖、库,随之流失的氮、磷、钾营养元素,使 2/3 的湖泊受到不同程度富营养化污染的危害,造成藻类以及其他生物异常繁殖,引起水体透明度和溶解氧的变化,从而致使水质恶化。生活污染源主要是城市生活中使用的各种洗涤剂和污水、垃圾、粪便等,多为无毒的无机盐类,生活污水中含氮、磷、硫多,致病细菌多。2008 年城镇生活污水排放量 3.3×10^{11} m^3,占污水排放总

量的 57.7%。中国每年约有 1/3 的工业污水和 90% 以上的生活污水未经处理就排入水域，全国有监测的 1200 多条河流中，850 多条受到污染，90% 以上的城市水域也遭到污染，致使许多河段鱼虾绝迹，符合国家一级和二级水质标准的河流仅占 32.2%。污染正由浅层向深层发展，地下水和近海域海水也正在受到污染，我们能够饮用和使用的水正在不知不觉地减少。

二、水体污染的危害

据世界卫生组织（WHO）调查表明，人类 80% 的疾病和 50% 的儿童死亡率都与饮水水质不良有关，因水污染而患病的人约占世界医院住院病人的一半。伤寒、霍乱、胃肠炎、痢疾、传染性肝类是人类五大疾病，均由水的不洁引起。由于水质污染，全世界每年有 3500 万人患心血管病，7000 万人患结石病，9000 万人患肝炎。WHO 的一份研究报告强调，在发展中国家，80% 的病例和 1/3 的死亡率是因为饮用不洁水造成的。国际自来水协会的调查指出，现在每年有 2500 万 5 岁以下的儿童因饮用受污染的水而生病、致死。国内外研究表明：水质优劣与人类肝癌、食道癌、胃癌发病率呈正相关。据统计，中国每年发生肿瘤病例达 160 万人之多，每年死于肿瘤的约 120 万人，每年出生婴儿中出现畸形和各种先天性缺陷的也有 100 多万人，许多与水质污染有关。

水中主要污染物及其对人体的危害如下：

（一）有机物

人为排放源有：生活污水、食品厂、造纸厂污水、生活垃圾等。

城市生活污水和食品、造纸等工业污水中含有大量的碳氢化合物、蛋白质、脂肪等。它们在水中的好氧微生物（指生存时需要氧气的微生物）的参与下，与氧作用分解（也叫降解）为结构简单的物质时需要消耗水中溶解的氧，因此常被称为耗氧有机物。其主要降解反应如下：

$$碳氢化合物 + O_2 \longrightarrow CO_2 + H_2O$$
$$含有机硫化合物 + O_2 \longrightarrow CO_2 + H_2O + SO_4^{2-}$$
$$含有机氮化合物 + O_2 \longrightarrow CO_2 + H_2O + N_3^-$$

天然水体中溶解氧一般为 5~10mg/L。水中含有大量耗氧有机物时，水中溶解的氧会急剧下降，以致大多数水生生物不能生存，鱼类及其他生物大量死亡。若水中含氧量降得太低，这些有机物又会在厌氧微生物的参与下，与水作用产生甲烷、硫化氢、氨等物质，使水变质发臭。这类反应可简单表示如下：

$$含有机氮和硫化合物 + O_2 \longrightarrow CO_2 + H_2S + CH_4 + NH_3$$

（二）重金属

1. 汞（Hg）

1953 年在日本南部沿海城市熊本县水俣湾附近的小渔村，发生了一件奇闻。有一个人起初口齿不清、面部表情痴呆，后来耳朵聋了，眼睛瞎了，全身麻木，最后发生精神失常，高声嚎叫而死。到 1971 年又有 121 人得了同样的病，其中 46 人死亡。在同一时期，当地的猫也发疯，甚至跳海自杀。因为该病发生在日本熊本县水俣湾，故此病被称为水俣病。后来证明水俣病是由甲基汞中毒引起的，是由于人和宠物摄入了富集甲基汞的水产品，导致的中枢神经系统疾病。日本前后 3 次发生水俣病事件，受害人数达 2 万多人，严重中毒者 1000 人，其中有 50 多人因医治无效而死亡。水俣湾的甲基汞从哪里来的？原来，在盲目发展化学工业的水俣湾地区有多个生产乙醚和氯乙烯的化工厂,这些工厂均以汞作为催化剂,这些工厂的污水未经处理就直接排入水俣湾,作为催化剂的无机汞在水体的淤泥中转化为甲基汞,然后通过食物链富集在鱼、贝类体内。人和猫吃了含有甲基汞的鱼、贝类就生病了。

事实上,人类对汞的毒性反应已经研究了几十年。无机汞中毒主要影响肾脏,引起尿毒症。急性无机汞中毒的早期症状是胃肠不适、腹痛、恶心、呕吐和血性腹泻。

甲基汞中毒主要影响神经系统和生殖系统。对"水俣病"患者的观察显示,这种疾病的早期症状包括协调性丧失、言语模糊、视觉缩小(也叫管视)和听力消失,后期症状包括失明、耳聋和智力减退。

另外,甲基汞能够通过胎盘屏障,进入胎儿脑中。所以怀孕的妇女摄入甲基汞,可引起出生婴儿的智力迟钝和脑瘫。因而,即使母亲尚未出现中毒的临床表现,胎儿已经发生中毒。水俣病结束后四年间出生的胎儿先天性痴呆和畸形的发生率都有明显的增加。

汞,也称水银,是唯一的液态金属,也是一种有毒物质。人体内汞含量超标,会引起心脏功能、肝功能、神经功能等多方面的疾病,其中大脑是最主要的受害器官,尤其是大脑和小脑的皮质部分受损,表现为视野缩小、听力下降、全身麻痹;严重者神经紊乱,以至疯狂痉挛而死。常温下,如果一支普通的体温计被打破,其外泄的汞全部蒸发后可以使一间15平方米大、3米高的房间内的空气汞浓度超出最大允许浓度的 2000 多倍。生活中往往存在一些处理散落汞的错误方法,如用扫帚扫除或用吸尘器吸除地面的汞滴,用水洗涤被汞污染的器具等。正确处理散落汞的方法是人和宠物应立即离开现场,打开窗户至少两天;关掉所有的加热装置,以减少汞的蒸发;清除者应戴上手套,用手电筒的光亮使汞"珠子"发出反射光而找到散落的汞;尽量收集散落的汞,实在收集不起来的要在有汞溅落的地方撒上硫粉,使其与硫反应生成无毒的 HgS。

2. 镉(Cd)

镉也是一种有毒的金属元素。当它在人体内的含量很少时,就"悄悄"地躲起来,对人体几乎没有什么危害;可当它的含量达到一定程度,就在人体内"兴风作浪",引起高血压、嗅觉减退、关节疼痛、脱发、皮肤干燥等慢性疾病。但这时中毒已深,治疗已经很难了。

人体内的镉主要来自污染的环境。新生儿的体内几乎不含有镉。人体中的镉几乎全部是出生后从环境中蓄积的。主要是由于被污染的水、食物、空气,通过消化道与呼吸道摄入体内,造成镉的大量积蓄,就会造成镉中毒。因此,随着年龄的增长,人体内镉的摄入量会越来越多,最终可能使人中毒。

镉在体内积聚可产生不同程度的中毒症状:第一,可取代重要的矿物质锌在肝、肾内的储藏,因此,毫无疑问,体内镉含量增高将导致锌的不足;第二,会破坏人体的钙吸收。由于 Cd^{2+} 对磷有亲和力,会使钙析出,致使骨头变形,骨质疏松,腰背酸痛,关节痛及全身刺痛。日本的公害病之一"痛痛病"就是慢性镉中毒最典型的例子。1931 年起在神通川两岸相继发生许多原因不明的地方病例。患者最初感到关节疼痛,数年后出现全身骨痛和神经痛,延续几年不能行动,连呼吸都有困难,甚至有的患者一咳嗽,就会震裂胸骨。最后,骨骼软化萎缩,即使轻微碰撞和敲打也会发生骨折。由于严重的骨萎缩,患者死亡时身高仅有正常人的1/3。孕妇、哺乳妇女和老人等钙缺乏者最易患此病。因该病患者终日喊痛,曾被非正式地定名为"哎唷—哎唷"病、"痛痛病"或"骨痛病"。现已查明,该病是由神通川上游主要生产铅和锌的神通矿场排出含有高浓度镉的污水污染了河水引起的。下游农田用河水灌溉，污染了土壤，作物吸收镉，产生了"镉米"，人们长期食用含镉稻米，在一定条件下就引起慢性镉中毒，经 20～30 年发展成为骨痛病患者。当时该地该病患者达 280 人，死亡 34 人。患者全身各部位发生神经痛、骨痛，不能行动，以至呼吸都带来难以忍受的痛苦，最后骨骼软化萎缩，自然骨折，四肢像章鱼一样弯曲，一直饮食不进，在疼痛中死去。

镉中毒是慢性过程，潜伏期最短为 2～8 年，一般为 15～20 年。根据摄入镉的量、持续时间和机体机能状况，病程大致分潜伏期、警戒期、疼痛期、骨骼变期和骨折期。

另一案例是英国威尔斯北部有个叫戴姆维斯的"女儿村"，在过去的二三十年中出生的婴儿都是女孩。这引起村民们的焦虑。据报道，中国山西偏远山区中也有一个村庄，十多年来出生的婴儿都是女性，而成年女性中，个个患有头疼、骨痛的怪病。这个村也被称为"女儿村"。为什么整个村庄的妇女都生女不生男？专家经调查证明，这两个村庄的居民都饮用了含镉量较高的污水，这些水是被遗弃的锌矿污染的。改变水源，饮用正常水以后，生女不生男的状况就改变了。

镉中毒为何会使骨软呢？一是引起肾功能障碍，再加上妊娠、分娩、授乳的巨大消耗，使妇女营养不良，特别是缺钙等生理或生活因素诱使软骨症出现。镉使肾中维生素 D 的活性受到抑制，进而妨碍十二指肠中钙结合蛋白的生成，干扰在骨质上钙的正常沉积。此外，缺钙会使肠道对镉的吸收率增高，加重骨质软化和疏松。二是镉影响骨胶原的正常代谢。人的关节、韧带等联系各个骨块的结缔组织，同时又有润滑、保护、强化关节的功能，它们主要由胶原蛋白和弹性蛋白组成。这些蛋白的形成要通过许多以锌和铜为活性中心的酶促进反应。当镉中毒后，它取代了这些酶的中心原子，使它们失活。例如，赖氨酸氧化酶的活性中心是铜，是形成胶原纤维的基础；当被镉毒化时，此酶的活性降低，影响胶原蛋白的形成。

在自然界，镉以硫化物形式存在于各种锌、铅、铜矿中。无论是在大气、土壤还是水中，镉含量都很低，按理说不会影响人体健康。可是环境受到镉污染后，它可以在生物体内富集，再通过食物链进入人体，引起慢性中毒。

人体内如果长时间有一定量的镉，就会形成镉硫蛋白，通过血液流到全身，并且在肾脏积聚起来，破坏肾脏、肝脏中酶系统的正常活动，还会损伤肾小管，使人体出现糖尿、蛋白尿等症状。含镉气体通过呼吸道会引起呼吸道刺激症状，出现肺水肿、肺炎等。镉从口腔进入人体，还会出现呕吐、胃肠痉挛、腹痛、腹泻等症状，甚至可引起肝肾综合征而死亡。镉的危害还包括导致精神错乱、寿命缩短和引起肿瘤生长。

镉污染主要是工业污染造成的，采矿、冶炼、合金制造、电镀、油漆和颜料制造等工业部门向环境排放的镉污染了大气、水、土壤。人从环境摄取镉的途径及比例大致为：食品约占 50%，饮用水约占 1%，空气约占 1%，香烟约占 46%。烟草含镉量很高，一包香烟含镉高达 30mg。研究表明，吸烟者体内镉含量高于非吸烟者，被动吸烟也可吸入镉。镉常用于生产塑料和镍镉电池。除吸烟和塑料生产外，镉可来自饮水、化肥、食用菌、土壤、空气污染、米、咖啡、茶和软饮料。若怀疑镉中毒，可做头发分析确定体内镉含量。除去人体内镉的关键是饮食。苜蓿含有叶绿素和维生素 K，能帮助机体去除镉。为去除人体内的镉，应确保饮食中含多量纤维素，多吃苹果，也可食用富含锌的食物，如黄瓜籽。

3. 铅(Pb)

在当今众多危害人体健康和儿童智力的"罪魁"中,铅是危害不小的之一。据权威调查,现代人体内的平均含铅量已大大超过 1000 年前古人的 500 倍。而人类却缺乏主动、有效的防护措施。另据调查,现在很多儿童体内平均含铅量普遍高于成年人;交通警察又较其他行业的人受铅毒害更深。

铅进入人体后,除部分通过粪便、汗液排泄外,其余在数小时后溶入血液中,阻碍血液的合成,导致人体贫血,出现头痛、眩晕、乏力、困倦、便秘和肢体酸痛等;有些口中有金属味、动脉硬化、消化道溃疡和眼底出血等症状也与铅污染有关。小孩铅中毒则出现发育迟缓、食欲缺乏、行走不便和便秘、失眠;若是小学生,还伴有多动、听觉障碍、注意力不集中、智力低下等现象。这是因为铅进入人体后通过血液侵入大脑神经组织,使营养物质和氧气供应不足,造成脑组织损伤所致,严重者可能导致终身残疾。特别是儿童处于生长发育阶段,对铅比成年人更敏感,进入体内的铅对神经系统有很强的亲和力,故对铅的吸收量比成年人高好几倍,受害尤为严重。铅进入孕妇体内则会通过胎盘屏障,影响胎儿发育,造成畸形等。

铅及其化合物的侵入途径主要是呼吸道,其次是消化道,完整的皮肤不能吸收。儿童体内有 80%～90% 的铅是从消化道摄入的。水体中的铅主要来自于人为排放源,如采矿、冶炼、电镀、油漆、涂料、废旧电池等。

2013 年国际权威检测机构在北京、上海、济南、广州四大城市抽检了 5 个水龙头样品,发现有 4 个样品铅析出超标,其中广州的一个水龙头铅析出严重超标,超过国家标准的 34 倍。水龙头含铅超标已经引起世界广泛关注。传统铜龙头多数含铅超标,对饮用水造成二次污染,吸收进入人体则产生巨大危害,危害堪比"毒奶粉"。

世卫组织(WHO)在 2013 年的 10 月 20 日至 26 日,发起了预防铅中毒国际行动周,旨在提高人们对铅中毒的意识,强调指出各个国家和合作伙伴为预防儿童铅中毒所做的努力,敦促开展消除含铅涂料的进一步行动。

喝了"含铅水"怎么办?专家指出,日常多喝牛奶、多吃水果蔬菜,对预防铅中毒能起到一定作用。另外,每天早上使用水龙头时,可以先放掉隔夜水再继续使用。除此以外,饮食"排铅"对预防铅中毒也能起到很大作用。保证每日摄入充足的钙、铁、锌、维生素 C 和蛋白质就是很好的办法,因为这些都是排铅抗铅食物。由于人体内对各种元素的吸收都需要依靠蛋白质转运,在蛋白质数量不变的情况下,不同元素的吸收会出现竞争。铅和钙、铁、锌同属二价阳离子,当钙、铁、锌摄入量偏少时,自然会导致铅的吸收量增加。而大量实验研究表明,维生素 C 可以明显减轻铅中毒的各项指标,并在一定程度上有加速铅排出的作用,蛋白质则可与铅结合成可溶性的物质,促进铅从尿中排出。

4. 铬(Cr)

由于铬及其化合物广泛应用于化工、电镀、印染等工业,它常以粉尘、蒸气、污水形式污染空气、水源和农作物,因此过量铬对人类的危害也不可忽视。铬对人体的危害主要是由六价铬化合物所致。可溶性六价铬氧化物的水溶液——铬酸和铬酸盐的毒性较大,并具有刺激性和腐蚀性。铬可经皮肤吸收,铬在体内可影响氧化、还原和水解过程,过多的铬可使蛋白质变性、核酸和核蛋白沉淀、酶系统受干扰。铬也是一种较常见的致敏物质。铬酸和铬酸盐引起中毒的症状为吞咽困难、上腹部烧灼感、腹泻、血水样便,严重者出现休克、青紫、呼吸困难，婴儿可出现中枢神经系统症状。动物实验证明，铬酸铅、铬酸锌、重铬酸钠等有致癌性。美、英、德、日等工业发达国家经流行病等调查证实，用铬矿石生产重铬酸盐的工人中，肺癌发病率很高，称其为"铬肺癌"。由于三价铬毒性很小，无机铬盐的吸收率又很低，因此尚无口服三价铬中毒的报道。铬中毒是指六价铬污染环境而引起的人体中毒，如长期从事铬酸盐工业生产的工人易患皮肤溃疡、接触性皮炎、皮肤癌；长期吸入铬酸盐粉尘者可诱发肺癌。铬中毒时还可出现口腔炎和齿龈炎等。

预防铬中毒要加强饮食营养，增加富含维生素 C（抗坏血酸）的新鲜蔬菜和水果；也有人认为大量吃糖可增加尿中铬的排出。慢性铬中毒多因饮用含铬过高的啤酒而引起，表现为酸中毒、心力衰竭、休克等。

对于急、慢性铬中毒目前尚无特效疗法，常按金属中毒对症处置，如及时洗胃、口服豆浆、牛奶或蛋清等，服用含巯基的半胱氨酸，调节水、电解质平衡以纠正酸中毒，膳食中增加蛋白质和维生素 C 的摄入量等。

（三）其他无机污染物

1. 砷（As）

镉对人体的危害，表现得还算"温柔"，在人体内聚集久了才会产生危害。与镉不同，烈性的砷可以说是"阎王让你三更走，不敢留你到五更"。提到砷，也许知道它的人很少。不过，一说砒霜，大家都听说过，砒霜和其他的砷化合物都是剧毒的。所以，接触到砷时，要千万小心。

尽管砷有剧毒，砷还是有好的一面，近来有研究表明，微量的砷也许有利于人体的健康，而且这种声名狼藉的物质已经用于某些类型血癌的治疗。砷有灰、黄和黑三种同素异形体，质脆而硬，具有金属性；单质砷毒性很低，但砷化合物均有毒性，三价砷化合物比五价砷化合物毒性高。As_2S_5、As_2S_3 等溶解度小、毒性低；而砷的氧化物和盐类大部分属高毒性。急性中毒主要为误服三氧化二砷（砒霜）及其他可溶性的砷化合物所致，职业中毒少见。某些无机砷化合物可引起人体皮肤癌和肺癌。

砷中毒机制是砷与细胞中含巯基（—SH）的酶结合成稳定的络合物，使酶失去活性，阻碍细胞呼吸作用，引起细胞死亡。中毒症状常常是在摄入半小时到一小时后发作，中毒者表现为消化系统症状：腹痛、腹泻、恶心、呕吐，继而尿量减少、尿闭、循环衰竭，严重者出现神经系统麻痹、昏迷、死亡。

水体污染引起的砷中毒多是蓄积性慢性中毒，表现为神经衰竭、多发性神经炎、肝痛、肝大、皮肤色素沉着和皮肤的角质化以及周围血管疾病。现代流行病学研究证实，砷中毒与皮肤病、肝癌、肺癌、肾癌等有密切关系。此外砷化合物对胚胎发育也有一定的影响，可致畸胎。

砷污染水体后可以被动、植物摄取、吸收，并在体内累积，产生生物蓄积效应。1956 年，在日本发生了轰动世界的"森永奶粉事件"，是由于该公司出售的奶粉中混入了 $2.0 \times 10^{-6}\% \sim 3.0 \times 10^{-6}\%$ 的 5 价砷化合物。婴儿每天摄入 1.3～3.6mg 的砷，在 2～3 周后就会出现急性或亚急性中毒，出现肝肿胀、皮肤黑化，急性肾功能及心脏功能损伤。结果有 1.2 万人中毒，130 多人死亡。中毒婴儿几年后，又出现痴呆、畸形、残疾等症，给很多家庭带来灾难。20 世纪 50 年代末期，台湾西南沿海地区曾出现过特有的末梢血管阻塞疾病，因患者双足发黑而得名"乌脚病"。乌脚病很早就确定与井水含砷过高有关，自来水普及后该病患已大幅减少。但后续发现除乌脚病外,含砷水也造成皮肤癌、膀胱癌及各种癌症。

我国也发生过多起砷中毒事件,其中最严重的是 2000 年 1 月 19 日在湖南郴州邓家塘村发生的砷中毒事件,在那次事件中共有 486 人中毒。卫生防疫部门现场调查发现,主要原因是该村小流域上游的砷制品厂污染生活饮用水所致。

预防砷中毒应改善生产条件,提高自动化、机械化和密闭化程度,加强个人防护;对各种含砷的废气、污水与废渣应予回收和净化处理,严防污染环境;作业工人应每年定期检查身体,监测尿砷;有严重肝脏、神经系统、造血系统和皮肤疾患的人员,不宜从事砷作业。饮食方面应避免食用损害肝脏的食物,可采用清淡饮食,多食些补血的食物(如大枣、动物肝脏等)、富含维生素及抗氧化的食物。应消除患者的焦虑与悲观情绪,多鼓励患者,给予其信心。

2. 氮(N)、磷(P)

水中氮的存在形式有氨氮、有机氮(蛋白质、尿素、氨基酸、胺类、氰化物、硝基化合物等)、硝酸盐氮、亚硝酸盐氮,在一定条件下,四种形式之间可以相互转化。饮用水源中,硝酸盐氮是主要存在形式。可能由于污染等非正常原因,使水体中氨氮、硝酸盐氮、有机氮含量过高。

水中氨氮主要来源于生活污水、农田灌溉的排水、工业污水(如合成氨污水)、焦化污水等。清洁的地下水硝酸盐氮含量不高,但是深层地下水、受污染的水体含氮量较高。亚硝酸盐氮属于氮循环的中间产物,可与仲胺类物质反应生成致癌的亚硝胺类物质。亚硝酸盐不稳定,一般天然水体中含量低于 0.1mg/L。

水源水和饮用水中三氮(氨氮、硝酸盐氮、亚硝酸盐氮)含量过高,对人体和水体水生物都有毒害作用。例如,水中氨氮超过 1mg/L,会使水生生物血液结合氧的能力降低,超过 3mg/L,鱼类会死亡。亚硝酸盐氮可使人体正常的血红蛋白氧化成高铁血红蛋白,失去输送氧的能力。亚硝酸盐氮还会与仲胺类反应生成致癌性的亚硝胺类物质。硝酸盐氮含量过高,可使血液中变性血红蛋白增加,还可经肠道微生物作用转变为亚硝酸盐而出现毒性作用。水源水中如存在氨氮,会造成供水处理中的加氯量大为增加,氨氮过高会导致其他消毒副产物增加等,危害人体健康。1973 年,美国内布拉斯加州首次出现高铁血红蛋白症(蓝婴病)。其原因是饮用水中硝酸盐含量超过 10mg/L,这时过多的硝酸盐会与红细胞中的血红素结合,形成高铁血红蛋白,高铁血红蛋白不能为细胞和组织运输足够的氧。患儿的临床症状是在口、手或脚等部位出现时断时续的蓝色或淡紫色,呼吸困难、腹泻、呕吐、抽搐,严重的会失去知觉,甚至死亡。我国国标 GB5749－2006 规定,饮用水中氨氮(以 N 计)应小于 0.5mg/L,硝酸盐氮应小于 10(地下水水源为 20)mg/L,亚硝酸盐氮(水源水)应小于 0.02mg/L。

水体中磷的主要来源有化肥、人畜粪便、水土流失和含磷洗涤剂。在城市生活污水中,含磷洗涤剂中的磷是水体中磷的主要来源。有研究表明,湖泊、水库中的磷 80% 来自于污水排放,而磷的主要来源是家庭洗涤剂的使用,其磷的污染强度占总磷污染负荷的50% 左右。20 世纪 60 年代以来,随着世界上人口密集的大湖泊区受到氮、磷等有机物的污染,许多发达国家和地区开始了世界范围的禁磷、限磷运动。一段时期以来,我国主要解决工业污水的排放问题,生活污水则几乎没有进行任何处理就直接排放至水体中。

天然水体中由于过量营养物质（主要是指氮、磷等）的排入，引起各种水生生物异常繁殖和生长，这种现象称作水体富营养化。一般地说，无机氮和总磷分别超过 300mg/L 和 20mg/L 就认为水体处于富营养化状态。而对于引发水体富营养化而言，磷的作用远大于氮的作用，水体中磷的浓度不很高时就可以引起水体的富营养化。

震惊全国，搅得无锡近 200 万人生活不得安宁的太湖蓝藻事件就是湖泊富营养化的典型例子。它的形成原因就是周边化工企业大量的含磷、氮污水的排放。

三、中国水污染现状

中国有 82％的人饮用浅井和江河水，其中水质污染严重、细菌超过卫生标准的占 75％，饮用受到有机物污染的水的人口约 1.6 亿。长期以来，人们一直认为自来水是安全、卫生的。但是，因为水的污染，如今的自来水已不能算是卫生的了。一项调查显示，在全世界自来水中，测出的化学污染物有 2221 种之多，其中有些被确认为致癌物或促癌物。从自来水的饮用标准看，中国尚处于较低水平，自来水仅能采用沉淀、过滤、加氯消毒等方法，将江河水或地下水简单加工成可饮用水。自来水加氯可有效杀除病菌，同时也会产生较多的卤代烃化合物，这些含氯有机物的含量成倍增加，是引起人类患各种胃肠癌的最大根源。城市污染物的成分十分复杂，受污染的水域中除重金属外，还含有甚多农药、化肥、洗涤剂等有害残留物，即使是把自来水煮沸了，上述残留物仍驱之不去。而煮沸水中增加了有害物的浓度，降低了有益于人体健康的溶解氧的含量，而且也使亚硝酸盐与三氯甲烷等致癌物增加，因此，饮用开水的安全系数也是不高的。据最新资料透露，中国主要大城市只有 23％的居民饮用水符合卫生标准，小城镇和农村饮用水合格率更低。水污染防治的当务之急，应确保饮用水合格。为此应加大水污染监控力度，设立供水水源地保护区。母亲河黄河 1972 年第一次断流，1997 年断流 226 天，近 700km 河床干涸。海河 300 条支流，无河不干，无河不臭。华北地下水严重超采，形成面积 7 万多平方千米的世界上最大的地下水漏斗区，地面下沉，海水入侵。全国 668 个城市中，有 400 多个供水不足，100 多个严重缺水。20 世纪 90 年代末以来，土地沙化速度上升到每年 3400 多平方千米。更可怕的是，中国水资源总量还在下降，1997 年总量为 27855 亿立方米，而 2004 年就降到 24130 亿立方米。从 20 世纪 50 年代以来，长江上游 20 多条河流水量平均萎缩了 37.1％。世界自然基金会发表报告，将长度与水量均为世界第三的长江列入世界面临干涸的 10 条大河之一。中国水环境的前景令人担忧。

多年来，中国水资源质量不断下降，水环境持续恶化，由于污染所导致的缺水和事故不断发生，不仅使工厂停产、农业减产甚至绝收，而且造成了不良的社会影响和较大的经济损失，严重地威胁了社会的可持续发展，威胁了人类的生存。中国六大水系以污染程度从大至小进行排序，其结果为：辽河、海河、淮河、黄河、松花江、长江，其中，辽河、海河、淮河污染严重。综合考虑中国地表水资源质量现状，符合《地面水环境质量标准》的Ⅰ、Ⅱ类标准的只占 32.2％（河段统计），符合Ⅲ类标准的占 28.9％，属于Ⅳ、Ⅴ类标准的占 38.9％，如果将Ⅲ类标准也作为污染统计，则中国河流长度有 67.8％被污染，约占监测河流长度的 2/3，可见中国地表水资源污染非常严重。

中国地表水资源污染严重，地下水资源污染也不容乐观。

中国北方五省区和海河流域地下水资源，无论是农村（包括牧区）还是城市，浅层水或深层水均遭到不同程度的污染，局部地区（主要是城市周围、排污河两侧及污水灌区）和部分城市的地下水污染比较严重,污染呈上升趋势。

具体而言,根据北方五省区(新疆、甘肃、青海、宁夏、内蒙古)1995 眼地下水监测井点的水质资料,按照《地下水质量标准》(GB/T 14848-93)进行评价,结果表明,在 69 个城市中,Ⅰ类水质的城市不存在,Ⅱ类水质的城市只有 10 个,只占 14.5%,Ⅲ类水质城市有 22 个,占 31.9%,Ⅳ、Ⅴ类水质的城市有 37 个,占评价城市总数的 53.6%,即 1/2 以上城市的城市地下水污染严重。至于海河流域,地下水污染更是令人触目惊心。2015 眼地下水监测井点的水质监测资料表明,符合Ⅰ~Ⅲ类水质标准的仅有 443 眼,占评价总数的 22.0%,符合Ⅳ和Ⅴ类水质标准的有 880 和 629 眼,分别占评价总井数的 43.7% 和 34.3%,即有 78% 的地下水遭到污染;如果用饮用水卫生标准进行评价,在评价的总井数中,仅有 328 眼井水质符合生活标准,只占评价总数的 31.2%,另外 2/3 以上被监测的井水水质不符合生活饮用水卫生标准。

近几年来中国发生的重大水污染事件有:

1. 甘肃锑泄漏事件

2015 年 11 月 24 日,甘肃省陇星锑业有限责任公司尾矿库发生尾砂泄漏,造成嘉陵江及其一级支流西汉水数百千米河段锑浓度超标。此次发生污染事件的西汉水,是长江流域含沙量最大的河流,在流经甘肃西和、康县、成县后,经陕西略阳向南注入嘉陵江四川广元段。受甘肃陇南锑泄漏影响,嘉陵江上游锑浓度超标水过境广元市流域时致该市生产、生活用水吃紧。

2. 广东练江水污染

据环保部门监测,练江干流中高锰酸盐指数、化学需氧量、氨氮、总磷等八个监测因子严重超标,其中氨氮长年维持在 10mg/L,最大值达到 28.5mg/L,远远超过了 1mg/L 的地表水Ⅲ类正常水质标准;化学需氧量平均维持在 100mg/L,最大值达到 184mg/L,大大超过 20mg/L 的标准值。根据 2014 年的监测结果,主要污染指标比 2013 年呈加重趋势,成为全国污染最重的河流之一,两岸居民也因此饱受其苦。

3. 甘肃兰州自来水苯超标

2014 年 4 月 10 日,兰州发生严重的自来水苯含量超标事件。4 月 10 日苯含量为 170μg/L,4 月 11 日检测值为 200μg/L,均远超出国家限值的 10μg/L。4 月 12 日原因已经查明:兰州自来水苯超标系兰州石化管道泄漏所致。

4. 广西大新县镉污染致手脚畸形

广西大新县采矿场长年排放废水和尾矿,导致村民体内镉超标,手指、腿脚全部变形。村民说,每天都要服用三次止痛药,不吃就痛得受不了,下雨、阴天全身都疼,肿胀得很厉害,感觉像要爆裂。

5. 广西贺州市发生水体镉、铊等重金属污染事件

2013 年 7 月,从贺江马尾河段河口到广东省封开县,不同断面污染物浓度从 1 倍到 5.6 倍不等,并出现大量死鱼(图 4-8)。污染源基本确定为上游沿岸冶炼、选矿企业。污染源为贺江上游的马尾河附近 79 家非法金属采矿点,雨后致大量金属污染物流入贺江,造成贺江马尾河段河口到广东省封开县 110 千米河段污染。事后非法采矿点被勒令关闭停产。

图 4-8　贺江污染

6. 山西长治苯胺泄漏导致河水污染事件

2012 年 12 月 31 日,位于山西省长治市潞城市境内的某化工厂发生苯胺泄漏入河事件。山西省政府 2013 年 1 月 5 日接到事故报告时,泄漏苯胺已随河水流出省外。泄漏事件导致河北省邯郸市停水和居民抢购瓶装水,河南省安阳市境内红旗渠等部分水体有苯胺、挥发酚等因子检出和超标。

7. 江苏镇江水污染事件

2012 年 2 月 3 日中午开始,江苏镇江市自来水出现异味,镇江自来水公司最初的解释是"加大了自来水中氯气的投放量",但其后两天,镇江发生了抢购饮用水风波。2 月 7 日,镇江市政府承认:水源水受到苯酚污染是造成异味的主要原因。

8. 广西镉污染事件

2012 年 1 月 15 日,因广西某矿业股份有限公司、河池市某立德粉材料厂违法排放工业污水,广西龙江河突发严重镉污染,水中的镉含量约 20t,污染团顺江而下,污染河段长达约 300km。这起污染事件对龙江河沿岸众多渔民和柳州三百多万市民的生活造成严重影响。截至 2 月 2 日,龙江河宜州拉浪至三岔段共有 133 万尾鱼苗、40t 成鱼死亡(图 4-9),而柳州市则一度出现市民抢购矿泉水情况。

图 4-9　龙江河严重镉污染

9. 江西铜矿排污祸及下游

2011 年 12 月,江西德兴市的多家矿山公司被曝常年排污乐安河,祸及下游乐平市 9 个乡镇四十多万群众。乐平市政府的调查报告显示,自 20 世纪 70 年代开始,上游有色金属矿山企业每年向乐安河流域排放 6 000 多万吨"三废"污水,污水中重金属污染物和有毒非金属污染物达二十余种(图 4-10)。由此造成 9 269 亩耕地荒芜绝收,1 万余亩耕地严重减产,沿河 9 个渔村因河鱼锐减失去经济来源。近 20 年来,江西乐平市名口镇某村

图 4-10 乐安河污染

已故村民中有八成是因癌症去世,是外界谈之色变的"癌症村"。而相关企业根据协议做出的赔偿金额,平均每年每人不足一元。

10. 云南曲靖 5000 多吨铬渣污染水库

2011 年 8 月 12 日,云南曲靖某化工公司将 5222.38t 工业废料铬渣非法倾倒,致使水库内六价铬超标 2000 倍(图 4-11),倾倒地附近农村 77 头牲畜死亡。有报道称事后有关方面将 $3 \times 10^6 m^3$ 受污染水,铺设管道排入珠江源头南盘

图 4-11 铬渣污染水源

江,作为珠江下游城市的广州,不少网友发微博表示关注,期待真相。

四、污水处理方法

污水处理可分为物理处理法、化学处理法、物理化学处理法和生物处理法四类。

物理处理法:通过物理作用分离、回收废水中不溶解的呈悬浮状态的污染物(包括油膜和油珠)的废水处理法,可分为重力分离法、离心分离法和筛滤截留法等。属于重力分离法的处理单元有:沉淀、上浮(气浮)等,相应使用的处理设备是沉砂池、沉淀池、隔油池、气浮池及其附属装置等。离心分离法本身就是一种处理单元,使用的处理装置有离心分离机和水旋分离器等。筛滤截留法有栅筛截留和过滤两种处理单元,前者使用的处理设备是格栅、筛网,而后者使用的是砂滤池和微孔滤机等。以热交换原理为基础的处理法也属于物理处理法,其处理单元有蒸发、结晶等。

化学处理法包括:中和法,如酸碱中和法、投药中和法、过滤中和法;化学混凝法,如无机混凝法、有机混凝法和高分子混凝法,利用混凝法处理污水主要是用于污水处理的预处理、中间处理和深度处理的各个阶段;化学沉淀法,如中和沉淀法、硫化物沉淀法、钡盐沉淀法、铁氧体沉淀法;氧化还原法和电化学法。

物理化学处理法有:吸附、离子交换、浮选、气提吹脱等。

生物处理法简称为生化法。该法的处理过程是使污水与微生物混合接触,利用微生物在自然环境中的代谢作用,即微生物体内的生物化学作用分解污水中的有机物和某些无机毒物。下面主要介绍化学处理法:

(一)酸、碱性污水的中和处理

1. 酸性污水处理

(1)投药中和法。药剂有石灰乳、苛性钠、石灰石、大理石、白云石等。优点是可处理任何浓度、任何性质的酸性污水,污水中允许有较多的悬浮物,对水质、水量的波动适用性

强，中和剂利用率高，过程容易调节。缺点是劳动条件差、设备多、投资大、泥渣多且脱水难。

（2）天然水体及土壤碱度中和法。采用时要慎重，应从长远利益出发，允许排入水体的酸性污水量应根据水体或土体的中和能力来确定。

（3）碱性污水和废渣中和法。

2. 碱性污水中和处理

（1）投酸中和法。药剂有硫酸、盐酸及压缩二氧化碳（用 CO_2 作中和剂，由于 pH 低于 6，因此不需要 pH 控制装置）。

（2）酸性污水及废气中和法。烟道气中有高达 24％ 的 CO_2，可用来中和碱性污水。其优点可把污水处理与烟道气除尘结合起来，缺点是处理后的污水中硫化物、色度和耗氧量均有显著增加。

清洗由污泥消化获得的沼气（含 25％～35％ 的 CO_2 气体）的水也可用于中和碱性污水。

（二）含重金属污水的化学处理

含重金属污水的主要来源为工业污水和酸性矿水。

1. 化学沉淀法

（1）工艺过程：

① 投加化学沉淀剂与污水中的重金属离子反应，生成难溶性沉淀物析出。

② 通过凝聚、沉降、上浮、过滤、离心等操作进行固液分离。

③ 泥渣的处理和回收利用。

（2）按所用药剂分类：

① 氢氧化物沉淀法。最常用的沉淀剂是石灰。石灰沉淀法的优点是去除污染物范围广，药剂来源广，价格低，操作简便，处理可靠且不产生二次污染。缺点是劳动卫生条件差，管道易堵塞，泥渣体积大，脱水困难。

② 硫化物沉淀法。沉淀剂有 H_2S、Na_2S、$(NH_4)_2S$ 等。

无机汞的去除可用此法，S^{2-} 浓度的提高利于硫化汞的析出，在反应过程中要补投 $FeSO_4$ 溶液以除去过量的 S^{2-}，也有利于沉淀分离。

（3）硫酸盐沉淀法。

2. 氧化还原法

氧化剂有空气、臭氧、氯气、次氯酸钠及漂白粉，可去除 Fe^{2+}、Mn^{2+} 等离子。

还原剂有硫酸亚铁、亚硫酸钠、硼氢化钠、铁屑等，可去除 Hg^{2+}、Cd^{2+}、Cu^{2+}、Ag^+、Ni^{2+}、Cr^{6+} 等。

第三节　土壤污染与治理

土壤是指陆地表面具有肥力、能够生长植物的疏松表层，其厚度一般是 2m 左右。土壤不但为植物生长提供机械支撑能力，而且还能为植物生长发育提供所需的水、肥、气、热等肥力要素。土壤污染主要是指土壤中收容的有机废弃物或含毒废弃物过多，影响或超过了土壤的自净能力，从而引起土壤质量恶化，引起土壤的组成、结构和功能发生变化，微生物活动受到抑制，有害物质或其分解产物在土壤中逐渐积累，导致生产能力退化，并通过"土壤→植物→人体",或通过"土壤→水→人体"间接被人体吸收,最终对生态安全和人类生命健康构成威胁。污染物可以通过多种途径进入土壤,引起土壤正常功能的变化,从而影响植物的正常生长和发育。

土壤污染物大致可分为无机污染物和有机污染物两大类。无机污染物主要包括酸、碱、重金属、盐类,放射性元素铯、锶的化合物,含砷、硒、氟的化合物等。有机污染物主要包括有机农药、酚类、氰化物、石油、合成洗涤剂、3,4-苯并芘以及由城市污水、污泥及厩肥带来的有害微生物等。

土壤作为人类生存之本,是我们生活中必不可少的物质财富,土壤资源的利用与保护程度也是与人类社会生存、发展息息相关的。近 20 年来,随着工业化、城市化、农业集约化快速发展和经济持续增长,资源开发利用强度日增,人们的生活方式迅速变化,大量未经妥善处理的污水直接灌溉农田、固体废弃物任意丢弃或简单填埋、废气尾气长距离漂移与沉降、大量不合理的化肥农药的施用与残留,这些人类在生产、生活过程中不合理的开发利用土壤方式,导致了土壤资源受到污染和破坏,并以一种不容忽视的速度和趋势在全

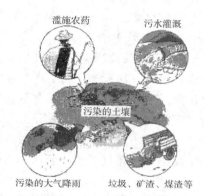

图 4-12 造成土壤污染的种种原因

国范围内蔓延,严重影响到我国土壤生态系统的生物多样性、食物链安全(图 4-12)。据报道,目前我国受镉、砷、铬、铅等重金属污染的耕地面积近 $1.2 \times 10^9 \ hm^2$,约占总耕地面积的 1/5;其中工业三废污染耕地 $1 \times 10^8 \ hm^2$,污水灌溉的农田面积已达 $3.3 \times 10^7 \ hm^2$。除耕地污染之外,我国的工矿区、城市也存在土壤(或土地)污染问题。土壤生物污染在我国分布广泛,危害严重。污水灌溉、粪便施肥、污泥和垃圾以及病毒尸体都可能造成土壤生物污染,通过各种途径危害动、植物和人体健康。土壤生物污染分布最广的是由肠道致病性原虫和蠕虫类所造成的污染。据调查,上海市郊蔬菜的大肠菌群检出率为 13.7%,最高可达 12800 个/g,寄生虫卵检出率为 11.9%,近三成蔬菜受到不同程度的生物污染。近年来,随着核技术在工农业、医疗、地质、科研等各领域的广泛应用,越来越多的放射性污染物进入到土壤中,这些放射性污染物除可直接危害人体外,还可以通过生物链和食物链进入人体。另外,全国至少有 $1.3 \times 10^8 \sim 1.6 \times 10^8 \ hm^2$ 耕地受到农药污染。每年因土壤污染而造成的各种农业经济损失合计约 200 亿元。土壤污染不仅严重影响了土壤质量和土地生产力,而且还导致水体和大气环境质量的下降,破坏农业可持续发展。

一、土壤污染原因

土壤污染源主要是人为造成的污染源,如"三废"的排放,即废气、废渣、废水;其次还有过量使用的农药、化肥、污泥、重金属物、微生物、化学药品等。

1. "三废"的排放

大气中的二氧化硫、氮氧化合物等随着雨水降落到地面上,引起土壤的酸化;生活污水或工业废水用于灌溉,使土壤受到重金属、无机物和病原体的污染;固体废物的堆放,除占用土地外,还恶化周围环境,污染地面水和地下水,传染疾病。据统计,我国因工业"三废"污染的农田近 $7 \times 10^7 \ hm^2$,使粮食每年减产 $1 \times 10^{11} \ kg$。

2. 农药对土壤的污染

农药对土壤的污染可分为直接污染和间接污染。前者是由于在作物收获期前较短的时间内施用残效期较长的农药引起的，一部分直接污染了粮食、水果和蔬菜等作物，另一部分污染的是土壤、空气和水。我国农药总施用量达 1.31×10^7 t，平均施用量比发达国家高出 1 倍，特别是随着种植结构的改变，蔬菜和瓜果的播种面积大幅度增长，这些作物的农药用量可超过 $100kg/hm^2$，甚至高达 $219kg/hm^2$，较粮食作物高出 $1\sim2$ 倍。农药施用后在土壤中的残留量为 $50\%\sim60\%$，已经长期停用的六六六、滴滴涕目前在土壤中的检出率仍然很高。

3. 化肥对土壤的污染

随着生产的发展，化肥的使用量在不断增加，增施化肥已作为现代农业增加作物产量的途径之一。在带来作物丰产的同时，过量施用化肥也会造成土壤污染，给作物的食用安全带来一系列问题。人们已注意到随之带来的还有环境问题，特别令人担忧的是硝酸盐的累积问题。20 世纪 90 年代，全世界氮肥使用量为 8×10^8 t 氮，其中我国用量达 1.726×10^8 t，占世界用量的 21.6%，我国耕地平均施用化肥氮量为 $224.8kg/hm^2$，其中有 17 个省的平均施用量超过了国际公认的上限 $225kg/hm^2$，有四个省达到了 $400kg/hm^2$。

4. 污泥对土壤的污染

城市污水处理厂处理工业废水、生活污水时，会产生大量的污泥，一般占污水量的 1% 左右。污泥中含有丰富的氮、磷、钾等植物营养元素，常被用作肥料。但由于污泥的来源不同，一些有工业废水的污泥中，常含有某些有害物质，如大量使用或利用不当，会造成土壤污染，使作物中的有害成分增加，影响其食用安全。

5. 重金属污染

进入土壤的重金属污染物以可溶性与不溶性颗粒存在，如镉、汞、铬、铜、锌、铅、镍、砷等。汽油中添加的防爆剂四乙基铅随废气排出污染土壤，使行车频率高的公路两侧常形成明显的铅污染带。砷被大量用作杀虫剂、杀菌剂、杀鼠剂和除草剂，硫化矿产的开采、选矿、冶炼也会引起砷对土壤的污染。汞主要来自厂矿排放的含汞废水。土壤与汞化合物之间有很强的相互作用，积累在土壤中的金属汞、无机汞盐、有机络合态或离子吸附态汞能在土壤中长期存在。镉、铅污染主要来自冶炼排放和汽车尾气沉降，磷肥中有时也含有镉。我国重金属污染的土壤面积达 2×10^8 hm^2，占总耕地面积的 $1/60$。

6. 微生物的污染

不合格的畜禽类粪便肥料也是造成土壤污染的罪魁祸首。由于畜禽饲料中添加铜、铅等微量元素、动物生长激素，使得许多未被畜禽吸收的微量元素和有机污染物随粪便排出体外，污染土壤环境。

7. 化学药品污染

弃漏的化学药品，如硝酸盐、硫酸盐、氧化物，还有多环芳烃、多氯联苯、酚等也是常见的污染物。这些污染物很难降解，多数是致癌物质，易造成长期潜在的危险。

8. 放射性物质污染

土壤辐射污染的来源有铀矿和钍矿开采、铀矿浓缩、核废料处理、核武器爆炸、核试验、燃煤发电厂、磷酸盐矿开采加工等。大气层核试验的散落物可造成土壤的放射性污染，放射性散落物中，^{90}Sr、^{137}Cs 的半衰期较长，易被土壤吸附，滞留时间也较长。

二、土壤污染的危害

1. 土壤污染导致农作物产量和品质不断下降，造成巨大经济损失

因工业污染和农田施用化肥，大多数城市近郊土壤都受到不同程度的污染，许多地方粮食、蔬菜、水果等食物中镉、砷、铬、铅等重金属含量超标或接近临界值。每年转化成为污染物而进入环境的氮素达 $1×10^8$ t，农产品中的硝酸盐和亚硝酸盐污染严重。农用塑料薄膜污染土壤面积超过 $7×10^7$ hm²，残存的农用塑料薄膜对土壤毛细管水起阻流作用，恶化土壤物理性状，影响土壤通气透水（图 4-13），严重影响农作物产量和农产品品质。初步统计，全国受污染的耕地约有 $1×10^8$ hm²，有机污染物污染农田达 $3.6×10^8$ hm，主要农产品的农药残留超标率高达 $16\%～20\%$；污水灌溉污染耕地 $2.16×10^7$ hm²，固体废弃物堆存占地和毁田 $1.3×10^7$ hm²。每年因土壤污染减产粮食超过 $1×10^8$ t，造成各种经济损失约 200 亿元。

图 4-13　土壤性状恶化

2. 土壤污染危害人体健康

土壤污染会使污染物在植物体内积累，并通过食物链富集到人体和动物体中，危害人体健康，引发癌症和其他疾病。

3. 土壤污染导致其他环境问题

土壤受到污染后，含重金属浓度较高的污染土容易在风力和水力作用下分别进入到大气和水体中，导致大气污染、地表水污染、地下水污染和生态系统退化等其他次生生态环境问题。

三、土壤污染防治

土壤污染防治是防止土壤遭受污染和对已污染土壤进行改良、治理的活动。土壤保护应以预防为主。预防的重点应放在对各种污染源排放进行浓度和总量控制；对农业用水应进行经常性监测、监督，使之符合农田灌溉水质标准；合理施用化肥、农药，慎重使用污泥、河泥、塘泥；利用城市污水灌溉，必须进行净化处理；推广病虫草害的生物防治和综合防治，以及整治矿山、防止矿毒污染等。改良治理方面，重金属污染者可采用排土、客土改良或使用化学改良剂等方法，以及改变土壤的氧化还原条件使重金属转变为难溶物质，降低其活性；对有机污染物如三氯乙醛可采用松土、施加碱性肥料、翻耕晒垄、灌水冲洗等措施加以治理。加强环境立法和管理，如日本根据土壤污染立法，对特定有害物如镉、铜、砷，凡符合下列条件的，即定为治理区，需由当地政府采取治理措施：糙米中镉浓度超过或可能超过 1mg/kg 的地区；水田中铜浓度用 0.1mol/L 的盐酸提取、测定，超过 125mg/kg 的地区；水田中砷浓度（0.1mol/L 的盐酸提取）在 10～20mg/kg 以上的地区。

我国土壤污染问题的防治措施包括两个方面：一是"防"，就是采取对策防止土壤污染；一是"治"，就是对已经污染的土壤进行改良、治理。

（一）土壤污染的预防措施

1. 科学地利用污水灌溉农田

废水种类繁多，成分复杂，有些工业废水可能是无毒的，但与其他废水混合后，可能就变成了有毒废水。因此,利用污水灌溉农田时,必须符合《不同灌溉水质标准》,否则必须进行处理,符合标准要求后方可用于灌溉农田。

2. 合理使用农药,积极发展高效、低残留农药

科学地使用农药能够有效地消灭农作物病虫害,发挥农药的积极作用。合理使用农药包括:严格按《农药管理条例》的各项规定进行保存、运输和使用。使用农药的工作人员必须了解农药的有关知识,以合理选择不同农药的使用范围、喷施次数、施药时间以及用量等,使之尽可能减轻农药对土壤的污染。禁止使用残留时间长的农药,如六六六、滴滴涕等有机氯农药。发展高效、低残留农药,如拟除虫菊酯类农药,这将有利于减轻农药对土壤的污染。

3. 积极推广生物方法防治病虫害

为了既能有效地防治农业病虫害,又能减轻化学农药对土壤的污染,需要积极推广生物防治方法,利用益鸟、益虫和某些病原微生物来防治农林病虫害。例如,保护各种以虫为食的益鸟;利用赤眼蜂、七星瓢虫、蜘蛛等益虫来防治各种粮食、棉花、蔬菜、油料作物以及林业病虫害;利用杀螟杆菌、青虫菌等微生物来防治玉米螟、松毛虫等。利用生物方法防止农林病虫害具有经济、安全、有效和无污染的特点。

4. 提高公众的土壤保护意识

土壤保护意识是指特定主体对土壤保护的思想、观点、知识和心理,包括特定主体对土壤本质、作用、价值的看法,对土壤的评价和理解,对利用土壤的理解和衡量,对自己土壤保护权利和义务的认识,以及特定主体的观念。在开发和利用土壤的时候,应进一步加强舆论宣传工作,使广大干部群众都知道,土壤问题是关系到国泰民安的大事,让农民和基层干部充分了解当前严峻的土壤形势,唤起他们的忧患感、紧迫感和历史使命感。

（二）土壤污染的治理措施

1. 污染土壤的生物修复方法

土壤污染物质可以通过生物降解或植物吸收而被净化。蚯蚓是一种能提高土壤自净能力的动物,利用它还能处理城市垃圾和工业废弃物以及农药、重金属等有害物质。因此,蚯蚓被人们誉为"生态学的大力士"和"净化器"等。积极推广使用农药污染的微生物降解菌剂,以减少农药残留量。严重污染的土壤可改种某些非食用的植物如花卉、林木、纤维作物等,也可种植一些非食用的吸收重金属能力强的植物,如羊齿类铁角蕨属植物对土壤重金属有较强的吸收聚集能力,对镉的吸收率可达到 10%,连续种植多年则能有效降低土壤含镉量。

2. 污染土壤治理的化学方法

对于重金属轻度污染的土壤,使用化学改良剂可使重金属转为难溶性物质,减少植物对它们的吸收。酸性土壤施用石灰,可提高土壤 pH,使镉、锌、铜、汞等形成氢氧化物沉淀,从而降低它们在土壤中的浓度,减少对植物的危害。对于硝态氮积累过多并已流入地下水体的土壤,一则大幅度减少氮肥施用量,二则配施脲酶抑制剂、硝化抑制剂等化学抑制剂,以控制硝酸盐和亚硝酸盐的大量累积。

3. 增施有机肥料

增施有机肥料可增加土壤有机质和养分含量,既能改善土壤理化性质特别是土壤胶体性质,又能增大土壤吸附容量,提高土壤净化能力。例如,受到重金属和农药污染的土

壤,增施有机肥料可增加土壤胶体对其的吸附能力,同时土壤腐殖质可络合污染物质,显著提高土壤钝化污染物的能力,从而减弱其对植物的毒害。

4. 调控土壤氧化还原条件

调节土壤氧化还原状况在很大程度上影响重金属变价元素在土壤中的行为,能使某些重金属污染物转化为难溶态沉淀物,控制其迁移和转化,从而降低污染物危害程度。调节土壤氧化还原电位即 E_h 值,主要通过调节土壤水、气比例来实现。在生产实践中往往通过土壤水分管理和耕作措施来实施,如水田淹灌,E_h 值降至 160 毫伏时,许多重金属都可生成难溶性的硫化物而降低其毒性。

5. 实行轮作制度

改变耕作制度会引起土壤条件的变化,可消除某些污染物的毒害。据研究,实行水旱轮作是减轻和消除农药污染的有效措施。例如,DDT、六六六农药在棉田中的降解速度很慢,残留量大,而棉田改水田后,可大大加速 DDT 和六六六的降解。

6. 换土和翻土

对于轻度污染的土壤,可采取深翻土或换无污染的客土的方法。对于污染严重的土壤,可采取铲除表土或换客土的方法。这些方法的优点是改良较彻底,适用于小面积改良。但对于大面积污染土壤的改良,此法非常费事,难以推行。

7. 实施针对性措施

对于重金属污染土壤的治理,主要通过生物修复、使用石灰、增施有机肥、灌水调节土壤 E_h、换客土等措施,降低或消除污染。对于有机污染物的防治,通过增施有机肥料、使用微生物降解菌剂、调控土壤 pH 和 E_h 等措施,加速污染物的降解,从而消除污染。

总之,按照"预防为主"的环保方针,防治土壤污染的首要任务是控制和消除土壤污染源,防止新的土壤污染;对已污染的土壤,要采取一切有效措施,清除土壤中的污染物,改良土壤,防止污染物在土壤中的迁移转化。

第四节　室内环境污染及防治

"室内"主要指居室内,广义上也可泛指各种建筑物内,如办公楼、会议厅、医院、教室、旅馆、图书馆、展览厅、影剧院、体育馆、健身房、商场、地下铁道、候车室、候机厅等各种室内公共场所和公众事务场所内。有些国家还包括室内的生产环境。

人们对室内空气中的传染病病原体认识较早,而对其他有害因子则认识较迟。其实,早在人类住进洞穴并在其内点火烤食取暖的时期,就有烟气污染。但当时这类影响的范围极小,持续时间极短暂,人的室外活动也极频繁,因此,室内空气污染无明显危害。随着人类文明的高度发展,尤其进入 20 世纪中叶以来,由于民用燃料的消耗量增加,进入室内的化工产品和电器设备的种类和数量增多,更由于为了节约能源,寒冷地区的房屋建造得更加密闭,室内污染因子日渐增多,而通风换气能力却反而减弱,这使得室内有些污染物的浓度较室外高数十倍。

人们每天平均大约有 80% 以上的时间在室内度过。随着生产和生活方式的更加现代化,更多的工作和文娱体育活动都可在室内进行,购物也可以足不出户。合适的室内微小气候使人们不必经常到户外去调节热效应,这样,人们的室内活动时间就更多,甚至高达 93％以上。因此,室内空气质量与人体健康的关系就显得更加密切和重要。虽然,室内污染物的浓度往往较低,但由于接触时间很长,故其累积接触量很高。尤其是老、幼、病、残等体弱人群户外活动机会更少,因此,室内空气质量的好坏对他们的健康的影响更为重要。据加拿大卫生组织调查显示,当前人们 68％的疾病都与室内空气污染有关。室内空气污染已经成为诱发白血病的主要原因,世界银行也已把室内环境污染列为全球四个最关键的环境问题之一。室内空气污染给人体健康带来了巨大的损失。据经合组织(OECD) 2007 年的相关报告,到 2020 年,由于室内空气污染,我国预计在城市地区约有60 万人过早死亡,每年有 2000 万人患上呼吸道疾病,550 万人患上支气管炎,总的健康损失占 GDP 的 13％。

一、室内空气污染成因及特性

由于室内引入能释放有害物质的污染源或室内环境通风不佳,导致室内空气中有害物质无论数量上还是种类不断增加,并引起人的一系列不适症状的现象,即为室内空气受到了污染。就环境污染对人体健康的影响而言,由于人们生活、工作在室内环境的时间长,室内通风状况不良,不利于污染物稀释扩散自净等原因,室内环境质量比室外环境质量显得更为重要。室内空气污染与大气污染由于所处的环境不同,其污染特征也不同。室内空气污染具有如下特征:

(1)累积性:室内环境是相对封闭的空间,其污染形成的特征之一是累积性。从污染物进入室内导致浓度升高,到排出室外浓度渐趋于零,大都需要经过较长的时间。室内的各种物品,包括建筑装饰材料、家具、地毯等都可能释放出一定的化学物质,它们将在室内逐渐积累,导致污染物浓度增大,构成对人体的危害。

(2)长期性:由于大多数人大部分时间处于室内环境,即使浓度很低的污染物,在长期作用于人体后,也会影响人体健康。

(3)多样性:室内空气污染物有生物性污染物,如细菌;化学性污染物,如甲醛、氨气、苯、一氧化碳、二氧化碳、氮氧化物、二氧化硫等;还有放射性污染物,如氡气。

二、室内主要污染物来源及危害

《室内空气质量标准》和《民用建筑室内环境污染控制规定》的控制项目不仅有化学性污染(包括人们熟悉的甲醛、苯、氨、氡等污染物质,以及可吸入颗粒物、二氧化碳、二氧化硫等 13 项化学性污染物质),还有物理性、生物性和放射性污染。主要分为无机气体污染物、挥发性有机污染物、可吸入颗粒物、生物性污染物及放射性气体污染物。

(一)无机气体污染物

室内无机气体污染物包括 CO、CO_2、NO_2、SO_2、NH_3、O_3 等,主要来自燃料的燃烧和建筑装修材料的释放。主要无机气体污染物及其主要来源见表 4-4。

表 4-4　主要无机气体污染物及其来源

无机气体污染物	污染源	无机气体污染物	污染源
CO	燃料燃烧、吸烟	SO_2	燃料燃烧
CO_2	燃料燃烧、呼吸代谢、植物呼吸作用	NH_3	建筑水泥
NO_2	燃料燃烧、吸烟	O_3	打印机、大气光化学反应

氨气：化学式为 NH_3，是一种无色且具有强烈刺激性臭味的气体，比空气轻（相对密度为 0.5）。氨是一种碱性物质，溶解度极高。主要对动物或人体的上呼吸道有刺激和腐蚀作用，减弱人体对疾病的抵抗力。据统计，部分人长期接触氨可能会出现皮肤色素沉积或手指溃疡等症状；短期内吸入大量氨气后可出现流泪、咽痛、声音嘶哑、咳嗽、痰带血丝、胸闷、呼吸困难，可伴有头晕、头痛、恶心、呕吐、乏力等症状，严重者可发生肺水肿、成人呼吸窘迫综合征，同时可能发生呼吸道刺激症状。

室内氨气污染主要来自三个方面：

（1）装修工人为了保证冬天低温情况下正常工作，在水泥里加入了含尿素的混凝土防冻剂，里面含有大量氨类物质（包括尿素和氨水），随着温度、湿度等环境因素的变化，被还原成氨气从墙体中缓慢释放出来。

（2）室内装饰材料中的添加剂和增白剂。

（3）与其他污染气体不尽相同，生活异味、厕所臭气也是氨气的重要来源，也往往是我们忽视的地方。

（二）挥发性有机污染物（VOCs）

挥发性有机物是指在空气中存在的蒸气压大于 133.32Pa 的有机物，如苯、甲苯、二氯乙烷等。VOCs 的沸点为 50℃～250℃，在常温下能以蒸气的形式存在于空气中，它的毒性、刺激性、致癌性和特殊的气味性，会影响皮肤和黏膜，对人体产生急性损害。挥发性有机物在居室中普遍存在，荷兰学者 Edwards 等 2001 年在对赫尔辛基居室和工作场所的有机物调查中共检测到了 323 种挥发性有机物。室内 VOCs 主要来自燃料的燃烧、烹调、采暖、吸烟等产生的烟雾，建筑和装饰材料、家具、清洁剂和家用电器等的缓慢释放，另外，人体自身也会排放一定量的 VOCs。目前认为，VOCs 能引起机体免疫功能失调，影响中枢神经系统功能，出现头晕、头痛、嗜睡、无力、胸闷等自觉症状；还可能影响消化系统，出现食欲缺乏、恶心等，严重时可损伤肝脏和造血系统，出现变态反应等。世界卫生组织（WHO）、美国国家科学院和国家研究理事会（NAS/NRC）等机构一直强调 VOCs 是一类重要的空气污染物。几种室内挥发性有机物的来源如表 4-5 所示。

表 4-5　几种室内 VOCs 的主要污染源

化 合 物	主要污染源	化 合 物	主要污染源
芳香烃	涂料、烹饪、吸烟、燃料燃烧	卤代烃	日化用品、黏合剂
脂肪烃	木制家具、家庭日常用品	萜 烯	植物释放、木制家具、胶黏剂
含氧有机物	黏合剂、建筑装潢材料、家庭日用品		

1. 甲醛

化学分子式为 HCHO，是近年来国内消费者及媒体最为关注的室内空气污染物。空气中游离的甲醛是无色、具有刺激性且易溶于水、醇、醚的气体，其 40% 的水溶液称为"福尔马林"，是一种防腐剂。而正是由于它的防腐（防虫）作用，甲醛被广泛应用于各种建筑装饰材料之中。甲醛的熔、沸点很低，因而很容易从装修材料中挥发出来。在夏天，当我们从外面踏入家门时，很容易感受到一种刺鼻的气味，这就是甲醛造成的空气污染了。事实上，甲醛的危害很大，居室空气中甲醛的最高容许浓度为 $0.08mg/m^3$。当室内空气中

的甲醛含量超过 $0.06mg/m^3$ 时就有异味和不适感，造成刺眼流泪、咽喉不适或疼痛、恶心呕吐、咳嗽胸闷、气喘甚至肺水肿；达到 $30mg/m^3$，会立即致人死亡。而长期接触低剂量甲醛可引起慢性呼吸道疾病，引起鼻咽癌、结肠癌、脑瘤、月经紊乱、细胞核的基因突变，引起新生儿染色体异常、白血病、青少年智力下降等。建筑装修材料中的甲醛的释放期一般长达 3～15 年，产生慢性毒性。

室内甲醛来源大致可以分为以下五类：

（1）用作室内装饰的胶合板、细木工板、中密度纤维板和刨花板等人造板材。由于目前生产装饰板使用的胶黏剂以脲醛树脂或酚醛树脂为主，板材中残留的和未参与反应的甲醛会逐渐向周围环境释放。

脲醛树脂合成原理：

第一步是亲核加成反应，即在中性或微碱性条件下，尿素与甲醛反应生成各种羟甲基脲的混合物。

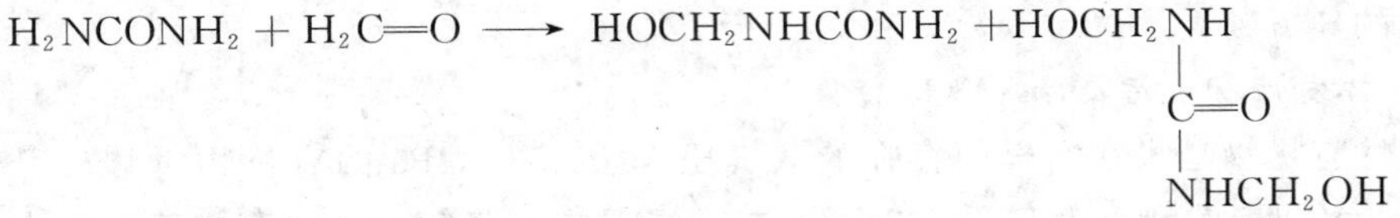

$$H_2NCONH_2 + H_2C{=}O \longrightarrow HOCH_2NHCONH_2 + HOCH_2NH$$
$$\underset{\underset{NHCH_2OH}{|}}{\overset{\overset{}{C{=}O}}{}}$$

第二步是缩合反应，即在酸性条件下加热第一步的产物，使其分子间缩水成线型产物。

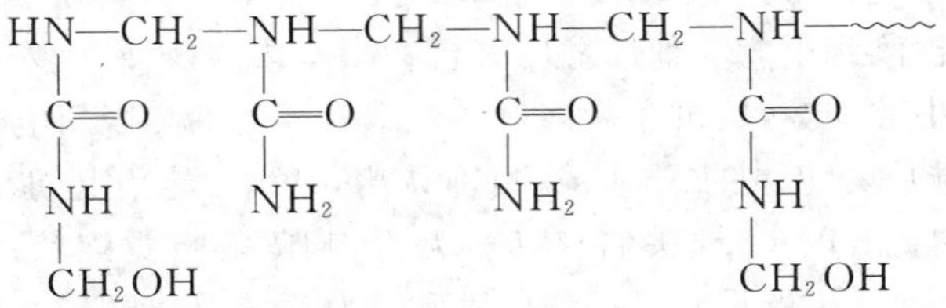

$$\begin{array}{ccccccc} HN{-}CH_2{-}NH{-}CH_2{-}NH{-}CH_2{-}NH \sim \\ | & & | & & | & & | \\ C{=}O & & C{=}O & & C{=}O & & C{=}O \\ | & & | & & | & & | \\ NH & & NH_2 & & NH_2 & & NH \\ | & & & & & & | \\ CH_2OH & & & & & & CH_2OH \end{array}$$

上述反应中未参与反应的游离状甲醛通常在 1.5% 左右，在一定条件下会逐渐向周围环境释放而造成室内空气污染。

（2）用人造板制造的家具。这主要是由于一些不法厂商无视国家有关规定使用劣质胶水，这些胶水中含有甲醛等成分，会在使用过程中逐步散发出来危害人体健康。

（3）含有甲醛成分并有可能向外界散发的其他各类装饰材料，如贴墙布、贴墙纸、化纤地毯、泡沫塑料、油漆和涂料等。

（4）燃烧后会散发甲醛的某些材料，如香烟及一些有机材料。

（5）服装。服装在使用树脂整理的过程中要涉及甲醛的使用。服装的面料生产中为了达到防皱、防缩、阻燃等作用，或为了保持印花、染色的耐久性，或为了改善手感，都需在助剂中添加甲醛。例如，用最常见的传统抗皱整理剂二羟甲基二羟基乙烯脲树脂（DMD-HEU）整理织物，就难以避免织物或服装上残留游离甲醛；衣服在穿着或储存过程中，织物树脂分子中的羟甲基水解也能产生甲醛。此外，甲醛极易溶于水，服装上的甲醛与人体汗液结合或是水解产生游离甲醛，会通过人体呼吸及皮肤接触引发呼吸道炎症和皮肤炎症。甲醛对皮肤也是多种过敏症的引发剂，如果使用含甲醛的纺织品过多，还会造成室内环境污染。据有关专家介绍，近年来我国已研制成功了无甲醛的免烫整理剂，以及不含甲醛的环保型脲醛树脂。甲醛往往比较容易溶解于水中，为防止甲醛污染的新服装特别是童装和内衣接触皮肤,最好用清水充分漂洗后再穿。

2. 苯(苯系物)

苯系物也是为人们所关注的室内空气污染物,包括苯(C_6H_6)、甲苯(C_7H_8)、二甲苯(C_8H_{10}),大多为无色透明油状液体,具有强烈芳香的气体,易挥发为蒸气,易燃有毒。苯系物在工业上用途很广,接触的行业主要有染料工业,以及作为农药生产和香料制作的原料,又作为溶剂和黏合剂用于油漆、涂料、防水材料等。

苯已被国际癌症研究中心确认为高毒致癌物质,对皮肤和黏膜有局部刺激作用,吸入或经皮肤吸收可引起中毒,严重者可发生再生障碍性贫血或白血病。甲苯对皮肤和黏膜刺激性大,对神经系统作用比苯强,长期接触有引起膀胱癌的可能。二甲苯存在三种异构体,其熔、沸点较高,毒性相对苯和甲苯较小,皮肤接触二甲苯会产生干燥、皲裂和红肿,神经系统会受到损害,还会使肾和肝受到暂时性损伤。

苯系物的来源主要分为三大类:

(1)室内装修过程中使用的各类有机溶剂,如油漆、涂料、填缝胶、黏合剂。

(2)居室建造过程中使用的建筑材料,如人造板、隔热板、塑料板材等。

(3)装修过程中的装饰材料,如壁纸、地板革、地毯、化纤窗帘等。

3. 苯并芘

苯并芘是一种多环芳烃类化合物,主要来自吸烟烟雾和多次使用的高温植物油、煮焦的食物和油炸过的食品。苯并芘可以通过呼吸道、消化道和皮肤而被吸收,是一种高活性致癌剂,对机体脏器如肺、肝、食道、胃肠等都有强烈的致癌性。

(三)可吸入颗粒物

可吸入颗粒物(inhalable particulate,IP)是指空气动力学直径不大于$10\mu m$的颗粒物,即PM10和PM2.5,可以到达呼吸道深处而对人体健康造成严重损害。人类活动、燃料燃烧、吸烟等是室内可吸入颗粒物的主要来源。

防火、绝缘和保温材料,保护避免摩擦材料,水泥管强化剂,棚顶或地板材料等建筑装潢材料中广泛使用石棉。石棉是各种天然的纤维状的硅酸盐类矿物的总称,这些矿物质在不同程度上都会表现出高抗张力性、高耐热性和耐化学腐蚀的特征。世界上使用的石棉绝大多数是温石棉,其纤维可以分裂成极细的元纤维,元纤维的直径一般为$0.5\mu m$,长度在$5\mu m$以下,在大气和水中能悬浮数周到数月之久,并持续造成污染。原纤维可以到达呼吸道深处并沉积在肺部,造成肺部疾病。石棉具有致癌性,可以引发肺癌、肠胃癌、间皮癌和石棉沉着病等。

(四)生物性污染物

在通风不良、人员拥挤的情况下,病原微生物通过空气传播,使易感人群致病,导致呼吸道和皮肤过敏症状。生物性污染是由一些活性有机物造成的,包括细菌、病毒、真菌、芽孢、霉菌、螨、动物身上掉下的角质层和皮屑等。生物性污染能引起咳嗽、发烧、哮喘、发烧等症状,如著名的军团成员病、高敏感性肺炎和增湿热等。

(五)放射性气体污染物

氡是一种具有放射性的室内空气污染物,被世界卫生组织列为使人致癌的19种主要物质之一,也是我国规范控制的对人体健康影响较大的5种室内污染物之一,是仅次于吸烟的第二大致癌诱因。氡进入人体后会破坏血液循环系统,如使白细胞和血小板减少,导致白血病，还会影响人的神经系统、生殖系统和消化系统。人体吸入氡后，衰变产生的氡子体呈微粒状，会吸入呼吸系统堆积在肺部，沉淀到一定程度后，这些微粒会损坏肺泡，进而导致肺癌。研究表明，从吸入氡到肺癌发病要好几年的时间。

室内氡的来源主要分为四类：

（1）房基土壤或岩石中析出的氡，氡气通过泥土地面、墙体裂缝、建筑材料缝隙渗透进入房间。

（2）建筑装饰材料如水泥、石材、沥青等，这些材料本身含有微量放射性元素而源源不断地释放出氡气。

（3）户外空气中进入室内的氡。

（4）供水及天然气中释放的氡。

三、我国室内环境污染现状

近几年，我国相继制定了一系列有关室内环境的标准，从建筑装饰材料的使用，到室内空气中污染物含量的限制，全方位对室内环境进行严格的监控，以确保人民的身体健康。因此，人们往往认为现代化的居住条件在不断地改善，室内环境污染已经得到控制。其实不然，人们对室内环境污染的危害还远未达到足够的认识。

应当看到，在中国经济迅速发展的同时，由于建筑、装饰装修、家具造成的室内环境污染，已成为影响人们健康的一大杀手。据中国室内环境监测中心提供的数据，中国每年由室内空气污染引起的超额死亡数可达 11.1 万人，超额门诊数可达 22 万人次，超额急诊数可达 430 万人次。严重的室内环境污染不仅给人们健康造成损失，而且造成了巨大的经济损失，仅 1995 年中国因室内环境污染危害健康所导致的经济损失就高达 107 亿美元。

专家调查后发现，居室装饰使用含有有害物质的材料会加剧室内的污染程度，这些污染对儿童和妇女的影响更大。有关统计显示，目前中国每年因上呼吸道感染而死亡的儿童约有 210 万，其中 100 多万儿童的死因直接或间接与室内空气污染有关，特别是一些新建和新装修的幼儿园和家庭室内环境污染十分严重。北京、广州、深圳、哈尔滨等大城市近几年白血病患儿都有增加趋势，而住在过度装修过的房间里是其中重要原因之一。

一份由北京儿童医院的调查显示，在该院接诊的白血病患儿中有九成患儿家庭在半年内曾经装修过。专家据此推测，室内装修材料中的有害物质可能是小儿白血病的一个重要诱因。从目前检测分析，室内空气污染物的主要来源有以下几个方面：建筑及室内装饰材料、室外污染物、燃烧产物和人本身活动。其中室内装饰材料及家具的污染是目前造成室内空气污染的主要方面。国家卫生、建设和环保部门曾经进行过一次室内装饰材料抽查，结果发现具有毒气污染的材料占 68%，这些装饰材料会挥发出 300 多种挥发性的有机化合物。其中甲醛、氨、苯、甲苯、二甲苯挥发性有机物以及放射性气体氡等，人体接触后，可以引起头痛、恶心呕吐、抽搐、呼吸困难等，反复接触可以引起过敏反应，如哮喘、过敏性鼻炎和皮炎等，长期接触则能导致癌症（肺癌、白血病）或导致流产、胎儿畸形和生长发育迟缓等。

四、室内环境污染防治措施

（一）污染源的控制

1. 使用最新空气净化技术

对于室内颗粒状污染物，净化方法主要有静电除尘、扩散除尘、筛分除尘等。净化装置主要有机械式除尘器、过滤式除尘器、荷电式除尘器、湿式除尘器等。从经济的角度考虑首选过滤式除尘器;从高效洁净的角度考虑首选荷电式除尘器。对于室内细菌、病毒的污染,净化方法是低温等离子体净化技术。配套装置是低温等离子体净化装置。对于室内异味、臭气的清除,净化方法是选用 $0.2\sim5.6\mu m$ 的玻璃纤维丝编织成的多功能高效微粒滤芯,这种滤芯滤除颗粒物的效率相当高。对室内空气中的污染物,如苯系物、卤代烷烃、醛、酸、酮等的降解,采用光催化降解法非常有效,如利用太阳光、卤钨灯、汞灯等作为紫外光源,使用锐态矿型纳米 TiO_2 作为催化剂。

2. 合理布局及分配室内外的污染源

为了减少室外大气污染对室内空气质量的影响,对城区内各污染源进行合理布局是很有必要的。居民生活区等人口密集的地方应安置在远离污染源的地区,同时应将污染源安置在远离居民区的下风口方向,避免居民住宅与工厂混杂的问题。卫生和环保部门应加强对居民生活区和人口密集的地方进行跟踪检测和评价,以提供室内空气质量对人体健康的影响程度。

3. 加强室内通风换气的次数

对于室内甲醛、放射性氡等物质,应加强通风换气次数。其中对甲醛的污染治理,方法有三种:一是使用活性炭或某些绿色植物;二是通风透气;三是使用化学药剂。室内放射性氡的浓度,在通风时其浓度会下降;而一旦不通风,浓度又继续回升,它不会因通风次数频繁而降低氡子体的浓度,唯一的方法是去除放射源。对室内空气质量的要求不仅仅局限于家居,而是所有的室内场所都存在,如宾馆、酒店的房间、餐厅、娱乐场所和商场、影剧院、展览馆等,还有政府部门的办公室、会客室、学校以及其他办公场所。除重视科研与监测、加强队伍建设、制定行业标准、加强立法与宣传外,同时还要加大经费的投入,采用高新技术,研制新的高效率室内污染净化装置,消除室内空气污染,保障人们身体健康,这是十分迫切而必要的。随着"以人为本"观念的逐步深入,人们对生存空间的质量越来越关注,对室内环境污染治理也日益重视。我们相信不久的将来,室内环境污染治理的状况一定会有一个较大的改观。

(二)污染治理技术

1. 室内污染治理方法

随着人们对室内污染的逐步重视,室内污染治理技术应用得到逐步推广,室内污染治理方法也越来越多,目前国内主要有以下 3 种方法:

(1)物理净化:坚持打开门窗换气,使挥发出的有害气体不滞留在室内。新装修的房间每天通气换气至少 $3\sim5h$,如此保持通风 3 个月后再入住;在室内摆放有吸附作用的植物,如芦荟、吊兰、常青藤等;还可选用空气净化装置。

(2)化学净化:采用离子交换和光触媒技术让有害气体分解。

(3)生物净化:使用特种酶让有害气体进行生物氧化。

2. 室内污染治理方法的选择

由于目前国家对室内污染治理产品并无规范化的技术标准,因此,用户在选择室内污染治理技术及产品时应注意以下几点:

(1)应根据室内污染实际情况选择有针对性的治理方法及产品。

(2)选择的治理产品应有产品质检报告,证明治理产品有明显治理效果,而且无其他毒副作用,不会产生二次污染。

（3）选择的治理产品应有多家实际应用合格的检测报告。

（4）针对室内污染物容易发生反弹,尤其是甲醛的挥发期达 3～15 年（根据使用材料的优劣）,因此,选择的治理产品还应有长期稳定的治理效果。

由于室内污染物具有复杂多样、持续时间较长的特点,而且国内现有室内污染治理技术并不是太成熟,治理产品并不能包治百病,若出现污染严重超标危害身体健康,且治理产品无法解决问题的情况,应考虑拆除。

 思考题

1. 什么是霾? 其特点是什么?

2. 什么是雾? 雾与霾有区别吗?

3. 什么是光化学烟雾? 其特点是什么? 有何危害? 与霾有何关系?

4. 污染环境的因素有哪些? 化学在环境污染和环境保护中扮演怎样的角色?

5. 什么是臭氧层空洞? 氟利昂是怎样破坏臭氧层的? 简述其化学过程。

6. 酸雨是怎么形成的? 有什么危害? 如何防治?

7. 土壤污染的成因是什么? 如何防治?

8. 室内主要污染物有哪些? 简述这些污染物的来源和危害。

9. 水体中的主要污染物是什么? 对人体各有什么危害?

10. 什么是水体富营养化? 如何产生? 如何防治?

第五章　能源与化学

　　世界能源理事会定义："能源是使某一系统产生对外部活动的能力。"能源是指自然界可被人类用来获取各种形式能量的自然资源，是指一切能量比较集中的含能体（煤炭、原油、天然气、煤层气、核能、太阳能、地热能、生物质能等）和能量过程（风、潮汐等）。能源是为人类的生产和生活提供各种能力和动力的物质资源，是国民经济的重要物质基础，未来国家命运取决于能源的掌控。能源的开发和有效利用程度以及人均消费量是生产技术和生活水平的重要标志。但是，随着社会的发展，能源的供需矛盾日趋尖锐。因此，如何合理地利用现有能源，开发新的能源，是人类必须关注的一个重大社会问题。

第一节　能源的发展史

　　能源是国民经济重要的物质基础，也是人类赖以生存的基本条件。国民经济发展的速度和人民生活水平的提高都有赖于提供能源的多少。从历史上看，人类对能源利用的每一次重大突破都伴随着科技的进步，从而促进生产力大大发展，甚至引起社会生产方式的革命。

　　人类从茹毛饮血的野蛮时代进化到高度文明的现代社会，总是伴随着各种能源的不断开发和使用。纵观整个人类的发展史，我们可以看到一个能源更替发展的历史过程。根据所使用的主要能源，可以把人类发展历史分为柴草时期、煤炭时期、石油时期和新能源时期。

一、柴草时期

　　人类在 25000～35000 年前，知道了不依靠天然火而自行取火的方法。此时火主要用来烧熟食物和取暖。钻木取火是一种把机械能转化为热能的方法，人类开始掌握不同形态的能量间的转换。从此，人类便探索利用来自自身以外的能量，扩大自己对大自然的支配能力，加速了自己的进化。人类在利用火的过程中，产生了支配自然的能力，从而成为万物之灵。

　　在人类漫长的历史中，木材、畜力、风力和水力等天然能源的直接利用一直占主要地位。到 18 世纪中叶，木材在世界一次能源的消费结构中还占据首位。

二、煤炭时期

　　在中国，公元前 200 年左右的西汉，已用煤炭作燃料来冶铁，这比欧洲要早约 1700 年。有史料记载，最迟在东汉末年，煤炭已是家用燃料了。到北宋时代，陕西、山西、河南、山东、河北等省已大量开采煤炭作为冶铁原料和家用燃料。意大利人马可波罗于 1275 年来到中国，初次见到煤炭，回国后在他所写的游记中介绍了中国这种耐燃而且便宜的矿石，此时欧洲人才知道了煤炭。但煤炭的大规模开采并使其成为世界的主要能源是在 18

世纪中叶的欧洲。在英国,1709 年开始用焦炭炼铁,1765 年瓦特发明蒸汽机,1825 年世界第一条铁路通车。随着蒸汽机的推广,以蒸汽代替人力畜力,在一次能源的消费结构上转向以煤炭代替木柴的时代,开始了资本主义工业革命。以煤炭作为动力之源的蒸汽机的发明产生了第一次工业革命。同时煤炭的利用使人类获得了更高的温度,推动了冶金技术的发展。继英国之后,美、德、法、俄、日等国都在产业革命的同时迅速地兴起了近代煤炭工业。在整个 19 世纪,煤炭成为资本主义工业化运动的基础。从 19 世纪 70 年代开始,电力逐步代替蒸汽作为主要动力,从而实现了资本主义工业化。

三、石油时期

从 19 世纪后半叶开始,世界能源结构发生第二次大转变,即从煤炭转向石油和天然气。这一转变首先在美国出现。1859 年美国的德雷克打出了世界上第一口油井,开创了近代石油工业的先河。1876 年德国的奥托发明了火花点火的四冲程内燃机。1885 年戴姆勒和本茨发明了汽油车。1903 年莱特兄弟制造了第一架飞机。第一次世界大战以后,以内燃机为动力的移动式机械设备获得了广泛的应用,尤其是拖拉机、汽车、内燃机车和飞机等得到了迅速发展。由石油炼制得到的汽油、柴油等内燃机燃料的大量使用,使得能源消费结构中煤炭的比重逐渐下降。到 1965 年,在世界能源消费结构中,石油首次取代煤炭占据首位,从此世界进入了"石油时代"。同时,世界经济也开始得到了快速的发展。

四、新能源时期

常规能源（如煤炭、石油和天然气）的燃烧将化学能转换为热能和光能,同时生成二氧化碳、水和其他无机物,由于其中含有硫、氮等有害元素,在燃烧过程中转化为二氧化硫和氮氧化物而造成大气污染。同时,人类对化石燃料的消费速度远远超过了动、植物经地质作用形成化石能源的速度,因此化石能源面临着被消耗殆尽的危险。

随着化石能源的枯竭,世界能源向石油以外的能源物质转换已势在必行。能源消费结构已开始从以石油为主要能源逐步向多元化能源结构过渡。特别是新能源的开发利用已成为世界各发达国家优先发展的关键领域之一。新能源包括地热、低品位放射性矿物、地磁等地下能源,还包括潮汐、海水盐差、海水重氢等海洋能,风能、生物质能等地面能源,以及太阳能、宇宙射线等太空能源。其中核能是最有希望取代石油的重要能源。随着新型能源取代煤炭、石油和天然气而成为人类的主要能源,新能源时期即将到来。

每一次新能源的开发和利用,都必然引起世界能源结构的变化,促进经济的大发展。而能源的利用程度和能源的人均占有量是衡量各国经济发展和人民生活水平的一项综合性指标,是一个国家技术进步程度的体现。

第二节　能源的分类和能量的转化

一、能源的分类

能源种类繁多,而且经过人类不断地开发与研究,更多新型能源已经开始能够满足人类需求。根据不同的划分方式,能源也可分为不同的类型。

1. 按能源的来源分类

能源按来源可分为三类:

（1）来自地球外部天体的能源（主要是太阳能）。人类所需能量的绝大部分都直接或间接地来自太阳。各种植物通过光合作用把太阳能转变成化学能在植物体内贮存下来，煤炭、石油、天然气等化石燃料也是由古代埋在地下的动、植物经过漫长的地质年代形成的，它们实质上是由古代生物固定下来的太阳能。此外，水能、风能、海流能等也都是由太阳能转换来的。

（2）地球本身蕴藏的能量。通常指与地球内部的热能有关的能源和与原子核反应有关的能源，如原子核能、地热能等。

（3）地球和其他天体相互作用而产生的能量，如潮汐能等。潮汐能就是由于月球引力的变化引起潮汐现象，潮汐导致海水平面周期性地升降，因海水涨落及潮水流动所产生的能量。

2. 按能源的基本形态分类

（1）一次能源。即天然能源，指在自然界现成存在的能源，如煤炭、石油、天然气、水能等。水能、石油和天然气三种能源是一次能源的核心，它们成为全球能源的基础；除此以外，太阳能、风能、地热能、海洋能、生物能以及核能等可再生能源也被包括在一次能源的范围内。

（2）二次能源。即人工能源，是指由一次能源直接或间接转换成其他种类和形式的能量资源。电力、煤气、焦炭、洁净煤、激光、沼气、蒸汽及各种石油制品等能源都属于二次能源。

3. 按能源性质分类

（1）燃料型能源：煤炭、石油、天然气、泥炭、木材。

（2）非燃料型能源：水能、风能、地热能、海洋能。

4. 根据能源消耗后是否造成环境污染分类

（1）污染型能源，如煤炭、石油等。

（2）清洁型能源，如水力、电力、太阳能、风能以及核能等。

5. 根据能源使用的类型分类

（1）常规能源：包括一次能源中的煤炭、石油、天然气和水力资源等资源。

（2）新型能源：包括太阳能、氢能、核能、地热能、海洋能、风能、生物质能以及化学电源等能源。

由于大多数新能源的能量密度较小，或品位较低，或有间歇性，按已有的技术条件转换利用的经济性尚差，还处于研究、发展阶段，只能因地制宜地开发和利用；但新能源大多数是再生能源，资源丰富，分布广阔，是未来的主要能源之一。

6. 按属性分类

对一次能源进一步按属性加以分类，可分为可再生能源和不可再生能源。凡是可以不断得到补充或能在较短周期内再产生的能源称为可再生能源，反之称为不可再生能源。风能、水能、海洋能、潮汐能、太阳能和生物质能等是可再生能源；煤、石油、天然气、油页岩和核燃料（U、Th、Pu、D）等是不可再生能源。地热能基本上是不可再生能源，但从地球内部巨大的蕴藏量来看，又具有再生的性质。核能的新发展将使核燃料循环而具有增殖的性质。核聚变的能比核裂变的能可高出 5～10 倍，核聚变最合适的燃料重氢（氘）又大量地存在于海水中，可谓"取之不尽，用之不竭"。核能是未来能源系统的支柱之一。

随着全球各国经济发展对能源需求的日益增加，现在许多发达国家都更加重视对可再生能源、环保能源以及新型能源的开发与研究；同时我们也相信随着人类科学技术的不断进步，专家们会不断开发研究出更多新能源来替代现有能源，以满足全球经济发展与人类生存对能源的高度需求，而且我们能够预计地球上还有很多尚未被人类发现的新能源正等待我们去探寻与研究。

二、能源的转化

能源有各种各样的形式，如水能、石油、天然气、太阳能、核能等，各种能源形式可以互相转化，但最终能源中蕴含的能量都将转化到能被我们直接使用的能量形式。在一次能源中，风、水、洋流和波浪等是以机械能（动能和位能）的形式提供的，可以利用各种风力机械（如风力机）和水力机械（如水轮机）转换为动力或电力。煤、石油和天然气等常规能源一般是通过燃烧将化学能转化为热能的。热能可以直接利用，但大量的是将热能通过各种类型的热力机械（如内燃机、汽轮机和燃气轮机等）转换为动力，带动各类机械和交通运输工具工作；或是带动发电机送出电力，满足人们生活和工农业生产的需要。发电和交通运输需要的能源占能量总消费量的很大比例。据估计，20 世纪末仅发电一项的能源需要量就占一次能源开发量的 40％以上。一次能源中转化为电力部分的比例越大，表明电气化程度越高，生产力越先进，生活水平越高。

在我们的生活中处处可见能量的转化，家用电器就是一种能量转换器，它们把输入的电能变成了其他形式的能输出来。

电灯为我们做的事是"照明"，它输入的能量形式是电能，输出的能量形式是"光"和"热"。我们需要的是"光"，热能虽然不为我们所用，但它是伴生的。电器往往不只输出一种形式的能，它们也不是利用了能量输出的全部形式，如电吹风把电能转化成了风能、热能和声能，但我们并没有利用声能。能量转化有时需要通过多次转化才能到达我们所需的能量，如微波炉是用来加热食物的，我们需要的是热能，它输入的能量形式是电能，但并不能直接输出"热"，而是先转化成辐射能微波（电磁波的一种，辐射能），微波再引起食物分子的热运动，从而产生热能。

厨房里的煤气灶是把天然气（或石油气、水煤气中的一氧化碳和氢气等）中的化学能转化成热能来烧煮食物的。太阳能热水器是把太阳能转化为热能的一种装置。而音响则是把电能转化为了声能，让我们听到优美的音乐。

第三节　常规能源

常规能源也叫传统能源，是指已经大规模生产和广泛利用的能源。如煤炭、石油、天然气等都属一次性非再生的常规能源。而水电则属于再生能源，如葛洲坝水电站和三峡水电站。煤、石油和天然气则不然，它们在地壳中是经千百万年形成的，这些能源短期内不可能再生，因而人们对此有危机感是很自然的。下面我们来介绍这些重要的常规能源。

一、煤炭

煤炭被人们誉为黑色的金子、工业的食粮，它是 18 世纪以来人类世界使用的主要能源之一。世界上煤炭是最丰富的化石燃料，约占世界化石燃料资源的 75％。目前煤炭约占世界一次能源消耗的 30％。根据 BP 公司 *Statistical Review of World Energy* 2013 统计，世界原煤最多的地区是在欧洲和欧亚，其次为亚太地区和北美洲。2012 年，世界煤炭可采储量约8609亿吨,中国的可采储量约1145亿吨,约占世界的13%,仅次于俄罗斯和美国,处于第三位。煤炭既是重要的能源,也是重要的化工原料。

煤炭的能源利用方式很多,但从社会需求、技术发展和经济承受能力来看,在未来的几十年内,煤炭的主要利用方式仍将是燃烧。煤炭仍将以直接燃烧为主,但其比例可能会逐步下降,通过焦化、气化、液化、热解将煤转化为洁净气体、液体、固体燃料和化学原料的比例会逐步增加。煤中的有效组分在这些过程中转化为不同的能源形态,煤中的污染组分也同时发生着复杂的化学反应和形态变化。由于社会生态环境意识的逐步增强,环境因素已成为制约和影响煤炭能源利用的重要因素。因此,煤炭能源利用的发展方向是煤的高效洁净转化。

（一）煤的形成

煤是古代植物遗体堆积在湖泊、海湾、浅海等地方,经过复杂的生物化学和物理化学作用转化而成的一种具有可燃性能的沉积岩,这个转变过程叫作植物的成煤作用(图5-1)。煤的化学成分主要为碳、氢、氧、氮、硫等元素。在显微镜下可以发现煤中有植物细胞组成的孢子、花粉等,在煤层中还可以发现植物化石,所有这些都可以证明煤是由植物遗体堆积而成的。

科学家们在地质考察研究中发现,在地球上曾经有过气候潮湿、植物茂盛的时代,如石炭纪、二叠纪(距今约3亿年)、侏罗纪(距今1.3亿～1.8亿年)等。当时大量繁生的植物在封闭的湖泊、沼泽或海湾等地堆积下来,并迅速被泥沙覆盖,经过亿万年以后,植物变成了煤,泥沙变成了砂岩或页岩。由于有节奏的地壳运动和反复堆积,在同一地区往往具有很多煤层,每层煤都被岩石分开。

由植物变为煤分为三个阶段:菌解阶段,即泥炭化阶段;煤化作用阶段,即褐煤阶段;变质阶段,即烟煤及无烟煤阶段。温度对于在成煤过程中的化学反应有决定性的作用。压力也是煤形成过程中的一个重要因素。

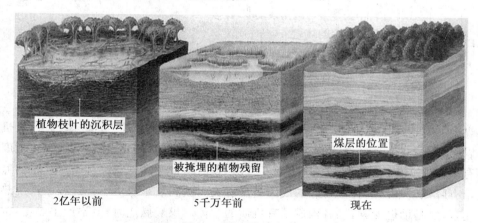

植物枝叶的沉积层

被掩埋的植物残留

煤层的位置

2亿年以前   5千万年前   现在

图 5-1　煤形成示意图

当地球处于不同地质年代,随着气候和地理环境的改变,生物也在不断地发展和演化。就植物而言,从无生命一直发展到被子植物。这些植物在相应的地质年代中形成了大量的煤。在整个地质年代中,全球范围内有三个大的成煤期:

(1)古生代的石炭纪和二叠纪,成煤植物主要是孢子植物。主要煤种为烟煤和无烟煤。

（2）中生代的侏罗纪和白垩纪，成煤植物主要是裸子植物。主要煤种为褐煤和烟煤。

（3）新生代的第三纪，成煤植物主要是被子植物。主要煤种为褐煤，其次为泥炭，也有部分年轻烟煤。

（二）煤炭的组成和分类

1. 煤炭的组成

煤炭是一类具有高碳氢比的有机交联聚合物与无机矿物所构成的复杂混合物，归纳起来可分为有机质和无机质两大类，以有机质为主体。无机矿物被有机大分子（其结构见图 5-2）所填充和包埋，形成复杂的天然"杂化"材料。

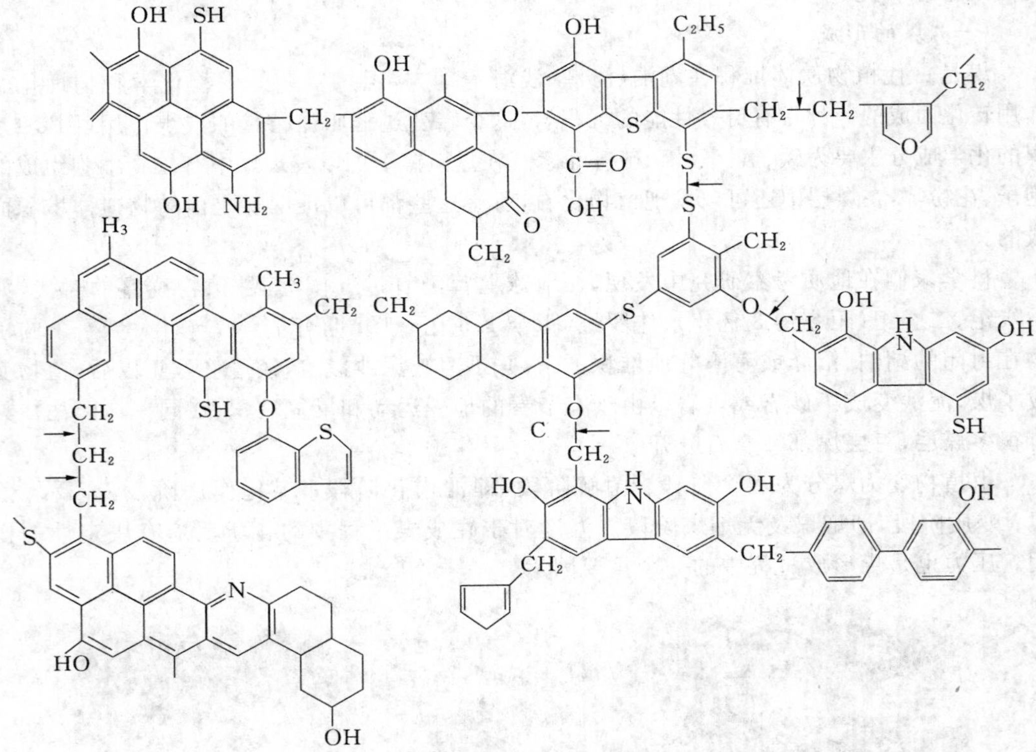

图 5-2 煤炭有机大分子的结构

煤中的有机质主要由碳、氢、氧、氮和硫等五种元素组成。其中，碳、氢、氧占有机质的95％以上。此外，还有极少量的磷和其他元素。煤中有机质的元素组成，随煤化程度的变化而有规律地变化。一般来讲，煤化程度越深，碳的含量越高，氢和氧的含量越低，氮的含量也稍有降低。唯硫的含量与煤的成因类型有关。碳和氢是煤炭燃烧过程中产生热量的重要元素，氧是助燃元素，三者构成了有机质的主体。煤炭燃烧时，氮不产生热量，常以游离状态析出，但在高温条件下，一部分氮转变成氨及其他含氮化合物，可以回收制造硫酸铵、尿素及氮肥。硫、磷、氟、氯、砷等是煤中的有害元素。含硫多的煤在燃烧时生成二氧化硫气体，不仅腐蚀金属设备，而且会与空气中的水反应形成酸雨，污染环境，危害植物生长，是大气污染的主要来源之一。

煤中的无机质主要是水分和矿物质，它们的存在降低了煤的质量和利用价值，其中绝大多数是煤中的有害成分。

2. 煤炭的分类

国际上把煤分为三大类,即无烟煤、烟煤和褐煤,共 29 个小类。

(1)无烟煤。

有粉状和小块状两种,呈黑色,有金属光泽而发亮,杂质少,质地紧密,固定碳含量高,可达 80% 以上,挥发成分含量低,在 10% 以下,燃点高,不易着火,但发热量高,刚燃烧时上火慢,火上来后比较大,火力强,火焰短,冒烟少,燃烧时间长,黏结性弱,燃烧时不易结渣。可掺入适量煤土烧用,以减弱火力强度。无烟煤可用于制造煤气或直接用作燃料。

(2)烟煤。

一般为粒状、小块状,也有粉状的,多呈黑色而有光泽,质地细致,含挥发成分 30% 以上,燃点不太高,较易点燃;含碳量与发热量较高,燃烧时上火快,火焰长,有大量黑烟,燃烧时间较长;大多数烟煤有黏性,燃烧时易结渣。烟煤用于炼焦、配煤、动力锅炉和气化工业。

(3)褐煤。

多为块状,呈黑褐色,光泽暗,质地疏松;含挥发成分 40% 左右,燃点低,容易着火,燃烧时上火快,火焰大,冒黑烟;含碳量与发热量较低(因产地煤级不同,发热量差异很大),燃烧时间短,需经常加煤。褐煤一般用于气化和液化工业、动力锅炉等。

(三)煤炭的主要用途

煤既是动力燃料,又是化工和制焦、炼铁的原料,素有"工业粮食"之称。众所周知,工业上和民间常用煤作燃料以获取热量或提供动力。世界历史上,揭开工业文明篇章的瓦特蒸汽机就是由煤驱动的。此外,还可把燃煤热能转化为电能进而长途输送。火力发电占我国电结构的比重很大,也是世界电能的主要来源之一。

煤炭的用途十分广泛,根据其使用目的主要用途有:

1. 动力原料

动力煤,生产热能、电能,副产品煤渣、煤灰可生产煤渣砖、水泥、过滤材料等,可分为:

(1)发电用煤:电厂利用煤的热值,把热能转变为电能。中国约 1/3 以上的煤用来发电。

(2)蒸汽机车用煤:占动力用煤 3% 左右。

(3)建材用煤:约占动力用煤的 13% 以上,以水泥用煤量最大,其次为玻璃、砖、瓦等。

(4)一般工业锅炉用煤:除热电厂及大型供热锅炉外,一般企业及取暖用的工业锅炉型用煤约占动力煤的 26%。

(5)生活用煤:生活用煤的数量也较大,约占燃料用煤的 23%。

(6)冶金用动力煤:冶金用动力煤主要为烧结和高炉喷吹用无烟煤,其用量不到动力用煤量的 1%。

2. 煤的综合利用

我国的煤炭储量丰富,分布面广,品种齐全(图 5-3)。据中国第二次煤田预测资料,埋深在 1000m 以下浅层煤炭总资源量为 2.6×10^{14} t。其中大别山—秦岭—昆仑山一线以北地区资源量约 2.45×10^{14} t,占全国总资源量的 94%;以南的广大地区仅占 6% 左右。其中新疆、内蒙古、山西和陕西等四省区占全国资源总量的 81.3%,东北三省占 1.6%,华东七省占 2.8%,江南九省占 1.6%。

在我国能源需求中,煤炭占据了相当大的比重,但也存在着煤炭利用方式单一、污染严重等问题。如何解决煤炭利用中存在的问题,事关我国可持续发展战略的顺利实施。

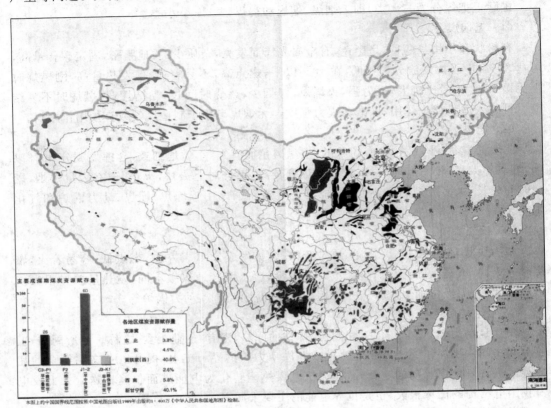

图 5-3　中国煤炭资源主要分布图

煤炭有实用价值的综合利用主要有煤的干馏、液化和气化。

（1）煤的干馏。

煤和石油一样也是一种混合物,我们应该将其分离后再使用。我们用加热的方法来处理煤,由于煤是固体,所以这种方法就称为干馏。当将煤在隔绝空气的情况下加热,随着温度的升高,煤会发生一系列的变化（表 5-1）。

表 5-1　煤干馏时的变化

温度/℃	变　化
100 以上	自由水被蒸发
200 以上	释放出化合水和二氧化碳
350 以上	开始分解,煤变软并释放出煤气和煤焦油
400～450	大多数煤焦油被释放
450～550	继续分解
550 以上	固体已成焦炭,尚有气体释放,继续分解
900 以上	只剩下焦炭

由表 5-1 可知,煤的干馏可得到 3 种形态的产物:

气态:焦煤气,主要成分为氢和一氧化碳。

液态:煤焦油,主要成分为芳香族化合物。

固态:焦炭。

焦煤气可作为城市管道煤气,煤焦油为化工原料,焦炭为炼铁原料等。所有的产物都可以得到充分的利用,真正做到了"物尽其用"。

干馏可分为高温干馏和低温干馏两种。低温干馏的最终温度仅为 700℃,它的固体产品焦炭易碎,但可生产更多的焦油。最终温度为 900℃~1200℃ 的为高温干馏,其生产的焦炭强度高,适宜于钢铁冶炼工业的使用,它所含的挥发物质很少,热值为 25000~31000kJ/kg,坚实多空,通常为银灰色。焦炭除用于冶金外,还可用作煤气化材料和化工原料。例如,焦炭在高温隔绝空气的条件下,可以和石灰反应生成碳化钙,这就是用来制备气焊中乙炔的原料——电石。

$$CaO + 3C \longrightarrow CaC_2 + CO \uparrow$$

$$CaC_2 + 2H_2O \longrightarrow C_2H_2 \uparrow + Ca(OH)_2$$

煤焦油是化学工业中芳香族化合物的重要原料来源,其中有:

(2) 煤的液化。

煤炭液化是把固态状态的煤炭通过化学加工,使其转化为液体产品(液态烃类燃料,如汽油、柴油等产品或化工原料)的技术。煤的液化可将煤炭转换成可替代石油的液体燃料和用于合成的化工原料。可用许多方法给煤炭加氢使之液化,加氢还可以把硫等有害元素以及灰分脱除,得到洁净的二次能源。这对优化终端能源结构、解决石油短缺、减少环境污染具有重要的战略意义。

煤的液化方法主要分为煤的直接液化和煤的间接液化两大类。

煤和石油都是由 C、H、O 等元素组成的有机物。但煤的平均表观分子量大约是石油的 10 倍,煤的含碳量比石油低得多。所以,将煤加热裂解,然后在催化剂的作用下加氢(450℃~480℃,1.2~3.0×10⁶Pa),可以得到多种燃料油。这种油也称人造石油。原理似乎很简单,实际工艺却很复杂,涉及裂解、缩合、加氢、脱氧、脱氮、脱硫、异构化等多种化学反应。不同的煤又有不同的要求。这种先裂解再氢化的方法称直接液化法。

我国从 1980 年开始就对煤炭的直接液化进行了研究。一般情况下,1t 无水无灰煤能转化成 0.5t 液化油。煤炭直接液化作为生产石油替代品的工艺技术是其他能源(包括核能、电能、太阳能)所代替不了的。开展煤炭直接液化研究对平衡能源结构、解决石油短缺具有重大的战略意义。

间接液化法是指以煤为原料,先气化制成合成气,然后,通过催化剂作用将合成气转化成烃类燃料、醇类燃料和化学品的过程。间接液化已在许多国家实现了工业化,主要分两种生产工艺:一是费托工艺,即将原料气直接合成油;二是由原料气合成甲醇,再由甲醇转化成汽油。我国在煤制甲醇方面已有成熟技术。目前,我国甲醇年产能力超过 100 万吨,其中 20％用作汽车燃料,还可制取合成汽油。

（3）煤的气化。

煤炭气化指在一定温度、压力下,用气化剂对煤进行热化学加工,将煤中有机质转变为煤气的过程。其实质就是以煤、半焦或焦炭为原料,以空气、富氧、水蒸气、二氧化碳或氢气为气化介质,使煤经过部分氧化和还原反应,将其所含碳、氢等物质转化成为一氧化碳、氢气、甲烷等可燃组分为主的气体产物的多相反应过程。对此气体产品的进一步加工,可制得其他气体、液体燃烧料或化工产品。

煤炭气化历史悠久。从 1780 年丰塔纳在赤热的煤上通过水蒸气制得水煤气开始,距今已有 200 多年的历史。19 世纪以来科学家研究出的煤炭气化方法已达 100 多种。特别是近 50 年来各种新的气化技术和炉型纷纷涌现。我国的煤炭气化技术研究也有几十年的历史,开发出了具有中国特色的煤炭气化技术。现在煤炭气化技术的应用已相当广泛。特别是洁净煤技术的发展及煤炭气化联合循环发电技术的出现,把煤炭气化技术提高到了一个新的高度,也使煤炭气化技术显示出广阔的前景。

煤炭气化包含一系列物理、化学变化,一般包括干燥、燃烧、热解和气化四个阶段。干燥属于物理变化,随着温度的升高,煤中的水分受热蒸发。其他属于化学变化,燃烧也可以认为是气化的一部分。煤在气化炉中干燥以后,随着温度的进一步升高,煤分子发生热分解反应,生成大量挥发性物质(包括干馏煤气、焦油和热解水等),同时煤烧结成半焦。煤热解后形成的半焦在更高的温度下与通入气化炉的气化剂发生化学反应,生成以一氧化碳、氢气、甲烷及二氧化碳、氮气、硫化氢、水等为主要成分的气态产物,即粗煤气。气化反应包括很多的化学反应,主要是碳、水、氧、氢、一氧化碳、二氧化碳相互间的反应,其中碳与氧的反应又称燃烧反应,提供气化过程的热量。

主要反应有:

① 氧化燃烧反应。

部分氧化反应：$C+0.5O_2 \longrightarrow CO+110.54kJ/mol$

完全氧化(燃烧)反应：$C+O_2 \longrightarrow CO_2+393.51kJ/mol$

② 还原反应(或称发生炉煤气反应)。

$C+CO_2 \longrightarrow 2CO-172.43kJ/mol$

③ 水煤气反应。

$C+H_2O \longrightarrow CO+H_2-175.31kJ/mol$

$H_2O+CO \longrightarrow H_2+CO_2+2.88kJ/mol$

④ 甲烷化反应。

$CO+3H_2 \longrightarrow CH_4+H_2O+250.16kJ/mol$

$C+2H_2 \longrightarrow CH_4+74.85kJ/mol$

煤炭气化技术是煤炭转化技术研究的一个重要部分。以煤为原料生产合成气,国外称为"一碳化学"工业,是煤炭化学工业的基础,发展前景广阔。煤炭气化技术也是洁净、高效利用煤炭的重要技术之一。它是煤炭化工合成、煤炭直接或间接液化、IGCC(整体煤气化联合循环发电)技术、燃料电池等高新洁净煤利用技术的先导性技术和核心技术。

煤炭气化技术分地面气化和地下气化两种。地面气化指采出煤炭后进行热加工的一种过程,使煤炭转化成为一氧化碳、氢气和甲烷等可燃性气体。主要有以下几种气化方法:煤的高温干馏;煤的发生炉气化;煤的水煤气化;煤的加氢气化。

地下煤炭气化(Underground Coal Gasification,UCG)指煤炭地下气化技术,也就是气化采煤技术。煤炭地下气化是将处于地下的煤炭进行有控制地燃烧,通过对煤的热作用及化学作用产生可燃气体。集建井、采煤、气化工艺为一体的多学科开发洁净能源与化工原料的新技术,其实质是只提取煤中含能组分,变物理采煤为化学采煤,因而具有安全性好、投资少、效率高、污染少等优点,被誉为第二代采煤方法。煤炭地下气化可以回收老矿井遗弃的煤炭资源,也可以开采薄煤层、深部煤层,以及高硫、高灰、高瓦斯煤层等。地下气化过程燃烧的灰渣留在地下,大大减少了地表塌陷,煤气可以集中净化。该煤气可作为燃料用于民用、发电,也可以作为原料气合成天然气、甲醇、二甲醚、汽油、柴油等,或用于提取纯氢。

因此,煤炭地下气化技术具有较好的经济效益和环境效益,大大提高了煤炭资源的利用率和利用水平,是我国洁净煤技术的重要研究和发展方向。

3. 其他利用

煤炭可以直接用作还原剂、过滤材料、吸附剂、塑料组成物等。

(四)洁净煤技术

传统意义上的洁净煤技术主要是指煤炭的净化技术及一些加工转换技术,即煤炭的洗选、配煤、型煤以及粉煤灰的综合利用技术。国外煤炭的洗选及配煤技术相当成熟,已被广泛采用。目前意义上的洁净煤技术是指高技术含量的洁净煤技术,发展的主要方向是煤炭的气化、液化、煤炭高效燃烧与发电技术等。它是旨在减少污染和提高效率的煤炭加工、燃烧、转换和污染控制新技术的总称,是使煤炭作为一种能源应达到最大潜能的利用而释放的污染物控制在最低水平,实现煤的高效、洁净利用目的的技术,是当前世界各国解决环境问题的主导技术之一,也是高新技术国际竞争的一个重要领域。

在我国发展高效洁净煤技术,促进煤炭可持续开发与利用,关系到我国的能源安全,具有重大的战略意义。根据我国国情,洁净煤技术的基本框架是:煤炭加工技术、煤炭转化技术、煤高效清洁燃烧技术、污染控制与废弃物处理。

通过煤炭加工技术可在煤炭利用之前,对可能排放的所有污染物进行有效控制。其可分为煤炭洗选技术、水煤浆技术、型煤技术、动力配煤技术。

应大力发展煤炭高效低碳清洁转化技术以及与碳封存技术的集成模式。煤炭转化技术包括煤炭液化技术、煤炭气化技术、煤基炭材料和其他传统煤化工技术改进。

应加强煤炭燃烧性能研究,开发先进的高效低污染燃烧技术和污染物净化技术,全面提高燃煤锅炉、窑炉的热效率及控制污染物排放。煤高效清洁燃烧技术包括循环流化床燃烧(CFBC)技术,增压流化床(PFBC)燃烧技术,煤气化联合循环(IGCC)技术,中、小工业锅炉与窑炉技术,超临界与超超临界发电技术。

污染控制与废弃物处理技术是在煤炭利用后,对副产物及污染物进行有效处理和净化,把所产生的污染物控制在最低水平。这些技术包括烟气净化技术(FGD)、煤层气(CBM)开发利用技术、粉煤灰综合利用技术、煤矸石及煤泥水利用与处理技术。

二、石油

石油虽然比煤炭发现、使用得要晚,但其发展迅猛,19世纪后半叶世界能源结构开始从煤炭转向石油,到20世纪60年代在世界能源消费结构中,石油首次取代煤炭跃居首位，进入了"石油时代"。

现在石油被称为"工业的血液"、"黑色的黄金"等，是国家现代化建设的战略物资，许多国际争端往往与石油资源有关。石油产品的种类已超过几千种，现代生活中的衣、食、住、行直接地或间接地与石油产品有关。

石油是当今世界上最重要的化石燃料（又叫矿物燃料）之一，占了总能源的约 36%。石油的最主要应用也是作为能源，其中汽油、柴油等石油基燃料占了石油产品的 82.1%。

（一）石油的形成

石油是由远古时代沉积在海底和湖泊中的动、植物遗体，经千百万年的漫长转化过程而形成的碳氢化合物的混合物。直接从地壳开采出来的石油称之为原油，是一种黏稠的、深褐色液体，原油及其加工所得的液体产品总称为石油。石油储存区域位于地壳上层部分地区。石油的成油机理有生物沉积变油和石化油两种学说，前者较广为接受，认为石油是古代海洋或湖泊中的生物经过漫长的演化形成，属于化石燃料，不可再生；后者认为石油是由地壳内本身的碳生成，与生物无关，可再生。

（二）石油的组成和分类

石油是碳氢化合物的混合物，是含有 1～50 个碳原子组成的化合物，按质量计，其碳和氢分别占 84%～87% 和 12%～14%，包括烃类和非烃类。石油中的固态烃类称为蜡。此外，石油中还含有少量由 C、H、O、N 和 S 组成的杂环化合物。原油中硫含量变化很大，在 0～7% 之间，主要以硫醚、硫酚、二硫化物、硫醇、噻吩、噻唑及其衍生物的形式存在。氮含量远低于硫，为 0%～0.8%，以杂环系统的衍生物形式存在，如噻唑类、喹啉类等。此外，石油中还含有其他的微量元素。

1. 烃类

石油中包括：

（1）烷烃，含量随馏分沸点升高而逐渐减少。

（2）环烷烃，主要是五元和六元环烷烃的衍生物。低沸点馏分中以单环为主，中沸点和高沸点馏分中还有双环和多环环烷烃。

（3）芳香烃，含量随馏分沸点升高而增多，分子中环数也增多。大多带有烷基侧链，链的长度不一。在高沸点馏分中还常并联有环状烃（环烷烃-芳香烃）。

2. 非烃类

存在于石油中的非烃类包括：

（1）含硫化合物，是石油中主要的非烃化合物。各种原油的含硫量差异很大，为 0～7%。硫主要以元素硫、硫醚、硫醇、噻吩及其同系物等形式存在。

（2）含氮化合物，氮含量远低于硫，为 0～0.8%，有碱性含氮化合物（吡啶、喹啉的同系物）和非碱性含氮化合物（吡咯、吲哚、咔唑类）。

（3）含氧化合物，含量很少，主要是环烷酸，脂肪酸和酚的含量很少。

（4）其他还有胶状、沥青状物质和微量的金属化合物，如镍、钒、铁、铜的化合物等。

原油中的硫所占比例不大，但相对变化大。硫含量的大小对原油的加工及燃烧后产生的污染影响很大，因此受到人们的重视。

人们根据硫含量的高低，将原油分为三种类型：低硫原油，含硫量 <0.5%；含硫原油，含硫量为 0.5%～2.0%；高硫原油，含硫量 >2.0%。我国的原油多属低硫或含硫原油。

世界原油总产量的 75% 为含硫原油和高硫原油。

原油按相对密度可分为：轻质原油（API[①]≥32）、中质原油（API 为 20～32）、重质原油（API 为 10～20）、特重原油（API≤10）。

原油按含蜡量可分为：低蜡原油，含蜡量≤2.5%；含蜡原油，含蜡量为 2.5%～10.0%；高蜡原油，含蜡量≥10.0%。

（三）石油的综合利用

1. 中国石油资源的分布

中国石油资源主要分布在东部地区（图 5-4），包括东北、华北、江淮地区，前两个主体是松辽和渤海湾盆地，后一个包括河南和苏北等盆地，这里的累积探明石油储量占全国的近 3/4；石油储量主要集中在松辽和渤海湾盆地，共占全国储量的 70.53%，居全国之首。目前，长江以南只有百色、三水、景谷三个小盆地探明了小油田，占全国储量不到 0.1%，这些特点决定了北油南运、东油西送的总格局。显然，最缺油的是西南部的西藏、云南、贵州等省区。

东部以外的石油资源储量主要是在新疆和我国海域，占全国储量的 16.65%。目前新疆的储量又主要分布在准噶尔盆地、塔里木盆地和吐-哈盆地，分别占全国储量的 8.28%、6.28% 和 1.55%。目前海上石油的勘探成果也与大陆的相似，即主要集中在渤海湾和珠江口盆地，浙江省以东海域的东海陆架盆地中部的西湖凹陷也相继发现了平湖等 8 个油气田，但渤海湾盆地的探明储量成倍增长，石油储量主要在北部。目前，我国石油资源量约为 1.0727×10^{11} t，其中约 71.61% 分布在陆上，约 22.93% 分布在海洋。

图 5-4　中国石油资源主要分布图

---

① "API"是美国石油学会的简称。也是用以表示石油及石油产品密度的一种量度。

2. 石油的加工

（1）分馏。

原油的相对分子质量范围很宽，从几十到几千；沸程也很宽，从常温到 500℃以上。因此，对原油的研究和加工，首先必须用分馏的方法（图 5-5），将原油按沸点的高低分为若干部分，即馏分。每个馏分都有各自的沸点范围——沸程或馏程（表 5-2）。

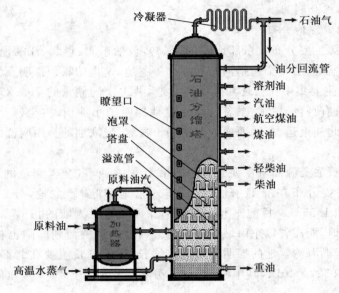

图 5-5　石油的分馏

蒸馏采用常压（350℃以下）和减压（350℃以上）两种。这是因为 350℃时原油开始分解，对 350℃以上的馏分采用减压蒸馏，可以避免分解。

表 5-2　原油的馏分与沸程

沸程/℃	馏　分	又　名
初馏点～200（或 180）	汽油馏分（低沸点馏分）	轻油或石脑油
200（或 180）～350	柴油馏分（中间馏分）	常压瓦斯油
350～500	润滑油馏分（高沸点馏分）	减压瓦斯油
350 以上	减压渣油	

石油产品是石油的一个馏分，但馏分并不等同于产品，只是从沸程上看有可能作为生产汽油、煤油、柴油、润滑油的原料。石油产品要满足油品的规格要求，馏分要变成产品还必须对其进一步加工。例如，汽油馏分是指通过进一步加工可以得到汽油的中间原料。

从国内外原油的统计结果可知，各种原油的馏分组成差别很大。

汽油馏分（初馏点～180℃）：1.5%～37.8%。

轻柴油馏分（180℃～350℃）：14.1%～49.2%。

润滑油馏分（350℃～500℃）：20.5%～36.4%。

渣油（＞500℃）：9.6%～55.2%。

原油的烃组成可以通过对其直馏馏分的研究获得。有如下三种表示方法：

① 单体烃组成——石油馏分中每一种烃类化合物的含量。

② 族组成——石油馏分中的烃类化合物,按有机化学分类的族的含量,如链烷烃(进一步细分为正构烷烃和异构烷烃)、环烷烃、芳香烃。

③ 结构族组成——用能反映烃类化合物结构单元的结构特征参数,即结构参数表示的组成。常用的是将碳原子按芳香碳、环烷碳和烷基侧链碳分类,用各种碳原子数占总碳原子数的百分数来表示组成。

不同原油其馏分组成是不同的(表 5-3)。从我国主要原油的馏分组成来看,>500℃的减压渣油含量较高,多数原油的减压渣油含量高于 40%。汽油馏分含量低,减压渣油含量高是我国原油的特点之一。

表 5-3 原油的馏分组成

原油产地	初馏点~180℃	180℃~350℃	350℃~500℃	>500℃
大庆	11.5%	19.7%	26.0%	42.8%
胜利	7.5%	17.6%	27.5%	47.4%
辽河	12.3%	24.3%	29.9%	33.5%
中原	19.4%	25.1%	23.2%	32.3%
新疆	15.4%	26.0%	28.9%	29.7%
单家寺	1.7%	11.5%	21.2%	65.6%
欢喜岭	1.7%	20.6%	35.4%	40.3%
印尼米纳斯	11.9%	30.2%	24.8%	33.1%
伊朗(轻质)	24.9%	25.7%	24.6%	24.8%
阿萨巴斯卡	0	16.0%	28.0%	56.0%

(2) 裂化和裂解。

用上述加热蒸馏的办法所得轻油约占原油的 1/3~1/4。但社会需要大量的分子量小的各种烃类,可以采用裂化的方法使碳原子数多的碳氢化合物裂解成各种小分子的烃类。石油裂化就是在一定的条件下,将相对分子质量较大、沸点较高的烃断裂为相对分子质量较小、沸点较低的烃的过程。裂化属于化学变化,而前面的分馏是属于物理变化。

单靠热的作用发生的裂化反应称为热裂化,在催化作用下进行的裂化,叫作催化裂化。

热裂化是在热的作用下(不用催化剂)使重质油发生裂化反应,转变为裂化气(炼厂气的一种)、汽油、柴油的过程。热裂化原料通常为原油蒸馏过程得到的重质馏分油或渣油,或其他石油炼制过程副产的重质油。热裂化气体的特点是甲烷、乙烷-乙烯组分较多;而催化裂化气体中丙烷-丙烯组分、丁烷-丁烯组分较多。

催化裂化是在热和催化剂的作用下使重质油发生裂化反应,转变为裂化气、汽油和柴油等的过程。原料采用原油蒸馏(或其他石油炼制过程)所得的重质馏分油或重质馏分油中混入少量渣油,经溶剂脱沥青后的脱沥青渣油;或全部用常压渣油或减压渣油。在反应过程中由于不挥发的类碳物质沉积在催化剂上,缩合为焦炭,使催化剂活性下降,需要用空气烧去,以恢复催化活性,并提供裂化反应所需热量。催化裂化是石油炼厂从重质油生产汽油的主要过程之一。所产汽油辛烷值高(马达法 80 左右),安定性好,裂化气含丙烯、丁烯、异构烃多。

　　裂解是一种更深度的裂化，是石油化工生产过程中，以比裂化更高的温度（700℃～800℃，有时甚至高达1000℃以上），使石油分馏产物（包括石油气）中的长链烃断裂成乙烯、丙烯等短链烃的加工过程。石油裂解的化学过程比较复杂，生成的裂解气是成分复杂的混合气体，除主要产品乙烯外，还有丙烯、异丁烯及甲烷、乙烷、丁烷、炔烃、硫化氢和碳的氧化物等。裂解气经净化和分离，就可以得到所需纯度的乙烯、丙烯等基本有机化工原料。当前，石油裂解已成为生产乙烯的主要方法。

　　（3）催化重整。

　　在有催化剂作用的条件下，对汽油馏分中的烃类分子结构进行重新排列成新的分子结构的过程叫催化重整。这是石油炼制的重要过程之一，加热、加压和催化剂存在的条件下，使原油蒸馏所得的轻汽油馏分（或石脑油）转变成富含芳烃的高辛烷值汽油（重整汽油），并得副产品液化石油气和氢气的过程。重整汽油可直接用作汽油的调和组分，也可经芳烃抽提制取苯、甲苯和二甲苯。副产的氢气是石油炼厂加氢装置（如加氢精制、加氢裂化）用氢的重要来源。

　　（4）加氢精制。

　　也称加氢处理，石油产品最重要的精制方法之一。指在氢压和催化剂存在下，使油品中的硫、氧、氮等有害杂质转变为相应的硫化氢、水、氨而除去，并使烯烃和二烯烃加氢饱和、芳烃部分加氢饱和，以改善油品的质量。有时，加氢精制指轻质油品的精制改质，而加氢处理指重质油品的精制脱硫。该方法的主要目的是对油品进行改质，提高产品的安定性及延长发动机等设备使用寿命，减少对环境的污染。

　　石油经过分馏、裂化、重整、精制等步骤，获得了各种燃料和化工产品。有的可直接使用，有的还可以进行深加工。所以炼油厂总是和几个化工厂组成石油化工联合企业，那里是技术密集、资本密集、劳动力密集的地区。

　　3. 石油产品

　　石油经过加工提炼，可以得到的产品大致可分为四大类：

　　燃料：石油燃料是用量最大的油品。按其用途和使用范围可以分为：点燃式发动机燃料、喷气式发动机燃料、压燃式发动机燃料、液化石油气燃料、锅炉燃料。

　　润滑剂：如润滑油和润滑脂。

　　溶剂与化工原料：如芳烃溶剂、溶剂油等，石油化工原料是有机合成工业的重要基本原料和中间体。

　　固体石油产品：如石油沥青（包括道路沥青和建筑沥青）、石油蜡（包括液状石蜡、石油脂、石蜡、微晶蜡）、石油焦炭（包括电极焦炭、燃料焦炭等）。

　　这些石油产品在商品构成中的比例见表5-4。

表 5-4　石油商品及构成比例

商品	石油基燃料	石油溶剂与化工原料	润滑剂	固体石油产品
构成比例/%	82.1	10.8	2.1	5.0（其中石油焦1.2）

　　（1）燃料。

　　点燃式发动机燃料有航空汽油、车用汽油等。

　　汽油是汽油发动机的燃料，用于汽车、摩托车与轻型飞机，一般质量要求有：适宜的挥发性、良好的抗爆性和良好的安定性。

抗爆性是汽油最重要的性能指标,也是汽油的分类指标。抗爆性常用辛烷值来表征。在汽油组分中,异辛烷(2,2,4 -三甲基戊烷)抗爆性较好,正庚烷抗爆性最差。所以将这两种汽油成分配成参比燃料,定义异辛烷的辛烷值为100,正庚烷的辛烷值为0。其间任意比例参比燃料的辛烷值即为参比燃料中异辛烷的体积百分数。

在加油站常见的汽油标号90、93、97就是指汽油的辛烷值。汽车发动机的压缩比越大,对汽油辛烷值的要求越高。为了提高辛烷值,可以采取以下措施:第一,加入抗爆添加剂,如以前加四乙基铅,高效,但有毒,污染环境,国家已明令禁止,目前采用无铅添加剂,如甲基环戊二烯三羰基锰;第二,加入高辛烷值调和组分,如甲醇、甲基叔丁基醚、苯、异丙苯等。

喷气式发动机燃料有航空煤油,主要用于喷气式发动机,现行国家标准有5个牌号。

压燃式发动机燃料有高速、中速、低速柴油。柴油是我国消费最多的发动机燃料,用于装有柴油发动机的各种机械设备,如农用机械、重型车辆、铁路机车、船舶舰艇、工程和矿山机械等,主要品种有轻柴油、重柴油、残渣柴油。

(2)润滑油和润滑脂。

在石油产品中比例不大,但却是品种最多的一大类产品。

主要品种有:内燃机油、齿轮油、液压油、汽轮机油和电器用油等。

润滑油由基础油和各种添加剂调和而成。其中基础油是经过精制的石油高沸点馏分或残渣油,绝大多数是烃类组分。

(3)石油蜡。

主要品种有:石蜡、地蜡、凡士林(石油脂)、特种蜡等,广泛应用于轻工、化工、日用化学品、食品、医疗、机械、冶金、电子与国防等领域。

(4)石油沥青。

以减压渣油为原料加工而成,主要品种有道路沥青、建筑沥青、专用石油沥青等。主要用途为道路铺设、建筑防水材料、电器工业、橡胶工业、防腐涂料与油漆等。

(5)石油焦。

石油焦是石油渣油通过延迟焦化制成的,是一种高碳材料,含碳90%～97%。主要品种有普通石油焦和针状石油焦两类。它们是生产碳素材料与含碳复合材料的重要原料。

(6)溶剂油和化工原料类石油产品。

溶剂油是作为溶剂使用的轻质石油产品,组成上以饱和烃为主。按其馏出98%体积的温度(或干点)分为6个牌号:NY - 70、90、120、190、220、260。主要用途:制香精香料、油脂、化学试剂、医药溶剂、橡胶、油漆、杀虫剂等。

化工原料类石油产品(非合成品)主要有:液状石蜡,石油系苯、甲苯、二甲苯等。

(7)石油化学(合成)品。

主要包括三大合成材料:合成塑料、合成纤维与合成橡胶。三大合成材料是用人工方法,由低分子化合物合成的高分子化合物,又叫高聚物,相对分子量可在10000以上。高聚物正在越来越多地取代金属成为现代社会使用的重要材料。

三、天然气

地壳中产出天然气的形式是多种多样的,有广义天然气和狭义天然气之分。从广义上来说,天然气是指自然界中天然存在的一切气体,包括大气圈、水圈和岩石圈中各种自然过程形成的气体,如油田气、气田气、煤系地层气、泥火山气和生物生成气等。而通常人们说的"天然气",是从能量角度出发的狭义定义,是指天然蕴藏于地层中的可燃性碳氢化合物气体,有油田气、纯气田气、凝析气田气。石油工作者所称的天然气多指狭义天然气,而且狭义天然气也是主要的天然气。在此也只讨论狭义天然气。

（一）天然气的发现及早期应用

最早在公元前 6000 年到公元前 2000 年间,伊朗首先发现了从地表渗出的天然气。渗出的天然气刚开始可能用作照明,崇拜火的古代波斯人因而有了"永不熄灭的火炬"。中国利用天然气约在公元前 900 年。中国在公元前 211 年钻了第一个天然气气井,据有关资料记载深度为 150m,在今日重庆的西部。天然气当时用作燃料来干燥岩盐。

欧洲人了解天然气是从 1659 年在英国发现天然气开始的,但它并没有得到广泛应用。到 1790 年煤气才成为欧洲街道和房屋照明的主要燃料。在北美,石油产品的第一次商业应用是 1821 年纽约弗洛德尼亚地区对天然气的应用。他们通过一根小口径导管将天然气输送至用户,用于照明和烹调。

由于没有合适的方法长距离输送大量天然气,天然气在整个 19 世纪只应用于局部地区,工业发展中的应用能源主要还是煤和石油。1890 年,燃气输送技术发生了重大的突破,发明了防漏管线连接技术。然而,材料和施工技术依然较复杂,以至于在离气源地 160km 的地方,天然气仍无法得以广泛利用。

由于管线技术的进一步发展,20 世纪 20 年代长距离天然气输送成为可能。1927 年至 1931 年,美国建设了十几条大型燃气输送系统,每一个系统都配备了直径约为 51cm 的管道,并且距离超过 320km。在二战之后,建造了许多输送距离更远、更长的管线,管道直径甚至达到 142cm。至此,天然气开始得到了广泛的应用,成为当今世界一次能源的三大支柱之一,同时也是重要的化工原料。

天然气作为一种高效、优质、清洁能源,其用途越来越广,需求量不断增加。进入 20 世纪 90 年代后,天然气开发利用在世界能源结构中稳中有升。某些能源消费大国的天然气消费已超过煤而成为第二大能源。

（二）天然气的化学成分

天然气就是指天然蕴藏于地层中的以烷烃为主的各类烃类和少量非烃类气体所组成的气体混合物。主要由气态烃、硫化烃、二氧化碳、氮气等气体,液态烃和水以及机械杂质等组成。大多数天然气均以烃类为主要成分,但也有例外。有少数天然气气藏以非烃类为主,如 N_2 气藏,CO_2 气藏和 H_2S 气藏等。

1. 天然气的烃类组成

烃类组成:CH_4（甲烷）一般 80% 以上,但也有约 50% 或 >99% 的;烷烃 $C_2 \sim C_4$ 含量一般气田气较少,低于 5%,油田气较多,高于 10%;烷烃 C_5 含量一般气田气极少,0 ～ 0.2%,油田气稍多,低于 2%;其他烷烃,如微量环烷烃和芳烃。碳原子数超过 5 的组分在地下高温环境中,以气态开采出来,但在标准态下是液体。

2．天然气的非烃组成

非烃组成在天然气中一般不超过10％。其主要成分是CO_2、H_2S、N_2；次要成分是CO、SO_2、H_2、Hg；此外还含有痕量成分惰性气体氦、氖、氩、氪、氙、氡。天然气中的氦含量有时高于0.5％，远高于它在大气中的含量（0.0005％），是工业提取氦的主要资源。

天然气自身是无色无味的，然而在我们生活中使用天然气的时候，会闻到一种难闻的味道。那是因为天然气在通过管道送到最终用户之前，还要用硫醇来给天然气添加气味，以助于泄漏检测。天然气不像一氧化碳那样具有毒性，它本质上对人体是无害的。不过如果天然气处于高浓度的状态，并使空气中的氧气不足以维持生命的话，还是会致人死亡的，毕竟天然气不能用于人类呼吸。作为燃料，天然气也会因发生爆炸而造成伤亡。

虽然天然气比空气轻而容易发散，但是当天然气在房屋或帐篷等封闭环境里聚集的情况下，达到一定的比例时，就会触发威力巨大的爆炸，爆炸可能会夷平整座房屋，甚至殃及邻近的建筑。甲烷在空气中的爆炸极限下限为5％，上限为15％。

（三）天然气的优点

天然气是较为安全的燃气之一，它不含一氧化碳，也比空气轻，一旦泄漏，立即会向上扩散，不易积聚形成爆炸性气体，安全性较高。采用天然气作为能源，可减少煤和石油的用量，因而可以大大改善环境污染问题。天然气作为一种清洁能源，能减少二氧化硫和粉尘排放量近100％，减少二氧化碳排放量60％和氮氧化合物排放量50％，并有助于减少酸雨形成，舒缓地球温室效应，从根本上改善环境质量。

但是，对于温室效应，天然气跟煤炭、石油一样会产生二氧化碳。因此，不能把天然气当作新能源。天然气的使用优点有：

1．绿色环保

天然气是一种洁净环保的优质能源，几乎不含硫、粉尘和其他有害物质，燃烧时产生的二氧化碳少于其他化石燃料，造成温室效应较低，因而能从根本上改善环境质量。

2．经济实惠

天然气与人工煤气相比，同比热值价格相当，并且天然气清洁干净，能延长灶具的使用寿命，也有利于用户减少维修费用的支出。天然气是洁净燃气，供应稳定，能够改善空气质量，因而能为该地区经济发展提供新的动力，带动经济繁荣及改善环境。

3．安全可靠

天然气无毒、易散发，比重轻于空气，不易积聚成爆炸性气体，是较为安全的燃气。它不含一氧化碳，减少了泄漏对人畜生命造成的危害性，而煤制燃气含有20％～30％的一氧化碳，如管道泄漏，会引起人畜中毒甚至死亡。

4．使用方便

天然气供居民作燃料具有方便，节省时间和劳动力的优越性。随着越来越多的家庭使用安全、可靠的天然气，将会极大改善家居环境，提高生活质量。

5．资源丰富

全球丰富的天然气资源完全可以满足人类较长时期的需求。

（四）天然气的应用

天然气的利用可分为两类，即能源和原料，可用于发电、工业燃料、民用燃气、车用燃气、化工原料等。由于天然气的清洁能源特点，其应用领域将会有显著增加。天然气是

21世纪的主要能源。我国的"西气东输"工程是开发大西北的一项重大工程，是我国距离最长、口径最大的输气管道，该工程将天然气从新疆塔里木输送至上海西郊，输气管道全长4200多千米，横跨9个省、市、自治区。这一重大工程的实施，将取代部分工业和居民使用的煤炭和燃油，有效改善大气环境，提高人们的生活质量。

1. 天然气发电

随着天然气燃气-蒸汽联合循环发电装置单机容量的不断扩大，天然气发电在发展中国家将有广阔的发展前景。天然气发电与其他火电相比，具有明显的特点：

（1）对环境的污染小。天然气由于经过了净化处理，含硫量极低，每亿度电排放的SO_2仅是普通燃煤电厂的千分之一。

（2）电厂的整体循环效率高。普通燃煤电厂热效率高限为40％，而天然气燃气-蒸汽联合循环电厂的热效率可达56％，这主要是联合循环将燃气循环与蒸汽循环进行了有机结合，从而提高了燃料蕴蓄的化学能与机械功之间的转换效率。

（3）在同等条件下，单位投资较低。

（4）燃气-蒸汽联合循环电厂开、停车方便，调峰性能好。

（5）占地少。燃气电厂由于无须煤场、输煤系统、除灰渣系统以及除尘、脱硫系统等，所以厂区占地面积比燃煤电厂厂区小得多。

（6）耗水量少。燃气电厂不需要大量冷却水，可减少冷却水的供应，这对于干旱缺水地区建电厂尤为重要。

（7）建厂周期短，施工安装简便，投产快。

（8）运行人员少。由于燃气电厂自动化程度高，采用先进的集散式控制系统，控制人员可以大大减少。

2. 工业燃料

工业用户一般能耗较大，与煤和燃油比较，使用天然气不必建设燃料储存场所和设备，无须备运操作，使用燃料前的管理简单，燃烧设备结构简单，因此可节省占地、投资和操作费用。

锅炉是工业中量大的耗能设备，我国燃煤锅炉效率约50％～60％，而燃烧天然气的锅炉效率可达80％～90％。

陶瓷工业，如生产釉面砖的窑炉使用天然气作燃料后，不会产生炭黑、颗粒、气泡、麻点等缺陷，窑炉内温度均匀，产品变形小，能够生产高档次的釉面砖。

3. 民用燃气

由于目前我国天然气资源的相对紧缺以及天然气极强的调峰性能，故优先满足居民住宅用气被称作其最有价值的用途。居民用户是天然气传统的、稳定的用户，是最能体现天然气利用优势的市场，也是最适合应用天然气进行发展和培育的用户对象。居民用气量小、点多面广，有利于城市天然气管网形成。

天然气十分适合用在人口稠密的商业部门领域。传统上天然气用来作为食堂、医院、学校、宾馆、饮食业和公共服务等部门的燃料。近年天然气制冷技术的进步，使吸收式制冷空调的应用得到迅速推广。近期天然气热电冷联供技术的发展，使能源利用率大大加强，进一步体现了天然气作为清洁环保能源的巨大优势，拓宽了天然气的应用领域。据统计，美国天然气商业消费量的比例基本稳定在12％，而我国商业部门的天然气消费量仅占总消费量的 0.8%,该领域天然气市场还有待发展和开拓。

4. 车用燃料

随着汽车拥有量的日益增加,汽油需求量也越来越大,石油储量却越来越少,造成的能源危机越来越严重。人们在寻求新能源、新技术来改变危机。因此人们研制出燃气汽车、太阳能汽车、燃氢电池汽车等。燃气汽车主要是以天然气为燃料,供汽车行驶使用,其关键技术是燃气的携带问题。目前开发比较成功的是压缩天然气汽车,即将天然气压缩 20 倍左右,装进一个储气罐里,安装在车的后备厢里,汽车发动机前再增加相应的燃气设备,这样一辆燃气汽车就改装成功。每辆汽车改装费大概需要 3000~5000 元。但由于其行驶距离有限,最多只能行驶 100km,并且加气站的建设要受天然气管道的限制,不能像加油站那样很方便建站,因此目前改装的燃气车主要是城市里的出租车、公交车,还无法大规模地推广应用。液化天然气汽车(LNGV)是以液化天然气(LNG)为燃料的新一代天然气汽车,代表着天然气汽车的发展方向。

5. 化工原料

用天然气合成氨、甲醇、乙炔等化工原料是其很重要的应用。天然气做原料大规模生产合成氨、甲醇是国际公认的建设投资少、生产成本低、最具竞争力的原料路线。目前,世界各地区合成氨的原料使用中,天然气所占的比例高达 70.7%。全球甲醇年产量已超过 2×10^8 t,采用天然气原料路线的甲醇合成装置生产能力占甲醇总生产能力的 80% 以上,其他原料始终无法与之竞争。

甲醇作为大宗化学产品,其产量位居大宗基本有机化工产品的第四位,仅次于乙烯、丙烯和苯。甲醇作为一碳化学的母体,是一种重要的基本化工原料,主要用于生产甲醛、甲基叔丁基醚(MTBE)和醋酸等产品,再经深加工可衍生出多种产品。

(五)天然气水合物

天然气水合物,也称"可燃冰",是一种自然存在的冰状笼形化合物(图 5-6),主要分布于海洋,少量分布于陆地冻土带。外观貌似冰雪,却可被点燃。在低温(-10℃~10℃)和高压(1×10⁷ Pa 以上)条件下,甲烷气体和水分子合成类冰固态物质,其分子结构式为 $CH_4 \cdot nH_2O$,具有极强的储载气体的能力。一般的甲烷气水化合物组成为 1mol 的甲烷及 5.75mol 的水,然而这个比例取决于多少的甲烷分子"嵌入"水晶格各种不同的包覆结构中。据观测,其密度大约为 0.9g/cm³,

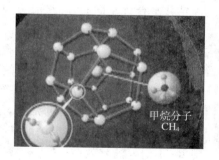

甲烷分子
CH_4

图 5-6 笼形化合物

1L 的甲烷气水包合物固体,在标准状况下,平均包含 168L 的甲烷气体。这意味着水合物的能量密度是煤和黑色页岩的 10 倍,是传统天然气的 2~5 倍。在海洋中,约有 90% 的区域都具备天然气水合物生成的温度和压力条件。世界上绝大部分的天然气水合物分布在海洋里,储存在海底之下 500~1000m 的水深范围以内。作为接替能源,"可燃冰"在全球资源储量非常丰富,相当于现在全球已经探明的煤炭、石油、天然气等常规化石能源碳总量的 2~3 倍。这是一种高效清洁能源,被誉为 21 世纪的绿色能源。

中国是一个富煤、贫油、少气的国家。随着经济发展,能源安全问题也愈发突出。目前,中国已经连续 20 年成为原油净进口国,2012 年进口原油依存度高达 56%,成为全球第二大原油进口国和第二大原油消费国。

作为一种高效清洁能源，"可燃冰"在中国境内的储量有多少？通过 15 年的调查和预测，在南海地区预计有 6.80×10^{11} t 油当量的"可燃冰"；除了南海外，在青海地区又发现了 3.50×10^{11} t 标准油当量的天然气水合物，考虑到青藏高原仍有未探明储量的资源，这一地区的"可燃冰"资源储量将会更大。

2013 年 6 月至 9 月，在广东沿海珠江口盆地东部海域首次钻获高纯度"可燃冰"，并探明有相当于 $1 \times 10^{12} \sim 1.5 \times 10^{12}$ m³ 的天然气储量。面对如此大规模的天然气水合物储量，其何时能被商业开发成为人们关注的焦点。据了解，技术问题和开采成本成为制约各国开采天然气水合物的瓶颈。

虽然中国已进入了天然气水合物调查研究的世界先进行列，但是在开采方面依旧处于关键技术的研发阶段。中国有望在 2030 年实现天然气水合物的商业开发。

全球蕴藏的常规石油天然气资源消耗巨大，很快就会枯竭。科学家的评价结果表明，仅在海底区域，可燃冰的分布面积就达 4×10^8 km²，占地球海洋总面积的 1/4。2011 年，世界上已发现的可燃冰分布区多达 116 处，其矿层之厚、规模之大，是常规天然气田无法相比的。科学家估计，海底可燃冰的储量至少够人类使用 1000 年。

天然气水合物在给人类带来新的能源前景的同时，对人类生存环境也提出了严峻的挑战。天然气水合物中的甲烷，其温室效应为 CO_2 的 20 倍，温室效应造成的异常气候和海平面上升正威胁着人类的生存。全球海底天然气水合物中的甲烷总量约为地球大气中甲烷总量的 3000 倍，若稍有不慎，让海底天然气水合物中的甲烷气大量逃逸到大气中去，将产生无法想象的后果。而且固结在海底沉积物中的水合物，一旦条件变化使甲烷气从水合物中释出，还会改变沉积物的物理性质，极大地降低海底沉积物的工程力学特性，使海底软化，出现大规模的海底滑坡，毁坏海底工程设施，如海底输电或通信电缆和海洋石油钻井平台等。同时，陆缘海边的"可燃冰"开采起来也十分困难，一旦出了井喷事故，就会造成海水汽化，发生海啸翻船。

天然可燃冰呈固态，不会像石油开采那样自喷流出。如果把它从海底一块块搬出，在从海底到海面的运送过程中，甲烷就会挥发殆尽，同时还会给大气造成巨大危害。为了获取这种清洁能源，世界上许多国家都在研究天然可燃冰的开采方法。科学家们认为，一旦开采技术获得突破性进展，那么可燃冰立刻会成为 21 世纪的主要能源。

世界上至今还没有完美的开采方案。开采的最大难点是保证井底稳定，使甲烷气不泄漏、不引发温室效应。"可燃冰"的开采方案主要有热激化法、减压法和置换法三种。

方案一是热激化法。利用"可燃冰"在加温时分解的特性，使其由固态分解出甲烷蒸气。这是直接对天然气水合物层进行加热，使天然气水合物层的温度超过其平衡温度，从而促使天然气水合物分解为水与天然气的开采方法。但此方法的难处在于不好收集。海底的多孔介质不是集中为"一片"，也不是一大块岩石，而是较为均匀地遍布着。如何布设管道并高效收集是急于解决的问题。另外，只能进行局部加热、热利用效率较低等问题，也都有待进一步完善。

方案二是减压法。减压开采法是一种通过降低压力促使天然气水合物分解的开采方法。减压途径主要有两种：第一种是采用低密度泥浆钻井达到减压目的；第二种是当天然气水合物层下方存在游离气或其他流体时，通过泵出天然气水合物层下方的游离气或其他流体来降低天然气水合物层的压力。减压开采法不需要连续激发,成本较低,适合大面积开采,尤其适用于存在下方游离气层的天然气水合物的开采,是天然气水合物传统开采方法中最有前景的一种技术。但它对天然气水合物矿藏的性质有特殊的要求,只有当天然气水合物矿藏位于温压平衡边界附近时,减压开采法才具有经济可行性。

方案三是置换法。研究证实,将 CO_2 液化,注入 1500m 以下的洋面,就会生成二氧化碳水合物,它的比重比海水大,于是就会沉入海底。如果将 CO_2 注射入海底的甲烷水合物储层,因 CO_2 较之甲烷易于形成水合物,因而就可能将甲烷水合物中的甲烷分子"挤走",从而将其置换出来。

四、水能

水能是指水体的动能、势能和压力能等能量资源。它是自然界广泛存在的一次能源。它可以通过水力发电站方便地转换为优质的二次能源——电能。所以通常所说的"水电"既是被广泛利用的常规能源,又是可再生能源。

1. 水能资源的特点

(1)水能资源是循环不息的可再生能源。地球表面的海洋、河、湖等水能不断再生。在诸多可再生能源中,水能资源利用历史最久,技术最成熟,应用最经济,也最广泛。

(2)利用水能资源发电,可节省火电所需煤炭、石油、天然气和核电所需铀等宝贵的不可再生能源。每千克时的水电可代替 $0.3\sim0.4kg$ 标准煤的火电燃料,折合 $0.5kg$ 原煤。

(3)水能资源是清洁能源,水力发电不排放有害气体、烟尘、热水和灰渣等污染物,没有核辐射危险。但水电站对生态环境也有利有弊,因此,建设水电站时,可选择弊少利多的工程。

(4)水电用的是不花钱的"燃料",发电成本低,积累多,投资回收快,大中型水电站一般 $3\sim5$ 年就可收回全部投资。

(5)水电站一般都有防洪、灌溉、航运、养殖、美化环境、旅游等综合经济效益。

(6)水电投资跟火电投资差不多,施工工期也并不长,属于短期近利工程。

(7)操作、管理人员少,一般不到火电的三分之一人员就足够了。

2. 我国的水能资源

我国土地辽阔,河流众多,径流丰沛,落差巨大,蕴藏着丰富的水能资源。我国是世界上水电能资源最丰富的国家之一。根据最新的水能资源普查结果,我国江河水能理论蕴藏量 6.94×10^9kW、年理论发电量 $6.08\times10^{14}kW\cdot h$,水能理论蕴藏量居世界第一位;我国水能资源的技术可开发量为 5.42×10^9kW、年发电量 $2.47\times10^{14}kW\cdot h$,经济可开发量为 4.02×10^9kW、年发电量 $1.75\times10^{14}kW\cdot h$,均名列世界第一。据 1993 年的初步估算,经济可开发资源为:装机容量 2.9×10^9kW,多年平均年发电量 $1.26\times10^{14}kW\cdot h$。

水能资源取决于地形和河流。中国国土面积 $9.6\times10^7km^2$,东南濒临太平洋,西南背靠世界屋脊喜马拉雅山脉,北面为西伯利亚和蒙古高原。全国地势西高东低,这是中国水能资源非常丰富的主要原因。中国河川水能资源有以下特点(图 5-7):第一,资源量大,占世界首位;第二,分布很不均匀,大部集中在西南地区,其次在中南地区,经济发达的东部沿海地区的水能资源较少,而中国煤炭资源多分布在北部,形成北煤南水的格局;第三,大型水电站的比重很大,单站规模大于 2×10^7kW 的水电站资源量占 50%。于 1994 年

12 月 14 日正式动工兴建、2003 年开始蓄水发电、2009 年全部完工的长江三峡工程的总装机容量为 $2.250 \times 10^8 kW$，多年平均年发电量 $8.40 \times 10^{11} kW \cdot h$。位于雅鲁藏布江的墨脱水电站，经查勘研究，其装机容量可达 $4.380 \times 10^8 kW$，多年平均年发电量 $2.630 \times 10^{12} kW \cdot h$。

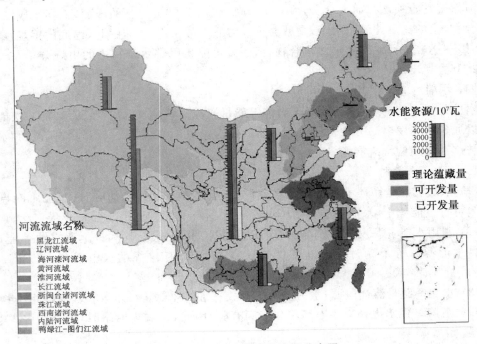

图 5-7 我国的主要水能资源分布图

3. 水能资源的利用

由于水能资源最显著的特点是可再生、无污染，开发水能对江河的综合治理和综合利用具有积极作用，对促进国民经济发展，改善能源消费结构，缓解由于消耗煤炭、石油资源所带来的环境污染有重要意义，因此世界各国都把开发水能放在能源发展战略的优先地位。

水能利用是一项系统工程，其任务是根据国民经济发展的需要和水资源条件，在河流规划和电力系统规划的基础上，拟定出最优的水资源利用方案。

水力发电是将一次能源的水能开发和二次能源的电能生产同时完成的电力建设。水力发电技术是利用水体不同部位的势能之差，它跟落差和流量的乘积成正比。法国于 1878 年建成世界上第一座水电站，尽管这个水电站装机容量较小，但它开创了利用水能转换成电能的先河。20 世纪以来，由于筑坝技术、水力机械和电气科学以及长距离输电技术的迅速发展，水电站建设的规模不断增大，建造的速度大大加快，水电成为现代电力工业三大主要发电方式（火电、水电、核电）之一。

1905 年 7 月中国第一座水电站台湾省龟山水电站建，装机 500kW。1912 年，中国大陆第一座水力发电站云南昆明石龙坝水电站建成发电，装机 480kW。1949 年，全国的水电装机为 $1.63 \times 10^5 kW$；至 1999 年底发展到 $7.297 \times 10^8 kW$，仅次于美国，居世界第二位；到 2005 年，全国的水电总装机已达 $1.15 \times 10^9 kW$，居世界第一位，占可开发水电容量的 14.4%,占全国电力工业总装机容量的 20%。到 2010 年 8 月,随着华能小湾水电站四号机组日前投产发电,我国电力装机达到 9×10^9 kW·h,其中水电装机突破 2×10^9 kW,继续稳居世界第一。

世界上已建成的最大水电站是我国的长江三峡水电站,总装机容量达 2.250×10^8 kW,2014 年发电量 9.88×10^{11} kW·h,创单座水电站年发电量新的世界最高纪录,并首度成为世界上年度发电量最高的水电站。这个数据是大亚湾核电站的 5 倍,是葛洲坝水电站的 10 倍,约占全国年发电总量的 3%,占全国水力发电的 20%。

水不仅可以直接被人类利用,它还是能量的载体。太阳能驱动地球上低位水,通过水循环而分布在地球各处,从而恢复高位水源的水分布,使之持续进行。地表水的流动是水能利用的重要的一环,在落差大、流量大的地区,水能资源丰富。随着矿物燃料的日渐减少,水能是非常重要且前景广阔的替代资源。世界上水力发电还处于起步阶段。河流、潮汐、波浪以及涌浪等水运动均可以用来发电。也有部分水能用于灌溉。

第四节 新 能 源

一、太阳能

太阳能既是一次能源,又是可再生能源。它资源丰富,既可免费使用,又无须运输,对环境无任何污染。太阳能的开发利用为人类创造了一种新的生活形态,使社会及人类进入一个节约能源、减少污染的时代。

(一)太阳能的特点

太阳能是太阳内部氢原子发生连续不断的核聚变反应过程产生的能量。人类所需能量的绝大部分都直接或间接地来自太阳的辐射能量。植物通过光合作用释放氧气、吸收二氧化碳,并把太阳能转变成化学能在植物体内贮存下来。煤炭、石油、天然气等化石燃料也是由古代埋在地下的动、植物经过漫长的地质年代演变形成的一次能源。广义上来说,太阳能除了太阳辐射能外还包括地球上的风能、水能、海洋温差能、波浪能和部分潮汐能,以及生物质能和化石燃料(如煤、石油、天然气等)。狭义的太阳能则限于太阳辐射能的光热、光电和光化学的直接转换。

地球上每年接受太阳的总能量高达 1.8×10^{18} kW·h,相当于 2.1×10^{15} t 标煤,而全人类每年消耗的能源总量却不到地球每年接受太阳能总量的 0.01%。我国陆地每年接受的太阳辐射能相当于 2.4×10^{13} t 标煤,是我国年消耗能源的 2000 倍,太阳能可谓"取之不尽、用之不竭"的能源宝库。如何将太阳能高效、低成本地转化为可直接利用的化学能已成为世界各国科学界和工业界共同关注的研究方向。在过去几十年中,人类在太阳能光合作用、太阳能光催化分解水制氢以及太阳能生产化学品等方面已取得了若干重要进展。

地球表面接受的太阳辐射能,其能量集中在波长为 200～2500nm 的范围,其中波长小于 400nm 的为紫外线,介于 400～750nm 的为可见光,波长大于 750nm 的为红外线。太阳能的利用可有各种不同的途径,如直接转化为热能,通过光电效应直接转化为电能,通过热化学反应储存能量,通过光化学反应直接转化为电能或制成 H_2 后利用以及通过光合作用的利用等。

（二）太阳能的光化学利用

利用光化学反应可以将太阳能转换为化学能，主要有以下方法：光合作用、光化学作用（如光分解水制氢）、光合成化学品和光电转换（光转换成电后电解水制氢）。

1. 植物的光合作用

太阳能利用最成功的是植物的光合作用。有人估计，地球上每年通过光合作用储藏的太阳能相当于全球能源年耗量的 10 倍左右。在太阳光作用下，植物体内的叶绿素把水、二氧化碳转化为有机物（生物质能），并放出氧气。这是一个把光能转化为化学能的过程，而且是地球上最大规模转换太阳能的过程。

光合作用中绿色植物或藻类在可见光作用下将二氧化碳和水转换成碳水化合物的过程可近似地表示为（图 5-8）。

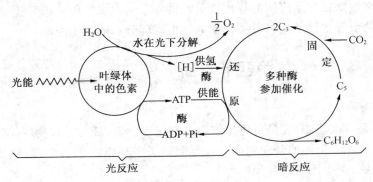

图 5-8　光合作用过程图解

其化学反应方程式为：

$$nCO_2 + mH_2O \xrightarrow{h\nu} C_n(H_2O)_m + nO_2$$

光合作用是通过将光能转化为电能，继而将电能转化为活跃的化学能，最终将其转化为稳定的化学能的过程，这一过程为利用光合作用发电提供了基础。光合作用的第一个能量转换过程是将太阳能转变为电能，这是一个运转效率极高的光物理、光化学过程，而且光合作用是一个普遍的纯粹的生理过程，是纯天然的"发电机"，利用的原料（水）成本很低，且不会污染环境。如果能将这种生理过程应用到人工控制的太阳能到电能的转化，将会使人们能更高效地利用太阳能获得所需的能量，获得经济效益和环境效益的双丰收。

光合作用包括两个主要步骤：一是需要光参与的在叶绿体的囊状结构上进行的光反应，二是不需要光参与的在有关酶催化下于叶绿体基质内进行的暗反应。光反应又分为两个步骤：原初反应（将光能转化成电能，分解水并释放氧气）、电子传递和光合磷酸化（将电能转化为活跃的化学能）。光合作用中的暗反应是以植物体内的 C_5 化合物（1,5-二磷酸核酮糖）和 CO_2 为原料，利用光反应产生的活跃的化学能形成储存能量的葡萄糖。

显然，如果利用光合作用发电，一个关键的研究就是光反应过程，也就是在光反应结束之前（即电能转化为活跃的化学能之前）设法将电能输出。

光合作用高效吸能、传能和转能的分子机理及调控原理是光合作用研究的核心问题。光合作用发现至今已有 200 多年的历史。自 20 世纪 20 年代以来，关于光合作用的研究曾多次获得诺贝尔奖，但到现在为止光合作用的机理仍未能彻底了解。光合作用机理的研究如果获得重大突破,不仅具有重大的理论意义,而且还对指导农作物光能转换效率的调节和控制、农作物光合效率的基因工程和蛋白质工程技术的提高、太阳能利用新途径的开辟、新一代生物电子器件的研制、能源与信息及材料科学技术的促进有着直接的实际应用价值。

2.太阳能制氢

氢能是一种高品位能源。太阳能可以通过分解水或其他途径转换成氢能,即太阳能制氢。光解水制氢是太阳能通过光化学反应转化为可储存的化学能的最好途径。地球上的水资源极其丰富,因此光化学分解水制氢技术对氢能源的利用具有非常重要的意义。

3.利用太阳能合成化学品

如果能利用太阳能合成化学品,有利于能量的储存及运输,无疑对人类具有重大意义。利用太阳能合成化学品在多个方面进行过探索研究,研究比较多的有甲烷光合成甲醇、光化学固氮合成氨、甲烷的蒸气或二氧化碳重整制合成气等。

(1)合成甲醇。

太阳能合成化学品是人类利用太阳能的重要方面。我国天然气储量丰富,天然气深加工合成化学品是一个重要的研究课题。甲醇是甲烷转化的理想产物,因为甲醇保留了原料甲烷的绝大多数能量,而且在常温常压下又是液体,便于储存和运输。目前世界各国都是以煤或天然气制作合成气,再由合成气制得甲醇,这种方法的能耗高,单程转化率低。

由于价位中的碳氢键键能高,要活化甲烷一般需要苛刻的条件,比较理想的方法是甲烷直接氧化合成甲醇。最早报道的甲烷由光化学方法直接合成甲醇,是在一个石英光化学反应器中,甲烷被喷入 $90\,^{\circ}\text{C}$ 的水中,在波长为 $185\,\text{nm}$ 的紫外线照射下,反应器中便有甲醇生成。现在研究较多的是光化学反应与催化剂相结合,即甲烷由光催化制甲醇。光催化反应中常用过渡金属氧化物或其混合物为主催化剂,并掺杂以其他金属。我国学者制备出了多孔的 TiO_2,并设计了 TiO_2 吸附水后在温和条件下进行光催化 CH_4 与 O_2 的绿色反应途径,成功获得了甲醇。

(2)合成氨。

合成氨工业是基础化学工业之一。全球大约 10% 的能源用于合成氨生产,合成氨工艺和催化剂的改进将对矿物燃料的消费量产生重大影响。合成氨工业是农业的基础,它的发展将对国民经济的发展产生重大影响。开发温和的合成氨工艺和高活性氨合成催化剂一直是人们追求的目标。1977 年报道了光合成氨的反应,在常温常压下用紫外线照射湿润的 TiO_2 粉末,由 N_2 和 H_2O 合成了氨。反应式如下:

$$2N_2+6H_2O \xrightarrow{h\nu} 4NH_3+3O_2$$

后来也有报道用聚合物和 TiO_2 的复合体系合成氨反应的,其反应床为 TiO_2 和导电性聚合物的多层膜,常温常压下在空气中用白色光照射,空气中的氮被以 NH_4ClO_4 的形式固定下来。

(3)合成其他化学品。

一家日本公司于 2012 年 12 月首次利用室外太阳光成功完成了人工光合成实验,并产生了有机化合物甲酸。其研发机构表示:"通过改善光合成触媒,目前还成功生成了乙醇、甲醇、乙烯、甲烷等有机物,但目前实验产生的有机物量比较少,太阳光能转换效率仅为 0.2％左右，与植物大体相同，因此太阳能光合成技术还有待进一步改进，力争在 2016年提升至 1％。"2013 年 5 月，日本的另一家研究机构也利用不同的方法和条件成功在室外完成了人工光合成实验，同样获得了甲酸。

天然气的热重整是甲烷与水蒸气或二氧化碳的催化反应，其产品是气态混合物 H_2 和 CO，称为合成气。这个反应所需的热由太阳光提供，反应过程中太阳光直接照射在催化剂上，能够增加催化剂的活性，获得较高的产率。

4. 太阳能治理环境

20 世纪 80 年代初，光化学开始应用于环境保护，其中光化学降解治理污染尤其受到重视，包括无催化剂和有催化剂的光化学降解。前者多采用臭氧和过氧化氢等作为氧化剂，在紫外线的照射下使污染物氧化分解；后者又称为光催化降解，一般可分为均相和多相两种类型。均相光催化降解主要以 Fe^{2+} 或 Fe^{3+} 及 H_2O_2 为介质，通过光助芬顿（photo-Fenton）反应使污染物得到降解，此类反应可以直接利用可见光；多相光催化降解就是在污染体系中投加一定量的光敏半导体材料，同时结合一定能量的光辐射，使光敏半导体在光的照射下激发产生电子空穴对，吸附在半导体上的溶解氧、水分子等与电子和空穴作用，产生 ·OH 等氧化性极强的自由基，再通过与污染物之间的羟基加合、取代、电子转移等使污染物全部或接近全部降解，最终产生 CO_2、H_2O 及其他离子。与无催化剂的光化学降解相比，光催化降解在环境污染治理中的应用研究更为活跃。

（1）空气中有害物质的光催化去除。

研究发现，在紫外线照射下，以锐态型 TiO_2 为催化剂，空气中的苯系物、卤代烷烃、醛、酮、羧酸等能被有效地降解去除。近年来日本涌现出大量用于空气净化的光催化剂和空气净化装置的专利技术。我国科学家也成功开发出了新型高效的光催化剂及相应的空气净化装置，推动了光催化氧化技术在室内空气污染治理中的应用。

（2）水中有机污染物的光催化降解。

主要包括水体中有机污染物的光催化氧化和重金属离子的光催化还原。所用的半导体材料仍然以光敏材料为主，粉末 TiO_2、薄膜型 TiO_2、担载型 TiO_2 光催化剂的研究也日趋成熟。在西班牙已建成了具有示范性质的大规模污水处理厂，对含各种有机污染物的废水进行处理，取得了良好的效果。对于废水中浓度高达每升几千毫克的有机污染物体系，光催化降解均能有效地将污染物降解去除，达到规定的环境标准。

光催化降解不仅能用于治理有机污染，还可以还原废水中某些高价的重金属离子，使之对环境的毒性变小，从而达到对污水中重金属污染物的治理。应用光催化降解法还可以去除饮用水中用其他方法无法满意去除的有机污染物，尤其是很稳定的有机氯化合物。

（3）光催化消除环境污染物制氢。

1982 年报道了在碱性溶液中 CdS 半导体上，光催化分解 H_2S 产生 H_2 和 S，引起了人们研究光催化分解环境污染物 H_2S 的同时制备燃料 H_2 和回收 S 的兴趣。还有人把水中污染物作为廉价的电子给体来提高光催化分解水制氢的效率，从而实现同时消除污染和制氢的双重目标。

（三）太阳能的光电利用

将太阳能转换为电能是大规模利用太阳能的重要技术基础，世界各国都十分重视，其转换途径很多，有光电直接转换，有光热电间接转换等。这里重点介绍光电直接转换器件——太阳能电池。太阳能电池是利用光电转换原理使太阳的辐射光通过半导体物质转变为电能的一种器件,这种光电转换过程通常叫作"光生伏打效应",因此太阳能电池又称为"光伏电池"。

太阳能电池具有方便、不需燃料和无污染等优点,近年来得到了很大的发展,成为人们目前对太阳能利用的主要方式之一。自 20 世纪 50 年代研制成第一块实用的硅太阳能电池、60 年代太阳能电池进入空间应用、70 年代进入地面应用,太阳能光电技术已历经了半个多世纪。发展到今天,太阳能电池产业已经成为一个重要的能源产业。

太阳能电池主要以半导体材料为基础,利用太阳光照在半导体 P-N 结上,形成新的空穴-电子对,在 P-N 结电场的作用下,光生空穴流向 P 区,光生电子流向 N 区,接通电路后就形成电流。这就是光电效应太阳能电池的工作原理。

太阳能电池根据所用材料的不同,还可分为硅太阳能电池、多元化合物薄膜太阳能电池、聚合物多层修饰电极型太阳能电池、纳米晶太阳能电池、有机太阳能电池、染料敏化电池等,其中硅太阳能电池是发展最成熟的,在应用中居主导地位。

1. 硅太阳能电池

硅太阳能电池分为单晶硅太阳能电池、多晶硅薄膜太阳能电池和非晶硅薄膜太阳能电池三种。单晶硅太阳能电池转换效率最高,技术也最为成熟,在大规模应用和工业生产中仍占据主导地位,但由于单晶硅成本价格高,大幅度降低其成本很困难。为了节省硅材料,发展了多晶硅薄膜和非晶硅薄膜太阳能电池作为单晶硅太阳能电池的替代产品。

多晶硅薄膜太阳能电池与单晶硅薄膜太阳能电池相比,成本低廉,而效率高于非晶硅薄膜电池。因此,多晶硅薄膜电池不久将会在太阳能电池市场上占据主导地位。

非晶硅薄膜太阳能电池成本低、重量轻,转换效率较高,便于大规模生产,有极大的潜力。但受制于其材料引发的光电效率衰退效应,稳定性不高,直接影响了它的实际应用。如果能进一步解决稳定性问题及提高转换率问题,那么,非晶硅太阳能电池无疑是太阳能电池的主要发展产品之一。

2. 多晶体薄膜电池

硫化镉、碲化镉多晶体薄膜电池的效率较非晶硅薄膜太阳能电池效率高,成本较单晶硅电池低,并且也易于大规模生产,但由于镉有剧毒,会对环境造成严重的污染,因此,并不是晶体硅太阳能电池最理想的替代产品。

砷化镓(GaAs)太阳能电池的转换效率可达 28%,GaAs 化合物材料具有十分理想的光学带隙以及较高的吸收效率,抗辐照能力强,对热不敏感,适合于制造高效单结电池。但是 GaAs 材料的价格不菲,因而在很大程度上限制了 GaAs 电池的普及。

铜铟硒薄膜太阳能电池(简称 CIS)适合光电转换,不存在光致衰退问题,转换效率和多晶硅一样,具有价格低廉、性能良好和工艺简单等优点,将成为今后发展太阳能电池的一个重要方向。唯一的问题是材料的来源,由于铟和硒都是比较稀有的元素,因此,这类电池的发展又必然受到限制。

3. 有机聚合物太阳能电池

以有机聚合物代替无机材料是刚刚开始的一个太阳能电池制造的研究方向。由于有机材料具有柔性好、制作容易、材料来源广泛、成本低等优势,从而对大规模利用太阳能、提供廉价电能具有重要意义。但以有机材料制备太阳能电池的研究仅仅刚开始,不论是使用寿命，还是电池效率都不能和无机材料特别是硅电池相比。其能否发展成为具有实用意义的产品，还有待于进一步研究探索。

4. 纳米晶体太阳能电池

纳米 TiO_2 晶体太阳能电池是新近发展的，优点在于它廉价的成本和简单的工艺及稳定的性能。其光电效率稳定在 10％以上，制作成本仅为硅太阳能电池的 $1/10 \sim 1/5$，寿命能达到 20 年以上。

此类电池的研究和开发刚刚起步，不久的将来会逐步走上市场。

5. 有机薄膜太阳能电池

有机薄膜太阳能电池，就是由有机材料构成核心部分的太阳能电池。这类电池的研究也刚开始。如今量产的太阳能电池里，95％以上是硅基的，而剩下的不到 5％也是由其他无机材料制成的。

6. 染料敏化太阳能电池

染料敏化太阳能电池，是将一种色素附着在 TiO_2 粒子上，然后浸泡在一种电解液中，色素受到光的照射，生成自由电子和空穴。自由电子被 TiO_2 吸收，从电极流出进入外电路，再经过用电器，流入电解液，最后回到色素。染料敏化太阳能电池的制造成本很低，这使它具有很强的竞争力。它的能量转换效率为 12％左右。

地球上太阳能资源丰富，是一种绿色环保的能源，太阳能发电站的建立很好地利用了这一资源。太阳能光伏发电系统主要由太阳电池阵列、贮能蓄电池、防反充二极管、充电控制器及逆变器、测量设备等组成。太阳能发电站一旦建成，不需要运行投资即能运用，但初期投资较高，发电站效率较低，发电的经济性差，因此，影响了广泛地推广和应用。

（四）太阳能的热利用

太阳能光热技术是指将太阳辐射能转化为热能进行利用的技术。太阳能光热技术的利用通常可分直接利用和间接利用两种形式。

常见的直接利用方式有：利用太阳能热水器提供生活热水；利用太阳能空气集热器进行供暖或物料干燥；基于集热-储热原理的间接加热式被动太阳房；利用太阳能加热空气产生的热压增强建筑通风。

目前技术比较成熟且应用比较广泛的是太阳能热水器、太阳能热发电、太阳能温室、太阳灶等。

太阳能间接利用的主要形式有：太阳能吸收式制冷、太阳能喷射制冷，目前比较成熟的应用就是太阳能制冷空调。

1. 太阳能热水器

太阳能热水器将太阳光能转化为热能，将水从低温加热到高温，以满足人们在生活、生产中的热水使用。太阳能热水器按结构形式分为真空管式太阳能热水器和平板式太阳能热水器，生活中以真空管式太阳能热水器为主，占据国内 95％的市场份额。真空管式家用太阳能热水器是由集热管、储水箱及支架等相关附件组成，把太阳能转换成热能主要依靠集热管。集热管利用热水上浮、冷水下沉的原理，使水产生微循环而得到所需热水。

太阳能热水器是由集热部件（真空管式为真空集热管，平板式为平板集热器）、保温水箱、支架、连接管道、控制部件等组成。太阳能热水器系统保温性能好，蓄热能量大，保温水箱有蓄水功能，可满足大批量人员集中使用热水，也可作停水时应急水源之用。太阳能热水器系统全自动静态运行,无须专人看管,无噪音、无污染,也无漏电、失火、中毒等危险,安全可靠,环保节能,利国利民。

2. 太阳能热发电

太阳能热发电,也叫聚焦型太阳能热发电,通过大量反射镜以聚焦的方式将太阳能直射光聚集起来,加热工作物质,产生高温高压的蒸汽,蒸汽驱动汽轮机发电。

太阳能热发电通常叫作聚光式太阳能发电,与传统发电站不一样的是,它们是通过聚集太阳辐射获得热能,将热能转化成高温蒸汽驱动蒸汽轮机来发电的。当前太阳能热发电按照太阳能采集方式可划分为:太阳能槽式热发电、太阳能塔式热发电、太阳能碟式热发电。

槽式系统是利用抛物柱面槽式反射镜将阳光聚焦到管状的接收器上,并将管内的传热工作物质加热产生蒸汽,推动常规汽轮机发电;塔式系统是利用众多的定日镜,将太阳热辐射反射到置于高塔顶部的高温集热器(太阳锅炉)上,加热工作物质产生过热蒸汽,或直接加热集热器中的水产生过热蒸汽,驱动汽轮机发电机组发电;碟式系统利用曲面聚光反射镜,将入射阳光聚集在焦点处,在焦点处直接放置斯特林发动机发电。

在这三种系统中,2013 年只有槽式发电系统实现了商业化。太阳能热发电技术同其他太阳能技术一样,在不断完善和发展,但其商业化程度还未达到热水器和光伏发电的水平。太阳能热发电正处在商业化前夕,专家预计 2020 年前,太阳能热发电将在发达国家实现商业化,并逐步向发展中国家扩展。

3. 太阳能温室

太阳能温室是直接利用太阳辐射能的重要方面,它把房屋看作一个集热器,通过建筑设计把高效隔热材料、透光材料、储能材料等有机地集成在一起,使房屋尽可能多地吸收并保存太阳能,达到房屋采暖目的。

太阳能暖房就是利用太阳的能量,来提高塑料大棚内或玻璃房内的室内温度,以满足植物生长对温度的要求,所以人们往往把它称之为人工暖房。

太阳能温室是根据温室效应的原理加以建造的。整个温室系统是由太阳能收集器、热储存装置、辅助能源系统以及室内暖房风扇系统所组成的。温室接受太阳能辐射热传导使室内温度升高,温度升高后所发射的长波辐射能阻挡热量或很少有热量透过玻璃或塑料薄膜散失到外界,温室的热量损失主要是通过对流和导热的热损失。如果人们采取密封、保温等措施,则可减少这部分热损失。

如果室内安装储热装置,这部分多余的热量就可以储存起来了。

太阳能温室在夜间没有太阳辐射时,温室仍然会向外界散发热量,这时温室处于降温状态,为了减少散热,故夜间要在温室外部加盖保温层。若温室内有储热装置,晚间可以将白天储存的热量释放出来,以确保温室夜间的最低温度。

太阳能温室可以节约 75%～90% 的能耗,并具有良好的环境效益和经济效益,已成为各国太阳能利用技术的重要方面。

4. 太阳灶

太阳灶是利用太阳能辐射,通过聚光获取热量,进行炊事烹饪食物的一种装置。它不烧任何燃料,没有任何污染,适合在缺乏常规能源且太阳辐射较强的农村地区使用。

太阳灶的结构都比较简单,制造工艺要求也不高,主要有箱式太阳灶、平板式太阳灶、聚光太阳灶和室内太阳灶、储能太阳灶、菱镁太阳灶。

箱式太阳灶是根据黑色物体吸收太阳辐射较好的原理研制的；平板式太阳灶是利用平板集热器和箱式太阳灶的箱体结合起来制造的；聚光太阳灶是把大面积的阳光聚集到锅底，使温度升到最高程度。但是这三种太阳灶都必须在室外进行操作，环境恶劣，也不卫生。因此，科学家发明了室内太阳灶，能把室外的热量聚集起来，传递到室内供人们烹调，十分干净，对人体没有任何危害。

5. 太阳能空调

太阳能空调的最大优点在于季节适应性好，太阳能空调系统的制冷能力是随着太阳辐照能量的增加而增大的，这正好与夏季人们对空调的迫切要求相匹配。将太阳能吸收式空调系统与常规的压缩式空调系统进行比较，除了季节适应性好这个最大优点之外，它还具有以下几个主要优点：

（1）传统的压缩式制冷机以氟利昂为介质，它对大气层有一定的破坏作用，吸收式制冷机以不含氟氯烃化合物的溴化锂为介质，无臭、无毒、无害，有利于保护环境。

（2）无论采取何种措施，压缩式制冷机都会有一定的噪声。而吸收式制冷机除了功率很小的屏蔽泵之外，无其他运动部件运转，安静，噪声很低。

（3）同一套太阳能吸收式空调系统将夏季制冷、冬季采暖和其他季节提供热水多种功能结合起来，做到了一机多用、四季常用，可以显著地提高太阳能系统的利用率和经济性。

二、氢能

氢能是指以氢及其同位素为主体的反应中或氢的状态变化过程中所释放的能量，包括氢核能和氢化学能两大部分。

随着目前所用的石油、天然气、煤等不可再生的化石能源消耗量的日益增加，其储量日益减少，终有一天这些资源将要枯竭，而人类生存又时刻离不开能源，这就迫切需要寻找一种不依赖化石能源的、储量丰富的、新的含能体能源。氢是通过一定的方法利用其他能源制取的，它不像煤、石油和天然气等必须直接从地下开采、几乎完全依靠化石矿物，且具有高效、洁净、资源丰富、可再生等优点。氢能源正是这样一种在常规能源危机的出现和开发新的二次能源的同时，人们期待的新的二次能源。

早在1977年，联合国国际能源局（IEA）组织了由多个发达国家参与的"氢能执行合约"，将氢能的研究推向国际化，其战略目标是在21世纪开创"氢能经济"的新时代。20世纪90年代以来，氢能研究在世界各国受到格外的重视。在我国发展氢能源同样具有重要的战略意义。而且我国氢的来源极为丰富，技术水平也有了一定的基础，水电解制氢、生物质气化制氢等制氢方法，现已形成规模。

（一）氢能的特点

氢位于元素周期表之首，原子序数为1，相对原子质量为1.00794，氢气常温常压下为气态，超低温高压下为液态。作为一种理想的新的二次能源，它具有以下特点：

（1）安全性能好。氢是最轻的元素。氢气的相对分子质量为2.016，标准状态下，密度为0.8999g/L，是空气的1/14，因此，氢气泄漏于空气中会自动逃离地面，不会形成聚集，而其他燃油、燃气均会聚集地面而构成易燃易爆危险。

（2）高温高能。除核燃料外，氢的发热值是所有化石燃料、化工燃料和生物燃料中最高的,为142351kJ/kg,是汽油发热值的3倍。氢氧焰温度高达2800℃,高于常规液化气。

(3)燃烧性能好。氢气点燃快,与空气混合时有广泛的可燃范围,而且燃点高,燃烧速度快。氢氧焰火焰挺直,且热能集中,热损失小,利用效率高,可根据加热物体的熔点实现焰温的调节。

(4)无毒、环保、可再生。氢本身无味无毒,不会造成人体中毒。与其他燃料相比,氢燃烧时最清洁,除了生成水和少量氮化氢外不会产生诸如一氧化碳、二氧化碳、碳氢化合物、铅化物和粉尘颗粒等对环境有害的污染物质,少量的氮化氢经过适当处理也不会污染环境,且燃烧生成的水无腐蚀性,对设备无损。水还可继续制氢,反复循环使用。

(5)具有催化特性。氢气是活性气体催化剂,可以与空气混合方式加入催化燃烧所有固体、液体、气体燃料,加速反应过程,促进完全燃烧,达到提高焰温、节能减排之功效。

(6)具有还原特性。许多原料可以通过加氢来精炼。

(7)利用形式多。氢气既可以通过燃烧产生热能,在热力发动机中产生机械功,又可以作为能源材料用于燃料电池,或转换成固态氢用作结构材料。

(8)来源广泛。氢是自然界存在最普遍的元素,据估计它构成了宇宙质量的75%。除空气中含有极少量的氢气外,它主要以化合物的形态贮存于水中,而水是地球上最广泛的物质。据推算,如把海水中的氢全部提取出来,它所产生的总热量比地球上所有化石燃料放出的热量还大9000倍。氢气可由水电解制取,水取之不尽,而且每千克水可制备1860L氢气。

(9)氢可以气态、液态或固态的金属氢化物出现,能适应贮运及各种应用环境的不同要求。

(10)氢可以减轻燃料自重,可以增加运载工具有效载荷,这样可以降低运输成本。从全程效益考虑,社会总效益优于其他能源。

由以上特点可以看出氢是一种理想的新的能源。目前液氢已广泛用作航天动力的燃料,但是在实际的应用中氢的存储与运输,以及如何廉价方便地制取氢,如利用太阳能分解水制取氢,一直是制约氢能发展的问题。

(二)氢能的来源

在地球上和地球大气中只存在极稀少的游离状态氢。在地壳里,如果按质量计算,氢只占总质量的1%,是第十丰富的元素,而如果按原子百分数计算,则占17%。氢在自然界中分布很广,水便是氢的"仓库"——氢在水中的质量分数为11%;泥土中约有1.5%的氢;石油、天然气、动物和植物体也含氢,人体中就含有约10%的氢。在空气中的氢气不多,约占总体积的一千万分之五。在整个宇宙中,氢却是最多的元素,主星序上恒星的主要成分都是等离子态的氢。在宇宙空间中,按原子百分数来计算,氢原子的数目比其他所有元素原子的总和约大100倍,按质量算,大约也要占据宇宙质量的75%。在太阳的大气中,按原子百分数计算,氢也占81.75%。

在工业上大规模制备氢气根据其原料来源、制备原理等有很多种方法。常见的有:

1. 化石燃料制氢

在"氢经济"的起始阶段,氢主要从矿物燃料中获得,常见的制氢方法有:

(1)天然气制氢。

（2）以重油为原料部分氧化法制取氢气。

（3）以煤为原料制氢。主要通过煤的焦化（或称高温干馏）和煤的气化。

2. 电解水制氢

电解水制氢是最有应用前景的一种方法，它具有产品纯度高、操作简便、无污染、可循环利用等优点。水电解制氢目前主要包括三种方法，分别是碱性水溶液电解、固体聚合物电解质水电解和高温水蒸气电解。

电解水制氢存在的最大问题是槽电压过高，导致电能消耗增大，进而导致成本增加，这也是目前该技术无法与化石燃料制氢技术竞争的主要原因。

3. 生物质制氢

生物质资源丰富，是最重要的可再生资源。植物生物质主要由纤维素、半纤维素和木质素构成。生物质主要通过气化和微生物制氢。生物质作为能源，其含氮量和含硫量都比较低，灰分也很少，并且由于其生长过程吸收二氧化碳，使得整个循环的二氧化碳排放量几乎为零。

4. 太阳能制氢

太阳能对我们来说是取之不尽的能源来源，如何有效地利用太阳能是一个关系到将来能源使用的非常重要的课题。利用太阳能来制氢就是一个很好的方向，现在的应用主要有以下几个方向：

（1）太阳能电解水制氢。太阳能电解水制氢与电解水制氢类似，第一步是将太阳能转换成电能，第二步是将电能来电解水制氢，构成所谓的太阳能光伏制氢系统。由于太阳能-氢的转换效率较低，在经济上太阳能电解水制氢至今仍难以与传统电解水制氢竞争。

（2）太阳能热分解水制氢。将水或水蒸气加热到 3000K 以上，水中的氢和氧便能分解。这种方法制氢效率高，但需要高倍聚光器才能获得如此高的温度，一般不采用这种方法制氢。

（3）太阳能热化学循环制氢。为了降低太阳能直接热分解水制氢要求的高温，在水中加入催化剂，使水中氢和氧的分解温度降低到 900K～1200K，其分解水的效率在 17.5%～75.5%。存在的主要问题是中间物的还原，即使按 99.9%～99.99% 还原，也还要作 0.1%～0.01% 的补充，这将影响氢的价格，并造成环境污染。

（4）太阳能光化学分解水制氢。将水直接分解成氧和氢是很困难的，但如果把水先分解为氧离子和氢氧根离子，再生成氢和氧就容易得多。基于这个原理，在水中添加某种光敏物质作催化剂，增加对阳光中长波光能的吸收，先进行光化学反应，再进行热化学反应，最后再进行电化学反应即可在较低温度下获得氢和氧。

（5）太阳能光电化学电池分解水制氢。1972 年，科学家利用 N 型二氧化钛半导体电极作阳极，而以铂黑作阴极，制成了太阳能光电化学电池，在太阳光照射下，阴极产生氢气，阳极产生氧气，两电极用导线连接便有电流通过，即光电化学电池在太阳光的照射下同时实现了分解水制氢、制氧和获得电能。这一实验结果引起了世界各国科学家的高度重视，认为是太阳能技术上的一次突破。但是，光电化学电池制氢效率很低，仅 0.4%，只能吸收太阳光中的紫外光和近紫外光，且电极易受腐蚀，性能不稳定，所以至今尚未达到实用要求。

（6）太阳光配位催化分解水制氢。从 1972 年以来，科学家发现三联吡啶钌配合物的激发态具有电子转移能力,并从配位催化电荷转移反应,提出利用这一过程进行光解水制氢。这种配合物是一种催化剂,它的作用是吸收光能、产生电荷分离、电荷转移和集结,并通过一系列偶联过程,最终使水分解为氢和氧。配位催化分解水制氢尚不成熟,研究工作正在继续进行。

(7)生物光合作用制氢。40多年前发现绿藻在无氧条件下,经太阳光照射可以放出氢气;十多年前又发现,蓝藻等许多藻类在无氧环境中适应一段时间,在一定条件下都有光合放氢作用。目前,由于对光合作用和藻类放氢机理了解还不够,藻类放氢的效率很低,要实现工业化产氢还有相当大的距离。据估计,如藻类光合作用产氢效率提高到10%,则每天每平方米藻类可产200L氢气,用$5 \times 10^5 km^2$接受的太阳能,通过光合放氢工程即可满足美国的全部燃料需要。

5. 工业副产品

炼焦、石化、氯碱和合成氨工业等会产生大量的副产品——氢,而这些氢现在还没有好好地被利用,而是大量被白白浪费掉。

据统计,按2005年的产量,全国就有$8.52 \times 10^7 t$"副产氢"(表5-5)。如果全部利用起来的话,按每辆轿车年行驶$2 \times 10^5 km$计算,可以供近3500万辆以上的燃料电池轿车使用。

表 5-5　全国"副产氢"年产量

行业类别	副产氢来源	2005年产量 /$\times 10^5 t$	年副产氢 /$\times 10^5 t$	备　　注
氯碱	烧碱	1256	31.4	每吨烧碱产生25kg氢气
化工	合成氨	4630	43.2	每吨合成氨产生150~250L氢气(55%氢)
焦化	炼焦焦炉煤气	23281	242.8	每吨焦炭产生390~480L焦炉煤气(60%氢)
冶金	炼钢焦炉煤气	37117	395.7	每炼1t钢产生390~480L焦炉煤气(60%氢)
石化	石油炼制	18150	113.5	催化重整、裂化反应副产富氢(80%)
石化	乙烯	734	25.7	裂解反应副产富氢(80%)
合计			852.3	

作为工业副产品的氢是目前氢的主要来源,随着制氢研究新进展的不断取得将不断促进氢能源的综合利用与开发,而氢能应用领域的逐步成熟与扩大也必然促进制氢方法的研究与开发。适合我国国情的廉价氢源供应又将会更进一步促进氢能的应用,并为改善环境和造福人类做出贡献。

目前,廉价的制氢技术和安全可靠的贮氢和输氢方法是两大核心问题。

(三)氢的储存与运输

氢能的储存与输运是氢能应用的前提。氢在一般条件下以气态形式存在,且易燃(氢含量4%~75%)、易爆(氢含量15%~59%),这就为储存和运输带来了很大的困难。当氢作为一种燃料时,必然具有分散性和间歇性使用的特点,因此必须解决储存和运输问题。储氢和输氢技术要求能量密度大(包含单位体积和质量储存的氢含量大)、能耗少、安全性高。

当作为车载燃料使用（如燃料电池动力汽车）时，应符合车载状况所需要求。一般来说，汽车行驶400km需消耗汽油24kg，而以氢气为燃料则只需要8kg（内燃机，效率25％）或4kg（燃料电池，效率50％～60％）。

1. 氢的储存

在利用氢能的过程中，氢能的开发和利用涉及氢气的制备、储存、运输和应用四大关键技术。其中储存是氢能应用的难题和关键技术之一。总体说来，氢气储存可分为物理法和化学法两大类。物理储存方法主要包括液氢储存、高压氢气储存、活性炭吸附储存、碳纤维和碳纳米管储存、玻璃微球储存、地下岩洞储存等。化学储存方法有金属氢化物储存、有机液态氢化物储存、无机物储存、铁磁性材料储存等。

（1）高压氢气储存。

高压钢瓶储存氢是一种常用的氢气储存方法，其储存压力一般为$1.2 \times 10^7 Pa$～$1.5 \times 10^7 Pa$。以普通钢材制成的压力容器，储氢压力为$1.5 \times 10^7 Pa$时，氢的重量仅占总重量的1％，体积容量约0.008kg氢/L。使用特种高强度奥氏体钢材料制成的容器时，储氢重量也仅是总重量的2％～6％。因此其储氢能量密度低。

为适应加氢站、制氢站和电厂等大规模，低成本储存的要求，可采用固定式高压储氢。其特点是压力高，固定式使用，但是重量的限制不严。一般都采用较大容量的钢制压力容器。

考虑到其经济性和安全性，大规模储存氢气还可采用加压地下储存。

（2）低温液氢储存。

氢气液化是通过高压气体的绝热膨胀实现的，将气态氢降温到－253℃即可变为液体，然后将其放入高真空的绝热容器中进行贮存。各种储氢方式中，液态储存氢能达到很高的储存体积密度和重量密度。液氢存储的重量比为5％～7.5％，体积容量约0.04kg/L，需要极好的绝热装置来隔热，避免沸腾汽化。这种储存方法特别适合储存空间有限的运载场合，如宇宙飞船用的火箭发动机、汽车和飞机的发动机等。如美国飞往月球的"阿波罗"号宇宙飞船、我国发射的"神舟"系列宇宙飞船和人造卫星的长征系列运载火箭等，都是用液态氢作燃料的。

若仅从质量和体积上考虑，液氢储存是一种极为理想的储氢方式。但氢气液化需要消耗很大的冷却能量，液氢的贮存容器必须采用超低温特殊容器，导致储存成本较高，安全技术也较复杂。高度绝热的储氢容器是目前研究的重点。

（3）金属氢化物储氢。

把氢以金属氢化物的形式储存在合金中，是近30年来新发展的技术，也是储氢技术的发展趋势。

原则上说，这类合金大都属于金属间化合物，制备方法一直沿用制造普通合金的技术。金属氢化物具有化学能、热能和机械能相互转换的功能。当把储氢金属在一定温度和压力下放置在氢气中时，就可以吸收大量的氢气，生成金属氢化物，生成的金属氢化物加热后释放出氢气。利用这一特性就可以有效地储氢。另外，储氢金属具有吸氢放热和吸热放氢的本领，可将热量储存起来，作为房间内取暖和空调使用。

常用的储氢体系：

① 稀土系（AB_5型），如$LaNi_5$，它能吸储1.4％（质量）的氢。

② 拉夫斯 Laves 相系（AB₂），主要有 $MgZn_2$，$MgCu_2$，$MgNi_2$ 等。

③ Ti-Fe 系列，储氢容量在 1.8%（质量），价格低，但密度大，活化较困难，滞后性较大，抗毒性差。

④ 钒基固溶体合金，如 V-Ti，V-Ti-Cr，吸储量为 1.9%（质量），可逆储氢大，氢在氢化物中的扩散速度快。

⑤ 镁系储氢合金，如 Mg_2Ni，可在较温和的条件下与氢反应，生成 Mg_2NiH_4，密度小，储氢量高，解吸平台好，滞后性也小，价格也低廉，资源丰富。但常压下放氢温度高达 250℃，影响使用。纯 Mg 储氢 7.6%，但 287℃ 下才放氢。

金属氢化物储氢比液氢和高压氢储存安全，并且有很高的储存容量（表 5-6）。但由于成本问题，金属氢化物储氢仅适用于少量气体储存。

表 5-6　某些金属氢化物的储氢能力

储氢介质	氢原子密度/(10^{22}个/cm^3)	储氢相对密度	含氢量（质量分数）/%
标态下的氢气	0.0054	1	100
氢气钢瓶（1.5×10^7 Pa）	0.81	150	100
—253℃液氢	4.2	778	100
$LaNi_5H_6$	6.2	1148	1.37
$FeTiH_{1.95}$	5.7	1056	1.85
$MgNiH_4$	5.6	1037	3.6
MgH_2	6.6	1222	7.65

注：由表可见，有些金属氢化物的储氢密度是标准状态下氢气的 1000 倍，与液氢相当，甚至超过液氢。

（4）氢存储研究发展方向。

由于氢的储存是氢能应用的难题和关键技术之一，得到了广泛的研究，并不断开发出了一些氢储存新技术。

① 高压储氢技术。已经有 3.50×10^7 Pa 的储氢罐商品，7.00×10^7 Pa 的储氢罐样品也成功面世。

② 有机化合物储氢。苯、甲苯、环己烷等是较理想的液态储氢载体。有机物储氢密度高，储氢量大，苯理论量为 7.19%，甲苯为 6.67%。

③ 碳凝胶储氢。类似于泡沫塑料的物质，具有超细孔、大表面积，并有一个固态的基体等特点。8.3MPa 下储氢 3.7%（质量）。

④ 玻璃微球储氢。玻璃态化结构属非晶态结构材料，将熔融液态合金急冷获得，如 $Zr_{36}Ni_{64}$ 等。优点：反复吸放氢不会粉末化，比晶态材料吸氢量多。

⑤ 氢浆储氢。氢浆为有机溶剂与金属储氢材料的固-液混合物，具有以下优点：混合物可用泵输送，传热性能改善，避免合金粉末化和粉末飞散，工程放大设计方便。

⑥ "冰笼"储氢。压力足够大时，氢气可以成对或 4 个一组被装进"冰笼"中，氢和冰在 2×10^9 Pa 大气压、—24℃ 下就融合成"笼形物"。

⑦ 层状化合物储氢。受纳米管储氢的启发，利用其他的硼等层状物来储氢。

⑧ 活性炭、碳纳米管等碳材料储氢。

2. 氢的运输

氢气的运输与氢气储存技术的发展息息相关，目前氢气的运输方式主要包括压缩氢气和液氢运输两种，金属氢化物储氢、配位氢化物储氢等技术尚有待成熟。

氢气的运输也是氢能系统中的关键的一环，它与氢的储存技术密不可分。

压缩氢气可采用高压气瓶、拖车或管道输送，气瓶和管道的材质可直接使用钢材。管道输送适合于短距离、用量较大、用户集中、使用连续而稳定的地区。现有天然气管道可以被改装成输氢管道，但需要采取措施预防氢脆所带来的腐蚀问题。这种技术较为成熟，国外有些国家已经建成了这种输氢管道，但如果距离过长，要有中间加压措施，建造比较复杂。高压气瓶运输由于储氢质量只占运输质量的 $1\%\sim2\%$，不太经济。

运输液态氢气最大的优点是能量密度高（1 辆拖车运载的液氢相当于 20 辆拖车运输的压缩氢气），适合于远距离运输（在不适合铺设管道的情况下）。但由于储氢容器和管道需要采取严格的绝热措施，而且为了确保安全，输氢系统的设计、结构和工艺均比较复杂，总体成本较高。

用金属氢化物储氢桶或罐进行储氢可得到与液氢相同甚至更高的储氢密度，可以用各种交通工具运输，安全而经济。氢气储存于有机液体中，储氢量大，用管道或储罐等输送更为方便。

（四）氢的开发与综合应用

氢作为一种清洁环保的新能源和可再生能源，其利用途径和方法很多。其应用主要有以下三个方面：利用氢和氧化剂发生反应放出的热能，利用氢和氧化剂在催化剂作用下的电化学反应直接获取电能及利用氢的热核反应释放出的核能。我国早已试验成功的氢弹就是利用了氢的热核反应释放出的核能，是氢能的一种特殊应用。我国航天领域使用的以液氢为燃料的液体火箭，是氢作为燃料能源的典型例子。氢不但是一种优质燃料，还是石油、化工、化肥和冶金工业中的重要原料和物料，此外 Ni-MH 电池在手机、笔记本电脑、电动车方面也获得了广泛的应用。

1. 氢能发电

大型电站，无论是水电、火电或核电，都是把发出的电送往电网，由电网输送给用户。但是各种用电户的负荷不同，电网有时是高峰，有时是低谷。为了调节负荷，电网中常需要启动快和比较灵活的发电站，氢能发电就最适合扮演这个角色。利用氢气和氧气燃烧，组成氢氧发电机组。这种机组是火箭型内燃发动机配以发电机，它不需要复杂的蒸汽锅炉系统，因此结构简单，维修方便，启动迅速，要开即开，欲停即停。在电网低负荷时，还可吸收多余的电来进行电解水，生产氢和氧，以备高峰时发电用。这种调节作用对于电网运行是有利的。另外，氢和氧还可直接改变常规火力发电机组的运行状况，提高电站的发电能力。例如，氢氧燃烧组成磁流体发电，利用液氢冷却发电装置，进而提高机组功率等。

世界上首座氢能源发电站于 2010 年 7 月 12 日在意大利正式建成投产。这座电站位于水城威尼斯附近的福西纳镇。据报道，意大利国家电力公司投资 5000 万欧元建成这座清洁能源发电站，该发电站功率为 1.6×10^6 W，年发电量可达 6×10^8 kW·h，可满足 2 万户家庭的用电量，一年可减少相当于 6×10^5 t 的二氧化碳排放量。

2. 氢电池

镍/金属氢化物（简称镍氢，Ni－MH）电池作为当今迅速发展起来的一种高能绿色充电电池,凭借能量密度高、可快速充放电、循环寿命长以及无污染等优点在笔记本电脑、便携式摄像机、数码相机、家用充电电池及电动自行车等领域得到了广泛应用。

镍氢电池中的"金属"部分实际上是金属互化物。许多种类的金属互化物都已运用于镍氢电池制造,主要分为两大类。最常见的是稀土系的 AB_5 合金,而一些高容量电池"含多种成分"的电极则主要由 AB_2 构成,所有这些化合物都担当相同角色:可逆地形成金属氢化物。电池充电时,氢氧化钾(KOH)电解液中的氢离子(H^+)会释放出来,由这些化合物吸收,避免形成氢气(H_2),以保持电池内部压力和体积。电池放电时,这些氢离子便会经由相反过程回到原来地方。

为了促进镍氢电池性能的提升,对负极储氢材料的研究从未间断过。从狭义上讲,储氢材料是一种能与氢反应生成金属氢化物的物质,而且必须具备高度的反应可逆性,它必须是能够在适当的温度、压力下大量可逆地吸收和释放氢的材料。对于理想的金属储氢材料应具备以下条件:在不太高的温度下,储氢量大,释放氢量也大;原料来源广,价格便宜,容易制备;经多次吸、放氢,其性能不会衰减;有较平坦和较宽的平衡压力平台区,即大部分氢均可在一持续压力范围内放出;易活化,反应动力学性能好。

储氢合金材料在镍氢电池中有着重要地位,因此研究储氢材料对提高镍氢电池性能有着举足轻重的作用。

镍氢电池除了被普及地应用在消费性电子产品、电动遥控玩具等中,还由于其具有比功率高、充放电电流大、无污染、安全性好等特点,广泛应用于混合动力汽车上。虽然其在重量上比锂离子电池重,但也仍然有部分纯电池动力车使用镍氢电池。

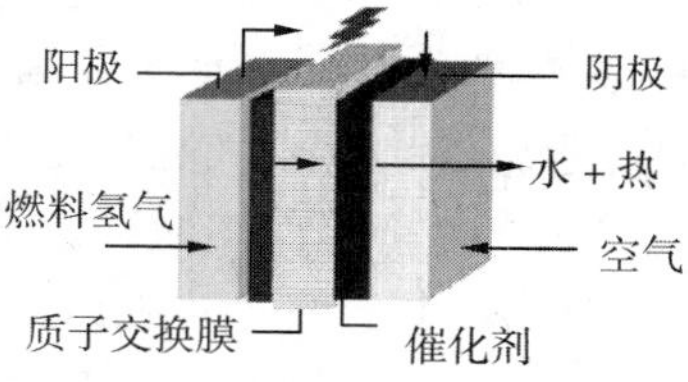

氢燃料电池可以把氢能直接转化成电能(图 5-9),使氢能的利用更为方便,且热效率高,是目前各类发电设备中效率最高的一种,还具有体积小、重量轻等特点。

图 5-9　氢燃料电池示意图

燃料电池由正极、负极和夹在正负极中间的电解质板所组成。工作时向负极(阳极)供给燃料(氢),向正极(阴极)供给氧化剂(空气);氢在负极分解成正离子(H^+)和电子(e^-),氢离子进入电解液中,而电子则沿外部电路移向正极;用电的负载就接在外部电路中;在正极上,空气中的氧同电解液中的氢离子吸收抵达正极上的电子形成水。这正是水的电解反应的逆过程。

氢燃料电池具有转换效率高、容量大、比能量高、功率范围广、不用充电等优点,适用范围广,但由于成本高,系统比较复杂,目前仅限于一些特殊用途,如宇宙飞船、潜水艇、军事、电视中转站、灯塔和浮标等方面。

氢燃料电池可与太阳能电站、风力电站等建成储能站,也可建成夜间电能调峰电站,可望比抽水储电站占地少,投资低,从环境保护角度更是一种值得推广的新应用。氢燃料电池用作汽车发动机的研究也取得了重大进展。

3. 氢能汽车

氢能汽车是以氢为主要能量进行移动的汽车。用氢气作燃料有许多优点,首先是洁净环保。氢气燃烧后的产物是水,完全无污染,是真正意义上的"零排放"。其次是氢气在燃烧时比汽油的发热量高。氢能汽车比汽油汽车总的燃料利用效率高 20%。因此,氢能汽车是最清洁的理想交通工具。氢能汽车按氢释放能量方式的不同分为氢燃料电池车和氢内燃车两类。

近年来,国际上以氢为燃料的"燃料电池发动机"技术取得重大突破,美国、德国、法国等采用氢化金属储氢,而日本则采用液氢燃料组装的燃料电池应用在汽车上,进行大量的道路运行试验,其经济性、适用性和安全性均较好。采用氢燃料电池发动机的新能源汽车开始进入商业化。

上海世博会服务的新能源汽车中,燃料电池汽车就有196辆,包括专用于贵宾接待的90辆燃料电池汽车、6辆燃料电池公交客车和100辆燃料电池观光车。燃料电池汽车入园后,作为世博园区最繁忙的交通工具,日均接待游客上万人。其氢气由上海焦化厂副产焦炉煤气分离提纯而得,实现了副产氢气的循环利用。

氢内燃车和氢燃料电池车不同。氢内燃车是传统汽油内燃机车的带少量改动的版本,其使用的氢燃料发动机直接燃烧氢。由于氢的特性,氢燃料发动机有以下特点:

首先,氢在空气中的可燃比非常高(体积的4%～75%),而汽油(1%～7.6%)和甲烷(5.3%～15%)较低,这一特性在氢的燃烧中起了很大的作用。加上氢的燃烧在气体中传播速度很快,因此氢燃料发动机的燃烧非常清洁。

其次,氢发动机可以靠空气与燃料的混合比调节动力输出,不需要节流阀。这样做最大的好处是提高了发动机的整体效率,因为不存在燃料泵中流量的损失,稀薄燃烧的效率较高也起了一定的作用。

第三,空气与燃料混合比浓度较高时,在热动力燃烧环境非常好的情况下,层流的燃烧速度非常快。氢的辛烷值高达130,而高级汽油的辛烷值只有大约93,因此氢的自燃温度很高,在发动机气缸的压缩过程中抗提前燃烧的能力强,也就是说可以采用较高的压缩比(活塞在行程两端时气缸最大容积和最小容积的比值)。据福特公司报道,一台压缩比为14.5：1的氢发动机最大效率可达到52%。

以氢气代替汽油作汽车发动机的燃料,已经过日本、美国、德国等许多汽车公司的试验,技术是可行的,目前主要是廉价氢的来源问题。

现在有两种氢内燃汽车,一种是全烧氢汽车,另一种为氢气与汽油混烧的掺氢汽车。掺氢汽车的发动机只要稍加改变或不改变,即可提高燃料利用率和减轻尾气污染。使用掺氢5%左右的汽车,平均热效率可提高15%,节约汽油30%左右。因此,目前实际应用较多的是掺氢汽车,氢在混合燃料中占30%～85%,待氢气可以大量供应后,再推广全燃氢汽车。

掺氢汽车的特点是汽油和氢气的混合燃料可以在稀薄的贫油区工作,能改善整个发动机的燃烧状况。在中国目前城市交通拥堵情况较严重,汽车发动机多处于部分负荷下运行,采用掺氢汽车尤为有利。特别是有些工业余氢(如合成氨生产)未能回收利用,倘若回收起来作为掺氢燃料,其经济效益和环境效益都是十分可观的。

4. 燃氢燃气轮机

燃气轮机是一种外燃机。与内燃机和汽轮机相比,燃气轮机具有以下优点:

(1) 重量轻、体积小、投资省。燃气轮机的重量及所占的容积一般只有汽轮机装置或内燃机的几分之一或几十分之一,消耗材料少,投资费用低,建设周期短。

(2) 启动快、操作方便。从冷态启动到满载只需几十秒或几十分钟,而汽轮机装置或大功率内燃机则需几分钟到几小时;同时由于燃气轮机结构简单、辅助设备少,运行时操作方便,能够实现遥控,自动化程度可以超过汽轮机或内燃机。

(3)水、电、润滑油消耗少,只需少量的冷却水或不用水,因此可以在缺水地区运行。

燃气轮机应用范围越来越广,目前在以下几个领域已大量采用燃气轮机。

航空领域:由于燃气轮机小而轻,启动快,马力大,因此在航空领域中已占绝对优势。

舰船领域:目前燃气轮机已在高速水面舰艇、水翼艇、气垫船等中占压倒优势,在巡航舰、特种舰船中得到了批量采用,海上钻采石油平台也广泛采用燃气轮机。

陆上领域:在发电方面,燃气轮机主要用于尖峰负荷应急发电站和移动式电站。

由于空气质量不断下降,各国均认识到必须降低 CO_x、NO_x、烟尘等污染物的排放量。在现代社会中,很大一部分能源通过火力发电被转化成电能,因此火力发电厂是最大的污染源之一,必须对发电设备加以必要的改进。

出于降低 NO_x 排放量的目的,目前氢主要是以富氢燃气(富氢天然气或合成气)的形式应用于燃气轮机发电系统,关于纯氢作为燃料气的报道较少。也有报道,科研人员成功测试了一种以纯氢为燃料,配备超低排放燃烧技术(即低漩涡注射器)的试验性燃气轮机模拟器。低漩涡注射器可以燃烧不同的燃料,是一种既简便又低成本、高效率的技术。低漩涡注射器很有希望使 NO_x 的排放量接近于零,而 NO_x 是在发电过程中通过天然气等燃料的燃烧排放出来的。

5. 火箭发动机

自从 20 世纪 50 年代美国开始研制液氢发动机以来,相继研制成功了各种类型的喷气式和火箭式发动机。美国的航天飞机已成功使用液氢作燃料。我国长征系列火箭也使用液氢作燃料。美国利用液氢作超音速和亚音速飞机的燃料,使 B57 双引擎轰炸机改装了液氢发动机,首次实现了氢能飞机上天。特别是 1957 年苏联宇航员加加林乘坐人造地球卫星遨游太空和 1963 年美国的宇宙飞船上天,紧接着 1968 年阿波罗号飞船实现了人类首次登上月球的创举,还有我国神舟系列宇宙飞船遨游太空和嫦娥三号卫星登月的成功,这一切都有氢燃料的功劳。面向科学的 21 世纪,先进的高速远程氢能飞机和宇航飞船商业运营的日子已为时不远。

6. 受控核聚变

两个较轻的原子核聚合成一个较重的原子核,同时放出巨大的能量,这种反应叫轻核聚变反应。它是取得核能的重要途径之一。在太阳等恒星内部,因压力、温度极高,轻核才有足够的动能去克服静电斥力而发生持续的聚变。核聚变反应必须在极高的压力和温度下进行,故称为"热核聚变反应"。

受控核聚变,指在人力可控的条件下将轻原子核聚变合成较重的原子核,同时释放出巨大能量的一种核反应过程。主要原料就是氢的重同位素氘和氚。

由爱因斯坦质能方程 $E=mc^2$ 可算出,只需很少的轻原子核发生聚变反应就能放出巨大的能量。1952 年美国引爆第一颗氢弹开创了核聚变历史,我国也于 1966 年成功进行了氢弹原理试验,并于 1972 年我国第一颗实用氢弹空投爆炸试验成功。

核聚变的优点:

(1)释放能量巨大。单位质量的氘聚变所放出的能量是单位质量的铀 235 裂变所放出的能量的四倍。

(2)原料丰富。氘可由重水中得到,海水中重水达 $2×10^{20}\,kg$,核聚变资源极为丰富。

気可以用中子与锂作用产生。

（3）环境友好。聚变后不产生放射性的物质，而铀裂变后废物难处理。

（4）核聚变比核裂变的原料成本低。铀的提炼十分复杂，1kg 浓缩铀的成本为 1.2 万美元，1kg 氘的成本为 300 美元。

7. 家庭用氢

氢能在日常生活中具有广泛的应用。除了在汽车行业中的应用外，燃料电池发电系统在日常生活方面的应用主要有氢能发电、氢介质储能与输送，以及氢能空调、氢能冰箱等，有的已经得到实际应用，有的正在开发，有的尚在探索中。目前，美国、日本和德国已有少量的家庭用质子交换膜燃料电池作为电源。居民家庭应用的燃料电池一般都在 50kW 以下，目前的燃料电池技术完全能够满足居民家庭能源提供的需要。氢能进入家庭后，可以作为取暖的材料。这主要是因为氢能的热值高，远高于其他材料，它燃烧后可以放出更多的热，是理想的供热材料。寒冷的冬天来了之后，我国各地，特别是北方，基本都依靠燃烧煤炭来供暖。大规模燃烧煤炭会造成空气中的二氧化硫含量骤增，造成环境污染，危害人体健康。此外，二氧化硫与水结合还可能形成酸雨。使用氢能取暖后，氢气燃烧的产物只有水，是清洁燃料，人们就可以告别二氧化硫对大气的污染了，用氢能取暖能保护环境。

氢能除了能用于家庭取暖外，也可以作为做饭的燃料。目前城市居民主要用天然气做饭，虽说天然气是一种较好的能源，但是天然气的主要成分是甲烷，甲烷燃烧后也会生成温室气体二氧化碳。使用氢气作为燃料，就能减少温室气体的排放量。

氢能进入家庭后，还可以解决生活污水的处理问题。我们洗衣服、洗手等废水经过对某些离子的处理，也可以作为制氢气的原料，不仅节约了水资源，也可以减少这些水排出后的污染。将来人们可以完全在家中制取氢气。人们只需要打开自来水开关，水流通过专门的机器，分解后就可以制成氢气，人们可以随时使用到清洁的氢能。氢气在制取、燃烧、处理等多个环节都不会对环境产生影响，因此是真正的清洁燃料。

8. 其他用氢

氢是主要的工业原料，也是最重要的工业气体和特种气体，在石油化工、电子工业、冶金工业、食品加工、浮法制玻璃、精细有机合成、航空航天等方面有着广泛的应用。氢气的最初用途是制氢气球、氢气飞艇。目前，全世界生产的氢气首先是有三分之二用于制合成氨，其次是用于石油炼制和石油化工的各种工艺过程，如加氢裂化、催化加氢、加氢精制、加氢脱硫、苯加氢制环己烷、萘加氢制十氢萘等，第三是生产甲醇。以上三者占氢总消费量的 98% 以上。在一般情况下，氢极易与氧结合。这种特性使其成为天然的还原剂使用于防止出现氧化的生产中。例如，在玻璃制造的高温加工过程及电子微芯片的制造中，在氮气保护气氛中加入氢以去除残余的氧。此外，氢气还用于动、植物油脂的硬化，如制造人造奶油、脆化奶油、润滑脂等，但这些应用中氢用量少，以商品氢气为主。

许多化学品的生产都要消耗氢，如氢气与氯气合成氯化氢（其水溶液为盐酸），氢与某些有机物作用生成醇、醛、醋酸、胺等。

氢有很强的还原性，在冶金中能将钨和钼的氧化物还原成金属钨和钼。在热处理和金属氢化物生产中，可以利用氢气提供还原气氛。氢与氧燃烧时产生 2800℃ 的高温，用于熔融和切割金属。

三、核能

核能(或称原子能)是通过转化其质量从原子核释放的能量,符合爱因斯坦的能量方程 $E=mc^2$,其中 E 为能量,m 为质量,c 为光速。核能一般通过核裂变、核聚变或核衰变这三种核反应之一释放。核能是不可再生能源,是一种清洁能源。

1. 核裂变

现在唯一达到工业应用、可以大规模替代化石燃料的能源,就是核能。目前核能发电的能量来自核反应堆中可裂变材料(核燃料)进行裂变反应所释放的核裂变能。裂变反应指铀235、钚239、铀233等重元素在中子作用下分裂为两个碎片,同时放出中子和大量能量的过程(图5-10)。反应中,可裂变物的原子核吸收一个中子后发生裂变并放出两三个中子。若这些中子除去消耗,至少有一个中子能引起另一个原子核裂变,使裂变持续地进行,则这种反应称为链式裂变反应。实现链式反应是核能发电的前提。因此,当前使用的核燃料主要是铀235、钚239。

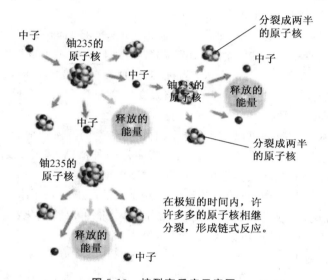

图 5-10　核裂变反应示意图

核裂变产物大多具有放射性,所以原料和产物的贮存、处理都要有严格的安全措施。

2. 核聚变

核聚变是指由质量小的原子,主要是指氘或氚,在一定条件下(如超高温和高压),发生原子核互相聚合作用,生成新的质量更重的原子核,并伴随着巨大的能量释放的一种核反应形式(图5-11)。

按爱因斯坦公式,$\Delta E = -1.698 \times 10^9$ kJ/mol,1g 氘(或氚)比 1g 铀产生的能量大得多。氘可由重水中得到。海水中重水达 2×10^{20} kg。核聚变资源极为丰富。而且核聚变不产生放射性产物,安全性好。

要实现核聚变必须满足以下条件:

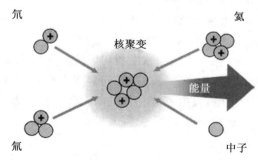

图 5-11　核聚变反应示意图

（1）足够高的点火温度（几千万或几亿摄氏度）。

（2）反应装置的气体密度要很低，是常温常压下气体密度的几万分之一。

（3）充分约束，能量的约束时间要超过1s，使聚变产生的能量大于我们用于加热和约束等离子体所消耗的能量。

现在国际上已建成多个可控核聚变反应的实验装置，预计不远的将来可控核聚变会给我们带来源源不断的能源。

3. 核能的利用

核能有巨大威力。1kg铀原子核全部裂变释放出来的能量，约等于2700t标准煤燃烧时所放出的化学能。一座 $1×10^7 kW$ 的核电站，每年只需25t至30t低浓度铀核燃料，运送这些核燃料只需10辆卡车；而相同功率的煤电站，每年则需要300多万吨原煤，运输这些煤炭，要1000列火车。核聚变反应释放的能量则更巨大。据测算，1kg煤只能使一列火车开动8m；1kg裂变原料可使一列火车开动 $4×10^5 km$ ；而1kg聚变原料可以使一列火车行驶 $4×10^6 km$ ，相当于地球到月球的距离。

地球上蕴藏着数量可观的铀、钍等裂变资源，如果把它们的裂变能充分利用，可以满足人类上千年的能源需求。在大海里，还蕴藏着不少于 $2×10^{15} t$ 核聚变资源——氢的同位元素氘，如果可控核聚变在21世纪变为现实，这些氘的聚变能将可顶几万亿亿吨煤，能满足人类百亿年的能源需求。更可贵的是核聚变反应中几乎不存在反射性污染。聚变能称得上是未来的理想能源。

面对日益加剧的能源危机以及化石能源的利用产生的温室效应、环境污染等问题，世界各国都对能源的发展决策给予极大重视。核能是一种清洁、安全、技术成熟的能源，开发利用核能成为能源危机下人类做出的理性选择。

核能对军事、经济、社会、政治等都有广泛而重大的影响。在军事上，核能可作为核武器，并用于航空母舰、核潜艇等的动力源；在经济上，核能可以替代化石燃料，用于发电；可以作为放射源应用于医疗；还可以为城市供热等。

（1）军事上的利用。

1945年7月6日，在美国新墨西哥州阿拉莫多尔军事基地，第一颗原子弹试验取得了成功；1945年8月6日和9日，美国将一颗铀弹和一颗钚弹分别投掷在日本的广岛和长崎，造成两个城市49万人丧生，并对城市遗留了久远的辐射污染。1949年9月22日，苏联成功引爆原子弹。相继，英国、法国、中国拥有了自己的核武器。后来，美国、苏联、中国分别引爆氢弹。为防止核武器扩散造成的潜在危险性，各国签订了《不扩散条约》以及《全面禁止核武器条约》。

（2）核能发电。

发展核电是和平利用核能的一种主要途径。核电站的核心是反应堆，反应堆工作时放出核能主要是以热能的形式由冷却剂带出，用以产生蒸汽，由蒸汽驱动汽轮发电机组进行发电，发电系统与传统的汽轮发电机系统基本相同（图5-12）。工业核电站的功率一般达到几十万千瓦、上百万千瓦。

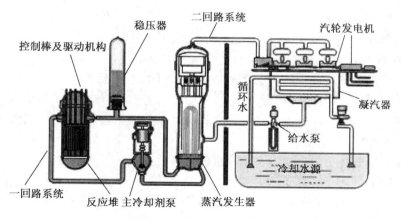

图 5-12 核能发电示意图

在 1942 年 12 月 2 日世界第一座核反应堆首次启动时,功率仅为 0.5 W。60 年后,核能已占全世界总能耗的 6%。截至 2010 年,世界上核电站现役核反应堆有 437 座,其中最多的国家是美国,有 104 座核反应堆;核电发电比例最高的国家是立陶宛,占 76.2%,其次是法国,占 75.2%。

中国自主设计建设的第一座核电站——秦山核电站于 1991 年建成投产,结束了中国大陆无核电的历史。1994 年建成投产的大亚湾核电站开创了中外合作建设核电站的成功范例。1996 年开始,中国又自主设计建设了秦山二期核电站;与国外合作建设了岭澳核电站、秦山三期核电站和田湾核电站。截至 2010 年我国共有 11 台核电机组投入运行,总装机容量 8.96×10^7 kW;另有 20 座在建核电机组,总装机容量 2.158×10^8 kW。

为适应经济发展和满足能源不断增长的需要,实现经济、社会、生态环境的协调发展,必须加快核能的发展。中国把核电作为国家能源战略的重要组成部分,逐步提高核能在能源供应总量中的比例。在经济发达、电力负荷集中的沿海地区,核电将成为电力结构的重要支柱。

(3)核能的其他应用。

核能供热是 20 世纪 80 年代才发展起来的一项新技术,这是一种经济、安全、清洁的热源。在能源结构上,用于低温的热源,占总热耗量的一半左右,这部分热多由燃煤直接获得,给环境造成严重污染。发展核反应堆低温供热,对缓解供应和运输紧张、净化环境、减少污染等方面都有十分重要的意义。核供热是一种前途远大的核能利用方式,不仅可用于居民冬季采暖,也可用于工业供热。特别是高温气冷堆可以提供高温热源,能用于煤的气化、炼铁等耗热巨大的行业。核能不仅可以供热,还可以用来制冷,通过低温供热堆进行的制冷试验已成功。

核能是一种具有独特优越性的动力,因为它不需要空气助燃,所以核能可作为地下、水中和太空缺乏空气环境下的特殊动力;而且核能少耗料、高能量,是一种一次装料后可以长时间供能的特殊动力,所以核能可作为大型舰船、潜艇、火箭、宇宙飞船、人造卫星等的特殊动力。如 1997 年 10 月 15 日美国宇航局发射的"卡西尼"号空间探测飞船,飞往土星,行程达 3.5×10^{10} km,采用了核动力。

核能由于其放射性,被应用于医学,形成了现代医学的一个分支——核医学。核技术在治疗恶性肿瘤上得到广泛应用,在放射治疗中,快中子治癌也取得了好的效果。核能技术应用于农学,形成了核农学,常用的技术有核辐射育种等。

4. 核能利用对环境的影响

核能的利用对环境造成的污染主要是放射性污染。核能利用上的任何疏忽、无知、差错,其结果并不亚于爆发一场小型核战争,有时甚至遗患无穷,给人类的生活乃至生存,投下可怕的阴影。目前核阴云主要来自核废料的严重污染,使用核能所产生的核废料会产生危险的辐射,并且影响会持续数千年。

在核能利用的历史上发生过多起严重的核事故:

(1) 1979 年 3 月 28 日,美国三厘岛核电站事故。

1979 年 3 月 28 日凌晨 4 时,美国宾夕法尼亚州的三里岛核电站第 2 组反应堆的操作室里,红灯闪亮,汽笛报警,涡轮机停转,堆芯压力和温度骤然升高,2h 后,大量放射性物质溢出。在三里岛事件中,从最初清洗设备的工作人员的过失开始,到反应堆彻底毁坏,整个过程只用了 120s。此事故为核事故的第五级。

美国三里岛事故对美国核能安全利用提出了挑战和质疑。由于此次核事故的影响,美国在之后的核能利用上放缓了脚步,停止建设核电站达三十余年,致力于维护已有的核电站,而不是修建新的核电站。直到 2005 年,美国在《2005 年能源政策法案》中提出了一系列推动核电建设的优惠措施,才正式走向核电复兴之路。

(2) 1986 年 4 月 26 日,苏联切尔诺贝利核泄漏事故。

1986 年 4 月 26 日,苏联切尔诺贝利核电站发生了核电发展史上最严重的核泄漏事故,引起了全世界的震惊。在连续操作失误的情况下,4 号动力站反应堆处于失去控制的极不稳定的状态,继而发生爆炸并引发大火,致使放射性尘降物进入空气中。据悉,此次事故产生的放射性尘降物数量是在广岛投掷的原子弹所释放的 400 倍。切尔诺贝利核事故发生之后,乌克兰已有 16.7 万人被核辐射夺去生命,320 万人受到核辐射的侵害,而被深埋的核材料以及受到核污染的废墟,始终造成着潜在的危险,完全恢复要在 800 年以后。

乌克兰政府为此也付出了巨大的代价,每年在消除事故后果的项目上都投入不菲。而当时苏联政府没有在第一时间通报切尔诺贝利核事故,而是在事故发生之后的 4 月 30 日才发布此次核事故的公告,也引起各国的强烈不满。

(3) 2011 年 3 月 11 日,日本福岛核电站事故。

2011 年 3 月 11 日,日本东北部海域发生里氏 9.0 级地震,并引发浪高超过 10m 的海啸,造成福岛第一核电站四个反应堆失去冷却,产生氢气在安全壳外爆炸,厂房破损,燃料棒熔毁,辐射物外泄,辐射性污水入海。随后日本东电公司擅自决定,做出了错误的行为,将高辐射水向太平洋排放,使核辐射遍布全球。这次日本福岛核危机的影响大大超出了日本本国领土,对整个世界都造成了深远的影响。日本专家推测放射物 30 年后将扩散至整个太平洋。

四、地热能

1. 地热能的来源

地热能是由地壳抽取的天然热能,它起于地球的熔融岩浆和放射性物质的衰变,以及来自太阳的一小部分能量,并以热力形式存在,是引致火山爆发及地震的能量。而火山喷发、温泉和喷泉等是地热的传播方式。地球内部的温度高达 7000℃，而在 80～100km 深处，温度会降至 650℃～1200℃。透过地下水的流动和熔岩涌至离地面 1～5km 的地壳，热力得以被转送至较接近地面的地方。高温的熔岩将附近的地下水加热，这些加热了的水最终会渗出地面。运用地热能最简单和最合乎成本效益的方法，就是直接取用这些热源，并抽取其能量。地热不但是无污染的清洁能源，而且如果热量提取速度不超过补充的速度，那么热能是可再生的。

2. 地热能的种类

地热能是存于地球内部的热量，按其属性可以分为 4 种类型。

（1）热水型，储存于地球浅处（地下 400～4500m），所见到的为热水或水蒸气。

（2）地压地热能，即在某些大型沉积（或含油气）盆地深处（3～6kg）存在着的高温高压流体，其中含有大量甲烷气体。

（3）干热岩地热能，储存于特殊地质条件造成的高温但少水甚至无水的干热岩体，需用人工注水的办法才能将其热能取出。

（4）岩浆热能，即储存在高温（700℃～1200℃）熔融岩浆体中的巨大热能，但如何开发利用仍处于探索阶段。

根据开发利用目的，又可以将热水型地热能分为高温（大于 150℃）及中、低温（中温 90℃～150℃，低温 90℃以下）水资源。

地热能资源主要有两种：地下蒸汽或热水；地下干热岩体。前者主要用于地热发电，而后者主要用于地热直接利用（供暖，制冷，工农业用热和旅游疗养等）

3. 地热能分布

（1）环太平洋地热带。世界最大的太平洋板块美洲、欧亚、印度板块的碰撞边界，即从美国的阿拉斯加、加利福尼亚到墨西哥、智利，从新西兰、印度尼西亚、菲律宾到中国沿海和日本。

（2）地中海、喜马拉雅地热带。欧亚板块与非洲、印度板块的碰撞边界，从意大利直至中国的滇藏。

（3）大西洋中脊地热带。大西洋板块的开裂部位，包括冰岛和亚速尔群岛的一些地热田。

（4）红海、亚丁湾、东非大裂谷地热带。包括肯尼亚、乌干达、扎伊尔、埃塞俄比亚、吉布提等国的地热田。

（5）其他地热区。

几个国家的高温地热资源分布概况见表 5-7。

表 5-7　高温地热资源分布

国别	资源概况	热田名称	热储温度/℃
意大利	有大量蒸汽区分布在托斯卡纳、亚平宁山脉西南侧及西西里岛等地	拉德瑞罗	245
		蒙特阿米亚特	165
新西兰	沸点以上的高温蒸汽区密布于北岛陶波火山带	怀拉开	266
		卡韦劳	285
		维奥塔普	295
		布罗德兰兹	296

续表

国别	资源概况	热田名称	热储温度/℃
冰岛	约有 1000 多个热泉，30 多个活火山，沸点以上的高温地热田 28 个，分布在冰岛西南及东北部	雷克雅未克 亨伊尔 雷克亚内斯 纳马菲雅尔马克拉弗拉	146 230 286 280
菲律宾	已知有 71 个地热田，与新生代安山岩大山中心有关	吕宋岛的蒂威和汤加纳	320
墨西哥	约有 300 多处地热显示区，含有大量沸点以上的高温蒸汽区，约有 9 个活火山，都集中分布在中央火山轴上	帕泰 塞罗普列托	150 388
日本	25℃ 以上的温泉约有 22200 个，其中 90 个 90℃ 以上的高温蒸汽区，约有 50 个活火山	松川 大岳	250 206
中国	高温地热资源分布在西藏、云南西部和台湾省	西藏羊八井 台湾土场-清水	329 226

4. 地热能的特点

（1）地热能作为一种新型能源，其优点和不足都很鲜明。地热能利用的主要优点有：

① 储量很丰富，约有相当于 4.948×10^{17} t 标准煤的能量。

② 属于可再生能源。

③ 运转成本低。

④ 能源供应稳定。

⑤ 产量适合开发。

⑥ 地热厂建造周期短且容易。

（2）其主要不足有：

① 地热厂建设初期成本高。

② 环境负荷大。

③ 热效率低，只有 30% 的地热能用来推动涡轮发电机。

④ 一些有毒气体（如硫、硼）会随着热气而喷入空气中，造成空气污染。

⑤ 钻井技术的制约。

⑥ 地热水的腐蚀和结垢等。

5. 地热能的利用

地热能的利用可分为地热发电和直接利用两大类，而对于不同温度的地热流体可能利用的范围如下：

200℃～400℃，直接发电及综合利用。

150℃～200℃，双循环发电、制冷、工业干燥、工业热加工。

100℃～150℃，双循环发电、供暖、制冷、工业干燥、脱水加工、回收盐类、罐头食品。

50℃～100℃，供暖、温室、家庭用热水、工业干燥。

20℃～50℃，沐浴、水产养殖、饲养牲畜、土壤加温、脱水加工。

人类很早以前就开始利用地热能，如利用温泉沐浴、医疗，利用地下热水取暖、建造农作物温室、水产养殖及烘干谷物等。但真正认识地热资源并进行较大规模的开发利用却是始于 20 世纪中叶。地热能的主要利用方面：

（1）地热发电：是地热利用的最重要方式。地热发电的过程，就是把地下热能首先转变为机械能，然后再把机械能转变为电能的过程。

（2）地热供暖：将地热能直接用于采暖、供热和供热水是仅次于地热发电的地热利用方式。这种利用方式简单、经济性好。冰岛早在 1928 年就在首都雷克雅未克建成了世界上第一个地热供热系统，现今这一供热系统已发展得非常完善，每小时可从地下抽取 7740t 80℃ 的热水，供全市 11 万居民使用。

（3）地热务农：利用温度适宜的地热水灌溉农田，可使农作物早熟增产；利用地热水养鱼，在 28℃ 水温下可加速鱼的育肥，提高鱼的出产率；利用地热建造温室，育秧、种菜和养花；利用地热给沼气池加温，提高沼气的产量等。

（4）地热行医：由于地热水从很深的地下提取到地面，除温度较高外，常含有一些特殊的化学元素，从而使它具有一定的医疗效果。如含碳酸的矿泉水供饮用，可调节胃酸、平衡人体酸碱度；含铁矿泉水饮用后，可治疗缺铁性贫血症；硫泉、硫化氢泉洗浴可治疗神经衰弱和关节炎、皮肤病等。

地热能是一种新的洁净能源，在当今人们的环保意识日渐增强和能源日趋紧缺的情况下，对地热资源的合理开发利用已愈来愈受到人们的青睐。其中距地表 2000m 内储藏的地热能为 2.500×10^{12} t 标准煤。全国地热水可开采资源量为每年 6.8×10^{10} m³，所含地热量为 9.73×10^{16} kJ。在地热利用规模上，我国近些年来一直位居世界首位，并以每年近 10% 的速度稳步增长。

在我国的地热资源开发中，经过多年的技术积累，地热发电效益显著提升。除地热发电外，直接利用地热水进行建筑供暖、发展温室农业和温泉旅游等利用途径也得到较快发展。全国已经基本形成以西藏羊八井为代表的地热发电、以天津和西安为代表的地热供暖、以东南沿海为代表的疗养与旅游和以华北平原为代表的种植和养殖的开发利用格局。

五、海洋能

在地球与太阳、月亮等互相作用下海水不停地运动，站在海滩上，可以看到滚滚海浪，其中蕴藏着潮汐能、波浪能、海流能、温差能等，这些能量总称海洋能。海洋能是依附在海水中的可再生能源，海洋通过各种物理过程接收、储存和散发能量，这些能量以潮汐、波浪、温度差、盐度梯度、海流等形式存在于海洋之中。海洋能同时也涉及一个更广的范畴，包括海面上空的风能、海水表面的太阳能和海里的生物质能。

海洋能具有以下特点：

第一，海洋能在海洋总水体中的蕴藏量巨大，而单位体积、单位面积、单位长度所拥有的能量较小。这就是说，要想得到大能量，就得从大量的海水中获得。

第二，海洋能具有可再生性。海洋能来源于太阳辐射能与天体间的万有引力，只要太阳、月球等天体与地球共存，这种能源就会再生，就会取之不尽，用之不竭。

第三，海洋能有较稳定与不稳定能源之分。较稳定的为温度差能、盐度差能和海流能。不稳定能源分为变化有规律与变化无规律两种。属于不稳定但变化有规律的有潮汐能与潮流能。人们根据潮汐、潮流变化规律，编制出各地逐日逐时的潮汐与潮流预报，预测未来各个时间的潮汐大小与潮流强弱。潮汐电站与潮流电站可根据预报表安排发电运行。既不稳定又无规律的是波浪能。

第四，海洋能属于清洁能源，也就是海洋能一旦开发后，其本身对环境污染影响很小。

1. 潮汐能

海水的潮汐运动是月球和太阳的引力所造成的，经计算可知，在日月的共同作用下，潮汐的最大涨落为 0.8m 左右。由于近岸地带、地形等因素的影响，某些海岸的实际潮汐涨落还会大大超过一般数值，如我国杭州湾的最大潮差为 8～9m。潮汐的涨落蕴藏着很可观的能量，据测算全世界可利用的潮汐能约 3.0×10^{10} kW，大部集中在比较浅窄的海面上。潮汐能发电是从 20 世纪 50 年代才开始的，法国、苏联、加拿大、芬兰等国先后建成潮汐能发电站。现已建成的最大的潮汐发电站是法国朗斯河口发电站，它的总装机容量为 2.4×10^6 kW，年发电量 5×10^9 kW·h。我国从 20 世纪 50 年代末开始在东南沿海先后建成 7 个小型潮汐能电站，其中浙江温岭的江厦潮汐能电站具有代表性，它建成于 1980 年，至今运行状况良好。目前规模最大的是 1974 年建成的广东省顺德区甘竹滩发电站，装机容量为 3000kW。浙江和福建沿海是我国建设大型潮汐发电站的比较理想的地区，专家们已经做了大量调研和论证工作，一旦条件成熟便可大规模开发。

2. 波浪能

大海里有永不停息的波浪，据估算 $1km^2$ 海面上波浪能的功率约为 $1 \times 10^5 \sim 2 \times 10^5$ kW。20 世纪 70 年代末我国已开始在南海上使用以波浪能作能源的浮标航标灯。1974 年日本建成的波浪能发电装置的功率达到 100kW。许多国家目前都在积极地进行开发波浪能的研究工作。

3. 海流能

海流也称洋流，它好比是海洋中的河流，有一定宽度、长度、深度和流速，一般宽度为几十到几百海里之间，长度可达数千海里，深度约几百米，流速通常为 1.8～3.6km/h，最快的可达 8～10km/h。太平洋上有一条名为"黑潮"的暖流，宽度在 180km 左右，平均深度为 400m，平均日流速 54～104km，它的流量为陆地上所有河流之总和的 20 倍。现在一些国家的海流发电的试验装置已在运行之中。

4. 温差能

水是地球上热容量最大的物质，到达地球的太阳辐射能大部分都为海水所吸收，它使海水的表层维持着较高的温度，而深层海水的温度基本上是恒定的，这就造成海洋表层与深层之间的温差。依热力学第二定律，存在着一个高温热源和一个低温热源就可以构成热机对外做功，海水温差能的利用就是根据这个原理。20 世纪 20 年代就已有人做过海水温差能发电的试验。1956 年在西非海岸建成了一座大型试验性海水温差能发电站，它利用 20℃ 的温差发出了 7500kW 的电能。

六、风能

1. 风能的概念

风能是因地球表面大量空气流动做功而提供给人类的一种可利用的能量，属于可再生能源。由于地面各处受太阳辐照后气温变化不同和空气中水蒸气的含量不同，因而引起各地气压的差异，在水平方向高压空气向低压地区流动，即形成风。风能资源决定于风能密度和可利用的风能年累积小时数。风能密度是单位迎风面积可获得的风的功率，与风速的三次方和空气密度成正比关系。

2. 风能的利用

人类利用风能的历史可以追溯到公元前。中国是世界上最早利用风能的国家之一。公元前数世纪中国人民就利用风力提水、灌溉、磨面、舂米,用风帆推动船舶前进。到了宋代更是中国应用风车的全盛时代,当时流行的垂直轴风车,一直沿用至今。风能利用的主要形式有:

(1)风力发电。风力发电通常有三种运行方式。一是独立运行方式,通常是一台小型风力发电机向一户或几户提供电力,利用蓄电池蓄能,以保证无风时的用电。二是风力发电与其他发电方式相结合,向一个单位或一个村庄供电。三是风力发电并入常规电网运行,向大电网提供电力,常常是一处风场装机几十台甚至几百台风力发电机,这是风力发电的主要发展方向。

(2)风力泵水。采用风轮、传动装置将风能转化为机械能,将水由深井中的水压管中抽出。风力泵水自古至今一直有比较普遍的应用。至20世纪下半叶时,为解决农村、牧场的生活、灌溉和牲畜用水以及为了节约能源,风力泵水机有了很大的发展。现代风力泵水机根据用途可分为两类,一类是高扬程、小流量的风力泵水机,它与活塞泵相配提取深井地下水,主要用于草原、牧场,为人畜提供饮水。另一类是低扬程、大流量的风力泵水机,它与螺旋泵相配,提取河水、湖水和海水,主要用于农田灌溉、水产养殖或制盐。

(3)风力助帆。在机动船舶发展的今天,为节约燃油和提高航速,古老的风力助帆也得到了发展。航运大国日本已在万吨级货船上采用电脑控制的风帆助航,节油率达15%。

(4)风力制热。将风能转化为热能,目前主要有两种转换方法,一是风力机发电,再将电能通过电阻丝发热,变为热能。二是由风力机将风能转化为空气压缩能,再转换为热能。

数千年来,风能技术发展缓慢,也没有引起人们足够的重视。但自1973年世界石油危机以来,世界能源消费剧增,煤炭、石油、天然气等化石能源资源消耗迅速,生态环境不断恶化,特别是温室气体排放导致日益严峻的全球气候变化,人类社会的可持续发展受到严重威胁。而此时风能作为一种有着巨大的发展潜力的无污染和可再生新能源,开始受到大家的重视。

3. 风力发电的优点

(1)风能是非常清洁的能源,它在转换成电能的过程中,基本上没有污染排放,所以它几乎不对环境产生任何污染。

(2)风能又是可再生的,风力发电不需要消耗宝贵的不可再生资源,它的能源可以说是取之不尽、用之不竭的,因此风力发电既环保又节能。

(3)在所有清洁能源中,风力发电技术也是最成熟的,风力发电机组正在向大型化发展,单机容量达数兆瓦,风电成本也下降较快。

(4)风电与火电、水电及核电相比,建设周期短、见效快,如果不算测风周期的话,建成一个大型风电场只需要不到一年的时间,因此风电一直是世界上增长最快的清洁能源。

4. 我国风电发展现状

20世纪70年代中期以后风能开发利用列入"六五"国家重点项目,得到迅速发展。

从20世纪80年代开始在国家政策的扶持下,我国风电产业发展势头迅猛。进入20

世纪 80 年代中期以后，中国先后从丹麦、比利时、瑞典、美国、德国引进一批中、大型风力发电机组，在新疆、内蒙古的风口及山东、浙江、福建、广东的岛屿上建立了 8 座示范性风力发电场。新疆达坂城的风力发电场年发电量已达 $1.5 \times 10^9 \, \text{kW} \cdot \text{h}$，是全国目前最大的风力发电场。

我国政府将风力发电作为改善能源结构、应对气候变化和能源安全问题的主要替代能源技术之一，尤其近年，给予了越来越多的重视和有力的扶持。从 2003 年以来，国家颁布了《可再生能源法》等相关法律法规，完善了支持包括风电在内的可再生能源发展的环境。同时，通过组织风电特许权招标、出台专门的财税支持政策等一系列激励措施，以市场拉动产业发展，大大促进了风电开发和风电设备制造产业的快速发展。

七、生物质能

（一）概述

生物质是指通过光合作用而形成的各种有机体，包括所有的动、植物和微生物。而所谓生物质能，就是太阳能以化学能形式贮存在生物质中的能量形式，即以生物质为载体的能量。一般说，绿色植物只吸收了照射到地球表面的辐射能的 $0.5\% \sim 3.5\%$。即使如此，全部绿色植物每年所吸收的二氧化碳约 $7 \times 10^{11} \, \text{t}$，合成有机物约 $5 \times 10^{11} \, \text{t}$。因此生物质能是一种极为丰富的能量资源，也是太阳能的最好贮存方式。它直接或间接地来源于绿色植物的光合作用，可转化为常规的固态、液态和气态燃料，取之不尽、用之不竭，是一种可再生能源，同时也是唯一一种可再生的碳源。依据来源的不同，可以将适合于能源利用的生物质分为林业资源、农业资源、生活污水和工业有机废水、城市固体废物和畜禽粪便等五大类。

稻草、劈柴、秸秆等生物质直接燃烧时，热量利用率很低，仅 15% 左右，即便使用节柴灶，热量利用率最多也只能达到 25% 左右，并且对环境有较大的污染。目前把生物质能作为新能源来考虑，并不是再去烧固态的柴草，而是要将它们转化为可燃性的液态或气态化合物，即把生物质能转化为化学能，然后再利用燃烧放热。

随着科学技术的发展，人类将会不断培育出高效能源植物，发现新的生物质能转化技术。生物质能的合理开发和综合利用必将对提高人类生活水平，为改善全球生态平衡和人类生存环境做出更积极的贡献。

（二）生物质能特点

1. 可再生性

生物质属可再生资源，生物质能由于通过植物的光合作用可以再生，与风能、太阳能等同属可再生能源，资源丰富，可保证能源的永久持续利用。

2. 低污染性

生物质的硫含量、氮含量低，燃烧过程中生成的 SO_x、NO_x 较少；由于它在生长时需要的二氧化碳的量相当于它作为燃料时排放的二氧化碳的量，因而对大气的二氧化碳净排放量近似于零，可有效地减轻温室效应。

3. 广泛分布性

缺乏煤炭的地域，可充分利用生物质能。

4. 总量十分丰富

生物质能是世界第四大能源，仅次于煤炭、石油和天然气。根据生物学家估算，地球

陆地每年生产 $1 \times 10^{12} \sim 1.25 \times 10^{12}$ t 生物质,海洋每年生产 5×10^{11} t 生物质。生物质能源分布广,储量丰富,全球每年通过光合作用储存于植物的能量远远超过全世界总能源需求量,相当于目前世界总能耗的 10 倍。我国可开发为能源的生物质资源 2010 年约为 3×10^9 t。随着农林业的发展,特别是炭薪林的推广,生物质资源还将越来越多。

（三）生物质能的应用

生物质能一直是人类赖以生存的重要能源,在整个能源系统中占有重要地位。它占全球一次性能源需求量的 14%。生物质能资源极为丰富,是一种洁净环保的能源。有关专家估计,生物质能极有可能成为未来可持续能源系统的组成部分,到 21 世纪中叶,采用新技术生产的各种生物质替代燃料将占全球总能耗的 40% 以上。

目前人类对生物质能的利用,直接用作燃料的有农作物的秸秆、薪柴等;间接作为燃料的有农林废弃物、动物粪便、垃圾及藻类等,它们通过微生物作用生成沼气,或采用热解法制造液体和气体燃料,也可制造生物炭。

（四）生物质发电技术的应用

以秸秆发电技术为例,秸秆产能是生物质能里面具有代表性的一种。秸秆属可再生能源,年复一年可保证能源的永续利用。装机容量为 1.2×10^3 kW 的生物质发电机组年消耗秸秆 1.5×10^6 t 左右,减少 CO_2 等污染物排放 3.85×10^5 t,可大幅度降低全球温室气体排放。秸秆发电比燃煤火电清洁得多,它燃烧产生的灰分还是农作物所需的肥料,是发展循环经济的好项目。

从实际应用来说,秸秆作为能源原材料可用于制作秸秆煤或者用于秸秆发电。秸秆煤比起普通煤炭,不仅投入小、生产安全,还具有易燃耐燃、热效率高、残渣少等特点。在新农村建设中推广秸秆煤,不仅能使农村的生态环境得到保护,而且能给生产秸秆煤的农民家庭带来丰厚的利润回报。目前利用秸秆发电的途径有两种:一是秸秆气化发电,二是秸秆直接燃烧发电,用得最广泛的是秸秆直接燃烧发电。秸秆发电与常规的火力发电的不同之处主要是燃料不同引起燃烧系统的变化,重点是燃烧设备的变化,而热力系统的其余部分和电气系统与常规一般火电厂类同。秸秆燃烧的另一途径是利用已经运行电厂中的锅炉进行掺烧,这既可节约煤,又可增加秸秆利用的途径。各地电厂所配炉型不同,可以由秸秆的各种成型来满足不同炉型锅炉燃烧要求。有一种在煤粉炉中掺烧秸秆的思路是炉膛中下部稍加改造增加一块炉排烧秸秆,称之为联合燃烧。对于将按要求被关闭的小型火力发电厂,可以对其锅炉改造或重新建设锅炉装置,改造成为生物质能电厂,这也是有利保护环境的途径。

八、化学电源

电池是我们生产生活中的必备之品,大到上天的神舟号宇宙飞船、下海的蛟龙号深潜器,小到数码产品、遥控器、电子手表等,都离不开电池。自从 1799 年伏打成功地制成了世界上第一个电池——"伏打电堆"以来,经过长期的研究、发展,电池得到了迅猛的发展,研制出了各种各样的电池。常用电池主要有干电池、蓄电池,以及体积小的微型电池。此外,还有金属-空气电池、燃料电池以及其他能量转换电池如太阳能电池、温差电池、核电池等。在这里我们主要讨论化学电池。

现代电子技术的发展,对化学电池提出了很高的要求。每一次化学电池技术的突破,都带来了电子设备革命性的发展。现代社会的人们,每天的日常生活中,越来越离不开化学电池了。现在世界上很多电化学科学家，把兴趣集中在作为节能环保的电动汽车动力的化学电池领域。

化学电池是借助于化学变化将化学能直接转变为电能的装置，主要部分是电解质溶液，浸在溶液中的正、负电极和连接电极的导线。依据能否充电复原，化学电池分为原电池和蓄电池两种。

化学电池按工作性质可分为：一次电池（原电池）、二次电池（可充电电池）、铅酸蓄电池、燃料电池。其中，一次电池可分为糊式锌锰电池、纸板锌锰电池、碱性锌锰电池、扣式锌银电池、扣式锂锰电池、扣式锌锰电池、锌空气电池、一次锂锰电池等。二次电池可分为镉镍电池、镍氢电池、锂离子电池、二次碱性锌锰电池等。铅酸蓄电池可分为开口式铅酸蓄电池、全密闭铅酸蓄电池。

（一）一次电池

1. 锌锰电池

锌二氧化锰电池（简称锌锰电池）又称勒兰社（Leclanche）电池。由锌（Zn）作负极，炭棒作正极，电解质溶液采用二氧化锰（MnO_2）、中性氯化铵（NH_4Cl）、氯化锌（$ZnCl_2$）的水溶液，淀粉或浆层纸作隔离层制成的电池称锌锰电池，由于其电解质溶液通常制成凝胶状或被吸附在其他载体上而呈现不流动状态，故又称锌锰干电池。按使用隔离层区分为糊式和板式电池两种，板式又按电解质液不同分铵型和锌型纸板电池两种。干电池用锌制筒形外壳作负极，位于中央的顶盖上有铜帽的石墨棒作正极，在石墨棒的周围由内向外依次是：二氧化锰粉末（黑色）——用于吸收在正极上生成的氢气，以防止产生极化现象；用饱和氯化铵和氯化锌的淀粉糊制作的电解质溶液。

电极反应式为：

负极（锌筒）：$Zn - 2e^- \!=\!=\! Zn^{2+}$

正极（石墨）：$2NH_4^+ + 2e^- \!=\!=\! 2NH_3\uparrow + H_2\uparrow$

$$2H_2O + 2MnO_2 + 2e^- \!=\!=\! 2MnOOH + 2OH^-$$

总反应：

$$2Zn + 2NH_4Cl + 2H_2O + 2MnO_2 \!=\!=\! Zn(NH_3)_2Cl_2 + 2MnOOH + H_2\uparrow + Zn(OH)_2$$

干电池的电压大约为 1.5V，不能充电再生。

2. 碱性锌锰电池

碱性锌锰电池是 20 世纪中期在锌锰电池基础上发展起来的，是锌锰电池的改进型。电池使用氢氧化钾（KOH）或氢氧化钠（NaOH）的水溶液作电解质液，采用了与锌锰电池相反的负极结构，负极在内为膏状胶体，用铜钉作集流体，正极在外，活性物质和导电材料压成环状与电池外壳连接，正、负极用专用隔膜隔开。

3. 锌银电池

一般用不锈钢制成小圆盒形，圆盒由正极壳和负极壳组成，形似纽扣（俗称纽扣电池）。盒内正极壳一端填充由氧化银和石墨组成的正极活性材料，负极盖一端填充锌汞合金组成的负极活性材料，电解质溶液为 KOH 浓溶液。电极反应式如下：

负极：$Zn + 2OH^- - 2e^- \!=\!=\! ZnO + H_2O$

正极：$Ag_2O + H_2O + 2e^- \!=\!=\! 2Ag + 2OH^-$

电池的总反应式为：$Ag_2O + Zn \!=\!=\! 2Ag + ZnO$

电池的电压一般为 1.59V,使用寿命较长。

（二）二次电池

1. 镉镍电池

镉镍电池是指采用金属镉作负极活性物质,氢氧化镍作正极活性物质,用氢氧化钾水溶液作电解质溶液的碱性蓄电池。镉镍电池标称电压为 1.2V,有圆柱密封式（KR）、扣式（KB）、方形密封式（KC）等多种类型。具有使用温度范围宽、循环和贮存寿命长、能以较大电流放电等特点,但存在"记忆"效应,常因规律性的不正确使用造成电性能下降。

大型袋式和开口式镉镍电池主要用于铁路机车、矿山、装甲车辆、飞机发动机等作起动或应急电源。圆柱密封式镉镍电池主要用于电动工具、剃须器等便携式电器。小型扣式镉镍电池主要用于小电流、低倍率放电的无绳电话、电动玩具等。由于废弃镉镍电池对环境的污染,该系列的电池将逐渐被性能更好的金属氢化物镍电池所取代。

2. 镍氢电池

镍氢电池采用氢氧化镍作正极,以氢氧化钾或氢氧化钠的水溶液作电解质溶液,金属氢化物作负极,利用吸氢合金和释放氢反应的电化学可逆性制成。电量储备比镍镉电池多 30%,比镍镉电池更轻,使用寿命也更长,并且对环境无污染。镍氢电池的缺点是价格比镍镉电池要贵好多,性能比锂电池要差。镍氢电池作为当今迅速发展起来的一种高能绿色充电电池,凭借能量密度高、可快速充放电、循环寿命长以及无污染等优点在笔记本电脑、便携式摄像机、数码相机及电动自行车,甚至电动汽车等领域得到了广泛应用。

（三）铅酸蓄电池

铅酸蓄电池由正极板、负极板、电解液、隔板、容器（电池槽）等 5 个基本部分组成,是用二氧化铅作正极活性物质,铅作负极活性物质,硫酸作电解液,微孔橡胶、烧结式聚氯乙烯、玻璃纤维、聚丙烯等作隔板制成的电池。铅蓄电池可放电也可以充电,一般用硬橡胶或透明塑料制成长方形外壳（防止酸液的泄漏）;设有多层电极板,其中正极板上有一层棕褐色的二氧化铅,负极是海绵状的金属铅,正负电极之间用微孔橡胶或微孔塑料板隔开（以防止电极之间发生短路）;两极均浸入到硫酸溶液中。放电时为原电池,其电极反应为:

负极：$Pb + SO_4^{2-} - 2e^- = PbSO_4$

正极：$PbO_2 + 4H^+ + SO_4^{2-} + 2e^- = PbSO_4 + 2H_2O$

总反应式为：$Pb + PbO_2 + 2H_2SO_4 = 2PbSO_4 + 2H_2O$

当放电进行时,硫酸溶液的浓度将不断降低,当溶液的密度降到 1.18g/mL 时应停止使用进行充电,充电时为电解池,其电极反应如下:

阳极：$PbSO_4 + 2H_2O - 2e^- = PbO_2 + 4H^+ + SO_4^{2-}$

阴极：$PbSO_4 + 2e^- = Pb + SO_4^{2-}$

总反应式为：$2PbSO_4 + 2H_2O = Pb + PbO_2 + 2H_2SO_4$

当溶液的密度升到 1.28g/mL 时,应停止充电。

上述过程的总反应式为:

放电：$Pb + PbO_2 + 2H_2SO_4 = 2PbSO_4 + 2H_2O$

充电：$2PbSO_4 + 2H_2O = Pb + PbO_2 + 2H_2SO_4$

铅酸蓄电池自 1859 年由普兰特发明以来,至今已有 150 多年的历史,技术十分成熟,是全球上使用最广泛的化学电源。尽管近年来镍镉电池、镍氢电池、锂离子电池等新型电池相继问世并得以应用,但铅酸蓄电池仍然凭借大电流放电性能强、电压特性平稳、温度适用范围广、单体电池容量大、安全性高和原材料丰富且可再生利用、价格低廉等一系列优势,在绝大多数传统领域和一些新兴的应用领域,占据着牢固的地位。铅酸电池最大的改良,则是新近采用高效率氧气重组技术完成水分再生,以此达到完全密封不需加水的目的,而制成的"免加水电池"其寿命可长达 4 年(单一极板电压 2V)。铅蓄电池的缺点是比能量(单位重量所蓄电能)小,其体积和重量一直无法获得有效的改善,对环境腐蚀性强。

（四）燃料电池

燃料电池是一种将存在于燃料与氧化剂中的化学能直接转化为电能的发电装置。燃料电池其原理是一种电化学装置,其组成与一般电池相同。其单体电池是由正负两个电极(负极即燃料电极和正极即氧化剂电极)以及电解质组成。不同的是一般电池的活性物质贮存在电池内部,因此,限制了电池容量。而燃料电池的正、负极本身不包含活性物质,只是个催化转换元件。因此燃料电池是名副其实的把化学能转化为电能的能量转换机器。电池工作时,燃料和氧化剂由外部供给,进行反应。原则上只要反应物不断输入,反应产物不断排除,燃料电池就能连续地发电。常见的燃料电池有:

1. 氢氧燃料电池

这是一种高效、低污染的新型电池,主要用于航天领域。其电极材料一般为活化电极,具有很强的催化活性,如铂电极、活性炭电极等。电解质溶液一般为 40% 的 KOH 溶液。电极反应式如下:

负极:$2H_2 + 4OH^- - 4e^- = 4H_2O$

正极:$O_2 + 2H_2O + 4e^- = 4OH^-$

总反应式:$2H_2 + O_2 = 2H_2O$

2. 熔融盐燃料电池

这是一种具有极高发电效率的大功率化学电池,在加拿大等少数发达国家已接近民用工业化水平。按其所用燃料或熔融盐的不同,有多个不同的品种,如天然气、CO、熔融碳酸盐型、熔融磷酸盐型等,一般要在一定的高温下(确保盐处于熔化状态)才能工作。

下面以 $CO | Li_2CO_3 + Na_2CO_3 |$ 空气与 CO_2 型电池为例加以说明:

负极反应式:$2CO + 2CO_3^{2-} - 4e^- = 4CO_2$

正极反应式:$O_2 + 2CO_2 + 4e^- = 2CO_3^{2-}$

总反应式为:$2CO + O_2 = 2CO_2$

该电池的工作温度一般为 650℃。

（五）新型化学电池

1. 锂电池

锂离子电池是 20 世纪开发成功的新型高能电池。锂离子电池研究始于 20 世纪 80年代,90 年代进入产业化阶段,并飞速发展。锂离子电池由于比能量高、体积小、无须维护、环境友好而受到各行业的青睐,正逐步从手机、笔记本电脑的应用走向电动自行车、电动汽车等。随着技术进步和新能源产业的发展,大容量锂离子电池技术和产业发展非常迅猛,已经成为国际上大容量电池的主流。

锂系电池分为锂电池和锂离子电池。它们很容易被混淆。锂电池是以金属锂为负极,由于其危险性大,很少应用于日常电子产品。手机和笔记本电脑使用的都是锂离子电池,根据锂离子电池所用电解质材料的不同,锂离子电池又可分为液态锂离子电池和聚合物锂离子电池锂。锂离子电池使用非水液态有机电解质。锂离子聚合物电池采用聚合物来凝胶化液态有机溶剂,或者直接用全固态电解质。

锂离子电池是把能使锂离子嵌入和脱嵌的碳材料代替纯锂作负极,锂的化合物作正极,混合电解液作电解质液制成的电池。正极采用锂化合物 Li_xCoO_2、Li_xNiO_2、$LiFePO_4$ 或 Li_xMnO_2;负极采用锂-碳层间化合物 Li_xC_6;电解质为溶解有锂盐($LiPF_6$、$LiAsF_6$等)的有机溶液。

一个锂离子电池主要由正极、负极、电解液及隔膜组成,外加正负极引线、安全阀、PTC(正温度控制端子)、电池壳等。虽然锂离子电池种类繁多,但其工作原理大致相同。充电时,锂离子从正极材料中脱嵌,经过隔膜和电解液,嵌入到负极材料中,放电以相反过程进行。以典型的液态锂离子为例,当以石墨为负极材料,以 $LiCoO_2$ 为正极材料时,其充放电原理为:

正极反应:$LiCoO_2 \Longrightarrow Li_{1-x}CoO_2 + xLi^+ + xe^-$

负极反应:$6C + xLi^+ + xe^- \Longrightarrow Li_xC_6$

电池总反应:$LiCoO_2 + 6C \Longrightarrow Li_{1-x}CoO_2 + Li_xC_6$

放电时发生上述反应的逆反应。

锂离子电池能量密度大,平均输出电压高。自放电小,好的电池,每月在 2% 以下(可恢复)。没有记忆效应。工作温度范围宽为 $-20℃\sim60℃$。循环性能优越,可快速充放电,充电效率高达 100%,而且输出功率大。使用寿命长。不含有毒有害物质,被称为绿色电池。

其中钴酸锂是目前绝大多数锂离子电池使用的正极材料。磷酸铁锂电池由于安全性能的改善、寿命的改善、高温性能好、无记忆效应、大容量、重量轻、环保等优势,现在的应用越来越广泛。特别作为动力型电池是应用于电动汽车、电动自行车等。

2. 碱性氢氧燃料电池

这种电池用 30%~50%KOH 溶液为电解液,在 100℃ 以下工作。燃料是氢气,氧化剂是氧气。

其电池可表示为$(-)C|H_2|KOH|O_2|C(+)$。

电池反应为:

负极:$2H_2 + 4OH^- - 4e^- \Longrightarrow 4H_2O$

正极:$O_2 + 2H_2O + 4e^- \Longrightarrow 4OH^-$

总反应:$2H_2 + O_2 \Longrightarrow 2H_2O$

碱性氢氧燃料电池早已于 20 世纪 60 年代就应用于美国载人宇宙飞船上,也曾用于叉车、牵引车等做电源,但对其作为民用产品的前景还评价不一。否定者认为电池所用的电解质 KOH 很容易与来自燃料气或空气中的 CO_2 反应,生成导电性能较差的碳酸盐。另外,虽然燃料电池所需的贵金属催化剂载量较低,但实际寿命有限。肯定者则认为该燃料电池的材料较便宜,若使用天然气作燃料,则它比唯一已经商业化的磷酸型燃料电池的成本还要低。

3. 磷酸型燃料电池

它采用磷酸为电解质,利用廉价的碳材料为骨架。它除以氢气为燃料外,现在还有可能直接利用甲醇、天然气、城市煤气等低廉燃料。与碱性氢氧燃料电池相比,最大的优点是它不需要 CO_2 处理设备。磷酸型燃料电池已成为发展最快的,也是目前最成熟的燃料电池,它代表了燃料电池的主要发展方向。近年来投入运行的 100 多个燃料电池发电系统中,90％是磷酸型的。磷酸型燃料电池目前有待解决的问题是:如何防止催化剂结块而导致表面积收缩和催化剂活性的降低,以及如何进一步降低设备费用。

4. 海水电池

1991 年,我国科学家首创以铝-空气-海水为材料组成的新型电池,用作航海标志灯。该电池以取之不尽的海水为电解质,靠空气中的氧气使铝不断氧化而产生电流。其电极反应式如下:

负极:$4Al-12e^- =\!=\!= 4Al^{3+}$

正极:$3O_2+6H_2O+12e^- =\!=\!= 12OH^-$

总反应式为:$4Al+3O_2+6H_2O =\!=\!= 4Al(OH)_3$

这种电池的能量比普通干电池高 20～50 倍。

5. 纳米电池

用纳米材料制作的电池。目前国内技术成熟的纳米电池是纳米活性炭纤维电池。主要用于电动汽车、电动摩托、电动助力车上。该种电池可充电循环 1000 次,连续使用达 10 年左右。一次充电只需 20min 左右,平路行程达 400km,重量在 128kg,已经超越美日等国的汽车电池水平。这些国家生产的镍氢电池行程 300km,充电约需 6～8h。

6. 高铁电池

以高铁酸盐(如 K_2FeO_4、$BaFeO_4$)作为电池正极的一种新型化学电池。具有高能、高容量、放电稳定、体积小、重量轻、寿命长、不消耗电解液、无污染等优点,特别适合需要大功率、大电流的场合,如数码相机、摄影机等电子产品,与锂电池相比,高铁电池性价比更高。

7. 核电池

核电池又叫"放射性同位素电池",它是通过半导体换能器将同位素在衰变过程中不断地放出具有热能的射线将热能转变为电能的。核电池已成功地用作航天器的电源、心脏起搏器电源和一些特殊军事用途。2012 年 8 月 7 日,美国好奇号火星车用核电池(钚238)抵达火星。该核电池寿命可达 14 年。

其具有体积小、重量轻和寿命长的特点,而且其能量大小、速度不受外界环境的温度、化学反应、压力、电磁场等影响,因此,它可以在很大的温度范围和恶劣的环境中工作。

8. 光合作用电池—菠菜电池

美国的研究人员研制成一种利用光合作用原理工作的电池原型,这是第一种能借助于植物蛋白产生电能的电池。科学家们首先从菠菜的叶绿体中分离出多种蛋白质,并将这些蛋白质分子与一种肽分子混合,这种肽分子能在蛋白质分子外形成保护层,再将分子铺在一层金质薄膜上,而后在其最上方再加一层有机导电材料,做成一个类似"三明治"的装置,当光照射到这个"三明治"上时,装置内会发生光合作用,最终产生电流。

正极反应为:$6CO_2+24H^++24e^- =\!=\!= C_6H_{12}O_6+6H_2O$

负极反应为:$12H_2O-24e^- =\!=\!= 6O_2+24H^+$

思考题

1. 简述中国的能源结构、煤炭资源的分布特点及生产格局和能源发展战略。

2. 何谓洁净煤技术？有哪些研究内容？

3. 简述成煤条件。

4. 什么是石油的有机成因学说，其主要依据是什么？

5. 原油的烃组成有哪几种类型？如何表示？

6. 按照馏分组成，石油可以分为哪几个馏分？其相应的温度范围是多少？各个馏分分别有什么用途？

7. 石油合成产品的主要类型有哪些？

8. 汽油馏分单体烃组成有哪些基本规律？

9. 什么是抗爆性、辛烷值？可以采取哪些措施来提高汽油的辛烷值？

10. 天然气的烃类组成与非烃类组成如何？

11. 简述天然气的使用优点。

12. 天然气水合物是如何形成的？形成的物理化学条件有哪些？

13. 氢气的工业制备方法有哪些？

14. 氢能有什么优越性？

15. 太阳能具有哪些资源特性？

16. 举例说明 1～2 种太阳能技术的工作原理。

17. 简述锂离子电池的组成和应用。

18. 写出氢氧燃料电池的组成和电极反应式。

19. 生物质能如何利用？

20. 风能的利用有哪几种基本形式？

21. 地热能具有哪些资源特性？

22. 潮汐能产生的原因是什么？它有哪些基本形式？

23. 水电有哪些优越性，对环境有什么影响？

24. 核反应有哪些基本类型？

25. 发展核电有什么优越性？

26. 能源利用与社会发展、环境保护有什么关系？

附表　生活中常见物质中毒及处理

名称	主要有毒成分	毒性	中毒表现	紧急处理	中毒预防
酒类	乙醇	抑制大脑皮质的高级活动，大量时抑制周围神经作用，可引起中毒性肝病，导致胃和十二指肠溃疡	脸红、心跳、头痛、头晕、昏睡、恶心、呕吐、皮肤黄染	可手法催吐或洗胃。昏睡者要采取昏睡体位，以防吸入性肺炎	避免过量饮酒，特别是避免空腹大量饮酒
味精	谷氨酸钠	常规食用量对人体无害	部分西方人在进食富含味精的食物2h内，出现头痛、面红、多汗、面部压迫或肿胀、口部或口周麻木、胃部烧灼感及胸痛等症状	误服过量味精后无须特殊处理。出现"中国餐馆综合征"者也可口服维生素 B_6，每天 50mg	不要使用量过大，一般每天每人食用量不要超过20g
咖啡、茶	咖啡因	中枢神经兴奋剂	躁动不安、呼吸加快、肌肉震颤、心动过速、早搏以及失眠、眼花、耳鸣等	一般处理。对症支持治疗	避免过量食用
霉变食品	黄油霉毒素、脱氧雪腐镰刀菌烯醇	黄曲霉毒素毒性极大，主要损伤肝脏，有很强的致癌性；脱氧雪腐镰刀菌烯醇对消化道有刺激作用	恶心、呕吐、食欲减退、发烧、腹痛。在2～3周后出现肝脏肿大、肝区疼痛、黄疸、腹水、下肢水肿及肝功能异常，可有心脏扩大、肺水肿，甚至痉挛、昏迷等，多数患者在死前可有胃肠道大出血	立即停止进食被霉菌毒素污染的食物。轻症患者不需特殊处理，一般1～3d内能够恢复。出现中毒症状者要尽快到医院治疗	谷物在种植、收获、晾晒、储存过程中要加强防霉管理。不要食用霉变食品。对大米、玉米等通过浸泡、冲洗及手搓洗可减少毒素含量
变质食用油	过氧化物、酮类、醛类等	对胃肠道有刺激作用，也可引起神经系统及肝脏损害	胃部不适，严重表现一般出现在数小时至10余小时，出现恶心、呕吐、剧烈腹痛、水样腹泻等，可引起脱水，多伴有头痛、头晕、关节和肌肉酸痛等	停止食用"哈喇"油。口服活性炭50g。多饮水。如出现严重的消化道症状或其他表现者要及时到医院诊治	密封、避光食用油。夏季贮存食用油时，每千克油中加入维生素E 200～300mg可延缓变质
肥皂	脂肪酸盐及部分游离脂肪酸	对皮肤、黏膜有一定的刺激性。长时间、高浓度接触可造成接触部位的损害	溅入眼睛后，局部自觉涩、疼痛，畏光、流泪。误食可出现恶心、呕吐、腹泻和腹痛	清水冲洗被污染的眼睛、皮肤、黏膜。误服者可服牛奶	避免高浓度肥皂水溅入眼内。肥皂水如用于治疗要在医生指导下进行
发胶	树脂类聚合物的醇溶液	对眼及皮肤具有一定的刺激性。吸入可引起呼吸道刺激反应	皮肤红斑、水疱、瘙痒及灼热感引起结膜炎。大量吸入可出现咳嗽、咳痰等。接触量较大时有全身无力、食欲降低、嗜睡和失眠等症状	眼睛、皮肤接触可用大量清水冲洗，出现中毒症状者到医院就诊。过敏者避免继续使用	要存放在小儿不易接触到的地方

续表

名称	主要有毒成分	毒性	中毒表现	紧急处理	中毒预防
香水	乙醇及少量香料	误食后可引起乙醇中毒	恶心、头痛、无力、腹痛等	可饮浓茶、咖啡或柠檬汁等	妥善保管
玩具	添加剂	劣质玩具中含有的有毒物质也可引起相应的急性危害	有害物常引起头痛、头晕、恶心等非特异性表现。含铅毒物可通过胃肠道吸收产生相应的毒作用。含铬物可引起皮炎、铬疮和鼻中隔穿孔以及肝、肾损害	小儿玩耍玩具后出现不良反应时要考虑到有可能与玩具有关，出现中毒症状者要及时到医院就诊	不要购买劣质玩具，不要让婴幼儿养成将玩具放入嘴中的习惯
洗衣剂	表面活性剂	成分多为低毒或无毒物质。一般皮肤接触对人体无明显的毒作用。酶添加剂可引起敏感个体的哮喘和皮肤过敏	误食大量可出现恶心、呕吐、腹痛、腹泻等症状。眼睛、黏膜接触高浓度洗衣剂溶液产生刺激性症状。部分接触者可引起皮肤过敏或哮喘	溅入眼睛要及时用清水冲洗，有明显不适者可到医院检查角膜受损情况。误服者可给服牛奶或温开水，无须催吐	及时用清水冲洗，避免高浓度洗衣剂溅入眼内。过敏者可更换洗衣剂种类，避免再次接触该种产品
洗发剂	表面活性剂	所含成分多为低毒或无毒物质，一般剂量对人体无明显的毒作用，高浓度对皮肤黏膜有一定的刺激性。敏感个体可出现哮喘和皮肤过敏	眼睛接触高浓度洗发剂可产生刺激作用。误食大量洗发剂后可出现恶心、呕吐、腹痛、腹泻等症状。部分接触者可引起皮肤过敏或哮喘	进入眼睛后，立即用清水冲洗干净。误服者可给服牛奶或温开水	使用洗发剂后，用清水将皮肤冲洗干净。过敏者可更换洗发剂种类
护发素	阳离子表面活性剂	护发素中阳离子活性剂的浓度约为0.5%～1.5%。超过5%时对黏膜即有明显的刺激作用，10%时对食管和黏膜有腐蚀作用，20%时能导致消化道穿孔和腹膜炎。口服吸收后可引起中枢神经症状	误服可出现呕吐，四肢乏力，严重者可昏迷。对口腔、食管及消化道黏膜有腐蚀作用	皮肤、黏膜沾染了高浓度的护发素后要彻底清洗，可先用肥皂水清洗，再用清水冲去残留的肥皂。误服者可服活性炭或牛奶，出现中毒症状者要到医院诊治	护发素使用后要冲洗干净，避免高浓度护发素溅入眼内。存放在儿童不易接触到的地方
润肤品	表面活性剂、溴酸盐和硼砂	某些冷霜中的溴酸盐、硼砂有一定的毒性。硼砂属低毒类。溴酸盐对皮肤有一定的刺激性	摄入含有溴酸盐、硼砂的化妆品后，可出现呕吐、腹泻、腹痛、少尿或无尿、嗜睡、昏迷等表现	摄入含有溴酸盐、硼砂的化妆品，应口服催吐药物或人工催吐，催吐后口服牛奶。出现中毒表现者到医院治疗	选购不含有害物质的润肤品，存放在小儿不易接触到的地方
脱毛剂	硫化钡、碱类	少量钡离子进入人体后，对骨骼肌、平滑肌、心肌等各类肌肉组织产生过度的刺激和兴奋作用。引起心脏传导阻滞等改变	出现恶心、呕吐、腹痛、腹泻等消化道刺激症状。部分患者皮肤接触后可发生皮肤灼伤或过敏反应	立即口服催吐药物或手法催吐，催吐后给予牛奶或活性炭。发生过敏反应时立即停用脱毛剂	不要使用无正规生产厂家和批准号的产品，脱毛剂要存放在小儿不易接触到的地方

名称	主要有毒成分	毒性	中毒表现	紧急处理	中毒预防
染发剂	过氧化氢、苯的氨基和硝基化合物类、丙二醇、异丙醇、酚类化合物，以及铅、银、汞、砷和铋等重金属	大量摄入后，根据所含的有毒物种类可出现相应的中毒表现。过氧化氢对消化道黏膜有一定刺激性	少量摄入对消化道产生刺激，恶心、腹部不适。大量摄入会无力、头痛、恶心、呕吐、腹痛、发绀、眩晕等，严重中毒者可出现溶血、血压下降、嗜睡及昏迷。苯胺类尚可引起皮肤刺激症状	皮肤污染要及时用清水冲洗。误食者要及时口服催吐药物或手法催吐，催吐后给患者活性炭。出现中毒表现者要及时到医院就诊	要存放在小儿不易接触到的地方，密封避光保存
烫发剂	巯基醋酸盐、胺类化合物、烷基聚氧乙烯醚	对皮肤黏膜有刺激性，进入人体内可造成神经系统、消化系统功能紊乱	局部皮肤接触会水肿、皮疹、皮肤灼热感及瘙痒感。误食后会恶心、呕吐、腹泻和腹痛，导致低血糖、中枢神经系统抑制、惊厥、呼吸困难等	皮肤接触者可用大量清水冲洗。口服者要及时用催吐剂或采用手法催吐。出现中毒症状者到医院就诊	妥善保管，存放在小儿不易接触到的地方
痱子粉	薄荷脑、香味剂	食入大量的薄荷脑或吸入大量的薄荷脑气体后，均可中毒。主要为对消化系统和中枢神经系统的作用；局部刺激，也有过敏反应发生	误服后出现恶心、呕吐、腹痛、眩晕、手足麻木、昏睡、呼吸减慢、面部潮红。小儿摄入大剂量后可发生昏迷。婴儿大量接触含高浓度薄荷的物品后，可出现青紫及窒息，分泌大量黏液。过敏者局部皮肤有过敏性炎症表现	误服者应立即口服催吐药物或手法催吐。过敏者立即停止使用该物品，可用扑尔敏等药物对症治疗。出现中毒症状者要及时到医院治疗	妥善保管，正确使用。要存放在小儿不易接触到的地方，以免误食
漂白粉	次氯酸钠	对皮肤黏膜有腐蚀作用，溶液的腐蚀性与同浓度的氢氧化钠相似。漂白溶液在胃中与胃酸接触后，即释放出大量的次氯酸，后者对黏膜有较大刺激性	皮肤局部出现红肿、瘙痒等。摄入造成黏膜腐蚀，表现为腹痛和呕吐，可造成血压下降、谵妄及昏迷，部分患者可出现咽喉部水肿等。吸入后出现咳嗽、呼吸困难	尽快给患者饮牛奶或蛋清，也可用活性炭。一般不用催吐剂或手法催吐。出现中毒症状者到医院诊治	妥善保存，正确使用漂白剂，避免漂白剂溶液溅到皮肤和眼内
空气清新剂	对二氯苯	对二氯苯在小剂量时毒性极低，主要引起肝脏的损害	出现皮肤、黏膜的刺激症状。误食会出现恶心、呕吐、腹痛等。可出现过敏性皮炎和鼻炎	皮肤接触后要立即用肥皂和凉水彻底清洗。口服者可口服催吐药物或手法催吐，3h内不要口服牛奶和含脂肪高的食物	要妥善保存和使用，避免儿童接触
柔软剂	阳离子表面活性剂类	毒性较低，有局部刺激作用。随着阳离子表面活性剂浓度增高，毒性有所增强	误服后可出现呕吐、四肢乏力。对口腔、食管及消化道有一定腐蚀作用	可用肥皂水清洗，洗后用清水冲去残留的肥皂。误服者可给予牛奶或活性炭，出现中毒症状者要到医院诊治	避免织物柔软剂原液溅入眼内

名称	主要有毒成分	毒性	中毒表现	紧急处理	中毒预防
厨厕清洁剂	酸类、表面活性剂和消毒剂	对眼和皮肤黏膜有腐蚀作用。口服可引起口腔黏膜、消化道、胃黏膜损伤。严重者可造成消化道出血、穿孔	皮肤接触出现剧痛。眼睛溅入后可产生结膜水肿与角膜损伤、疼痛、流泪及畏光。吸入烟雾会造成头痛、眩晕、咳嗽、胸部紧迫感和呼吸困难等。误服导致口、咽及腹部严重的烧灼疼痛、呕吐和腹泻,呕吐物混有暗黑色血液	立即用清水冲洗皮肤。口服者若在10min以内,可一次口服清水1000mL或大量饮用牛奶,但如口服时间已超过10min,则不能饮用任何液体。不可催吐	妥善保存,正确使用,避免溅到皮肤和眼内
食品塑料包装	聚乙烯、聚丙烯、聚苯乙烯和聚氯乙烯	燃烧时可释放出对人体有害的物质。有颜色的塑料袋一般添加的为非食用色素,污染食物可造成危害。由聚氯乙烯制成的包装袋可残留有少量氯乙烯单体,氯乙烯有肝毒性	塑料食品包装产品在正常使用条件下是安全的。但在高温下或燃烧时释放的气体可导致头痛、头昏、咳嗽等表现	迅速脱离塑料烟、气味环境,到空气清新处。出现中毒表现者到医院治疗	不使用非食品包装袋盛装食物。不要直接用塑料袋或发泡聚苯乙烯容器在微波炉中加热食品,也不要直接盛装过热食品,如刚出锅的油条等
染睫毛剂	萘胺、间苯二酚和甲苯胺,聚丙烯酸乳胶、石蜡系碳氢化合物和染料	萘胺、甲苯胺和间苯二酚在染睫(眉)毛剂中的含量较少,误食后一般不会发生严重的中毒情况。但过量摄入也引起较严重的中毒表现	苯胺类可引起皮肤刺激症状。大量摄入以聚丙烯酸乳胶为主要成分的染睫(眉)毛剂后,可导致口、咽及腹部严重灼烧疼痛、呕吐及腹泻。皮肤接触后疼痛,棕色或黄色染色。眼睛接触后疼痛,流泪及畏光,出现结膜水肿与角膜损伤	皮肤、眼接触中毒及时用水冲洗。口服中毒者,不要催吐,应立即饮用大量的水或牛奶稀释毒物(稀释约100倍),保护组织不受损伤,对出现中毒症状者要及时送医院治疗	妥善保管,要存放在小儿不易接触到的地方
消毒防腐杀菌产品	氯化苯甲铵、溴棕三甲铵、洗必泰等阳离子清洁剂	对皮肤黏膜多有刺激或腐蚀作用。石炭酸可通过皮肤吸收,对肝脏、心脏、肺、脑和肾均有毒性	皮肤接触局部出现红、刺痒、烧灼感,还可引起全身症状。误服进入体内可出现口腔及咽喉烧灼感、无力、恶心、呕吐、腹泻、昏睡及尿呈棕色,严重者出现呼吸困难、血压下降、意识丧失等	尽快用清水冲洗。对口服量少,仅出现恶心、呕吐者可给口服牛奶,一般能够较快恢复正常	此类产品要有醒目的标志,妥善保存,和食品分开存放,放在儿童不能接触到的地方
餐具、果蔬洗涤剂	表面活性剂或天然植物油脂型洗洁剂	一般量对人体不会产生毒害作用。皮肤、黏膜长时间接触高浓度洗涤剂可产生一定的刺激作用。天然植物型洗洁剂,其表面活性剂由葡萄糖苷化或天然醇酯化得到,属无毒无公害的绿色产品	大量误食可引起腹痛、腹泻,多伴有恶心、呕吐	溅入眼睛后,要及时用清水冲洗。误服者可给服牛奶或温开水,无须催吐	在用清水冲洗时,一般需用清水冲洗3至4遍。天然植物型洗洁剂过水冲洗即可,特别适宜清洗蔬菜、瓜果

名称	主要有毒成分	毒性	中毒表现	紧急处理	中毒预防
阿司匹林	乙酰水杨酸	刺激呼吸中枢，引起过度通气，造成呼吸性碱中毒和代偿性代谢性酸中毒；影响细胞内氧化磷酸化和糖及脂肪代谢；能够破坏毛细血管壁的通透性，造成中枢和周围水肿	过量口服引起呕吐，随后出现呼吸深而快、耳鸣、昏睡，动脉血气分析显示为呼吸性碱中毒和代偿性酸中毒。严重者出现昏迷、抽搐、低血糖、高热及肺水肿	过量使用者，要及时手法或药物催吐，催吐后口服活性炭。服用量较大或出现中毒症状者要尽快到医院就诊	要在医生指导下使用。药瓶要放在小儿接触不到的地方
芦荟	芦荟甙等羟基蒽醌衍生物类和挥发油	对胃肠黏膜有强烈刺激作用，其液汁或干燥品 0.25～0.5g 即可引起强烈腹泻、盆腔器官充血。可以引起肾脏损害。芦荟甙经肾脏排泄	过量服用芦荟后出现流涎、恶心、呕吐、腹痛、腹泻、腰痛，重者可出现呕血、便血、水肿、血尿、蛋白尿、少尿等，可致流产、早产	大量误服后应立即手法或药物催吐，催吐后服蛋清、牛乳，同时口服活性炭。腹痛可服用颠茄类药物。有呕血者不要急于催吐	不要听信偏方，食用芦荟不能美容；不要将芦荟和食物放在一起，以免误用
三七	三七皂甙 A、B，并含少量槲皮素	大剂量可增加心肌张力，抑制心脏传导系统，扩张血管，抑制血管运动中枢，并抑制血小板功能，有显著抗凝血作用。一次口服 5g 可引起严重中毒	大量服用三七或其制品后出现恶心、呕吐、鼻出血、牙龈出血、月经量增多，严重者可引起心动过缓、房室传导阻滞等，也可出现皮疹	停止或减少食用三七或其制品；大量食用后出现症状者要立即手法或药物催吐，然后到医院就诊	在中医大夫的指导下使用。不要盲目或过量使用三七及其制品
巴豆	巴豆甙、巴豆毒素、巴豆油酸及一种生物碱	口服巴豆油半滴至一滴即能引起严重中毒，20 滴可致人死亡。巴豆毒素为毒蛋白，有细胞原浆毒作用，加热至 110℃失去活性。去壳巴豆、巴豆霜对皮肤有刺激作用	皮肤接触后局部有烧灼样疼痛，后起疱。眼污染后会结膜充血，角膜混浊。食后口腔、咽喉、食道有烧灼感，流涎、恶心、呕吐、上腹痛、剧烈腹泻、大便米泔样。严重者可出现口渴、少尿或无尿、呕血、便血、呼吸困难、发绀、谵妄，多因呼吸、循环衰竭而死亡	手法或药物催吐。催吐后给予冷牛奶、蛋清、冷米汤、豆浆等，大量饮糖盐水。出现中毒症状者要到医院诊治	在中医大夫的指导下使用。不要过量或超范围使用
何首乌	大黄甙（大黄素）和大黄酚，其次为大黄酸、大黄素甲醚等	全株有毒，促进肠道蠕动，能引起肌肉麻痹	大量服用何首乌或含有何首乌的产品后出现头痛、恶心、呕吐、腹痛、腹泻、肢体麻木、烦躁不安，严重者可有四肢抽搐、呼吸麻痹。也可出现全身皮疹和疟疾样发热	停止食用何首乌或其制品；大量食用后出现症状者需立即手法或药物催吐。有中毒症状者需到医院治疗	何首乌及其制品要在中医大夫的指导下使用。不要过量使用含有何首乌的产品

名称	主要有毒成分	毒性	中毒表现	紧急处理	中毒预防
马钱子	马钱子碱	脊髓后角细胞有兴奋作用，过量使用可引起肌肉强直性痉挛，抑制呼吸中枢，最终因窒息或呼吸中枢麻痹而死亡。曾有内服马钱子7粒致死的报道。成人误服马钱子碱15～100mg可致死	过量服用可引起触觉、听觉及视觉敏感，遇光、声、风等极微刺激后全身肌肉强直性痉挛、双拳紧握、角弓反张、口角向后牵引呈苦笑状，阵发性发作。病人可死于呼吸麻痹、窒息或心力衰竭	误服后立即手法或药物催吐。尽快将患者送医院抢救。病人要安置在黑暗安静的环境中，避免外界刺激引起的反射性惊厥	加强马钱子管理。必须在中医大夫的指导下使用。不要盲目使用含马钱子的偏方治病
曼陀罗	莨菪碱，还有少量阿托品、东莨菪碱	对中枢神经系统先兴奋后抑制。一枚果实约含莨菪碱8.4g，儿童服3～8粒种子即可中毒，也有服5粒致死者	头晕、口干、皮肤干燥、潮红、体温升高、吞咽困难、烦躁不安、呼吸加深、心动过速、声音嘶哑、视物模糊等。重者有多语、哭笑无常、谵妄、幻视幻听、意识模糊等，甚至发生抽搐、痉挛、血压下降、呼吸衰竭	立即手法或药物催吐。出现中毒表现者须尽快到医院就诊	曼陀罗要在中医大夫的指导下使用。学会识别曼陀罗，不食用不认识的野生蔬菜
避孕药	炔诺酮、甲地孕酮、甲炔孕酮、氯地孕酮	影响女性生殖周期，对内分泌有一定影响。对胃肠道黏膜有一定的刺激作用。部分种类有一定的肝毒性	过量服用或误服后出现恶心、呕吐、食欲减退、胃部不适、头昏乏力、嗜睡、抑郁。女性有乳胀、白带增多、短暂闭经或经量增多或者突发性阴道出血	过量服用者，要及时手法或药物催吐。口服活性炭。多饮水。服用维生素B₆、颠茄片及咖啡因等缓解症状	要在医生指导下使用。药品要放在小儿不能接触到的地方。口服避孕药没有明确的禁忌证
鱼肝油	维生素A与维生素D	超剂量长期应用维生素A可引起骨痛、颅内压增高、皮疹、毛发干枯、厌食、口唇皲裂等。长期使用维生素D₂可引起高血钙、食欲缺乏、呕吐、腹泻等	头痛、头晕、精神反应迟钝。皮肤潮红、瘙痒，甚至大片毛发脱落。食欲减退、口渴、恶心、呕吐、腹痛、肝肿大。出现多尿，蛋白尿等肾功能异常	服用催吐药物，或刺激舌根、咽部，人工催吐。口服活性炭。出现中毒症状者到医院治疗	要严格按医嘱给婴幼儿添加维生素。药瓶要放在小儿不能接触到的地方。如有腐败油臭味，不可使用
抗生素	各类抗生素	主要引起恶心、呕吐、食欲缺乏、腹痛、腹泻、菌群失调、肠炎	各类抗生素多可引起敏感个体的过敏性反应，发热、皮肤瘙痒、皮疹、荨麻疹、头昏、心悸、低血压、休克等。青霉素及青霉素G尤易引起过敏性休克。部分抗生素可引起谷丙转氨酶、血胆红素升高，少尿、蛋白尿等	一般经对症处理能够好转或消失，部分患者须停止用药；过量服用者需手法或药物催吐。出现中毒表现者需到医院就诊	抗生素要在医生的指导下使用

名称	主要有毒成分	毒性	中毒表现	紧急处理	中毒预防
体温计	汞	汞蒸气易经呼吸道进入人体产生毒作用。但不易经完整的皮肤和消化道吸收。汞进入人体主要引起中枢神经系统损害及口腔炎	头痛、头晕、睡眠障碍、易激动、手指震颤、无力、低热等全身症状及口腔炎	对有皮肤刺伤者，如汞进入皮下则需要及时处理，须请外科医生清创。如汞进入消化道，一般无须做特殊处理	体温计要妥善保管，不要让学前儿童单独使用体温计。体温计破碎后要及时清理碎玻璃片和溢出的金属汞，注意房间通风
胃复安	甲氧氯普胺	该药毒性较低。大剂量或长期使用可能因阻断多巴胺受体，使胆碱能受体相对亢进而导致锥体外系反应（特别是年轻人），主要表现为帕金森氏综合征。中毒程度和个体对此药的敏感性有关	帕金森综合征，表现为静止性肌痉挛、头向后倾、斜颈、阵发性双眼向上注视、发音困难、共济失调等，临床上也称此表现为"蜡样扭曲"	常规服用量出现毒性反应时要及时停药，改用其他药物治疗。大量服用后要及时服用催吐药物或手法催吐，催吐后给患者口服活性炭	有潜在致畸作用，孕妇不宜使用。老年患者不宜长期应用。禁用于嗜铬细胞瘤、癫痫及放疗、化疗的乳腺癌患者。胃肠道出血者禁用
氯丙嗪	氯丙嗪	用于精神病治疗剂。可抑制大脑皮质及皮质下中枢，有时可诱发癫痫样惊厥。可抑制血管运动中枢，使血管扩张，导致低血压。还可引起过敏反应、糖代谢异常、血清胆固醇增高、色素代谢异常等	大剂量时可引起体位性低血压。长期大量服用可出现震颤、运动障碍、静坐不能、流涎等。还可引起一种特殊持久的运动障碍，表现为不自主的刻板反应。该药可引起过敏反应	在医生指导下减少用药量或换用其他治疗方法。过量服用要及时服用催吐药物，或刺激舌根、咽部催吐。口服活性炭。患者需平卧	要在医生指导下使用。药品要放在小儿不能接触到的地方
人参	人参烯	人参烯作用于大脑和延脑，有显著镇静、催眠作用。成人口服3%人参酊500mL可致死；新生儿服人参0.3~0.6g煎剂即可导致死亡	过量服用出现头晕、头痛、口干咽燥、兴奋、烦躁、失眠、腹胀、胸闷、心慌、气急、血压上升、体温升高、鼻出血等。也可引起皮肤过敏	出现中毒症状者要立即停止食用人参或其制品；手法或药物催吐。饮服萝卜汤	人参不是对所有病都有益的。人参及其制品应在中医大夫的指导下使用
硝酸甘油	硝酸甘油	该药经皮肤、黏膜、呼吸道等吸收后有扩张血管作用，用量过大可致血压降及冠脉灌注不足等。硝酸甘油还可和红细胞中的血红蛋白结合出现高铁血红蛋白血症	头痛、头晕、面部潮红、兴奋、耳鸣、恶心、呕吐、腹痛、血压降低、呼吸加快、心动过速等。大剂量可致抑郁或狂躁、精神错乱、发绀、呼吸抑制、血压骤降、冠状动脉痉挛，严重者导致呼吸麻痹、窒息而死亡	常规剂量下出现的不良反应，要平卧休息。过量服用者，要及时服用催吐药物，或刺激舌根、咽部催吐。口服活性炭100g。出现中毒症状者应尽快到医院就诊	要在医生严格指导下使用。药品要放置在小儿不能接触到的地方

名称	主要有毒成分	毒性	中毒表现	紧急处理	中毒预防
心痛定	硝基地平	过量服用可致低血压及冠脉灌流不足,引起心绞痛或加重心肌梗死。长期用药可造成血管平滑肌对钙的超敏性,一旦停药,有发生高血压的危险。与非甾体抗炎药,如炎痛喜康、麦力通等合用可导致肾功能损害。另外,还可引起糖尿病等	头痛、眩晕、乏力、味觉异常、震颤、感觉障碍或丧失、恶心、食欲缺乏、便秘、胃炎及肝功能损害。引起或加重糖尿病。出现荨麻疹、皮疹、药热、关节肿、腮腺炎、眼底出血、尿潴流等。过量服用引起面部潮红、心悸、水肿、心动过缓、窦性停搏、低血压、心绞痛及心衰加重、心肌梗死	在医生指导下减少用药量或换用其他治疗方法。过量服用者要及时服用催吐药物,或刺激舌根、咽部催吐。口服活性炭100g。应用心得安等β受体阻滞剂可减轻或消除心悸等毒副作用	要在医生指导下使用。药品要放在小儿不能接触到的地方。避免与非甾体类抗炎药合用
安德力减肥丸	芬氟拉明	直接刺激下丘脑饱觉中枢,并可阻断5-羟色胺的再摄取而减少食欲。该药有心脏毒性	过量摄入该药,会出现精神紊乱、面红、多汗、肌颤、血压升高、心律失常、惊厥、昏迷、糖代谢紊乱,严重者会猝死	出现中毒表现者要及时停药。过量服用者需口服催吐药物或手法催吐。催吐后口服活性炭100g	不使用该类减肥药,特别是心脏病患者
巴比妥类药	巴比妥酸的衍生物及盐类	巴比妥类均可抑制大脑二乙基溴乙酰胺的活性。大剂量可通过中枢抑制交感神经活动,同时直接抑制心脏收缩,引起血压下降	昏睡、言语不清、眼球震颤、共济失调。服用量较大者可出现血压降低、昏迷和呼吸暂停,深昏迷者瞳孔缩小,可无任何反射。昏迷的患者体温降低、血压下降	可减少用药量、调整药物剂型或种类。过量服用者,要及时服用催吐药物,或手法催吐,催吐后口服活性炭100g	要在医生指导下使用。妥善保存,放在小儿接触不到的地方
苯并二氮卓类药	苯并二氮卓的衍生物	此类药物能够增强抑制性神经介质GABA的活性,抑制脊髓反射,引起昏迷和呼吸暂停	嗜睡、疲乏、头昏、头痛、四肢震颤、心动过缓、低血压、视物模糊及复视等表现。过量服用可引起言语不清、动作失调、肌无力、昏睡,严重者可出现昏迷、反射减弱和呼吸暂停等	及时药物或手法催吐。催吐后口服活性炭。出现中毒症状者需到医院诊治。氟马西尼为特效解毒剂	要在医生指导下使用。药品要放在小儿不能接触到的地方。用药期间应避免饮酒
硫化氢	硫化氢	硫化氢具有"臭蛋样"气味,但极高浓度很快引起嗅觉疲劳而不觉其味。硫化氢对眼和呼吸道黏膜产生强烈的刺激作用。硫化氢吸收后主要影响细胞氧化过程,造成组织缺氧	轻者流泪、流涕、咽喉部灼热感,头痛、头晕、乏力、恶心等。中度中毒出现咳嗽、胸闷、视物模糊、眼结膜水肿及角膜溃疡。重度中毒出现昏迷、肺水肿、呼吸循环衰竭。吸入极高浓度时,可出现"闪电型死亡"	吸氧,使用糖皮质激素、呼吸兴奋剂;维护重要脏器功能。对有肺水肿、脑水肿、循环功能障碍、肺部感染者给予相应治疗	避免吸入,注意通风

名称	主要有毒成分	毒性	中毒表现	紧急处理	中毒预防
汽油	脂肪烃、环烃和芳香烃等	汽油是一种麻醉性毒物，能引起中枢神经系统功能障碍	高浓度汽油会导致头痛、头晕、四肢无力、恶心、呕吐、视物模糊、步态不稳、眼睑、舌、手指细微震颤、易激动等。可引起吸入性肺炎。口腔会导致口腔、胸骨后烧灼感、恶心、呕吐、腹痛、腹泻、呕吐物或大便带血	眼睛溅入以流动水冲洗或用2%碳酸氢钠溶液冲洗并敷硼酸眼膏。尽快脱离污染环境至空气新鲜处。误服者可口服活性炭100g或饮牛奶，不要催吐	加强个人防护，避免长时间接触。工作场所加强通风
柴油	烷烃、芳香烃、烯烃等	因杂质及添加剂（如硫化酯类等）不同毒性可有差异。对皮肤和黏膜有刺激作用，也可有轻度麻醉作用。能经胎盘进入胎儿血中。主要为皮肤接触，因柴油为高沸点物质，吸入蒸气而致中毒的机会较少	皮肤接触柴油常可致接触性皮炎，多见于两手、腕部与前臂。初期表现为红斑、丘疹，反复发作后常演变为慢性皮肤病变。吸入柴油可引起吸入性肺炎。柴油废气可引起眼、鼻刺激症状，头晕及头痛	用肥皂水或清水清洗。大量吸入者要迅速脱离现场。误服者可口服活性炭100g或饮牛奶，不要催吐。出现中毒症状者要及时到医院就诊	注意个体防护措施，避免长时间接触
煤油	$C_{10} \sim C_{16}$烷烃，还含有少量芳香烃、不饱和烃、环烃及其他杂质。	属微毒到低毒。主要有麻醉和刺激作用。吸入气溶胶或雾滴引起呼吸道黏膜刺激。煤油不易经完整的皮肤吸收。口服煤油时可因同时呛入液态煤油进入呼吸道引起化学性肺炎	吸入高浓度煤油蒸气后，引起乏力、头痛、酒醉感、神志恍惚、肌肉震颤、共济运动失调；严重者出现定向力障碍、谵妄、意识模糊等；还可引起眼及上呼吸道刺激症状；口服引起口腔、咽喉和胃肠道刺激症状	用肥皂水或清水清洗皮肤。大量吸呼吸道吸入者要迅速脱离现场至空气新鲜处。误服者可口服活性炭100g或饮牛奶，不要催吐	注意个体防护措施，避免长时间接触高浓度的煤油
沥青	酚类化合物、蒽、萘、吡啶	对皮肤、黏膜具有刺激性。在紫外线作用下可引起光生物效应。焦油沥青中含有3,4-苯并芘，是公认的致癌物	接触沥青于日光下可引起光毒性皮炎。长期暴露可发生皮肤色素沉着，好发于面部、颈部等暴露部位。也可发生痤疮、毛囊炎及皮肤疣状赘生物，好发于直接接触部位。此外，眼、鼻、咽也可受损害	立即用大量冷水冲洗。出现中毒症状者要及时到医院处理。切忌自己清除溅入眼内的沥青颗粒，应立即到医院就诊	穿戴防护服，佩戴头盔、防护镜、帆布手套、帆布鞋盖、口罩等，尽量减少皮肤暴露范围。暴露部分涂防护膏。避免光晒
煤气	一氧化碳	一氧化碳与血红蛋白结合，造成组织缺氧	头晕、头痛、耳鸣、心悸、恶心、呕吐、无力、步态不稳、短暂昏迷、频繁抽搐、大小便失禁等	迅速将患者转移到新鲜空气处。高压氧治疗	燃烧时要加强通风
润滑油	烷烃、芳香烃及少量含氧和硫的杂环化合物	对皮肤和黏膜有不同程度刺激作用。润滑油的毒性因产地、品种和添加剂的种类不同而有所区别	乏力、头晕、头痛、恶心，严重者可引起油脂性肺炎、过敏性皮炎、油性痤疮和毛囊炎	用肥皂水及清水彻底冲洗或用碳酸氢钠溶液冲洗并敷硼酸眼膏。误服可服活性炭或饮牛奶，不要催吐	加强防护措施，注意安全使用

名称	主要有毒成分	毒性	中毒表现	紧急处理	中毒预防
天然气	甲烷、硫化氢	原料天然气含硫化氢较多,毒性随硫化氢浓度增加而增加	吸入高浓度天然气后可出现头昏、头痛、恶心、呕吐、乏力等症状	出现症状后要尽快脱离接触至空气新鲜处	加强天然气生产、输送作业的防护措施。防止天然气管道、械具泄漏。使用时要注意通风
液化石油气	混合烃类	高浓度的液化石油气对人体有一定的麻醉作用。在通风不良的环境中液化气燃烧不完全可产生一氧化碳、二氧化碳和使空气中氧含量降低,引起急性一氧化碳中毒	长期接触低浓度者也可有头痛、头晕、昏睡或失眠、易疲劳、情绪不稳、腹胀、食欲、兴奋、恶心、呕吐、脉缓等,严重者意识丧失	脱离液化石油气到清新空气处。出现中毒症状者到医院诊治	加强液化石油气生产、灌装作业的防护措施。防止家庭液化气管道、械具泄漏
甲醛	甲醛	甲醛刺激皮肤、眼结膜、呼吸道黏膜等。甲醛在体内可转变为甲酸,有一定的麻醉作用	高浓度有明显的刺激性气味,可导致流泪、头晕、头痛、乏力、视物模糊等症状	尽快脱离甲醛浓度高的环境,注意保暖,避免活动	装修和购买家具尽量选用无甲醛或含量低的产品。居室要通风
氨	氨	氨对皮肤黏膜有刺激及腐蚀作用,高浓度可引起化学性咽喉炎、化学性肺炎,可引起反射性呼吸停止、心脏停搏	头晕、头痛、恶心、呕吐、乏力、咳嗽、痰中带血、胸闷、呼吸困难、肺部罗音、发绀,严重者可发生肺水肿。误服氨水可有口腔、胸、腹部疼痛等症状。眼接触可引起灼伤	尽快脱离氨污染的环境,转移到空气新鲜处。严重者尽快到医院治疗	避免吸入、注意通风
苯系列物	苯及其同系物	吸入较高浓度蒸气对中枢神经系统有兴奋、抑制作用,对黏膜和皮肤有一定的刺激作用	头晕、头痛、无力、恶心、呕吐、步态不稳、意识模糊、失眠等。重症者可昏迷、抽搐、呼吸及循环衰竭。久接触较高浓度后,会使白细胞减低,严重者出现再生障碍性贫血	立即脱离现场至空气新鲜处,脱去污染的衣着,用肥皂水或清水冲洗污染的皮肤。有中毒表现者到医院诊治	避免吸入、注意通风
菜豆	皂素、血细胞凝集素和亚硝酸盐	皂素还可引起消化道出血性炎症,并对红细胞有溶解作用。血细胞凝集素具有红细胞凝集作用。亚硝酸盐可形成高铁血红蛋白血症	进食不熟的菜豆后数分钟至4h出现恶心、呕吐、腹痛、胃部烧灼感、腹胀、水样便、头晕、头痛、四肢麻木、心慌、胸闷、呕血等症状	立即手法或药物催吐,后口服活性炭。出现呕血、呼吸困难、皮肤黄染等严重症状时要及时到医院就诊	煮熟。皂素在100℃,经30min毒性消失
蓖麻	蓖麻毒素和蓖麻碱	蓖麻毒素为毒蛋白,对肝、肾有较强毒性,并可抑制呼吸和血管中枢,对红细胞有溶解作用	食后18~24h出现咽部烧灼感、头痛、恶心、呕吐、腹痛、昏睡、高热、皮肤瘀斑等。严重者可便血,心、肾功能障碍	立即手法或药物催吐,催吐后口服蛋清、牛奶。出现中毒表现者要及时到医院诊治	庭院不要种植蓖麻

名称	主要有毒成分	毒性	中毒表现	紧急处理	中毒预防
桐油	桐子酸及异桐子酸	对胃肠道有强烈刺激作用，并可损害肝、肾。榨油后的桐油饼所含毒甙、毒性大于桐油	口渴、胸闷、头晕。多数有全身无力、厌食、恶心、呕吐、腹痛、腹泻，多为水样便。严重者可有便血、四肢麻木、呼吸困难及肝脏、肾脏损伤	立即手法或药物催吐，催吐后口服蛋清、牛奶。出现中毒表现者要及时到医院诊治	禁食桐油、桐饼或桐子
荔枝	α-次甲基环丙基甘氨酸	食入大量荔枝会影响其他食物摄取和能量代谢，使得血糖减低，并出现相应的症状	大量进食会饥饿、口渴、恶心、头晕、眼花、心慌、出汗、面色苍白、皮肤冰冷等，严重者会发生昏迷、抽搐、呼吸不规则、心律不齐、四肢及面部肌肉瘫痪、血压下降，呼吸、心脏停止而死亡	进食过量荔枝后，要尽快口服糖水或糖块	不要过量食用
桑葚	挥发油、胰蛋白酶抑制物	桑葚所含的挥发油对消化道有刺激作用，胰蛋白酶抑制物可抑制肠道内的多种消化酶	大量进食桑葚后出现恶心、呕吐、无力、剧烈腹痛和腹泻；严重者可出现血性便、血压下降、休克等	立即手法或药物催吐，催吐后可给患者口服活性炭。出现剧烈腹痛、腹泻，特别是有血性便者要及时到医院诊治	要限制一次进食桑葚量。特别要教育儿童不要过量采食
果仁	氰甙类毒物	果仁含有氰甙类毒物，在有关酶的作用下，可水解生成氢氰酸及苯甲醛等。氢氰酸能抑制细胞色素氧化酶活性，造成细胞内窒息，多因呼吸中枢麻痹而死亡	轻度中毒者出现恶心、呕吐、腹痛、腹泻及面红、口唇及舌麻木、头痛、头晕、心慌、胸闷。重度中毒可出现抽搐	立即手法或药物催吐。出现中毒症状者要立即吸入亚硝酸异戊酯，同时送医院抢救	不食用未经处理的果仁
薄荷	薄荷醇、薄荷酮、异薄荷醇、蒎烯	对消化道有刺激作用，对延髓中枢及心脏有抑制作用。服薄荷脑20mL可致严重中毒	恶心、呕吐、腹痛、头昏、手足麻木、步态不稳、昏睡、昏迷等。部分患者可出现喉头痉挛、呼吸慢、呼吸道分泌物增加、血压下降等。可发生过敏性皮肤改变	立即手法或药物催吐，催吐后给患者口服活性炭。中毒后24h内禁食牛奶及油腻食物。出现中毒症状者要尽快到医院就诊	避免小儿采食薄荷。不要听信偏方，大量食用薄荷。治疗要在中医大夫的指导下进行
马铃薯	茄碱，又称马铃薯毒素或龙葵素	茄碱对黏膜有刺激作用，对中枢神经系统，尤其对呼吸中枢有显著麻醉作用，并有溶血作用	进食未成熟或发芽马铃薯后口舌发麻，数十分钟至数小时后出现上腹部不适，继之无力、恶心、呕吐、腹痛、腹泻等	立即手法或药物催吐，催吐后口服活性炭50g。出现中毒表现的需到医院就诊	马铃薯要保存在低温、无阳光直射的地方
白果	白果二酚，白果酚、白果酸	对中枢神经系统有先兴奋后抑制的作用，并损害末梢神经，对皮肤黏膜和胃肠道有强烈刺激作用	口服1～12h后可出现恶心、呕吐、腹泻、头痛、头晕、乏力、烦躁等；重度中毒者可发生抽搐、昏迷和脑水肿	立即手法或药物催吐，催吐后口服牛奶300mL或蛋清适量。及时治疗	白果肉可食用，但切忌食用过量

名称	主要有毒成分	毒性	中毒表现	紧急处理	中毒预防
夹竹桃	强心甙类	强心甙类物质,作用类似治疗心脏病的洋地黄,有强心、利尿功效。误服对消化系统、心脏和神经系统产生毒作用	头痛、头昏、食欲缺乏、恶心、呕吐、腹痛、腹泻、胸痛、心悸、耳鸣、嗜睡、四肢麻木等。严重者可出现心肌损伤、呼吸衰竭、昏迷、抽搐等	口服催吐药物或手法催吐,然后服浓茶水后再次催吐,催吐后给患者活性炭50g,2h后重复一次	看护好婴幼儿,以免误服夹竹桃的花、叶
黄豆及其制品	胰蛋白酶抑制剂、尿酶、血细胞凝集素	未经充分处理的黄豆或其制品,毒素不能彻底破坏,如进食则对胃肠道有刺激作用,在体内可抑制蛋白酶的活性,引起各种临床症状	一般在食后1h内出现头痛、头昏、恶心、呕吐、腹痛等症状,较重者出现腹泻。一般在数小时内恢复	口服活性炭100克,大量饮水,注意休息	干炒黄豆不能完全破坏毒素,所以干炒黄豆不能多食
蘑菇	蘑菇毒素	毒蘑菇又称毒蕈,我国约有100种左右,引起人严重中毒的有10种	有些蘑菇毒素可迅速致人死亡。蘑菇中毒的潜伏期较长,而且部分蘑菇中毒的症状一旦出现就迅速恶化。毒蘑菇的蘑冠色泽艳丽或呈黏土色,表面黏脆,蘑柄上有环,碎后变色明显	出现症状者尽快到医院抢救	煮时可使银器、大蒜或米饭变黑为有毒
鲜黄花菜	秋水仙碱	秋水仙碱本身无毒,但在体内可被氧化成具有强毒的氧化二秋水仙碱,侵犯血液循环系统	恶心、呕吐、腹痛、胃部烧灼感	立即手法或药物催吐,催吐后口服牛奶300mL或蛋清适量。及时治疗。	先用开水烫鲜菜,再放入清水中浸泡2~3h,即可去碱
柿子	丹宁	丹宁有强收敛性,刺激胃壁造成胃液分泌减少	空腹过量食用或与酸性食物及白酒等同食,易得"柿石",又称"胃柿石",妨碍消化,致胃痛	立即手法或药物催吐	柿子不宜与蛋白质等同食
蛇	毒腺分泌的毒液	咬人时,毒液经过刺入的毒齿管进入人体,然后随淋巴、血液循环逐渐扩散至全身;也可经伤口破损的血管直接进入血液,引起中毒	被眼镜蛇、眼镜王蛇、蝮蛇等咬伤引起神经系统、血液和循环系统损害	不要惊慌和奔走,以免加速毒液吸收和扩散。结扎、冲洗伤口、局部降温,要即时送医院	尽量避开毒蛇,但如果人不能有效逃离,千万不要突然活动,以免引来蛇的攻击
贝类	石房蛤毒素及其衍生物、大田软海绵酸及其衍生物、软骨藻酸及其异构体、短螺甲藻毒素	贝类的有毒部位主要是肝脏、胰腺、中肠腺等。有毒成分对热稳定,加热难以被破坏	唇、舌、手指麻木感;记忆丧失型;刺痛感,头晕、肌肉疼痛;面部和四肢暴露部位出现红肿,并有灼热、疼痛、发痒、麻木等感觉	立即手法或药物催吐,催吐后口服活性炭。注意休息。出现中毒症状者要及时到医院就诊	注意有关部门发布的赤潮信息,不食用赤潮水域内的贝类。食用贝类时要除去其内脏

名称	主要有毒成分	毒性	中毒表现	紧急处理	中毒预防
水母、海蜇	海蜇毒素	海蜇毒素属多肽类物质，作用于心脏传导系统；组织胺引起局部反应	刺伤后出现局部疼痛，数小时后可出现线条状红斑、丘疹，类似鞭痕；严重者局部可出现瘀斑、水疱	局部立即用浓肥皂水、氨水或碳酸氢钠溶液冷湿敷	海水作业或游泳时注意自身防护，不到有毒水母聚集海域游泳
鱼胆	5-α-鲤醇、组织胺、胆盐及氰化物	主要损害肝脏及肾脏，也对脑组织、心脏有一定毒性	进食会头痛、头晕、心慌、恶心、呕吐、上腹部疼痛、稀水便或糊状便。2～3d内出现肝脏肿大、有触痛、黄疸、肝功能异常。3～6d出现少尿、浮肿。8～9d死亡	立即手法或药物催吐，催吐后口服活性炭100g。注意休息，多饮水。出现中毒症状者要尽快到医院就诊，争取尽快洗胃	不要食用鱼胆
蝎子	神经毒蛋白	神经毒蛋白对呼吸中枢有麻痹作用，对心血管有兴奋作用	蜇伤处皮肤红肿、灼痛，局部麻木，起水疱，甚至坏死。后可出现头昏、头痛、流涎、流泪、畏光、恶心、呕吐、出汗、呼吸急促，口、舌肌麻痹，斜视、全身肌肉疼痛，并呈痉挛性麻痹	立即取出毒刺，同时用肥皂水清洗伤口。尽快到医院就诊，及时切开蜇伤处，清除毒液及进行其他局部及全身治疗	在有毒蝎分布的地域工作或行走要穿高腰鞋、长袜、长裤，裤脚要扎牢
黄蜂	组胺、五羟色胺、缓激肽、透明质酸酶	毒液有致溶血、出血和神经毒作用，能损害心肌、肾小管和肾小球，尤易损害近曲肾小管，也可引起过敏反应	受蜇处红肿、疼痛，出现瘀点和皮肤坏死；眼睛被蜇疼痛剧烈，流泪、红肿，可以发生角膜溃疡。重者有嗜睡、全身水肿、少尿、昏迷、溶血、心肌炎、肝炎、急性肾衰竭和休克	立即用食醋等弱酸性液体冷敷被蜇处，伤口近心端结扎止血带，每隔15min放松一次，结扎时间不宜超过2h，尽快到医院就诊	在黄蜂密集地区作业时要穿长衣裤，注意面部、手的防护；不要激惹黄蜂
蜈蚣	组织胺类物质及溶血蛋白质、蚁酸等	当被咬伤时，其毒液顺尖牙注入被咬者皮下，引起被螫者中毒	被蜇部红肿、刺痛，重者现水疱、瘀斑、组织坏死、淋巴管炎及局部淋巴结肿痛、畏寒、发热、头晕、头痛、恶心、呕吐等	用碱性溶液、新鲜草药捣烂外敷。剧烈者可用冰块冷敷，出现中毒表现者可到医院就诊	在蜈蚣密集地区作业时要穿长衣裤，避开蜈蚣
松毛虫	松毛虫毒液	松毛虫其分泌的毒液能引起全身症状	接触松毛虫后数分钟至数日出现接触部位的局部疼痛、红肿、丘疹或水疱，可持续数日。严重者可有发热，血沉加快，全身皮下瘀血或出血，可出现骨组织破坏，引起骨质疏松或骨密度增高	去除毒毛，可用胶布粘贴患处，然后快速撕去胶布，将毒毛粘除，需反复多次。去除毒毛后外涂肤氢松软膏；出现中毒表现者到医院治疗	在林区工作或到林区旅游时要穿长衣裤，注意暴露部位的防护，尽量避免在树的枝叶间穿行

续表

名称	主要有毒成分	毒性	中毒表现	紧急处理	中毒预防
毒蜘蛛	神经性毒蛋白	毒液的主要成分是一种神经性毒蛋白，对运动神经有麻痹作用。其螯肢（上腭）刺破人的皮肤后，毒液可经螯肢侵入人体而引起中毒。雌蜘蛛毒性大于雄蜘蛛	被蜘蛛咬伤后出现局部疼痛、红肿，严重时伤口区苍白，周围发红，起皮疹，可有坏死。全身表现有头痛、头晕、恶心、呕吐、腹痛、流涎、全身无力、足跟麻木、刺痛感，可有畏寒、发热、大汗、流泪、瞳孔缩小、视物模糊、血压升高及全身肌肉痉挛等	立即在咬伤部位近心端扎止血带，尽快在咬伤的局部消毒后作十字形切口，用注射器等装置负压抽吸毒液，用石炭酸烧灼或涂 2% 碘酊后，现场处理后立即送医院治疗	在有毒蜘蛛分布的地域工作或行走要穿高腰鞋、长袜、长裤，裤脚要扎牢。尽量避开可疑、有毒的蜘蛛
河豚	河豚毒素、河豚酸、卵巢毒素和肝脏毒素	对中枢神经和神经末梢有麻痹作用，0.5mg 即可致人中毒死亡	发病急，食后 0.5～6h 可出现四肢乏力、口渴、恶心、呕吐、腹泻，手指、口唇、舌尖麻木，眼睑下垂、酒醉样，严重者言语不清、心律失常、血压下降等。最短 10min 可死亡	立即手法或药物催吐，尽快将患者送医院急救	我国禁止销售河豚，渔民捕捞时必须将河豚剔除，不得流入市场
鲐鱼、竹荚鱼、金枪鱼、青鳞鱼等青皮红肉鱼	组胺	当组胺积蓄到一定量时就可引起心血管及神经系统毒性。腌制咸鱼时原料不新鲜或腌不透时含组胺较高，食用后可引起中毒	食后出现脸红、头晕、头痛、心慌、心率快、胸闷及呼吸困难等。部分可有眼结膜充血、瞳孔扩大、视物模糊、面部肿胀、口和舌及四肢发麻、荨麻疹、血压下降等	立即手法或药物催吐，尽快将患者送医院急救	腌鱼时要劈开鱼背，并用 25% 以上的食用盐腌制。烹调前要去除鱼的内脏，洗净，宜清蒸、酥焖，不宜油煎或油炸
动物甲状腺	甲状腺素	大量甲状腺素进入人体后可引起内分泌失调，产生甲状腺功能亢进的临床表现。甲状腺素能通过胎盘或乳腺排泄，引起胎儿、乳儿中毒	十分钟至数天出现头痛、头晕、无力、四肢酸痛、烦躁、易激惹、舌及眼睑和手指震颤、四肢痛觉、发痒、多汗、体温升高、食欲增加、心率加快。严重者可出现抽搐、精神失常或昏迷	立即手法或药物催吐，催吐后口服活性炭 50g。加强营养，给予高热量、高糖、高维生素饮食。出现中毒表现者要及时到医院就诊	屠宰动物时要严把质量关，不让带甲状腺组织的肉及其制品上市。公众在购买肉制品时要注意识别
禁用灭鼠剂	毒鼠强和氟乙酰胺	毒鼠强进入人体内作用于神经细胞，引起痫性放电。氟乙酰胺进入人体阻止能量代谢进行。两种灭鼠剂均由消化道吸收、蓄积，引起中枢神经系统损害，也可造成肝脏、心脏的损伤	误服毒鼠强表现为头痛、乏力、恶心、呕吐、肌束震颤等，可出现意识障碍及全身阵发性抽搐。两种灭鼠剂均可造成心律失常、心力衰竭、肝脏损害及精神症状	误服后立即口服催吐剂或刺激咽喉部催吐，然后迅速到医院急救。乙酰胺为氟乙酰胺的特效解毒药	不要购买、使用禁用灭鼠剂

名称	主要有毒成分	毒性	中毒表现	紧急处理	中毒预防
蚊蝇杀灭剂	除虫菊酯类	此类杀虫剂毒性较低,但含氰基的品种毒性较大,可致神经系统兴奋性增高。部分产品对皮肤和黏膜有轻度刺激作用	吸入大量会头晕、头痛、乏力、恶心、呕吐、多汗。接触皮肤可产生接触性皮炎。溅入眼睛引起眼痛、畏光、流泪、眼睑水肿、球结膜充血水肿。口服会恶心、呕吐、上腹灼痛、食欲减退等	经呼吸道、皮肤接触,症状不明显者脱离接触环境,到空气清新处,不需其他特殊处理;口服中毒者催吐后送医院	避免小儿接触蚊蝇杀灭剂。治疗要在医生的指导下进行
有机磷杀虫剂	甲胺磷、马拉硫磷、敌百虫、谷硫磷、敌敌畏等有机磷化合物	有机磷农药进入体内后与胆碱酯酶结合,致使组织中乙酰胆碱过量,产生中毒表现。马拉硫磷与敌百虫、敌百虫与谷硫磷等混合使用有增毒作用。敌百虫在碱性溶液中转化为毒性更大的敌敌畏	乏力、头痛、头晕、倦怠、恶心、呕吐、腹痛、流涎、多汗、心率加快、血压升高、瞳孔缩小、视物模糊、呼吸道分泌物增加、呼吸困难、肌束颤动、失眠或嗜睡、烦躁、语言不清、意识模糊等。皮肤接触会产生接触性皮炎	喷洒者应立即脱离现场。污染部位用肥皂水彻底冲洗。口服者应立即药物或手法催吐。中毒患者要迅速送医院治疗。阿托品、氯解磷定是特效解毒药	稀释后使用,防止皮肤污染,不要逆风喷洒,不要在工作时进食、饮水或抽烟。禁止用有机磷杀虫剂杀灭体虱、跳蚤、疥虫等寄生虫
蟑螂、蚂蚁杀灭剂	硼酸及硼酸盐	硼酸及硼酸盐的致死量为 0.1～0.5g/kg 体重。对细胞具有毒作用。因在肾脏中的浓度较高,所以肾脏的损害也更为严重	口服、皮肤黏膜吸收后均可出现呕吐、腹泻,大便呈黏液样或血性。严重者可有惊厥、抽搐、高热、黄疸、少尿、发绀等	误服后立即口服催吐剂或刺激咽喉部人工催吐,催吐后口服活性炭100g,然后到医院就诊	家庭和公共场所蟑螂、蚂蚁杀灭剂要妥善保管,不要和食品混放,存放在小儿不能接触到的地方
次氯酸钠	次氯酸	大量吸收时可引起高铁血红蛋白血症。对皮肤、黏膜有较强的刺激作用。过量吸入次氯酸气雾可引起明显呼吸道刺激反应和肺水肿	口腔、咽喉、食道和胃有烧灼感,恶心、呕吐、呕血,可发生咽喉水肿、胃穿孔和腹膜炎,重者可出现循环衰竭,皮肤湿冷、青紫、呼吸变浅,继而昏迷。摄入致死剂量的次氯酸钠可产生高铁血红蛋白血症	转移至新鲜空气处,如有咳嗽、呼吸困难等呼吸道刺激症状,给予吸氧及对症治疗,出现急性肺损伤,应早期给予激素治疗,必要时使用呼吸机	避免过量使用
过氧化氢	过氧化氢	正常使用:极轻微的黏膜刺激作用	口服大量的 3%过氧化氢可能会发生呕吐和腹泻	水或碳酸钠溶液冲淡。皮肤刺激症状不缓解或加重,去医院就诊。误服低浓度的过氧化氢溶液,立即催吐或洗胃	避免过量使用

续表

名称	主要有毒成分	毒性	中毒表现	紧急处理	中毒预防
过氧乙酸	过氧乙酸	正常使用:有呼吸道刺激症状和眼睛刺激症状	高浓度可出现水疱、红肿、皮炎、溃疡等。溅入眼睛会出现疼痛、畏光、流泪等刺激症状,严重者出现角膜水肿、溃疡穿孔甚至失明。口服者可以出现口咽、食道、胃黏膜损伤,如恶心、呕吐、出血等,严重者出现溃疡穿孔、休克、食道狭窄等。吸入可出现呼吸道刺激症状	皮肤、眼睛沾染时,应立即用大量水冲洗。误服立即口服100～200mL的牛奶、蛋清或氢氧化铝凝胶。吸入者如出现咳嗽、呼吸困难等,可吸氧。必要时使用呼吸机	避免过量使用
臭氧	臭氧	臭氧对上、下呼吸道刺激性很强。臭氧还有类离子辐射作用,可引起染色体结构的损伤	吸入臭氧会咽喉干燥、咳嗽、咳痰、胸闷等,伴有食欲减退、乏力、睡眠障碍等。重者数小时后逐渐出现肺水肿。对眼睛有刺激,可出现疼痛、畏光、流泪等症状	迅速将中毒者移至通风处,如出现呼吸困难,可给予氧气吸入。出现肺损伤,应早期应用激素治疗,必要时使用呼吸机	避免吸入、注意通风
二氧化氯	二氧化氯	正常使用:可出现轻微的呼吸道刺激症状,少数人有眼睛刺激症状	皮肤接触高浓度溶液可出现局部水疱、红肿、皮炎等。口服可出现口咽、食道、胃黏膜损伤,如恶心、呕吐、出血等。吸入二氧化氯气体可出现呼吸道刺激症状,如咳嗽、气喘、呼吸困难等。溅入眼睛会出现疼痛、畏光、流泪等刺激症状	皮肤、眼睛沾染时用水冲。误服者立即口服牛奶、蛋清或氢氧化铝凝胶,口服活性炭可以吸附毒物。吸入者转移至新鲜空气处,呼吸困难时给予吸氧	避免吸入、注意通风
环氧乙烷	环氧乙烷	吸收后全身中毒主要为中枢神经损害,同时也可有不同程度的肺、肾等脏器损害,后肢迟发性、可逆性无力和麻痹是其中毒特点之一	眼、鼻、咽喉、支气管刺激症状,并有剧烈头痛、嗅觉和味觉消失、恶心、频繁呕吐、四肢无力、共济失调、心肌损害、肝功能异常。环氧乙烷液体沾染皮肤时,可引起冻伤或灼伤	立即移离现场。沾染皮肤和眼睛,应立即用大量清水或3%硼酸溶液反复冲洗。皮肤症状较重或不缓解,应去专科医院就诊。吸入中毒时,予以吸氧	避免吸入、注意通风
戊二醛	戊二醛	对皮肤、黏膜有刺激作用,也有致敏作用。对眼有严重刺激作用(25%水溶液滴眼引起严重损伤)	吸入中毒时,出现鼻塞、鼻出血、头痛、气喘、咳嗽、呼吸困难、心悸、气喘,严重的可有化学性肺水肿。眼睛溅入,出现疼痛、畏光、流泪等刺激症状。接触高浓度溶液会局部水疱、红肿、皮炎等。口服有恶心、呕吐、腹泻、便血等	吸入中毒者立即脱离现场。对呼吸困难者可给予吸氧。眼或皮肤污染时用清水冲洗。对于过敏者进行抗过敏治疗	防止皮肤接触,注意通风

续表

名称	主要有毒成分	毒性	中毒表现	紧急处理	中毒预防
酚类消毒剂	苯酚以及甲酚、六氯酚等苯酚衍生物	对黏膜和皮肤有腐蚀作用	接触可引起局部灼伤和皮炎。溅入眼内引起角膜、结膜灼伤。误服可使消化道灼伤，有呕吐、便血、胃肠穿孔。可出现肌无力、中枢神经抑制、低体温和昏迷，并可引起肺水肿和肝、肾、胰等多脏器损害	接触污染时，用水冲洗后用硫酸钠饱和溶液湿敷。口服中毒者，应立即服植物油，早期可用牛奶及清水洗胃，直至洗出物无甲酚气味为止	避免皮肤接触，使用时穿戴防护用具
碘伏	碘与聚乙烯吡咯烷酮的不定型结合物	稀溶液低毒。对黏膜有明显刺激作用。少数人有过敏反应	口服过量可发生腐蚀性胃肠炎样症状，呕吐、呕血、胃灼热、便血等。高浓度碘液接触皮肤和眼睛，可引起灼伤	接触污染时用清水冲洗。经口摄入中毒后，可服用大量淀粉、米汤，注意防治喉痉挛和肺水肿	处用药，不可口服

参考文献

[1] 江家发. 现代生活化学[M]. 合肥:安徽人民出版社,2013.

[2] 迟玉杰. 食品化学[M]. 北京:化学工业出版社,2012.

[3] (美)E. 牛顿. 食品化学[M]. 王中华译. 上海:上海科学技术文献出版社,2008.

[4] 马力. 食品化学与营养学[M]. 北京:中国轻工业出版社,2007.

[5] 刘红英,高瑞昌,戚向阳. 食品化学[M]. 北京:中国质检出版社,2013.

[6] 潘鸿章. 化学与日用品[M]. 北京:北京师范大学出版社,2011.

[7] 曹阳. 结构与材料[M]. 北京:高等教育出版社,2003.

[8] 丁秉钧. 纳米材料[M]. 北京:机械工业出版社,2004.

[9] 曾兆华、杨建文. 材料化学[M]. 北京:化学工业出版社,2013.

[10] 陈照峰,张中伟. 无机非金属材料学[M]. 西安:西北工业大学出版社 2010.

[11] Iterrante L,Hampden-Smith M. 先进材料化学[M]. 郭兴伍译. 上海:上海交通大学出版社,2013.

[12] 雷智,张静全. 信息材料[M]. 北京:国防工业出版社,2009.

[13] 干福熹,王阳元,等. 信息材料[M]. 天津:天津大学出版社,2000.

[14] 徐东耀,许端平. 环境化学[M]. 徐州:中国矿业出版社,2013.

[15] Stanley E M. 环境化学[M]. 孙红文译. 北京:高等教育出版社,2013.

[16] 王春霞,朱利中,江桂斌. 环境化学学科前沿与展望[M]. 北京:科学出版社,2011.

[17] 王绍茹. 环境保护与现代生活[M]. 北京:化学工业出版社,2009.

[18] 陈军,陶占良. 能源化学[M]. 北京:化学工业出版社,2004.

[19] 袁权. 能源化学进展[M]. 北京:化学工业出版社,2005.

[20] 周建伟,周勇,刘星. 新能源化学[M]. 郑州:郑州大学出版社,2009.

[21] 高胜利,谢钢,杨奇. 化学·社会·能源[M]. 北京:科学出版社,2012.